Membrane Fouling in Wastewater Treatment:
Mechanisms and Control Strategies

水处理膜过程
污染机理及其控制

孟凡刚　徐荣华　赵姗姗　等 著

化学工业出版社

·北 京·

内容简介

本书以水处理中的膜污染为主线，主要介绍了天然有机物的膜污染行为与机理、生物大分子的膜污染行为与机理、膜污染的微生物生态机制和膜污染控制四个方面的内容，旨在深入解读水处理膜过程的污染机理及提出高效、绿色的膜污染控制方法，最终为膜工艺特别是膜生物反应器应用于水处理过程的节能降耗与可持续发展提供理论依据与技术支撑。

本书具有较强的技术应用性和可操作性，可供从事废水处理及污染控制等的工程技术人员、科研人员和管理人员参考，也可供高等学校环境科学与工程、市政工程、生态工程及相关专业师生参阅。

图书在版编目（CIP）数据

水处理膜过程污染机理及其控制 / 孟凡刚等著. 北京 ：化学工业出版社，2024. 12. -- ISBN 978-7-122-35686-4

Ⅰ. X703

中国国家版本馆CIP数据核字第2024G8Z648号

责任编辑：刘兴春 卢萌萌　　文字编辑：李 静 王云霞
责任校对：宋 玮　　装帧设计：韩 飞

出版发行：化学工业出版社（北京市东城区青年湖南街13号 邮政编码100011）
印　　装：中煤（北京）印务有限公司
787mm×1092mm 1/16 印张22¾ 彩插28 字数514千字 2025年4月北京第1版第1次印刷

购书咨询：010-64518888　　售后服务：010-64518899
网　　址：http://www.cip.com.cn
凡购买本书，如有缺损质量问题，本社销售中心负责调换。

定　　价：198.00元

前言

水环境中新污染物的去除、营养盐的回收、污水的再利用对我国生态文明建设具有重要战略意义。作为污水处理技术的先进代表——膜生物反应器（membrane bioreactor，MBR）技术近年来备受关注。MBR 采用膜分离装置取代传统生物处理工艺的二沉池，具有固液分离效果好、出水水质高、占地面积小、污泥产量低等优点，被广泛应用于污水厂的升级改造和新建工程。

MBR 在我国被广泛应用于市政污水、工业废水和垃圾渗滤液等多种污（废）水处理和再生工程中，其中在市政污水处理与再生中应用规模最大。据不完全统计，至 2020 年总处理规模超过 2×10^7t/d。从世界范围来看，我国 MBR 的工程数量和处理规模均位居世界前列。目前，世界范围内超大型市政污水 MBR 共有 64 座，其中 41 座位于中国，总处理规模（峰值）达到 9.478×10^6t/d，占比为 62%。但在工程应用中，能耗高、成本高仍是制约 MBR 发展的瓶颈。其中，膜污染是导致 MBR 高能耗的主要原因。膜污染程度决定 MBR 的产水量、膜的清洗频率及更换频率等，被认为是影响 MBR 技术经济性的重要因素。因此，对 MBR 膜污染的识别、表征及控制是实现该工艺可持续发展的关键。

笔者及其团队一直从事 MBR 污水处理与资源化方面的研究工作，努力践行习近平生态文明思想。研究内容覆盖天然有机物的膜污染行为与机理、生物大分子的膜污染行为与机理、膜污染的微生物生态学机制和膜污染控制。笔者及其团队在 *Environmental Science & Technology* 和 *Water Research* 等环境领域权威期刊发表论文 160 余篇，其中在 *Water Research* 先后发表 2 篇关于 MBR 膜污染的长篇综述文章（2009 年、2017 年），均入选了中国百篇最具影响国际论文。部分成果被列入国际水协会（IWA）和国际微生物生态学会（ISME）联合发布的研究报告——State of the Art Compendium

Report on BioCluster Activities。膜污染的研究成果曾获广东省自然科学二等奖。基于多年的研究积累，笔者及其团队积极对接企业，开展了卓有成效的技术服务和工程应用，为我国 MBR 污水处理技术可持续发展做出了积极贡献。

本书是笔者及其团队 10 余年相关研究成果的总结，共有 23 章。第 1 章系统总结了 MBR 的研究及应用情况，概述了膜污染的表征和控制方法，第 2 ～ 5 章、第 6 ～ 12 章、第 13 ～ 16 章分别介绍了笔者及其团队在天然有机物、生物大分子和微生物的膜污染行为与机理方面的研究成果，第 17 ～ 23 章介绍了膜污染控制方面的研究成果。本书内容源于 10 余位研究生、博士生和博士后的研究工作，主要包括博士生周忠波、周铭浩、张绍青、徐荣华、余仲、姚元元，硕士生李丹怡，博士后高天宇、Naga Raju Maddela。在此对所有做出贡献的团队成员表示衷心感谢！

本书主要由中山大学孟凡刚、徐荣华和赵姗姗著。各章的文字撰写、校对和图表整理分工如下：第 1 章由孟凡刚、张绍青、徐荣华、赵姗姗、张文天著；第 2 ～ 5 章由孟凡刚、徐荣华、赵姗姗、齐继、周启程著；第 6 ～ 8 章、第 11 章、第 17 章、第 18 章、第 20 章、第 21 章由徐荣华、孟凡刚、赵姗姗、周忠波、傅悦、伍家杰著；第 9 ～ 10 章、第 22 章由赵姗姗、孟凡刚、徐荣华、陈妍希、黄梦真著；第 12 ～ 13 章由孟凡刚、徐荣华、赵姗姗著；第 14 ～ 15 章、第 23 章由徐荣华、孟凡刚、赵姗姗、姚元元、甘志浩著；第 16 章由孟凡刚、王德朋、徐荣华、赵姗姗、高天宇著；第 19 章由孟凡刚、余仲、徐荣华、赵姗姗著。另外，珠海市城市排水有限公司周赞民总经理、陈金灿高级工程师及珠海水控集团刘万里总工程师参与了第 16 章的具体研究和编写工作，对该章的结构、内容和文字进行了详细审查，提出了诸多宝贵意见，在此表示衷心感谢！

本书的主要研究成果得到了国家自然科学基金项目（批准号：21107144、51478487、51622813、51878675、32161143031、52200081、22376228）、国家重点研发计划国际合作重点专项（批准号：2017YFE0114300）、广东省自然科学基金杰出青年项目（批准号：2014A030306002）和高校基本科研业务费创新人才培育计划项目等的支持，在此深表谢意！在笔者及其团队科研攻关和成果转化与应用过程中得到了本领域专家学者、合作研发单位和技术应用单位的鼎力支持，在此一并表示感谢！本书的出版得到了珠海市城市排水有限公司委托课题“基于废旧膜材料强化污水内源反硝化的示范研究”的资助，在此表示衷心感谢！

由于时间仓促，加之笔者水平和认知所限，书中不足和疏漏之处在所难免，敬请读者批评指正。

著　者

2024 年 1 月于中山大学

目录

第1章

概　述

1.1　水污染及膜处理技术

生态环境部发布的《2023 中国生态环境状况公报》显示，2023 年我国地表水的 3632 个国控断面中，Ⅰ～Ⅲ类水质断面占 89.4%，比 2022 年上升 1.5 个百分点；劣Ⅴ类水质断面占比为 0.7%，与 2022 年持平。主要污染指标为化学需氧量、高锰酸盐指数和总磷。尽管近年来我国不断加大水污染治理力度，全国地表水优良水质断面比例不断提升，但地表水水质仍然存在相当程度的污染。黑臭水体作为典型的水环境污染问题仍然存量较大，分布广泛。这些水环境问题严重影响了当前我国经济、社会发展以及人民生活质量。因此，为了打赢碧水保卫战以及提高水环境质量，根治当前面临的水环境污染是我国环保工作的重要抓手。

近年来，水环境整治的迫切需要进一步倒逼污水处理效率的升级。国家和地方越来越严的污水排放标准要求城镇污水处理厂按照一级 A 的标准改造或新建工程。为了满足越来越严的污水排放标准，作为污水处理工艺的先进代表——膜生物反应器（membrane bioreactor，MBR）技术备受关注。MBR 是结合膜分离与生物处理的污水处理新型工艺。它以膜分离装置取代传统生物处理工艺的二沉池，具有固液分离效果好、出水水质高、占地面积小、污泥产量低等优点[1，2]，因此被广泛应用于污水厂的升级改造和新建工程。然而，膜污染问题的存在增加了 MBR 工艺的运行成本，缩短了膜的使用寿命，成为制约 MBR 进一步发展和广泛应用的最大障碍。因此，识别 MBR 中膜污染物的组成和特性，明晰膜污染的形成因子和机制，深入认识和理解膜污染行为以及研究其调控方法或策略等已成为近 20 多年来 MBR 领域的研究热点。

1.2 膜生物反应器

1.2.1 膜生物反应器简介

MBR耦合活性污泥与膜过滤是活性污泥工艺的先进代表。20世纪60年代，美国首次将MBR技术应用于污水处理领域。但由于膜材料生产技术受限导致膜成本高昂以及污染速率快，使用寿命短，使得该工艺在实际使用过程中困难重重。日本推出了“Aqua Renaissance 90”大型研究计划，对MBR污水处理工艺进行了大力研发和应用，主要涉及膜材料和膜分离装置的研发。里程碑事件是1989年Yamamoto等[3]将膜浸入生物反应器开发出浸没式MBR（图1-1），因其与外置式MBR相比具有无需循环泵、膜污染速率降低和节省占地等优点，使得MBR技术逐步走向工程应用。此后，随着膜成本的持续走低、MBR结构的优化和膜污染控制技术的发展，MBR工艺的工程应用得到快速发展。

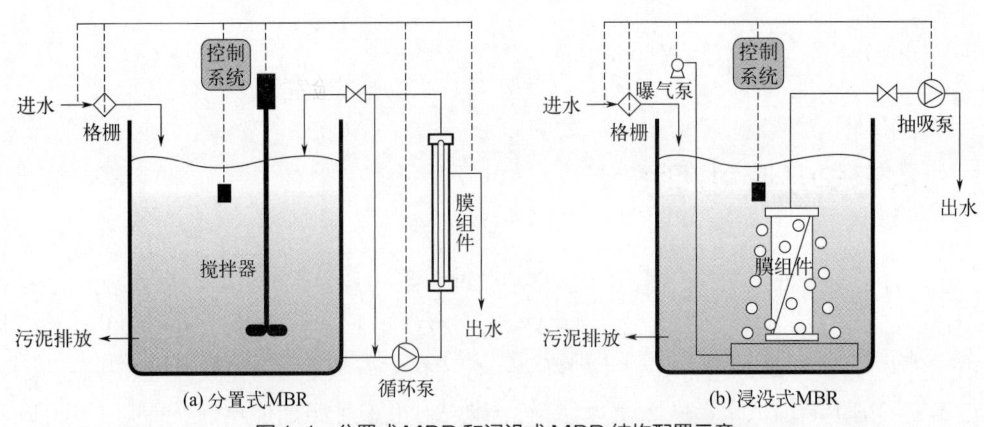

图1-1 分置式MBR和浸没式MBR结构配置示意

与传统的活性污泥法工艺相比，MBR具有下列优势：

① 固液分离效果好，出水水质高，不仅对悬浮物、有机物等去除效率高，还可以高效去除致病菌和病毒；

② 由于微生物被膜组件完全截留，MBR实现了水力停留时间（hydraulic retention time，HRT）和污泥停留时间（sludge retention time，SRT）的完全分离，运行操作更加灵活；

③ 高的污泥浓度使其具有更高的容积负荷，从而减小占地面积；

④ 污泥浓度高，容积负荷大，耐冲击负荷能力强；

⑤ 长的SRT有利于富集增殖缓慢的微生物，例如硝化细菌，同时可以富集能够降解微量污染物的功能微生物；

⑥ 污泥产率低，降低了后续污泥处理的成本；

⑦ 操作管理简便，易实现自动化控制。

尽管 MBR 有诸多优点，但也存在技术劣势，如能耗较高、膜成本仍较高以及膜易受到污染，这些都给 MBR 的推广应用带来很大挑战。

1.2.2 膜生物反应器的应用与研究现状

在过去的 20 多年内，MBR 越来越多地用于需要优良出水水质的废水处理中，如市政生活污水和工业废水的深度处理与回用等 [4]。自 20 世纪 90 年代初我国引进 MBR 后，我国 MBR 技术的发展和应用主要经历了以下 5 个阶段 [5]。

阶段Ⅰ（1990 ～ 2000 年）：实验室研究、中试和一些示范项目。

阶段Ⅱ（2000 ～ 2003 年）：小型 MBR 的应用（最大日处理能力为几百吨）。

阶段Ⅲ（2003 ～ 2006 年）：中型 MBR 的应用（最大日处理能力为几千吨）。

阶段Ⅳ（2006 ～ 2010 年）：大型 MBR 的应用（处理能力大于 10000t/d）。

阶段Ⅴ（2010 年至今）：MBR 工程的成熟应用、超大型 MBR 的出现（处理能力大于 1.0×10^5t/d）。

我国大型 MBR 应用的增长趋势如图 1-2 所示。经过实验室和中试规模研究以及中小型应用的初步探索阶段，北京碧水源净水公司于 2006 年建成了我国第一个万吨级别规模的 MBR 工程（即北京密云再生水厂，处理量为 4.5×10^4t/d），在我国 MBR 的发展和应用史上具有里程碑式的意义。近年来，我国 MBR 市场一直在快速增长。据不完全统计，我国大型 MBR 的总处理量已达到 1.7×10^7t/d，约占市政污水处理总量的 10%[5]。大型 MBR 项目已超过 300 个，用于市政生活污水处理的 MBR 占总处理量的 75% 以上。我国 MBR 市场的快速增长主要得益于 MBR 技术的改进及运行经验的积累、市场刺激、环境压力及政策推动等方面，尤其是近年来地方政府制定的严格的排放标准。例如，北京市大型 MBR 的处理能力已达到 1.2×10^6t/d，主要是水回用需求和政府政策推动的原因。此外，

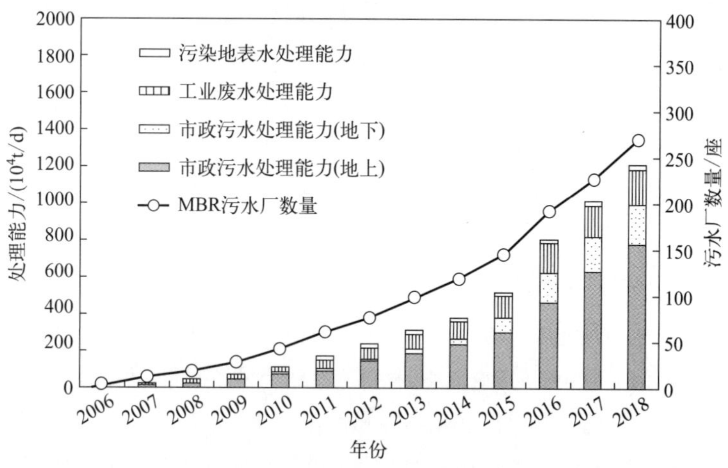

图 1-2 大型 MBR 污水处理厂（处理能力 > 1.0×10^4t/d）在我国的应用 [6]

受国家太湖和滇池流域重大水专项的政策推动，大型 MBR 项目在江苏省和云南省的发展均较快。另外，由于中国北方地区的缺水情况比南方地区更为严峻，约有 60% 的 MBR 项目位于北方城市；以内蒙古自治区为例，为缓解水资源危机目前已有 10 余项大型 MBR 项目投入运行。

从全球范围来看，自 2010 年以来，超大型 MBR 市场快速增长，年增长率约为 15%（图 1-3）[7]。除中国外，超大型 MBR 在美国和欧洲的应用也较为广泛，其中法国、意大利、比利时和瑞典的超大型 MBR 市场在近年来的增长较为迅速。此外，值得注意的是，2010 年之前全球范围内建造的大多数 MBR 项目的处理能力＜1.0×10^5t/d；而自 2010 年以来，全球已建或在建的MBR项目的处理能力则大得多，如中国北京市的槐房再生水厂（处理能力为 6.0×10^5t/d）、美国俄亥俄州的 Canton 污水处理厂（3.57×10^5t/d）和法国摩洛哥的 Seine Aval 污水处理厂（3.33×10^5t/d）。全球范围内在建的百万吨级别的超大型 MBR 主要有位于瑞典斯德哥尔摩的 Henriksdal 污水处理厂（8.64×10^5t/d）、中国湖北省的北湖污水处理厂（1.04×10^6t/d）和新加坡的 Tuas 再生水厂（1.20×10^6t/d）。从数量上来看，到目前为止全球范围内已建或在建的超大型 MBR 处理厂共 58 座，其中 40 座在中国，占全球的 69%；全球的总处理能力为 1.4226×10^7t/d，中国占了近 70%。除环境压力和政策推动外，全球范围 MBR 市场的增长和超大规模项目的应用主要得益于 MBR 技术的成熟和运行管理经验的积累。

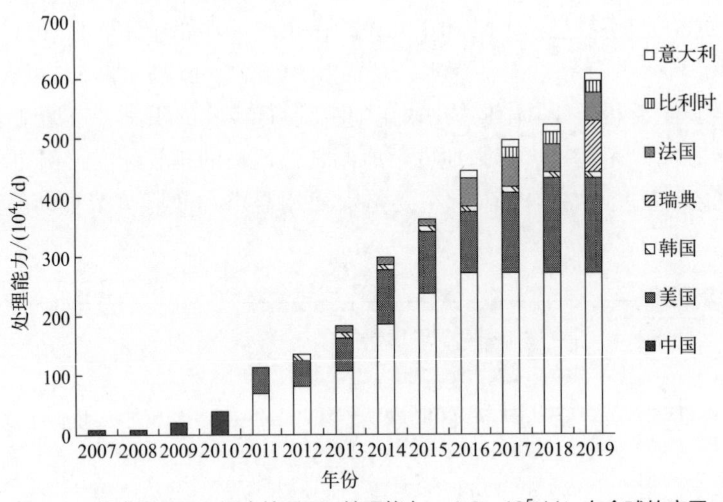

图 1-3　超大型 MBR 污水处理厂（处理能力＞1.0×10^5t/d）在全球的应用

2000 ～ 2022 年基于 Scopus 数据库的 MBR 领域的研究趋势如图 1-4 所示。从 2004 年开始，在污水处理领域发表的与 MBR 技术相关的研究论文数量呈指数型增长，到 2018 年之后发表的数量趋于稳定。在所有与 MBR 技术相关的研究对象中，“膜污染”是出现最频繁的关键词，平均超过 1/3 的论文都提及了膜污染。事实上，尽管 MBR 在过去 10 年中有广泛的应用并且从业人员积累了大量的运行经验，但膜污染仍然是现阶段该技术无法打破的瓶颈。除“膜污染”外，“厌氧”这个关键词在近年来引起了更多的关注，其文章发表比例逐年升高，这意味着越来越多的研究关注厌氧 MBR 及其用于能源回收的可行性。此外，“膜材料”的研究在近年重新成为研究热点，主要关注抗污染膜或高通量膜的研发。

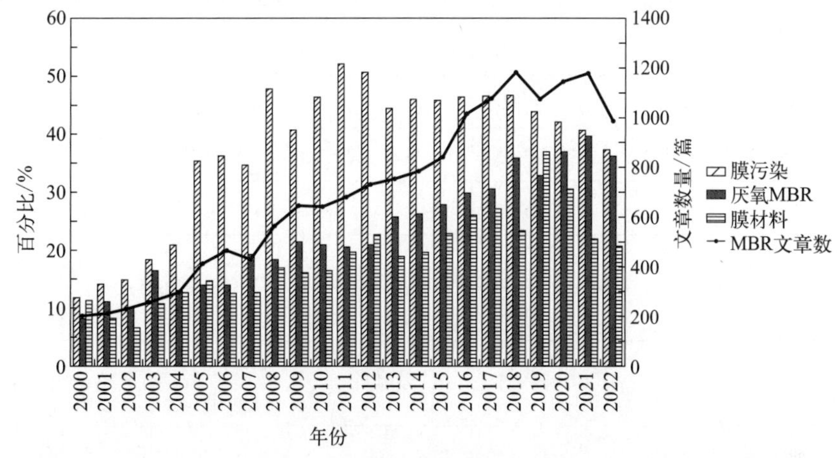

图1-4 2000 ~ 2022 年 MBR 领域的研究趋势（基于 Scopus 数据库的统计数据）

1.2.3 膜生物反应器主要膜组件构型及其供应商

截至目前，有超过 40 家企业为全球范围的 MBR 提供膜组件。从构型上看，这些膜组件可分为中空纤维膜、平板膜和管式膜。常见膜组件的基本性质和生产供应商如表 1-1 所列。

表 1-1 主要膜组件构型及其生产供应商

膜材料	膜构型	膜孔径 /μm	产品名称	生产供应商
聚偏氟乙烯（polyvinylidene fluoride，PVDF）	中空纤维膜	0.035	ZeeWeed 500	美国苏伊士（泽能）
PVDF、聚乙烯（polyethylene，PE）	中空纤维膜	0.4	Sterapore SADF	日本三菱丽阳
PVDF	中空纤维膜	0.1	BSY	中国碧水源
PVDF	中空纤维膜	＜ 0.1	SMM	新加坡美能
PVDF	中空纤维膜	0.03	PURON	美国科氏滤膜系统
PVDF	中空纤维膜	0.1	Microza MUNC	日本旭化成
PVDF	中空纤维膜	0.04	Memcor MemPulse	美国杜邦

续表

膜材料	膜构型	膜孔径 /μm	产品名称	生产供应商
PVDF	中空纤维膜	0.075	Saveyor SVM	加拿大坎普尔
		0.05	CPM	
PVDF	中空纤维膜	0.1	SMT-600-BR	中国北京赛诺
PVDF	中空纤维膜	＜ 0.1	BF，BT	中国天津膜天膜
PVDF	中空纤维膜	0.1 ～ 0.2	FMBR	中国杭州求是
PVDF	中空纤维膜	0.2	FPA	中国山东招金膜天
HDPE	中空纤维膜	0.4	KSMBR	韩国爱科利态
PVDF	中空纤维膜	0.4	SuperMAK	韩国 ENE
PVDF	中空纤维膜	0.1	Megaflux-MBR	韩国 PHILOS
PVDF	中空纤维膜	0.03	JR-MBR	中国宁波建嵘
PVDF、聚四氟乙烯（polytetrafluoroethylene，PTFE）	中空纤维膜	0.04 ～ 0.08	EcoFil，EcoFlon	美国爱克德基
PTFE	中空纤维膜	0.1，0.2，0.45	Poreflon SPMW	日本住友
PVDF	中空纤维膜	0.1	ZENOMEM	中国苏州微纳
CPE（氯化聚乙烯）	平板膜	0.4	Kubota SMU	日本久保田
PVDF	平板膜	0.08	MEMBRAY	日本东丽
PVDF	平板膜	0.1	SINAP	中国上海斯纳普
PVDF	平板膜	0.08 ～ 0.3	PEIER	中国江苏蓝天沛尔
聚醚砜（polyethersulfone，PES）	平板膜	0.04	CES SubSnake	北爱尔兰 Colloide Engineering Systems
PES、PVDF	平板膜	0.08，0.1，0.4	EcoPlate，EcoSepro	美国爱克德基
PES	平板膜	0.01 ～ 0.2	Neofil	韩国 LG 电子
PES	平板膜	0.04	BIO-CEL	德国迈纳德
PES	平板膜	约 0.07	U70	德国 A3 Water Solutions GmbH
PVDF	平板膜	0.14	M70	
PVDF	平板膜	0.2	FS，RC，ETNA	瑞典阿法拉伐
PES	平板膜	约 0.07	MEMBRIGHT	美国菲力尔

续表

膜材料	膜构型	膜孔径 /μm	产品名称	生产供应商
PVDF	平板膜	0.05	VINAP	中国苏州微纳
PES	平板膜	0.05	MicroClear	德国 Weise
PVDF	管式膜	0.03	Airlift MBR	美国滨特尔
PVDF	管式膜	0.03，分子量为 100000	BioFlow	德国 Berghof
PVDF、聚丙烯腈（polyacrylonitrile，PAN）、PES	管式膜	分子量为 5000 ～ 250000	TU-30nm，TS-30nm	中国北京中科瑞阳
陶瓷	多通道管式膜	0.1	CH250	日本明电舍
陶瓷	多通道管式膜	0.2	CFM	德国 ItN Nanovation
陶瓷	管式膜	0.02，0.05，0.1，0.2，0.5	JWCM	中国江苏久吾高科

实际 MBR 污水厂多采用中空纤维膜和平板膜，而管式膜常用于中水回用。

中空纤维膜是一种外形呈纤维状的膜（图 1-5），是非对称膜的一种，其致密层可位于纤维的外表面，也可位于纤维的内表面。用于 MBR 的中空纤维膜根据孔径大小不同分为超滤和微滤两种；与其他构型分离膜相比，中空纤维膜一般呈自支撑结构，无需另加其他支撑体，可使膜组件的加工简化，成本降低；单位体积装填密度大，可提供较大的比表面积。近年来，为了增强中空纤维膜的机械强度，减少 MBR 膜清洗过程中的断丝情况，发展了带有内衬管的增强型中空纤维膜。

(a) 单个膜元件

(b) 集成膜组件

图 1-5　中空纤维膜组件

平板膜元件由支撑板（一般为丙烯腈 / 丁二烯 / 苯乙烯共聚物板，上面有导流道）、衬布（如无纺布）和膜片（经过无缝焊接之后形成的一块膜片）组成。将膜片逐片插入由不锈钢焊成的架子后进行固定，并装上曝气管和集水管等构成常见的平板膜组件（图 1-6）。平板膜组件与中空纤维膜组件的比较如表 1-2 所列。

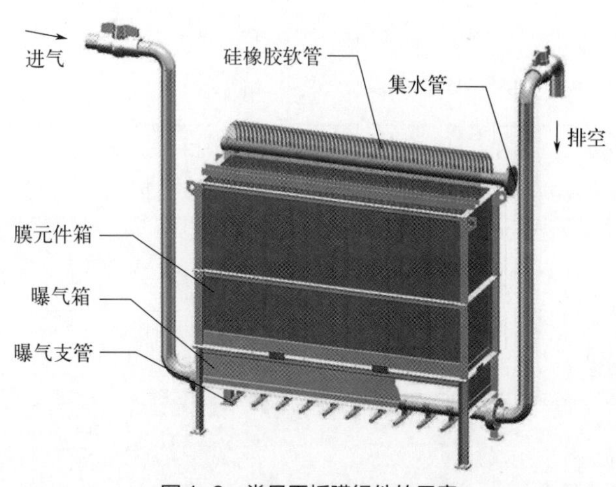

图 1-6　常见平板膜组件的示意

表 1-2　中空纤维膜组件与平板膜组件的特点比较

项目	中空纤维膜组件	平板膜组件
抗污染能力	弱	强
预处理要求	高	低
机械强度	低，易断丝	高
清洗周期	短	长
清洗方式	膜丝为柔性，可反冲洗；化学清洗	膜片为刚性，不宜反冲洗；化学及机械清洗
使用寿命	短	长
单位体积装填密度	高	低
成本	低	高

有机管式膜作为膜元件的一种形式，适用于超滤、微滤乃至是纳滤等膜分离设备，其优势是过流道宽，料液在管内湍流流动，压力损失较小，对料液的预处理要求较低。有机管式膜易于清洗，除可用化学试剂清洗外还可以采用机械物理擦洗。因其流道长，有机管式膜过滤效率高。

图 1-7 所示为滨特尔管式膜组件。

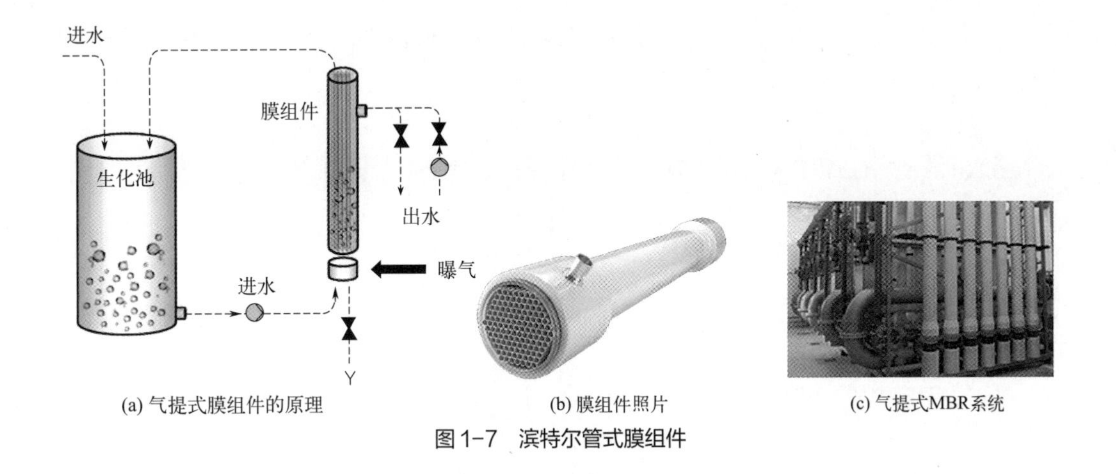

(a) 气提式膜组件的原理 (b) 膜组件照片 (c) 气提式MBR系统

图1-7 滨特尔管式膜组件

1.3 膜生物反应器膜污染评价与表征方法

1.3.1 膜污染评价方法

(1)临界通量

当膜的渗透通量低于临界通量时膜的边界层形成滤饼的速度为零，膜的过滤阻力不随时间或跨膜压差的改变而改变；当膜的渗透通量大于临界通量时膜的边界层将逐步形成滤饼，膜的过滤阻力随时间的延长或跨膜压差的升高而增加。MBR 工艺一般要求膜通量低于临界通量，即以亚临界通量运行，以维持膜系统的稳定性，因此测得膜的临界通量具有重要意义。目前临界通量的测定方法主要有流量梯度法、压力梯度法和滞后效应法等。

达西定律：根据达西定律过滤模型，膜通量可以表示为

$$J = \frac{\Delta P}{\mu(R_m + R_p + R_c)} \tag{1-1}$$

式中 J——膜通量，$m^3/(m^2 \cdot s)$；

ΔP——膜两侧的压力差，Pa；

μ——渗透液的黏度，Pa·s；

R_m——新膜的阻力，m^{-1}；

R_p——膜孔堵塞阻力，m^{-1}；

R_c——膜表面滤饼层阻力，m^{-1}。

(2)膜阻力计算

在测定膜阻力过程中，需要对膜进行逐步清洗，通常依照以下步骤展开：

① 当膜组件跨膜压差（transmembrane pressure，TMP）达到一定压力后，如 25kPa，取出膜组件并在固定水压下测定其纯水通量，计算出总的膜阻力 R_t；

② 利用物理清洗，如用高压自来水冲洗或海绵布擦除膜表面的滤饼层，在固定水压下测定纯水通量，计算出滤饼层阻力 R_c；

③ 利用一定浓度的化学试剂（如次氯酸钠、柠檬酸等）浸泡膜组件一定时间以清洗膜孔堵塞或吸附污染物，在固定水压下测定纯水通量，计算出吸附性阻力 R_p；

④ 膜自身固有阻力 R_m 由在固定水压下测定的新膜的纯水通量计算得出。

上述每一步的阻力计算均参照达西定律得出。

（3）污染类型

根据 MBR 中膜污染物的化学组成成分不同可分为无机污染、有机污染和微生物污染（详见 1.4.1 部分）。膜污染根据污染物堵塞类型又可分为完全堵塞、中间堵塞、滤饼层污染和标准堵塞 [2]，如图 1-8 所示。完全堵塞模型假设每个颗粒、分子都会沉积在膜表面，并堵塞部分或大部分膜孔（这些颗粒、分子不会重复叠加），从而引起膜通量下降，这种膜污染现象称为完全堵塞。标准堵塞模型假设膜内部结构是一系列柱状孔隙，膜滤过程中颗粒、分子沉积在膜孔孔壁上，导致孔隙开口进一步收缩。中间堵塞模型即前两者污染机理的组合，沉积物质的堆积会导致膜孔架桥。滤饼层污染模型假定首先接触到膜面的颗粒会堵塞膜孔，后到达的颗粒直接附着在先到达的颗粒上，无法进一步减小有效过滤面积，这种现象符合滤饼层污染模型。通常认为滤饼层的形成是一个动态过程，其包括过滤初始阶段的膜孔堵塞、滤饼层形成和滤饼层压实三个阶段。

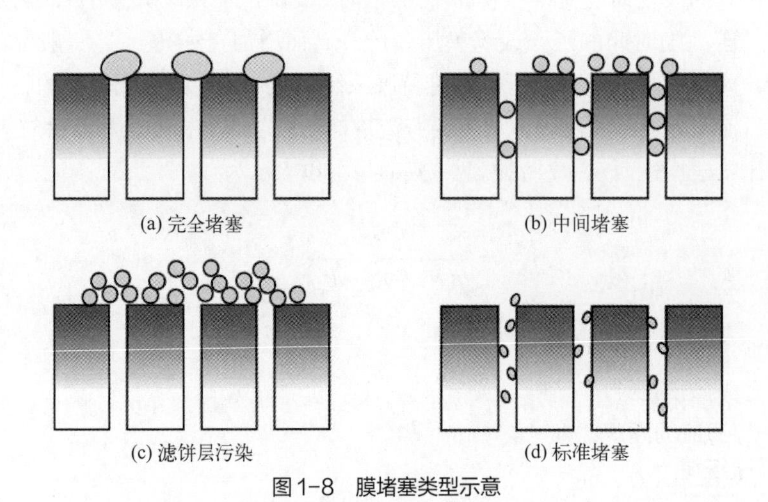

图 1-8 膜堵塞类型示意

（4）归一化膜污染指数（unified membrane fouling index，UMFI）

使用 UMFI 评估 MBR 中污泥混合液的膜污染潜能，具体通过死端过滤实验确定，使用以下公式计算 UMFI 值 [8]。

$$J'_S = J_S / J_{S_0} \tag{1-2}$$

$$1/J'_{S} = 1 + \text{UMFI} \times V_{s} \quad (1\text{-}3)$$

式中 J'_{S}——归一化流量；

J_{S}——过流速度，m/s；

J_{S_0}——零时刻的过流速度，m/s；

V_{s}——单位膜面积过滤的滤液体积，L/m^2。

J_{S} 和 V_{s} 的数值都可以通过实验获得，然后将获得的数值代入式（1-2）和式（1-3）中计算得到 UMFI 值。一般情况下，较大的 UMFI 值表示较快的膜污染速率和较高的膜污染潜能。

（5）毛细吸水时间

标准吸水纸受到污泥的作用，在标准条件下吸水纸的干、湿两部分之间的界面通过一定距离所需要的时间。其反映了污泥的过滤性能和脱水性能，与活性污泥絮体物理化学性质密切相关。

（6）污泥过滤性能测定

借助错流过滤装置，在标准环境条件下［如操作压力 1bar（1bar=10^5Pa）、温度 20℃ ± 1℃、错流速率 0.4m/s］，测定污泥的出水通量，在此过程中可用多种方法评估污泥的过滤性能：

① 过滤得到一定体积滤液所需时间；

② 得到一定体积滤液后的膜通量；

③ 得到一定体积滤液后的膜阻力；

④ 过滤一定时间后的膜通量；

⑤ 过滤一定时间后的膜阻力。

（7）死端过滤

亦称全量过滤，是将料液置于膜的上方，在压力差的推动下，水和小于膜孔的颗粒透过膜，大于膜孔的颗粒则被膜截留。

（8）错流过滤

亦称交叉流过滤，在泵的推动下料液平行于膜面流动，与死端过滤不同的是料液流经膜面时产生的剪切力把膜面上滞留的颗粒带走，从而使污染层保持在一个较薄的水平。

1.3.2 膜污染表征手段

一些常用的膜污染表征手段及其优缺点如表 1-3 所列。

表 1-3 常用的膜污染表征手段及其优缺点[9]

表征技术		功能	优点	缺点
形貌表征	扫描电子显微镜（scanning electron microscopy，SEM）	膜污染层的二维成像	图片分辨率高	样品需要脱水、镀膜等前处理
	原子力显微镜（atomic force microscopy，AFM）	膜污染层的三维成像；可识别污染物与膜材料之间作用力情况	无需脱水和镀膜等前处理且可提供更多膜污染层的信息（如表面粗糙度、黏附力）	对探针的依赖性高
	激光共聚焦扫描显微镜（confocal laser scanning microscopy，CLSM）	膜污染层的三维成像，可识别沉积的细菌；可基于滤饼层厚度和孔隙率对胞外聚合物进行测试	无需脱水；基于不同荧光探针对膜污染进行识别；可实现污染层的光学层析和定量分析	需要进行荧光染色；相比 SEM 而言，分辨率较低；存在荧光信号的光漂白效应
	多光子荧光显微镜	膜污染的原位监测	原位三维表征；较低的光漂白效应；更好的光学层析	过滤装置需要暂停运行以获得更佳质量的图片信息
	膜原位直接观察技术（direct observation through the membrane，DOTM）	膜污染的直接观测	污染层发展的监测；污染物在膜表面移动/脱落的观测	需要设计特定的膜过滤装置
有机物表征	凝胶渗透色谱（gel permeation chromatography，GPC）	检测有机物分子量	提供有机物分子量分布信息；关键膜污染物识别	分析结果强烈依赖于检测器，如 UV 检测器仅能识别具有 UV 吸收的物质
	液相有机碳测试仪（liquid chromatography with organic carbon detector，LC-OCD）	检测有机物分子量	通过连续有机碳检测器测定有机物分子量分布；可测定聚合物浓度	检测价格相较于常规 GPC 更昂贵
	傅里叶变换红外光谱（Fourier transform infrared spectroscopy，FTIR）	表征膜污染物的官能团	通过指纹图谱分析膜污染物的化学组成	样品需要脱水前处理
	三维荧光光谱（threee-dimensional excitation-emission matrix，3D-EEM）	表征膜污染物的有机组成	可无损检测有机物；可表征其中的蛋白质（protein，PN）和腐殖质（humic substance，HS）类物质	不能识别多糖（polysaccharide，PS）类物质
无机物表征	SEM 结合能谱分析	表征膜污染物的无机成分	膜污染层成像的同时识别化学组成	仅能观测样品表面情况
	X 射线光电子能谱（X-ray photoelectron spectroscopy，XPS）	表征膜污染物的无机成分	检测膜污染物中无机物的平均含量	不能观测样品形貌特征
	电感耦合等离子体发射光谱	表征膜污染物的无机成分	可进行定量分析	仅能分析可溶性组分

续表

表征技术		功能	优点	缺点
微生物表征	变性梯度凝胶电泳	检测主要的微生物组成	微生物群落结构的指纹及半定量分析	过程复杂且耗时，需要一定的微生物知识储备
	荧光原位杂交技术	测定微生物的相对丰度	膜污染层微生物的定量分析	需要进行荧光染色
	激光显微共聚焦拉曼光谱	通过拉曼光谱表征微生物	无损的微生物分析技术	微生物光谱数据库的缺失
	微生物高通量测序	测定微生物的相对丰度	微生物群落多样性和结构的定量分析	过程复杂耗时且仅能得到属水平的物种信息
	宏基因组	测定微生物的基因丰度	微生物群落组成和功能的定量分析	价格较昂贵，分析过程复杂
	宏蛋白组	测定微生物群落所表达的所有 PN	微生物群落的一致性、活性和功能分析	PN 提取难度高，对质谱检测质量要求高，微生物组蛋白数据库缺失

1.4 膜生物反应器膜污染机理

1.4.1 膜污染类型及关键污染物

根据 MBR 膜污染物的生物和化学特性，膜污染可分为微生物污染、有机污染和无机污染。

（1）微生物污染

微生物污染是指在 MBR 长期运行过程中，微生物细胞或絮体在膜表面上的沉积和生长导致膜过滤性能下降的过程。微生物的膜污染潜能和生物膜形成能力与其细胞特性如亲疏水性、表面电荷和运动能力有关。有研究表明[10]，*Dermacoccus* 在膜上的黏附机理是细胞表面疏水性的作用，而 *Rhodopseudomonas* 的黏附是由于其细胞表面电荷辅助，*Sphingomonas* 较强的移动能力在介导其膜表面吸附过程中发挥重要的作用。此外，通过评估从生物滤饼层上分离的 41 株菌的膜污染潜能，Ishizaki 等[11]发现，污染潜能较大菌株最显著的特征是能够形成凸起的菌落、具有光滑并带光泽表面，其含水量、亲水性有机物和碳水化合物含量较高。微生物污染从单个细胞或细胞聚集体在膜表面的沉积开始，然后细胞增殖并形成生物滤饼层。微生物细胞在膜表面的沉积可以通过 SEM、CLSM、AFM 和 DOTM 等技术来表征分析。

（2）有机污染

有机污染是由 PS、PN、HS 和其他有机物（可溶的或胶体）在膜表面的沉积而引起的。在 MBR 中，PS、PN 和 HS 被认为是关键的有机污染物。PS 具有较高的膜污染潜能主要归因于其具有凝胶特性。并且，污水中二价或多价态金属阳离子对多糖中的羧基具有较高的配位能力，使得 PS 的凝胶作用大大增强，加重 PS 的膜污染潜能。此外，在污染形成过程中 PN 和 HS 的参与使得膜污染形成更加复杂。HS 可以通过疏水和静电相互作用与其他类型的化合物（PS 和 PN）结合在一起，进而影响膜污染过程。膜污染过程通常是膜与污染物之间以及污染物与污染物之间的相互作用过程。在污染过程中，疏水的腐殖质吸附到膜上，改变了膜表面特性，使膜孔变窄，进而加重了亲水性污染物如 PS 的沉积。由于 MBR 系统中较为复杂的体系会引起污染物间的协同作用，因此揭示不同污染物之间的相互作用对膜污染控制具有重要意义。

（3）无机污染

无机污染是由无机晶体或无机 - 有机复合物在膜表面的沉积所致 [1]。无机污染可以通过两种方式形成：化学沉积和生物沉积。在 MBR 中存在大量的阳离子和阴离子，如 Ca^{2+}、Mg^{2+}、Al^{3+}、Fe^{3+}、CO_3^{2-}、SO_4^{2-}、PO_4^{3-}、OH^-等。浓差极化现象会导致膜表面盐的浓度升高，当盐的浓度超过饱和浓度时就会发生化学沉淀。而生物聚合物中包含大量可电离基团，如 COO^-、CO_3^{2-}、SO_4^{2-}、PO_4^{3-}、OH^-等，金属离子很容易被这些带负电的基团捕获。当污水中的金属离子通过膜时，通过配位和电荷中和作用被生物滤饼层捕获，从而加速膜污染。由于具有多种不同的化学官能团，生物聚合物能与一些金属离子发生螯合作用或架桥作用最终加速生物滤饼层的形成。但少量金属离子的存在对污泥的絮凝能力有积极的作用，其可以与污泥混合液中的溶解性微生物产物（soluble microbial product，SMP）通过架桥作用形成更大的污泥絮体，并减少了混合液中的 SMP 的浓度，因而具有减轻膜污染的作用。此外，MBR 中存在的微细无机颗粒也会附着在膜表面或造成膜孔堵塞，从而导致无机污染。

1.4.2　膜污染机理及其动态变化过程

MBR 膜污染可归因于膜孔堵塞和膜表面生物滤饼层的形成，而后者通常是膜阻力的主要构成。膜污染机理主要可分为以下几种 [1]：

① 污泥混合液中的生物聚合物和胶体颗粒等在膜孔内或膜表面的吸附造成膜孔堵塞；

② 污泥絮体在膜表面的沉积和吸附；

③ 膜表面形成生物滤饼层及滤饼层的压实；

④ 在长期操作过程中滤饼层的空间结构和化学组成变化。

总而言之，膜污染的发展是微生物、胶体、溶质和细胞碎片在膜孔和膜表面的沉积和积聚的过程。如图 1-9 所示（书后另见彩图），膜污染的发展通常可分为以下 3 个阶段：

① 初始阶段 TMP 的短暂快速升高。过滤初始阶段，膜污染物造成的膜孔堵塞及其在膜表面的黏附是造成 TMP 快速升高的原因。

② 长期的 TMP 缓慢升高。膜污染物在膜表面逐渐形成滤饼层。

③ TMP 急剧上升，出现 TMP 跃迁，这主要归因于滤饼层物理化学结构的变化导致局部通量高于临界通量，使得 TMP 短时间内急剧升高。

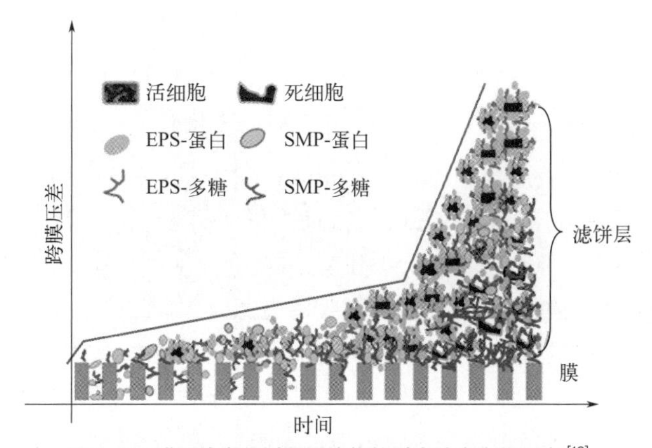

图 1-9 膜污染发展过程污染物的时空动态变化示意[12]

EPS—extracellular polymeric substance，胞外聚合物

在 MBR 运行过程中，膜污染滤饼层的发展主要是微生物和生物聚合物沉积和脱落的动态变化过程。因此，生物滤饼层本质上是一种特殊形式的生物膜，具有生物聚合物含量高的特点，但与传统污水处理中的生物膜有很大的区别。尽管如此，由于溶解氧和底物的浓度梯度，生物滤饼层中微生物的生理生态具有异质性。如在滤饼层底层中，由于溶解氧被耗尽，微生物细胞活性较低甚至处于死亡状态。一般来讲，随着生物滤饼层厚度的增加，其中死细菌占比显著增加。尤其在严重污染阶段，生物滤饼层底层的死亡细胞导致大量的生物聚合物和微生物产物的释放和积累，从而导致 PS 和 PN 在生物滤饼层上形成浓度梯度。

1.5 膜生物反应器膜污染控制

1.5.1 膜污染影响因素

影响膜污染的关键因素主要分为膜材料的理化性质、污泥混合液性质、进水水质和操作条件四类[1]。

（1）膜材料的理化性质

如膜材质、孔径、亲疏水性、孔隙率、荷电性等，会对膜污染产生较大影响。通常情况下，亲水性较强的膜对于疏水性污染物具有较好的抗污染效果，但是研究学者发现在处理生活污水时，亲水性膜表面也会形成致密的滤饼层，这主要是因为多糖等亲水物质的沉积。具有较强荷电性的膜对于带相同电荷的污染物由于静电排斥作用而具有较好的抗污染性，而对于带相反电荷的污染物，由于静电吸引作用而使污染物容易沉积在膜表面或膜孔。

（2）污泥混合液性质

如污泥浓度、胞外聚合物（EPS）和 SMP 的浓度和性质、污泥粒径分布和亲疏水性等。有研究认为，当混合液悬浮固体浓度（mixed liquor suspended solids，MLSS）浓度低于 6g/L 时，膜污染速率随着 MLSS 浓度升高而降低，而当 MLSS 浓度高于 15g/L 时，膜污染速率随着 MLSS 浓度升高而增加，MLSS 浓度介于 8 ～ 12g/L 时与膜污染无明显关联[13]。污泥混合液中的 EPS 和 SMP 是主要膜污染源，因此 EPS 和 SMP 的浓度和性质对膜污染具有重要的影响。当污泥含有较高浓度的 EPS 和 SMP 时其絮凝性能差导致沉降性能差，因此会增加滤饼层阻力，加速膜污染的进程。此外，污泥混合液的黏度、粒度分布、疏水性 / 荷电性和有机负荷等都对膜污染过程产生较大的影响。

（3）进水水质

一般认为是通过影响污泥混合液的理化性质而影响膜污染。例如，当进水中的盐度较高时膜污染速率会加快。

（4）影响膜污染的操作条件

主要有溶解氧、温度、SRT 和 HRT 等。

1.5.2 膜污染控制方法

根据膜污染与反应参数的互作关系，膜污染控制方法一般可划分为物理法、化学法和生物法 3 种类型。

（1）物理法控制

物理法一般包括曝气冲刷、机械冲刷和超声振动等几种方法。曝气冲刷是一种广泛应用的膜清洗方法。曝气引起的错流速率或剪切力可以去除膜表面的可逆污染。曝气强度的增加可以使错流速率和剪切力增加，从而提高其清洗效率。然而，曝气产生的能耗约占

MBR运行总能耗的50%。因此，优化曝气，包括曝气速率、气泡大小和曝气模式，对于膜污染控制和减少能耗都至关重要。在总曝气速率相同情况下，间歇曝气与连续曝气相比对膜污染的控制效果更佳。机械冲刷是指向MBR中加入硬质颗粒，使MBR污泥混合液的水力条件得到增强从而缓解膜污染。机械冲刷控制膜污染的作用机制主要包括：a. 除增强水力冲刷外，硬质颗粒对膜表面直接的机械冲刷；b. 颗粒材料对污泥混合液中EPS和SMP的吸附；c. 产生疏松多孔的生物滤饼层。超声波可以在非均相的固液系统中产生声流、微流以及微射流和冲击波等，从而使得污染物从膜表面脱落。在一定范围内，提高超声功率密度能提高清洗效率，但超过一定范围可能会对膜造成损伤。

（2）化学法控制

化学清洗是实际膜污染控制中最常用且有效的方法。它是指利用化学试剂，如酸（HCl、H_2SO_4、柠檬酸）、碱（NaOH）、氧化剂（NaClO、H_2O_2）、螯合剂以及表面活性剂等，去除可逆和不可逆的膜污染。化学清洗通常可分为原位清洗和异位清洗。只有当膜受到严重污染时才进行异位清洗，清洗时膜组件从膜池中取出放置于清洗池中，采用化学试剂浸泡以恢复通量。原位化学反洗指在不转移膜组件的情况下对膜进行反冲洗，因其在恢复通量和降低异位清洗频率等方面表现出独特的优势，在MBR污水处理厂被广泛用来控制膜污染。在化学清洗过程中，清洗的效果主要取决于化学清洗剂与膜表面或膜孔中沉积的污染物之间的化学反应，例如碱或酸主要通过增溶或水解等作用来改变膜污染物的特性，氧化剂通过氧化膜污染物的某些特定官能团，直接破坏膜污染物的成分和结构。

（3）生物法控制

近年来发展的生物法被认为是膜污染控制的绿色可持续技术[14-16]。生物控制方法主要包括群体淬灭、生物聚合物的生物降解和原生/后生动物捕食等。群体淬灭（quorum quenching，QQ）在膜污染控制中受到了广泛的关注[15]。QQ对膜污染的控制主要通过以下方式实现：a. 抑制信号分子脂肪酰基高丝氨酸内酯（acyl homoserine lactones，AHL）的合成；b. 酶促降解AHL信号分子；c. 阻断输送或接受AHL信号。韩国国立首尔大学Lee教授团队首次对基于QQ的生物控制方法进行了广泛的研究，筛选出能够有效降解AHL分子的红球菌 *Rhodococcus* sp. BH4并先后开发了磁性酶载体[17]等方法，这些方法在MBR膜污染控制方面显示出较强的潜力。膜污染关键组分如PS和PN均可被活性污泥中的微生物所降解，因此筛选对膜污染物的高效降解菌并借助其原位去除膜污染物也是一种有效的膜污染控制技术。具有PS和PN降解能力的细菌普遍存在于活性污泥中，但是它们在MBR中丰度较低，因此从活性污泥中分离并富集出高效的PS/PN降解菌将是此方向研究的重点。原生动物和后生动物是细菌的主要捕食者，两者都广泛存在于活性污泥系统中。线虫的蠕动可以促进滤饼层形成多孔和海绵状的结构，从而延缓膜污染[18]。原生动物和后生动物除了捕食滤饼层的微生物以及通过蠕动使生物滤饼层脱落外，它们的存在还使得污泥混合液和滤饼层中的食物链更加丰富，从而有效促进膜污染物的降解。

参考文献

[1] Meng F，Chae S R，Drews A，et al. Recent advances in membrane bioreactors（MBRs）：Membrane fouling and membrane material[J]. Water Research，2009，43（6）：1489-1512.

[2] 黄霞，文湘华 . 水处理膜生物反应器原理与应用 [M]. 北京：科学出版社，2017.

[3] Yamamoto K，Hiasa M，Mahmood T，et al. Direct solid-liquid separation using hollow fiber membrane in an activated sludge aeration tank[J]. Water Pollution Research and Control Brighton，1988：43-54.

[4] 王志伟，吴志超 . 膜生物反应器污水处理理论与应用 [M]. 北京：科学出版社，2022.

[5] Xiao K，Xu Y，Liang S，et al. Engineering application of membrane bioreactor for wastewater treatment in China：Current state and future prospect[J]. Frontiers of Environmental Science and Engineering，2014，8（6）：805-819.

[6] Xiao K，Liang S，Wang X，et al. Current state and challenges of full-scale membrane bioreactor applications：A critical review[J]. Bioresource Technology，2019，271：473-481.

[7] Judd S J. The status of industrial and municipal effluent treatment with membrane bioreactor technology[J]. Chemical Engineering Journal，2016，305：37-45.

[8] Huang H，Young T A，Jacangelo J G. Unified membrane fouling index for low pressure membrane filtration of natural waters：Principles and methodology[J]. Environmental Science and Technology，2008，42（3）：714-720.

[9] Meng F，Liao B，Liang S，et al. Morphological visualization，componential characterization and microbiological identification of membrane fouling in membrane bioreactors（MBRs）[J]. Journal of Membrane Science，2010，361（1-2）：1-14.

[10] Pang C M，Hong P，Guo H，et al. Biofilm formation characteristics of bacterial isolates retrieved from a reverse osmosis membrane[J]. Environmental Science & Technology，2005，39（19）：7541-7550.

[11] Ishizaki S，Fukushima T，Ishii S，et al. Membrane fouling potentials and cellular properties of bacteria isolated from fouled membranes in a MBR treating municipal wastewater[J]. Water Research，2016，100：448-457.

[12] Meng F，Zhang S，Oh Y，et al. Fouling in membrane bioreactors：An updated review[J]. Water Research，2017，114：151-180.

[13] Le-Clech P，Chen V，Fane T A G. Fouling in membrane bioreactors used in wastewater treatment[J]. Journal of Membrane Science，2006，284（1-2）：17-53.

[14] Xiong Y H，Liu Y，Biological control of microbial attachment：A promising alternative for mitigating membrane biofouling[J]. Applied Microbiology and Biotechnology，2010，86（3）：825-837.

[15] Lade H，Paul D，Kweon J H. Quorum quenching mediated approaches for control of membrane biofouling[J]. International Journal of Biological Sciences，2014，10（5）：547-562.

[16] Lilian M，Pierre L C，Vrouwenvelder J S，et al. Do biological-based strategies hold promise to biofouling control in MBRs?[J]. Water Research，2013，47（15）：5447-5463.

[17] Yeon K M，Lee C H，Kim J. Magnetic enzyme carrier for effective biofouling control in the membrane bioreactor based on enzymatic quorum quenching[J]. Environmental Science & Technology，2009，43（19）：7403-7409.

[18] Jabornig S，Podmirseg S M. A novel fixed fibre biofilm membrane process for on-site greywater reclamation requiring no fouling control[J]. Biotechnology and bioengineering，2015，112（3）：484-493.

第2章

腐殖酸的超滤膜污染行为

溶解性有机物（dissolved organic matter，DOM）是天然水体中的重要组分，其结构十分复杂且形态各异[1]。DOM的广泛存在会导致水体色度的升高，其还与消毒药剂反应生成消毒副产物。因此，为了降低DOM带来的不利影响，通常采用混凝/絮凝、活性炭过滤、磁性离子交换树脂、高级氧化技术和膜处理等技术对其加以处理[2]。超滤膜处理技术能够有效地去除水体中的DOM，但DOM会造成膜污染而降低水处理效率[3]。研究认为，自然水体中的DOM大部分由腐殖酸（humic acid，HA）组成，其占了水体中溶解性有机碳（dissolved organic carbon，DOC）的60%～90%[4]。因此，探索HA的膜污染行为具有重要的意义。本研究使用UV-vis光谱分析技术研究HA分子在不同pH值和Ca^{2+}浓度条件下的变化情况，同时运用该技术表征HA的超滤膜污染行为。

2.1 关键技术手段

选取两种国际标准的HA作为研究对象，即Aldrich化学药品公司的腐殖酸（AHA）和购买于国际腐殖质协会的Pahokee Peat腐殖酸（PPHA）。AHA和PPHA溶液浓度为10mg DOC/L。分别研究了HA在不同pH值（6，7，9）和Ca^{2+}浓度（0mmol/L，2mmol/L，4mmol/L，6mmol/L，8mmol/L，10mmol/L）条件下的光谱特征和膜污染行为。

通过死端过滤实验，使用UMFI评估HA的膜污染潜能。具体计算方法参见1.3.1部分。

采用日本岛津公司的紫外可见（UV-vis）分光光度计检测HA水样在200～800nm波长的吸收光谱值，使用1cm的石英比色皿装载样品，通过式（2-1）将检测所得的光谱吸收值转化为吸收系数。

$$a = 2.303\frac{A}{L} \tag{2-1}$$

式中 a——吸收系数，m^{-1}；

A——光谱吸收值；

L——光程长度，m。

光谱特征参数 $S_{275\sim295}$ 和 $S_{350\sim400}$ 分别表示自然对数处理的吸收系数在 275 ～ 295nm 和 350 ～ 400nm 波长范围内的线性回归方程斜率值，S_R 为 $S_{275\sim295}$ 与 $S_{350\sim400}$ 的比值。

光谱特征参数 ln$A$ 的差值（Dln$A$）和 DSlope$_{325\sim375}$ 可由以下公式计算：

$$D\ln A_i(\lambda) = \ln A_i(\lambda) - \ln A_{\text{ref}}(\lambda) \tag{2-2}$$

$$D\text{Slope}_{325\sim375} = \text{Slope}_{325\sim375,i} - \text{Slope}_{325\sim375,\text{ref}} \tag{2-3}$$

式中 $A_i(\lambda)$ 和 $A_{\text{ref}}(\lambda)$ ——含有 Ca^{2+} 和不含 Ca^{2+} 的水样的光谱吸收值；

$\text{Slope}_{325\sim375,i}$ ——自然对数处理的含 Ca^{2+} 水样的吸收值在 325 ～ 375nm 波长范围内的线性回归方程斜率值；

$\text{Slope}_{325\sim375,\text{ref}}$ ——不含 Ca^{2+} 水样的光谱斜率值。

2.2 Ca^{2+} 对 HA 的 UV-vis 吸收光谱的影响

将不同 pH 值和 Ca^{2+} 浓度条件下的 HA 的 UV-vis 吸收光谱数据进行自然对数处理得图 2-1（书后另见彩图），并使用式（2-2）处理对数转换的光谱数据以揭示 Ca^{2+} 对于 HA 水样吸收光谱的影响。从图 2-2（书后另见彩图）中可知，差值对数转换吸收光谱值（Dln$A$）随着 Ca^{2+} 浓度的增大而上升，在 400 ～ 550nm 波长范围的增幅尤为明显。

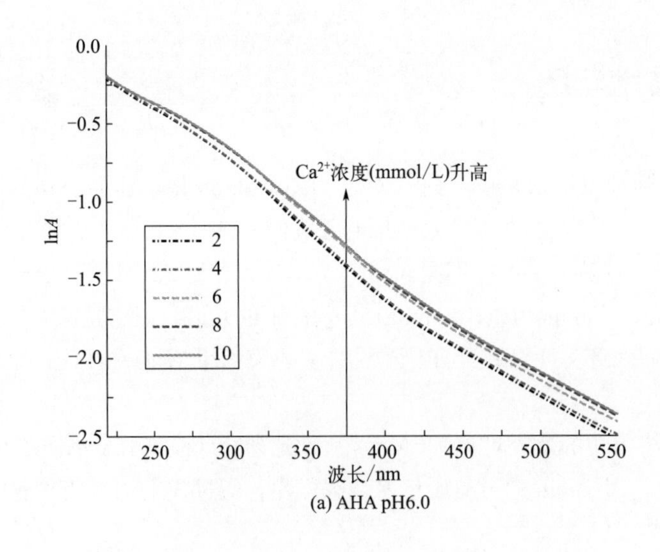

(a) AHA pH6.0

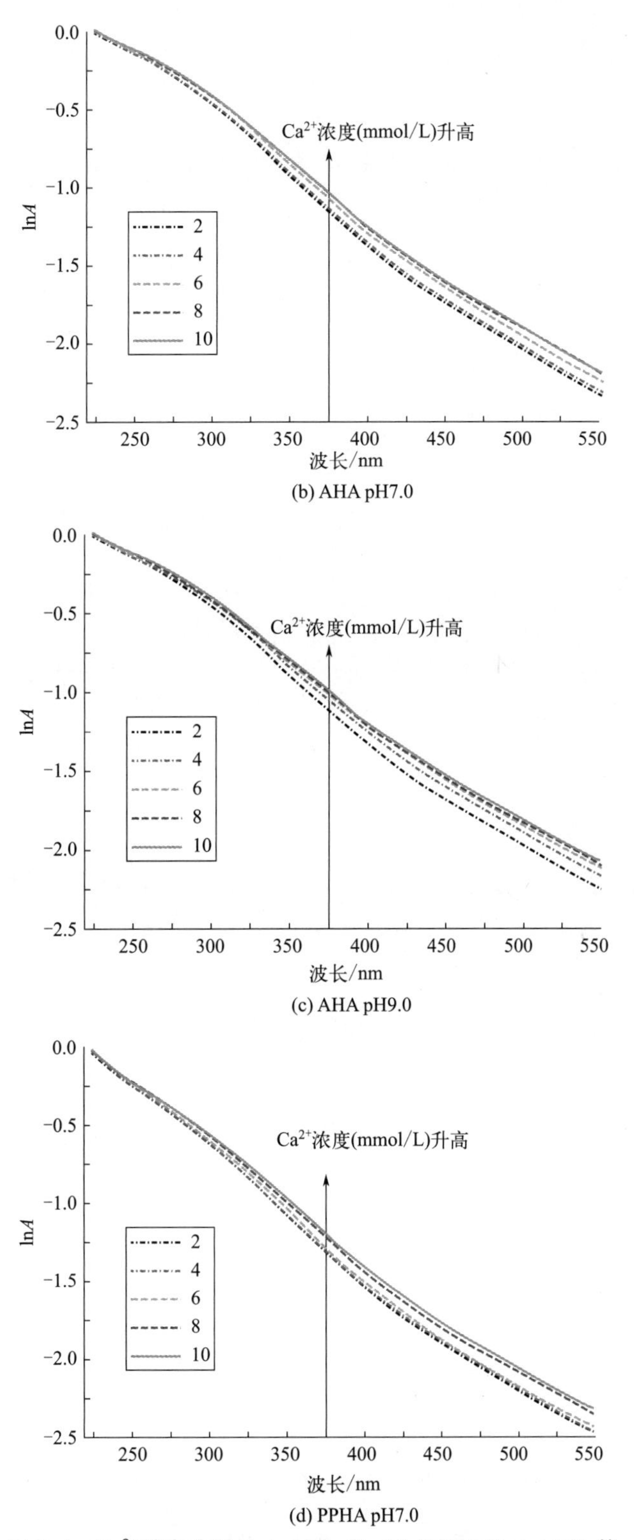

图 2-1　Ca^{2+} 浓度对 AHA（pH 6、7、9）和 PPHA（pH 7）的自然对数处理吸收光谱（ln*A*）的影响

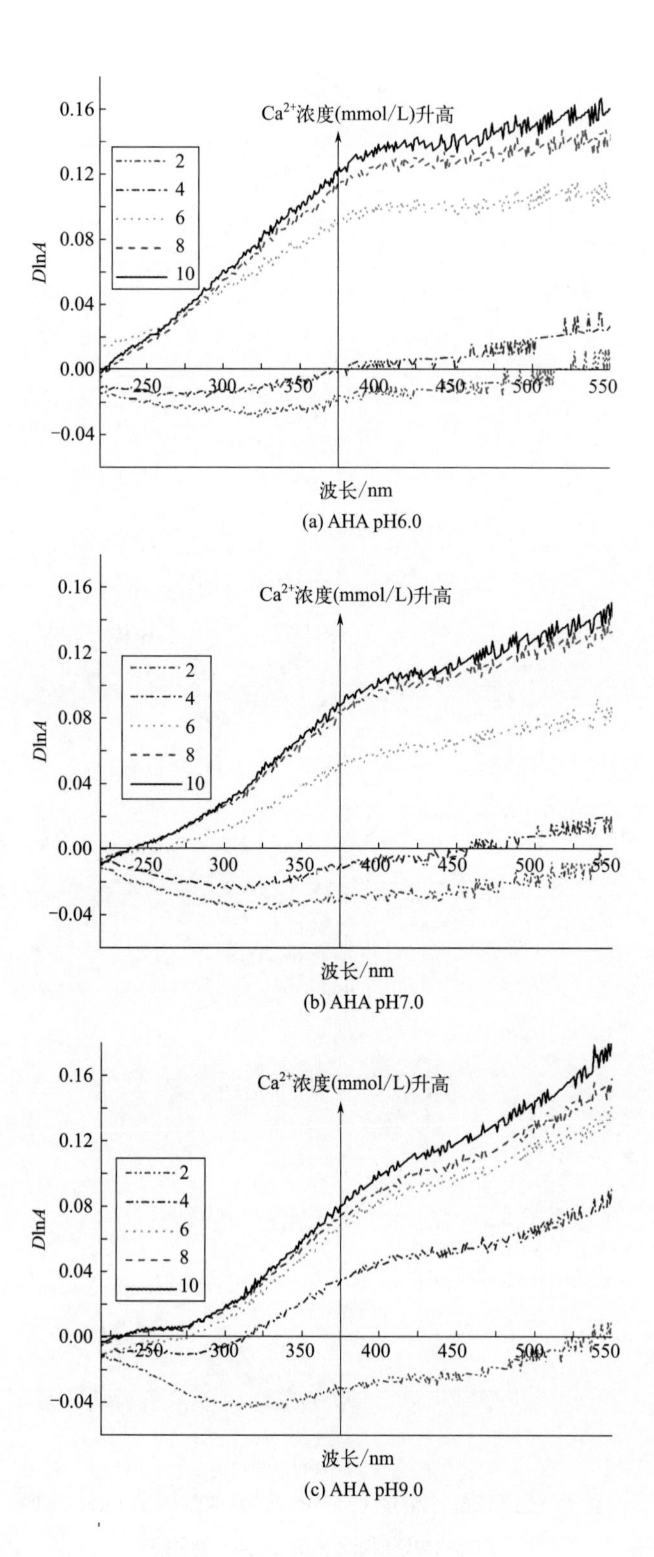

(a) AHA pH6.0

(b) AHA pH7.0

(c) AHA pH9.0

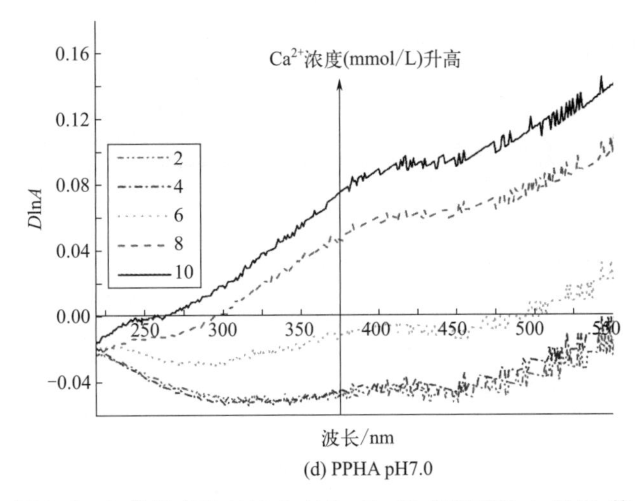

图 2-2　Ca^{2+} 浓度对 AHA（pH 6、7、9）和 PPHA（pH 7）的差值对数转换吸收光谱值（*D*ln*A*）的影响

通过使用软件 Visual MINTEQ 中的 NICA-Donnan 模型模拟 Ca^{2+} 与 AHA 和 PPHA 的配合，得出 Ca^{2+} 吸附到 HA 分子上的理论浓度（HA-Ca 浓度）。为了考察光谱特征参数 $D\text{Slope}_{325\sim375}$ 能否表征 Ca^{2+} 与 HA 的配合程度，将 AHA 和 PPHA 的 $D\text{Slope}_{325\sim375}$ 与 Ca^{2+} 的投加浓度和模拟 HA-Ca 络合浓度之间建立联系。从图 2-3 可知，HA 溶液的 $D\text{Slope}_{325\sim375}$ 值随着 Ca^{2+} 浓度和 HA-Ca 浓度的上升而增加；根据相关性分析，它们在 0.01 或者 0.05 的水平上呈显著正相关。此外，在给定 Ca^{2+} 浓度的情况下，AHA 溶液的 $\text{DSlope}_{325\sim375}$ 值在碱性条件（pH 9）下最大，中性条件（pH 7）次之，酸性条件（pH 6）下最小。由图 2-3 可知 AHA 在实验设定 pH 值环境中配合 Ca^{2+} 的能力遵循以下顺序：pH 9 ＞ pH 7 ＞ pH 6。理论上，HA 分子的官能团在酸性条件下会发生质子化，并由此减少了金属离子的结合位点；而碱性条件下 HA 会发生去质子化，其金属离子的结合位点也会随之增加。中性条件下，AHA 的 $D\text{Slope}_{325\sim375}$ 值高于 PPHA；根据 NICA-Donnon 模型的模拟可知，AHA 结合 Ca^{2+} 的能力也高于 PPHA，且 AHA 相比 PPHA 具有更多的羧基（0.0595mmol/L 相比于 0.0589mmol/L）和羟基基团（0.0482mmol/L 相比于 0.0477mmol/L）。因此，AHA 比 PPHA 具有更多的 Ca^{2+} 结合位点。上述结果表明光谱特征参数 $D\text{Slope}_{325\sim375}$ 具备表征 Ca^{2+} 与 HA 配合程度的能力。

采用平均截留分子量（molecular weight cut-offs，MWCOs）分别为 3000、10000 和 100000 的 Macrosep® 超滤离心管对 HA 溶液进行分子量分级，考察 Ca^{2+} 投加浓度对 HA 的分子量分布的影响（图 2-4）。随着 Ca^{2+} 浓度的上升，HA 中分子量小于 3000 的组分变化不明显，3000 ～ 100000 分子量区间的组分呈现下降趋势，而 100000 以上的 HA 含量出现明显上升。HA 溶液的分子量因为 Ca^{2+} 与 HA 分子之间架桥作用的增强而逐渐增大。由此可知，Ca^{2+} 投加浓度的上升会引起 HA 分子量的增加。

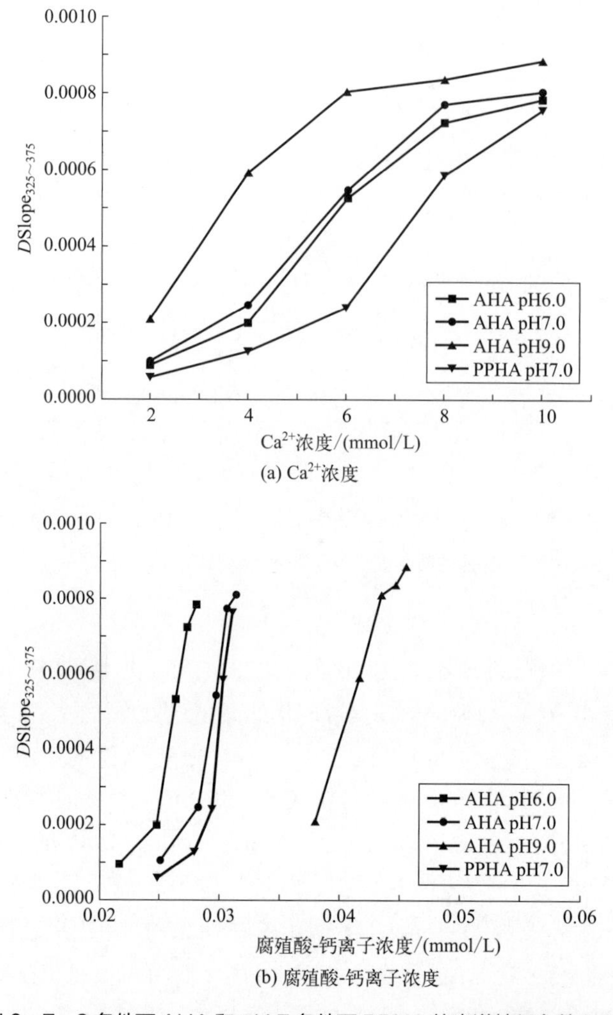

(a) Ca^{2+}浓度

(b) 腐殖酸-钙离子浓度

图 2-3 pH 6、7、9 条件下 AHA 和 pH 7 条件下 PPHA 的光谱特征参数 $DSlope_{325\sim375}$ 与 Ca^{2+} 的投加浓度或腐殖酸 - 钙离子浓度之间的关系

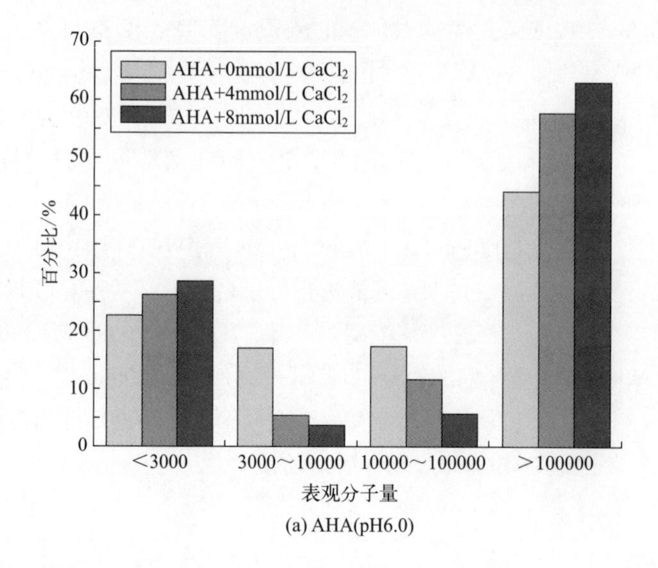

(a) AHA(pH6.0)

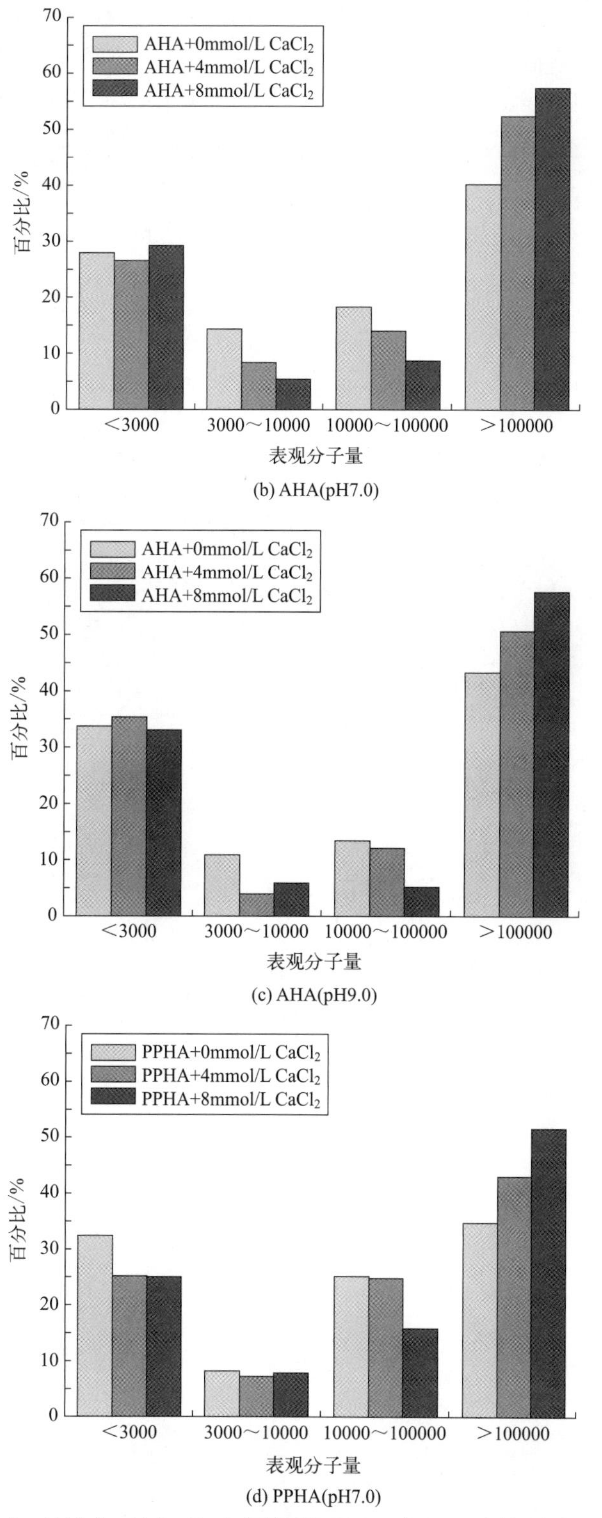

图 2-4　AHA 在 pH 6、7、9 条件下和 PPHA 在 pH 7 条件下投加 Ca^{2+} 浓度为 0mmol/L、4mmol/L 和 8mmol/L 的分子量分布图

采用 MWCOs 为 3000、10000 和 100000 的超滤离心管对 HA 进行分子量分级

Helms等[5]发现光谱特征参数$S_{275\sim295}$和S_R可用于表征水体中DOM的分子量变化情况，即水体的$S_{275\sim295}$和S_R值下降表示水体中DOM分子量上升。为了验证这两个参数对于本研究的适用性，采用不同MWCOs的超滤离心管对HA溶液进行分子量分级，并检测分级溶液的UV-vis吸收光谱值及计算相应的光谱特征参数$S_{275\sim295}$和S_R。由图2-5可知，HA溶液含有的大分子量物质越多，其相应的$S_{275\sim295}$和S_R值越小。由此可知，光谱特征参数$S_{275\sim295}$和S_R可用于表征实验中HA溶液分子量的变化情况。

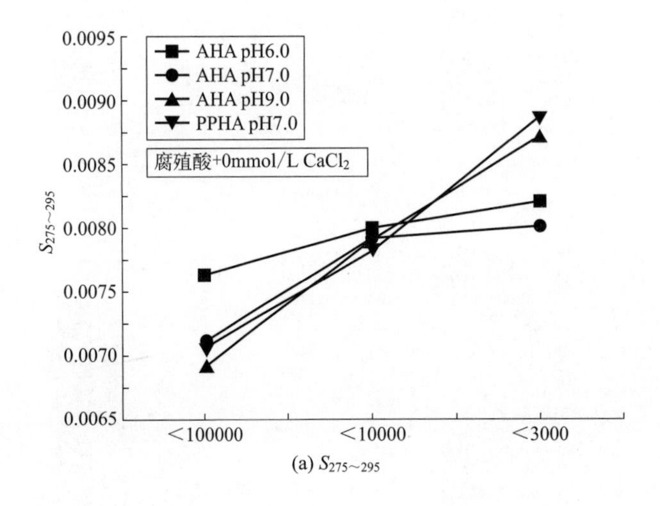

(a) $S_{275\sim295}$

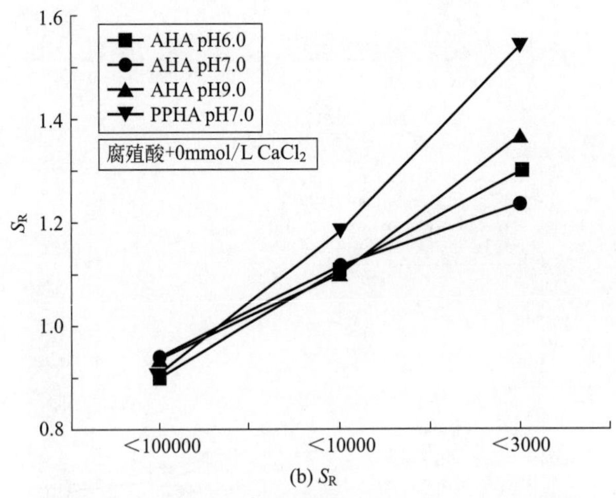

(b) S_R

图2-5 HA中不同分子量组分的$S_{275\sim295}$和S_R值

由图2-6可知，HA溶液的$S_{275\sim295}$和S_R值随着Ca^{2+}浓度和HA-Ca浓度的上升而减小，表明HA的分子量随着Ca^{2+}的加入而上升。如上所述，Ca^{2+}浓度的上升会使得越来越多的Ca^{2+}结合到HA官能团的位点上，并发挥架桥作用，这是HA溶液分子量上升的重要原因。在固定Ca^{2+}浓度的情况下，AHA溶液的$S_{275\sim295}$和S_R值随着pH值的上升而下降，即AHA的分子量随pH值的上升而升高。根据之前的分析，这与高pH值下HA分子的去质子化有关。另外，中性条件下AHA溶液的$S_{275\sim295}$和S_R值低于PPHA，即AHA溶液的分子量高于PPHA。由NICA-Donnon模型分析可知，AHA分子上有利于Ca^{2+}结合的羧基和羟基官能团的数量多于PPHA。因此，在等量Ca^{2+}的作用下，AHA溶液的分子量会高于PPHA。由相关性分析可知，光谱特征参数$S_{275\sim295}$和S_R值与Ca^{2+}的投加浓度和HA-Ca浓度在0.01或者0.05的水平上呈显著负相关。上述实验结果表明，HA溶液$S_{275\sim295}$和S_R值的变化可反映其分子量的变化情况。另外，由相关性分析可知，光谱特征参数$D\text{Slope}_{325\sim375}$、$S_{275\sim295}$和$S_R$三者之间基本上在0.01的水平上显著相关，表明$D\text{Slope}_{325\sim375}$也具备表征HA溶液分子量变化的能力。

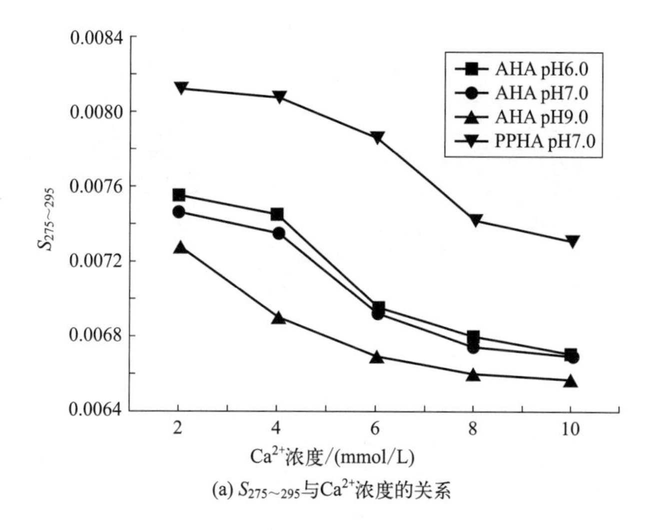

(a) $S_{275\sim295}$与Ca^{2+}浓度的关系

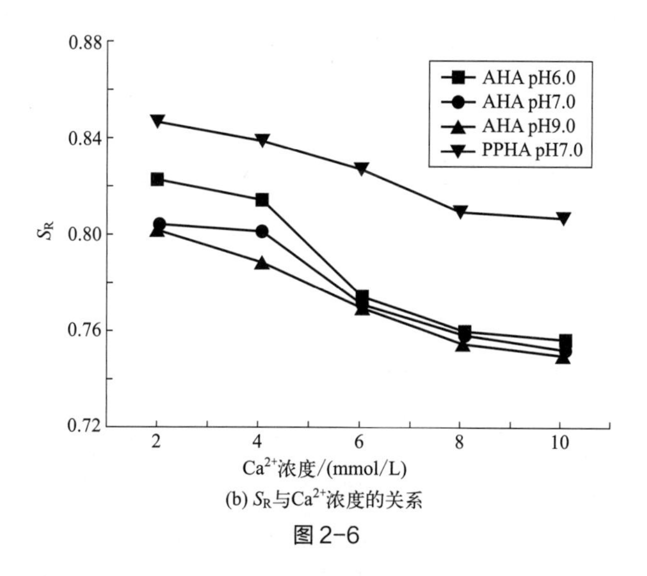

(b) S_R与Ca^{2+}浓度的关系

图2-6

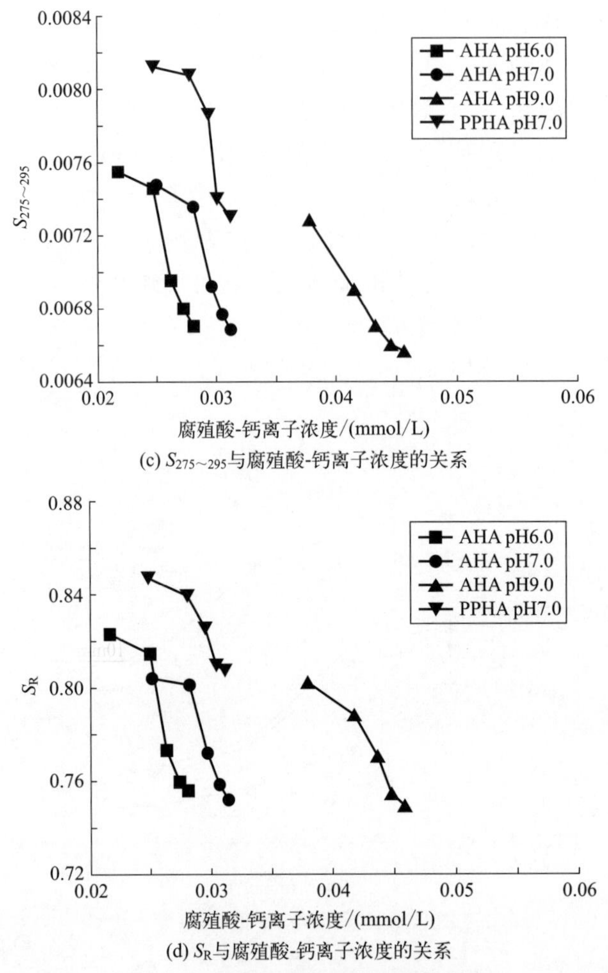

(c) $S_{275\sim295}$与腐殖酸-钙离子浓度的关系

(d) S_R与腐殖酸-钙离子浓度的关系

图 2-6　pH 6、7、9 条件下 AHA 和 pH 7 条件下 PPHA 的光谱特征参数 $S_{275\sim295}$ 和 S_R 与 Ca^{2+} 浓度或腐殖酸－钙离子浓度之间的关系

2.3　UV-vis 光谱参数表征 HA 膜污染行为

如图 2-7 所示，Ca^{2+} 浓度较低时（2mmol/L 和 4mmol/L），HA 溶液对超滤膜的通量造成严重影响，其在 140min 过滤过程中下降为初始通量的 40%。Ca^{2+} 的存在会降低 HA 分子间的排斥力，使得 HA 分子凝聚并在超滤膜表面形成致密的污染层。如 2.2 部分所述，Ca^{2+} 会在 HA 的官能团和膜材料之间产生架桥作用，进而增加 HA 在超滤膜表面的吸附污染。上述 Ca^{2+} 的作用都会加快超滤膜的污染并降低其通量。然而，当 Ca^{2+} 浓度从 4mmol/L 上升到 10mmol/L，归一化通量（J/J_0）曲线会发生上移，表明在较高 Ca^{2+} 浓度的作用下，HA 溶液对于超滤膜通量的影响变弱。此过程中，由于 HA 分子量的上升，使得超滤膜表面形成松散多孔的污染层，此污染层造成的膜阻较小，从而使得该条件下 HA 具有较高的过滤性能。

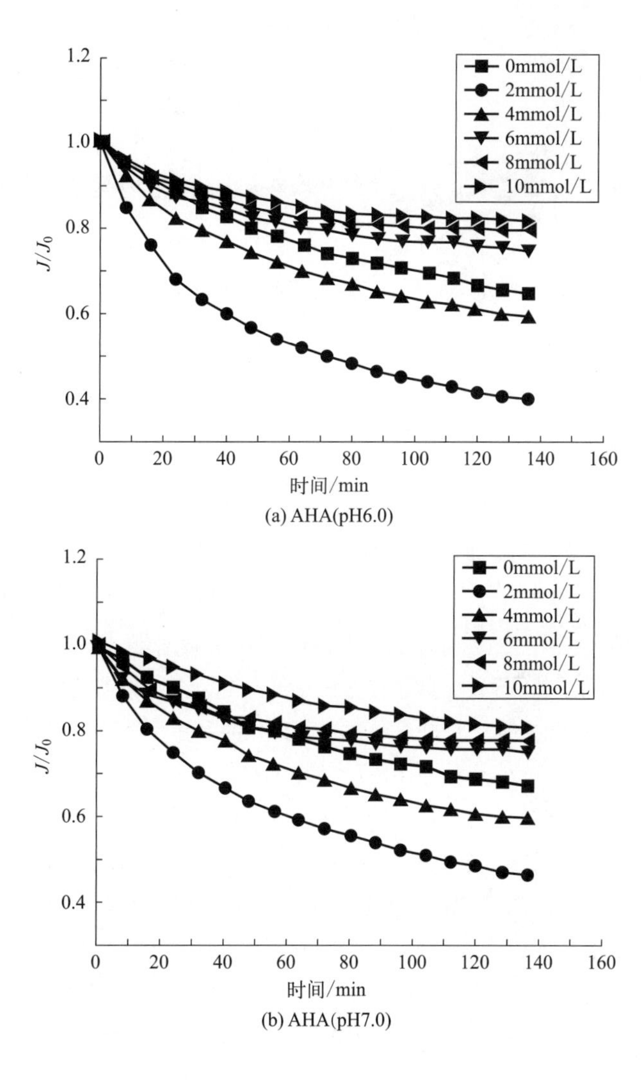

(a) AHA(pH6.0)

(b) AHA(pH7.0)

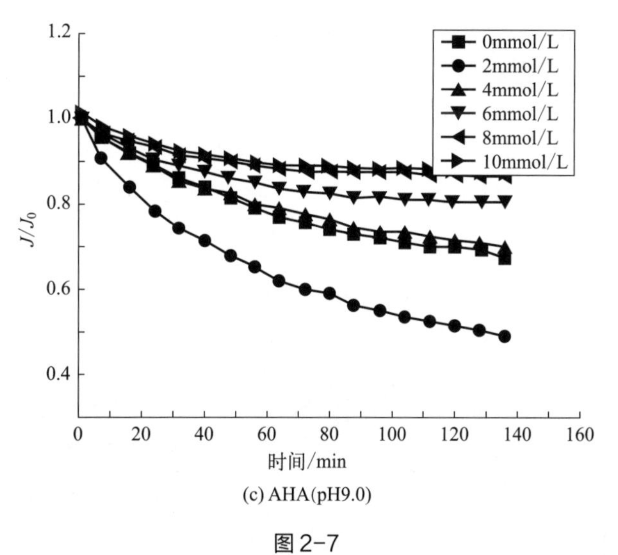

(c) AHA(pH9.0)

图2-7

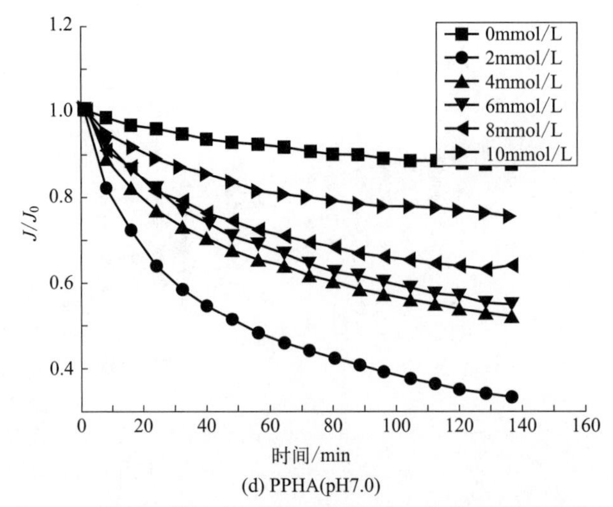

(d) PPHA(pH7.0)

图 2-7　不同 Ca^{2+} 浓度条件下 HA 溶液归一化膜通量的变化情况

为了研究 pH 值和 Ca^{2+} 浓度对 HA 溶液的超滤膜污染潜能的影响，将 UMFI 值与 Ca^{2+} 浓度 /HA-Ca 浓度之间建立联系。如图 2-8 所示，钙离子的投加浓度从 2mmol/L 提高到 10mmol/L 的过程中，UMFI 值逐渐下降。相比于中性和酸性条件，碱性条件（pH 9）下 AHA 溶液对膜通量的影响较小。碱性条件会使得 HA 上的羧基和羟基官能团发生去质子化，为 Ca^{2+} 提供更多的 HA 结合位点。HA 分子之间的架桥作用会增强，HA 表观分子量会增加，进而在超滤膜表面形成松散多孔的污染层，对膜通量的影响较小。相反，酸性条件会加剧 HA 溶液的膜污染。酸性条件使得 HA 分子的质子化作用增强，同时也提高了 HA 的疏水性，较小的 HA 分子增加了进入膜孔并且堵塞膜孔的风险；同时，氢键作用还会加强 HA 在膜表面的吸附，进一步加重超滤膜污染。另外，由图 2-8（a）可知，PPHA 溶液的 UMFI 高于 AHA，表明 PPHA 的膜污染潜能高于 AHA。考虑到 AHA 比 PPHA 具有更多的 Ca^{2+} 结合位点，在相同 Ca^{2+} 浓度的作用下，PPHA 配合的 Ca^{2+} 比 AHA 少，其形成物质的表观分子量也比 AHA 小。因此，PPHA 更容易造成膜孔堵塞且形成的污染层更为致密。

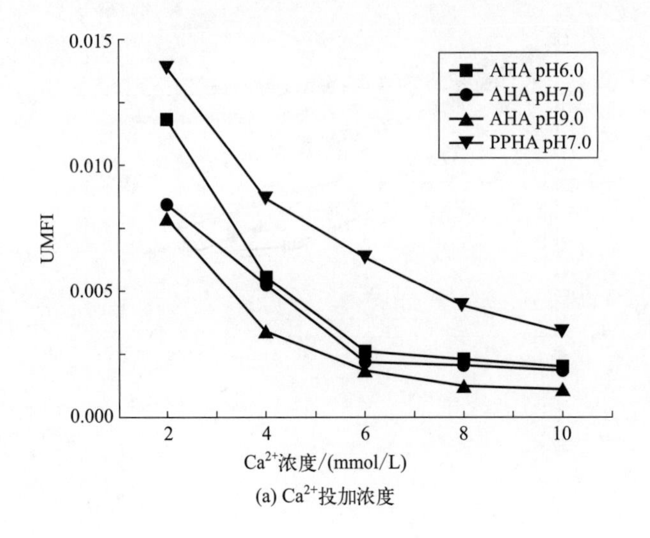

(a) Ca^{2+}投加浓度

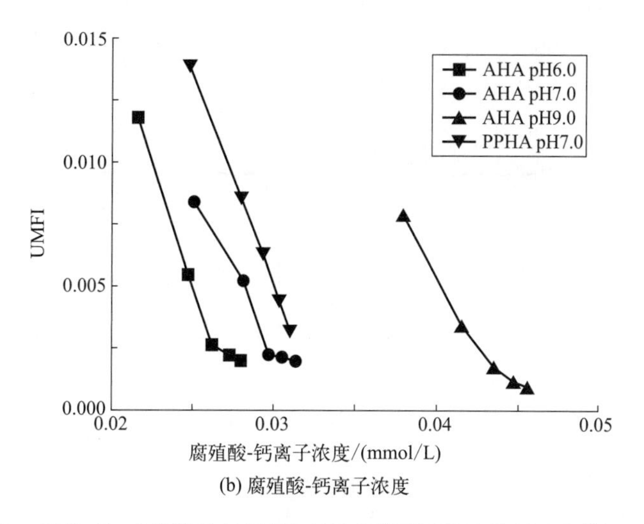

(b) 腐殖酸-钙离子浓度

图 2-8 pH 6、7、9 条件下 AHA 和 pH 7 条件下 PPHA 的 UMFI 值与 Ca^{2+} 的投加浓度或腐殖酸－钙离子浓度之间的关系

由于光谱特征参数（$DSlope_{325\sim375}$，$S_{275\sim295}$，S_R）和 UMFI 值都受到溶液分子量变化的影响，本研究尝试在光谱特征参数和 UMFI 值之间建立联系，以评估光谱特征参数表征膜污染的能力。如图 2-9 所示，随着 $DSlope_{325\sim375}$ 的增加，UMFI 值会发生下降；而伴随着 $S_{275\sim295}$ 和 S_R 的上升，UMFI 值上升。$DSlope_{325\sim375}$ 值的上升表明 Ca^{2+} 浓度的增加使得 HA 形成更大的聚合体。$S_{275\sim295}$ 和 S_R 的下降表明 HA 溶液分子量的上升，由此在膜面形成较为松散的污染层，相应的 UMFI 值也随之减小。根据相关性分析可知，光谱特征参数 $DSlope_{325\sim375}$、$S_{275\sim295}$、S_R 和 UMFI 之间在 0.01 或 0.05 的水平上显著相关，表明这 3 个光谱特征参数可用于表征 HA 溶液的超滤膜污染行为。

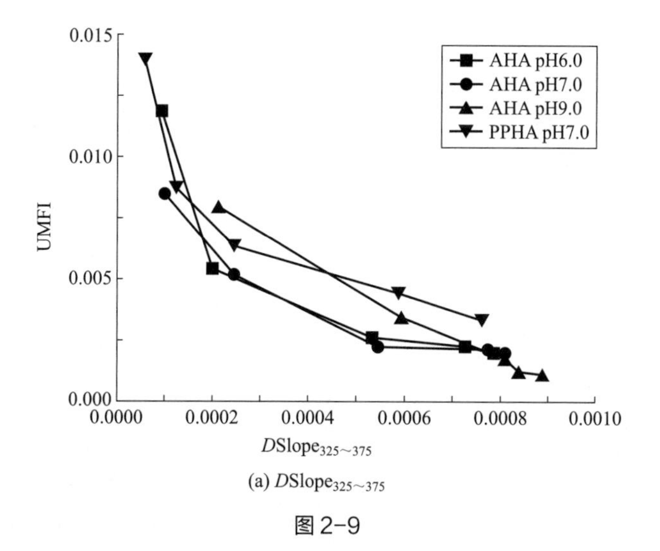

(a) $DSlope_{325\sim375}$

图 2-9

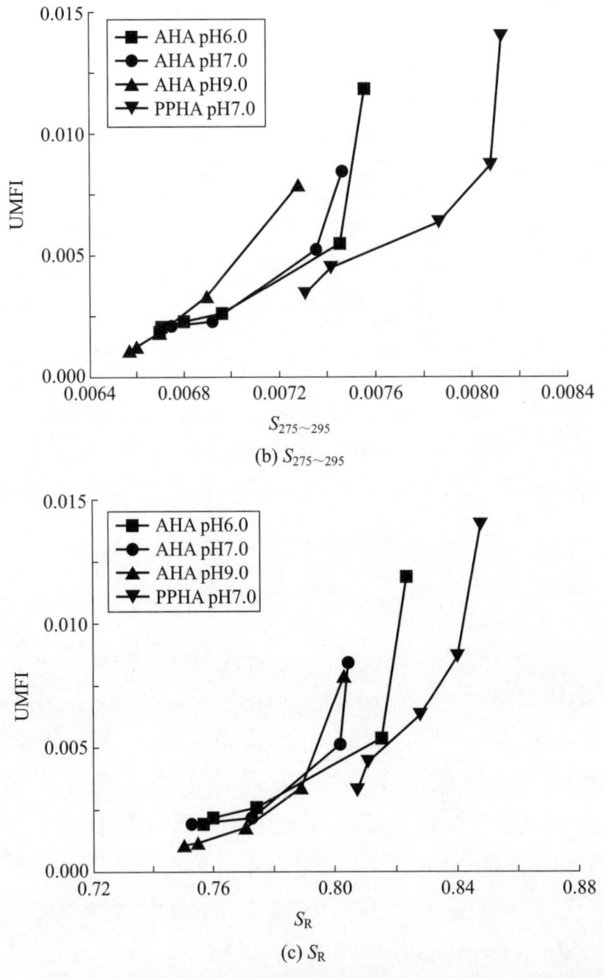

图 2-9　pH 6、7、9 条件下 AHA 和 pH 7 条件下 PPHA 的 UMFI 值与光谱特征参数 $DSlope_{325\sim375}$、$S_{275\sim295}$、S_R 之间的关系

2.4　UV-vis 光谱特征参数表征膜出水中 HA 分子量

通过检测滤液的光谱特征参数 $S_{275\sim295}$ 和 S_R 可以表征超滤膜截留 HA 的情况。如图 2-10 所示，$S_{275\sim295}$ 和 S_R 均随着过滤量的增加而逐渐上升，表明滤液中小分子物质的比例逐渐上升。如前所述，过滤 HA 溶液会造成膜孔堵塞和膜面污染层的积累，这两种污染过程都会增加 HA 中各组分的截留率。随着过滤的进行，上述两种污染作用逐渐加强，大分子物质的截留率上升而小分子物质的截留率不会明显增加。因此，滤液中小分子物质的比例会逐渐升高，其 $S_{275\sim295}$ 和 S_R 值也随之增大。

本研究中滤液的 $S_{275\sim295}$ 和 S_R 没有因 Ca^{2+} 浓度的增加而成比例增大。例如，在 pH 6 的环境中，不同 Ca^{2+} 浓度下 AHA 滤液 $S_{275\sim295}$ 和 S_R 的大小遵循以下顺序：10mmol/L > 6mmol/L > 2mmol/L > 4mmol/L > 8mmol/L > 0mmol/L。高浓度 Ca^{2+} 引起的 HA 分子集聚会

增加其在超滤膜上的截留，而低浓度 Ca^{2+} 引起的 HA 分子在膜孔中的堵塞也会增强 HA 的截留程度。分析滤液 $S_{275\sim295}$ 和 S_R 的变化可为解释膜的污染及其对 HA 分子的截留提供新的视角。

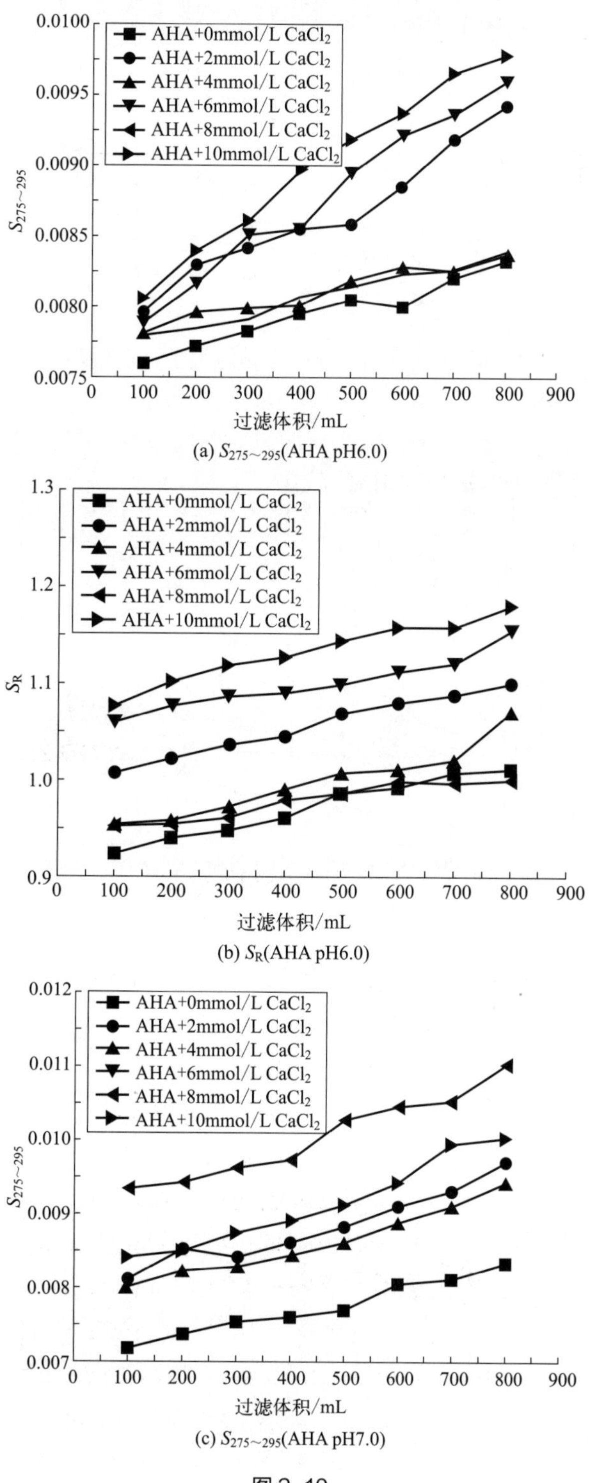

(a) $S_{275\sim295}$(AHA pH6.0)

(b) S_R(AHA pH6.0)

(c) $S_{275\sim295}$(AHA pH7.0)

图 2-10

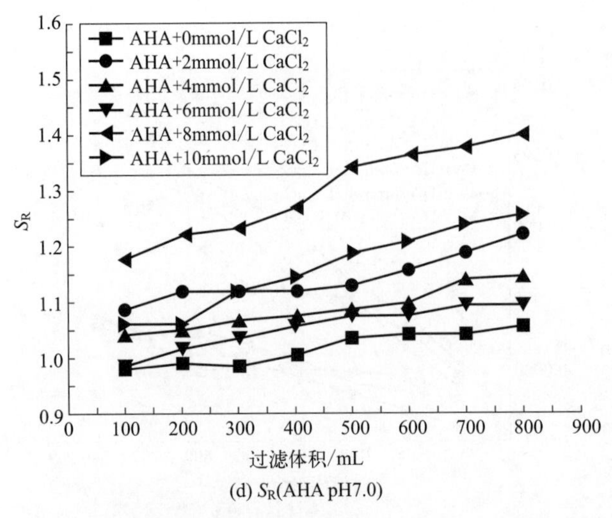

(d) S_R(AHA pH7.0)

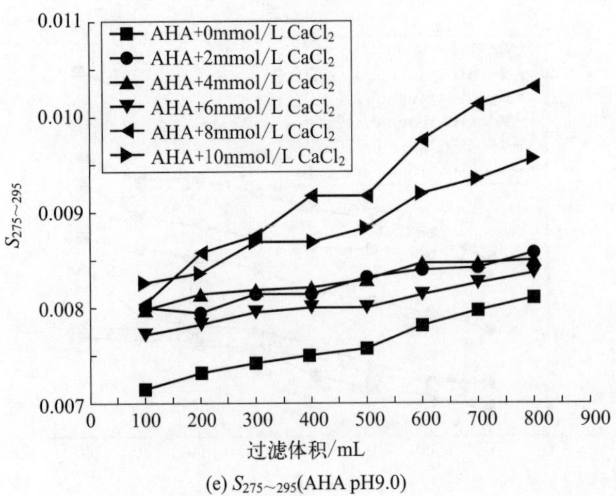

(e) $S_{275\sim295}$(AHA pH9.0)

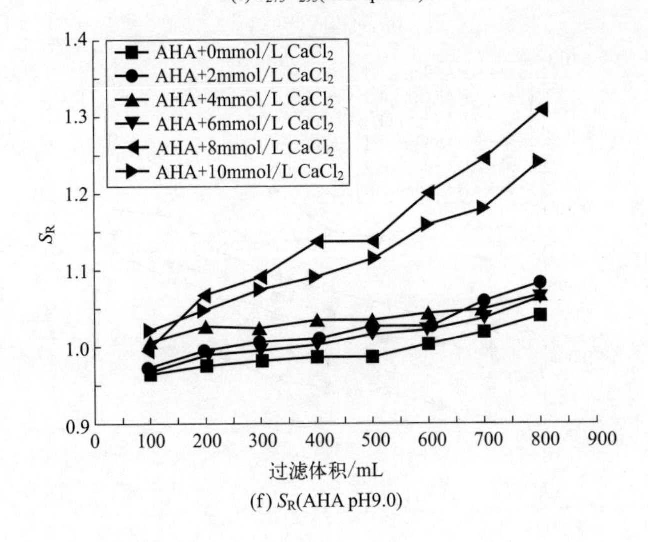

(f) S_R(AHA pH9.0)

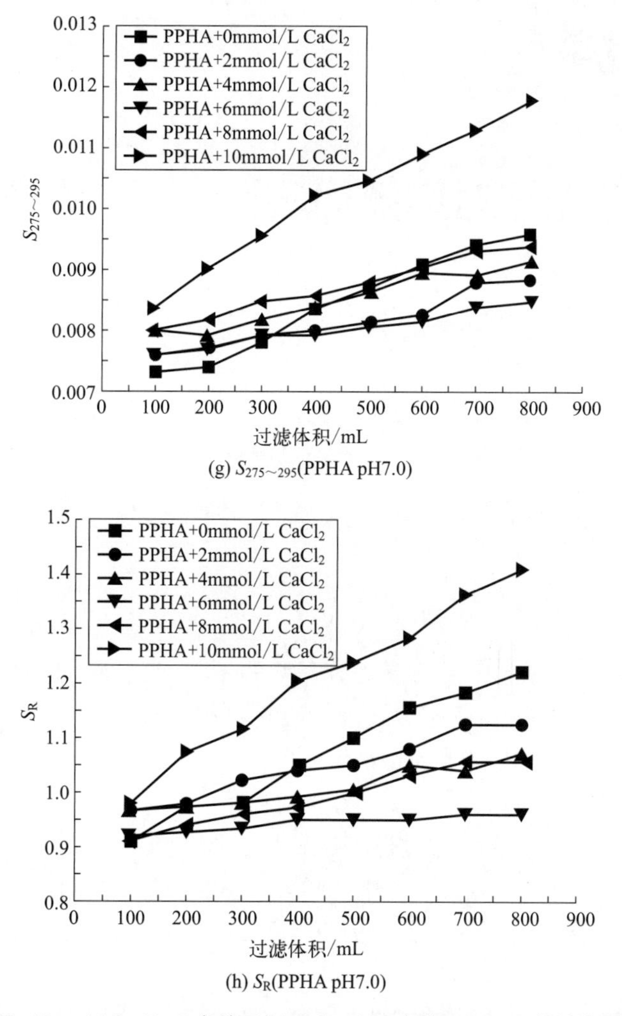

图 2-10　pH 6、7、9 条件下 AHA 和 pH 7 条件下 PPHA 的过滤量与光谱特征参数 $S_{275\sim295}$ 和 S_R 之间的关系

参考文献

[1] 吴丰昌，邢宝山．天然有机质及其在环境中的作用机理 [M]. 北京：地质出版社，2010.

[2] Matilainen A，Gjessing E T，Lahtinen T，et al. An overview of the methods used in the characterisation of natural organic matter（NOM）in relation to drinking water treatment[J]. Chemosphere，2011，83（11）：1431-1442.

[3] Cui L，Yao M，Ren B，et al. Sensitive and versatile detection of the fouling process and fouling propensity of proteins on polyvinylidene fluoride membranes via surface-enhanced Raman spectroscopy[J]. Analytical chemistry，2011，83（5）：1709-1716.

[4] Zularisam A，Ismail A，Salim R. Behaviours of natural organic matter in membrane filtration for surface water treatment—a review[J]. Desalination，2006，194（1-3）：211-231.

[5] Helms J R，Stubbins A，Ritchie J D，et al. Absorption spectral slopes and slope ratios as indicators of molecular weight，source，and photobleaching of chromophoric dissolved organic matter[J]. Limnology and oceanography，2008，53（3）：955-969.

第3章

自然光照对腐殖质膜污染行为的影响

水体中的HS组成复杂，包含着诸如芳香类、脂类、酚羟基和喹啉类等基团，表现出多种分子尺寸和性质。HS中的发色基团使其溶液呈现棕黄色，且具有吸收自然光的能力。HS发色基团可以通过吸收自然光保护水体微生物免受自然光辐射的有害影响[1]。发色基团吸光后会引起HS结构的改变并使其发生光降解反应，从而导致HS的分子量下降。HS的光降解包括了能量和电子的迁移过程，与光诱发氧化剂如单线态氧、过氧化氢和羟基自由基（·OH）等的作用密切相关。另外，HS的羧基和羟基官能团在自然光的作用下会发生降解，从而影响其配合金属离子的能力[2]。第2章结果显示，Ca^{2+}浓度是影响HS超滤膜污染能力的重要因素。

本章应用UV-vis光谱并结合FTIR光谱，以Aldrich腐殖酸（AHA）和Suwannee River天然有机物（Suwannee River natural organic matter，SRNOM）为研究对象，分析HS分子在自然光照和Ca^{2+}作用下的变化情况，并研究了不同实验条件下HS溶液的膜污染行为。

3.1 关键技术手段

光照与遮光实验：配制一定浓度的AHA或SRNOM溶液，分装于蓝盖石英瓶中，放置于中山大学实验中心楼顶空旷处，接受自然光的照射（时间为2015年6月、7月、8月，总时长约3个月），此为光照处理组；将装有AHA或SRNOM溶液的蓝盖石英瓶用锡箔纸包裹，用作光照实验中的控制样品，即遮光处理组。

光谱参数UV_{254}指样品在254nm处的紫外吸光值；$SUVA_{254}$指样品在254nm处的紫外吸光值与总有机碳（total organic carbon，TOC）的比值；$SUVA_{280}$指样品在280nm处的紫外吸光值与 TOC 的比值；E_2/E_3 指样品在波长 250nm 与 365nm 处吸光值的比值。

3.2　自然光照对 HS 性质的影响

如表 3-1 所列，遮光处理的 AHA 和 SRNOM 的 TOC 值仅下降了 2.93mg/L 和 5.45mg/L，而光照处理的 AHA 和 SRNOM 的 TOC 值分别下降了 39.41mg/L 和 46.61mg/L，表明自然光照使得 HS 溶液中的有机物分子发生了显著的变化。另外，遮光处理的 AHA 和 SRNOM 溶液的无机碳（inorganic carbon，IC）值分别为 12.24mg/L 和 10.16mg/L，占总碳（total carbon，TC）的 11.2% 和 9.7%，而光照处理的 AHA 和 SRNOM 溶液的 IC 值分别为 16.70mg/L 和 16.13mg/L，占 TC 的 21.6% 和 23.2%，表明自然光照使得 HS 中有机碳物质转化为无机碳物质。

表 3-1　不同 HS 储备液的 TC、IC 和 TOC　　单位：mg/L

项目	TC	IC	TOC	IC 占比 /%
遮光处理 AHA	109.31	12.24	97.07	11.2
光照处理 AHA	77.29	16.70	60.59	21.6
遮光处理 SRNOM	104.71	10.16	94.55	9.7
光照处理 SRNOM	69.52	16.13	53.39	23.2

为进一步研究自然光照下 HS 分子结构的变化情况，对光照 / 遮光处理的 HS 储备液进行冻干处理并检测其 FITR 光谱。AHA 和 SRNOM 样品中的主要红外吸收峰如图 3-1 所示。FTIR 吸收峰对应结构如下：3400cm^{-1} 附近（或 3450 ～ 3300cm^{-1}）处为苯酚类物质的 O—H 伸缩振动或 N—H 伸缩振动；2950cm^{-1} 附近（或 2950 ～ 2840cm^{-1}）的吸收峰反映了脂肪链或脂肪环上的 C—H 伸缩振动；1632cm^{-1} 附近（或 1650 ～ 1600cm^{-1}）的频带主要是芳香环上的 C═C 振动；1570cm^{-1} 附近的频带主要属于酰胺基团的 C═O 伸缩振动、醌类的 C═O 键以及结合了氢原子的共轭酮；1400cm^{-1} 附近吸收峰主要归属于醇类和羧酸类物质；1250 ～ 1200cm^{-1} 的频带代表羧基基团上的 C—O 伸缩振动以及 O—H 变形振动、醚类物质的 C—O 非对称伸缩振动；1095cm^{-1} 附近 /1080 ～ 1020cm^{-1} 的吸收峰主要属于醚类或糖类物质的 C—O 伸缩振动。

从图 3-1 可以看出，在自然光照的作用下，AHA 和 SRNOM 的红外吸收在波数 3450 ～ 3300cm^{-1} 的范围内明显下降，表明 HS 中的酚类或胺类物质发生分解而转化成其他物质。另外，AHA 和 SRNOM 在 2950 ～ 2840cm^{-1} 范围内的吸收值发生了明显下降，表明 HS 中的脂肪链 / 环在自然光照的作用下发生分解，亦可推知 HS 的分子量在此过程中下降。AHA 在 1570cm^{-1} 附近的吸收峰由于光照作用而强度上升，表明酚类物质经过光催化降解后生成醌类物质；另外，醌类物质进一步反应会生成羧酸类物质，羧酸与氨基的酰胺化反应又会增强该波数下的吸收值。AHA 在 1400cm^{-1} 附近吸收峰的上升也表明了醌类物质在光照作用下生成了醇类及羧酸类物质。SRNOM 在 1650 ～ 1600cm^{-1} 范围内吸收峰强度下降表明其中的芳香结构发生了分解。此外，SRNOM 在 1250 ～ 1200cm^{-1} 范围内吸收峰强度上升，主要是由于芳香物质及脂肪类物质在光解过程中生成了羧酸基团，以及苯氧基的偶合作用生成了醚键。AHA 和 SRNOM 在 1080 ～ 1020cm^{-1} 范围内的吸收峰强度均发生上升，表明 HS 发生了氧化作用，产生了更多的 C—O 键。

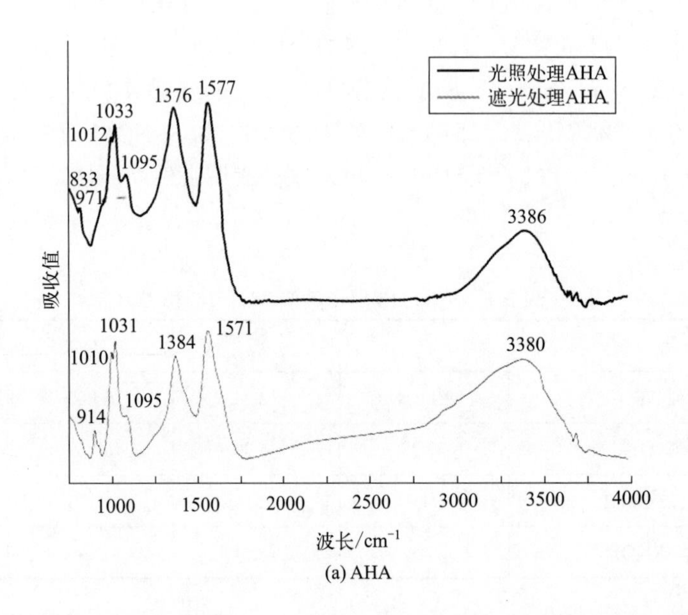

(a) AHA

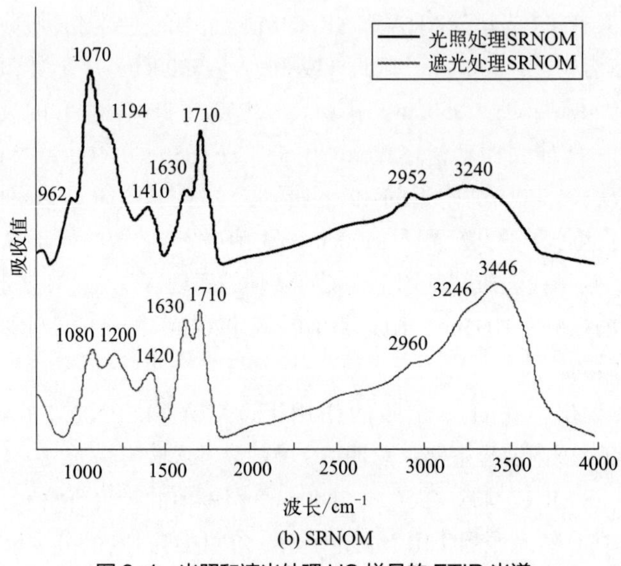

(b) SRNOM

图 3-1 光照和遮光处理 HS 样品的 FTIR 光谱

为了验证 HS 在光照作用下分子量的变化情况，光照 / 遮光处理的 HS 溶液均配制为 5mg/L 样品，并采用英国马尔文公司的 Nano ZS90 仪器对其进行平均粒子尺寸分析。结果表明，光照与遮光处理的 AHA 平均粒子尺寸分别为（222.9±9.1）nm 和（357.6±19.3）nm，光照与遮光处理的 SRNOM 平均粒子尺寸分别为（129.5±7.8）nm 和（191.7±13.4）nm，自然光照使 HS 溶液分子量下降。

为了进一步观察自然光照对 HS 的影响情况，对 5mg/L 光照 / 遮光处理的 HS 溶液进行 UV-vis 吸收光谱扫描。如表 3-2 所列，光照处理 HS 的 UV_{254}、$SUVA_{254}$ 和 $SUVA_{280}$ 小于遮光处理的 HS，说明 HS 溶液的芳香结构物质在光照作用下发生了分解。光照处理 HS 的 E_2/E_3、$S_{275\sim295}$ 和 S_R 值大于遮光处理的 HS，这进一步说明自然光照会降低 HS 的分子量。

表 3-2 HS 溶液（5mg/L）的常规光谱特征参数

项目	UV_{254}	$SUVA_{254}$	$SUVA_{280}$	芳香性 /%	E_2/E_3	$S_{275\sim295}$	S_R
AHA（遮光）	0.44	0.088	0.076	12.89	2.10	0.0069	0.802
AHA（光照）	0.42	0.085	0.067	12.86	2.50	0.0095	1.188
SRNOM（遮光）	0.26	0.052	0.042	12.77	2.58	0.0106	1.191
SRNOM（光照）	0.19	0.038	0.027	12.72	2.61	0.0116	2.035

3.3 自然光照对 HS 与 Ca^{2+} 相互作用的影响

如前所述，可以使用 UV-vis 光谱特征参数表征 Ca^{2+} 与 HS 之间的相互作用，从而得知 HS 溶液分子量的变化情况。本研究中，在 5mg/L HS 溶液（AHA、SRNOM 和 AHA-SRNOM）中加入不同浓度 Ca^{2+}，并采用 UV-vis 光谱在 350 ～ 400nm 范围内的光谱特征参数 $D\mathrm{Slope}_{350\sim400}$ 表征在光照和遮光条件下 HS 与 Ca^{2+} 之间的配合情况。

如图 3-2 所示，随着 Ca^{2+} 浓度的上升，HS 溶液的光谱特征参数 $D\mathrm{Slope}_{350\sim400}$ 逐渐上升。Ca^{2+} 浓度与 $D\mathrm{Slope}_{350\sim400}$ 之间存在明显的正相关关系。特别地，光照处理 HS 的 $D\mathrm{Slope}_{350\sim400}$ 值及其上升速率均低于遮光处理的 HS。如前所述，Ca^{2+} 可以在 HS 分子内部及分子间产生架桥作用，而 Ca^{2+} 在 HS 分子内部产生架桥作用的同时也被 HS 分子包裹，从而使其与 HS 分子紧密结合。自然光照后，长链的、大分子量的 HS 分解为短链的、小分子量的有机物，Ca^{2+} 的架桥作用主要产生于 HS 分子之间，因此 Ca^{2+} 与光照处理 HS 分子的结合作用弱于其与遮光处理 HS 分子之间的作用。

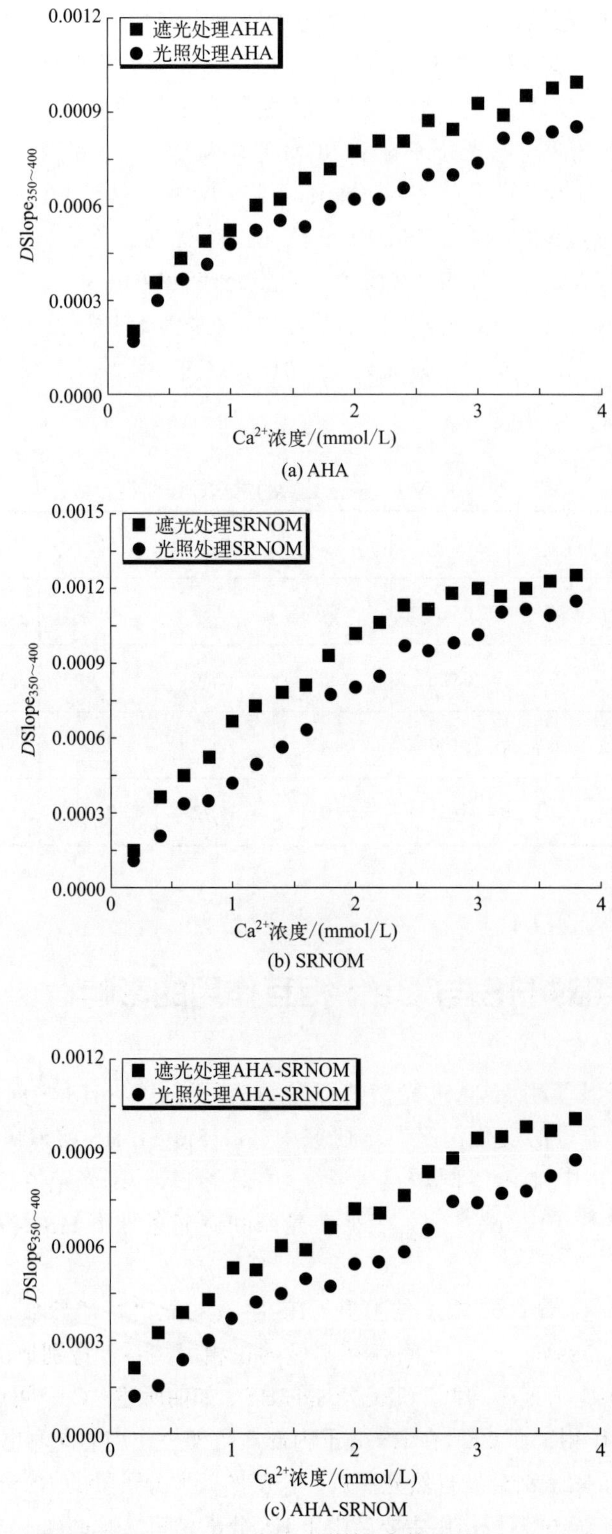

(a) AHA

(b) SRNOM

(c) AHA-SRNOM

图 3-2　AHA、SRNOM 和 AHA-SRNOM 光谱特征参数 $DSlope_{350\sim400}$ 随 Ca^{2+} 浓度的变化

3.4 光照 / 遮光条件下 HS 在超滤膜上的吸附情况

采用吸附实验，研究 HS 在超滤膜上的吸附情况。如图 3-3 所示，Ca^{2+} 浓度一定的情况下，当光照 / 遮光处理 HS 溶液的浓度从 2mmol/L 上升至 10mmol/L，吸附到超滤膜上的 HS 分子逐渐增多，且呈现线性增长趋势，该吸附曲线的斜率记作 S。当 Ca^{2+} 浓度从 0.4mmol/L 上升到 3.6mmol/L，HS 分子在超滤膜上的吸附量随之上升，主要因为溶液中的 Ca^{2+} 会在 HS 分子之间和 HS 分子与超滤膜之间产生架桥作用，从而增加 HS 在膜表面的吸附。Ca^{2+} 浓度越高，S 值越大。值得注意的是，在 HS 与 Ca^{2+} 浓度一定的条件下，光照处理的 HS 溶液（AHA、SRNOM 和 AHA-SRNOM）在超滤膜上的吸附量低于遮光处理的 HS 溶液。自然光照会使得 HS 分子发生降解，且其链状结构会由长变短。在等量 Ca^{2+} 的作用下，由于遮光处理 HS 溶液中存在更多的长链分子，其吸附到超滤膜上的量更多，S 值更大。

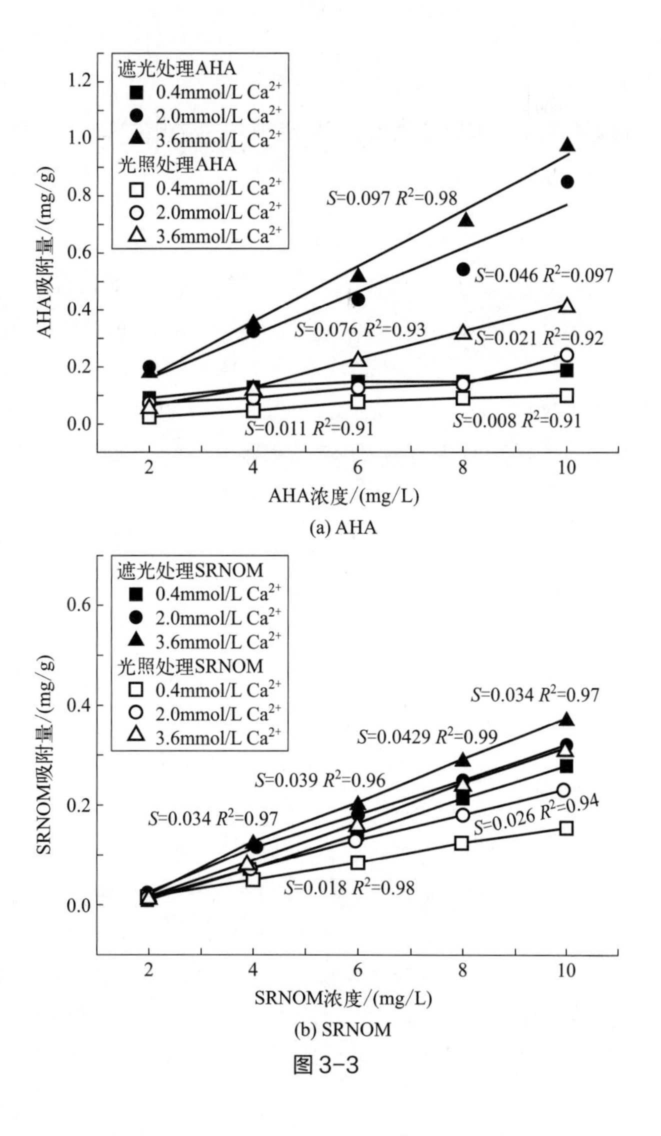

(a) AHA

(b) SRNOM

图 3-3

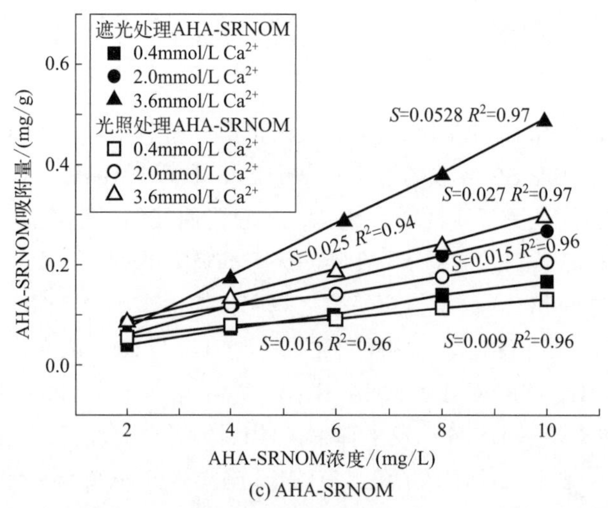

图 3-3 自然光照和 Ca^{2+} 浓度对 HS 溶液（AHA、SRNOM 和 AHA-SRNOM）在超滤膜上吸附程度的影响

3.5 光照 / 遮光条件下 HS 的超滤膜污染情况

采用 UMFI 方法评估遮光与光照处理 HS 溶液的超滤膜污染潜能。由图 3-4 可知，当没有 Ca^{2+} 存在时遮光处理 HS 溶液的 UMFI 值高于光照处理的 HS 溶液（如 AHA 的 0.00215 相比于 0.00204；SRNOM 的 0.0013 相比于 0.00049；AHA-SRNOM 的 0.003 相比于 0.00186），这表明遮光处理 HS 溶液的超滤膜污染能力高于光照处理的 HS 溶液。自然光照会使得 HS 分子发生降解，降低 HS 的分子量。由图 3-5 可知，超滤膜对遮光与光照处理的 AHA、SRNOM、AHA-SRNOM 样品截留率分别为 60% 和 40%、20% 和 15%、50% 和 20%，证明了自然光照会降低 HS 分子量，从而使更多的有机物透过超滤膜。当 HS 溶液中 Ca^{2+} 浓度为 0.4mmol/L 时，HS 溶液的超滤膜污染能力明显增强。遮光处理的 AHA、SRNOM 和 AHA-SRNOM 溶液加入 0.4mmol/L Ca^{2+} 后 UMFI 值分别为 0.00529、0.00148 和 0.00426。如第 2 章所述，Ca^{2+} 不仅会在 HS 分子之间产生架桥作用，还会连接 HS 分子与超滤膜，使之在超滤膜上形成致密的污染层，加重超滤膜的污染。当 Ca^{2+} 的浓度上升至 2.0mmol/L 和 3.6mmol/L 时，HS 溶液的 UMFI 值逐渐下降，表明其超滤膜污染能力逐渐下降。这主要因为 Ca^{2+} 的增加会提高 HS 的分子量，从而使其在超滤膜表面生成疏松多孔的污染层，这种条件下形成的污染层通量高于低浓度 Ca^{2+} 条件下生成的 HS 污染层通量。

由前文可知，光谱特征参数 $D\mathrm{Slope}_{350\sim400}$ 可用于表征 Ca^{2+} 与 HS 分子的结合程度，本研究将 $D\mathrm{Slope}_{350\sim400}$ 与 UMFI 值之间建立联系，进一步考察 $D\mathrm{Slope}_{350\sim400}$ 的表征意义。如图 3-6 所示，UMFI 值随着 $D\mathrm{Slope}_{350\sim400}$ 的上升而下降。光谱特征参数 $D\mathrm{Slope}_{350\sim400}$ 的上升意味着 HS 溶液随着 Ca^{2+} 作用的增强而分子量更高，这些大分子物质会在超滤膜的表面形成较为松散的污染层，从而降低对膜通量的影响（UMFI 值降低）。由此可知，$D\mathrm{Slope}_{350\sim400}$ 可用于表征自然光照作用下 HS 溶液的超滤膜污染行为。

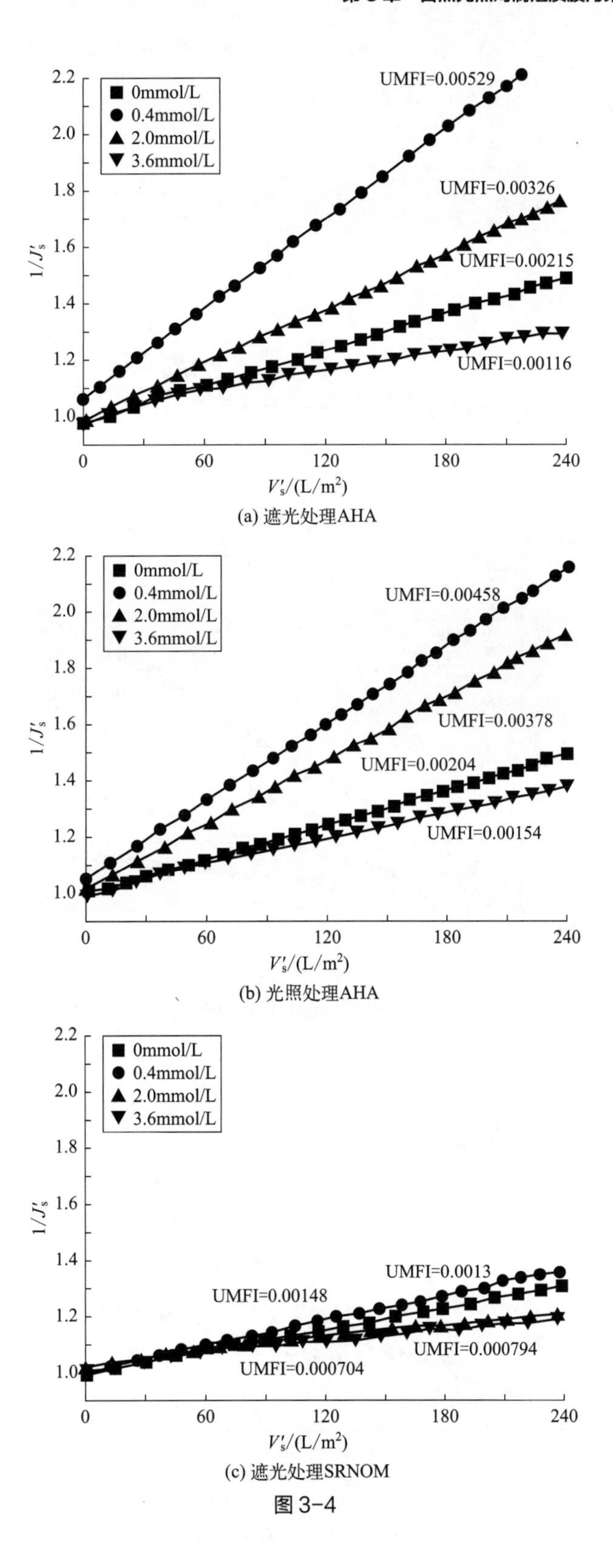

(a) 遮光处理AHA

(b) 光照处理AHA

(c) 遮光处理SRNOM

图 3-4

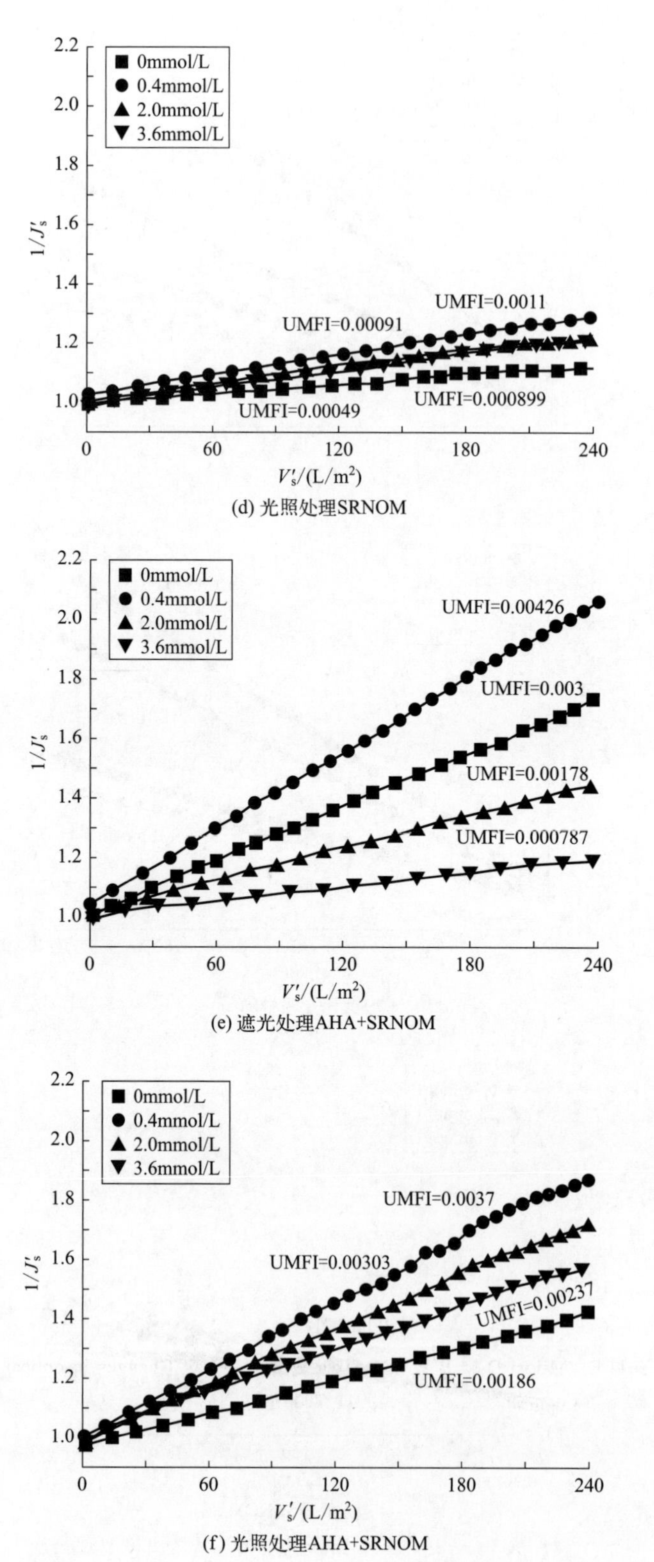

图 3-4　遮光与光照条件下 HS 溶液（AHA、SRNOM 和 AHA-SRNOM）的 $1/J'_s$ 与 V_s 之间的关系

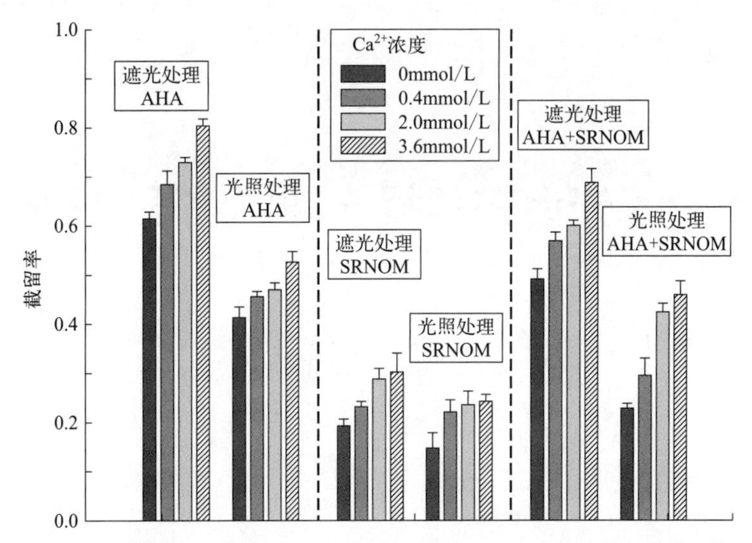

图 3-5　超滤膜对 HS 溶液（AHA、SRNOM 和 AHA-SRNOM）的截留情况

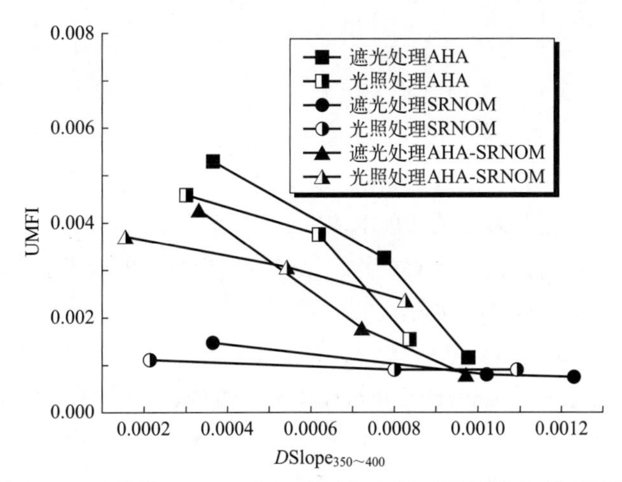

图 3-6　HS 溶液（AHA、SRNOM 和 AHA-SRNOM）的 UMFI 值与光谱特征参数 $DSlope_{350\sim400}$ 之间的关系

参考文献

[1] Rodríguez-Zúñiga U F，Milori D M B P，Da Silva W T L，et al. Changes in optical properties caused by UV-irradiation of aquatic humic substances from the Amazon River basin：Seasonal variability evaluation[J]. Environmental Science & Technology，2008，42（6）：1948-1953.

[2] Bertilsson S，Tranvik L J. Photochemical transformation of dissolved organic matter in lakes[J]. Limnology and oceanography，2000，45（4）：753-762.

第4章

UV-vis 光谱在絮凝－超滤过程中的应用

超滤技术的应用不可避免地受到膜污染问题的制约。造成膜污染的 DOM 主要包括 HS、PS 和 PN 等。对污染水体的预处理有助于保持膜性能和降低膜污染[1]。目前，常见的预处理技术主要包括预氧化、活性炭吸附、磁性离子交换处理和絮凝等[2]。由于成本低且易于操作，人们常使用絮凝方法预处理水体以达到减轻膜污染的目的。铝盐是较为常用的絮凝剂，可以在水中形成阳离子水解产物以结合水体中较小的粒子和 DOM 分子。但如何优化絮凝剂投加量是亟须解决的问题。

本章节使用 UV-vis 光谱分析技术，并结合 zeta 电位和平均粒径分析，分别研究了 AHA、AHA 与海藻酸钠（sodium alginate，SA）、牛血清蛋白（bovine serum albumin，BSA）和葡聚糖（dextran，DEX）的混合物在氯化铝絮凝剂作用下分子性质的变化情况，并且通过超滤实验探究铝絮凝剂的最优投加剂量。

4.1 关键技术手段

配制 4 种 DOM 溶液以进行实验研究：a. 10mg DOC/L AHA；b. 5mg DOC/L AHA 和 5mg DOC/L SA（AHA-SA）；c. 5mg DOC/L AHA 和 5mg DOC/L BSA（AHA-BSA）；d. 5mg DOC/L AHA 和 5mg DOC/L DEX（AHA-DEX）。DOM 溶液的离子浓度控制为 0.04mol/L，采用的氯化铝剂量分别为 0μmol/L、10μmol/L、20μmol/L、30μmol/L、40μmol/L、60μmol/L、80μmol/L、100μmol/L（AHA-SA 溶液中的浓度梯度为 0μmol/L、20μmol/L、40μmol/L、60μmol/L、80μmol/L、100μmol/L、120μmol/L）。

4.2　氯化铝对 DOM zeta 电位和尺寸的影响

如图 4-1 所示，配制的 4 种 DOM 溶液在加入氯化铝之前 zeta 电位约为 -29mV。当铝离子浓度从 0μmol/L 升至 100μmol/L（对于 AHA-SA，浓度从 0μmol/L 上升到 120μmol/L）时，zeta 电位接近 0mV。研究认为带有正电性的铝离子及其水解产物与带有负电性的 DOM 分子结合时产生电中和效应，因此 zeta 电位接近等电点（0mV）。值得注意的是，即使把铝离子的最终浓度提高到 120μmol/L，AHA-SA 溶液仍未达到等电点。由图 4-1 可知，在低浓度铝离子的作用下，溶液的平均分子尺寸出现微弱的下降。DOM（尤其是 AHA）含有丰富的链状结构，其在低浓度的多价态金属离子及其单体水解产物的作用下会发生卷曲作用。因此，DOM 溶液的分子尺寸会略有下降。然而，当铝离子的浓度继续上升，DOM 溶液的分子尺寸也随之上升。负电性 DOM 分子与正电性的铝离子水解产物的结合是导致分子尺寸上升的重要原因。特别地，AHA-BSA 溶液的分子尺寸在铝离子浓度逐渐升高时，增长速率高于 AHA-SA 和 AHA-DEX 溶液。此外，与 SA 和 DEX 相比，BSA 具有更高的疏水性。由于 AHA 分子也具有疏水性，所以 AHA-BSA 在絮凝剂的作用下分子尺寸上升较快。当铝离子的浓度提高到大于 40μmol/L（AHA-SA ＞60μmol/L）后，DOM 溶液分子尺寸的增长速率开始放缓。DOM 样品分子尺寸的上升主要受到大分子 DOM 与铝离子水解物结合的影响，剩余小分子 DOM 对于溶液分子尺寸的影响较小。

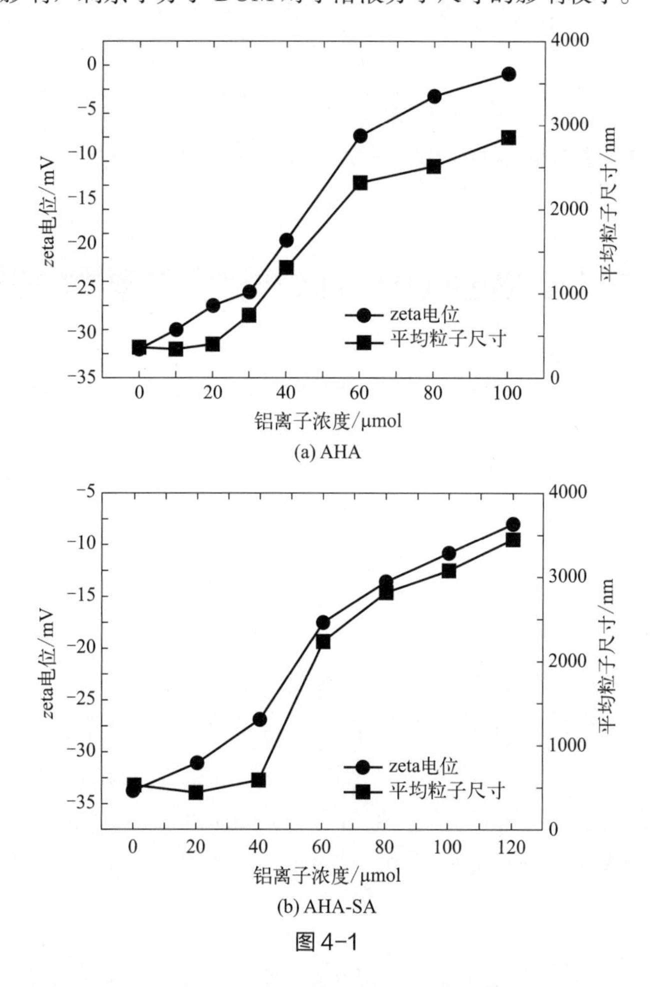

(a) AHA

(b) AHA-SA

图 4-1

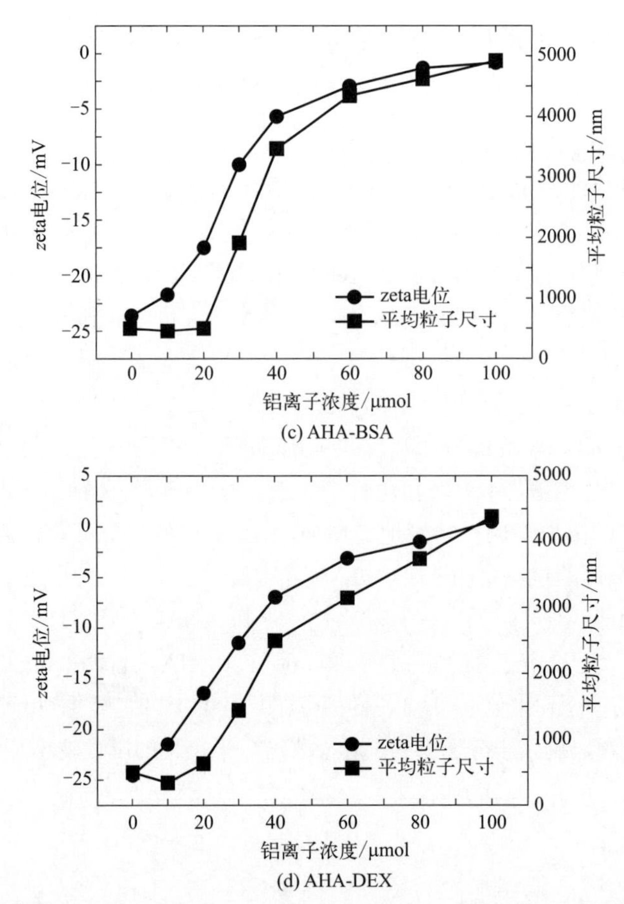

(c) AHA-BSA

(d) AHA-DEX

图 4-1　铝离子浓度对于 AHA、AHA-SA、AHA-BSA 和 AHA-DEX 的 zeta 电位和平均尺寸的影响

4.3　氯化铝对 DOM 的 UV-vis 光谱特征参数的影响

采用式（2-2）对不同铝离子投加浓度时 DOM 样品的 UV-vis 光谱吸收强度进行差值对数转换处理，得到图 4-2（书后另见彩图）。当 AHA、AHA-SA、AHA-BSA 和 AHA-DEX 溶液的铝离子投加浓度从 10μmol/L（AHA-SA 为 20μmol/L）分别上升到 30μmol/L、60μmol/L、30μmol/L 和 20μmol/L，差值对数转换吸收光谱值（$D\ln A$）在 250 ～ 500nm 的波长范围内有明显的上升。然而，当铝离子浓度继续增加到 100μmol/L（AHA-SA 增加到 120μmol/L），$D\ln A$ 值出现明显下降，特别是在＜ 400nm 的波长范围内。通常认为该波长范围的光谱吸收与 DOM 中的发色团密切相关。

为了进一步考察铝离子对 DOM 溶液光谱特征参数 $D\text{Slope}_{325\sim375}$、$S_{275\sim295}$ 与 S_R 的影响，将这 3 个参数与铝离子投加量关联并作图 4-3。当铝离子的浓度从 10μmol/L 升至 40μmol/L，DOM 溶液的 $D\text{Slope}_{325\sim375}$ 值随之上升且增速加快，由此认为 DOM 分子在这个过程中结合了越来越多的铝离子；当铝离子的投加量高于 40μmol/L 时，AHA、AHA-BSA 和 AHA-DEX 溶液光谱特征参数的增长趋势减缓，这可能是因为 DOM 分子上的结合位点随着铝离子浓度的上升而逐渐饱和，DOM 溶液分子量的增长也随之放缓。然而，当 AHA-SA 溶液的铝离子浓度高于 60μmol/L 时，$D\mathrm{Slope}_{325\sim375}$ 值的上升未见明显放缓。

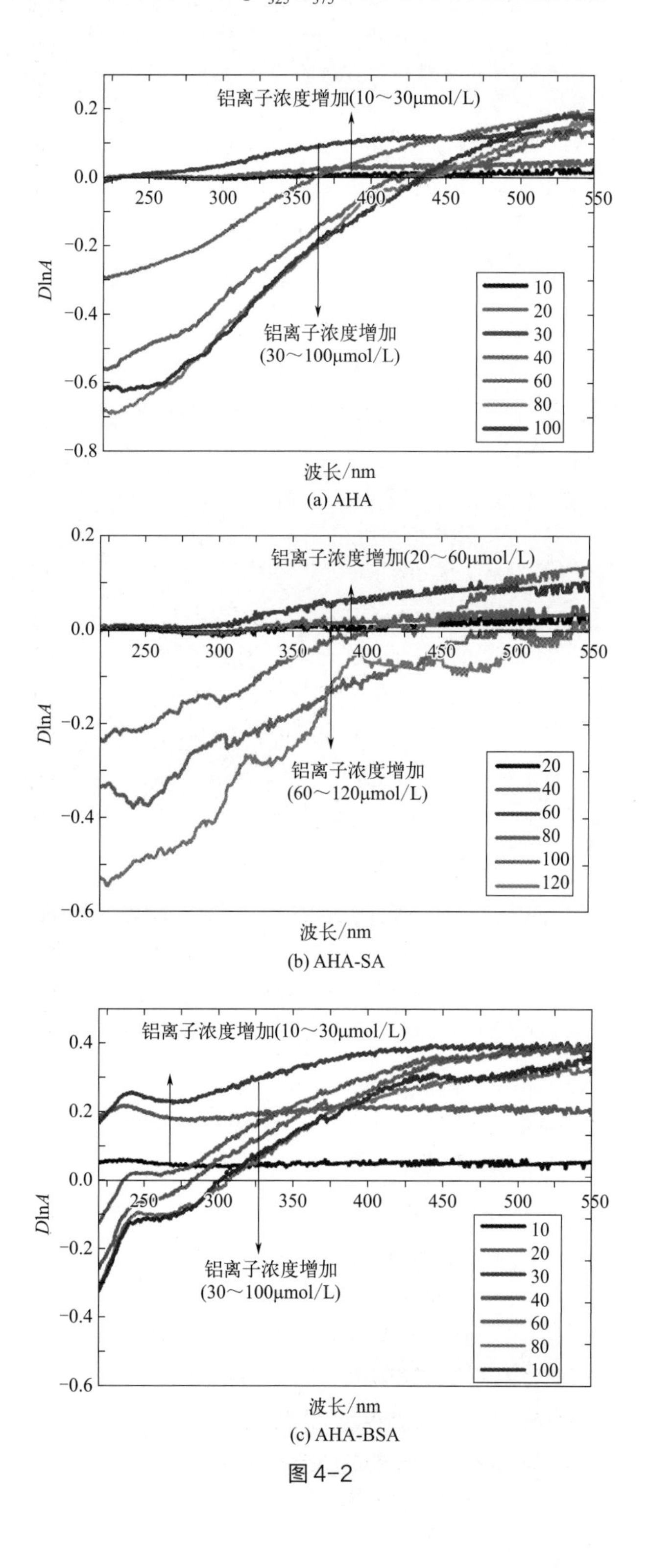

图 4-2

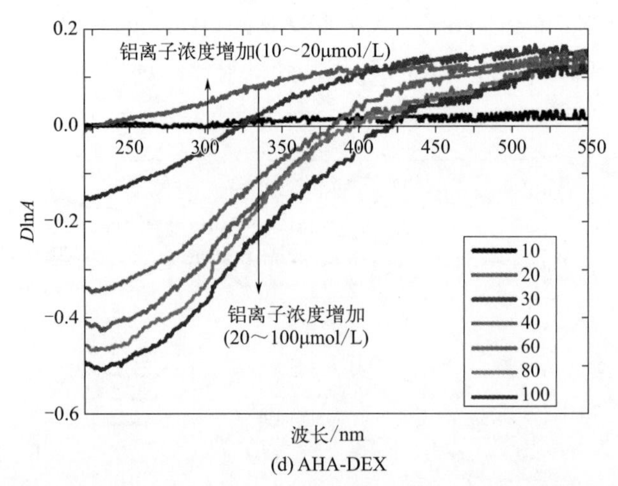

(d) AHA-DEX

图 4-2　铝离子浓度对于 AHA、AHA-SA、AHA-BSA 和 AHA-DEX 的差值对数转换吸收光谱的影响

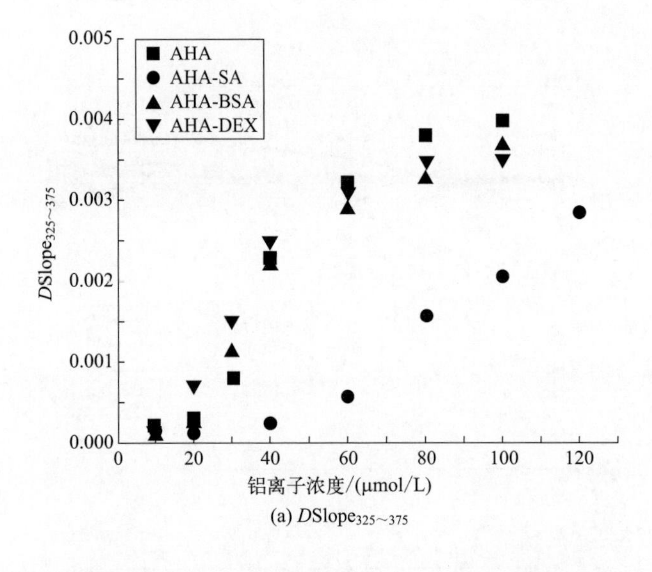

(a) $D\mathrm{Slope}_{325\sim375}$

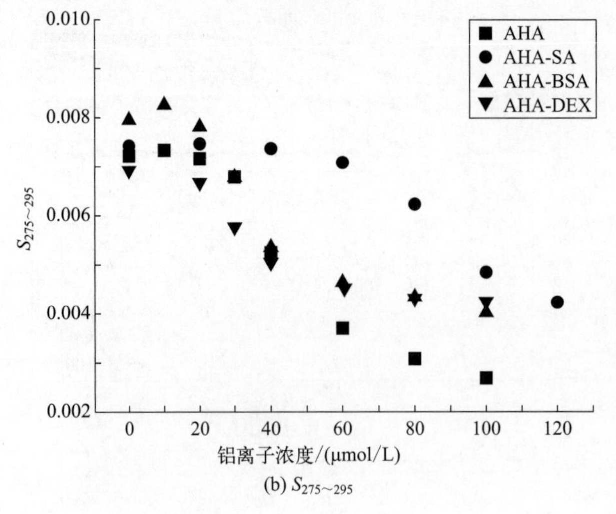

(b) $S_{275\sim295}$

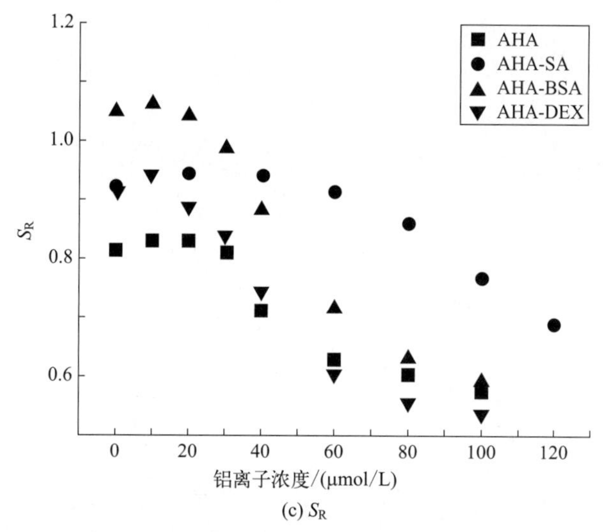

(c) S_R

图4-3 铝离子浓度对于AHA、AHA-SA、AHA-BSA和AHA-DEX的光谱特征参数（$D\text{Slope}_{325\sim375}$、$S_{275\sim295}$、$S_R$）的影响

当铝离子的投加量从0μmol/L增加至10μmol/L（AHA-SA为20μmol/L），$S_{275\sim295}$与S_R出现了小幅度的上升，表明DOM溶液的分子量在此过程中出现了轻微的下降，这可能归因于少量的多价态金属离子会使得DOM分子发生卷曲，从而降低溶液分子量。当铝离子的投加量继续上升，$S_{275\sim295}$与S_R随之而下降，说明DOM溶液的分子量在这个过程中不断增大。值得注意的是，当DOM溶液中铝离子的浓度高于40μmol/L，AHA、AHA-BSA、AHA-DEX的光谱特征参数$S_{275\sim295}$与S_R的降低速率开始减慢，说明DOM溶液分子量的增长速率开始放缓。然而，AHA-SA溶液在高浓度氯化铝（> 60μmol/L）的作用下，$S_{275\sim295}$与S_R值的变化未见明显放缓趋势，这与AHA-SA的$D\text{Slope}_{325\sim375}$的变化趋势一致。

为了证实上述光谱特征参数（$D\text{Slope}_{325\sim375}$、$S_{275\sim295}$、$S_R$）与DOM溶液分子量之间的关系，将光谱特征参数与zeta电位和平均尺寸进行关联分析。如图4-4所示，当$D\text{Slope}_{325\sim375}$值逐渐上升、$S_{275\sim295}$和$S_R$值逐渐下降时，DOM溶液的zeta电位值与平均分子尺寸随之发生上升。在铝离子浓度上升的过程中，越来越多的铝离子及其水解产物结合到DOM分子上，引起了$D\text{Slope}_{325\sim375}$值的增大；另外，带正电的铝离子及其水解产物与带负电的DOM分子结合会降低其负电性，使得DOM溶液的zeta电位值逐渐上升并接近0mV；逐渐增加的铝离子及其水解产物通过吸附电中和及卷扫絮凝作用提高了DOM溶液的分子量，使得溶液的光谱特征参数$S_{275\sim295}$和S_R发生了下降。将光谱特征参数和DOM溶液的平均分子尺寸之间进行相关性分析可知，上述光谱特征参数在0.01的水平上均显著相关；另外，它们与DOM溶液的平均分子尺寸在0.01或0.05的水平上显著相关。以上结果再次表明$D\text{Slope}_{325\sim375}$、$S_{275\sim295}$和$S_R$具备表征DOM溶液分子量变化的能力，与前面章节的研究结论一致。

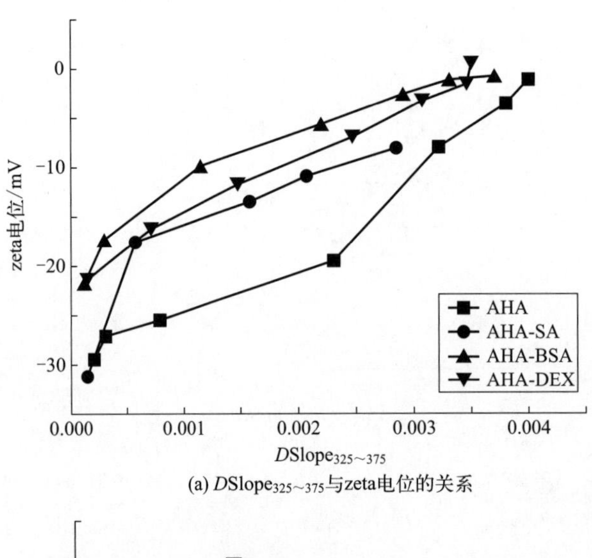

(a) $DSlope_{325\sim375}$与zeta电位的关系

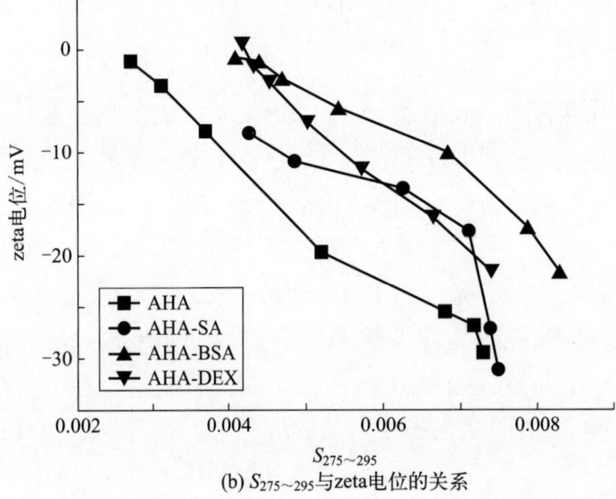

(b) $S_{275\sim295}$与zeta电位的关系

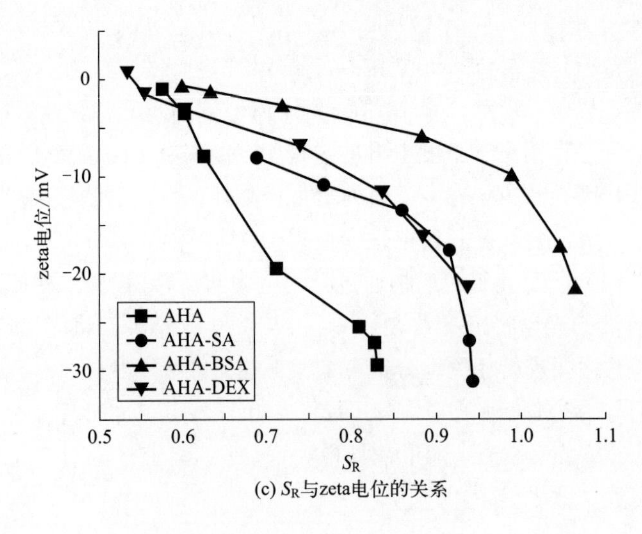

(c) S_R与zeta电位的关系

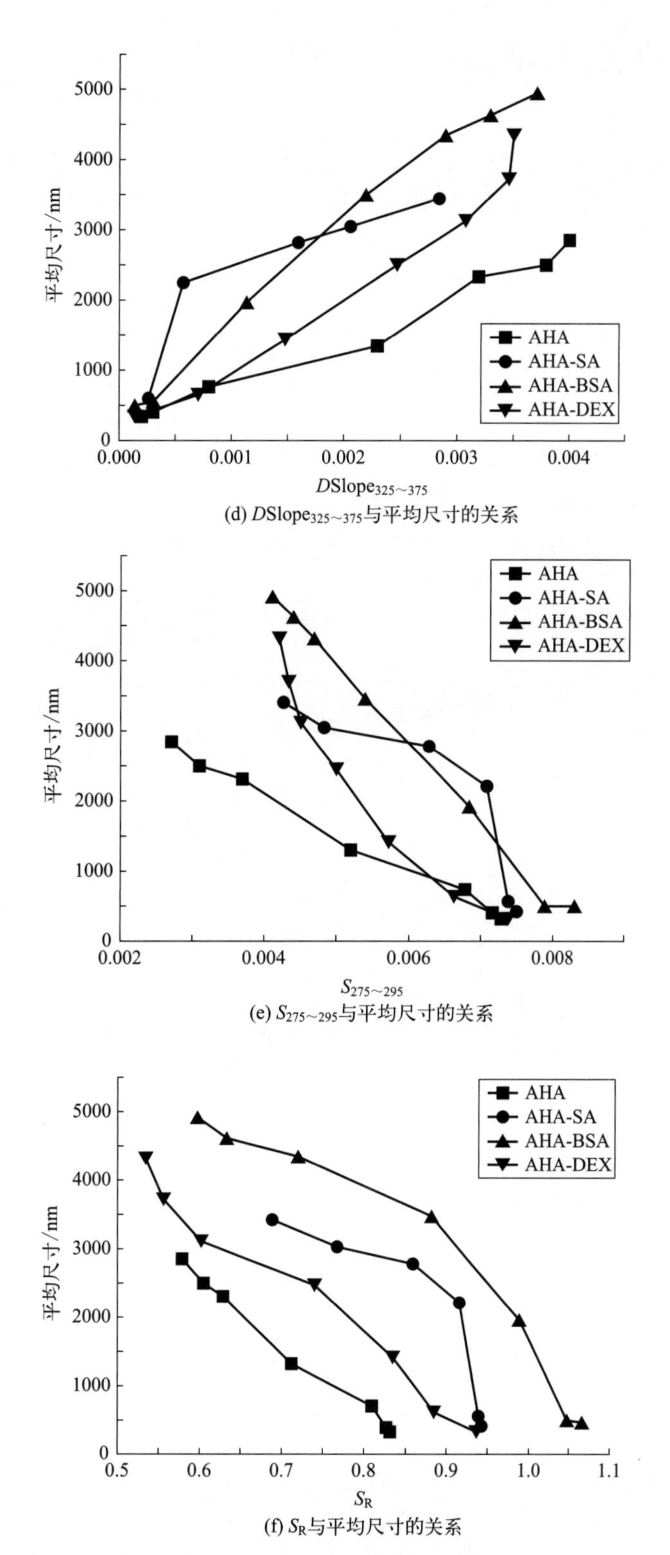

(d) $D\mathrm{Slope}_{325\sim375}$与平均尺寸的关系

(e) $S_{275\sim295}$与平均尺寸的关系

(f) S_{R}与平均尺寸的关系

图 4-4　AHA、AHA-SA、AHA-BSA 和 AHA-DEX 的光谱特征参数（$D\mathrm{Slope}_{325\sim375}$、$S_{275\sim295}$、$S_{\mathrm{R}}$）与 zeta 电位和平均尺寸之间的关系

4.4 铝絮凝对 DOM 膜污染的影响

如图 4-5 所示，在不加入氯化铝的情况下，过滤 AHA、AHA-BSA、AHA-DEX、AHA-SA 溶液会使得超滤膜的通量降低至初始通量的 70% 左右，表明 DOM 溶液会对超滤膜造成污染并使其通量下降。值得注意的是，低浓度的铝离子（10 ～ 20μmol/L ）会导致超滤膜的归一化通量（J/J_0）出现下降，过滤至 20min 时水样的过膜通量仅为初始通量的 60% 左右。进一步提高铝离子浓度后，DOM 对于超滤膜通量的影响逐渐减小。AHA 溶液在 40μmol/L 氯化铝作用下，膜通量仅比初始通量下降了 10%；当氯化铝的浓度逐渐增至 100μmol/L 并没有显著改善 AHA 溶液的膜通量。AHA-BSA、AHA-DEX 溶液在 40μmol/L 氯化铝的作用下膜通量下降为初始通量的 85%，继续提高氯化铝的浓度至 100μmol/L 可将通量提高为初始通量的 90% 左右。对于 AHA-SA 溶液，在 60μmol/L 氯化铝的作用下溶液的通量下降为初始通量的 80%，继续提高氯化铝浓度没有明显改善膜通量。

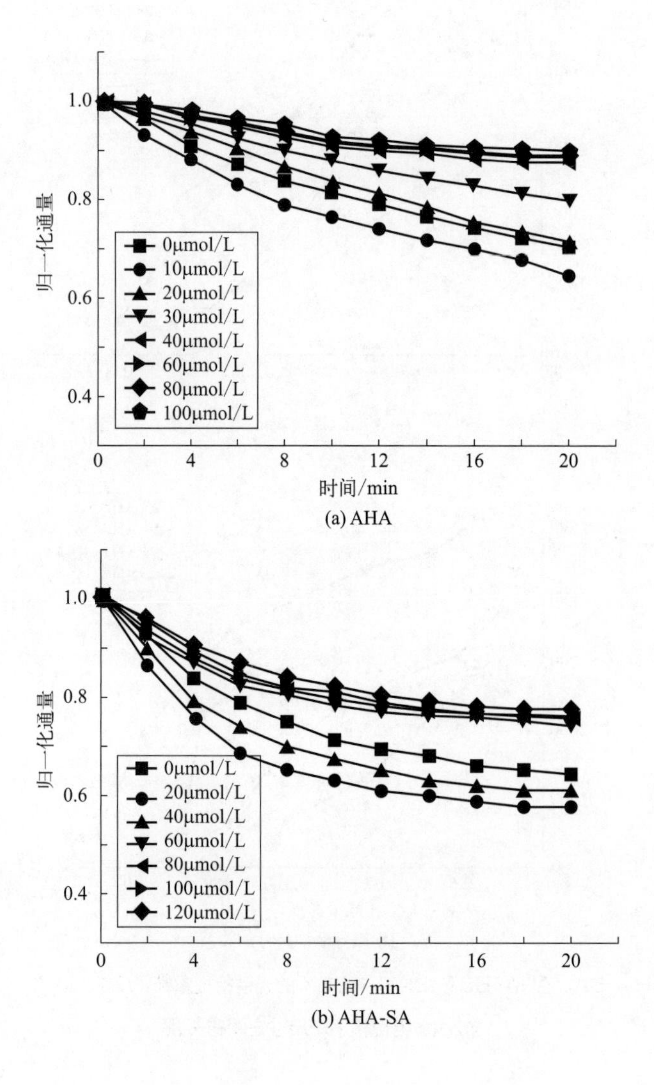

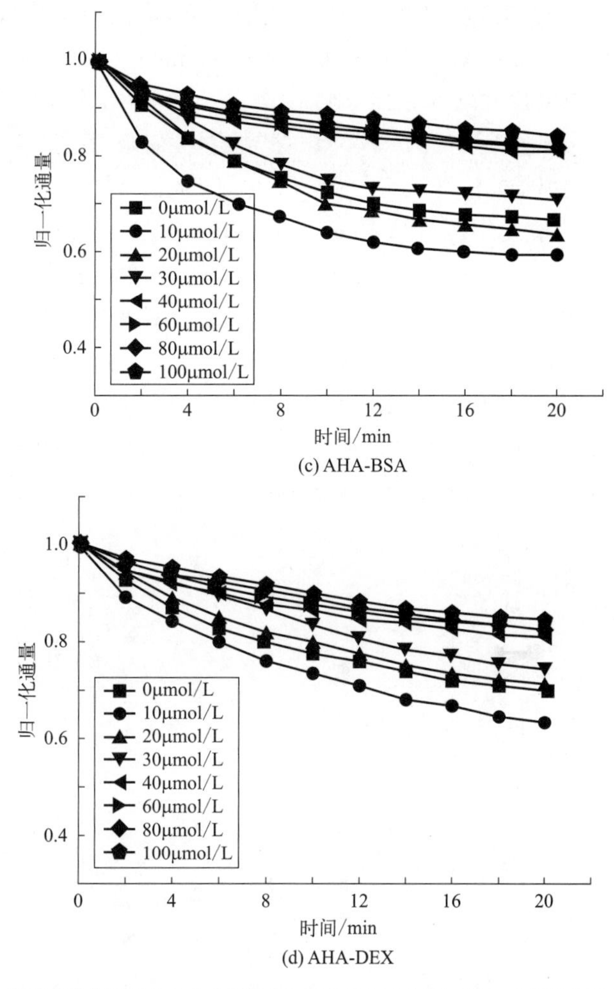

图 4-5　超滤膜在过滤含有不同浓度铝离子的 DOM 条件下归一化膜通量的变化情况

低浓度的氯化铝不仅以铝离子的形式存在于水体中，还会生成铝离子水解产物。带有正电的铝离子及其水解产物会与带有负电的 DOM 分子结合，产生架桥作用，使得 DOM 分子发生聚集。此外，铝离子及其水解产物会在 DOM 分子和超滤膜材料之间产生架桥作用，从而加重超滤膜污染。值得注意的是，铝离子及其水解产物会使链状的 DOM 分子发生缠绕。例如，链状 DOM 分子上有许多带负电的结合位点 / 官能团，带正电的铝离子及其水解产物可吸附在多个结合位点 / 官能团上，从而使 DOM 分子盘旋成为卷曲形状甚至近乎于球状的形态。在此过程中，由于 DOM 分子尺寸的下降，更多的 DOM 分子可以进入并吸附在超滤膜孔上，造成膜孔堵塞；另外，这些 DOM 分子会在超滤膜表面形成致密的污染层。上述两种过程都会严重影响超滤膜的通量。因而，低浓度氯化铝（10 ～ 20μmol/L）会加剧 DOM 的超滤膜污染。

此外，高浓度的絮凝剂会在水体中产生过絮凝状态，其生成的絮状氢氧化物具有相当大的比表面积且保留有一部分的正电荷，水体中的 DOM 分子或带负电的颗粒物在絮状物生成的过程中会被卷扫进去且黏附其上，形成大尺寸的聚合物，称之为卷扫絮凝作用。当氯化铝浓度逐渐从 10μmol/L（AHA-SA 为 20μmol/L）升至 40μmol/L（AHA-SA 为 60μmol/L）时，DOM 溶液中的絮状物逐渐增多，卷扫絮凝作用增强，溶液中带负电的有机物分子越来越多地吸附到絮状物上，该过程形成的大尺寸物质会在过滤时吸附沉降到超滤膜表面，形成松散多孔的污染层。铝离子的浓度越高，超滤膜表面形成污染层的孔隙率越大，透水性越好。值得注意的是，当氯化铝浓度从 40μmol/L（AHA-SA 为 60μmol/L）升至 100μmol/L（AHA-SA 为 120μmol/L），并不能明显改善 DOM 溶液对超滤膜通量的负面作用，表明大部分 DOM 分子已在 40μmol/L（AHA-SA 为 60μmol/L）氯化铝的作用下形成了对膜通量影响较小的大尺寸物质，继续提高絮凝剂用量不会明显改变 DOM 的分子状态。

为了直观地显示铝离子浓度对于 DOM 膜污染潜能的影响，对铝离子浓度与 UMFI 值进行关联分析。如图 4-6 所示，AHA、AHA-SA、AHA-BSA 和 AHA-DEX 溶液的 UMFI 值呈现如下规律：AHA ＜ AHA-DEX ＜ AHA-BSA ＜ AHA-SA。

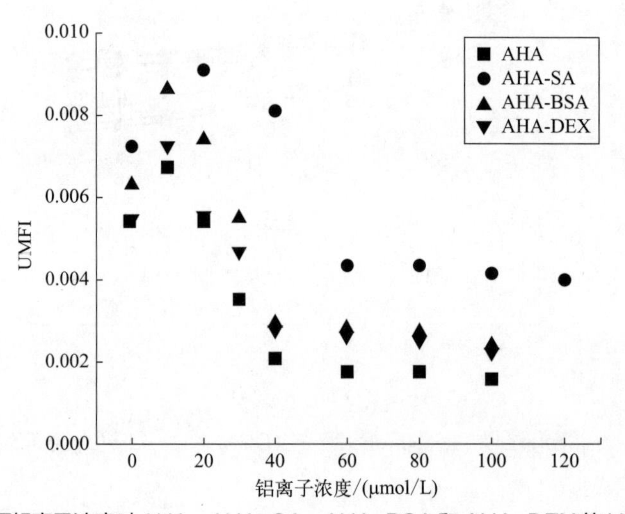

图 4-6　不同铝离子浓度对 AHA、AHA-SA、AHA-BSA 和 AHA-DEX 的 UMFI 的影响

在水环境中，AHA 分子与 BSA 分子之间会发生强烈的相互作用。首先，疏水性相互作用是两者结合的关键因素。如 AHA 上的脂肪族和芳香族基团与 BSA 表面的疏水性区域（如吡咯烷类物质）发生疏水性相互作用而结合。此外，氢键的作用也会促进 AHA 与 BSA 的结合。AHA 上的羰基（氢键受体）、羟基（氢键受体和供体）和胺类成分（氢键供体）会与 BSA 上的赖氨酸（通过 $R—NH_3^+$ 基团）、丝氨酸（R—OH）、精氨酸（$R—NH_2$）、甘氨酸（$R—NH_2$）等成分发生氢键作用。上述两种作用均促进了 AHA 与 BSA 的结合，加大膜表面污染层的密度并降低膜通量。实验表明，AHA-BSA 溶液对膜通量的负面作用低于 AHA-SA 溶液但高于 AHA-DEX 溶液。这可能是因为 BSA 的疏水性高于 DEX，更容易吸附于疏水性超滤膜表面，导致更大程度的膜通量下降。相比于其他 DOM 溶液，AHA 溶液导致膜通量下降的程度最低。生物大分子物质（SA、BSA 和 DEX）比小分子 AHA 更快地在膜

表面形成污染层而产生更严重的膜污染。

如上所述，当 DOM 溶液中存在低浓度（10 ～ 20μmol/L）氯化铝时，铝离子及其水解产物会在 DOM 分子之间以及 DOM 分子和膜材料之间产生吸附架桥作用，使得 DOM 分子在膜表面形成致密的污染层，从而严重地影响膜通量。相应地，其 UMFI 值高于不投加氯化铝的 DOM 溶液。当氯化铝的浓度继续升高，卷扫絮凝作用的加强会使得膜表面的污染层越来越疏松多孔，对膜通量的影响较小。此时，UMFI 值逐渐下降。值得注意的是，氯化铝的浓度从 40μmol/L（AHA-SA 为 60μmol/L）升至 100μmol/L（AHA-SA 为 120μmol/L）时，UMFI 值无明显变化，即铝离子浓度的继续上升并没有明显改善膜通量的下降。因此，实验证明预处理絮凝剂的最优浓度为 40μmol/L（AHA-SA 为 60μmol/L）。

由于光谱特征参数 $D\text{Slope}_{325\sim375}$、$S_{275\sim295}$ 和 S_R 可用于表征 DOM 溶液在氯化铝絮凝剂作用下分子量的变化情况，本研究尝试使用这 3 个光谱特征参数预测絮凝作用下 DOM 溶液的超滤膜污染行为。如图 4-7 所示，氯化铝浓度的上升使得 DOM 溶液的 $D\text{Slope}_{325\sim375}$ 值上升，$S_{275\sim295}$ 和 S_R 值下降，UMFI 值也随之下降。如上所述，絮凝作用的加强会增加 DOM 的分子量并降低其超滤膜污染潜能。根据相关性分析，AHA、AHA-BSA、AHA-DEX 溶液的光谱特征参数 $D\text{Slope}_{325\sim375}$ 与 UMFI 值在 0.01 的水平上显著负相关，且 r 值分别为 -0.903、-0.956 和 -0.972。另外，这 3 种溶液的 $S_{275\sim295}$ 和 S_R 值与 UMFI 值在 0.01 的水平上显著负相关，且 r 值分别为 0.874 和 0.871、0.978 和 0.890、0.986 和 0.920。因此，光谱特征参数 $D\text{Slope}_{325\sim375}$、$S_{275\sim295}$ 和 S_R 可用于表征絮凝预处理 AHA、AHA-BSA、AHA-DEX 溶液的超滤膜污染能力。另外，由图 4-7 可知，当光谱特征参数的变化趋势开始放缓后，上述 3 种 DOM 溶液的 UMFI 值仅出现较小的变化。由此，可从光谱特征参数的变化趋势中直接得出最优的氯化铝絮凝剂投加量（40μmol/L）。

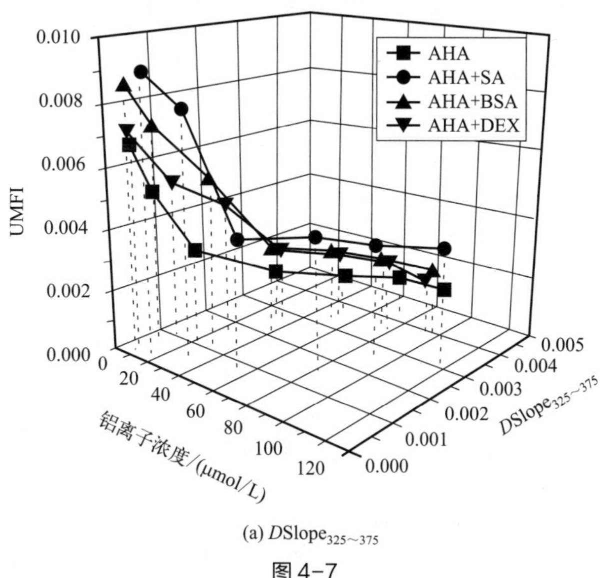

(a) $D\text{Slope}_{325\sim375}$

图 4-7

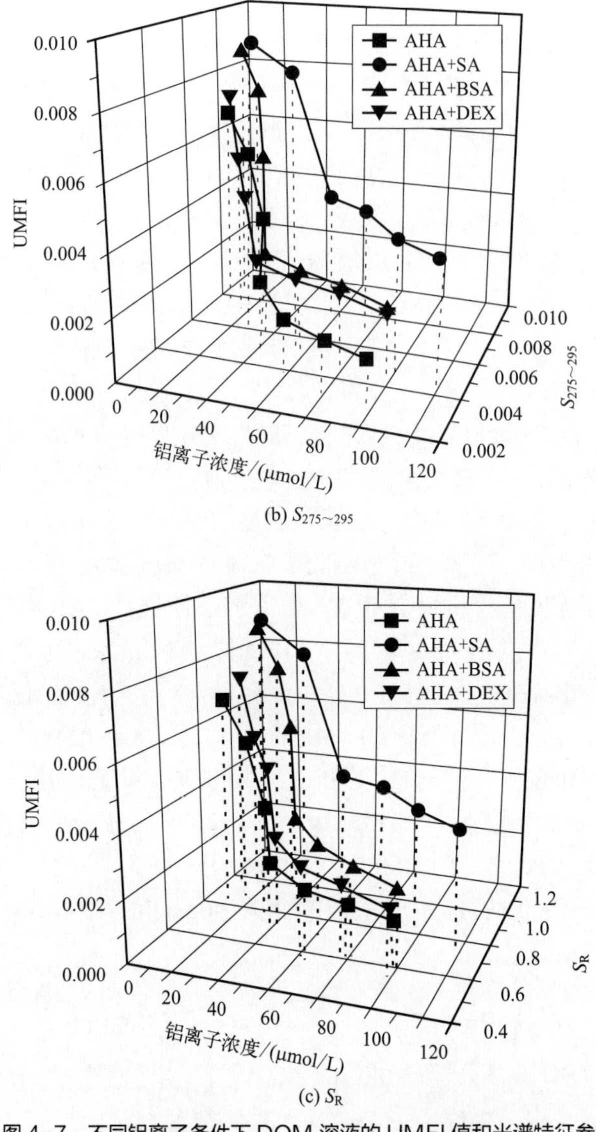

(b) $S_{275\sim295}$

(c) S_R

图4-7 不同铝离子条件下DOM溶液的UMFI值和光谱特征参数（DSlope$_{325\sim375}$、$S_{275\sim295}$、S_R）值之间的关系

值得注意的是，AHA-SA溶液的光谱特征参数DSlope$_{325\sim375}$、$S_{275\sim295}$、S_R与UMFI值之间的相关性分析r值为−0.770、0.719和0.703。从前述结果可知，当氯化铝浓度增至120μmol/L后，AHA-SA溶液的zeta电位值仍在上升，而相同情况下其他DOM溶液已接近0mV，表明多糖类物质SA在水体中的电负性显著高于本研究中其他的DOM。Myat等[3]也通过模型分析得知SA的电负性远大于其他DOM分子。然而，当氯化铝的浓度高于60μmol/L的时候，AHA-SA的分子量上升速度开始放缓，表明铝离子及其水解产物虽然可以与AHA-SA溶液的分子发生配位反应，但其对于AHA-SA溶液分子量的改变不甚明显。因此，SA分子过高的电负性是造成光谱特征参数较难表征AHA-SA溶液膜污染潜能的重要

原因。然而，光谱特征参数对于多糖 DEX 的混合溶液仍然具有良好的预测能力。如前所述，HS 是自然水体中主要的 DOM，PN 和 PS 等物质对于自然水体光谱特征参数的影响较弱。因此，实际水体中生物大分子物质不会明显影响光谱特征参数预测絮凝剂最佳用量的效果。

4.5　氯化铝对 DOM 截留率的影响

如图 4-8 所示，随着氯化铝絮凝剂投加量的上升，溶液的 DOM 分子截留率也相应上升。这是因为絮凝剂的吸附电中和及卷扫絮凝作用使得越来越多的 DOM 分子被超滤膜截留下来。值得注意的是，UV_{254} 的截留率总体上高于 DOC，表明 DOM 中芳香性物质比其他物质更容易被超滤过程去除。研究发现以芳香基团为主的 AHA 溶液在最优絮凝剂投加量（40μmol/L）的作用下 UV_{254} 截留率达到 85%。此外，AHA-BSA 溶液的 UV_{254} 和 DOC 的截留率也达到了 80% 以上。尽管 AHA 和 BSA 分子都呈现负电性，在分子间存在一定的排斥力；然而，这两种分子之间的疏水性作用和氢键作用会促进它们的结合，使之在絮凝剂作用下

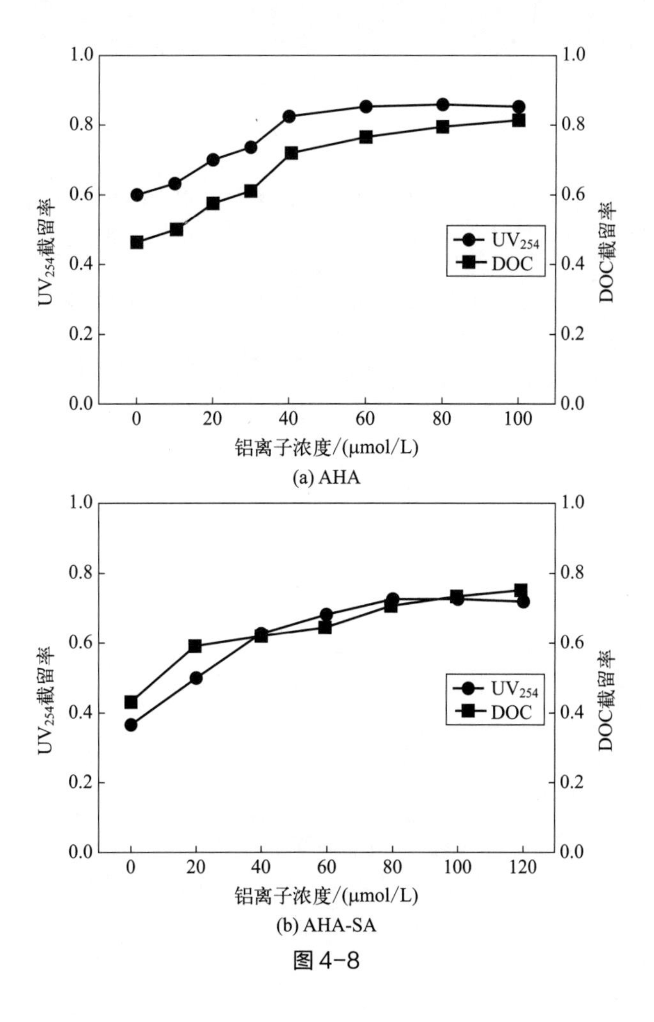

(a) AHA

(b) AHA-SA

图 4-8

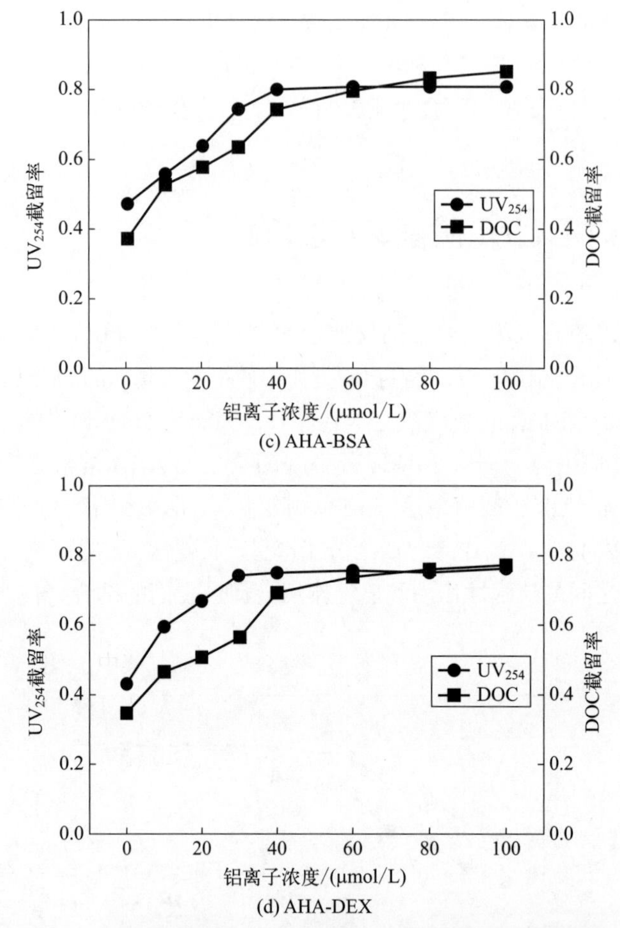

图 4-8 不同铝离子浓度对 DOM 溶液中有机物截留率的影响情况

更容易被截留下来。另外，AHA-SA 和 AHA-DEX 溶液的 UV_{254} 截留率分别达到了 70% 和 75%，两种溶液的 DOC 截留率也低于 80%。SA 和 DEX 同为亲水性多糖物质，因其与疏水性的超滤膜和腐殖酸发生的相互作用较小，从而导致上述两种溶液的截留率较低。

参考文献

[1] Huang H，Schwab K，Jacangelo J G. Pretreatment for low pressure membranes in water treatment：A review[J]. Environmental Science & Technology，2009，43（9）：3011-3019.

[2] Gao W，Liang H，Ma J，et al. Membrane fouling control in ultrafiltration technology for drinking water production：A review[J]. Desalination，2011，272（1-3）：1-8.

[3] Myat D T，Stewart M B，Mergen M，et al. Experimental and computational investigations of the interactions between model organic compounds and subsequent membrane fouling[J]. Water Research，2014，48（1）：108-118.

第5章

UV-vis 光谱表征超滤膜化学清洗效能

膜污染控制方法通常包括物理、生物和化学清洗方法。其中，化学清洗对膜污染的控制效果更为稳定且可以去除不可逆的膜污染物[1]。然而，使用过量的化学药剂会损害膜结构，降低其使用寿命。化学清洗剂的使用应同时满足增强膜的透过性、减少对膜的伤害和降低药剂使用成本的目的。

本章使用 UV-vis 光谱、EEM 光谱和 XPS 技术研究不同 pH 值环境下 NaClO 对 HA 分子结构的作用情况，并通过分析 NaClO 清洗超滤膜后滤液的 UV-vis 光谱数据评估不同浓度 NaClO 对膜污染物的清洗能力。

5.1 关键技术手段

本研究中采用 AHA 作为模式污染物，溶液浓度设定为 5mg/L（DOC），溶液的 pH 值设定为 6、7 和 9。向 AHA 溶液中加入 NaClO，调整 AHA 溶液中氯的剂量为每毫克 DOC 含有 6mg 或 12mg 的氯（氯剂量表示为 6 或 $12Cl_2$：DOC）。为了研究氯化过程中 AHA 溶液的变化情况，分别在 0min、5min、15min、30min、50min、75min、105min、140min 和 180min 的氯化反应时间点取样进行 UV-vis 光谱检测。采用 50mmol/L 的亚硫酸钠溶液作为氯化反应的终止剂。

使用 Horiba 公司的 Aqualog-UV-800 荧光光谱仪对 AHA 溶液进行 EEM 光谱检测。荧光的发射波长扫描范围为 243.762 ～ 830.81nm，间隔为 4pixels（像素）；荧光的激发波长扫描范围为 220 ～ 500nm，间隔为 5nm。使用 MATLAB 软件内置的 DOMFlour 工具箱对 54 个样品的 EEM 进行平行因子分析（parallel factor analysis，PARAFAC），把样品的 EEM 光谱分解为 3 种荧光组分并以 F_{max} 值表示其相对荧光强度。

5.2 NaClO 对 AHA 溶液的 UV-vis 和 EEM 光谱的影响

如前所述，与 UV-vis 光谱吸光度值相比，差值对数转换吸收光谱（*D*ln*A*）更能清楚地表达溶液的 UV-vis 光谱特性，因此，使用式（2-2）对 NaClO 处理 AHA 溶液不同时间的 UV-vis 光谱数据进行差值对数转换处理。由图 5-1 可知（书后另见彩图），随着 NaClO 与 AHA 溶液接触时间的增加，*D*ln*A* 出现明显的增长。值得注意的是，在 300 ～ 400nm 的波长范围内 *D*ln*A* 曲线的吸收值变化更为显著。

使用式（2-3）计算不同 pH 值（6、7、9）和 NaClO 浓度（6 和 $12Cl_2$: DOC）作用的 AHA 溶液的 $-DSlope_{325\sim375}$ 值。如图 5-2 所示，随着 NaClO 与 AHA 溶液反应时间延长，光谱特征参数 $-DSlope_{325\sim375}$ 值逐渐上升。不同 pH 值条件下 AHA 溶液的 $-DSlope_{325\sim375}$ 值的大小及其上升速率遵循以下顺序：pH 7 ＞ pH 6 ＞ pH 9。

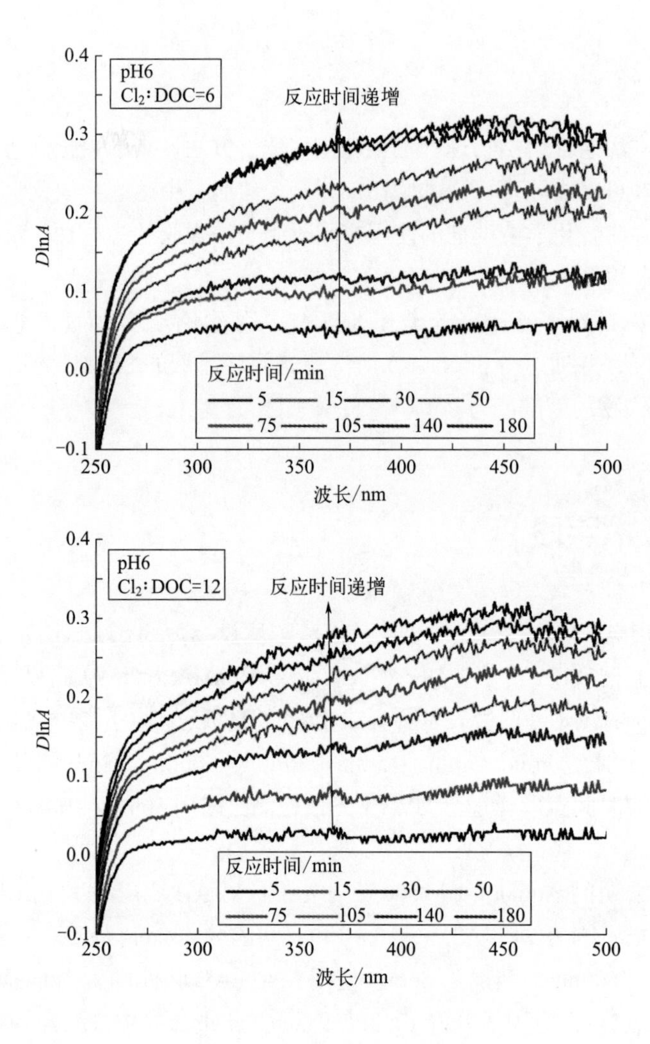

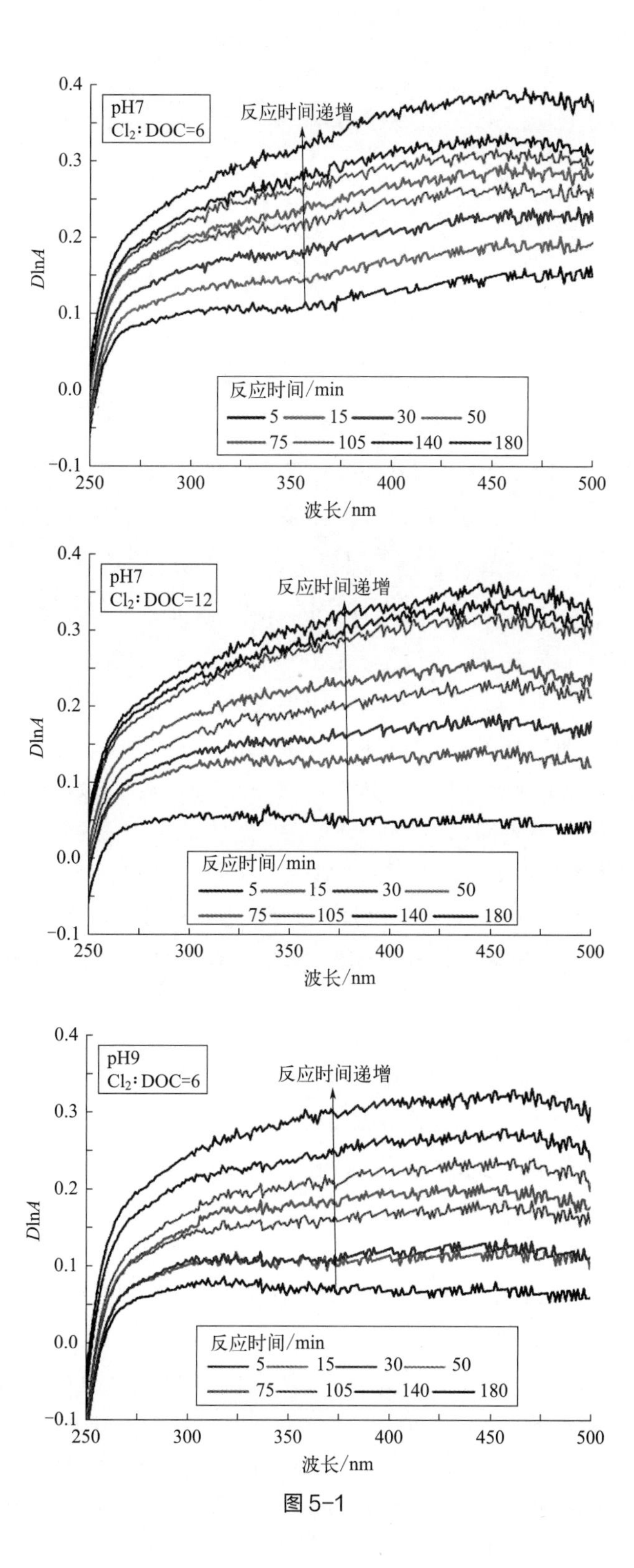
pH7
Cl_2:DOC=6
反应时间递增
DlnA
反应时间/min
5 15 30 50
75 105 140 180
波长/nm
pH7
Cl_2:DOC=12
反应时间递增
DlnA
反应时间/min
5 15 30 50
75 105 140 180
波长/nm
pH9
Cl_2:DOC=6
反应时间递增
DlnA
反应时间/min
5 15 30 50
75 105 140 180
波长/nm

图 5-1

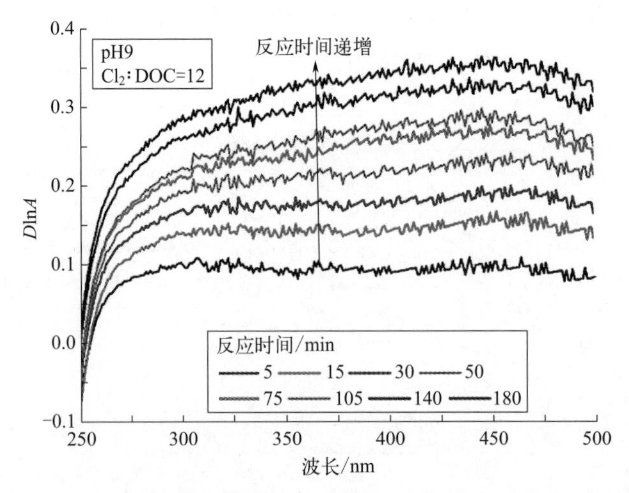

图 5-1 NaClO 浓度（6 或 $12Cl_2$ ∶ DOC）对于 pH 6、7、9 条件下 AHA 溶液的差值对数转换吸收光谱（*D*ln*A*）的影响

NaClO 在溶液中会水解为 NaOH 和 HOCl，HOCl 会进一步分解为 H^+ 和 OCl^-。NaClO 溶液中的 HOCl 和 OCl^- 被定义为有效氯，它们具有良好的氧化能力。另外，HOCl 比 OCl^- 具有更强的氧化能力。NaClO 溶液中有效氯的含量与溶液 pH 值密切相关，pH 值降低会增加 NaClO 溶液中 HOCl 的含量，而 pH 值升高会增加溶液中 OCl^- 的含量。在 pH 6 的条件下，NaClO 溶液中以 HOCl 为主；在 pH 7 的条件下，NaClO 溶液中的 HOCl 和 OCl^- 各占 1/2；在 pH 9 的条件下，NaClO 溶液中以 OCl^- 为主。由此可知，NaClO 在 pH 6 的 AHA 溶液中具有较强的氧化能力，在 pH 9 的溶液中氧化能力较弱。然而，AHA 分子上的官能团在酸性条件下会发生质子化作用。这不仅降低了分子间和分子内部的排斥力，还会在分子间产生氢键，使得 AHA 分子发生缠绕和相互结合。因此，AHA 分子上与活性氯反应的位点减少。这在一定程度上削弱了 NaClO 对 AHA 分子的作用。虽然中性条件下 NaClO 的氧化能力略低于酸性条件，但是此条件下 AHA 分子的质子化作用减弱，由此产生比酸性条件更多的含氯物质作用位点。另外，AHA 分子在碱性条件下会发生去质子化作用，使得分子间和分子内部的排斥力增强，从而增加了 AHA 分子的反应位点。然而，NaClO 在 pH 9 的条件下氧化能力较弱，降低其对 AHA 分子的作用。此外，两种浓度的 NaClO 与 AHA 溶液反应结果显示，高浓度 NaClO（$12Cl_2$ ∶ DOC）条件下 AHA 溶液的 $-D\text{Slope}_{325\sim375}$ 值的大小和上升速率高于低浓度 NaClO（$6Cl_2$ ∶ DOC），即高浓度 NaClO 对 AHA 分子的作用更明显。

为了进一步揭示 AHA 溶液在不同 pH 值和 NaClO 浓度下的变化情况，使用荧光光谱仪检测 AHA 溶液的 3D-EEM 光谱。如图 5-3 所示（书后另见彩图），荧光峰的峰形和强度在 NaClO 作用后都产生了明显的变化。进一步采用 PARAFAC 方法对 AHA 样品的 EEM 进行定量分析，根据 PARAFAC 分析中的半分法等验证方法，AHA 样品的 EEM 可分为 3 个荧光组分 C1、C2 和 C3［图 5-4（书后另见彩图）］，对应的荧光峰位置（*Ex*/*Em*）分别为 266nm/480nm、248nm/438nm 和 287nm/513nm。据文献报道[2]，C1 和 C2 组分为类腐殖质荧光团；由于类腐殖质荧光团所在位置的发射波长（*Em*）一般低于 480nm，而 C3 的 *Em*

为 513nm，因此本研究不考虑 C3 的变化情况。

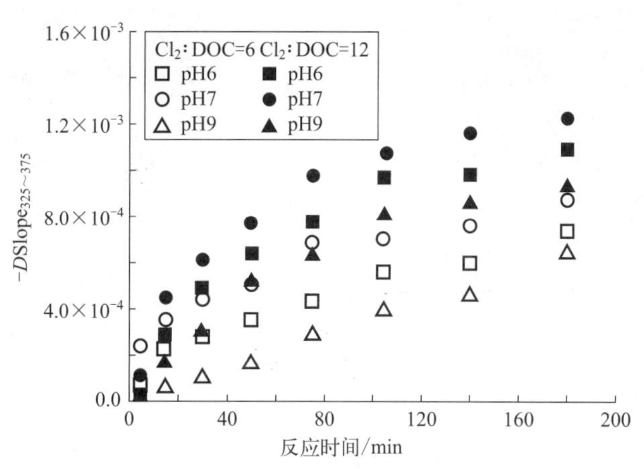

图 5-2　NaClO 浓度（6 或 $12Cl_2$ ： DOC）对于 pH 6、7、9 条件下 AHA 溶液的光谱特征参数 $-DSlope_{325\sim375}$ 的影响

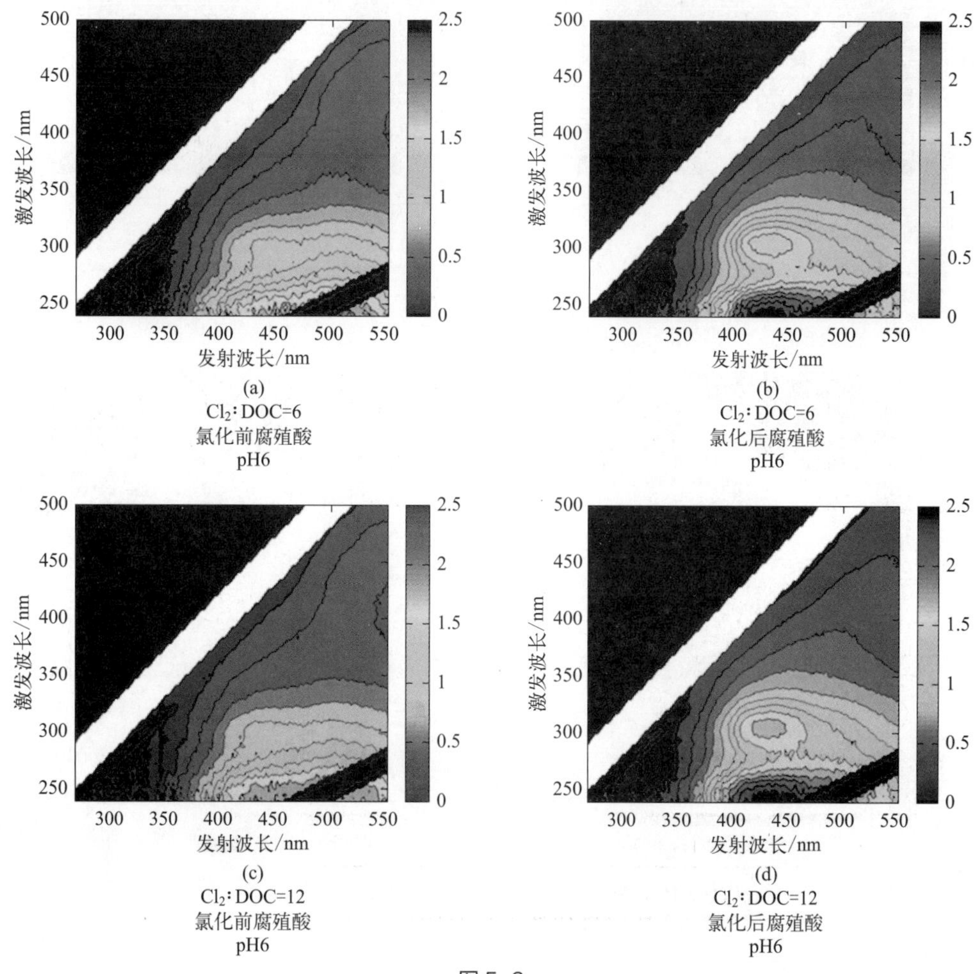

图 5-3

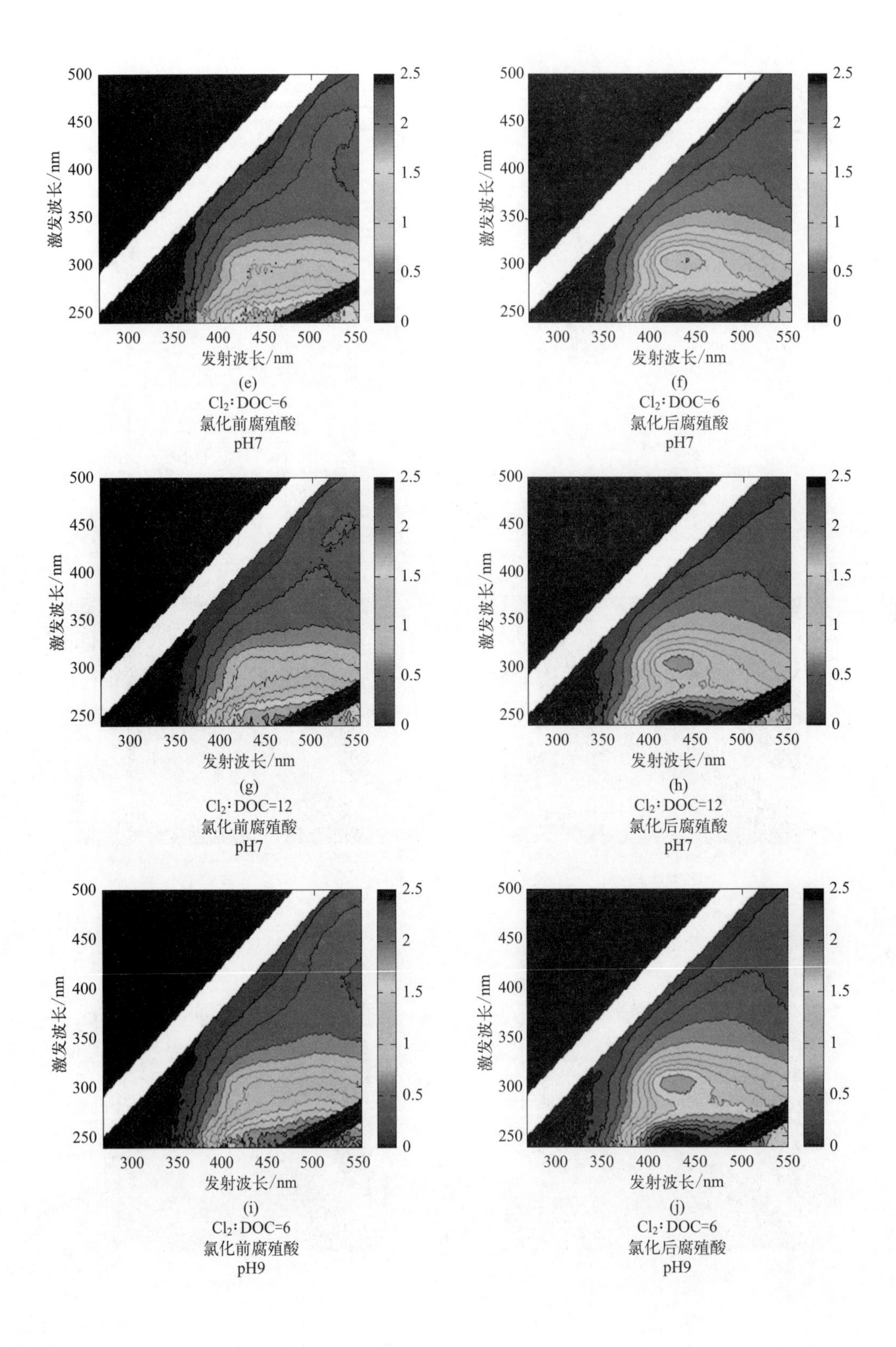
激发波长/nm
发射波长/nm
(e)
Cl₂:DOC=6
氯化前腐殖酸
pH7
(f)
Cl₂:DOC=6
氯化后腐殖酸
pH7
(g)
Cl₂:DOC=12
氯化前腐殖酸
pH7
(h)
Cl₂:DOC=12
氯化后腐殖酸
pH7
(i)
Cl₂:DOC=6
氯化前腐殖酸
pH9
(j)
Cl₂:DOC=6
氯化后腐殖酸
pH9

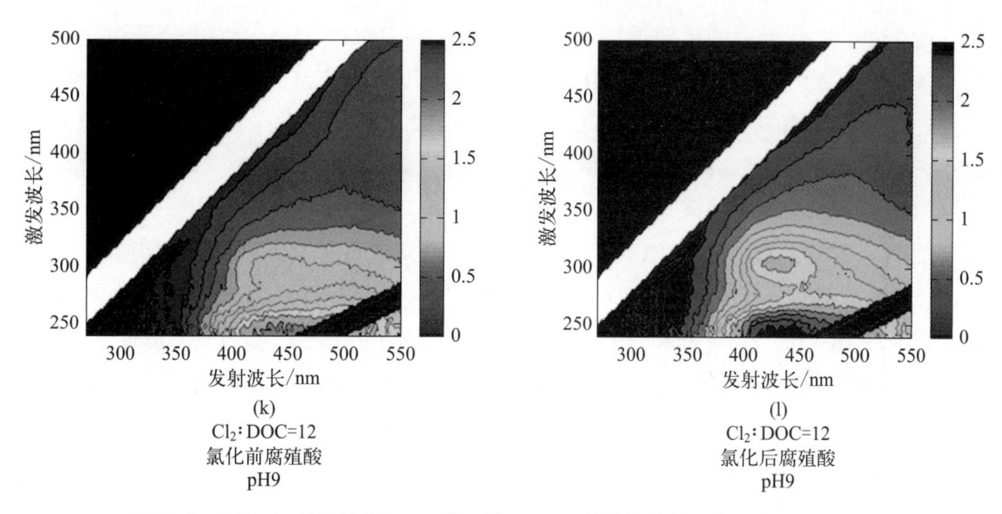

图 5-3 不同 NaClO 浓度和 pH 值环境下 AHA 溶液氯化前后的 EEM 光谱变化

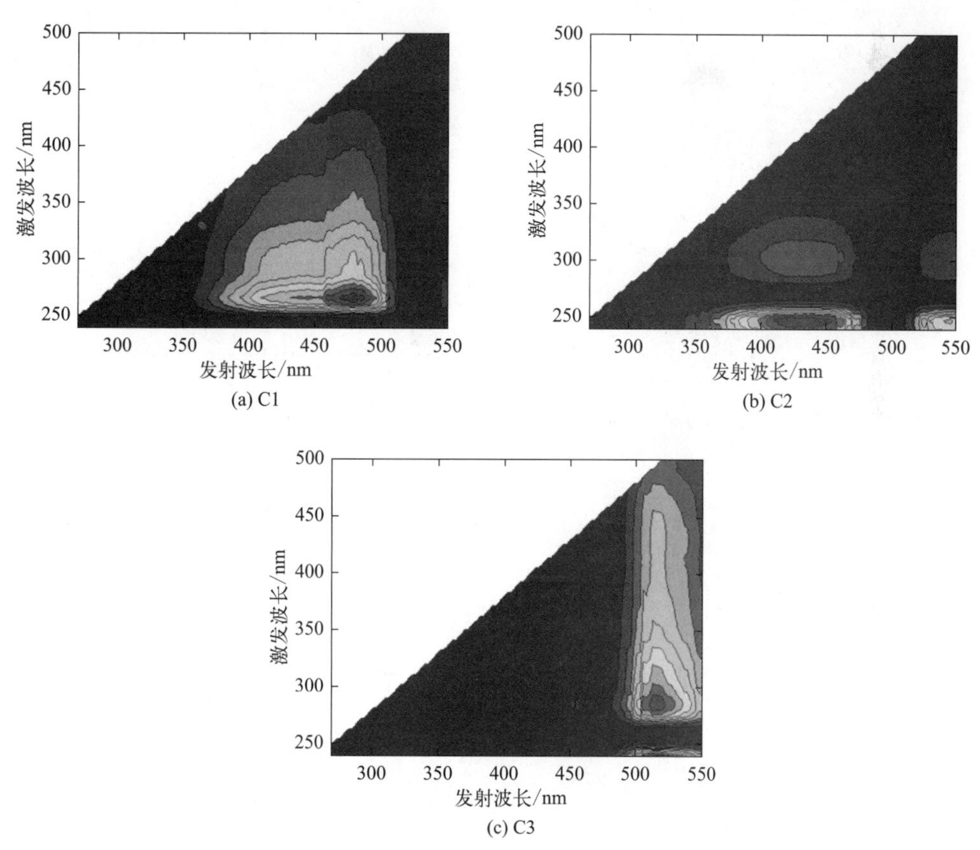

图 5-4 PARAFAC 方法识别的 AHA 中的 3 种荧光成分的等高线图

如图 5-5 所示，随着 NaClO 与 AHA 溶液反应时间的延长（0 ～ 180min），C1 和 C2 的 F_{max} 值逐渐上升。HA 分子在 NaClO 的作用下会变成小分子物质，而小分子物质的增加是荧光强度（即 F_{max}）上升的重要原因[3]。为了表征 NaClO 对 AHA 溶液分子量的影响，分别使用 MWCOs 为 150000、20000、10000 的 PES 超滤膜对 NaClO 处理前后 AHA 溶液的分子量进行分析。如图 5-6 所示，AHA 溶液在 NaClO 的作用下分子量变小；在不同 pH 值条件下，分子量低于 150000 的有机物含量在氯化反应作用下从 35% ～ 40% 上升到 70% 左右。然而，当前结果无法确认 pH 值环境对 AHA 与 NaClO 溶液反应的影响。由此可知，C1 和 C2 组分 F_{max} 值越大，AHA 溶液中小分子量物质含量越高；C1 和 C2 组分 F_{max} 值可用于表征 AHA 溶液分子量的变化情况。值得注意的是，C1 和 C2 的 F_{max} 值增加速率和大小遵循以下规律：pH 7 ＞ pH 6 ＞ pH 9；其变化规律与光谱特征参数 $-D\text{Slope}_{325\sim375}$ 值具有相似性。将 C1 和 C2 组分 F_{max} 值与光谱特征参数 $-D\text{Slope}_{325\sim375}$ 值进行关联分析，发现其线性相关系数 R^2 均超过 0.90（图 5-7）。因此，$-D\text{Slope}_{325\sim375}$ 值同样可用于表征 NaClO 作用下 AHA 溶液的分子量变化。

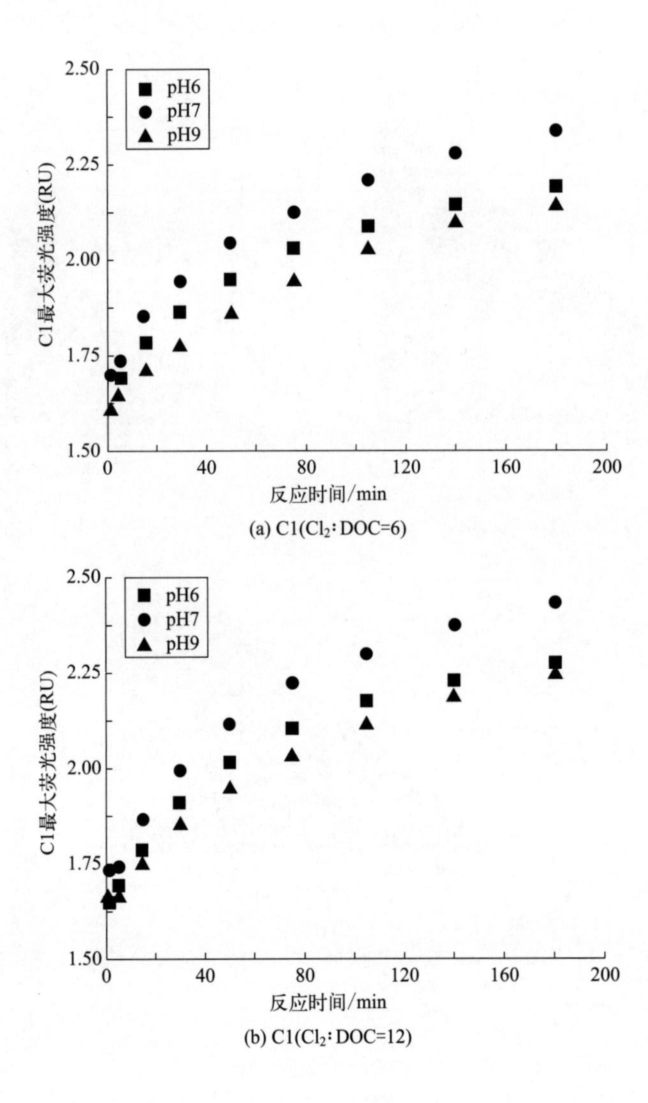

(a) C1(Cl_2∶DOC=6)

(b) C1(Cl_2∶DOC=12)

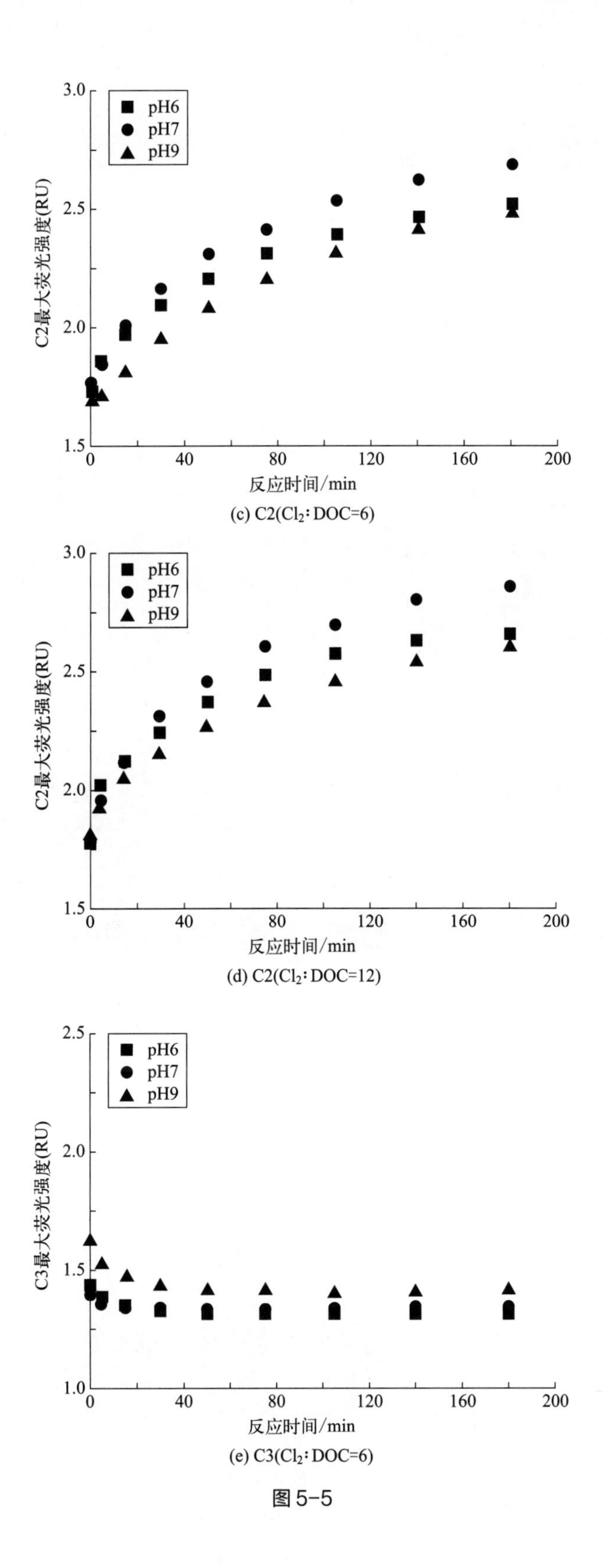

(c) C2(Cl_2∶DOC=6)

(d) C2(Cl_2∶DOC=12)

(e) C3(Cl_2∶DOC=6)

图 5-5

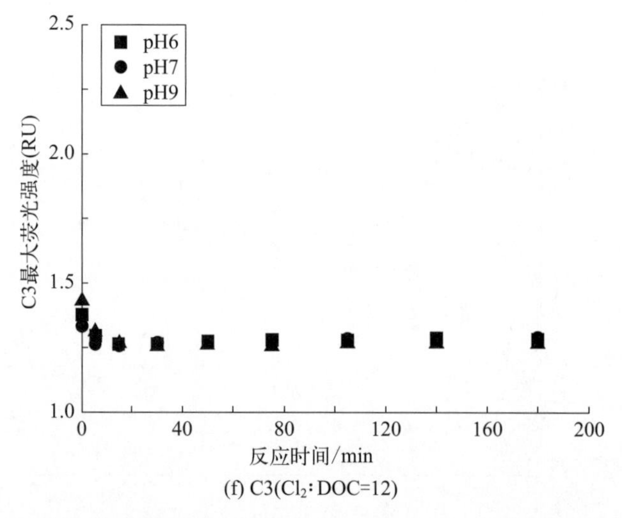

(f) C3(Cl_2∶DOC=12)

图 5-5 不同 NaClO 浓度对 AHA 样品的平行因子分析（PARAFAC）组分的最大荧光强度（F_{max}）的影响

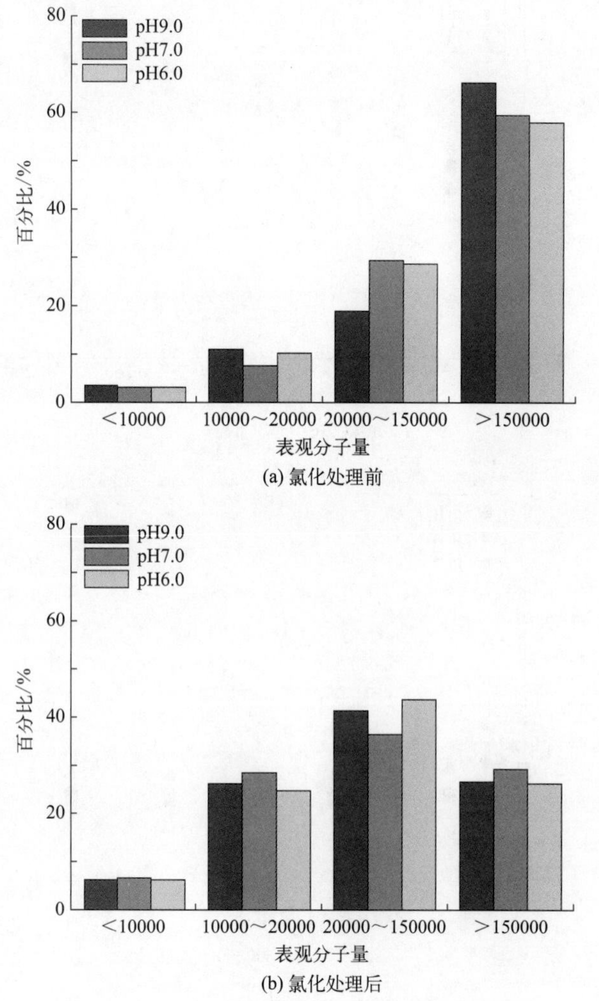

(a) 氯化处理前

(b) 氯化处理后

图 5-6 NaClO 作用前后 AHA 样品的分子量分布

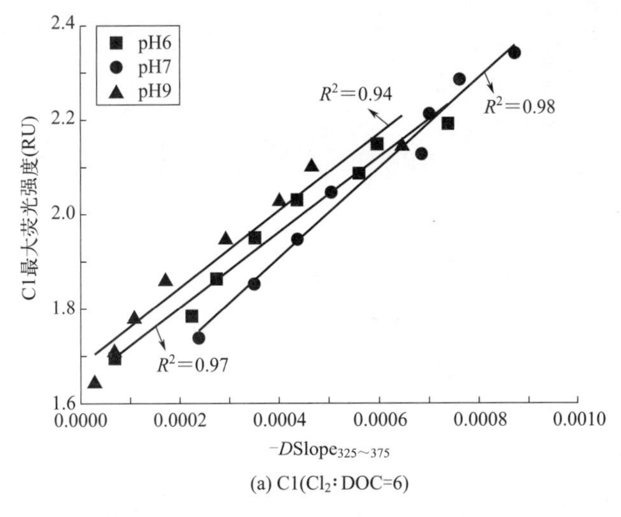

(a) C1(Cl_2∶DOC=6)

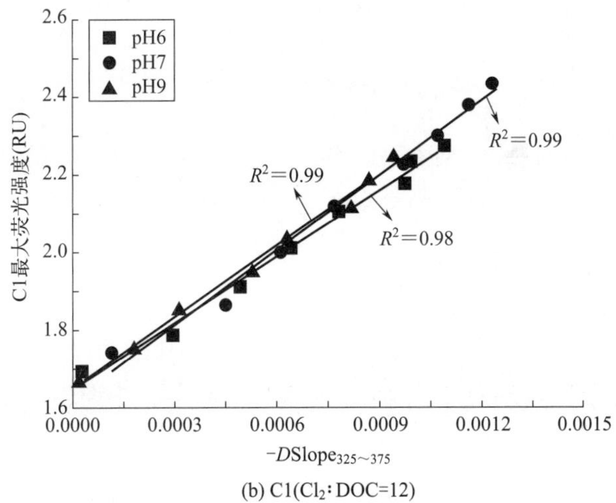

(b) C1(Cl_2∶DOC=12)

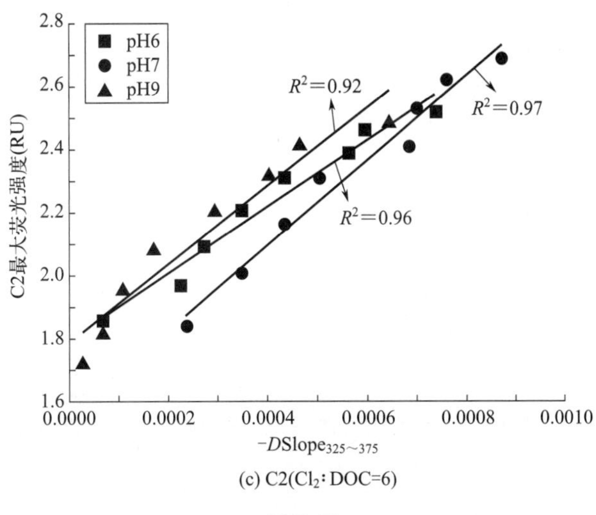

(c) C2(Cl_2∶DOC=6)

图 5-7

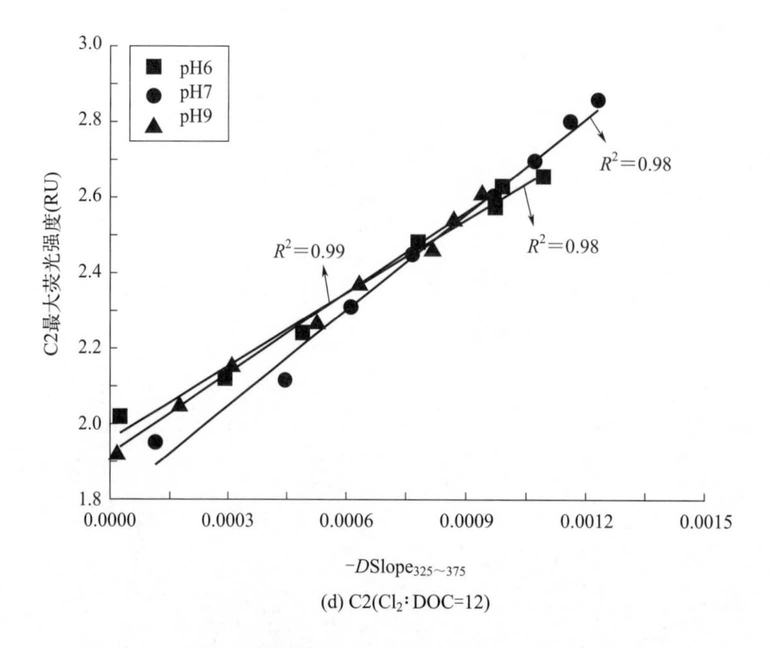

(d) C2(Cl_2∶DOC=12)

图 5-7　光谱特征参数 $-D\mathrm{Slope}_{325\sim375}$ 和 PARAFAC 分析所得 C1、C2 的 F_{max} 之间的关系

5.3　NaClO 对 AHA 膜污染物中含碳基团的影响

为了更深入地研究 NaClO 对 AHA 溶液的影响，对 NaClO 作用前后的 AHA 冻干样品进行高分辨率的 XPS 扫描，并对 C（1s）区域进行 Shirley 背景值扣除及拟合。将 AHA 样品的碳元素分为 4 个化学氧化态：a. 芳香族和脂肪族碳［C—(C，H)］，峰的结合能位置在 284.6eV；b. 醇类和醚类上的碳（C—O），峰的结合能位置在 286.2eV；c. 羰基碳（C═O），峰的结合能位置在 287.6eV；d. 羧酸或酯类上的羰基碳［C（O）O］，峰的结合能位置在 289.1eV [4]。如图 5-8 所示，未经 NaClO 处理的 AHA 溶液中主要以芳香族和脂肪族碳为主，在 pH 6、7 和 9 条件下该形态的碳占了所有形态碳的 75.0%、73.6% 和 74.0%。经 NaClO 处理后，AHA 样品中该形态碳的相对含量下降了 13% ～ 18%，表明 NaClO 的氧化作用导致 AHA 的主要碳骨架发生分解，而该过程会降低 AHA 溶液的分子量。另外，NaClO 与 AHA 反应会产生亲水性的含氧基团（如酮基、醛基和羧基），导致其含氧基团［即 C—O、C═O 和 C(O)O］相对含量的上升。值得注意的是，NaClO 氧化可以增加腐殖质的亲水性，降低其在膜上的吸附能力，有助于降低膜污染。

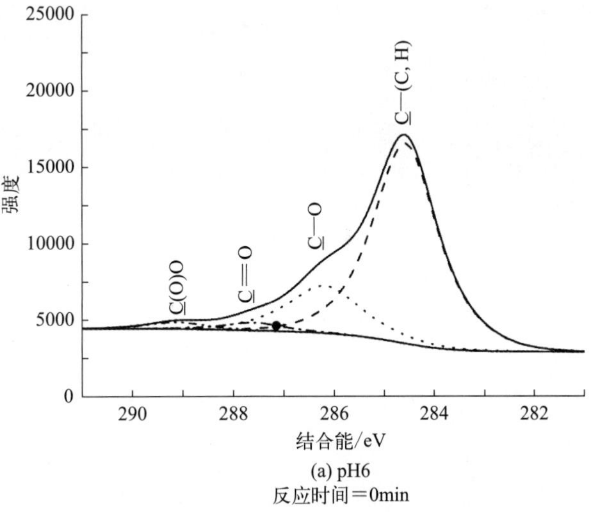

(a) pH6
反应时间＝0min

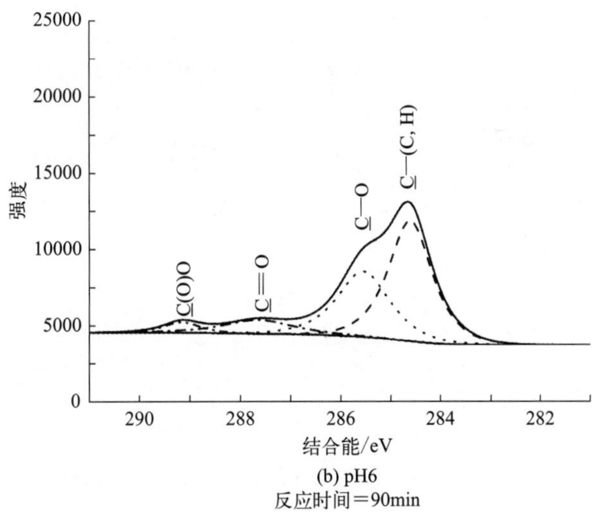

(b) pH6
反应时间＝90min

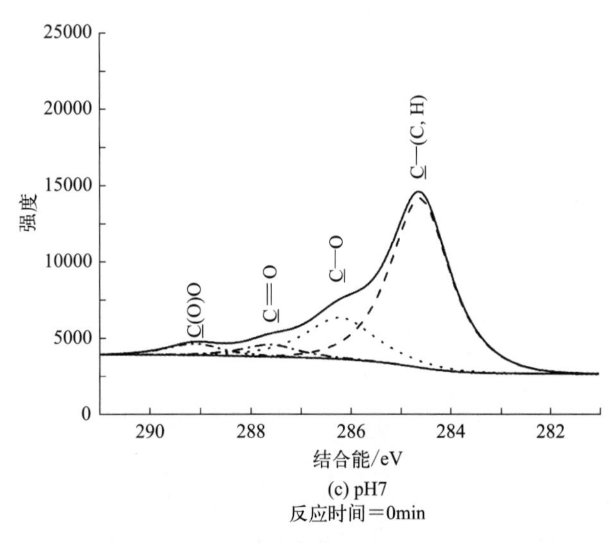

(c) pH7
反应时间＝0min

图 5-8

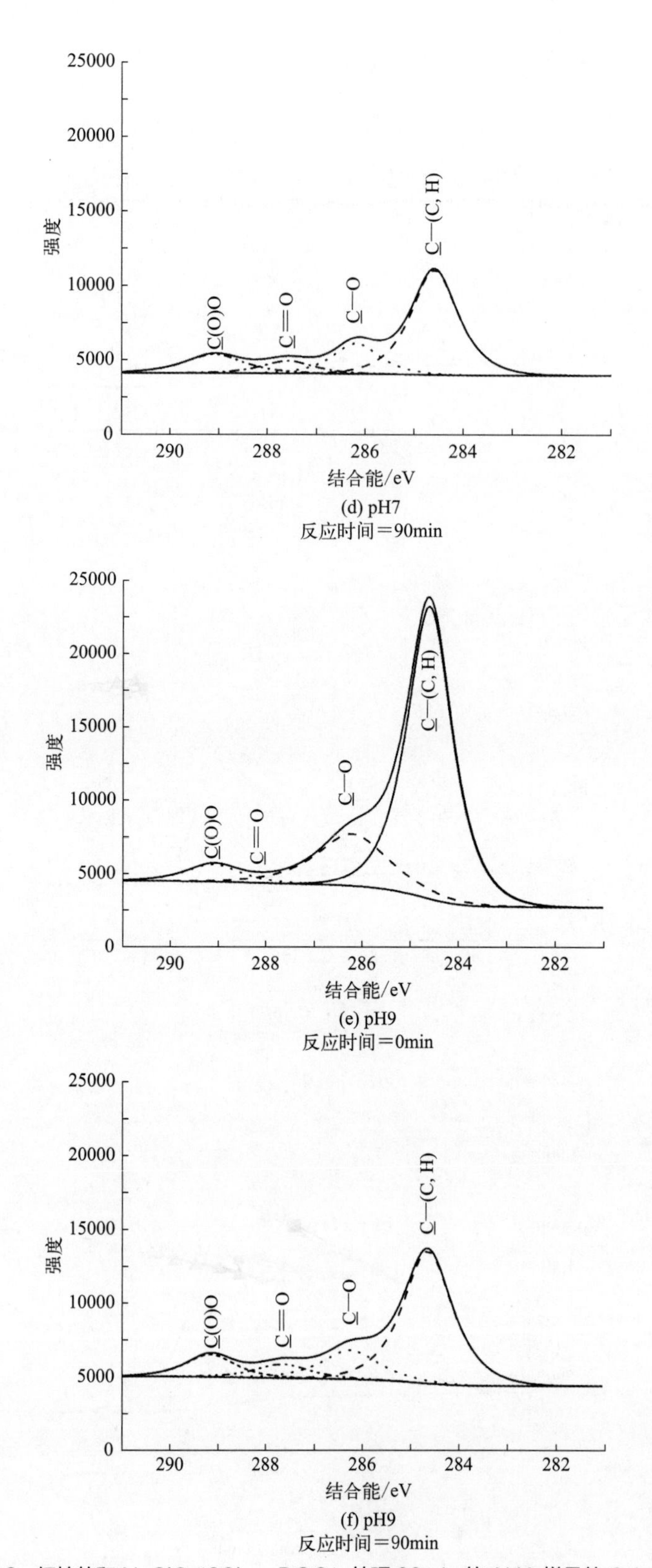

(d) pH7
反应时间＝90min

(e) pH9
反应时间＝0min

(f) pH9
反应时间＝90min

图 5-8 初始的和 NaClO（6Cl_2 ：DOC）处理 90min 的 AHA 样品的 C 1s 能谱

使用软件对谱图分解后产生 4 种组分：C—(C，H)、C—O、C═O 和 C(O)O，分别位于 284.6eV、286.2eV、287.6eV 和 289.1eV

5.4　NaClO 对 AHA 膜污染行为的影响

如图 5-9 所示，在不同 pH 值条件下，当过滤原始 AHA 溶液 500L/m² 后其渗透通量下降至初始通量的 40%。膜过滤腐殖质溶液的过程中，腐殖质分子不仅会堵塞超滤膜膜孔，还会在膜表面形成污染层。这两种污染过程均会对超滤膜的渗透通量造成严重影响。当AHA溶液经过低浓度NaClO（Cl_2 : DOC=6）处理后，其膜污染能力降低。另外，使用高浓度 NaClO（Cl_2 : DOC=12）处理 AHA 溶液后，其膜污染能力被进一步削弱。

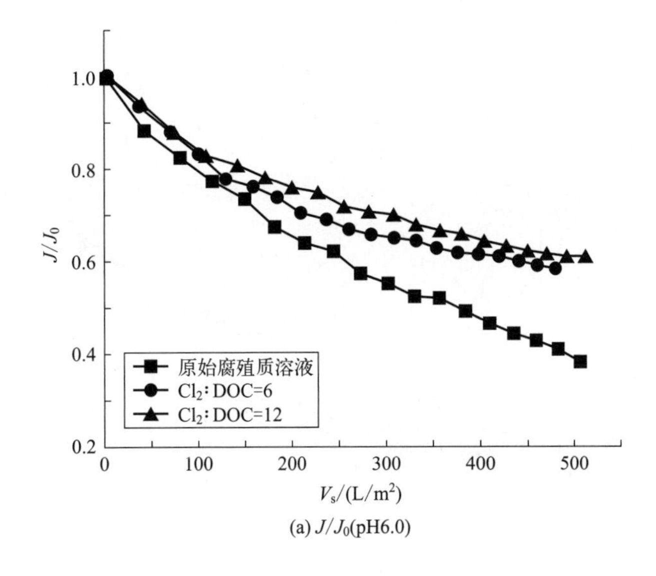

(a) J/J_0(pH6.0)

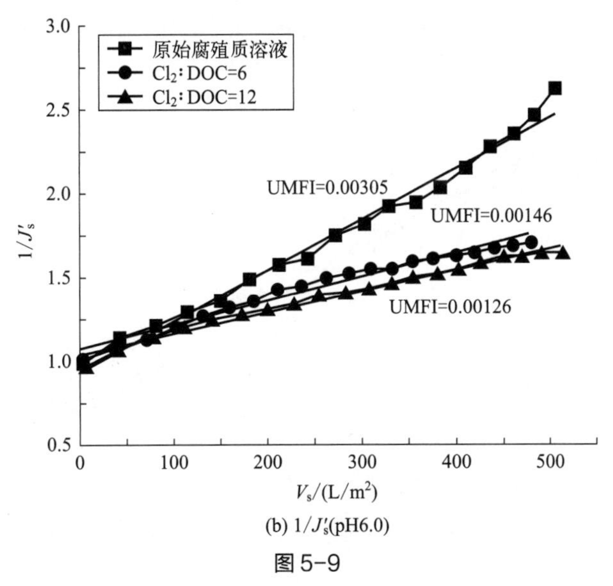

(b) $1/J'_s$(pH6.0)

图 5-9

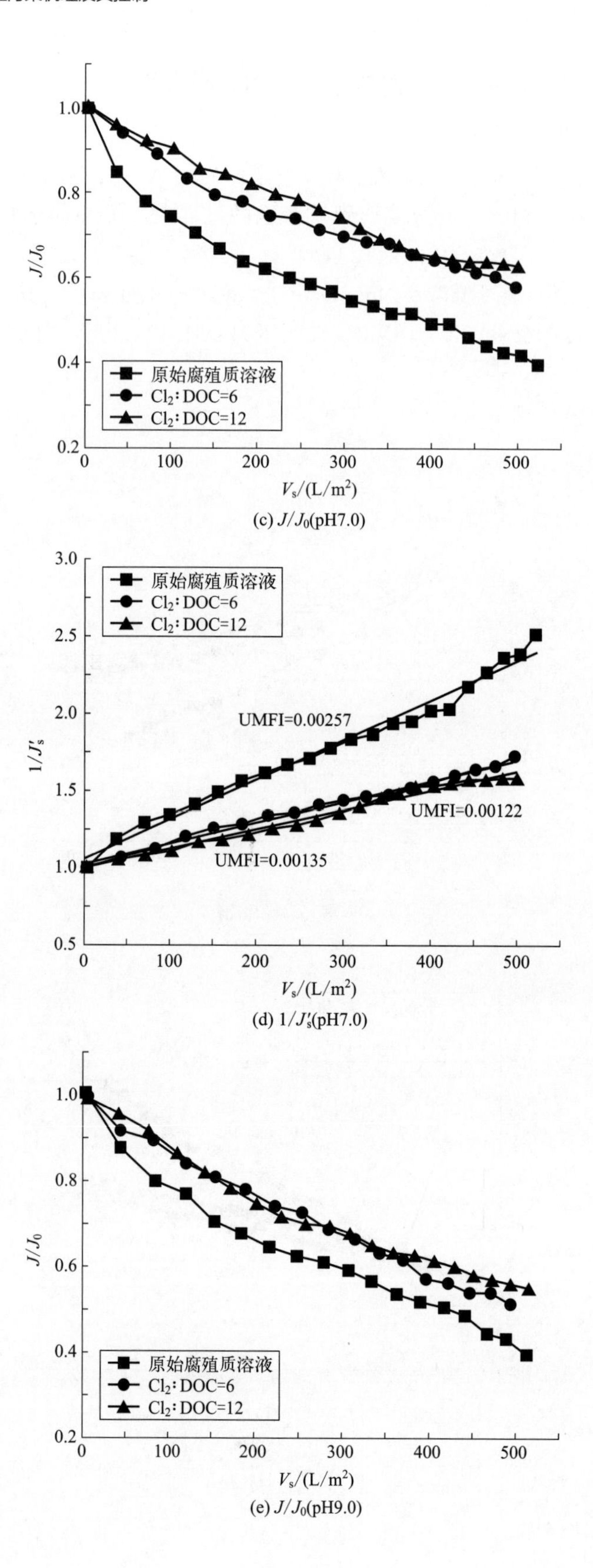

(c) J/J_0(pH7.0)

(d) $1/J'_s$(pH7.0)

(e) J/J_0(pH9.0)

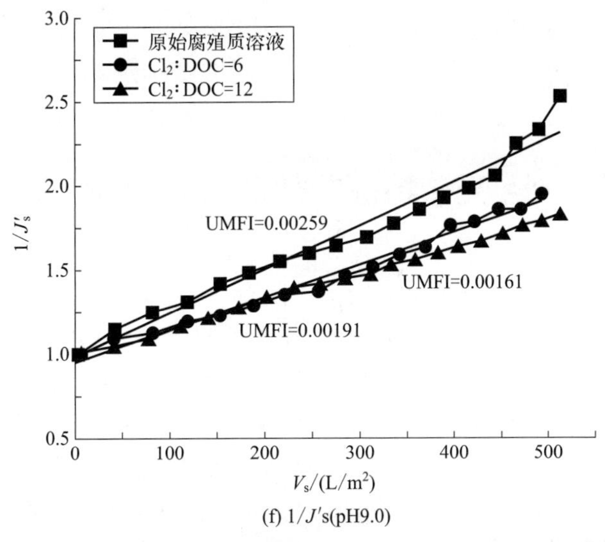

图 5-9　AHA 溶液的归一化膜通量（J/J_0）以及 $1/J_s'$ 与 V_s 之间的关系

使用 UMFI 表征 NaClO 处理对 AHA 膜污染潜能的影响。由图 5-10 可知，在高浓度 NaClO 作用下，AHA 溶液的 UMFI 值明显低于低浓度；无论低浓度或者高浓度 NaClO，碱性条件的 AHA 溶液的 UMFI 值明显高于中性和酸性条件。前文显示，NaClO 在不同的 pH 值条件对 AHA 的影响作用遵循以下顺序：pH 7 ＞ pH 6 ＞ pH 9，即 AHA 溶液在中性条件下的分子量下降最多，酸性条件次之，碱性条件下降最少。结合 UMFI 值的变化规律，可知 AHA 对超滤膜的污染能力随着分子量的下降而减弱。此外，从 XPS 光电子能谱的分析可知 AHA 在 NaClO 的作用下亲水性会明显增强而降低 AHA 分子在膜孔内部的吸附能力，从而减少膜孔堵塞。值得注意的是，从图 5-10 中发现 AHA 溶液光谱特征参数 $-D\mathrm{Slope}_{325\sim375}$ 与其膜污染能力（UMFI）密切相关。当 AHA 溶液的 $-D\mathrm{Slope}_{325\sim375}$ 较

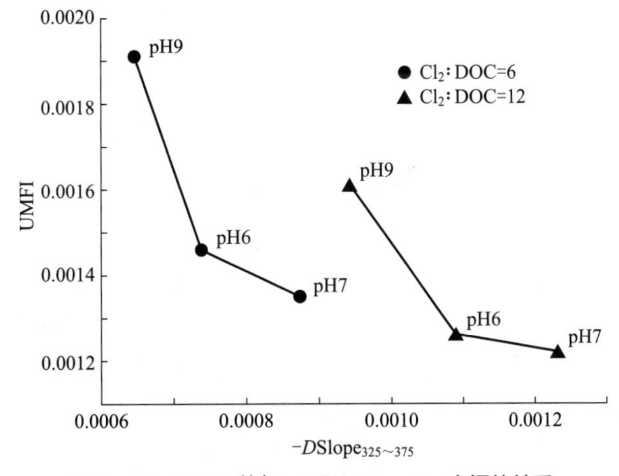

图 5-10　UMFI 值与 $-D\mathrm{Slope}_{325\sim375}$ 之间的关系

高时，其 UMFI 值较小，即膜污染较少。该结果表明 $-D\mathrm{Slope}_{325\sim375}$ 可用于表征不同 pH 值条件下 AHA 的性质及膜污染变化过程，且具有较高的灵敏度。

5.5　使用 UV-vis 光谱特征参数评估 NaClO 的清洗效能

为了验证光谱特征参数 $-D\mathrm{Slope}_{325\sim375}$ 用于表征 NaClO 清洗效率的可行性，设计了纯水与不同浓度 NaClO 的正向膜清洗实验。由图 5-11（a）可知，滤液的 $-D\mathrm{Slope}_{325\sim375}$ 值逐渐下降。根据之前的研究，$-D\mathrm{Slope}_{325\sim375}$ 的下降表明滤液中的小分子量物质逐渐减少。这主要是因为在正向清洗过程中，随着 NaClO 的氧化分解能力的逐渐减弱，透过超滤膜的小分子量物质逐渐减少。值得注意的是，相比于低浓度 NaClO，高浓度 NaClO 清洗作用下滤液的光谱特征参数 $-D\mathrm{Slope}_{325\sim375}$ 值下降速率较慢，表明高浓度 NaClO 具有较为持久的化学氧化清洗能力；而在纯水的正向清洗作用下，滤液中的光谱特征参数 $-D\mathrm{Slope}_{325\sim375}$ 值下降速率最快，反映了纯水不具备分解膜表面污染物的能力。由此可知，可从正向清洗滤液的光谱特征参数 $-D\mathrm{Slope}_{325\sim375}$ 变化情况，即变化曲线的斜率值（SD），得知清洗剂的膜清洗效率。将不同清洗剂作用下的膜通量恢复率与 SD 关联分析［图 5-11（b）］。相比于纯水，NaClO 极大地改善了超滤膜的通量恢复情况。低浓度 NaClO 可使超滤膜的通量恢复到初始通量的 25%，而高浓度 NaClO 可使超滤膜恢复到初始通量的 40% 左右。SD 值越小，清洗剂 NaClO 的膜清洗效率越强，超滤膜的通量恢复情况越好。

目前，用于表征水环境 DOM 结构和性质的技术大多需要复杂的样品前处理，且检测过程复杂。因而，探索出一种新技术以快速简便地表征水体中 DOM 的性质及预测其对水处理工艺，特别是广泛应用的膜处理工艺的影响，具有重要意义。

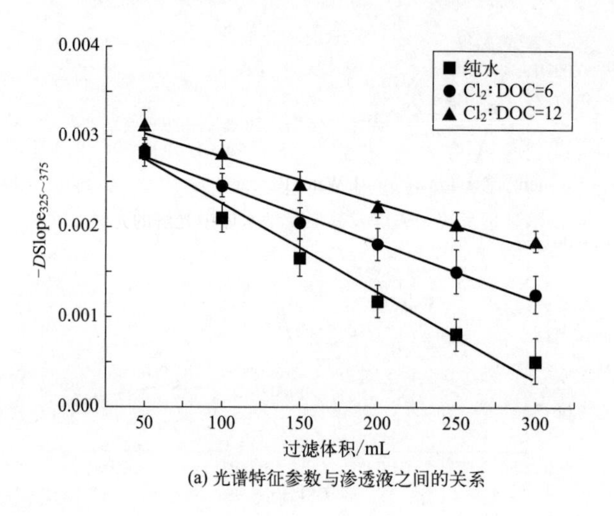

(a) 光谱特征参数与渗透液之间的关系

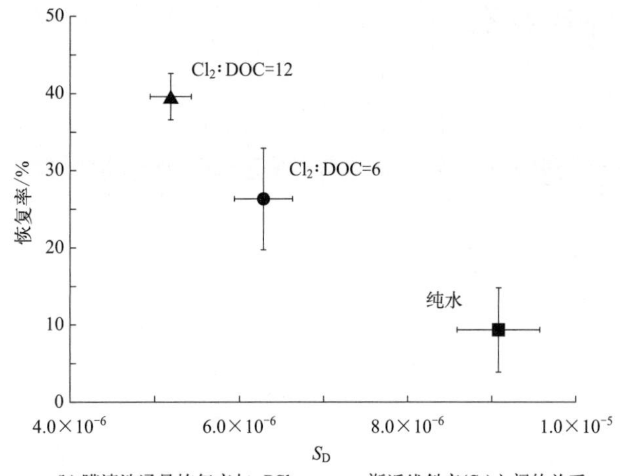

(b) 膜清洗通量恢复率与$-D$Slope$_{325\sim375}$渐近线斜率(S_D)之间的关系

图 5-11 光谱特征参数与渗透液之间的关系及膜清洗通量恢复率与 $-D$Slope$_{325\sim375}$ 渐近线斜率（S_D）之间的关系

UV-vis 吸收光谱除了可以表征水体 DOM 的浓度及其中芳香性物质的含量，经过适当处理所得的光谱特征参数还可以表征更多的 DOM 信息，如分子量等。从本实验的研究结果可知，处理 UV-vis 吸收光谱数据后所得参数 DSlope$_{325\sim375}$、$S_{275\sim295}$ 和 S_R 均可用于表征 DOM 溶液分子量在不同钙离子浓度和 pH 值条件作用下的变化情况。本研究还表明，通过考察光谱特征参数 DSlope$_{325\sim375}$、$S_{275\sim295}$ 和 S_R 的变化可了解 DOM 在不同的 pH 值和钙离子条件下对超滤膜过滤性能的影响。由此可知，通过测定待处理水体的 UV-vis 吸收光谱数据并计算光谱特征参数 DSlope$_{325\sim375}$、$S_{275\sim295}$ 和 S_R，可以快速判定 DOM 的性质并表征其膜污染潜能。

参考文献

[1] Zsirai T，Buzatu P，Aerts P，et al. Efficacy of relaxation，backflushing，chemical cleaning and clogging removal for an immersed hollow fibre membrane bioreactor[J]. Water Research，2012，46（14）：4499-4507.

[2] 杨小芳 . 污水源有机物在污水处理系统中去除及其在受纳水体中光解的光谱学研究 [D]. 广州：中山大学，2016.

[3] Świetlik J，Dą Browska A，Raczyk-Stanisławiak U，et al. Reactivity of natural organic matter fractions with chlorine dioxide and ozone[J]. Water Research，2004，38（3）：547-558.

[4] Monteil-Rivera F，Brouwer E B，Masset S，et al. Combination of X-ray photoelectron and solid-state ^{13}C nuclear magnetic resonance spectroscopy in the structural characterisation of humic acids[J]. Analytica Chimica Acta，2000，424（2）：243-255.

第6章

生物大分子的分子尺寸特征

生物大分子（biomacromolecules，BMM）的浓度与膜污染之间存在紧密的联系[1]。一般认为，PS 和 PN 的浓度越高，膜污染越严重[2]。但是仅依据 BMM 浓度来评估其膜污染行为是非常片面的，需要全面评估其分子尺寸大小、官能团组成、亲疏水性质、黏度和 zeta 电位等理化性质和组成与膜污染行为之间的关系。Teychene 等[3]报道溶解性 BMM 和胶体态 BMM 相比具有更高的膜污染潜能。Rosenberger 等[4]进一步发现膜污染物的分子量都在 120000 以上且具有亲水性。Liang 等[5]研究表明 BMM 中亲水性的中性大分子多糖具有很高的膜污染行为。然而，Lee 等[6]却发现疏水性蛋白在膜污染过程中扮演着重要角色。综上，不同尺寸 BMM 具有不同的化学性质和组成成分，导致其膜污染行为也具有明显差异。

因此，本章对一套实验室规模的近似平推流 MBR 中 PS、PN 和 HS 浓度进行了长期监测，从 BMM 分子尺寸的角度，采用 EEM 和 ^{13}C- 核磁共振（nuclear magnetic resonance，NMR）谱对不同分子量区间的 BMM 进行了组成成分和分子结构的分析，旨在全面认识和理解 BMM 的膜污染行为。

6.1 关键技术手段

实验采用的模拟废水组成成分如表 6-1 所列。

表 6-1 模拟废水的组成成分

成分	浓度 /（mg/L）	微量元素	浓度 /（mg/L）
无水乙酸钠	35	$FeSO_4 \cdot 7H_2O$	2.50

续表

成分	浓度 /（mg/L）	微量元素	浓度 /（mg/L）
磷酸二氢钾	23	$ZnCl_2$	0.06
磷酸氢二钾	21	$MnCl_2 \cdot 4H_2O$	0.06
氯化铵	40	$NaMoO_4 \cdot 2H_2O$	0.19
淀粉	162	$CoCl_2 \cdot 6H_2O$	0.13
奶粉	200	$NiCl_2 \cdot 6H_2O$	0.04
蔗糖	141	$CuSO_4$	0.06
尿素	50	$CaCl_2$	0.44
蛋白胨	32	H_3BO_3	0.06
酵母浸膏	77	$MgCl_2$	0.19
牛肉浸膏	80	—	
碳酸氢钠	30		

该近似平推流 MBR 示意如图 6-1 所示。在膜池中置入 2 片相同的平板膜组件：膜组件 A 和膜组件 B。反应器的水力停留时间 HRT 保持在 12 ～ 14h，污泥停留时间 SRT 保持在 20d。

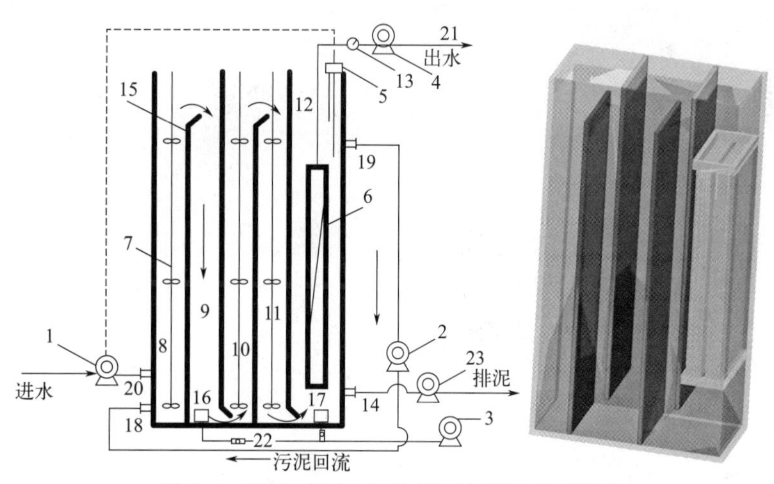

图 6-1　近似平推流 MBR 的工艺流程和三维结构

1—进水泵；2—回流泵；3—空气压缩机；4—出水泵；5—液位计；6—平板膜膜组件；7—搅拌装置；8—第一缺氧池；9—好氧池；10—第二缺氧池；11—厌氧池；12—膜池；13—真空压力表；14、18、19、20—阀门；15—垂直挡板；16、17—曝气装置；21—出水管；22—转子流量计；23—排泥泵

本研究所用 NMR 仪器为 Bruker AVANCE 400MHz，测定模式设定为魔角旋转（CPMAS），频率设定为 ^{13}C 共振频率（100.6MHz），样品的 ^{13}C 化学位移通过甘氨酸

羧基碳［176.03ppm（1ppm=10^{-6}）］进行校正。不同化学位移区间的C含量通过使用MestReNova软件对相应的图谱区间进行区域面积积分得到[7]。采用不同MWCOs的滤膜将污泥上清液、膜表面污染物和出水中的BMM分为不同分子量组分，并采用EEM对水样进行表征。

6.2 BMM在膜生物反应器中的浓度分布

MBR中进水、污泥上清液、膜表面污染物和膜出水中PN、PS和HS浓度的分布情况如图6-2所示。其中，用UV_{254}表征溶液中HS或芳香类物质的含量。从图6-2中可以看出，进水中含有丰富的PN和PS，其浓度分别达到56.28mg/L和101.96mg/L，UV_{254}值也高达51.62m^{-1}，表明进水中含有大量芳香类物质或HS。从模拟废水组成（表6-1）来看，进水PN和PS主要来源于蔗糖、淀粉、奶粉、蛋白胨和牛肉浸膏以及酵母浸膏等易生物降解的营养物质。相比于进水，反应器中污泥上清液中PN、PS和UV_{254}均较低，其平均值分别为9.12mg/L和11.10mg/L及16.11m^{-1}，去除率高达80 %以上，说明进水中大部分有机物可以被微生物有效利用。另外，由于膜的截留作用，上清液中BMM得到进一步去除，膜出水中PN和PS浓度保持在6.12mg/L、3.08mg/L，UV_{254}为11.38m^{-1}，其截留率分别为33.02%、72.23%和29.29%。显然，PS有更高的截留率，主要由于其具有更大的分子尺寸或更黏稠的理化特性[8]。PN和UV_{254}的截留率相对较低且较为相似。相应地，在膜表面污染物中含有大量PS，其浓度高达28.14mg/L，而PN和UV_{254}并未得到大量累积，其浓度及UV_{254}值分别为17.67mg/L和28m^{-1}，表明污泥上清液中PS具有更严重的膜污染潜能。

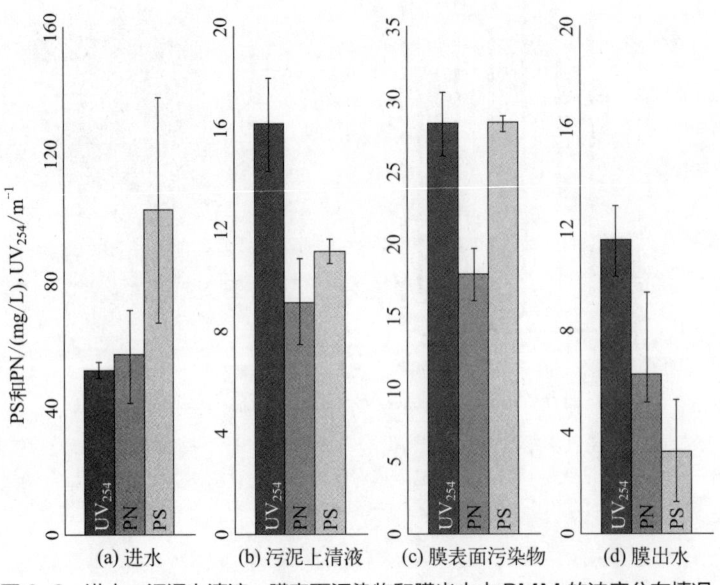

图6-2　进水、污泥上清液、膜表面污染物和膜出水中BMM的浓度分布情况

6.3 BMM的分子量分布

进水、污泥上清液、膜表面污染物和膜出水中PN、PS和UV_{254}的分子量分布情况如图6-3所示。进水中大部分BMM的分子量都<5000，其比例达到60%。然而，上清液中BMM主要由>0.45μm胶体态BMM（colloidal biomacromolecules，BMMc）和0.45μm～100000（分子量）生物聚合物BMM（biopolymer biomacromolecules，BMMb）组成，尤其0.45μm～100000（分子量）分子量范围内的PS比例高达60%。另外，上清液中PN和PS在<5000的分子量区间也占有一定比例，且这部分小分子有机物具有较强的UV_{254}吸收。由于膜的有效截留，出水中的BMM基本都<5000，比例高达80%。膜表面BMM主要分布于>0.45μm和0.45μm～100000（分子量）两个区间，这与上清液BMM的分子量分布有一定的相似性，但膜表面BMM富集了更高比例>0.45μm的BMMc，且膜表面BMM分子量在<100000的区间所占比例较低，这主要是由于膜表面滤饼层的二次截留作用及滤饼层中微生物对大分子有机物的分解作用。综上，上清液中BMM主要来源于微生物代谢产物，而由于膜的截留作用使得BMM在上清液中进一步积累，出水有机物主要来源于上清液中BMM小分子部分，膜表面有机物主要来源上清液中BMM大分子部分。但膜表面滤饼层是一个十分复杂的生态系统，其中微生物的代谢会引入新的有机物，亦可能是膜污染物的另一来源。

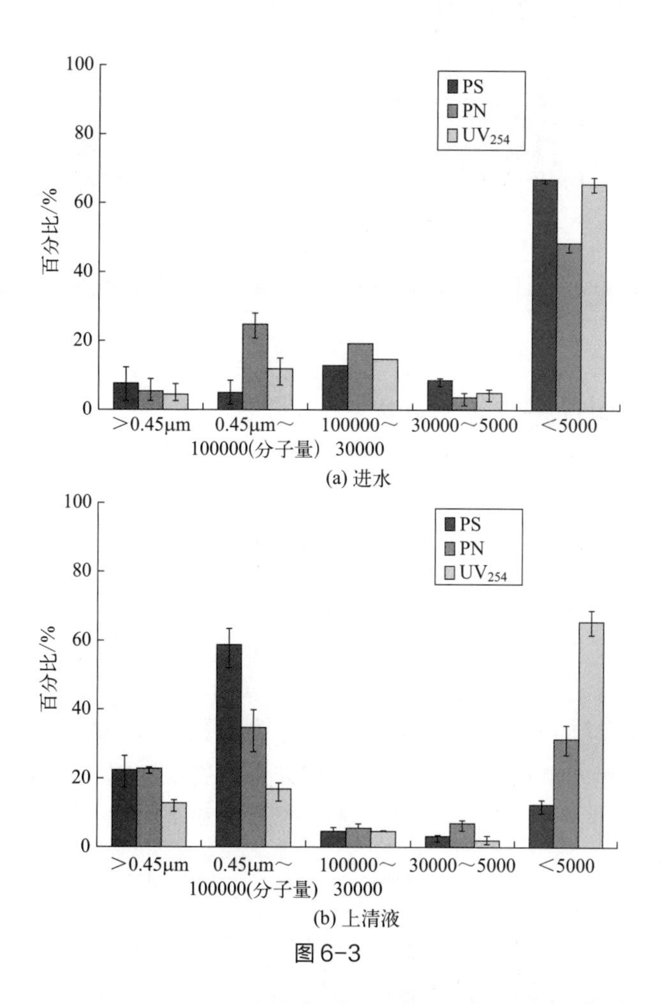

图6-3

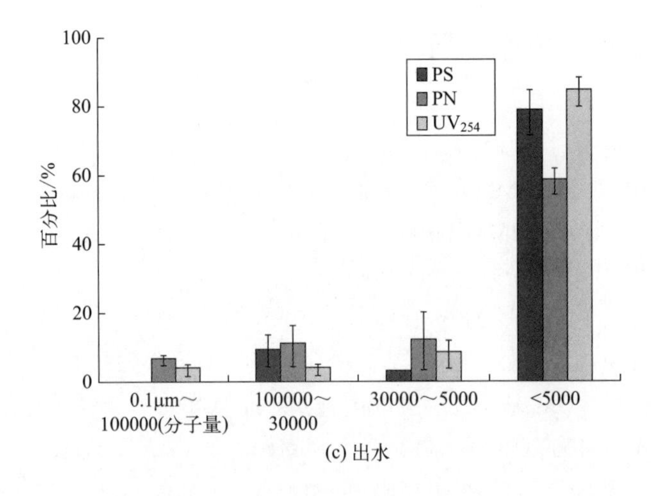

(c) 出水

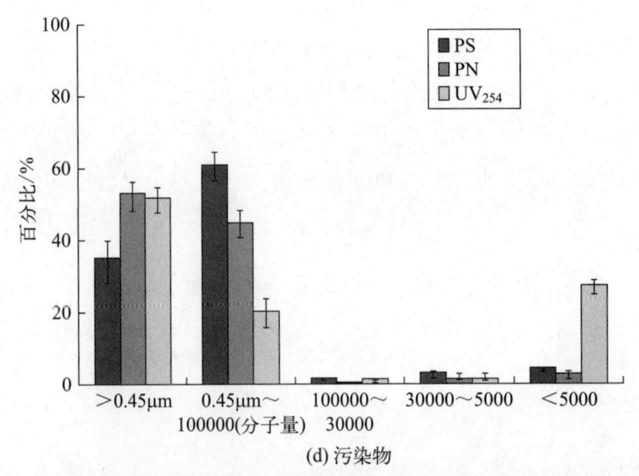

(d) 污染物

图 6-3 进水、污泥上清液、膜出水和膜表面污染物中 BMM 的分子量分布情况

6.4 BMM 的荧光光谱特性

与 UV-vis 吸收光谱相比，荧光光谱能提供更多关于 PN（如色氨酸类蛋白和酪氨酸类蛋白或芳香类蛋白）和 HS（如腐殖酸和富里酸）的组成成分信息[3,9]，但由于 PS 一般不具有荧光发光基团而无法被有效检测。进水、污泥上清液、膜表面污染物和膜出水中 BMM 的 EEM 图如图 6-4 所示（书后另见彩图）。横纵坐标分别为发射波长（*Em*）和激发波长（*Ex*），*Z* 坐标轴代表的荧光强度由不同颜色梯度表示。峰 A 的激发和发射波长为 225nm/350nm，其包含芳香类和色氨酸类蛋白物质；峰 B 的激发和发射波长为 275nm/350nm，其代表色氨酸类蛋白物质；峰 C 的激发和发射波长为 335nm/420nm，其表示腐殖酸类物质；峰 D 的激发和发射波长为 235nm/415nm，其代表富里酸类物质。

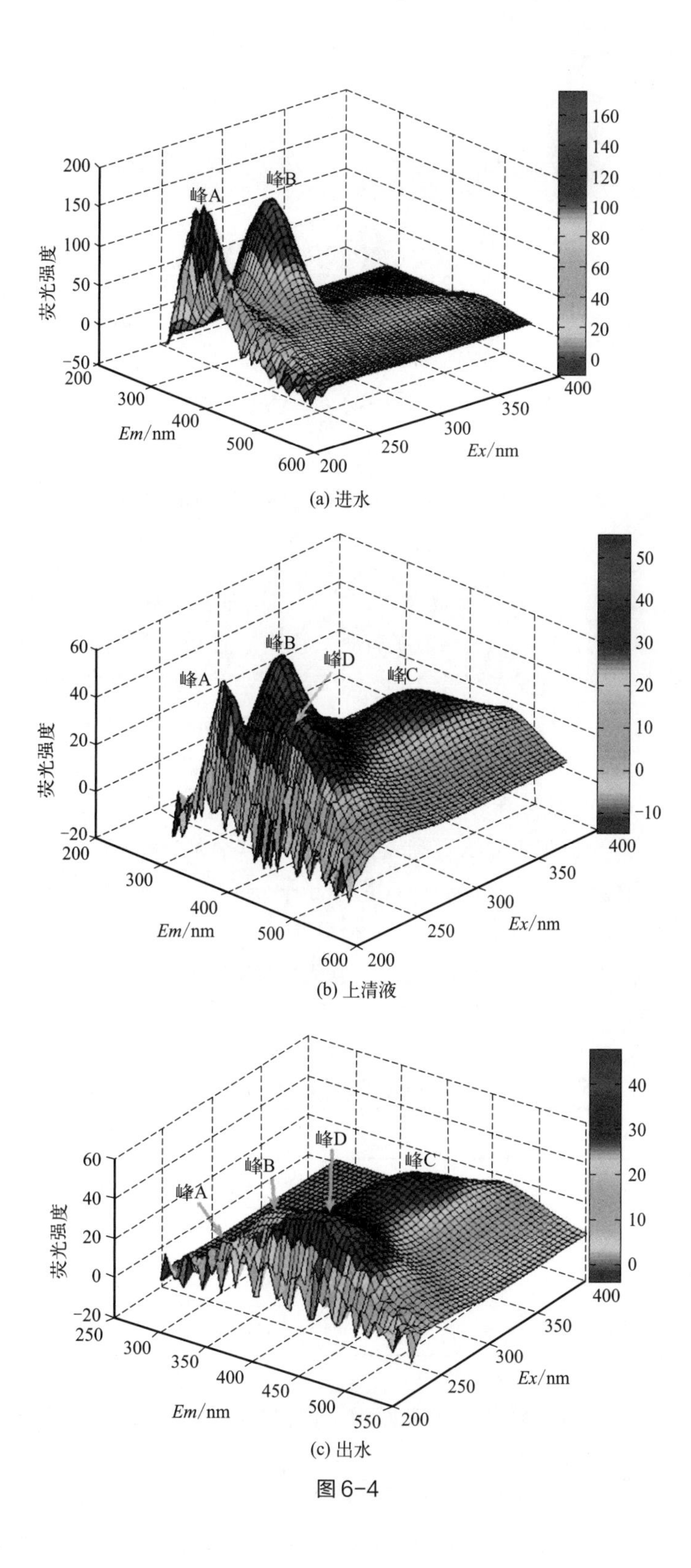

峰A
峰B
荧光强度
Em/nm
Ex/nm
(a) 进水
峰A
峰B
峰D
峰C
荧光强度
Em/nm
Ex/nm
(b) 上清液
峰A
峰B
峰D
峰C
荧光强度
Em/nm
Ex/nm
(c) 出水

图 6-4

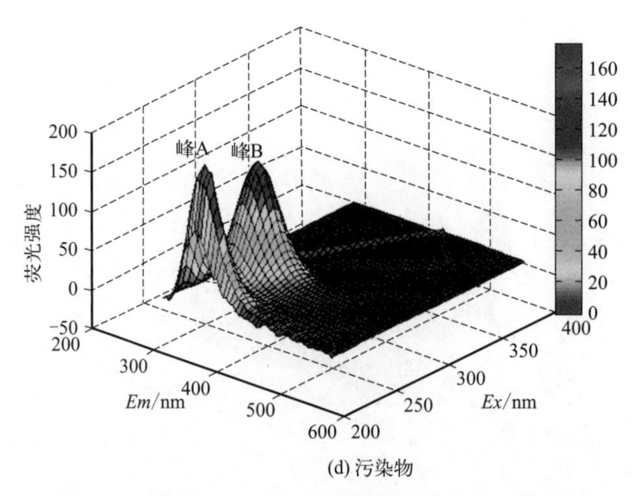

(d) 污染物

图 6-4 进水、污泥上清液、膜出水和膜表面污染物中 BMM 的 EEM 光谱特性

进水在峰 A 和峰 B 有较高的荧光强度，峰 C 和峰 D 荧光峰强度则较低。然而，峰 C 和峰 D 在上清液和膜出水中均具有较高的峰强，说明上清液中的腐殖质主要来源于微生物代谢过程。结合紫外吸收光谱的结果，进水中高 UV_{254} 主要归因于芳香类 PN 的存在且其中峰 A 和峰 B 的 PN 类物的分子尺寸较小。在污泥上清液中，峰 A 和峰 B 亦具有很强的荧光峰，且大多数该类荧光 PN 分子量＞100000。通过对比上清液和出水的荧光峰强度（表 6-2），可以发现膜对峰 A 和峰 B 大分子 PN 类物质的截留效果明显，导致膜出水中的峰 A 和峰 B 峰强度显著降低；而峰 C 和峰 D 的腐殖质类物质，由于分子量较小，其特征荧光峰强度并未发生改变，这与前述出水 BMM 分子量分布中小分子区间高的 UV_{254} 吸收具有一致性。膜表面 BMM 的荧光峰仅在峰 A 和峰 B 出现，结合分子量分布特征，表明其大分子特性且有别于进水中峰 A 和峰 B。另外，膜表面 BMM 几乎不能检出峰 C 和峰 D 等腐殖质类物质，说明其分子量分布中＜5000 的 UV_{254} 吸收也主要归因于小分子芳香类 PN。

表 6-2 进水、污泥上清液、膜表面污染物和膜出水 BMM 中的荧光组分及其荧光峰强

荧光峰	*Ex*/*Em*/(nm/nm)	进水	上清液	污染物	出水
峰 A	225.0/350.0	178.34	55.63	176.0	21.33
峰 B	275.0/350.0	160.24	53.72	146.7	23.88
峰 C	335.0/420.0	—	32.35	—	32.15
峰 D	235.0/415.0	—	46.36	—	47.22

为了更好地比较污泥上清液、膜表面污染物和膜出水中荧光物质的组成和差异，对 4 个不同荧光组分的荧光强度进行体积积分得出每个组分所占比例，如图 6-5 所示。污泥上清液 BMM 中 BMMc 和 BMMb 的芳香类蛋白和色氨酸类蛋白比例分别达到了 25% 和 60%，而＜100000 的小分子（low-MW）中腐殖质比例则高达 58%。膜出水的 BMM 三维

荧光光谱区域积分比例分布和上清液中小尺寸的分布情况非常相似。另外，膜表面污染物中 BMM 的芳香类和色氨酸类蛋白荧光区域体积百分比分别为 46% 和 43%。与污泥上清液中 25% 的芳香类蛋白相比，其在膜表面得到富集，这很可能与芳香类物质较强的疏水性质强烈相关。

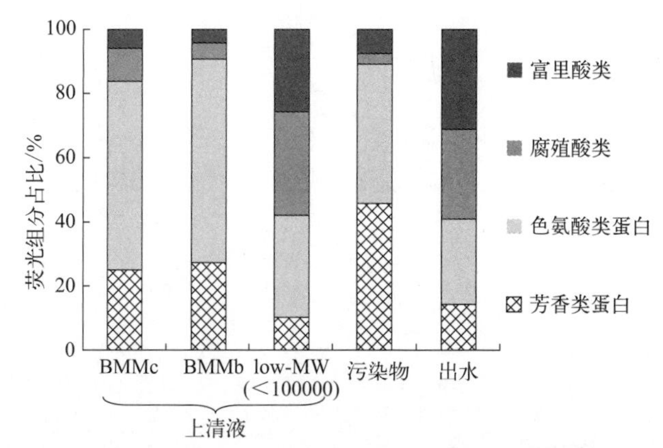

图 6-5　污泥上清液中不同尺寸的 BMM、膜表面污染物和膜出水中 BMM 的三维荧光光谱区域体积积分和组成分布情况

6.5　BMM 的核磁共振谱图

采用 ^{13}C 核磁共振可以从分子水平获取 BMM 中碳结构的详细信息，且可弥补 EEM 不能检测多糖的缺陷。图 6-6 显示了污泥上清液 BMMc（＞ 0.45μm）、BMMb［0.45μm ～ 100000（分子量）］和分子量＜ 100000 的小分子 BMM，膜表面污染物和膜出水中 BMM 的核磁共振谱。不同的化学位移代表 BMM 中碳的不同分子结构。根据文献将 ^{13}C 核磁共振图谱分成 6 个区域 [7]，每个区域所包含的化学官能团及相关典型化合物如表 6-3 所列。从图中可以看出，污泥上清液中 BMMb 和膜表面污染物 BMM 的出峰多且信号强，并且它们之间的出峰位置非常吻合。在化学位移 175ppm 处，两者均具有非常强的峰，此处所代表的化合物常为蛋白类或脂肪酸等 [10]。另外，此峰还出现在污泥上清液胶体态 BMMc 的谱图上，但强度较低。同样地，在化学位移 103ppm 和 73ppm 处以及 0 ～ 45ppm 区间，BMMb 和膜污染物 BMM 都有非常明显的峰出现。103ppm 和 73ppm 处的峰通常与氧烷烃、二级醇和糖苷键等官能团有关联 [10]。糖苷键在多糖的结构中起着非常重要的作用（如 *α*- 糖苷键、*β*- 糖苷键）。0 ～ 45ppm 区间的峰都与长链脂肪族化合物和脂肪酸等官能团相关 [11]。在上清液小分子部分和膜出水 BMM 的核磁共振谱图中，出峰较少，最明显的峰在 165ppm 处，此峰并没有出现在膜污染物 BMM 的谱图中，说明其分子尺寸较小且容易透过膜。文献表明其代表一类富含芳香碳的化合物，例如芳香类蛋白、腐殖质，也与碳酸盐有关系 [12]。本研究在制备 BMM 样品时已经进行了

脱盐处理，因此可排除碳酸盐的影响。

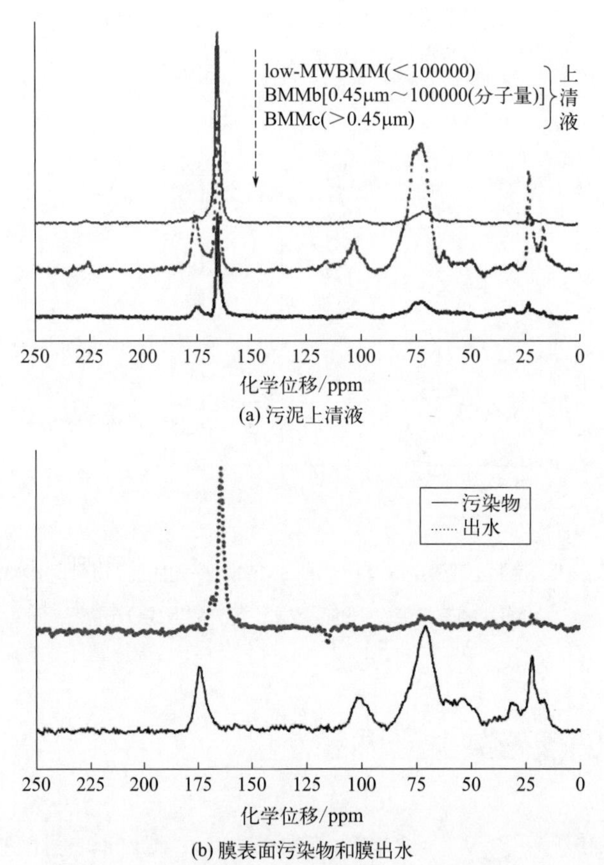

(a) 污泥上清液

(b) 膜表面污染物和膜出水

图 6-6 污泥上清液以及膜表面污染物和膜出水中 BMM 的 ^{13}C NMR 谱图

表 6-3 不同结构组成的碳原子和对应的主要生物大分子

化学位移 /ppm	不同结构组成的碳原子	典型物质
190 ～ 160	酰胺，羧基碳	PN，肽
160 ～ 110	芳烃，烯烃碳	PN，核酸，腐殖酸
110 ～ 90	变旋异构碳	糖类
90 ～ 65	氧烷基碳	糖类
65 ～ 45	氨基酸 α 碳	PN
45 ～ 0	脂肪碳	PN，脂肪酸

通过对 ^{13}C 峰进行区域面积积分，可求出其所代表物质的含碳百分比。如图 6-7 所示，污泥上清液 BMMc 中多糖类和芳香类物质含有几乎相同比例的碳原子。然而，上清液 BMMb 和膜表面污染物 BMM 中的多糖类碳原子比例更高，分别达到 56% 和

64%。此外，上清液 BMMb 和膜表面污染物 BMM 中还含有一定比例的脂肪酸物质，比例分别为 14% 和 21%。这说明污泥上清液中 BMMb 的多糖和脂肪酸类有机物在膜污染过程中起着至关重要的作用。脂肪酸的大分子尺寸和强的疏水性质可能是造成其在膜表面富集的主要原因之一[7]，而多糖类物质具有较强的黏性，易在膜表面形成凝胶污染层。BMMb 和膜表面污染物 BMM 中脂肪酸和蛋白质的比例分别为 25% 和 33%，说明脂肪酸更容易黏附和沉积在膜表面。另外，污泥上清液中分子量＜100000 的低分子量 BMM 和膜出水中 BMM 含有较高比例的芳香碳，其比例分别高达 74% 和 90%。与前述紫外吸收光谱和 EEM 的结果相结合，可以得出在上清液 BMMc、BMMb 和膜污染物中的芳香类物质主要是蛋白质，而在上清液分子量＜100000 的小分子和膜出水中的芳香类物质主要是腐殖质。

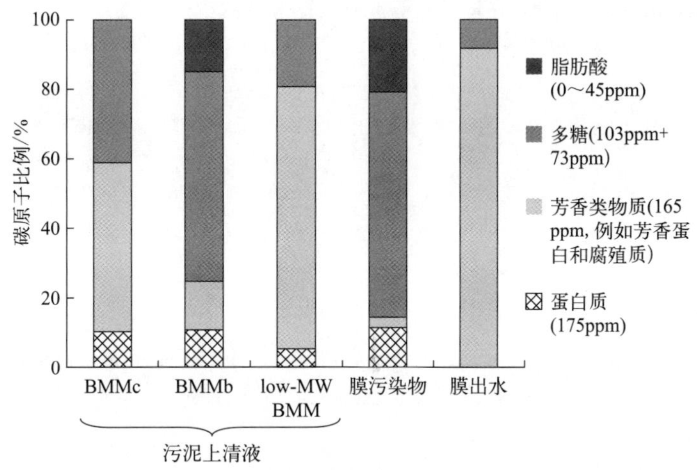

图 6-7　污泥上清液、膜污染物和膜出水 BMM 的 ^{13}C NMR 中不同化学区域的面积积分百分比（表示碳原子数量比例）

6.6 冻干 BMM 的形态结构

如图 6-8 所示（书后另见彩图），上清液中 BMMc、BMMb 和分子量＜100000 的 BMM 以及膜污染物和膜出水 BMM 冷冻干燥后的形态结构表现出明显差异。上清液中 BMMb 和膜污染物的冻干样品呈现出相互铰连的棉球丝状结构。已有的文献报道表明生物聚合物中的铰链结构与多糖的凝胶性质紧密相关[13, 14]，且含有糖醛酸官能团的多糖类物质极易通过分子与分子或分子与多价阳离子间的相互作用形成凝胶结构，进而造成严重的膜污染[8]。然而，上清液中 BMMc 和分子量＜100000 的 BMM 以及膜出水 BMM 的冻干样品以粉末颗粒形态呈现，说明分子间相互作用力较弱或这些化合物的凝胶性能较弱。同时，这也说明 BMMc 的膜污染原因可能是较大的分子尺寸或胶体态颗粒对膜的堵塞，而 BMMb 的膜污染机制除大分子尺寸堵塞外，还与其较强的凝胶性能有关。

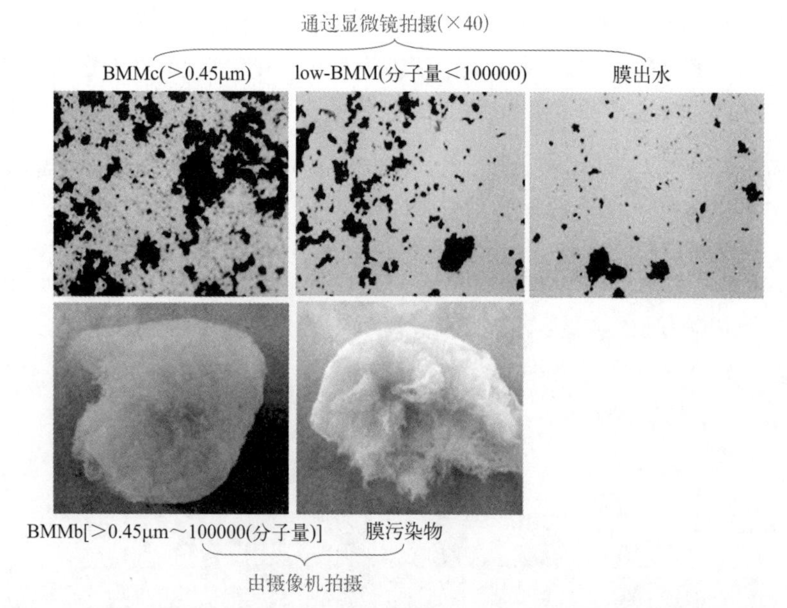

图 6-8　污泥上清液中 BMM、膜污染物和膜出水冻干后的显微镜检和普通光学照片

参考文献

[1] 周忠波 . 膜生物反应器中生物大分子的膜污染行为识别、源解析及调控机制 [D]. 广州：中山大学，2014.

[2] Rosenberger S，Evenblij H，Poele S T，et al. The importance of liquid phase analyses to understand fouling in membrane assisted activated sludge processes—six case studies of different European research groups[J]. Journal of Membrane Science，2005，263（1-2）：113-126.

[3] Teychene B，Guigui C，Cabassud C，et al. Toward a better identification of foulant species in MBR processes[J]. Desalination，2008，231（1-3）：27-34.

[4] Rosenberger S，Laabs C，Lesjean B，et al. Impact of colloidal and soluble organic material on membrane performance in membrane bioreactors for municipal wastewater treatment[J]. Water Research，2006，40（4）：710-720.

[5] Liang S，Song L F，Liu C. Soluble microbial products in membrane bioreactor operation：Behaviors，characteristics，and fouling potential[J]. Water Research，2007，41（1）：95-101.

[6] Lee W，Kang S，Shin H. Sludge characteristics and their contribution to microfiltration in submerged membrane bioreactors[J]. Journal of Membrane Science，2003，216（1-2）：217-227.

[7] Lankes U，Lüdemann H D，Frimmel F H. Search for basic relationships between "molecular size" and "chemical structure" of aquatic natural organic matter—Answers from ^{13}C and ^{15}N CPMAS NMR spectroscopy[J]. Water Research，2008，42（4-5）：1051-1060.

[8] Okamura D，Mori Y，Hashimoto T，et al. Identification of biofoulant of membrane bioreactors in soluble microbial products[J]. Water Research，2009，43（17）：4356-4362.

[9] Henderson R K，Baker A，Murphy K R，et al. Fluorescence as a potential monitoring tool for recycled water systems：A review[J]. Water Research，2009，43（4）：863-881.

[10] Jiao Y Q，Cody G D，Harding A K，et al. Characterization of extracellular polymeric substances from acidophilic microbial biofilms[J]. Applied and Environmental Microbiology，2010，76（9）：2916-2922.

[11] Metzger U，Lankes U，Fischpera K，et al. The concentration of polysaccharides and proteins in EPS of

Pseudomonas putida and *Aureobasidum pullulans* as revealed by C-13 CPMAS NMR spectroscopy[J]. Applied Microbiology and Biotechnology，2009，85（1）：197-206.

[12] Kimura K，Yamato N，Yamamura H，et al. Membrane fouling in pilot-scale membrane Bioreactors（MBRs）treating municipal wastewater[J]. Environmental Science & Technology，2005，39（16）：6293-6299.

[13] Wang X m，Waite T D. Role of gelling soluble and colloidal microbial products in membrane fouling[J]. Environmental Science & Technology，2009，43（24）：9341-9347.

[14] Seviour T，Lambert L K，Pijuan M，et al. Structural determination of a key exopolysaccharide in mixed culture aerobic sludge granules using NMR spectroscopy[J]. Environmental Science & Technology，2010，44（23）：8964-8970.

第7章

生物大分子的蛋白质组学表征

膜表面生物滤饼层的形成是膜污染发生的主要因素，其组成和性质受到多个操作参数影响，例如膜组件的运行模式（间歇/反洗/连续抽吸）、曝气方式和强度以及膜通量等。同时，滤饼层也是一个非常复杂的生态系统，随着反应器的长期运行，滤饼层中的微生物亦会发生代谢、繁殖或死亡等过程[1]，从而驱动膜表面污染物组成和性质的改变。第6章从BMM分子尺寸的角度说明了大尺寸和具有强凝胶性能的PS是关键的膜污染物质；同时指出蛋白质也是一类重要的膜污染物。因而滤饼层中蛋白质的表达和来源亟须进一步研究。蛋白质组学分析方法已被应用于混合菌群中重要蛋白质的表达和功能研究[2]。例如：通过对生物膜和活性污泥絮体EPS中PN的功能进行分析，全面揭示了生物聚集的机制[3]。Miyoshi等[4]发现来自*Pseudomonas*的外膜蛋白OprF和OprD在膜污染过程中起着十分重要的作用。同样地，在3种不同材料（PAN、PVDF和PTFE）的膜表面都发现了chaperonin（groL）和Omp32蛋白[5]。可见，蛋白质组学技术能很好地识别膜污染蛋白。

因此，本章通过运行一套MBR，并对不同通量和TMP条件下膜表面滤饼层中的PN进行分离和识别，从PN的功能和来源上分析膜污染的发展过程和机制，建立微生物菌群和膜污染蛋白之间的联系。

7.1 关键技术手段

MBR的结构和运行参数同第6章。本实验中两个膜组件（A和B）分别在3个不同的膜通量8.7L/(m^2·h)、26.1L/(m^2·h)和34.8L/(m^2·h)下运行。由于膜组件的临界通量被测定为17.4L/(m^2·h)，所以8.7L/(m^2·h)被认为是亚临界通量，26.1L/(m^2·h)被认为是近临界通量，而34.8L/(m^2·h)被认为是超临界通量。本实验中滤饼层的获取有两种情况（图 7-1）：一是在膜组件 A 和 B 的 TMP 分别为 0.0075MPa 和 0MPa 时，对膜表面滤饼层进行提取，其样品分别为 S3 和 S1；二是当膜组件 TMP 到达约 0.025MPa 时，取出膜组件进行滤饼层的收集，膜通量为 8.7L/（m^2・h）、26.1L/（m^2・h）和 34.8L/（m^2・h）时获得的样品分别记作 S2、S4 和 S5。

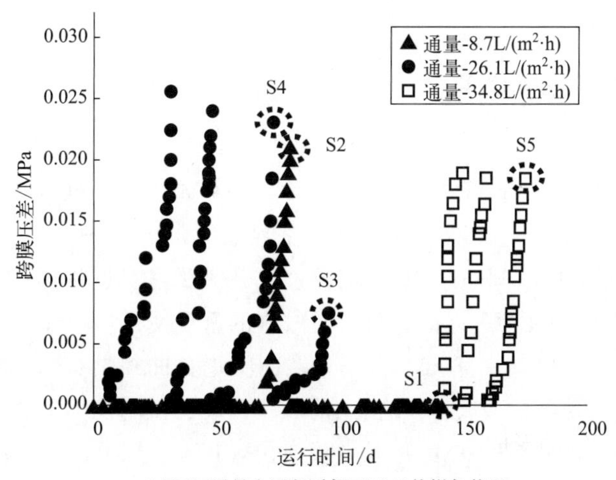

(a) 不同通量和运行时间下TMP的增长状况

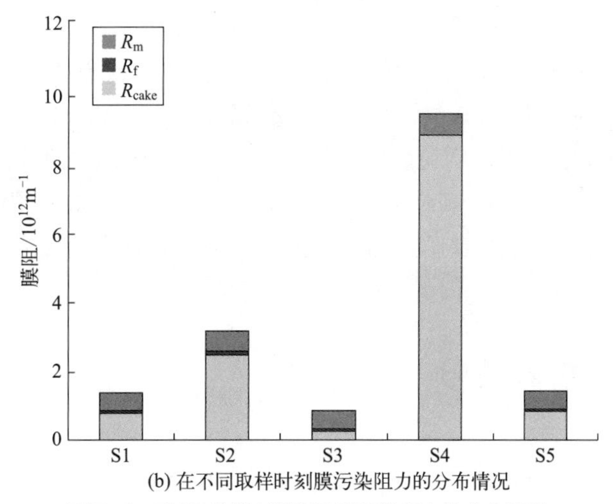

(b) 在不同取样时刻膜污染阻力的分布情况

图 7-1　TMP 的增长情况和膜污染阻力的分布情况

采用双向凝胶电泳（two-dimensional polyacrylamide gel electrophoresis，2D-PAGE）对蛋白质进行分离，并对凝胶进行银染和考染。银染主要用于对样品之间差异蛋白的识别，而考染主要用于蛋白的质谱鉴定。在染色完成之后，凝胶通过扫描仪 UMAX Powerlook1100 进行图像扫描。扫描获得的图像用 ImageMaster™2D platinum software 5.0 进行蛋白质点的灰度差异分析。本研究采用的蛋白点灰度差异系数为 1.5，即两图像中同一位置的蛋白点灰度值相差 1.5 倍及以上都被认为是差异蛋白。根据上述差异蛋白的分析结果，在考染胶上挑选出比较重要和感兴趣的蛋白点进行消解和质谱分析 [6, 7]。采用德国布鲁克基质辅助激光解吸电离飞行时间 - 飞行时间串联质谱仪（Autoflex speed ™ MALDI-TOF-TOF）进行样品差异蛋白的质谱分析。所有实验样品的质谱图均用默认模式获得。然后，利用软件 flexAnalysis 过滤基线峰和识别信号峰。最后，利用 BioTools（Bruker Dalton）软件搜索 NCBI 数据库，寻找匹配的相关蛋白，同时查询其功能，明确蛋白的名称和微生物来源。

7.2 膜组件的运行情况

如图 7-1（a）所示，膜通量越高，TMP 的增长速率就越快，在超临界通量 34.8L/($m^2 \cdot h$)下，膜运行的周期仅有 8 ～ 11d。然而，在低临界通量 8.7L/($m^2 \cdot h$)下膜的运行时间却高达 80d，甚至在前 60d 时间里 TMP 的增长速率几乎为零。近临界通量 26.1L/($m^2 \cdot h$)的 TMP 增长速率介于前面两者之间，且具有较好的重现性，膜运行周期为 20 ～ 25d。膜通量为 8.7L/($m^2 \cdot h$)和 26.1L/($m^2 \cdot h$)时，TMP 增长曲线具有明显的拐点（从长期慢速增长突变为短期快速陡增），表明在拐点前后膜污染的机制发生了巨大改变。但超临界通量 34.8L/($m^2 \cdot h$)的膜组件 TMP 增长并没有出现拐点。综上，TMP 的增长或膜污染的发展很大程度上取决于膜的运行通量。图 7-1（b）给出了不同取样时间点或不同 TMP 状态下膜污染阻力的分布情况。从图中可以看出，在高 TMP 状态下滤饼层阻力占有绝对的优势，如 S2 中滤饼层阻力占总膜阻力的 94%。通量为 8.7L/($m^2 \cdot h$)、26.1L/($m^2 \cdot h$)和 34.8L/($m^2 \cdot h$)的膜组件在 0.025MPa 时，滤饼层阻力分别为 $2.47 \times 10^{12} m^{-1}$、$8.73 \times 10^{12} m^{-1}$ 和 $0.83 \times 10^{12} m^{-1}$。另外，无论膜的运行通量如何，在 TMP 跳跃之前滤饼层阻力所占比例并不高。尤其是 8.7L/($m^2 \cdot h$)的膜组件，在运行 60d 后其滤饼层阻力依旧极低，表明在 TMP 跳跃前后滤饼层的组分或结构可能发生了巨大变化以致膜污染加速。

7.3 滤饼层的组成成分

从表 7-1 可以看出，在高 TMP 条件下，滤饼层中生物量 VSS（挥发性悬浮固体）、PS 和 PN 都较高，且随着膜通量降低而增加。这和滤饼层阻力的变化情况十分吻合。另外，滤饼层中 VSS 的量在膜污染物中占有主导地位。尤其是通量为 8.7L/($m^2 \cdot h$)的膜组件在 TMP 为 0.025MPa 时，滤饼层中生物量的比例高达 90% 左右。同时，通量 26.1L/($m^2 \cdot h$)和 8.7L/($m^2 \cdot h$)的膜组件从低膜污染速率向高膜污染速率演变的过程中，滤饼层中的生物量发生了很大变化，分别从 8.70g/m^2 和 31.3g/m^2 增加到 66.96g/m^2 和 255.13g/m^2。尽管如此，膜的污染不能仅仅归咎于微生物在膜表面的黏附和累积，原因如下：

① 低通量 8.7L/($m^2 \cdot h$)下的膜表面 PS 从 2.30g/m^2 增加到 7.24g/m^2，PS/PN 值高达 3.58，远远大于之前低 TMP 状态下的 1.18，表明 BMM 在滤饼层中发生了明显的改变且可能对膜污染的发展具有较大影响。近临界通量 26.1L/($m^2 \cdot h$)下，随着 TMP 的增长，膜

表面 PS 和 PN 也有明显的增加，但其比例一直保持在 1.10。

② 滤饼层中生物量的剧烈增加仅仅发生在膜污染后期较短的时间内，例如 8.7L/（m^2·h）膜组件在 20d 时间内 TMP 从 0MPa 升至 0.025MPa，而 26.1L/（m^2·h）膜组件 TMP 的快速增长期仅仅只有 4d，表明在膜污染发展的较长时期内，生物量的累积并不是导致膜污染发生的主要因素。相反，一定量微生物的黏附对于膜截留效果的提高有着积极的作用。

③ PS 和 PN 在慢速膜污染过程中对膜孔的堵塞和在膜表面的黏附以及滤饼层中一些有利于微生物富集的前驱信号分子的附着和产生很有可能是 TMP 迅速增长的关键因素。

另外，34.8L/（m^2·h）膜组件在膜污染严重的滤饼层 S5 中 PS 和 PN 的比例与滤饼层 S2 中 PS 和 PN 的比例非常接近，可归因于：一方面跟截留效率有关系，低通量膜组件的滤饼层较厚，二次截留的作用较为明显，而高通量膜组件由于较强的抽吸作用力使得滤饼层压缩致使其孔隙率变小，结果膜的截留率也得到提升；另一方面跟微生物的生理状况有关，低通量膜组件较厚的滤饼层和高通量下压实的滤饼层底部微生物都处在一种压力环境中，可能会导致 PS 和 PN 大量产生。Hwang 等 [1] 也指出高通量下滤饼层的压实作用和低通量下微生物内源代谢的加重都会导致底层微生物大量死亡从而释放出大量 PS，最终导致膜污染加速。

表 7-1　不同操作条件下生物滤饼层的组成成分

样品号	膜通量 /［L/（m^2·h）］	运行时间 /d	出水量 /L	TMP/MPa	VSS/（g/m^2）	PS/（g/m^2）	PN/（g/m^2）	PS/PN 值
S1	8.7	60.8	12687	0	31.30	2.30	1.95	1.18
S2	8.7	80	16696	0.021	255.13	7.24	2.02	3.58
S3	26.1	19.9	12461	0.0075	8.70	2.93	2.67	1.10
S4	26.1	23.7	14835	0.024	66.96	3.52	3.20	1.10
S5	34.8	10.9	9096	0.019	35.83	2.24	0.64	3.47

滤饼层中 PS 和 PN 的分子量分布情况如图 7-2 所示。无论运行条件如何，各滤饼层中 PS 和 PN 的分子量主要集中在 0.45μm ～ 100000（分子量）之间，其比例达 40% ～ 90%。另外，小部分分子量集中于 5000 以下，其比例为 10% ～ 40%，尤其是在膜污染严重的滤饼层中有较高的比例。低通量 8.7L/（m^2·h）膜组件不同 TMP 下的滤饼层 S1 和 S2 之间的分子量分布存在明显差异。在低 TMP 下，滤饼层 S1 中 90% 的 PS 和 70% 的 PN 都分布在 0.45μm ～ 100000（分子量）之间，而膜污染严重的滤饼层 S2 中 0.45μm ～ 100000（分子量）之间的 PS 和 PN 比例分别降至 50% 和 40%，而分子量小于 5000 的 PS 和 PN 比例则增加到 40%。其原因可能是滤饼层中生物量的大量增长，一方面提高了大分子 PS、PN 的生物降解，另一方面也强化了小分子 PS、PN 的截留。综上，在膜污染的发展过程中，随着 TMP 的跳跃，滤饼层 BMM 的组成和性质均发生了显著改变，并对膜污染产生了重要影响。

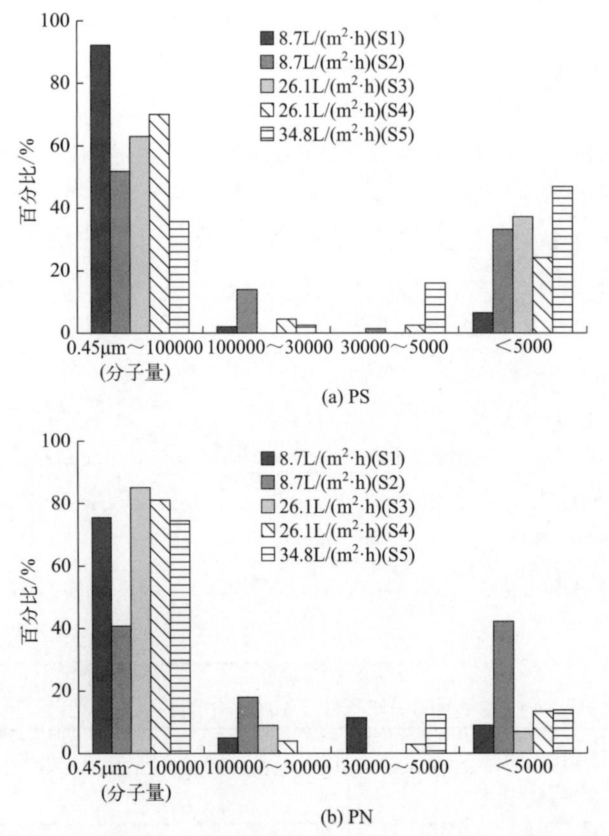

图 7-2 不同运行条件下生物滤饼层中 PS 和 PN 的分子量分布情况

7.4 滤饼层中蛋白质的表达

图 7-3（书后另见彩图）显示了滤饼层 S2、S3、S4 和上清液 SMP 以及污泥 EPS 中蛋白质的 2D-PAGE 银染图。滤饼层 S1 和 S5 由于蛋白质的不足而无法进行凝胶分析和蛋白质的质谱鉴别。每个 2D-PAGE 图中横向都代表不同等电点下的蛋白分布情况（pH 4 ～ 7），纵向则代表不同分子量大小的蛋白分布趋势（分子量 0 ～ 170000）。从图中可以看出，每个样品的银染胶背景灰度都非常低，蛋白点分离得也十分清晰，在平行样银染胶上重现程度也很好。这些都说明样品蛋白得到了很好的提取、分离和纯化。3 个滤饼层中蛋白点主要都集中在 pH 4.0 ～ 5.5 的范围且分子量＞25000（左侧蓝色方框内）。不同的是，处于严重膜污染阶段的滤饼层 S2 和 S4 与轻度膜污染的滤饼层 S3 相比，S2 和 S4 的 2D-PAGE 图中此区域的蛋白点更密集且灰度更高。另外，在 pH 5.5 ～ 7.0 区域（右侧红色方框内），S3 的 2D-PAGE 图中蛋白点灰度明显高于 S2 和 S4 同一区域内的蛋白点。同时，在污泥 EPS 的 2D-PAGE 图中，蛋白点在 pH 4.0 ～ 5.5 区域分布非常密集，而上清液 SMP 的 2D-PAGE 图中蛋白点则主要集中在 pH 5.0 ～ 7.0 的范围且灰度非常高。事实上，S2、S3、S4、SMP 和 EPS 之间存在紧密联系。S3 中生物量很低，膜的运行时间较短，滤饼层中微生物对蛋

白的降解作用较弱，其中蛋白质很可能主要源于膜对 SMP 的截留。然而，S2 中生物量很高，微生物衰亡加剧，EPS 较容易释放，其中蛋白质很有可能主要来自 EPS。S2 和 S4 的高生物量引起的强生物降解作用可能是 pH 5.5 ～ 7.0 区域蛋白点灰度较低的原因。

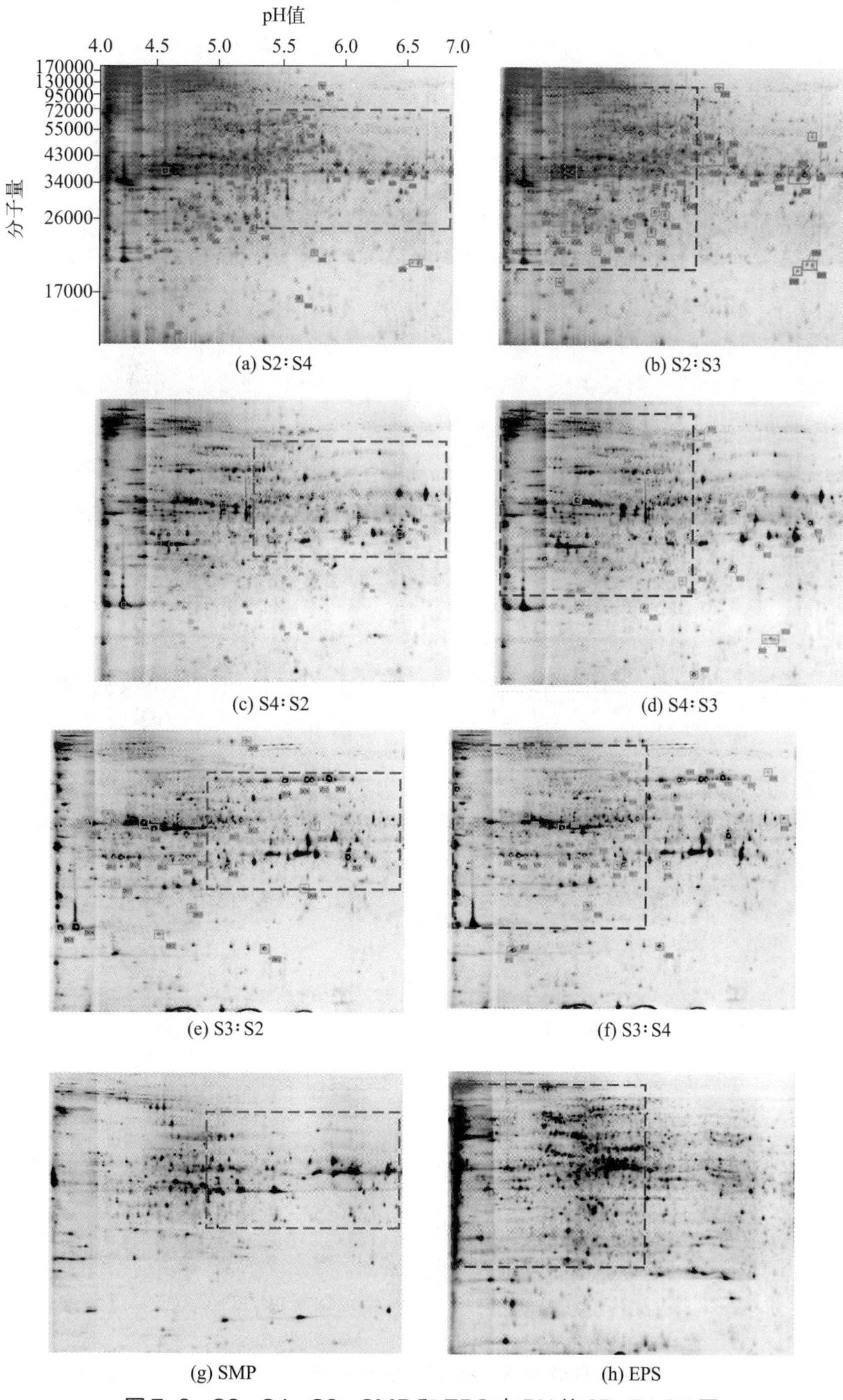

图 7-3　S2、S4、S3、SMP 和 EPS 中 PN 的 2D-PAGE 图

为了进一步分析不同操作条件下滤饼层中PN表达的差异，利用软件Image Master TM2D platinum software 5.0对S2、S3和S4中蛋白质点的灰度进行了相互比较。图7-3（a）S2 ：S4和图7-3（b）S2 ：S3分别表示S2与S4和S3进行蛋白点灰度比较时呈现上调，当比值在1.5倍以上时则被认为是两样品间的差异蛋白，如图7-3中绿色的标识。经过对3个滤饼层样品进行两两相互对比分析，总共得到272个差异蛋白点，主要可以分为三类：一是某一样品独自拥有的蛋白点，在其余两个样品中无法找到（共33个点）；二是3个样品共同拥有的蛋白点（共129个点）；三是其中两个样品共同拥有的蛋白点而在另一样品中无法找到（共110个点）。在独有的蛋白点中，样品S2拥有19个点，而S4和S3分别仅有10个和4个［图7-4（a）（书后另见彩图）］。重要的是，在S2中的19个独有蛋白点主要分布在2D-PAGE的pH 4～5.5区域，这说明在高度污染状态下滤饼层中EPS的PN起着非常重要的作用。而S3由于运行时间较短，且处于低污染状态，膜表面污染物可能大部分来源于SMP，这可能是其拥有较少独有蛋白点的主要原因。同时，独有蛋白点数量的增加预示着膜污染的发展或TMP增长的跳跃。共同拥有的蛋白点存在于3个样品中，但是在不同的样品中其灰度值差异很大，这在一定程度上依赖于膜通量和膜污染的状态。根据差异蛋白的分析数据，3个样品之间共同蛋白点的差异性主要有4种情况［图7-4（b）（书后另见彩图）］：

① S2中的蛋白点灰度最高，随后是S4和S3。这与样品中生物量及膜运行时间成正比关系，说明此类蛋白在高污染状态的滤饼层中得到富集且有较强的污染潜能，一方面长的运行时间使更多蛋白可以被截留而积累，另一方面高生物量有较高的蛋白生成潜能。同时，这也说明此类蛋白的可生化性能比较差，在S2高生物量情况下依旧维持在较高水平。

② 和第一种情况恰恰相反，在运行时间最短和具有最低生物量的S3中蛋白点灰度最高，其次是S4和S2。这可能主要是由于在生物量高和运行时间长的S4和S2中，PN容易被微生物降解利用，也说明此类PN的可生化性能较好。

③ S4中蛋白点的灰度最高，并且S3的蛋白灰度也高于S2。这说明此类蛋白较易富集在高通量和短期运行下的膜表面，同时也说明S2的高生物量在长时间运行下对此类蛋白有较高的生物降解。

④ S4的蛋白点灰度最低，甚至低于S3中的蛋白点灰度。这说明此类蛋白一方面容易被微生物降解利用，另一方面也较容易由微生物释放。在高污染状态下的S4和S2中，由于S2具有高生物量而生成了更多的PN。然而，在相同膜通量的S4和S3中，由于S4具有高生物量而能分解更多的PN，也因较短的运行时间导致PN的释放潜能并不高。

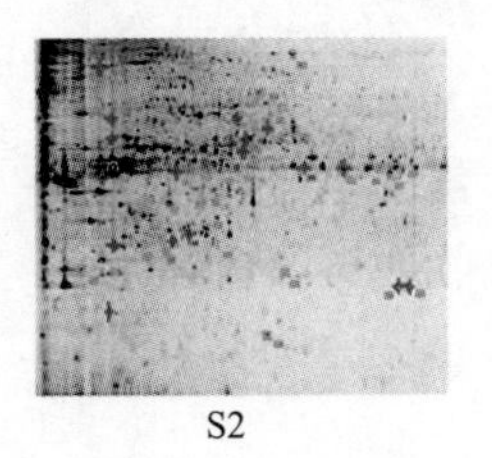

S2

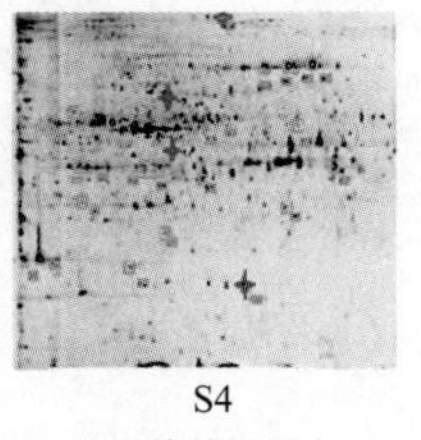

S4

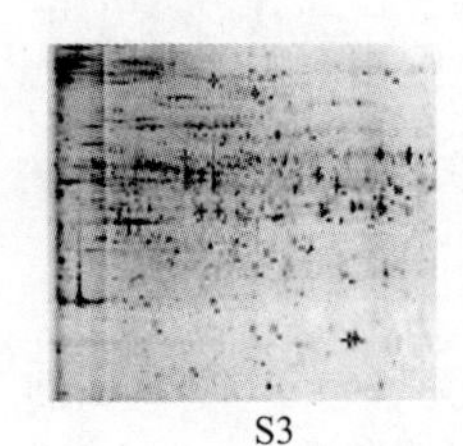

S3

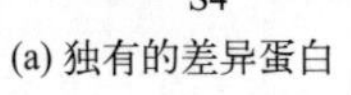

(a) 独有的差异蛋白

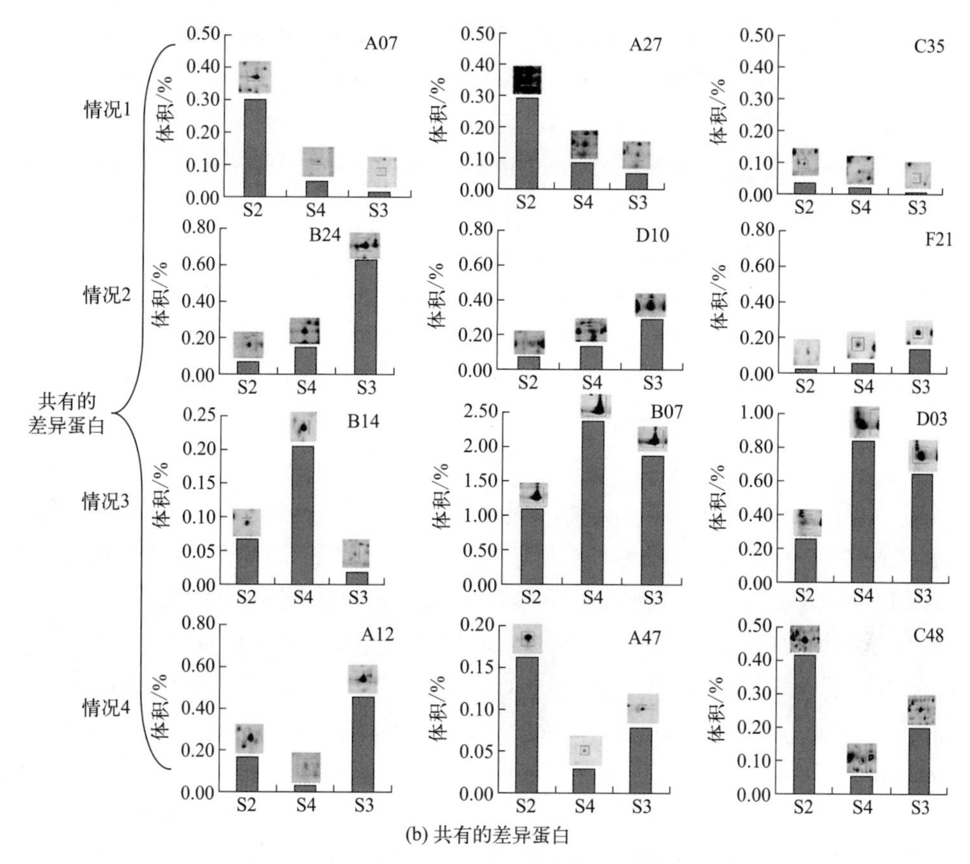

(b) 共有的差异蛋白

图 7-4　样品中独有、共有的差异蛋白的表达

7.5　滤饼层中差异蛋白的识别

通过上述差异蛋白的分析，从 2D-PAGE 考染胶上选择 71 个蛋白点进行质谱分析，最终有 23 个蛋白点被成功识别和鉴定，较低的成功率（32%）可能归咎于废水处理过程中微生物基因信息的不完整。表 7-2 给出了已鉴定出的蛋白的详细信息，包括差异蛋白编号、蛋白名称、功能、所在细胞的位置等。如图 7-5 所示，鉴定出的蛋白有超过 1/2 的数量都与细胞膜有关，主要有外膜蛋白 Omp（A12、F12 和 B24）、膜蛋白 OmpAI（D11）和 OmpA（D12、C01）、Oprd 家族相关膜蛋白（A32）、Type Ⅰ分泌外膜蛋白 TolC（F26）、外膜蛋白前驱物 Omp38/48（A18、D21）、假设膜孔蛋白（E31）、蔗糖膜孔蛋白（F21）、异丙醇胺家族 MipA 蛋白（C14）等。上述蛋白均被认为是一种特殊的运输通道，可以转运许多分子量＜ 1000 的物质，如某些营养盐或离子、多糖类（麦芽糖 / 麦芽糊精 / 蔗糖等）、蛋白质类和信号分子等 [8]。有报道称这些外膜蛋白通常都存在于细菌的表面，其所具有的结构、所属位置以及丰富的数量都赋予了它们强的黏附性能，这为细菌克隆、细菌与细菌之间的黏结或联系、生物膜和菌胶团的形成提供了有利条件 [9]。例如：OmpA 是一种膜孔内在膜蛋白，具有较强的黏性且与生物膜的形成有很大关系，尤其是 *Aeromonas* 和 *Escherichia* 菌

群所分泌的 OmpA[10, 11]。Oprd 是一种色氨酸类肽酶，可与一些非肽酶同系物结合向膜外扩散。Miyoshi 等 [12] 在 MBR 中膜表面发现了来自 *Pseudomonas* 菌群的 Oprd。Type Ⅰ分泌外膜蛋白是 TolC 家族重要的一员，涉及 ABC 运输系统中 PN 的分泌和小分子的排出。重要的是，ABC 运输系统中外膜 PN 的分泌在细胞间或细胞与其他物体表面之间的相互作用过程中起着非常重要的作用 [13-15]。有文献报道 Omp48 前体蛋白与 *Aeromonas veronii* 的黏附性能有密切的关联 [16]，其具有一个包含 3 个独立运输通道的聚合体结构，能允许麦芽糖和麦芽糊精通过外膜。Omp38 前体蛋白也来自 *Aeromonas veronii* 物种，其出现与细菌的衰亡或裂解有很大关联 [17]。事实上，大量外膜 PN 的检出也进一步说明细胞的破裂。本研究中滤饼层中胞内 PN 的检出更加证实了这一结果，如假设延长因子 EF-Tu（B49）、翻译延长因子 EF-Tu（B52/F28）、脱氧核糖核酸醛缩酶（B57/E36）都来自细胞质。其中，EF-Tu 涉及 PN 的合成，而脱氧核糖核酸醛缩酶则与 PS 的代谢有关。另外，在滤饼层中还检测出 BSA（A03）和大豆类 PN（F21），其均来源于进水，说明进水中残余的有机物质可能对膜污染也有一定影响。但 BSA 只出现在滤饼层 S2 中，这可能是由于 S2 滤饼层较为厚实而可以截留更多小分子。

如图 7-5（b）所示，根据 PN 的物种来源进行分类，Proteobacteria 是几乎所有滤饼层中蛋白质的生产者，其中 Gamma-Proteobacteria 占比达 60.87%。在 Gamma-Proteobacteria 中，*Aeromonas*（如 *A.hydrophila*、*A.caviae*、*A.media* 和 *A.veronii*）、*Enterobacter* 和 *Pseudomonas* 是其主要的物种。事实上，这些物种经常出现在废水处理过程中，且可以较好地定植于材料表面，对生物膜的形成至关重要 [13, 18, 19]。另外，Beta-protebacteria 是本研究识别出 PN 的第二个主要来源，其比例达到 21.74%。*Thauera* sp. MZ1T 是其中最主要的菌株之一，亦常在活性污泥体系中被检测到，能产生一种疏水性胞外 PS，在菌胶团和生物聚集体的形成过程中起着非常重要的作用。当胞外 PS 大量产生时会导致污泥膨胀和污泥脱水性能变差。有研究表明该菌种拥有大量能编码合成具有黏性和转运功能蛋白的基因，其往往作为前驱物被释放，能促使胞外 PS 的分泌以及触发群感效应，最终形成生物聚集体 [20]。

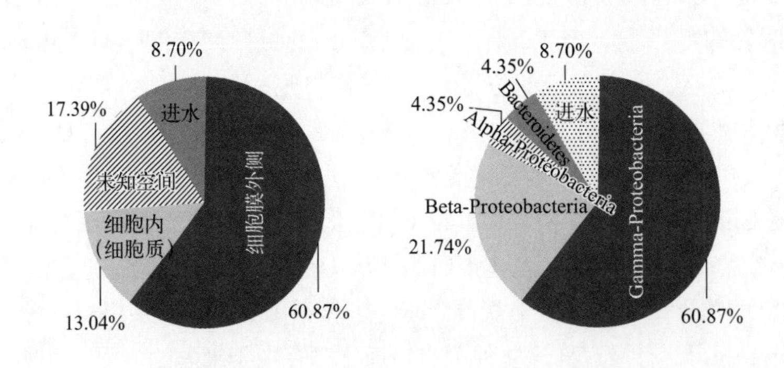

(a) 细胞组分　　(b) 物种来源

图 7-5　基于细胞组分和物种来源对 23 个差异蛋白进行分类得出的比例图

表 7-2　不同滤饼层中差异蛋白的识别与功能分析

蛋白点	基因序列号	蛋白质名称	样品序号	肽段覆盖率（数量）	得分	物种	蛋白质功能	菌群
A2	gi|217970295	假定蛋白质 Tmz1t_1881	2②，4③	11%（2）	135	*Thauera* sp. MZ1T	结构分子活性	Beta-Proteobacteria
A12	gi|117620259	外膜蛋白	2②，3③，4①	8%（2）	113	*Aeromonas hydrophila* subsp. hydrophila ATCC 7966	孔蛋白活性	Gamma-Proteobacteria
A18（C20）	gi|31088942	Omp38 前体蛋白	2②，3③	44%（9）	196	*Aeromonas veronii*	孔蛋白活性	Gamma-Proteobacteria
A32（C39）	gi|407363407	外膜孔道蛋白	2③	15%（6）	123	*Pseudomonas mandelii* JR-1	孔蛋白活性	Gamma-Proteobacteria
C01	gi|260597356	外膜蛋白 A	2③	15%（3）	98	*Cronobacter turicensis* z3032	孔蛋白活性	Gamma-Proteobacteria
C14（B14，E12）	gi|237654518	MltA 相互作用 MipA 蛋白家族	2②，3③，4①	79%（17）	533	*Thauera* sp. MZ1T	—	Beta-Proteobacteria
B06（E06）	gi|338737005	srpI 蛋白	2①，3③，4②	33%（8）	230	*Hyphomicrobium* MC1	假定金属结合位点	Alpha-Proteobacteria
B08（E07）	gi|217970394	桶状结构域自转运外膜蛋白	2③，4②	14%（12）	356	*Thauera* sp. MZ1T	蛋白转运	Beta-Proteobacteria
B09	gi|425097935	假定蛋白 EC34870_2515	2③，3③，4③	90%（9）	91	*Escherichia coli* 3.4870	—	Gamma-Proteobacteria
B24（D13）	gi|401675410	外膜蛋白	2③，3①，4②	11%（3）	167	*Enterobacter* sp. SST3	孔蛋白活性	Gamma-Proteobacteria
B49	gi|422318484	Tu 翻译延伸因子	2③，3①，4②	20%（8）	273	*Achromobacter xylosoxidans* C54	GTP 结合；GTP 酶活性；翻译延伸因子活性	Beta-Proteobacteria
B57（E36）	gi|59711111	脱氧核糖磷酸醛缩酶	4③	22%（5）	173	*Vibrio fischeri* ES114	裂合酶；脱氧核糖磷酸醛缩酶活性	Gamma-Proteobacteria

续表

<table>
<tr><th>蛋白点</th><th>基因序列号</th><th>蛋白质名称</th><th>样品序号</th><th>肽段覆盖率（数量）</th><th>得分</th><th>物种</th><th>蛋白质功能</th><th>菌群</th></tr>
<tr><td>E31</td><td>gi|26986791</td><td>孔道蛋白</td><td>3③，4②</td><td>27%（12）</td><td>442</td><td>Pseudomonas putida KT2440</td><td>孔蛋白活性</td><td>Gamma-Proteobacteria</td></tr>
<tr><td>D02</td><td>gi|395761455</td><td>应激蛋白</td><td>3②，4③</td><td>43%（7）</td><td>250</td><td>Janthinobacterium sp. PAMC 25724</td><td>—</td><td>Beta-Proteobacteria</td></tr>
<tr><td>D11（F11）</td><td>gi|421497572</td><td>核心外膜蛋白 OmpAI</td><td>2③，3①，4②</td><td>25%（8）</td><td>363</td><td>Aeromonas media WS</td><td>孔蛋白活性</td><td>Gamma-Proteobacteria</td></tr>
<tr><td>D12</td><td>gi|354722840</td><td>外膜蛋白 A</td><td>3②，4③</td><td>21%（7）</td><td>269</td><td>Enterobacter mori LMG 25706</td><td>孔蛋白活性</td><td>Gamma-Proteobacteria</td></tr>
<tr><td>D21</td><td>gi|30793638</td><td>Omp48 蛋白前体</td><td>2②，3①，4③</td><td>34%（11）</td><td>229</td><td>Aeromonas veronii</td><td>麦芽糊精 / 麦芽糖转运通道蛋白活性</td><td>Gamma-Proteobacteria</td></tr>
<tr><td>F12</td><td>gi|401675410</td><td>外膜蛋白</td><td>2③，3①，4②</td><td>40%（10）</td><td>379</td><td>Enterobacter sp. SST3</td><td>孔蛋白活性</td><td>Gamma-Proteobacteria</td></tr>
<tr><td>F25</td><td>gi|421498148</td><td>蔗糖孔道蛋白</td><td>2②，3①，4③</td><td>25%（10）</td><td>163</td><td>Aeromonas media WS</td><td>孔蛋白活性</td><td>Gamma-Proteobacteria</td></tr>
<tr><td>F26</td><td>gi|334705392</td><td>Type I 分泌外膜蛋白</td><td>2③，3②</td><td>41%（22）</td><td>334</td><td>Aeromonas caviae Ae398</td><td>孔蛋白活性</td><td>Gamma-Proteobacteria</td></tr>
<tr><td>F28（B52）</td><td>gi|293977799</td><td>Tu 翻译延伸因子</td><td>2③，3①，4②</td><td>9%（4）</td><td>129</td><td>Candidatus Sulcia muelleri DMIN</td><td>蛋白合成</td><td>Bacteroidetes</td></tr>
<tr><td>A03（C03）</td><td>gi|76445989</td><td>牛血清蛋白</td><td>2③</td><td>14%（5）</td><td>137</td><td>Bos indicus</td><td>运输</td><td>Eukaryota</td></tr>
<tr><td>F21</td><td>gi|356512586</td><td>LETM1 和 EF 手型结构域蛋白，线粒体类</td><td>2③，3①，4②</td><td>20%（10）</td><td>86</td><td>Glycine max</td><td>钙离子结合</td><td>Eukaryota</td></tr>
</table>

①在 3 个样品中灰度最高的蛋白点。

②在 3 个样品中灰度第二高的蛋白点。

③在 3 个样品中灰度最低的蛋白点。

参考文献

[1] Hwang B K，Lee W N，Yeon K M，et al. Correlating TMP increases with microbial characteristics in the bio-cake on the membrane surface in a membrane bioreactor[J]. Environmental Science & Technology，2008，42（11）：3963-3968.

[2] Siggins A，Gunnigle E，Abram F. Exploring mixed microbial community functioning：Recent advances in metaproteomics[J]. FEMS Microbiology Ecology，2012，80（2）：265-280.

[3] Cao B，Shi L A，Brown R N，et al. Extracellular polymeric substances from *Shewanella* sp. HRCR-1 biofilms：Characterization by infrared spectroscopy and proteomics[J]. Environmental Microbiology，2011，13（4）：1018-1031.

[4] Miyoshi T，Aizawa T，Kimura K，et al. Characteristics of proteins involved in membrane fouling in membrane bioreactors（MBRs）treating municipal wastewater：The application of metaproteomic analyses[J]. Desalination and Water Treatment，2011，34（1-3）：150-155.

[5] Huang Y T，Huang T H，Yang J H，et al. Identifications and characterizations of proteins from fouled membrane surfaces of different materials[J]. International Biodeterioration & Biodegradation，2012，66（1）：47-52.

[6] Wang H B，Zhang Z X，Li H，et al. Characterization of metaproteomics in crop rhizospheric soil[J]. Journal of Proteome Research，2011，10（3）：932-940.

[7] Wu L K，Wang H B，Zhang Z X，et al. Comparative metaproteomic analysis on consecutively rehmannia glutinosa-monocultured rhizosphere soil[J]. Plos One，2011，6（5）：e20611.

[8] Nikaido H. Molecular basis of bacterial outer membrane permeability revisited[J]. Microbiology and Molecular Biology Reviews，2003，67（4）：593-656.

[9] Achouak W，Heulin T，Pages J M. Multiple facets of bacterial porins[J]. FEMS Microbiology Letters，2001，199（1）：1-7.

[10] Namba A，Mano N，Takano H，et al. OmpA is an adhesion factor of *Aeromonas veronii*，an optimistic pathogen that habituates in carp intestinal tract[J]. Journal of Applied Microbiology，2008，105（5）：1441-1451.

[11] Ma Q，Wood T K. OmpA influences *Escherichia coli* biofilm formation by repressing cellulose production through the CpxRA two-component system[J]. Environmental Microbiology，2009，11（10）：2735-2746.

[12] Miyoshi T，Aizawa T，Kimura K，et al. Identification of proteins involved in membrane fouling in membrane bioreactors（MBRs）treating municipal wastewater[J]. International Biodeterioration & Biodegradation，2012，75：15-22.

[13] Hinsa S M，Espinosa-Urgel M，Ramos J L，et al. Transition from reversible to irreversible attachment during biofilm formation by *Pseudomonas fluorescens* WCS365 requires an ABC transporter and a large secreted protein[J]. Molecular Microbiology，2003，49（4）：905-918.

[14] Sauer K，Camper A K. Characterization of phenotypic changes in *Pseudomonas putida* in response to surface-associated growth[J]. Journal of Bacteriology，2001，183（22）：6579-6589.

[15] Delepelaire P. Type Ⅰ secretion in gram-negative bacteria[J]. Biochimica Et Biophysica Acta-Molecular Cell Research，2004，1694（1-3）：149-161.

[16] Guzman-Murillo M A，Merino-Contreras M L，Ascencio F. Interaction between *Aeromonas veronii* and epithelial cells of spotted sand bass（*Paralabrax maculatofasciatus*）in culture[J]. Journal of Applied Microbiology，2000，88（5）：897-906.

[17] Han L，Enfors S O，Haggstrom L. *Escherichia coli* high-cell-density culture：Carbon mass balances and release of outer membrane components[J]. Bioprocess and Biosystems Engineering，2003，25（4）：205-212.

[18] Lim S，Kim S，Yeon K M，et al. Correlation between microbial community structure and biofouling in a laboratory scale membrane bioreactor with synthetic wastewater[J]. Desalination，2012，287：209-215.

[19] Bechet M，Blondeau R. Factors associated with the adherence and biofilm formation by *Aeromonas caviae* on glass surfaces[J]. Journal of Applied Microbiology，2003，94（6）：1072-1078.

[20] Allen M S，Welch K T，Prebyl B S，et al. Analysis and glycosyl composition of the exopolysaccharide isolated from the floc-forming wastewater bacterium *Thauera* sp. MZ1T[J]. Environmental Microbiology，2004，6（8）：780-790.

第 8 章

大肠埃希菌溶解性微生物产物的形成机制及膜污染行为

SMP 通常被认为是微生物在生长或衰亡过程中产生的一种溶解性有机质。SMP 普遍存在于污水生物处理系统中，是构成生物反应器出水中 DOM 的主要成分。污水生物处理中，SMP 的产生主要来源于细菌的正常生长和代谢、维持细胞膜内外浓度平衡、饥饿刺激和缓解环境压力等过程。SMP 是由多种复杂有机物构成的混合体系，其主要包含 PS、PN、HS、核酸、有机酸、氨基酸、胞外酶、细胞结构成分和能量代谢产物等物质。从产生途径而言，SMP 一般包括两类：一类是底物利用相关微生物产物（utilization-associated products，UAP），其来自微生物生长过程消耗的外源基质，主要由小分子有机化合物组成，UAP 容易生物降解，其形成速率与底物消耗速率成正比[1]；另一类是微生物内源代谢产物（biomass-associated products，BAP），其产生于微生物的内源呼吸阶段且难以生物降解，其产生速率与生物量水平成正比。在 MBR 膜污染成因中，SMP 被认为是引起膜污染的重要物质，对膜污染的贡献 26% ～ 52%。因此，研究 SMP 的形成特性及膜污染机理对膜污染控制极其重要。然而，以往的研究多集中在群落水平研究 SMP 的膜污染行为，不可避免地受到微生物菌群波动的影响。

本章节为了深入解析 SMP 的形成途径及特性，选用大肠埃希菌作为模式菌进行研究。考虑到大肠埃希菌对葡萄糖和乙酸钠利用速率和代谢途径的差异，选择上述两种被广泛应用的碳源为培养基质，研究碳源对 SMP 化学成分及其膜污染潜力的影响，以揭示菌株水平上 SMP 的生化特性与膜污染行为之间的关联。

8.1 关键技术手段

使用紫外可见分光光度计（UV-2700，日本岛津公司）对 SMP 样品在 200 ～ 800nm 波长范围内的吸收光谱值进行检测。$SUVA_{254}$ 定义为 UV_{254} 与 DOC 的比值，$SUVA_{254}$ 可以表征水体 DOM 的亲疏水性。S_R 的定义见 2.1 部分。吸光度斜率指数（absorbance slope index，ASI）可以评价微生物代谢过程中 HS 组分的平均分子量变化，由式（8-1）计算：

$$\mathrm{ASI}=\frac{\dfrac{A_{254}-A_{272}}{254-272}}{\dfrac{A_{220}-A_{230}}{220-230}}=0.56\times\frac{A_{254}-A_{272}}{A_{220}-A_{230}} \tag{8-1}$$

利用波长在 250 ～ 270nm 之间（1nm 分辨率）的 UV-vis 吸光度积分可以评估微生物产生的 SMP 总浓度，即 t_{SMP}。

采用荧光光谱仪（Aqualog-UV-800，Horiba Jobin Yvon 公司）检测 SMP 样品的荧光光谱，并基于可以解析出独立荧光组分信号的 PARAFAC 法和具有出色可视化效果的自组织映射（self-organizing map，SOM）神经网络图来进行 EEM 解谱研究。SOM 是一种无监督自学习的人工神经网络，也称作 Kohonen 神经网络。利用非线性转化能够将复杂难懂的三维荧光数据映射到可视化程度较高的二维空间中，仍保留其全部的拓扑和度量属性。利用 Matlab R2014 软件结合 SOM 工具箱进行基于 PARAFAC 组分的 SOM 建模[2]。

借助超高效液相色谱 - 轨道阱质谱仪（ultra-performance liquid chromatography-Q-Exactive-mass spectrometry，UPLC-Q-Exactive MS）技术对 SMPs 样品进行全谱分析，可获取一级质谱和二级质谱的数据，采用 Compound Discoverer 3.0 软件对数据进行峰提取和代谢物鉴定，并利用 SIMCA 软件对质谱数据进行多维统计分析。

8.2 SMP 的生化特性研究

8.2.1 大肠埃希菌的生长曲线

图 8-1 为葡萄糖和乙酸钠基质中大肠埃希菌的生长曲线。随着培养时间的增长，两种基质情况下大肠埃希菌呈现出对数期（葡萄糖：1 ～ 8h；乙酸钠：2 ～ 10h）、稳定期（葡萄糖：8 ～ 14h；乙酸钠：10 ～ 14h）和衰亡期（葡萄糖：14 ～ 24h，乙酸钠：14 ～ 24h）。从图 8-2 可以看出，葡萄糖和乙酸钠的消耗量呈现出迅速减少，之后趋向稳定的变化趋势。与乙酸钠基质相比，葡萄糖基质消耗更快（图 8-2），在最初 0 ～ 6h 内，葡萄糖浓度迅速下降，而在乙酸钠基质中生长 4h 后乙酸钠浓度才开始急剧下降，可以推断出大肠埃希菌更快适应葡萄糖基质环境。两种基质中 DOC 浓度的变化趋势与葡萄糖、乙酸钠的消耗情况非常相似。衰亡期 DOC 浓度略有升高，是由于细胞裂解导致细胞内有机物的释放。此前有研究报道，当微生物进行内源呼吸时细胞会发生裂解，导致 EPS 的释放，EPS 可以进一步水解形成 SMP[3]。另一项研究中，在乙酸钠为基质的序批式反应器内源呼吸阶段，观察到高浓度类富里酸荧光成分，这与破坏的细胞中释放胞内 PN 有关。由图 8-2（d）可以看出，与乙酸钠基质相比，葡萄糖基质培养下的微生物在对数期到稳定期期间产生的蛋白质含量较高，这可能是由于大肠埃希菌对葡萄糖的利用率更高[4，5]。随着大肠埃希菌的生长，两种基质中蛋白质含量均逐渐增加，然后趋向稳定。

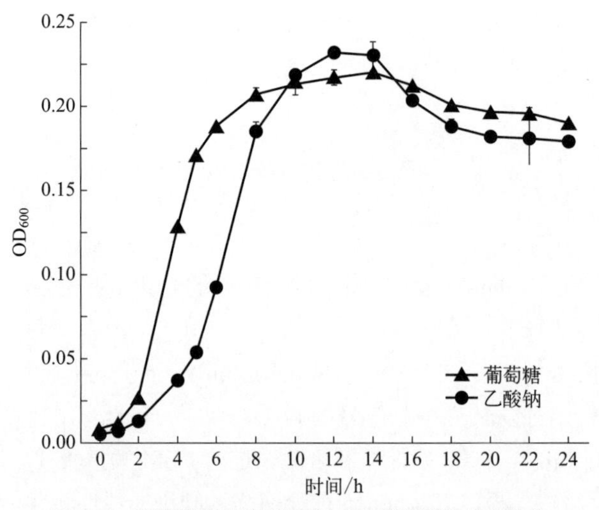

图 8-1 葡萄糖和乙酸钠基质中大肠埃希菌的生长曲线

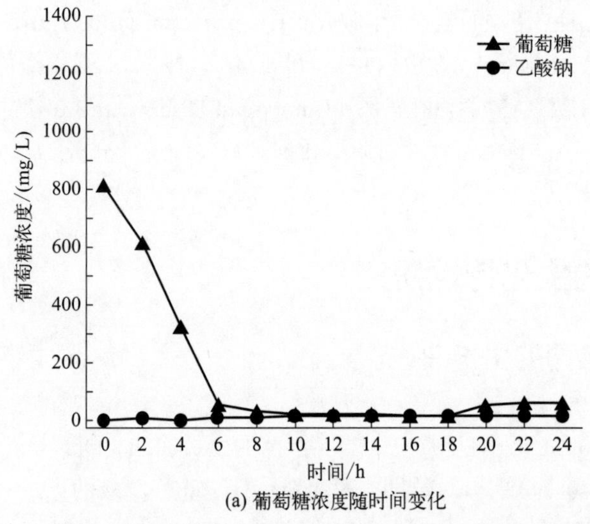

(a) 葡萄糖浓度随时间变化

乙酸钠浓度/(mg/L)

1400
1200
1000
800
600
400
200
0

0 2 4 6 8 10 12 14 16 18 20 22 24

时间/h

葡萄糖
乙酸钠

(b) 乙酸钠浓度随时间变化

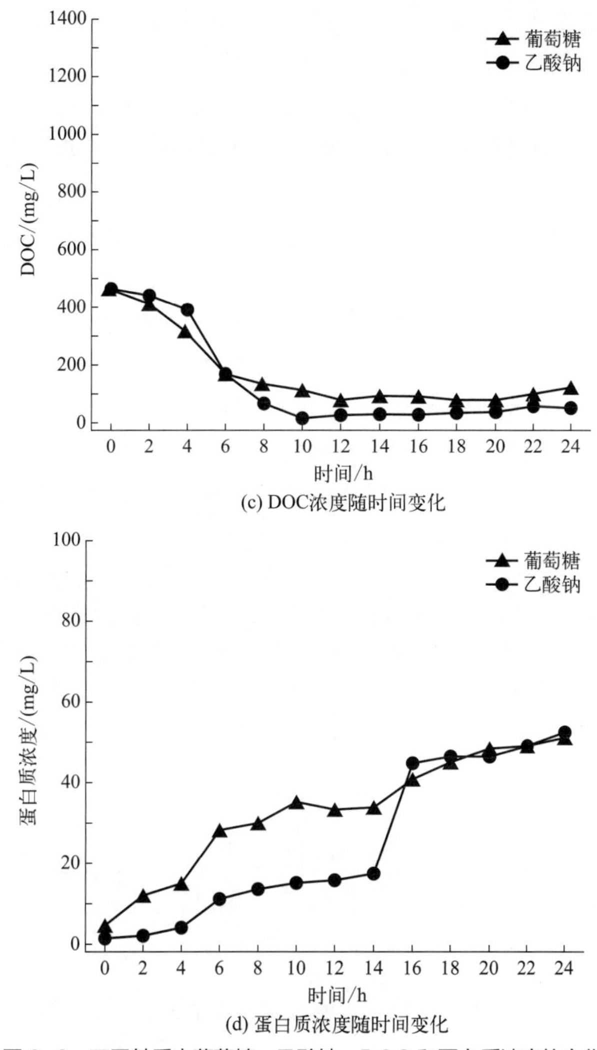

(c) DOC浓度随时间变化

(d) 蛋白质浓度随时间变化

图 8-2　不同基质中葡萄糖、乙酸钠、DOC 和蛋白质浓度的变化

因此，对于葡萄糖和乙酸钠基质，分别在大肠埃希菌生长 4h、8h、18h 以及 6h、12h、18h 采集 SMP 作为对数期、稳定期和衰亡期的代表性样品，分别记作 G4、G8、G18 和 A6、A12、A18，以进行后续 SMP 生化特性的表征。两种基质中的微生物在对数期、稳定期和衰亡期所对应的光密度、碳源消耗情况均比较接近。

8.2.2　SMP 的 UV-vis 检测分析

有机碳源种类是影响 SMP 产生量的关键因素，由图 8-3 可知，葡萄糖基质中 SMP 产生量更高，这主要是由于葡萄糖更有利于能量的利用[6]。总的来说，两种基质培养下的 SMP 随培养时间的延长而逐渐增加，在基质丰富情况下（对数阶段），微生物快速利用外源底物，使得 SMP 急剧增加，SMP 浓度在稳定阶段后期达到最高。随着 SMP 的降解速率高于形成速率，其含量开始下降。衰亡阶段 SMP 含量的波动可能与生物可降解成分的消耗和转化以及微生物的衰老导致细胞内有机物质释放有关[7]。

在两种基质条件下，随着微生物从指数阶段后期进入稳定阶段，$SUVA_{254}$ 值迅速增加，这主要是由于微生物代谢过程中形成了富含芳香结构的 SMP。值得注意的是，微生物在葡萄糖基质中生长 10h 后，$SUVA_{254}$ 值达到了相对稳定的状态，而乙酸钠基质中 $SUVA_{254}$ 值在衰亡阶段由于微生物内源呼吸对 SMP 的利用而下降。与 $SUVA_{254}$ 的变化相反，微生物的生长从指数阶段进入稳定阶段时，S_R 值逐渐降低，表明分子量较大的代谢产物逐渐在两种基质中积累。衰亡阶段 S_R 值的轻微升高主要是由于代谢产物的降解，即生物大分子物质的利用或分解[8]。由图 8-3（d）可知，随着微生物的生长，两种基质中 SMP 的 ASI 值逐渐升高然后趋向稳定，揭示了 SMP 组分中 HS 的平均分子量呈现先增大后稳定的趋势。从对数阶段到稳定阶段，以葡萄糖为基质产生的 SMP（G-SMP）的 ASI 值略高于以乙酸钠为基质产生的 SMP（A-SMP），说明以葡萄糖为碳源形成的 SMP 中 HS 的分子量较大。

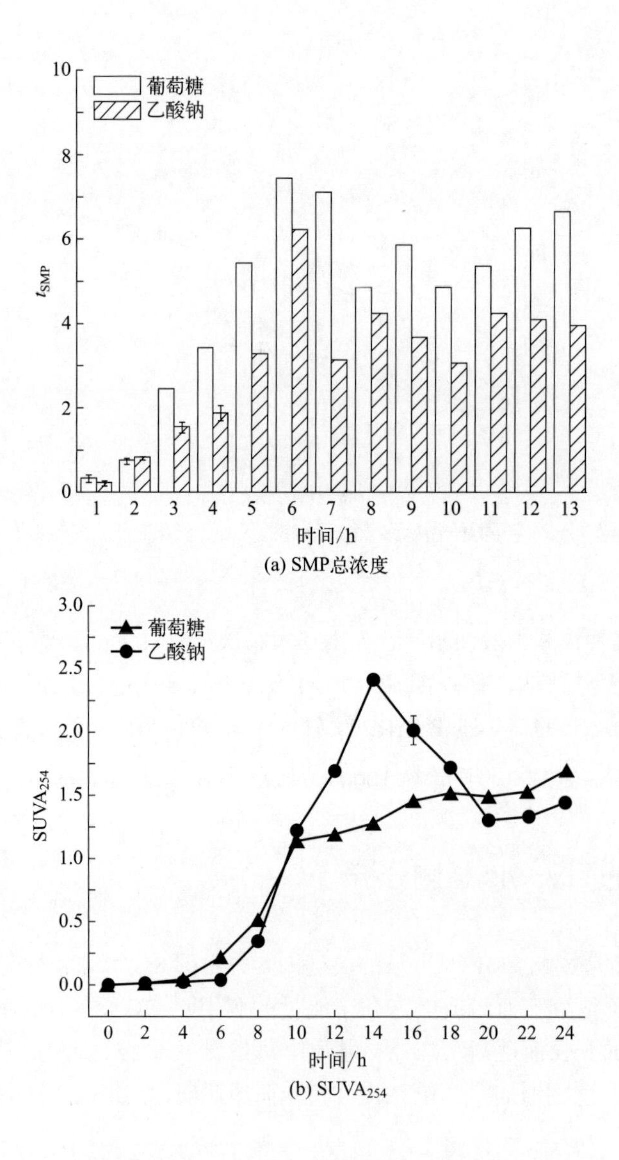

(a) SMP总浓度

(b) $SUVA_{254}$

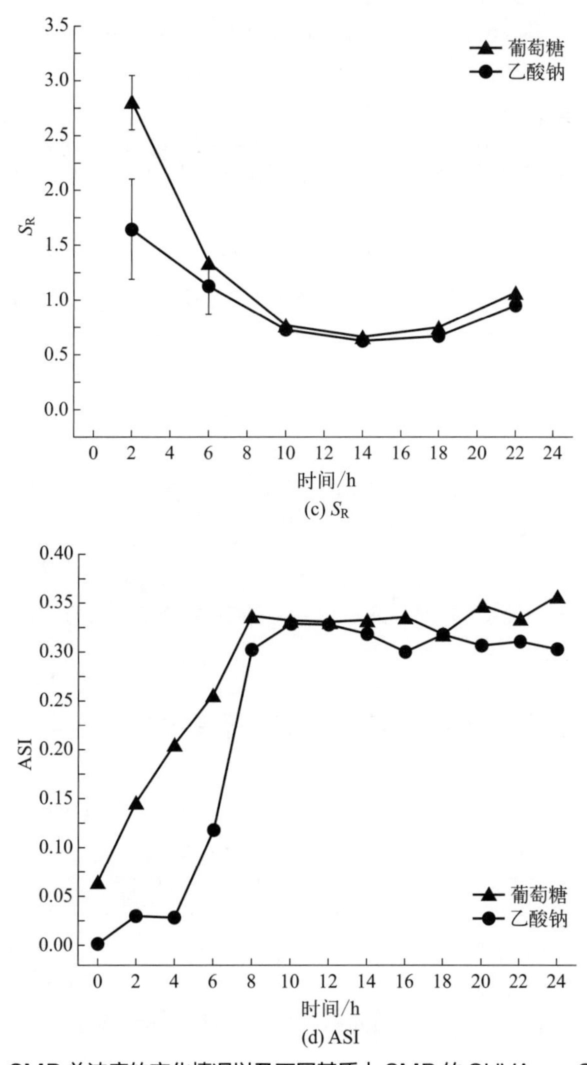

图 8-3　不同基质中 SMP 总浓度的变化情况以及不同基质中 SMP 的 $SUVA_{254}$、S_R 和 ASI 的变化情况

8.2.3　SMP 的液相色谱有机碳联用检测分析

LC-OCD 根据分子量将 SMP 组分分为：生物聚合物（biopolymers，BP，分子量 > 20000）、腐殖质（HS，分子量约 1000）、基础类物质（building blocks，BB，分子量 300 ～ 500）、低分子量中性物质（low molecular weight neutrals，LMW neutrals，分子量 < 350）、低分子量酸性物质（LMW acids，分子量 < 350）和疏水性有机碳（hydrophobic organic carbon，HOC）6 类。由图 8-4 可知，无论碳源为何，大肠埃希菌在对数期产生的 SMP 主要是低分子量物质，随着培养时间的延长，BP 和 HS 在稳定期和衰亡期开始积累。与乙酸钠基质相比，葡萄糖基质中在衰亡期形成的 SMP 中 BP 的含量更多。两种基质中 SMP 组分的变化趋势表明，SMP 的表观分子量会随着微生物生长周期的延长而增加，这与 S_R 值［图 8-3（c）］结果一致。此外，随着大肠埃希菌的生长，两种基质中 SMP 的

HOC 逐渐增加，这与其蛋白质以及芳香性物质含量的增多有关。

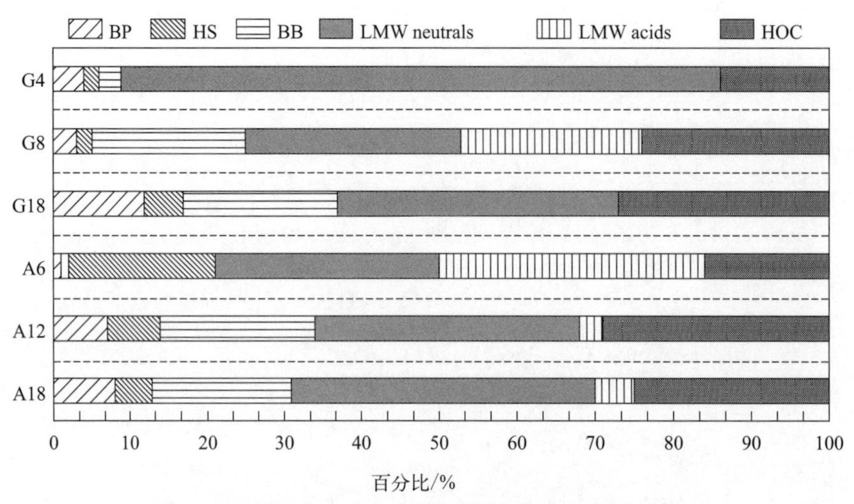

图 8-4 利用 LC-OCD 表征不同基质中 SMP 组分的分布

8.2.4 不同碳源下 SMP 中荧光组分的动态变化

采用 PARAFAC 对 SMP 的荧光光谱进行分析，结果发现 SMP 中包含 5 种荧光组分（C1 ～ C5）（表 8-1）。其中，C1 为类腐殖酸组分，C2 ～ C4 为类富里酸组分，C5 与类色氨酸组分有关，可能来源于微生物活动 [1]。利用 F_{max} 可以评估不同碳源下各荧光组分含量随时间的动态变化。如图 8-5 所示，荧光组分的变化与碳源有关，葡萄糖基质中类腐殖质（包括类腐殖酸和类富里酸，C1 ～ C4）的 F_{max} 值显著高于乙酸钠基质中类腐殖质，而两种基质中类色氨酸组分（C5）的 F_{max} 值较为接近。葡萄糖基质中，从指数阶段到稳定阶段，C3 快速积累，而乙酸钠基质中 C3 增加缓慢。C1、C2 和 C4 组分的变化趋势相近，都是在葡萄糖基质中呈持续增加趋势，且伴随着轻微波动，在衰亡期（22h）达到最大值，这说明类腐殖质组分不仅来源于微生物的代谢，也可能来源于细胞裂解过程 [9]。据报道，腐殖质物质的富集与生物处理过程中微生物的腐殖化过程密切相关 [10]。两种基质中腐殖质组分的差异可能与大肠埃希菌利用不同碳源时的代谢途径不同有关 [11]。大肠埃希菌主要通过磷酸转移酶系统利用葡萄糖。细胞外的葡萄糖首先被转化为细胞内的葡萄糖 6- 磷酸，然后通过糖酵解途径进行代谢产生能量并进行生物合成。另一方面，对于乙酸钠基质，大肠埃希菌首先摄取乙酸钠并将其转化为乙酰辅酶 A，然后通过乙醛酸分流和三羧酸循环进一步代谢 [5]。因为乙酸钠可以降低 DNA、RNA、蛋白质和脂类等的生物合成速率 [4]，所以，与葡萄糖基质相比，乙酸钠基质中观察到的组分较少。从稳定期到衰亡期，两种基质中类腐殖质组分（C1 ～ C4）含量的波动变化揭示了微生物在生长过程中可以产生且缓慢利用腐殖质，或将其分解成非荧光结构的组分 [9]。

表 8-1　PARAFAC 确定的荧光组分的分布和类型

组分	激发 / 发射波长 /（nm/nm）	荧光组分
C1	280（380 ～ 390）/455.9	类腐殖酸物质
C2	255（320）/427.8	类富里酸物质
C3	295/404.5	类富里酸物质
C4	345/437.2	类富里酸物质
C5	275/341.9	类色氨酸物质

注：（ ）内数字表示该发射波长荧光峰对应的第二个激发波长或波长范围。

不同于腐殖质的动态变化趋势，类色氨酸（C5）组分在两种碳源条件下在生长周期内均呈现出一致的增加趋势。这与蛋白质含量变化结果是一致的［图 8-2（d）］。当微生物进入衰亡阶段后，C5 的 F_{max} 值轻微下降，这可能与微生物内源呼吸过程中对蛋白质的利用有关，导致腐殖质的增加 [12]。C5 是 BAP 为主的 SMP 的重要组成部分。

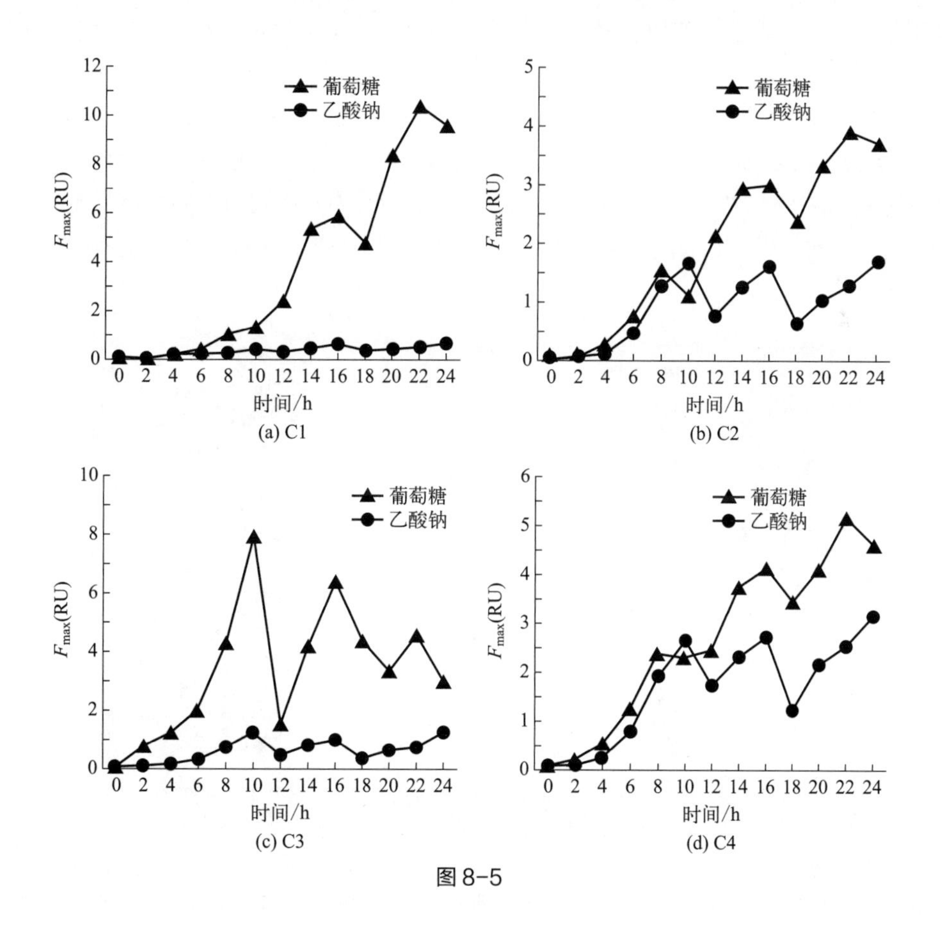

图 8-5

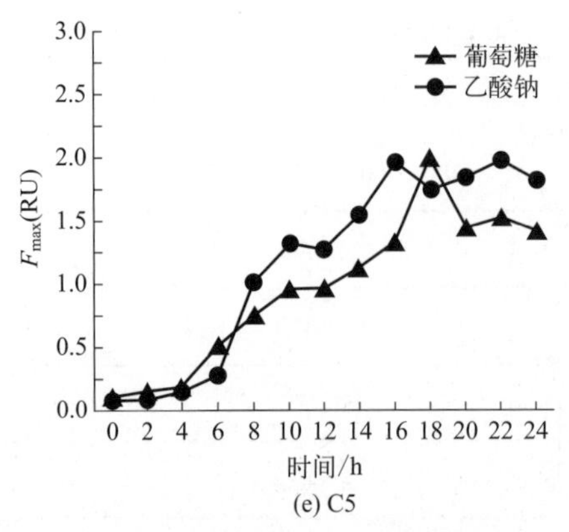

(e) C5

图 8-5　各荧光组分 F_{max} 值的变化

作为 SOM 神经网络图形结构的表达形式，统一距离矩阵（united distance matrix，U-matrix）能够利用颜色的差异将群聚结构视觉化，并以欧式距离衡量神经元之间的相似程度。U-matrix 矩阵图中神经元距离越接近表示彼此之间差距越小，即同质性越高。图 8-6（a）（书后另见彩图）中颜色越红，代表神经元之间距离越远，即神经元之间的荧光特性差异越明显；反之则表示越相似。最佳匹配单元（best matching unit，BMU）图［图 8-6（b）（书后另见彩图）］表示了相似样本的分布，即相同神经元内 SMP 的性质相似，且单个神经元的最大映射样本数达 5 个。SMP 样本均匀分布在 SOM 网络中，表示该神经网络的构建合理可行。结合 U-matrix 和 BMU 图，可以推断从迟滞期到对数期（4h 内）［图 8-6（a）左上角蓝色区域］的 SMP 样品，无论碳源为何，其荧光组分均较为相似。同样地，在乙酸钠基质中［图 8-6（a）中左侧蓝色区域］，在稳定期和衰亡期产生的 SMP 也具有类似的特性。

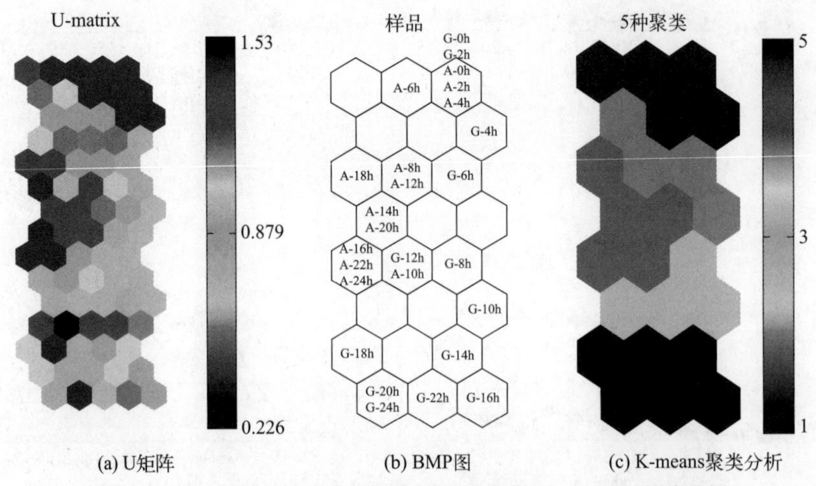

(a) U矩阵　(b) BMP图　(c) K-means聚类分析

图 8-6　SOM 神经网络的 U 矩阵、BMP 图和 K-means 聚类分析

G 和 A 分别代表葡萄糖和乙酸钠基质下形成的 SMP 样品；第Ⅰ聚类为以葡萄糖和乙酸钠为碳源的微生物在迟缓期和对数期产生的 SMP；第Ⅱ和第Ⅲ聚类分别是稳定期和衰亡期产生的 A-SMP；第Ⅳ和第Ⅴ聚类分别是稳定期和衰亡期产生的 G-SMP

由于图 8-6（a）中聚类边界较模糊，因此采用 K-means 聚类算法确定最佳神经元的聚类数量和边界线。基于 Davies-Bouldin 指数取最小值原则，将 SMP 的神经网络分为 5 大聚类［图 8-6（c）（书后另见彩图）］，每个聚类具有相似的有机物性质。微生物在生长初期形成的 SMP 特性较相似，随着生长周期的延长，有机碳源种类的不同会导致 SMP 的特性呈现较大差异。利用组分图［图 8-7（书后另见彩图）］的色彩条数值对 SMP 样品中不同聚类的荧光组分含量高低进行半定量描述。C1、C2 和 C4 均自右上方向左下方逐渐增加，C3 自左上方向右下方逐渐增加，而 C5 与其他组分变化显著不同，在左中部样本中含量较高。结合聚类区域发现，第Ⅰ、第Ⅱ聚类样品的荧光组分含量均较低，第Ⅴ聚类样品类腐殖质组分含量高于第Ⅲ聚类，而第Ⅲ和第Ⅴ聚类中 SMP 均含有丰富的色氨酸组分。从组分图可以直观地看出，在葡萄糖培养基中衰亡阶段产生的 SMP 样品腐殖质含量比乙酸钠基质中产生的 SMP 样品更丰富，这与上述 F_{max} 结果一致。在衰亡阶段，葡萄糖基质中产生的 SMP 中类色氨酸组分有所下降，说明这些蛋白质类物质在内源呼吸作用下更容易被利用并转化为腐殖质类物质。

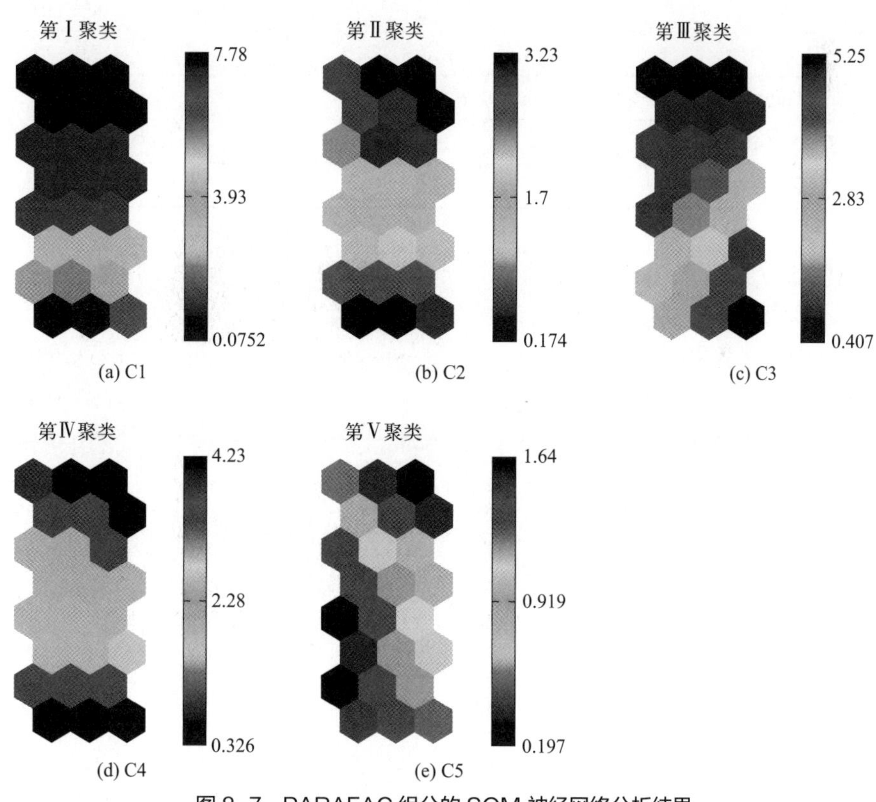

图 8-7 PARAFAC 组分的 SOM 神经网络分析结果

8.2.5 SMP 在不同生长阶段的分子组成

本研究采用 UPLC-Q-Exactive-MS 分析了两种培养基中大肠埃希菌在不同生长阶段产生的 SMP 的分子组成。在 m/z 为 80 ～ 1200 的范围内确定了约 1790 个结构式为

$C_cH_hN_nO_oS_sP_p$ 的分子。据报道，采用 LC-MS（液相色谱 - 质谱联用）对代谢产物的分析高度依赖于所选择的数据库，而通常由于数据库中分子信息有限，只能鉴定出少量化合物，因此为了更加全面地分析代谢产物，本研究首次采用可视化范式（Van Krevelen，VK）图来分析 SMP 的分子组成。通过结合 H/C 值和 O/C 值将 VK 图划分为 7 个区域，且每个区域对应 DOM 特定的化合物类别。H/C 值可直接用于表征化合物的酯化度和芳香度，而 O/C 值与化合物的氧化状态有关。VK 图的区域划分依据如表 8-2 所列。这 7 个类别包括类脂类、类肽类、富含羧基的类脂环族分子（carboxylic-rich alicyclic molecules，CRAMs）、类碳水化合物、不饱和烃类、芳香性化合物和高度氧化化合物。

表 8-2　范式图区域的划分

化合物类别	H/C 值	O/C 值
类脂类	1.5 ＜ H/C 值≤ 2.0	0 ≤ O/C 值≤ 0.3
类肽类	1.5 ＜ H/C 值≤ 2.2	0.3 ＜ O/C 值≤ 0.67
CRAMs	0.67 ＜ H/C 值≤ 1.5	0.1 ≤ O/C 值＜ 0.67
类碳水化合物	1.5 ＜ H/C 值≤ 2.5	0.67 ＜ O/C 值＜ 1.0
不饱和烃类	0.67 ＜ H/C 值≤ 1.5	O/C 值＜ 0.1
芳香性化合物	0.2 ≤ H/C 值≤ 0.67	O/C 值＜ 0.67
高度氧化化合物	0 ＜ H/C 值≤ 1.5	0.67 ≤ O/C 值≤ 1.0

为了更直观追踪大肠埃希菌代谢物在不同生长阶段的动态变化，采用基于峰强中位值进行归一化的方法比较相邻两个生长阶段的组成，即将 G8 组与 G4 组、G18 组与 G8 组、A12 组与 A6 组、A18 组与 A12 组代谢物的含量进行比较，其分析结果如图 8-8 所示。不同生长阶段之间的差异代谢物定义为折叠变化（FC）＞2 并且 P＜0.05[13]。所有代谢物的折叠变化采用 R 语言包“ggplot2”中的“ggplot”函数计算。同时，采用 R 语言总结分析了 VK 图中各类别变化显著的化合物的 FC 分布和数量变化，如图 8-9 和图 8-10 所示。从 VK 图（图 8-8）可以看出，SMP 主要包括 CRAMs、类脂类以及类肽类化合物，而较少含有不饱和烃、类碳水化合物、芳香性化合物和高度氧化化合物。

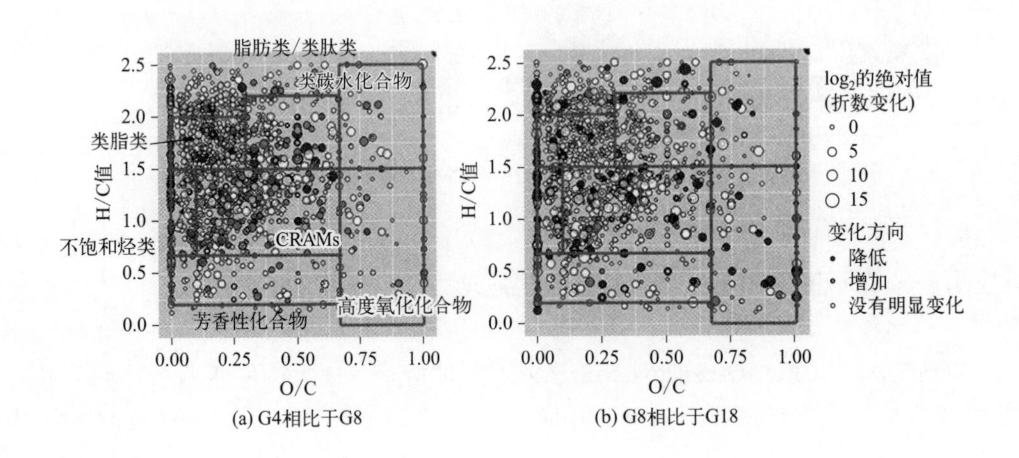

(a) G4相比于G8　　(b) G8相比于G18

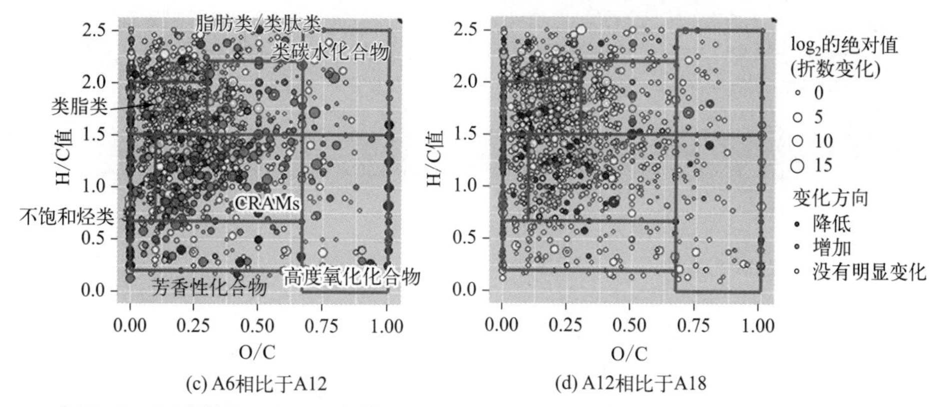

图 8-8　G4 相比于 G8、G8 相比于 G18、A6 相比于 A12 和 A12 相比于 A18 的范式图

圆点大小与两个生长阶段代谢产物之间的折叠变化的对数的绝对值成正比，圆点颜色代表变化方向，黑色表示代谢物含量降低，灰色表示代谢物含量增加，白色代表代谢物含量没有明显变化，实线为类别区域标识

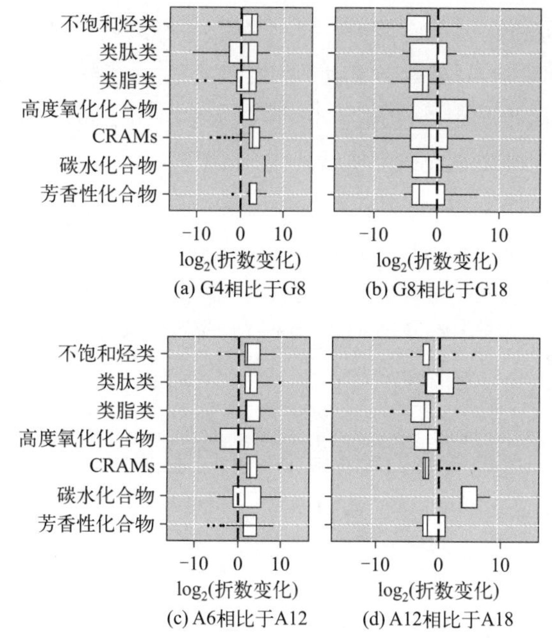

图 8-9　相邻两个生长阶段的不同组分的折叠变化分布

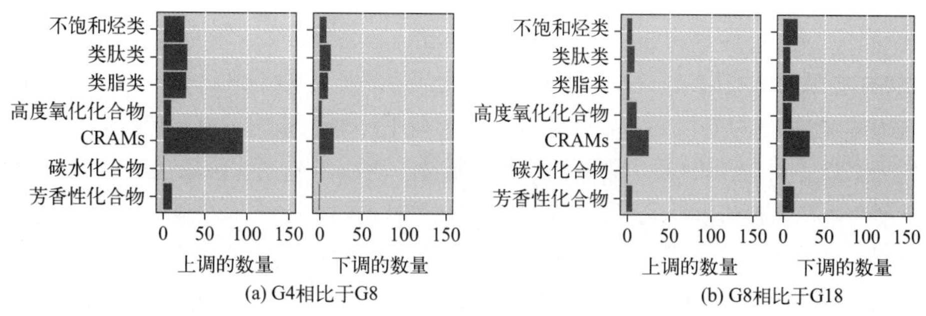

图 8-10

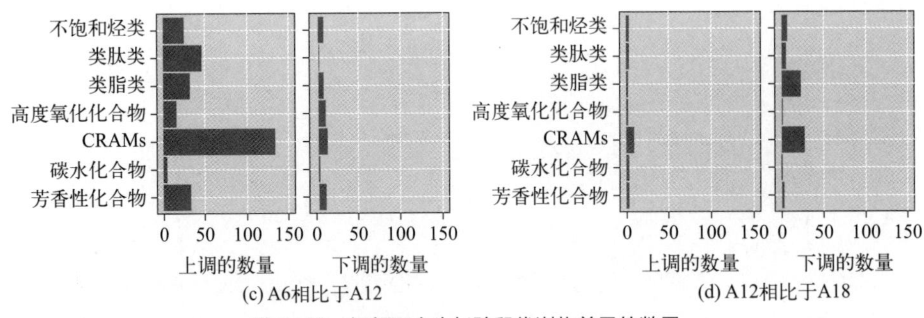

图 8-10　相邻两个生长阶段代谢物差异的数量

黑色条表示后面一个生长阶段上调的数量，灰色条表示后面一个生长阶段下调的数量

如图 8-9 所示，在两种碳源基质中，微生物从对数期进入稳定期，SMP 的大部分组分含量增加。与葡萄糖基质相比，在乙酸钠基质中产生的 SMP 含有更多的 CRAMs、类肽类、芳香性以及碳水化合物。CRAMs 由分子量较大的羧基化脂环化合物组成；肽是蛋白质的组成部分，由氨基酸残基组成；类脂类包括脂肪、蜡、甾醇、脂溶性维生素、单甘油酯、双甘油酯和甘油三酯等，其可能来源于细胞膜的组成部分——磷脂[14]。以上所有化合物均与微生物活动相关。当微生物生长进入到衰亡阶段，SMP 中大部分化合物含量变化不明显[如图 8-8（b）和（d）中的白色圆圈所示]。在葡萄糖基质中，当微生物从稳定期进入衰亡期时，SMP 中部分 CRAMs、类脂类、不饱和烃类和芳香性化合物由于被微生物利用而呈现下降趋势，但是部分高度氧化化合物组分含量升高（图 8-9）。高度氧化化合物组分的增加可能与内源呼吸过程中蛋白质类化合物转化为腐殖质类物质有关，这与荧光光谱结果一致。在乙酸钠基质中，当微生物从稳定期进入衰亡期时，SMP 中部分 CRAMs 和类脂类组分含量下降，而碳水类化合物含量增加。碳水类化合物主要包含碳水化合物、脂类和乙酸基团[14]，主要来自细胞碎片[15]。在分子水平上，与葡萄糖基质相比，微生物在乙酸钠基质中培养时，稳定期和衰亡期产生的 SMP 中含有更多的 CRAMs、类肽、芳香性和类碳水化合物成分，这些分子组成在不可逆膜污染中发挥了重要作用，将在 8.3 部分详细讨论。

8.3　SMP 的膜污染特性分析

8.3.1　膜污染特性

在 MBR 膜污染成因中，SMP 被认为是引起膜污染的重要物质。然而，现有研究尚未明确 SMP 具体组分对膜污染的贡献程度。本节采用死端过滤的方式，考察有机碳源种类及微生物生长周期对 SMP 膜污染特性的影响规律，进一步采用膜污染模型解析 SMP 的膜污染机理，旨在为膜法水处理工艺的应用提供理论依据。

由图 8-11 所示，随着微生物培养周期的延长，归一化通量（J/J_0）曲线发生下移，且衰亡阶段形成的 SMP 对超滤膜造成的污染最严重，其通量下降为初始通量的 10% 左右。在葡萄糖和乙酸钠基质培养下，微生物不同生长阶段产生的 SMP 造成的膜污染潜力依次为衰亡期（18h）＞稳定期（8h 或 12h）＞对数期（4h 或 6h）。在对数生长期，SMP 主要由 UAP 和剩余底物组成，而在稳定期和衰亡期，SMP 主要成分分别是 UAP 和 BAP，其中，以 BAP 为主要成分的 SMP 具有更高的膜污染潜力。

如图 8-11（c）、（d）所示，经过物理清洗后，葡萄糖基质中在对数期、稳定期和衰亡期形成的 SMP 污染膜的通量恢复率分别为 75%、73%、55%，而相应的乙酸钠基质中产生的 SMP 污染膜的通量恢复率分别为 67%、34%、36%，G-SMP 污染膜的通量恢复率均显著高于 A-SMP 污染膜。化学清洗可以完全恢复 G-SMP 污染膜，而对于乙酸钠基质，只有对数期 SMP 污染膜得到了完全恢复，这表明对于葡萄糖碳源，大肠埃希菌整个生长周期形成的 SMP 主要贡献了可逆污染；而在乙酸钠基质中，稳定期和衰亡期形成的 SMP 主要引起的是不可逆污染。即使葡萄糖基质中的 SMP 产量高于乙酸钠基质中的 SMP，如前所述，A-SMP 具有更高的膜污染潜力，这充分揭示了不同有机碳源通过影响微生物代谢途径而改变 SMP 的生化特性，进而影响其膜污染行为。

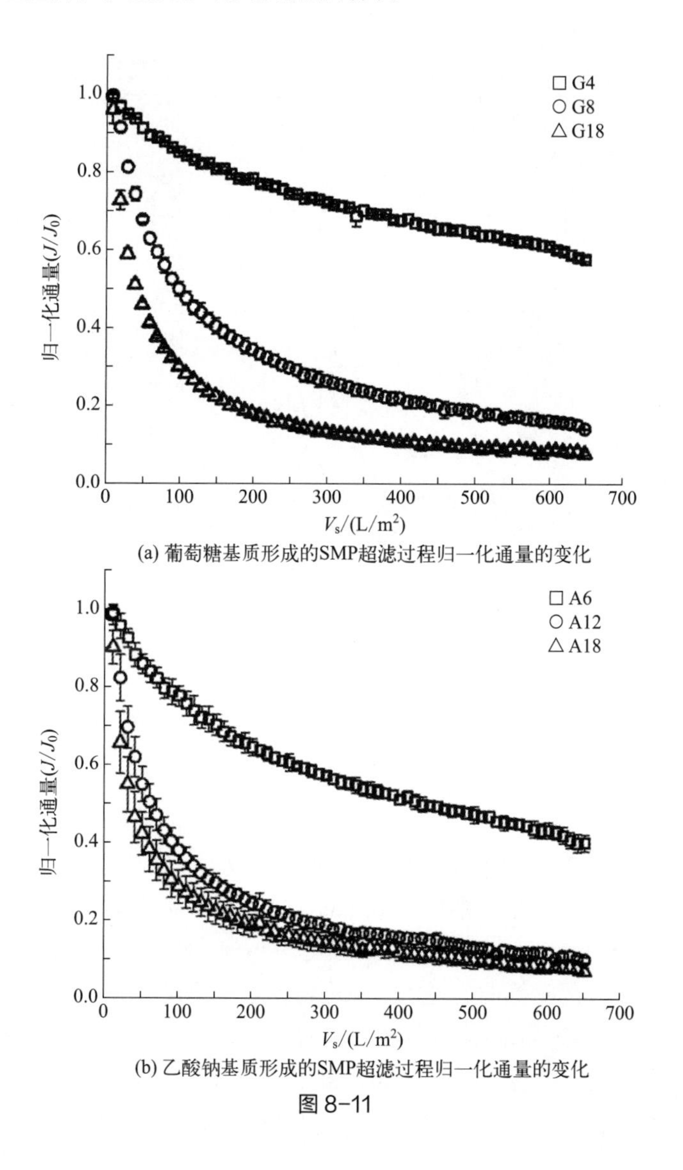

(a) 葡萄糖基质形成的SMP超滤过程归一化通量的变化

(b) 乙酸钠基质形成的SMP超滤过程归一化通量的变化

图 8-11

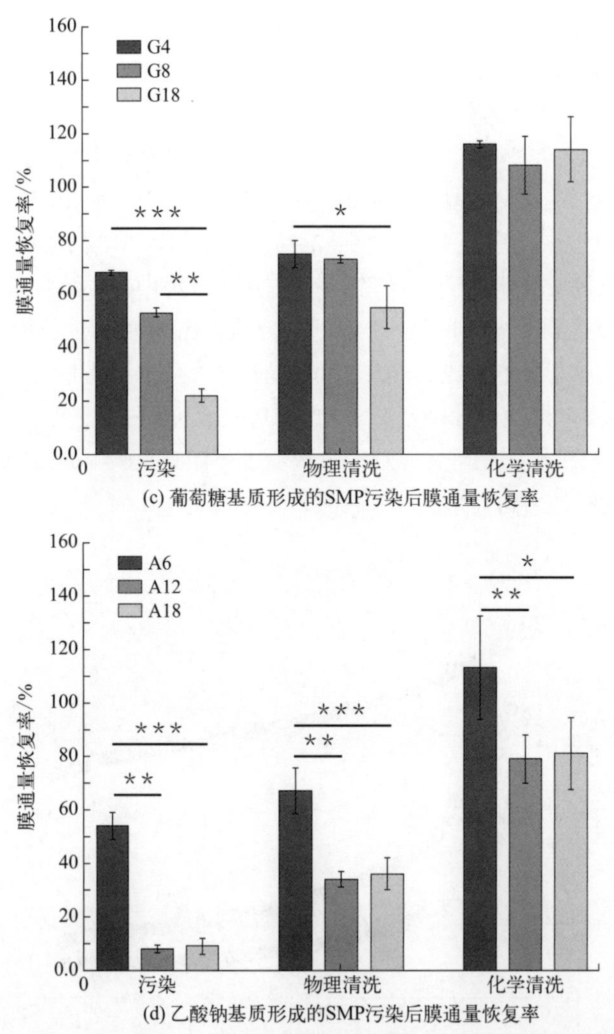

(c) 葡萄糖基质形成的SMP污染后膜通量恢复率

(d) 乙酸钠基质形成的SMP污染后膜通量恢复率

图 8-11　葡萄糖和乙酸钠基质形成的 SMP 超滤过程归一化通量的变化情况以及葡萄糖和乙酸钠基质形成的 SMP 污染后膜的通量恢复率

8.3.2　膜污染机理

采用经典的过滤模型深入解析 G-SMP 和 A-SMP 的膜污染机制，模型的回归分析结果如图 8-12 和图 8-13 所示（书后另见彩图）。在膜滤过程中，对数期形成的 G-SMP 和 A-SMP 关于标准堵塞模型的拟合度最高（R^2=0.9955，R^2=0.9999），即表明对数期形成的 G-SMP 和 A-SMP 造成的膜污染主要是由标准堵塞引起的。这是由于对数期形成的 SMP 主要由 UAP 和剩余底物组成，分子尺寸小于膜孔孔径，过滤时小分子物质会堆积在膜孔壁上，从而造成标准堵塞 [8]。根据 Ognier 等的研究，污染物与膜之间的亲 / 疏水相互作用力是引起标准堵塞的主要驱动力 [16]。随着微生物的生长，UAP 和 BAP 为主的 SMP 逐渐加剧了膜污染，滤饼过滤模型成为了主要膜污染机理。UAP 和 BAP 为主的 SMP 造成严重膜污染可以从以下几个方面来解释。首先，随着微生物的生长，SMP 中更多的大分子有机物（如生物聚合物）和腐殖质组分会吸附或截留沉积在膜表面形成滤饼层，增加了过滤阻力。其次，基于 S_R 和 LC-OCD 的分析结果可知，微生物生长中后期形成的 SMP 分子量逐渐增大。SMP 的胶体尺寸和胶凝能力均会随着 SMP 分子量的增大而提高。当膜表面形成凝胶层时，污染物在凝胶层表面进一步沉积引起滤饼层污染 [17]。再次，微生物生长中后期形成的 SMP 中疏水组分逐渐增加，由于污染物与膜之间的疏水相互作用增强而加重了膜污染；最后，从分子水平上看，SMP 的膜污染潜力与其独特的化学组成相关。在稳定期和衰亡期，CRAMs 和类肽类成分显著增加。CRAMs 是富含羧基的有机物，它们容易与二价 / 多价阳离子相互作用，通过阳离子架桥作用形成稳定的污染层。在 pH 值为 7 ～ 7.5 时，荷正电荷的肽类化合物容易与荷负电荷的 PVDF 膜之间形成静电吸引，从而加剧膜污染。此外，肽类化合物之间通过各自的疏水残基发生相互作用，进一步增强肽类化合物在疏水 PVDF 膜表面的吸附。与葡萄糖基质情况相比，乙酸钠基质中形成的 SMP 具有更高的污染倾向，可能是因为它们含有更多的 CRAMs、类肽、芳香族和碳水化合物等成分。阳离子 - 碳水化合物之前的配合也会导致严重的膜污染。由模型的回归分析结果可以看出，稳定期和衰亡期形成的 SMP 关于标准堵塞模型同样具有良好的拟合性，表明稳定期和衰亡期形成的 SMP 污染机制主要是滤饼层污染，同时在一定程度上还存在标准堵塞。

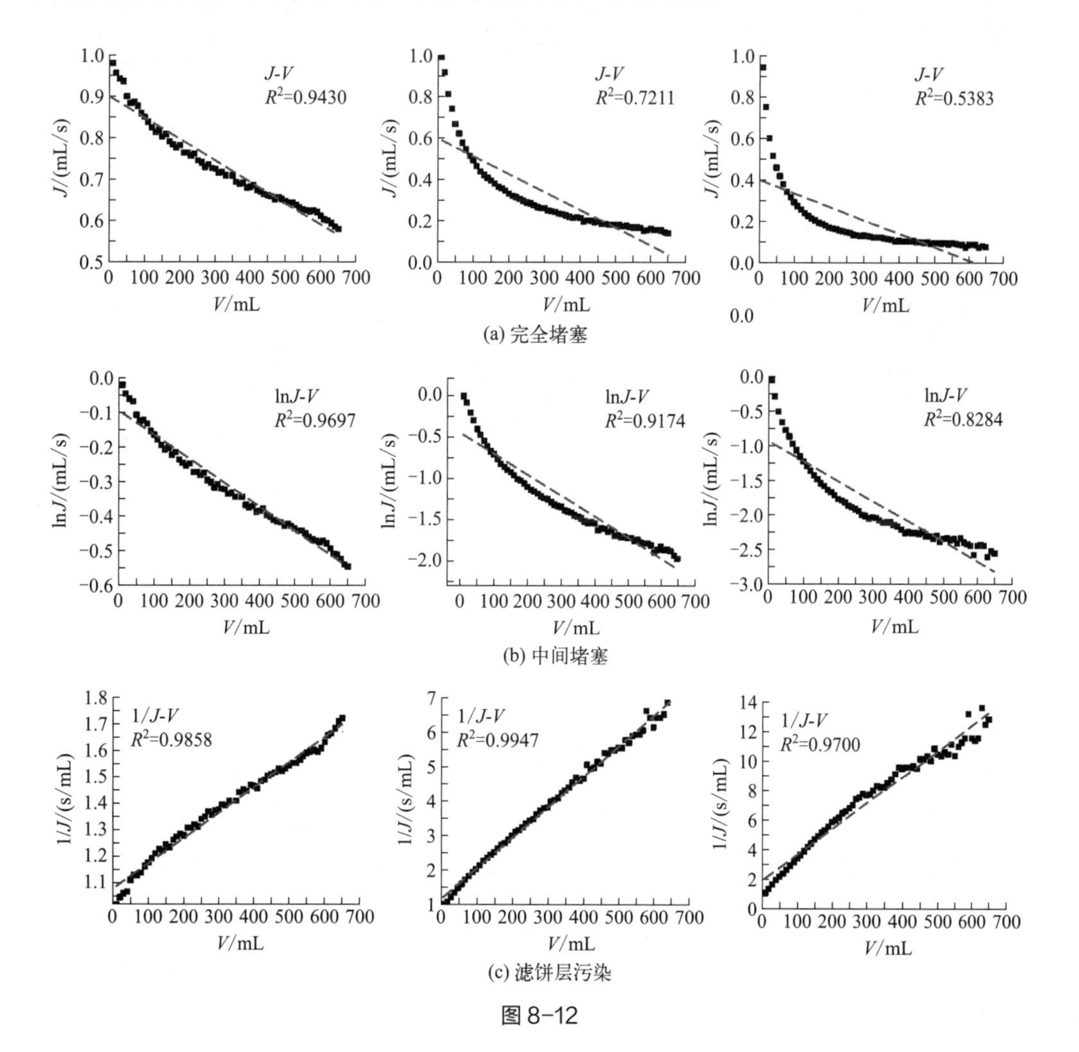

(a) 完全堵塞

(b) 中间堵塞

(c) 滤饼层污染

图 8-12

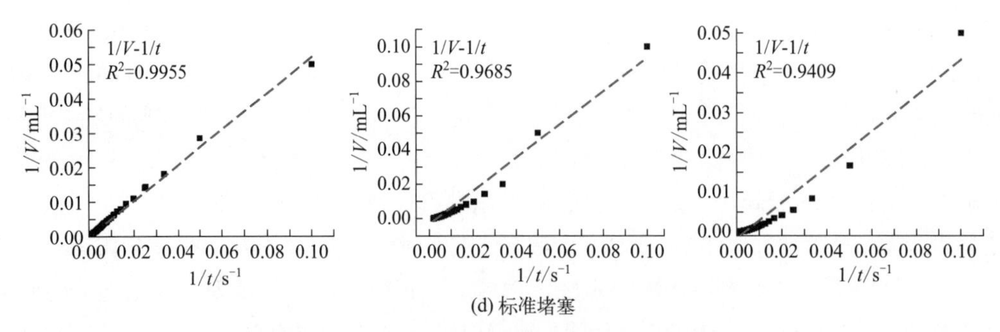

(d) 标准堵塞

图 8-12　G-SMP 过滤时拟合的 4 种污染模型

从左至右分别代表 G4、G8 和 G18

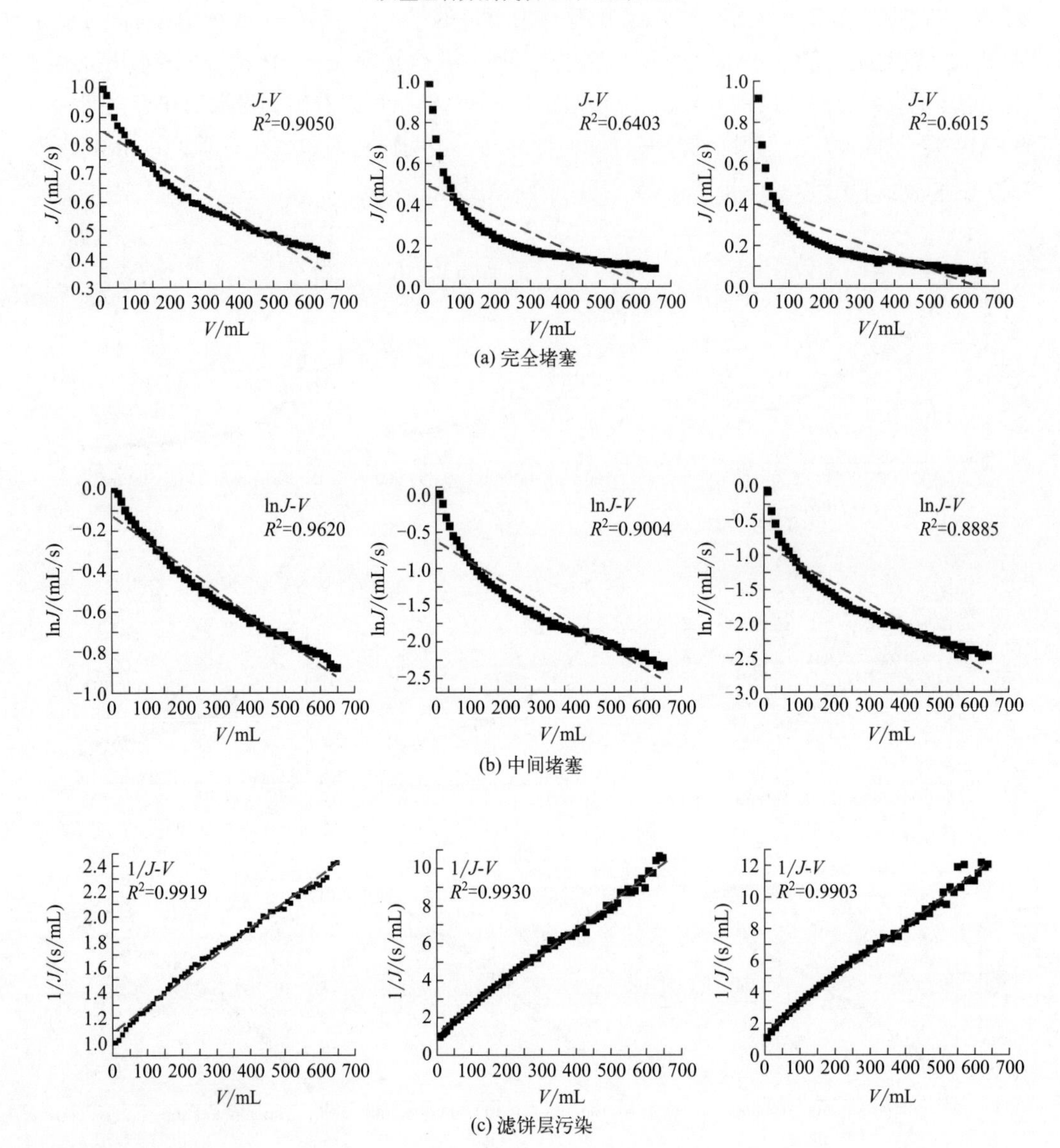

(a) 完全堵塞

(b) 中间堵塞

(c) 滤饼层污染

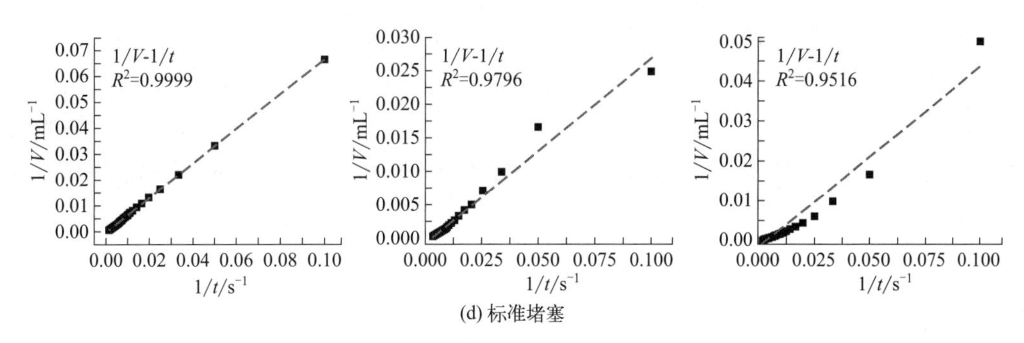

图 8-13　A-SMP 过滤时拟合的 4 种污染模型

从左至右分别代表 A6、A12 和 A18

8.4　SMP 在环境界面的吸附沉积行为

进一步采用石英晶体微天平考察 SMP 在模拟的水环境附着界面（如 SiO_2、Al_2O_3）的吸附沉积行为。SMP 在芯片表面沉积速率很快（图 8-14），即极短时间内吸附层达到饱和状态，表明 SMP 与芯片之间存在强烈的相互作用。微生物生长周期越长，其产生的 SMP 在芯片表面沉积过程的频率偏移幅度越大。在中性 pH 值条件下，静电排斥力会抑制带负电荷的 SMP 吸附沉积在带负电荷的 SiO_2 芯片表面，因此 SMP 在 SiO_2 表面沉积过程频移较小。Al_2O_3 芯片在 pH 值为中性时呈正电性，而带负电荷的 SMP 在沉积过程会逐渐中和 Al_2O_3 表面正电荷，随后 SMP 的进一步沉积将逆转 Al_2O_3 芯片的有效表面电荷，因此吸附在芯片表面的 SMP 分子和溶液中剩余的去质子化 SMP 分子之间会形成静电斥力，进一步阻止 SMP 过量的沉积，从而导致其在 Al_2O_3 芯片上形成饱和的单层沉积层 [18]。

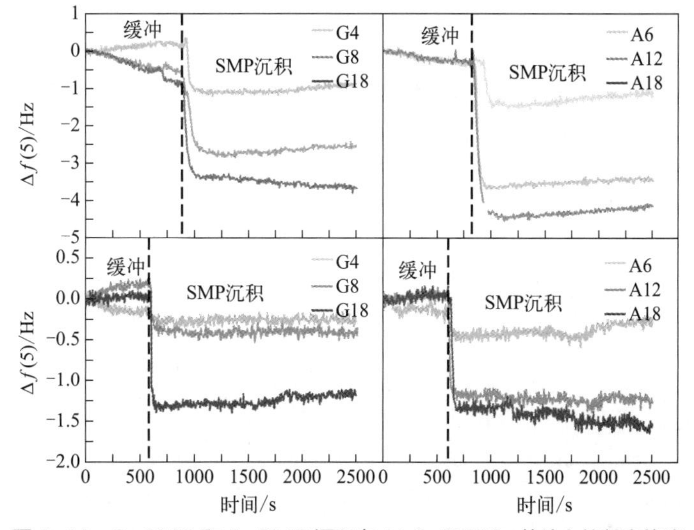

图 8-14　G-SMP 和 A-SMP 沉积在 Al_2O_3 和 SiO_2 芯片上的频率偏移

使用 Sauerbrey 方程计算 SiO_2、Al_2O_3 芯片表面吸附的 SMP 的质量，如图 8-15 所示。不同基质中形成的 SMP 在 SiO_2、Al_2O_3 芯片表面的吸附沉积质量均随着大肠埃希菌的生长而增加。这一现象与 SMP 超滤膜污染行为特征类似，即衰亡期的 SMP 在芯片表面吸附能力最强，造成的超滤膜污染也最严重。在大肠埃希菌整个生长周期中，不同碳源形成的 SMP 在 Al_2O_3 芯片表面的吸附质量接近，同时其在 SiO_2 芯片表面的吸附能力也相似，这揭示了有机碳源种类对 SMP 在 SiO_2 和 Al_2O_3 表面的吸附沉积行为没有显著影响。此外，SMP 在 Al_2O_3 表面的吸附层质量明显高于 SiO_2 表面的吸附层，主要的原因是 SMP 分子与 Al_2O_3 芯片表面之间存在更强的相互作用。

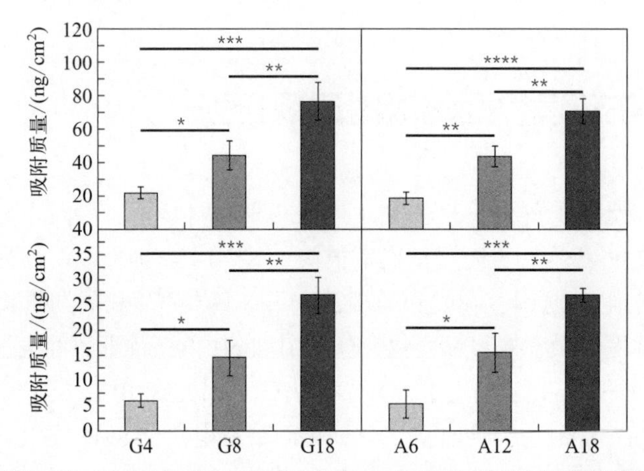

图 8-15 G-SMP 和 A-SMP 在 Al_2O_3 和 SiO_2 芯片上的吸附质量

参考文献

[1] Ni B J，Zeng R J，Fang F，et al. Fractionating soluble microbial products in the activated sludge process[J]. Water Research，2010，44（7）：2292-2302.

[2] Astel A，Tsakovski S，Barbieri P，et al. Comparison of self-organizing maps classification approach with cluster and principal components analysis for large environmental data sets[J]. Water Research，2007，41（19）：4566-4578.

[3] Ng H Y，Tan T W，Ong S L. Membrane fouling of submerged membrane bioreactors：Impact of mean cell residence time and the contributing factors[J]. Environmental Science & Technology，2006，40（8）：2706-2713.

[4] Eiteman M A，Altman E. Overcoming acetate in *Escherichia coli* recombinant protein fermentations[J]. Trends in Biotechnology，2006，24（11）：530-536.

[5] Oh M K，Rohlin L，Kao K C，et al. Global expression profiling of acetate-grown *Escherichia coli*[J]. Journal of Biological Chemistry，2002，277（15）：13175-13183.

[6] Kunacheva C，Soh Y N A，Stuckey D C. Identification of soluble microbial products（SMPs）from the fermentation and methanogenic phases of anaerobic digestion[J]. Science of the Total Environment，2020，698：134177.

[7] Jiang T，Myngheer S，Pauw D J W D，et al. Modelling the production and degradation of soluble microbial products（SMP）in membrane bioreactors（MBR）[J]. Water Research，2008，42（20）：4955-4964.

[8] Tian Y, Chen L, Zhang S, et al. A systematic study of soluble microbial products and their fouling impacts in membrane bioreactors[J]. Chemical Engineering Journal, 2011, 168 (3): 1093-1102.

[9] Ly Q V, Nghiem L D, Sibag M, et al. Effects of COD/N ratio on soluble microbial products in effluent from sequencing batch reactors and subsequent membrane fouling[J]. Water Research, 2018, 134: 13-21.

[10] Maqbool T, Quang V L, Cho J, et al. Characterizing fluorescent dissolved organic matter in a membrane bioreactor via excitation-emission matrix combined with parallel factor analysis[J]. Bioresource Technology, 2016, 209: 31-39.

[11] Rittmann B E, Mccarty P L. Environmental biotechnology: principles and applications[J]. McGraw-Hill Education, 2001.

[12] Maqbool T, Cho J, Hur J. Spectroscopic descriptors for dynamic changes of soluble microbial products from activated sludge at different biomass growth phases under prolonged starvation[J]. Water Research, 2017, 123: 751-760.

[13] Theriot C M, Koenigsknecht M J, Carlson P E, et al. Antibiotic-induced shifts in the mouse gut microbiome and metabolome increase susceptibility to *Clostridium difficile* infection[J]. Nature Communications, 2014, 5 (1): 3114.

[14] Bianco A, Deguillaume L, Vaitilingom M, et al. Molecular Characterization of cloud water samples collected at the puy de dome (france) by fourier transform ion cyclotron resonance mass spectrometry[J]. Environmental Science & Technology, 2018, 52 (18): 10275-10285.

[15] Ly Q V, Nghiem L D, Cho J, et al. Organic carbon source-dependent properties of soluble microbial products in sequencing batch reactors and its effects on membrane fouling[J]. Journal of Environmental Management, 2019, 244: 40-47.

[16] Ognier S, Wisniewski C, Grasmick A. Influence of macromolecule adsorption during filtration of a membrane bioreactor mixed liquor suspension[J]. Journal of Membrane Science, 2002, 209 (1): 27-37.

[17] Teng J H, Shen L G, Xu Y C, et al. Effects of molecular weight distribution of soluble microbial products (SMPs) on membrane fouling in a membrane bioreactor (MBR): Novel mechanistic insights[J]. Chemosphere, 2020, 248: 126013.

[18] Armanious A, Aeppli M, Sander M. Dissolved organic matter adsorption to model surfaces: Adlayer formation, properties, and dynamics at the nanoscale[J]. Environmental Science & Technology, 2014, 48 (16): 9420-9429.

第 9 章

菌株胞外聚合物的官能团特征与膜污染行为

EPS 是微生物聚集体的主要成分之一。在 MBR 系统中，EPS 含量的增加会导致污泥过滤性降低、通量下降和膜污染滤饼阻力增加。然而，关于 EPS 在膜污染中的作用仍未达成共识。一方面，膜污染与 EPS 含量高度相关 [1]。另一方面，一些研究表明 EPS 的化学组成对膜污染的发展更为关键 [2]。近年来，研究人员主要关注于活性污泥中 EPS 和 SMP 的表征。鉴于污泥微生物群落的复杂性以及不同的实验条件或过滤模式，研究结果往往各异甚至相互矛盾。因此，本研究旨在研究菌株水平上 EPS 的组成及其在膜污染中的作用。

EPS 包含多种极性和非极性基团，这些基团决定了工程和自然生态系统中细菌的多重特性，包括聚集 / 絮凝、污染能力和生物膜发展等。例如，EPS 中蛋白质的 β- 折叠、β- 转角和无规卷曲与絮凝和反絮凝有关 [3]。EPS 还可以通过羧基官能团和金属离子之间形成金属配体复合物来吸附重金属。此外，Ca^{2+} 的絮凝作用及与多糖之间的相互作用对膜污染具有重大影响 [4]。已有研究评估了 Ca^{2+} 对 EPS（无细胞）污染潜能的影响 [5，6]，但仍未见 Ca^{2+} 对 EPS（全细胞）作用的报道。而后者对理解活性污泥的膜污染及膜污染控制方法的发展具有重要意义。

本研究首先从实际规模 MBR 污水厂的活性污泥中分离出 23 株细菌菌株，然后通过 16S rRNA 基因序列分析进行菌株鉴定，并对无细胞 EPS（即干重、PS 和 PN）和细胞（即黏度、zeta 电位和膜污染电位）的理化特性进行表征。采用短期过滤实验研究了细菌菌株的膜污染行为。细菌菌株的 EPS 官能团通过 FTIR 进行表征，并将其与膜污染潜能进行关联。此外，还考察了 Ca^{2+} 对细菌菌株过滤性能的影响，并通过二维红外相关光谱（two-dimensional FTIR correlation spectroscopy，2D-FTIR-COS）分析揭示了 EPS 官能团与 Ca^{2+} 的相互作用。

9.1　细菌特性与鉴定

从污泥样品中共分离出 23 株细菌菌株（命名为 JSB1 ～ JSB23），其中 10 株为革兰氏阳性菌，其余菌株为革兰氏阴性菌，它们的理化性质如表 9-1 所列。根据对 16S rRNA 基因序列［1375bp（碱基对）］进行 BLASTn 比对，在现有已鉴定的 DNA 序列数据库中发现了 99% 到 100% 的一致性。9 株属于 *Bacillus*，4 株为 *Aeromonas*，3 株为 *Klebsiella*，4 株分别来自 *Paenochrobactrum*、*Proteus*、*Serratia* 和 *Vagococcus*，另有 3 株未被鉴定。这些菌株的结合态 EPS 干重在 0.58 ～ 1.28g/L 范围内。所有 23 株细菌的 EPS 中 PN 与 PS 的比例均< 1.0，其中 PS 浓度范围为 52 ～ 530mg/L，PN 浓度范围为 5.2 ～ 53.0mg/L。这些细胞悬液的表观黏度范围为 1.92 ～ 2.37mPa・s，而对照样品（0.9%NaCl 溶液）的表观黏度为 1.91mPa・s（剪切速率为 $122.5s^{-1}$）。细菌（包含 EPS）的 zeta 电位范围为 -17.40 ～ -1.61mV。

表 9-1　从某实际 MBR 污水处理厂活性污泥中筛选的 23 株纯菌的理化性质

序号	纯菌	16S rDNA 序列鉴定（99% ～ 100% 同源）	革兰氏染色	形态	尺寸 /μm	EPS 干重 /（g/L）	PN /（mg/L）	PS /（mg/L）	PN/PS 值	黏度 /（mPa・s）	zeta（ζ）电位 /mV
1	JSB1	*Serratia* sp.	N	R	1.9 × 0.7	1.28±0.77	43.6	249	0.17	1.94	-9.14
2	JSB2	*Bacillus* sp.	P	R	4.1 × 1.6	0.81±0.04	12.4	111	0.11	1.96	-5.32
3	JSB3	*Bacillus* sp.	P	R	2.2 × 0.8	0.83±0.10	12.2	146	0.08	2.02	-11.00
4	JSB4	*Aeromonas* sp.	N	R	2.1 × 0.8	1.13±0.65	38.0	255	0.15	1.98	-15.30
5	JSB6	*Bacillus* sp.	P	R	2.7 × 0.8	1.10±0.24	10.2	192	0.05	2.37	-13.80
6	JSB7	*Bacillus* sp.	P	R	3.6 × 1.1	0.87±0.02	53.0	227	0.24	2.00	-6.72
7	JSB8	*Aeromonas* sp.	N	R	1.6 × 0.6	0.67±0.14	28.0	77	0.37	1.92	-1.85
8	JSB9	*Aeromonas* sp.	N	R	3.0 × 0.9	0.58±0.12	10.6	159	0.68	1.99	-3.26

续表

序号	纯菌	16S rDNA 序列鉴定（99% ~ 100% 同源）	革兰氏染色	形态	尺寸 /μm	EPS 干重 /(g/L)	PN /(mg/L)	PS /(mg/L)	PN/PS 值	黏度 /（mPa·s）	zeta（ζ）电位 /mV
9	JSB10	*Bacillus* sp.	P	R	2.0 × 1.3	0.89±0.11	30.6	290	0.1	1.96	−4.23
10	JSB12	*Aeromonas* sp.	N	R	1.8 × 0.8	0.69±0.03	10.2	199	0.05	1.98	−1.61
11	JSB13	*Bacillus* sp.	P	R	3.1 × 1.1	0.86±0.07	21.2	190	0.11	2.00	−4.75
12	JSB14	*Bacillus* sp.	P	R	3.7 × 1.1	0.93±0.22	34.6	530	0.06	1.96	−9.10
13	JSB15	*Klebsiella* sp.	N	R	1.6 × 0.8	1.27±0.25	21.4	269	0.08	2.08	−9.47
14	JSB16	*Klebsiella* sp.	N	R	1.5 × 1.0	0.96±0.43	14.0	72	0.2	2.09	−15.90
15	JSB17	*Bacillus* sp.	P	R	2.7 × 1.1	0.83±0.00	35.6	234	0.15	2.03	−6.64
16	JSB18	*Klebsiella* sp.	N	R	1.1 × 0.8	1.12±0.15	8.2	52	0.16	2.01	−15.60
17	JSB20	*Proteus vulgaris*	N	R	1.2 × 0.7	0.81±0.26	37.4	151	0.24	1.97	−8.24
18	JSB21	*Vagococcus* sp.	P	C	0.8（直径）	0.60±0.08	12.8	190	0.07	2.01	−15.50
19	JSB22	*Bacillus* sp.	P	R	1.8 × 1.3	0.83±0.11	19.2	194	0.1	2.02	−12.00
20	JSB23	*Paenochrobactrum* sp.	N	R	1.8 × 0.7	0.64±0.03	9.8	133	0.07	1.89	−17.40
21	JSB5	未知菌株	N	R	4.7 × 0.8	1.26±0.60	5.2	281	0.02	1.99	−1.71
22	JSB11	未知菌株	N	R	1.9 × 0.8	0.73±0.11	6.0	121	0.05	2.01	−12.10
23	JSB19	未知菌株	P	C	3.7（直径）	0.83±0.25	21.8	494	0.04	2.02	−17.20

注：N 表示阴性；P 表示阳性；R 表示杆状；C 表示球状。

9.2 菌株 EPS 的红外光谱

细菌菌株结合态 EPS 的 FTIR 光谱如图 9-1 所示。所有吸收带均为细菌的典型特征峰[7]。具体而言，大多数菌株光谱中 1640cm^{-1} 和 1550cm^{-1} 处的两个峰分别对应于酰胺Ⅰ键和酰胺Ⅱ键[8]。*Serratia* sp. JSB1、*Bacillus* sp. JSB10、*Bacillus* sp. JSB11、*Bacillus* sp. JSB13、*Bacillus* sp. JSB17、*Bacillus* sp. JSB19 和 *Proteus* sp. JSB20 等细菌 EPS 样品中 1400cm^{-1} 处的峰对应的是氨基酸相关的—COO^{-} 基团的对称拉伸[9,10]。1100cm^{-1} 处的强峰对应的是 PS[9]，该峰在所有样品中都被检出。1020cm^{-1} 处的峰对应的是糖醛酸[11]，该峰仅在 *Bacillus* sp. JSB10、*Klebsiella* sp. JSB15、*Klebsiella* sp. JSB16 和 *Klebsiella* sp. JSB18 中被检出。此外，*Bacillus* sp. JSB10、*Klebsiella* sp. JSB15、*Klebsiella* sp. JSB16、*Klebsiella* sp. JSB18 和 *Proteus* sp. JSB20 等菌株 EPS 中检测到 920cm^{-1} 处的肩峰与 α-1, 4- 糖苷键有关。以上 FTIR 光谱表明 EPS 中 PS 与 920cm^{-1}、1020cm^{-1} 和 1100cm^{-1} 红外吸收峰有关（区域Ⅰ），PN 主要与 1400cm^{-1}、1550cm^{-1} 和 1640cm^{-1} 红外吸收峰有关（区域Ⅱ）。

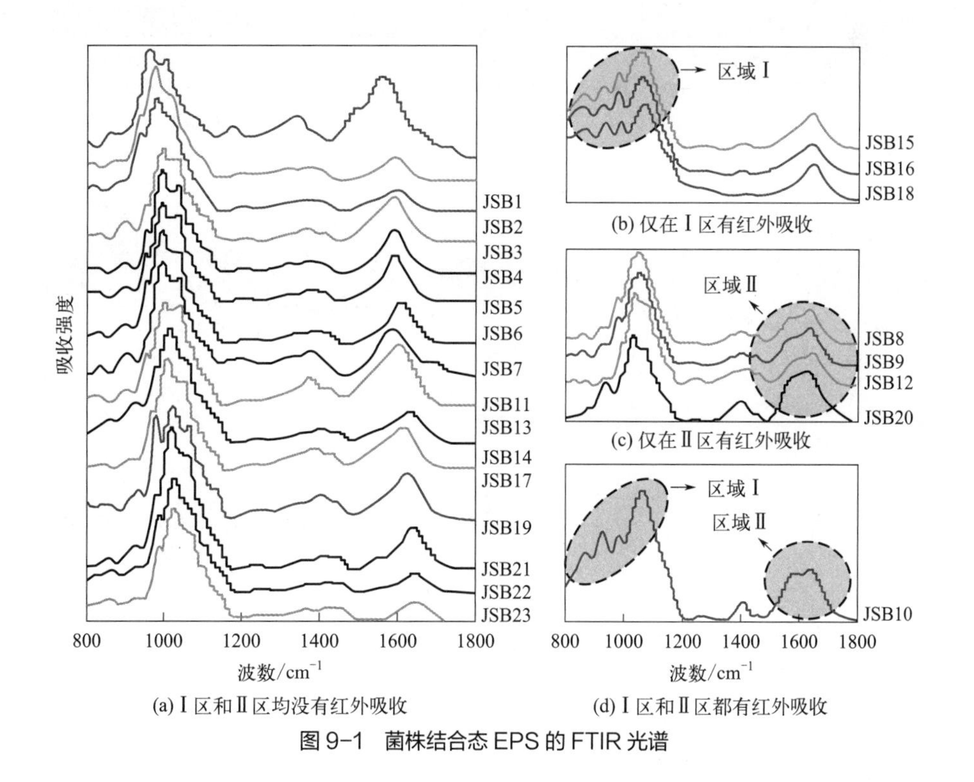

图 9-1　菌株结合态 EPS 的 FTIR 光谱

根据 PS 和 PN 区域的红外光谱特征（Ⅰ区和Ⅱ区），将 23 株菌株的 FTIR 光谱分为 4 组：a. 15 株细菌 EPS 在Ⅰ区和Ⅱ区均没有红外吸收［图 9-1（a）］；b. 3 株细菌 EPS 在区域Ⅰ具有红外吸收［图 9-1（b）］且均属于 *Klebsiella*；c. 3 株细菌 EPS 在区域Ⅱ具有红外吸收且属于 *Aeromonas*［图 9-1（c）］；d. 只有 1 株细菌 EPS（即 *Bacillus* sp. JSB10）同时表现出区域Ⅰ和Ⅱ的红外吸收［图 9-1（d）］。上述结果在一定程度上暗示了 EPS 结构的种属依赖关系。考虑到在 900 ～ 960cm^{-1} 和 1500 ～ 1700cm^{-1} 波段吸收峰可能存在的重叠，选取 3 种不同污染潜力菌株 EPS（菌株污染潜力详见 9.3 部分）的 FTIR 图进行曲线拟合，得到解卷积光谱如图 9-2 所示。从 FTIR 光谱中准确提取出 α-1, 4- 糖苷键（约 920cm^{-1}）、酰胺Ⅰ键（1600 ～ 1700cm^{-1}）和酰胺Ⅱ键（1500 ～ 1600cm^{-1}）的吸收峰。具体而言，*Vagococcus* sp. JSB21、*Proteus* sp. JSB20 和 *Bacillus* sp. JSB10 菌株 EPS 的 α-1, 4- 糖苷键的峰强分别为 0.05［图 9-2（b）］、0.12［图 9-2（e）］和 0.18［图 9-2（h）］，其对应的酰胺Ⅱ的峰强变化显著，分别为 0.0599［图 9-2（c）］、0.23［图 9-2（f）］和 0.264［图 9-2（i）］，而三者酰胺Ⅰ键的峰强无显著差异。

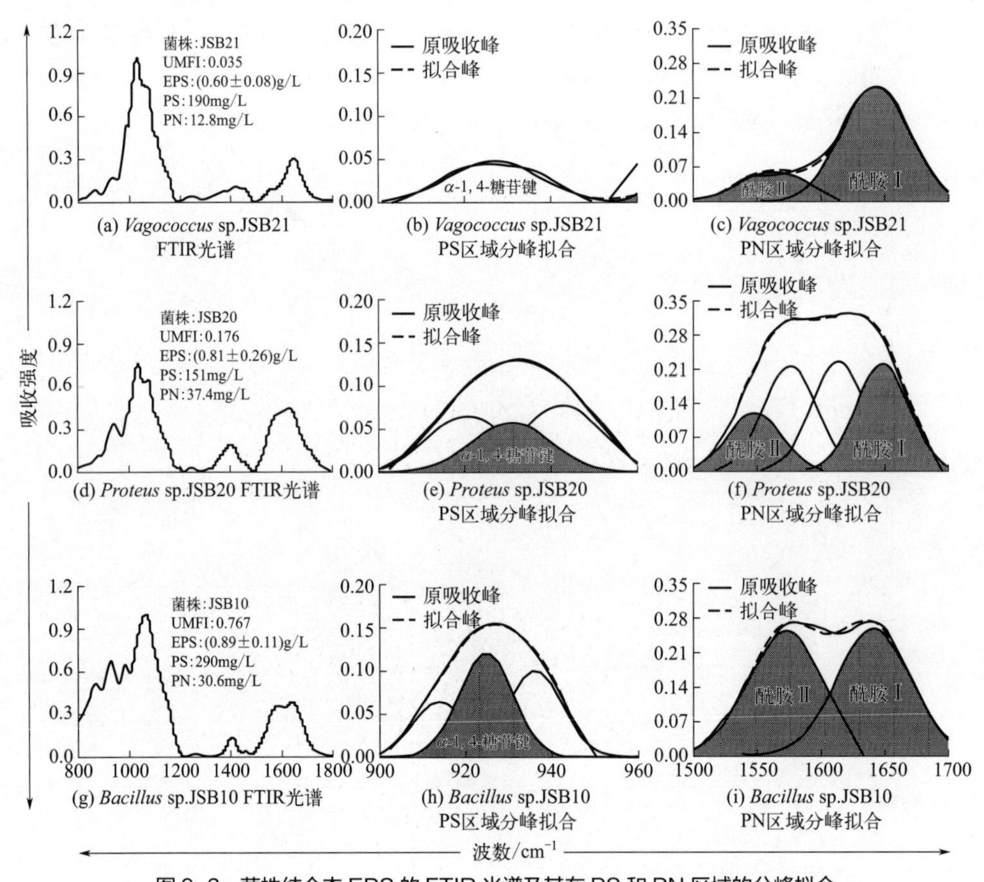

图 9-2 菌株结合态 EPS 的 FTIR 光谱及其在 PS 和 PN 区域的分峰拟合

低污染菌株 *Vagococcus* sp. JSB21，中污染菌株 *Proteus* sp. JSB20，高污染菌株 *Bacillus* sp. JSB10

9.3 纯培养菌株的膜污染潜能

采用过滤实验考察了 23 株细菌培养液的膜污染能力，其中选取了 3 株代表性菌株的过滤曲线如图 9-3（a）所示，23 株细菌的 UMFI 值如图 9-3（b）所示。根据 UMFI 值将菌株分为低、中、高污染 3 类，对应的 UMFI 值范围分别为＜ 0.1、0.1 ～ 0.2 和＞ 0.2。高污染菌株（如 *Bacillus* sp. JSB10）的通量迅速下降，而低污染菌株（如 *Vagococcus* sp. JSB21）的通量下降缓慢。而 *Bacillus* 属内，*Bacillus* sp. SB17 的 UMFI 最低，为 0.054，*Bacillus* sp. JSB10 的 UMFI 最高，为 0.404，表明膜污染行为在菌株水平上的特异性。前人的研究也报道了类似的现象 [12]，即从污染膜组件中分离出的 5 株 *Bacillaceae* 细菌表现出明显不同的膜污染行为。

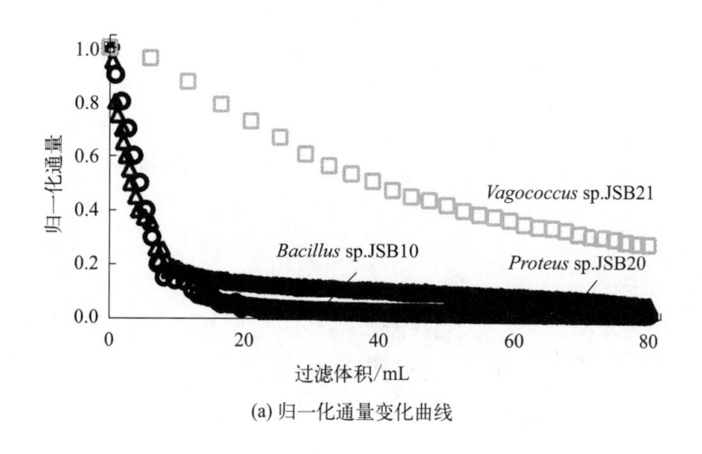

(a) 归一化通量变化曲线

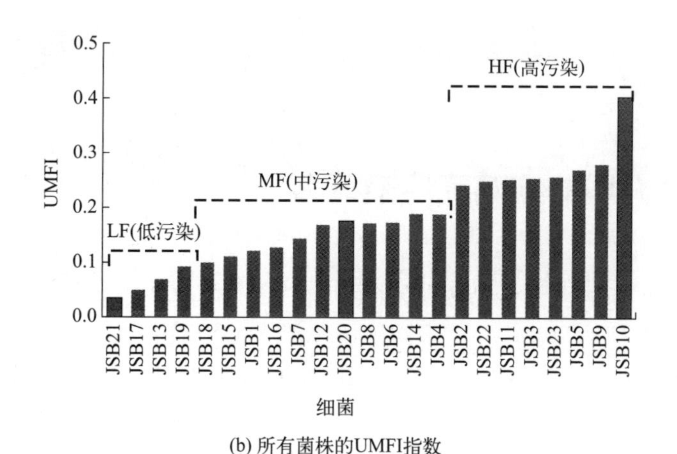

(b) 所有菌株的UMFI指数

图 9-3 代表性菌株的归一化通量变化曲线和所有菌株的 UMFI 指数

将不同菌株 EPS 的 FTIR 表征结果和其 UMFI 进行相关性分析，只有 α-1, 4- 糖苷键（$r = 0.6672$；$P < 0.0005$）和酰胺Ⅱ键（$r = 0.5957$；$P < 0.005$）与 UMFI 表现出较好的相关性 [如图 9-4（a）和（b）]，表明在这些纯培养细菌的过滤过程中，α-1, 4- 糖苷键或酰胺Ⅱ键可能在膜污染发展过程中起着关键作用。

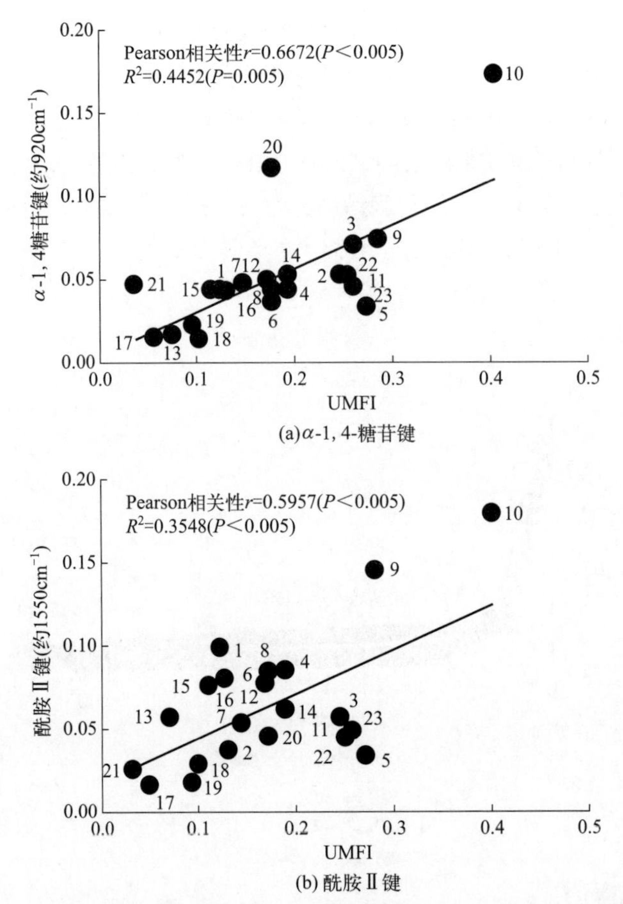

图 9-4 菌株的 UMFI 值与 α-1，4-糖苷键和酰胺Ⅱ键的线性拟合关系

9.4 钙离子介导的细菌膜污染行为

二价阳离子和离子强度会影响 EPS 特性和膜污染行为。如图 9-5 所示，3 株典型细菌（*Vagococcus* sp. JSB21、*Proteus* sp. JSB20 和 *Bacillus* sp. JSB10）对不同浓度 Ca^{2+} 的响应行为各异。对于高污染的 *Bacillus* sp. JSB10 而言，Ca^{2+} 的存在显著降低了其膜污染速率，并且相比于较高浓度 Ca^{2+}（0.5mmol/L），较低浓度 Ca^{2+}（0.1mmol/L）使得 UMFI 值降至更低（UMFI 值从 0.38 降至 0.1135，$P < 0.0005$）[图 9-5（a）]，表明二价阳离子的存在可能有助于缓解此类细菌的污染潜能。由图 9-5（b）可知，*Bacillus* sp. JSB10 培养液絮体尺寸几乎不受 Ca^{2+} 的影响，表明这种高污染菌株在 Ca^{2+} 存在下可能不会表现出絮凝效应。因此，Ca^{2+} 存在下 *Bacillus* sp. JSB10 膜污染潜能的降低可能归因于 EPS 分子构象的改变或对某些 EPS 官能团的掩蔽作用。然而，对于中等污染潜能的菌株（如 *Proteus* sp. JSB20），0.5mmol/L Ca^{2+} 的存在使其 UMFI 值从 0.1685（无 Ca^{2+} 存在）增至 0.2240。对于此类细菌，Ca^{2+} 的存在可能会增强 PS 或 PN 在膜表面的吸附[5, 13]。对于低污染菌株（*Vagococcus* sp. JSB21），添加 Ca^{2+} 不影响其 UMFI 值。以上表明 Ca^{2+} 对细菌膜污染行为的影响依赖于 Ca^{2+} 的浓度

和结合态 EPS 的官能团情况。

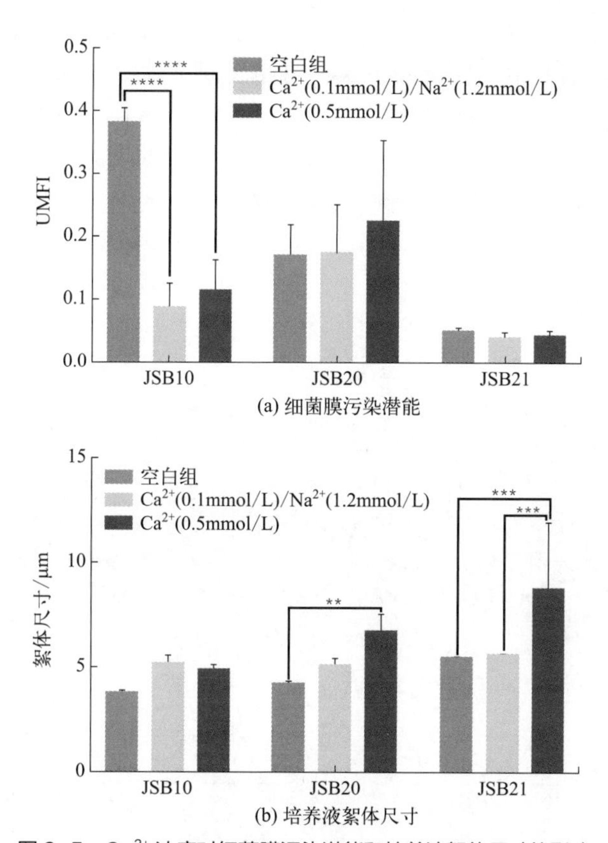

图 9-5 Ca^{2+} 浓度对细菌膜污染潜能和培养液絮体尺寸的影响

9.5 钙离子与细菌 EPS 官能团的相互作用

为了研究膜过滤过程中 Ca^{2+} 介导细菌 EPS 的膜污染机制，测试了不同 Ca^{2+} 浓度（0 ～ 1.0mmol/L）条件下 EPS 的红外光谱。Ca^{2+} 的存在明显改变了 EPS 的红外光谱特性，包括峰形和峰强（图 9-6），表明 EPS 的官能团可以与 Ca^{2+} 相互作用，这种作用很大程度上取决于 Ca^{2+} 浓度和菌株类型。例如，Ca^{2+} 浓度变化对低污染菌株（*Vagococcus* sp. JSB21）在 1100cm^{-1} 处的吸收峰没有明显影响［图 9-6（c）］。然而，即使在低 Ca^{2+} 浓度（0.1mmol/L）下，高污染菌株（*Bacillus* sp. JSB10）在 920cm^{-1} 处的 α-1, 4- 糖苷键也受到 Ca^{2+} 的强烈影响［图 9-6（a）］。

根据 AutoFit Peaks Ⅱ二阶导数函数，EPS 6 个特定官能团的红外吸收峰强度随 Ca^{2+} 浓度的变化如图 9-7 所示。低 Ca^{2+} 浓度（0.1mmol/L）导致 *Bacillus* sp. JSB10 细菌 EPS 中 α-1, 4- 糖苷键［图 9-7（a）］、糖醛酸［图 9-7（c）］和酰胺Ⅱ［图 9-7（f）］的峰强显著降低。这一发现与 Ca^{2+} 条件下 *Bacillus* sp. JSB10 的膜污染潜能（即 UMFI 值）显著降低相

一致。相比之下，投加低浓度 Ca^{2+}（0.1 ～ 0.3mmol/L）并未明显影响低污染 *Vagococcus* sp. JSB21 菌株 EPS 在 920cm^{-1} 处 α-1, 4- 糖苷键［图 9-7（m）]、糖醛酸［图 9-7（n）］和酰胺Ⅱ［图 9-7（r）］的吸收峰强度，这与 Ca^{2+} 条件下 *Vagococcus* sp. JSB21 的膜污染潜能无显著变化亦相吻合。中等污染 *Proteus* sp. JSB20 菌株 EPS 中 5 个官能团的红外峰强度在 Ca^{2+} 存在条件下显著降低［图 9-7（g）～（h）、图 9-7（j）～（l）]，这与 Ca^{2+} 条件下该菌株的膜污染潜能增加相矛盾（图 9-5）。这可能是因为膜过滤性能不仅受 EPS 官能团的调控，还可能受其他因子的影响（如细菌聚集体尺寸的显著增加）。

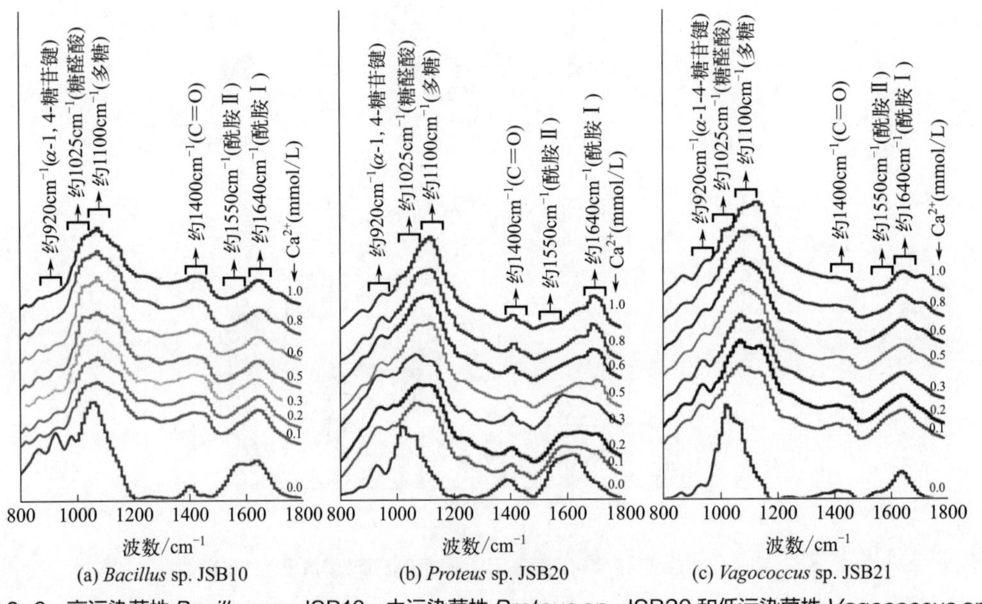

图 9-6　高污染菌株 *Bacillus* sp. JSB10、中污染菌株 *Proteus* sp. JSB20 和低污染菌株 *Vagococcus* sp. JSB21 的 EPS-Ca^{2+} 配合物的 FTIR 光谱

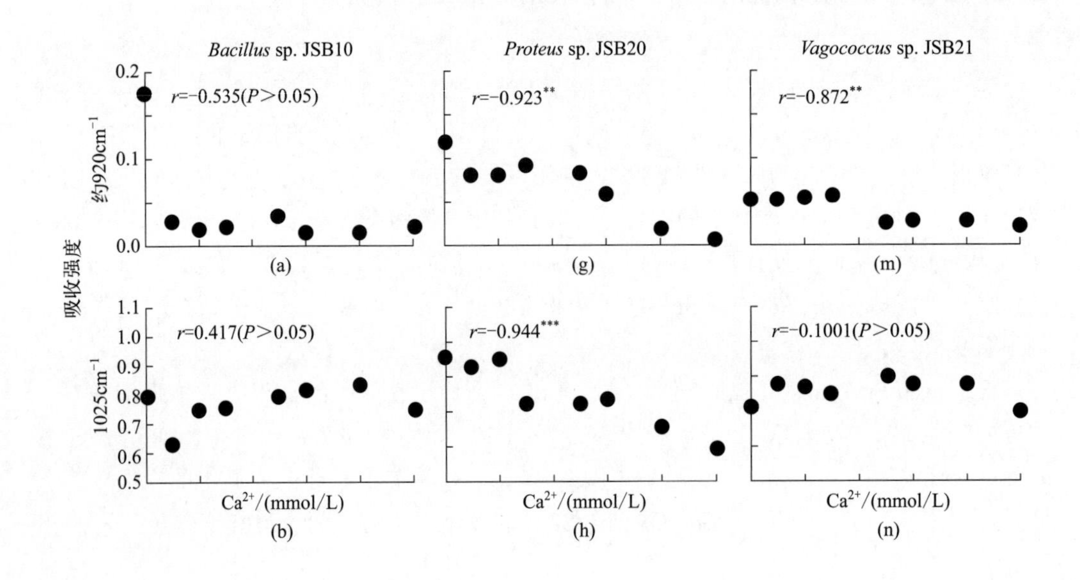

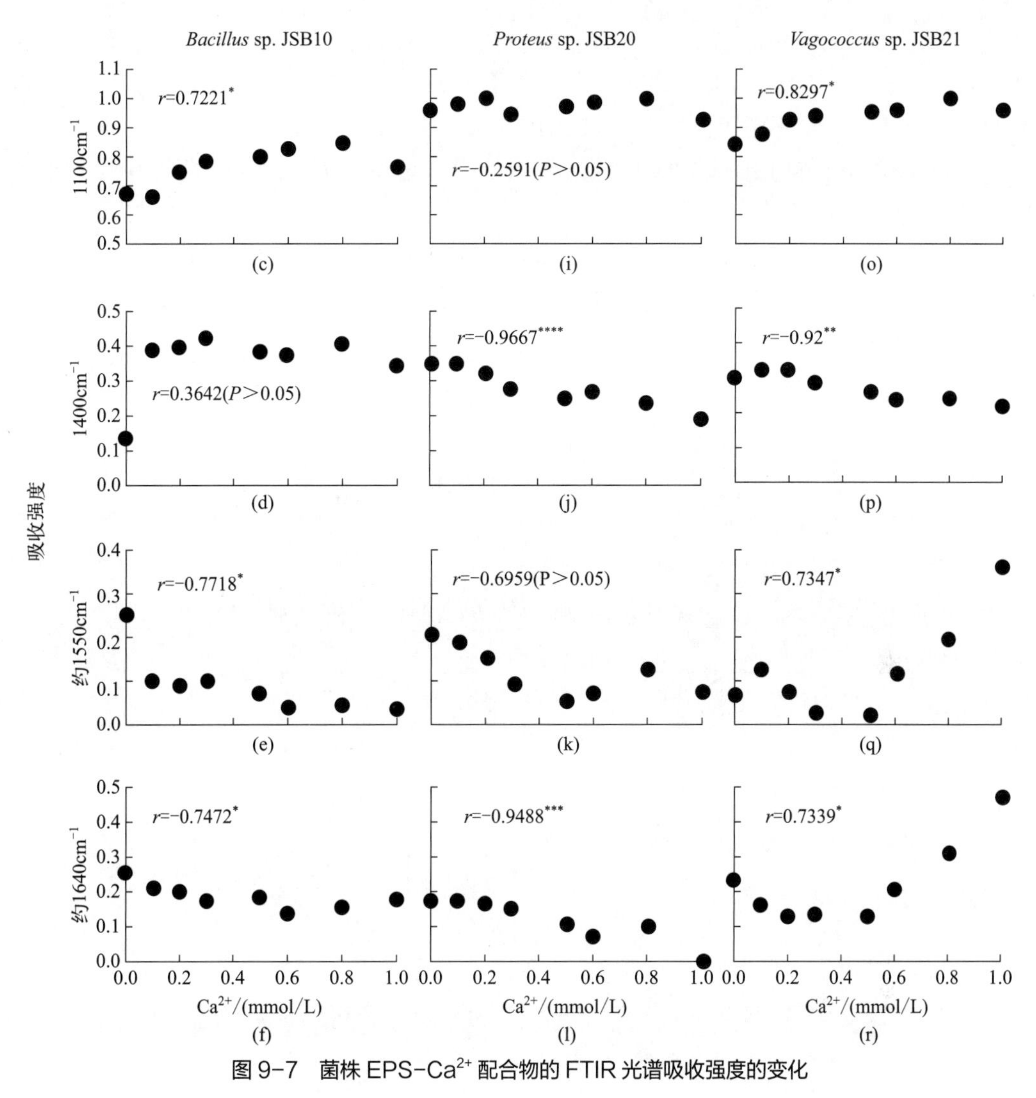

图 9-7　菌株 EPS-Ca^{2+} 配合物的 FTIR 光谱吸收强度的变化

（a）～（f）高污染菌株 *Bacillus* sp. JSB10、（g）～（l）中污染菌株 *Proteus* sp. JSB20 和（m）～（r）低污染菌株 *Vagococcus* sp. JSB21

即使在低浓度 Ca^{2+} 条件下，有些红外峰（如 1550cm^{-1} 和 1640cm^{-1}）也有强烈响应，而有些红外峰仅在高浓度 Ca^{2+} 下发生变化。因此，进一步采用 2D-FTIR-COS 分析 Ca^{2+} 与 EPS 官能团的反应顺序［图 9-8（书后另见彩图）］。同步光谱显示了 *Vagococcus* sp. JSB21、*Proteus* sp. JSB20 和 *Bacillus* sp. JSB10 的自动峰（在对角线位置）［图 9-8（a）、图 9-8（c）、图 9-8（e）］。自动峰的强度表示相应官能团结构对外部扰动的整体敏感性。*Bacillus* sp. JSB10 在多糖和蛋白质区域的自动峰强度都有所增加［图 9-8（a）］，而 *Proteus* sp. JSB20［图 9-8（c）］和 *Vagococcus* sp. JSB21［图 9-8（e）］中均逐渐降低。此外，随着膜污染潜能的升高，正向交叉峰的数量有所增加，如 *Bacillus* sp. JSB10、*Proteus* sp. JSB20 和 *Vagococcus* sp. JSB21 在其同步光谱中分别表现出 5 个、10 个和 11 个峰。正向交叉峰表明这些峰对 Ca^{2+} 的投加具有相同的响应。相比之下，同步光谱中的负向交叉峰表明峰方向发生了变化。此类峰仅在 *Bacillus* sp. JSB10（10 个峰）和 *Vagococcus* sp. JSB21（4 个峰）观察到，而在 *Proteus* sp. JSB20 未检出。异步光谱可以通过比较同步光谱和异步光谱之间交叉峰的符号来揭示 EPS 特定官能团对扰动的响应顺序。*Bacillus* sp. JSB10、*Proteus* sp. JSB20 和 *Vagococcus* sp. JSB21 细菌 EPS 与 Ca^{2+} 作用的异步谱图对角线上方分别检测到 12 个［图 9-8（b）］、13 个［图 9-8（d）］和 9 个［图 9-8（f）］交叉峰。EPS 官能团与 Ca^{2+} 的反应顺序：a. *Bacillus* sp. JSB10 中 α-1, 4- 糖苷键（920cm^{-1}）＞糖醛酸（1020cm^{-1}）＞ 1100cm^{-1} ＞酰胺Ⅰ键（1640cm^{-1}）＞酰胺Ⅱ键（1550cm^{-1}）＞ C═O（1400cm^{-1}）；b. *Proteus* sp. JSB20

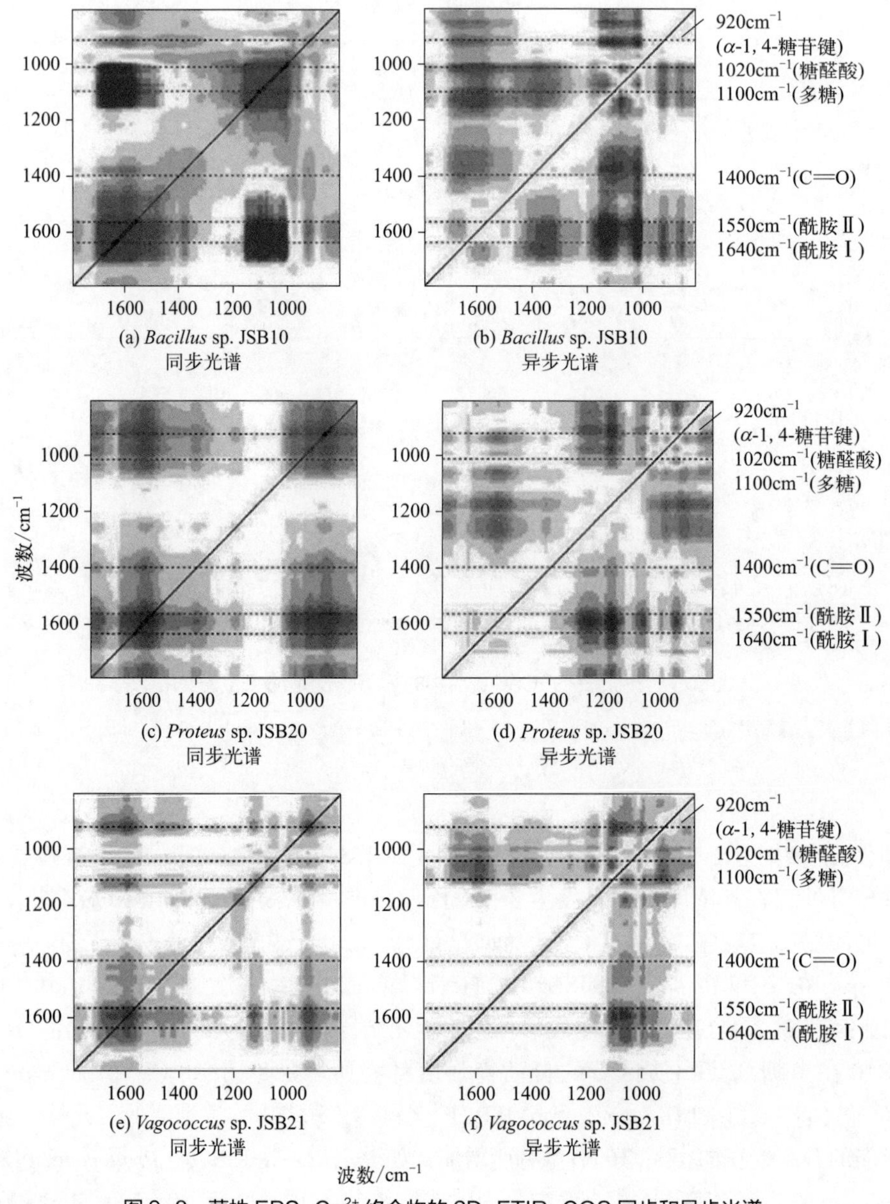

图 9-8　菌株 EPS-Ca^{2+} 络合物的 2D-FTIR-COS 同步和异步光谱

高污染菌株 *Bacillus* sp. JSB10，中污染菌株 *Proteus* sp. JSB20，低污染菌株 *Vagococcus* sp. JSB21

中酰胺Ⅱ键＞糖醛酸＞ C═O ＞ α-1, 4- 糖苷键 ＞酰胺Ⅰ键；c. *Vagococcus* sp. JSB21 中 1100cm^{-1} ＞ C═O ＞酰胺Ⅰ键＞酰胺Ⅱ键＞糖醛酸＞ α-1, 4- 糖苷键。以上结果表明，不同细菌的官能团对 Ca^{2+} 的响应不同，这可能取决于它们在 EPS 基质中的相对丰度。总体而言，2D-FTIR-COS 分析为研究 3 种不同膜污染潜能细菌对 Ca^{2+} 的不同响应提供了新的视角。

综上所述，本研究表明：

① 细菌的红外光谱总体呈现菌株水平的依赖关系；

② α-1, 4- 糖苷键（920cm^{-1}）、酰胺Ⅱ键（1550cm^{-1}）和糖醛酸（1020cm^{-1}）对细菌的膜污染潜能至关重要；

③ Ca^{2+} 的存在改变了细菌的膜污染潜能；

④ EPS 中官能团对 Ca^{2+} 的响应取决于其化学结构及其在 EPS 中的相对丰度。

EPS 特性与属和菌株水平的依赖关系以及污染行为解释了以往文献中一些相互矛盾的结果，因为细菌群落的任何变化，即使是在菌株水平都可能导致 EPS 组成和特性的重大改变。

参考文献

[1] Subramanian S B，Yan S，Tyagi R D，et al. Extracellular polymeric substances（EPS）producing bacterial strains of municipal wastewater sludge：Isolation，molecular identification，EPS characterization and performance for sludge settling and dewatering[J]. Water Research，2010，44（7）：2253-2266.

[2] Arabi S，Nakhla G. Impact of protein/carbohydrate ratio in the feed wastewater on the membrane fouling in membrane bioreactors[J]. Journal of Membrane Science，2008，324（1-2）：142-150.

[3] Badireddy A R，Chellam S，Gassman P L，et al. Role of extracellular polymeric substances in bioflocculation of activated sludge microorganisms under glucose-controlled conditions[J]. Water Research，2010，44（15）：4505-4516.

[4] Kim I S，Jang N. The effect of calcium on the membrane biofouling in the membrane bioreactor（MBR）[J]. Water Research，2006，40（14）：2756-2764.

[5] Herzberg M，Kang S，Elimelech M. Role of extracellular polymeric substances（EPS）in biofouling of reverse osmosis membranes[J]. Environmental Science & Technology，2009，43（12）：4393-4398.

[6] Hu M，Zheng S，Mi B. Organic fouling of graphene oxide membranes and its implications for membrane fouling control in engineered osmosis[J]. Environmental Science & Technology，2016，50（2）：685-693.

[7] Badireddy A R，Chellam S，Yanina S，et al. Bismuth dimercaptopropanol（BisBAL）inhibits the expression of extracellular polysaccharides and proteins by *Brevundimonas diminuta*：Implications for membrane microfiltration[J]. Biotechnology and Bioengineering，2008，99（3）：634-643.

[8] Maruyama T，Katoh S，Nakajima M，et al. FT-IR analysis of BSA fouled on ultrafiltration and microfiltration membranes[J]. Journal of Membrane Science，2001，192（1-2）：201-207.

[9] Badireddy A R，Korpol B R，Chellam S，et al. Spectroscopic characterization of extracellular polymeric substances from *Escherichia coli* and *Serratia marcescens*：Suppression using sub-inhibitory concentrations of bismuth thiols[J]. Biomacromolecules，2008，9（11）：3079-3089.

[10] Sheng G P，Xu J，Luo H W，et al. Thermodynamic analysis on the binding of heavy metals onto extracellular

polymeric substances（EPS）of activated sludge[J]. Water Research，2013，47（2）：607-614.

[11] Bramhachari P V，Dubey S K. Isolation and characterization of exopolysaccharide produced by *Vibrio harveyi* strain VB23[J]. Letters in Applied Microbiology，2006，43（5）：571-577.

[12] Ishizaki S，Fukushima T，Ishii S，et al. Membrane fouling potentials and cellular properties of bacteria isolated from fouled membranes in a MBR treating municipal wastewater[J]. Water Research，2016，100：448-457.

[13] Ang W S，Elimelech M. Protein（BSA）fouling of reverse osmosis membranes：Implications for wastewater reclamation[J]. Journal of Membrane Science，2007，296（1-2）：83-92.

第10章

混合菌生长周期对溶解性微生物产物的影响

第6～8章的结果均表明SMP在膜污染发生和发展过程中起着非常重要的作用，尤其是膜的不可逆污染。目前已有大量文献报道了操作参数（如SRT、HRT、进水水质、曝气量、曝气方式等）和环境条件（如温度、pH值、溶解氧、碱度等）对SMP形成和消亡的影响[1]。事实上，这些参数和条件都是通过影响微生物的代谢活性和生理生长状态（如细菌的生长、衰减、死亡等）间接影响着BMM的形成。短的SRT下刺激微生物快速生长而具有较高代谢活性，而长的SRT一定程度上会抑制微生物繁殖而加速微生物的衰亡速度[2]。已有的研究往往局限于短期批式实验或纯菌体系。对于连续运行的生物反应器而言，还缺少对微生物的不同生长状态下SMP的形成机制和组成特性的研究和表征。

因此，本章以实验室规模运行的MBR为例，监测了微生物不同生长时期污泥上清液中SMP的浓度，进一步分析了SMP分子量分布和荧光光谱性质。通过批式实验评估了不同生长时期微生物产生SMP的潜能。

10.1 关键技术手段

本实验采用的MBR有效体积为5.5L。两个中空纤维膜组件浸没于MBR中，进水采用人工合成废水（表6-1）。该反应器的HRT和SRT分别设为5.5～6h和5d，即膜的总通量为10L/(m^2·h)，每天有1.1L的剩余污泥排放。本研究采用短SRT的主要目的是使反应器中微生物的生长占主导从而弱化微生物的衰减。

以BAP的产生表征SMP的产生潜能。在MBR运行的第1天、第4天、第9天、第15天、第37天、第50天和第57天从反应器中取出200～300mL污泥混合液用纯水稀释到

1000mL，转移到批式反应装置中，保持DO、温度和pH值基本和反应器一致。在0h、16h、24h、40h、52h、64h和72h取上清液进行PS和PN分析。最后，BAP的净产量由如下公式计算：

$$\text{BAP-PN}_t = \frac{\text{PN}_t - \text{PN}_0}{\text{MLVSS}} \tag{10-1}$$

$$\text{BAP-PS}_t = \frac{\text{PS}_t - \text{PS}_0}{\text{MLVSS}} \tag{10-2}$$

式中 BAP-PN_t、BAP-PS_t——单位质量混合液挥发性悬浮固体（mixed liquor volatile suspended solid，MLVSS）在单位时间 t 内产生的BAP中PN和PS的量，mg/g MLVSS；

PN_t、PS_t 和 PN_0、PS_0——在时刻 t 和0h产生的BAP中PN和PS的量。

10.2 微生物生长状态对SMP累积的影响

图10-1显示了污泥浓度VSS、PS、PN和TMP的变化。根据VSS的变化，微生物的生长可以分为3个阶段:（阶段Ⅰ）0～5d，对数生长期;（阶段Ⅱ）6～20d，减速生长期;（阶段Ⅲ）21～57d，稳定生长期。由于经过了一个多月的驯化培养，微生物延迟生长期并未体现在生长曲线中。同时，这也说明经过驯化后的微生物已适应进水水质和运行环境。在运行初期，由于微生物浓度低，有机负荷较高［0.85g PS/（g VSS·d）和3.01g PN/（g VSS·d）］（表10-1），促使微生物迅速繁殖和生长，仅5d内VSS从1200mg/L增至3200mg/L。此后，有机负荷开始大幅降低［0.43g PS/（g VSS·d）和1.49g PN/（g VSS·d）］，微生物的生长速度开始减缓，在15d的时间里VSS缓慢增加到4200mg/L。当反应器运行20d后，有机负荷下降到最低值，污泥VSS浓度基本稳定并维持在3800～4200mg/L范围内。

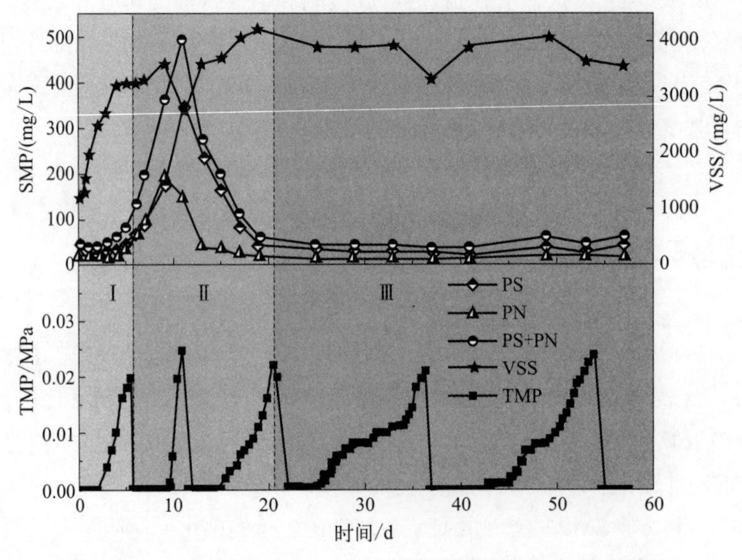

图10-1 运行期间PS、PN和VSS的浓度变化和TMP的变化

表 10-1　MBR 中微生物不同生长时期进水、上清液、出水和 EPS 中 PS 和 PN 的量以及截留率和污泥有机负荷值

项目	对数生长期（0 ～ 5d）			减速生长期（6 ～ 20d）			稳定生长期（21 ～ 57d）		
	PN	PS	PS/PN 值	PN	PS	PS/PN 值	PN	PS	PS/PN 值
进水 /（mg/L）	68.4±4.8	245.3±21.0	3.6±0.4	63.0±4.2	221±28.8	3.5±0.4	60.6±4.4	199.6±32.1	3.0±1.1
上清液 /（mg/L）	20.6±6.0	23.3±14.2	1.1±0.6	78.5±59.3	150.6±95.6	2.6±1.7	15.1±3.8	27.5±3.7	1.9±0.5
出水 /（mg/L）	14.8±3.0	3.5±2.0	0.23±0.11	14.4±4.7	4.6±5.1	0.29±0.22	11.2±2.6	6.3±1.2	0.57±0.08
截留率 /%	24.7±15.3	79.1±16.5	—	68.5±21.7	96.6±2.4	—	23.8±14.2	77.2±2.5	—
EPS/（mg/g VSS）	34.0±6.5	15.7±4.6	0.47±0.13	39.5±6.4	14.0±6.1	0.34±0.11	30.1±7.7	7.3±1.8	0.25±0.04
有机负荷 / [g/（g VSS · d）]	0.85±0.34	3.01±1.18	—	0.43±0.06	1.49±0.21	—	0.39±0.04	1.28±0.24	—

注：截留率 =（$SMP_{上清液}$ − $SMP_{出水}$）/$SMP_{上清液}$，表中所有数值均为多次取样测定后的平均值和标准偏差。

在微生物对数生长期，PN 和 PS 的浓度分别从 12.3mg/L 和 8.0mg/L 持续增加到 33.1mg/L 和 48.9mg/L。当进入减速生长期后，PN 和 PS 的浓度快速增长，在运行后的第 10 天达到峰值，分别为 193.0mg/L 和 348.1mg/L。但在随后的 5d 内，PN 和 PS 的浓度则迅速减少。在第 20 天时，其浓度分别为 17.3mg/L 和 34.4mg/L。在微生物稳定生长期，PN 和 PS 的浓度非常稳定，分别维持在 15.5mg/L 和 27.1mg/L。从 PS 和 PN 的比例来看，PS 具有更高的浓度，尤其在减速生长期，PS/PN 值最高可达 5.66。先前的文献也观察到在 MBR 启动初期 SMP 快速增加而后减少的现象，但是其内在的机理尚未得到较好的揭示[3]。很明显，SMP 的产生受到微生物生长状态的强烈影响。运行过程中污泥 EPS 的变化如表 10-1 所列，微生物快速生长阶段 EPS 中 PS 和 PN 明显高于稳定生长期，这可能是上清液中 SMP 持续增加的重要原因。

如图 10-1 所示，在微生物的对数生长期和减速生长期，膜污染速率非常快，每隔 5 ～ 6d 需要对膜进行离线化学清洗以满足出水要求。然而，当微生物生长减缓，进入稳定时期后膜清洗的频率为 16d 左右，表明上清液中高浓度 PS 和 PN 是严重膜污染发生的主要原因之一。不同生长周期产生的 SMP 分子尺寸大小和化学组成成分与膜污染有非常紧密的联系。

10.3 微生物生长状态对 SMP 分子尺寸的影响

如图 10-2 所示（书后另见彩图），在实验第 1 天，SMP 中 PN 主要以分子量＜ 5000 的小分子形式存在，占比 60% 左右，且没有＞ 0.45μm 的 PN 检出。从进水中有机物的分子量分布情况可以看出，在分子量＜ 5000 的区间内含有 45% 的 PN，表明在运行初期，由于进水负荷高，进水中小分子 PN 可能未被微生物及时利用而产生累积。然而，当微生物迅速生长繁殖后，在对数生长期（第 4 天），分子量＞ 100000 有机物成为 SMP 的主要成分，尤其是在减速生长期（第 8 天和第 13 天）分子量＞ 100000 的 PN 和 PS 比例高达 87%，表明进水中有机物已经基本被微生物转化利用，而上清液中的 SMP 主要来自微生物代谢产物。尽管在对数生长期和减速生长期 PS、PN 分子量都集中在＞ 100000 区间，但它们却具有不同的组成，其中 PN ＞ 0.45μm 部分比例高达 60%，而 PS 则主要集中在 0.45μm ～ 100000（分子量）部分（60% ～ 80%），表明在微生物对数和减速生长期间，胶体态生物聚合物主要来源于 PN，溶解态生物聚合物主要来源于 PS。在运行第 30 天以后，微生物进入到稳定生长期，其中大分子 SMP 的比例开始逐渐降低，而分子量＜ 5000 小分子 SMP 的比例则逐渐增加，表明微生物在营养物质缺乏的情况下可以利用部分微生物代谢产物进行生长繁殖。在运行第 57 天时，分子量＜ 5000 的 PN 和 PS 的比例均已高达 50.0% 以上。另外，各个时期 SMP 的膜截留率情况（表 10-1）也可以反映出 SMP 分子尺寸大小。在对数生长期、减速生长期和稳定生长期 PN 的截留率分别为 24.7%、68.5% 和 23.8%，而 PS 的截留率分别为 79.1%、96.6% 和 77.2%。可以看出在减速生长期 SMP 截留率明显非常高，尤其是 PS。这和分子量分布的结果是一致的，同时这也是 SMP 在反应器中产生累积的原因之一。但除了膜本身的物理截留作用之外，微生物产生和降解 BMM 的潜能对其累积的影响也应被研究。

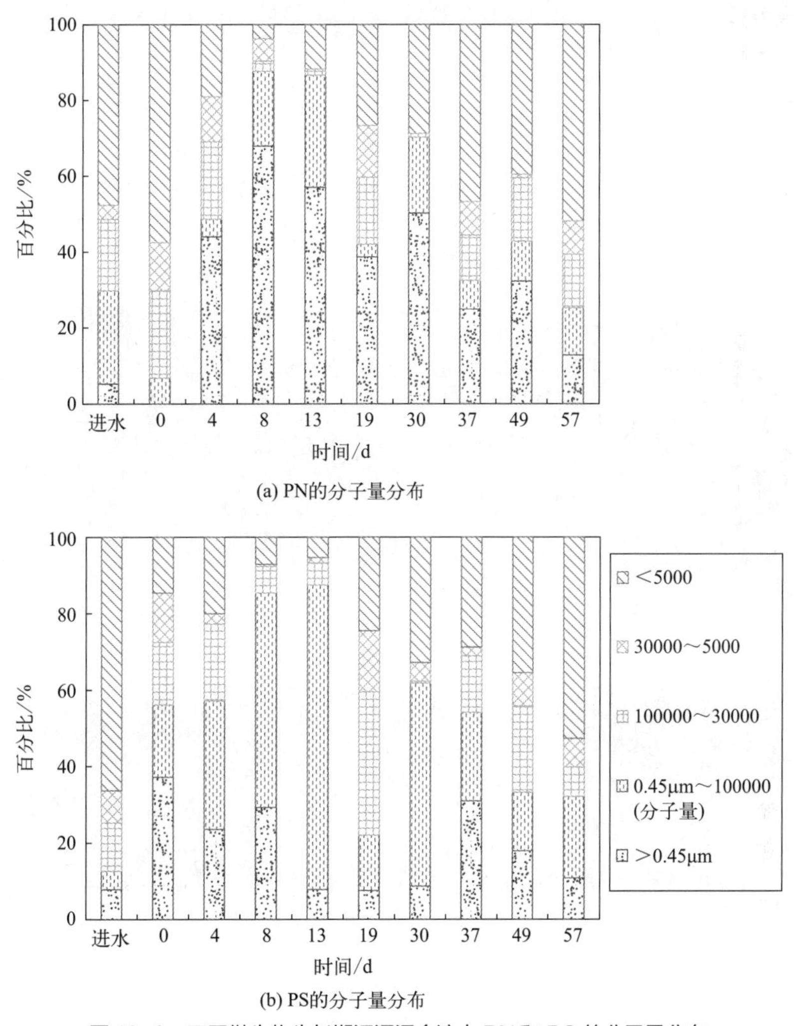

图 10-2　不同微生物生长期污泥混合液中 PN 和 PS 的分子量分布

10.4　微生物不同生长期 SMP 的荧光光谱性质

如图 10-3（a）所示（书后另见彩图），在整个运行期间，荧光峰的位置并未发生太大变化，主要有：峰 A（*Ex*/*Em* = 225.0nm/350.0nm）代表芳香类蛋白物质；峰 B（*Ex*/*Em*=75.0nm/350.0nm）代表色氨酸类蛋白物质；峰 C（*Ex*/*Em*=335.0nm/420.0nm）表示腐殖酸类物质；峰 D（*Ex*/*Em*=235.0nm/415.0nm）代表富里酸类物质[4, 5]。但是，各个荧光峰的强度在不同生长期有着明显的差异，尤其是峰 A 和峰 B。图 10-3（b）（书后另见彩图）呈现了各个荧光峰的体积积分变化情况。其中，色氨酸类蛋白的荧光峰体积在减速生长期达到了最高值，而峰 C 和峰 D 的荧光峰体积在整个微生物生长过程中没有发生明显变化，这可能与腐殖酸和富里酸类有机物的小分子特性而容易随出水排出有关。通过各峰的体积积分比计算结果得到图 10-3（c）（书后另见彩图）。从图中可以看出，在微生物减速生长时期，芳香类和色氨酸类蛋白峰占据明显的优势，比例达到 70%。随着微生物进入稳定生长期，腐殖酸和富里酸的比例不断增加，到第 57 天时其比例达到 60%。

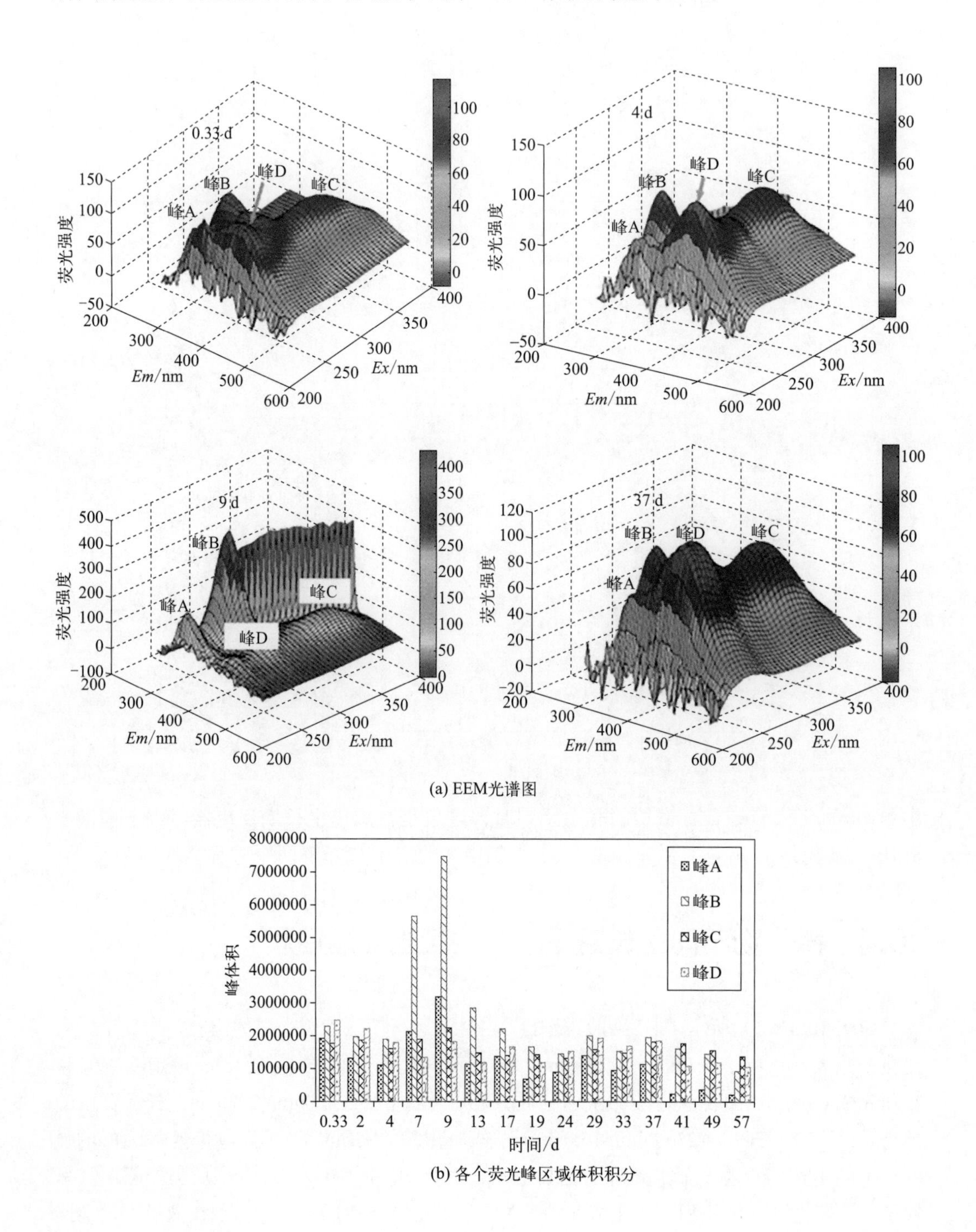

(a) EEM光谱图

(b) 各个荧光峰区域体积积分

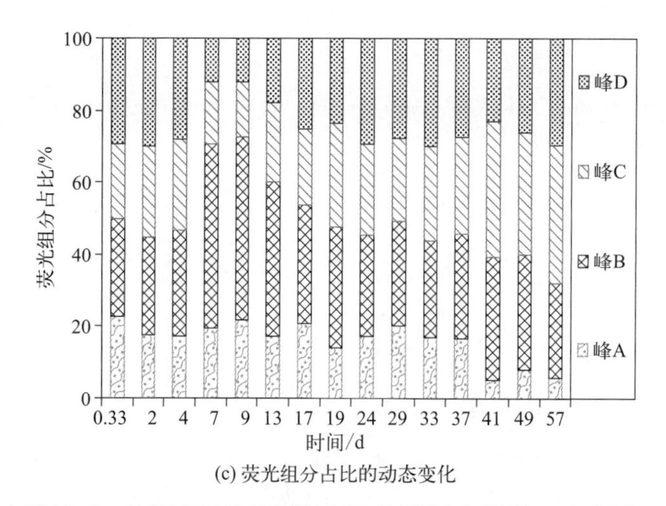

(c) 荧光组分占比的动态变化

图 10-3 微生物不同生长时期 SMP 的 EEM 光谱图与各个荧光峰区域体积积分及其比例的动态变化

10.5 微生物不同生长期 SMP 的产生潜能

图 10-4（书后另见彩图）显示了微生物不同生长时期产生 PN 和 PS 的潜能。在反应器运行的第 1 天，微生物持续分泌 PN，并不断累积增加至第 72 小时，而 PS 的浓度在第 52 小时之后出现了明显的下降，表明 PN 的生成速率始终高于其降解速率，而 PS 的降解速率在第 52 小时之后要高于其生成速率。当微生物进入对数和减速生长期，即在第 4 天和第 9 天的 BAP 批式实验中微生物生成了大量 PN 和 PS。但当微生物进入稳定生长期后，产生 BAP 的能力大大降低。这些都说明污泥 BAP 的产生潜能和反应器中 SMP 的变化趋势有着密切的联系。同时，这也是在减速生长期反应器污泥上清液中 SMP 大量积累的又一主要原因。事实上，BAP 的产生和降解两个过程是同时发生的。在第 9 天的 BAP 批式实验中，PN 的降解作用占据主导而 PS 的产生速率仍高于降解速率，这可能是 MBR 在运行的第 11 ～ 20 天期间 SMP 中 PS 高于 PN 的主要原因之一。从第 15 天的批式实验可以看出，PN 的产生速率仍然较高，其浓度呈上升趋势，而 PS 的降解速率则大于产生速率以致其浓度处于负值。事实上，BAP 的产生潜能受到 EPS 的影响。从表 10-1 中可以看出，在对数和减速生长期，EPS 含量非常高，尤其是 PS 的含量。为此，微生物在面临营养物缺乏的环境下时，可以分解利用 EPS 而产出大量游离态 SMP[6]。Ni 等 [7] 也观察到在微生物生长时期能分泌出的一种难生物降解且具有大分子尺寸性质的 BAP。

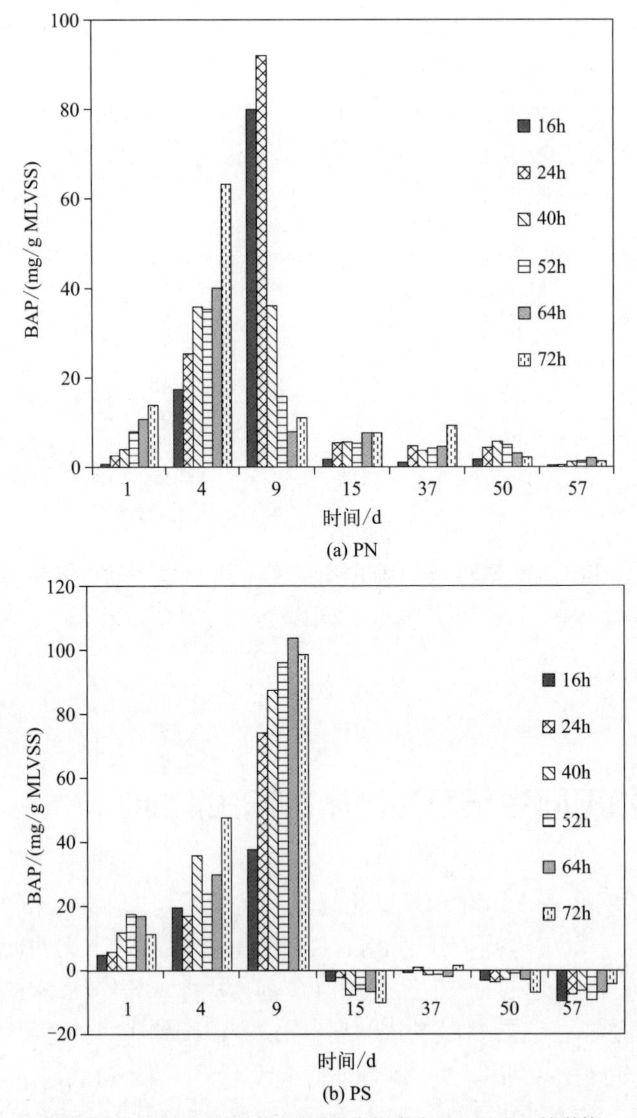

图10-4 MBR不同运行阶段微生物产生PN和PS的潜能

参考文献

[1] Drews A. Membrane fouling in membrane bioreactors-characterisation，contradictions，cause and cures[J]. Journal of Membrane Science，2010，363（1-2）：1-28.

[2] Ng H Y，Tan T W，Ong S L. Membrane fouling of submerged membrane bioreactors：Impact of mean cell residence time and the contributing factors[J]. Environmental Science & Technology，2006，40（8）：2706-2713.

[3] Massé A，Spérandio M，Cabassud C. Comparison of sludge characteristics and performance of a submerged membrane bioreactor and an activated sludge process at high solids retention time[J]. Water Research，2006，40（12）：2405-2415.

[4] Sheng G P，Yu H Q. Characterization of extracellular polymeric substances of aerobic and anaerobic sludge using three-dimensional excitation and emission matrix fluorescence spectroscopy[J]. Water Research，2006，40（6）：

1233-1239.

[5] Wang Z，Wu Z，Tang S. Extracellular polymeric substances（EPS）properties and their effects on membrane fouling in a submerged membrane bioreactor[J]. Water Research，2009，43（9）：2504-2512.

[6] Wang Z W，Liu Y，Tay J H. Biodegradability of extracellular polymeric substances produced by aerobic granules[J]. Applied Microbiology and Biotechnology，2007，74（2）：462-466.

[7] Ni B J，Zeng R J，Fang F，et al. Fractionating soluble microbial products in the activated sludge process[J]. Water Research，2010，44（7）：2292-2302.

第11章

基于三组分模型的生物大分子降解机制

MBR 中 BMM 的产生和降解相伴发生，易生物降解的 BMM 容易被微生物转化利用，而难降解或惰性 BMM 则残留在反应器混合液或膜出水中。BMM 的可生物降解性能直接影响其在 MBR 中的浓度、组成成分、迁移和转化途径以及膜污染行为。事实上，关于 BMM 的微生物降解行为已有相关文献报道。例如：Jiang 等[1]和 Ni 等[2]利用模型模拟出 SMP 和 EPS 的产生和降解过程，发现其生物降解速率很低，但当营养物缺乏时微生物仍能利用其进行生长和繁殖。Zhang 等[3]表明生物膜中 EPS 可被微生物利用。Barker 等[4]更是发现废水生物处理中残留的大分子尺寸有机物在好氧环境下容易被降解，而小分子尺寸的有机物在厌氧环境下更容易被生物转化。但是，目前很少有文献报道 MBR 中 BMM 的生物降解途径及其与膜污染的关系。

因此，本章节采用短期批式实验考察了 MBR 中 3 种 BMM 包括 SMP、EPS 和膜表面污染物（membrane surface foulants，MSF）的生物降解行为。同时，通过多组分对数“G”模型模拟 BMM 的降解过程，从而得出易生物降解、慢速生物降解和惰性有机物的动力学参数。另外，还深入分析了生物降解过程中 BMM 的分子量分布和荧光组分的变化。

11.1 关键技术手段

本实验所使用的 BMM 样品均来自第 6 章所述的 MBR。MSF 来自于 MBR 中膜组件 A［膜通量为 26.1L/（m^2·h）］在 TMP 达 0.025MPa 时的膜表面污染物。SMP、EPS 和 MSF 的生物降解实验分别在 3 个 1L 的细口锥形瓶中进行，温度保持在 20℃，pH 值维持在 7.0 左右，降解周期设定为 21d，溶液中 DO 维持在 5mg/L 左右。在进行降解实验之前，将

SMP、EPS 和 MSF 溶液 BMM 的初始化学需氧量（COD）浓度控制在 120mg/L 左右。同时，通过添加硝酸盐和磷酸盐维持各初始 BMM 溶液中的 TN 和 TP 浓度在近似的水平，并添加 0.5mL 微量元素溶液。随后，取 MBR 膜池中的污泥 5mL 分别加入到 3 个 BMM 溶液中，以使溶液中的生物量保持在较低水平（30mg/L 左右）。实验期间，定期从各 BMM 溶液中取 10mL 样品，测定 PS 和 PN 以及 HS。

通常有机物质的生物降解都可以由一级降解动力学方程描述。然而，由于 BMM 的化学组成非常复杂，包含了多种有机物，简单的一级降解动力学模型很难精确地描述 BMM 的降解过程[5]。因此，我们尝试采用了三组分 G 模型［式（11-1）］模拟 BMM 的生物降解性能。三组分模型将 BMM 分为：易生物降解的有机物 BMM-rd、慢速生物降解的有机物 BMM-sd、不可生物降解的有机物 BMM-nd 3 类组分。

$$C_t = C_0(\alpha e^{-k_{rd}t} + \beta e^{-k_{sd}t} + (1-\alpha-\beta)) \tag{11-1}$$

式中 C_t——在 t 时刻 BMM 的浓度；

C_0——在初始时刻 BMM 的浓度；

α、β 和 $1-\alpha-\beta$——BMM-rd、BMM-sd 和 BMM-nd 在 BMM 中所占的比例；

k_{rd} 和 k_{sd}——BMM-rd 和 BMM-sd 的一级降解动力学常数。

11.2 BMM 的生物降解过程

如图 11-1（a）所示，SMP 中 PS 在经过 21d 的微生物降解后，浓度从 21.4mg/L 缓慢

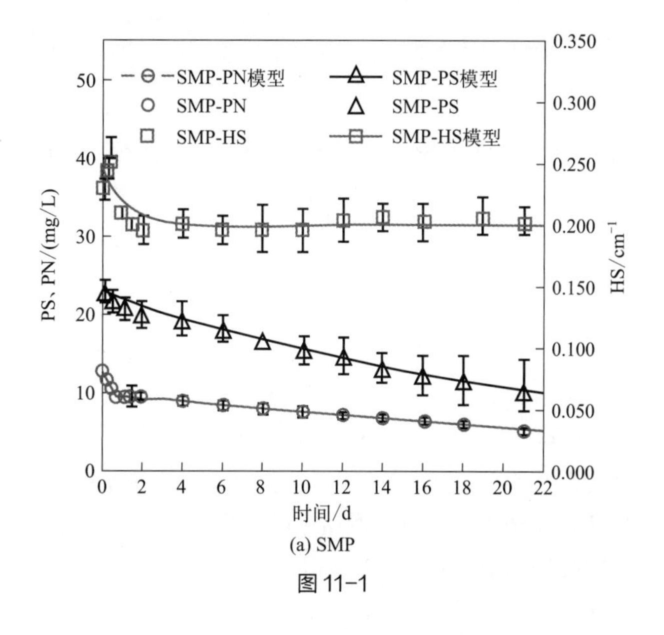

(a) SMP

图 11-1

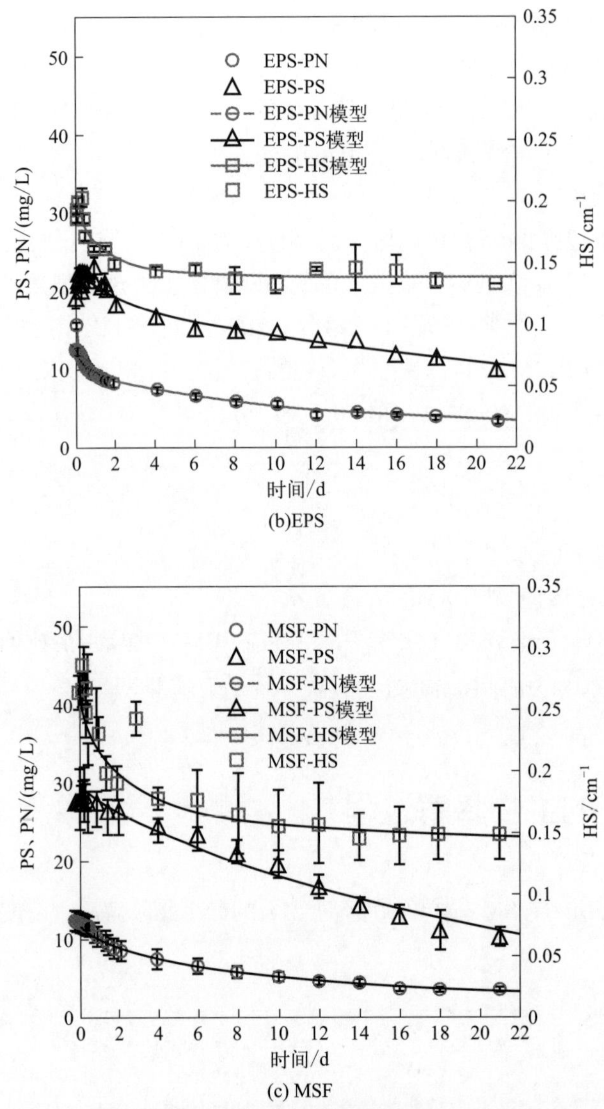

图11-1 SMP、EPS和MSF生物降解过程中PS、PN和HS的变化情况和模型模拟

减少到 9.83mg/L，而 PN 则在实验初期就迅速从 12.3mg/L 降到 9.6mg/L。而 SMP 中 HS 仅仅只有 13% 的去除率，即超过 80% 的 HS 不可生物降解，甚至其在实验第 6 天出现轻微增加，表明在 SMP 的生物转化过程中有新的 HS 生成。从图 11-1（b）可以看出，EPS 的 PN 在实验起初 2d 降解速率非常快，其浓度从 16.0mg/L 减少到 8.33mg/L。有趣的是，EPS 的 UV_{254} 也相应下降了 20%，数值从 0.194cm^{-1} 减少到 0.152cm^{-1}，表明 EPS 中含有较多的易降解 PN。EPS 中 PS 在起初 12h 内出现增加，但在随后的实验中缓慢下降。图 11-1（c）表明，在 21d 的降解实验过程中有 63.6% 的 MSF-PS 被去除，而 MSF-PN 和 MSF-HS 去除率分别为 69.3% 和 43.0%。

11.3　BMM 的降解动力学模拟

从表 11-1 数据看出，除了 SMP-HS 的 R_2 数值只有 0.75 外，其余模拟曲线的 R_2 数值均大于 0.94，说明三组分 G 模型能很好地描述 BMM 中 PS、PN 和 HS 的降解过程。SMP-HS 的降解与模拟拟合较差主要是因为 SMP-HS 除降解外还伴随着生成过程。SMP 主要由慢速降解的 PS 和 PN 组成，比例分别达到 86.6% 和 81.4%，其降解速率常数分别为 $0.048d^{-1}$ 和 $0.030d^{-1}$。另外，SMP 中 HS 的不可生物降解的比例高达 81.4%，这与 SMP 中低 UV_{254} 去除率相吻合。SMP 中 HS 和 PN 含有相同比例的易降解有机物（18.6%），说明这部分易降解的 SMP-HS 很可能与其中芳香类 PN 有密切关系。Menniti 等 [6] 也报道 SMP 中大部分有机物都属于慢速生物降解物质。然而，对于 EPS 来说，39.1% 的 PN 是易降解的，其速率常数高达 $6.1d^{-1}$。另外，EPS 中还分别含有 45.7% 和 15.2% 的慢速降解和不可生物降解的 PN。相比之下，EPS 中 PS 都主要以慢速降解物质为主，比例达到 65.8%，其余均为不可生物降解组分。

Wang 等 [7] 也发现好氧颗粒污泥中仅有 50% 的 EPS-PS 和 30% 的 EPS-PN 可以被微生物利用。无论 PN、PS 还是 HS，EPS 的降解速率常数都高于 SMP，这说明 EPS 比 SMP 更容易被微生物利用。MSF 中 100% 的 PS 都属于慢速降解物质，其速率常数为 $0.045d^{-1}$，与 SMP 中 PS 的速率常数十分接近。这在一定程度上解释了 SMP-PS 和 MSF-PS 之间相似的生物降解行为，也说明 MSF-PS 可能主要来源于 SMP-PS。此外，MSF-PS 中未发现不可降解组分，说明 SMP-PS 中的不可降解组分可能属于小分子物质随着膜出水排出反应器。对于 MSF-PN 而言，尽管其易降解组分的比例与 SMP-PN 非常近似（22.6% 和 18.6%），但它们的速率常数却存在明显差异（$0.76d^{-1}$ 和 $3.0d^{-1}$），即 SMP-PN 更易被降解。另外，MSF-PN 中含有较多的慢速降解组分，其比例高达 57%，速率常数为 $0.092d^{-1}$。这与 EPS-PN 中慢速降解组分的比例和降解常数非常接近（45.7% 和 $0.094d^{-1}$）。另外，SMP-PN 中含有更大比例的慢速降解组分（81.4%）和更低的降解速率常数（$0.03d^{-1}$）。这些都说明 SMP-PN 和 EPS-PN 组成上存有明显差异，而 EPS-PN 可能是 MSF-PN 的主要来源，即 MSF-PN 可能与膜表面微生物释放 EPS 有关。

11.4　生物降解对 BMM 分子尺寸的影响

如图 11-2 所示，所有初始 BMM 都主要分布在分子量＞ 100000 的大尺寸区间，其比例达到 75 % 以上，在 MSF 中甚至高达 90%。另外，SMP 和 EPS 还有一部分分子量＜ 5000 的小分子物质（占比 10% ～ 20%）。经过 21d 的降解，BMM 中＞ 0.45μm 和 0.45μm ～ 100000（分子量）大分子有机物比例都有明显降低。在 SMP 中＞ 0.45μm 的 PN 和 PS 分别减少了 50.0% 和 80.0%。EPS 中 0.45μm ～ 100000（分子量）区间的 PN 则从 44.8% 大幅降至 7.2%。MSF 中分子量＞ 100000 的大分子 PS 和 PN 分别降低了 30% 和 50%。然而，BMM 中分子量＜ 5000 的小分子物质均呈现上升趋势。EPS 中分子量＜ 5000

的 PS 和 PN 在降解的第 21 天的比例达到 33.7% 和 13.2%。MSF 中分子量＜ 5000 的 PS 和 PN 分别从 2.5% 和 2.8% 增加到 21.1% 和 32.5%。

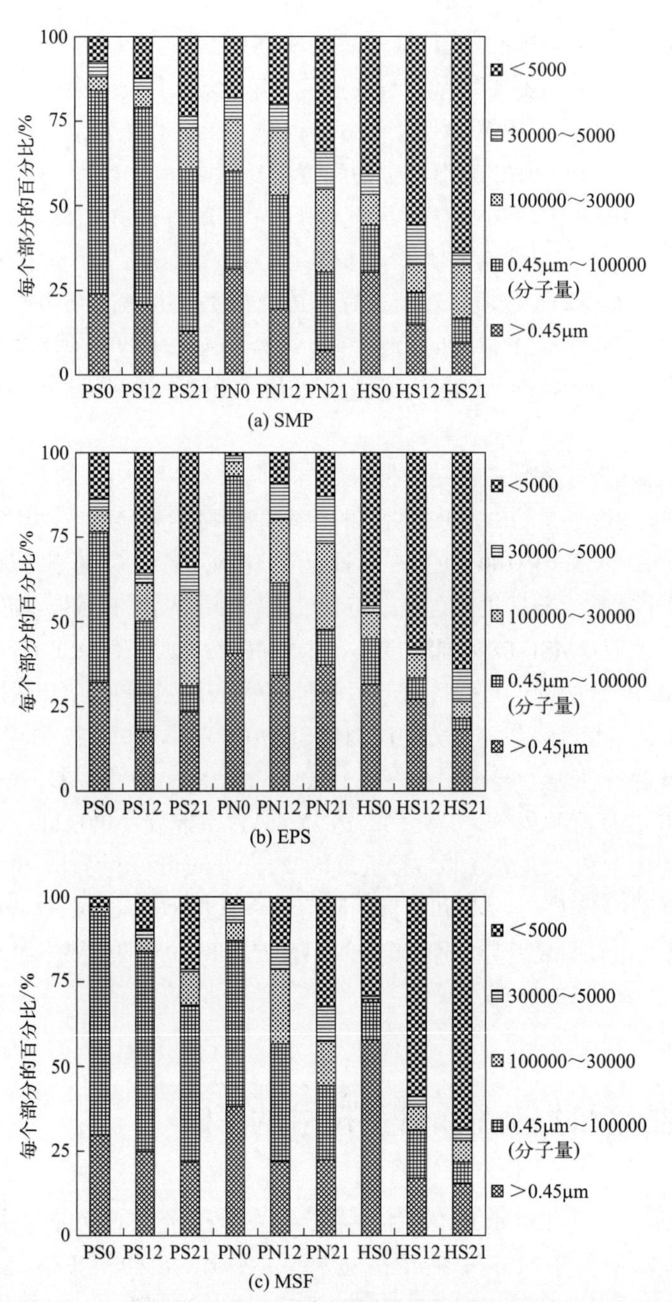

图 11-2 SMP、EPS 和 MSF 生物降解过程中 PS、PN 和 HS 分子尺寸的变化

PS0、PS12、PS21、PN0、PN12、PN21、HS0、HS12、HS21 分别表示在第 0 天、第 12 天和第 21 天时的 PS、PN 和 HS

表 11-1　三组分 G 模型中各 BMM 的生物降解动力学参数

项目		易降解 BMM		慢速降解 BMM		不可降解 BMM	拟合方程	R^2
		比例 /%	k_{rd}/d^{-1}	比例 /%	k_{sd}/d^{-1}	比例 /%		
SMP	PS	N	N	86.6	0.048	13.4	$Ct = 22.76（86.6\% e^{-0.048t} + 13.4\%）$	0.98
	PN	18.6	2.994	81.4	0.030	N	$Ct = 12.32（81.4\% e^{-0.030t}+18.6\% e^{-2.994t}）$	0.99
	HS	18.6	0.842	N	N	81.4	$Ct = 0.245（18.6\% e^{-0.842t}+81.4\%）$	0.75
EPS	PS	N	N	65.8	0.190	34.2	$Ct = 23.5（65.8\% e^{-0.190t}+ 34.2\%）$	0.94
	PN	39.1	6.090	45.7	0.094	15.2	$Ct =15.97（39.1\% e^{-6.090t} + 45.7\% e^{-0.094t} + 15.2\%）$	0.99
	HS	27.7	0.761	72.3	0.002	N	$Ct = 0.197（27.7\% e^{-0.761t}+72.3\% e^{-0.002t}）$	0.94
MSF	PS	N	N	100.0	0.045	N	$Ct = 28.63e^{-0.0447t}$	0.98
	PN	22.6	0.760	57.0	0.092	20.4	$Ct = 12.42（22.6\% e^{-0.760t}+ 57.0\% e^{-0.092t} +20.4\%）$	0.99
	HS	30.4	0.605	17.0	0.091	52.7	$Ct = 0.266（30.4\% e^{-0.605t} +17.0\% e^{-0.091t} + 52.7\%）$	0.97

注：N 表示无此组分。

11.5　生物降解对 BMM 荧光组分的影响

本研究采用 PARAFAC 方法分析了 BMM 生物降解过程中 BMM 荧光组分的变化情况。基于拟合光谱的最小平方差，确定 7 组分的平行因子荧光模型具有较好的拟合结果［如图 11-3 所示（书后另见彩图）］。通过荧光组分的出峰位置和光谱图的形状发现 5 种荧光组分 C1、C2、C3、C4 和 C5 均出现在 SMP、EPS 和 MSF 中，只是荧光强度不同。对于 C6 和 C7 而言，它们在 SMP、EPS 和 MSF 中有着不同的荧光位置，所代表的荧光物质也不同。以上结果说明 SMP、EPS 和 MSF 之间的荧光组分既有相似性又存在差异，三者之间存在着复杂的相互转化关系。据 Hudson 等 [8] 报道，C1 和 C5 是一类与色氨酸有关的蛋白类物质。从图 11-3 看出，C1 主要有：峰 T1 和峰 T2 两个峰，其激发光波长分别在 230nm 和 280nm 而发射光波长固定在 330nm。C5 和峰 T2 具有相似的荧光峰位置，其激发波长为 220nm，发射波长为 340nm[9]。C2、C3 和 C4 均与腐殖质有关 [8]。C2 在 370nm 的发射光下，有两个激发波长分别为 230 ～ 240nm 和 290 ～ 300nm，与微生物的代谢产物相关 [10]。C3 是一种典型的陆源腐殖质，其可能来源于本实验中人工配制的进水和自来水本身携带有机物 [11]。C4 目前未有统一的认识。Yu 等 [12] 认为此荧光组分只存在于废水处理过程中，而 Murphy 等 [13] 和 Stedmon 等 [14] 则认为 C4 是一种在微生物降解过程中产生的腐殖质，且往往与废水富含营养物质有较大关系。C6 被认为是典型的色氨酸蛋白类物质（275nm/340nm，峰 T1），仅仅出现在 SMP 和 MSF 中。在 EPS 的荧光谱图中，C6 却是来源于微生物的一类腐殖质[13]。EPS 的这种微生物源腐殖质却在 SMP 的荧光组分（C7）中发现。而 MSF 和 EPS 中的荧光组分 C7 则与游离态的氨基酸化合物有较大关联[11]。

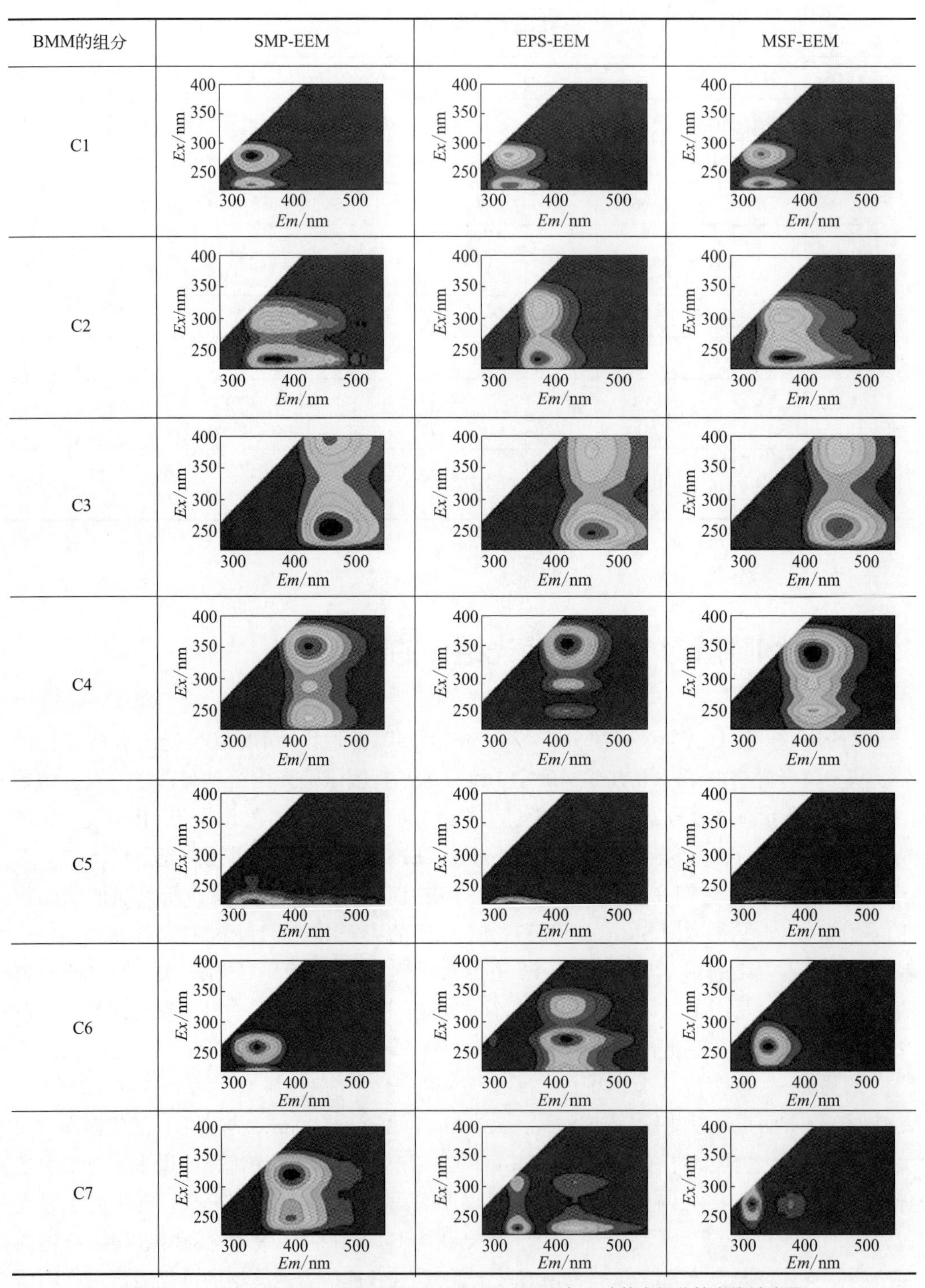

图 11-3 SMP-EEM、EPS-EEM、MSF-EEM 中 7 种荧光组分等高线轮廓图

如图 11-4 所示，在所有的 BMM 样品中，C1 和 C5 的荧光强度均非常高，即色氨酸类蛋白是 BMM 中主要的荧光物质。MSF 中 C1、C5 和 C7 的荧光强度甚至达到了总的荧光强度的 77.0%。经过微生物降解，所有 BMM 中蛋白质组分 C1 和 C5 都有明显的下降，而微生物腐殖质组分 C2 和 C4 的荧光强度则不断增加，表明 BMM 中非腐殖质化合物在微生物降解作用下转化为腐殖质，而大分子化合物在降解过程中向小分子化合物转化。同时，这也证实微生物更容易利用蛋白质而非腐殖质。有趣的是，各 BMM 中荧光组分 C3 陆源腐殖质的荧光强度在降解过程中基本维持不变，说明其难以被生物降解。C6 和 C7 的荧光强度变化在 BMM 中具有较大差异，SMP 中 C6 在降解过程中荧光强度有轻微的增加，而 MSF 中的同一组分 C6 的荧光强度却出现明显下降。另外，尽管 EPS 中荧光组分 C6 和 SMP 中 C7 都被认为是微生物源 HS，但 EPS 中 HS 具有更高的生物降解潜能。

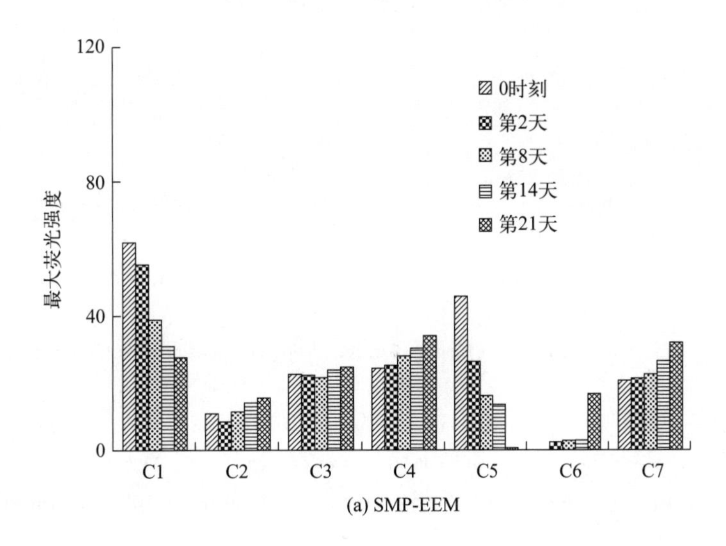

(a) SMP-EEM

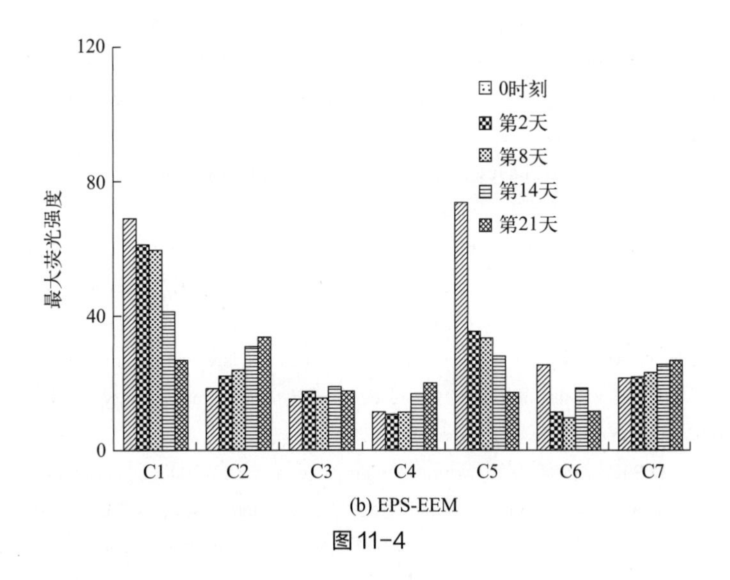

(b) EPS-EEM

图 11-4

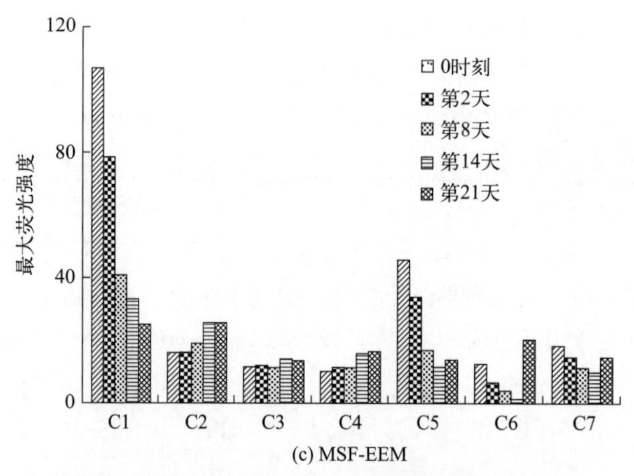

(c) MSF-EEM

图 11-4 SMP、EPS 和 MSF 生物降解过程中 7 种荧光组分的最大荧光强度的变化

参考文献

[1] Jiang T，Myngheer S，Pauw D J W D，et al. Modelling the production and degradation of soluble microbial products（SMP）in membrane bioreactors（MBR）[J]. Water Research，2008，42（20）：4955-4964.

[2] Ni B J，Zeng R J，Fang F，et al. Fractionating soluble microbial products in the activated sludge process[J]. Water Research，2010，44（7）：2292-2302.

[3] Zhang X，Bishop P L. Biodegradability of biofilm extracellular polymeric substances[J]. Chemosphere，2003，50（1）：63-69.

[4] Barker D J，Mannucchi G A，Salvi S M L，et al. Characterisation of soluble residual chemical oxygen demand（COD）in anaerobic wastewater treatment effluents[J]. Water Research，1999，33（11）：2499-2510.

[5] Gruenheid S，Huebner U，Jekel M. Impact of temperature on biodegradation of bulk and trace organics during soil passage in an indirect reuse system[J]. Water Science and Technology，2008，57（7）：987-994.

[6] Menniti A，Morgenroth E. Mechanisms of SMP production in membrane bioreactors：Choosing an appropriate mathematical model structure[J]. Water Research，2010，44（18）：5240-5251.

[7] Wang Z W，Liu Y，Tay J H. Biodegradability of extracellular polymeric substances produced by aerobic granules[J]. Applied Microbiology and Biotechnology，2007，74（2）：462-466.

[8] Hudson N，Baker A，Reynolds D. Fluorescence analysis of dissolved organic matter in natural，waste and polluted waters - a review[J]. River Research and Applications，2007，23（6）：631-649.

[9] Wu J，Zhang H，He P J，et al. Insight into the heavy metal binding potential of dissolved organic matter in MSW leachate using EEM quenching combined with PARAFAC analysis[J]. Water Research，2011，45（4）：1711-1719.

[10] Yamashita Y，Jaffe R，Maie N，et al. Assessing the dynamics of dissolved organic matter（DOM）in coastal environments by excitation emission matrix fluorescence and parallel factor analysis（EEM-PARAFAC）[J]. Limnology and oceanography，2008，53（5）：1900-1908.

[11] Baghoth S A，Sharma S K，Amy G L. Tracking natural organic matter（NOM）in a drinking water treatment plant using fluorescence excitation-emission matrices and PARAFAC[J]. Water Research，2011，45（2）：797-809.

[12] Yu G H，He P J，Shao L M. Novel insights into sludge dewaterability by fluorescence excitation-emission matrix

combined with parallel factor analysis[J]. Water Research，2010，44（3）：797-806.

[13] Murphy K R，Hambly A，Singh S，et al. Organic matter fluorescence in municipal water recycling schemes：Toward a unified PARAFAC model[J]. Environmental Science & Technology，2011，45（7）：2909-2916.

[14] Stedmon C A，Markager S. Tracing the production and degradation of autochthonous fractions of dissolved organic matter by fluorescence analysis[J]. Limnology and Oceanography，2005，50（5）：1415-1426.

第12章

基于活性连续体模型的溶解性微生物产物降解及微生物响应机制

上章中采用了三组分模型描述了SMP的降解行为，对其转化与归趋特征有了一定认识。事实上，SMP是一种特殊的DOM，其中化合物的反应活性表现为从易降解到难降解的连续性。活性连续体（reactivity continuum，RC）模型已成功用来表征异质性DOM的降解动力学[1]。然而SMP的反应活性连续分布特征仍鲜见报道，一定程度上限制了人们对SMP在水体环境中生物转化行为的认识。实际污水处理工艺中，微生物处于缺氧和好氧交替的环境。自然水环境中溶解氧的时空分布也会使其存在好氧区和缺氧区[2]。因此，研究SMP在好氧和缺氧条件下的微生物转化行为对理解其在水生系统中的作用具有重要意义。此外，SMP降解过程中微生物群落的响应及驱动群落形成的生态学机制尚未需要系统研究。

本研究旨在从降解动力学、成分变化和群落生态学角度全面解释SMP在缺氧和好氧条件下的微生物转化行为。选取某实际污水厂的SMP为实验对象，采用该污水厂好氧池活性污泥为接种污泥，实验分为两组（缺氧组和厌氧组），缺氧组DO始终低于0.1mg/L，好氧组DO始终高于4.0mg/L，除DO外，其他所有条件均保持一致。RC模型用来描述SMP组分的活性分布，LC-OCD用来分析转化过程中SMP组分的变化，高通量测序技术结合Sloan中性模型和分子生态网络等手段解释SMP降解过程中微生物群落的演替和组装行为。

12.1 关键技术手段

（1）RC模型

该模型认为有机物分子的反应活性是连续的，具体以如下方程描述：

$$G(t)=\int_0^{\infty} g(k,0)e^{-kt}dk \tag{12-1}$$

式中　$G(t)$——总有机物浓度，mg C/L；

g（k，0）——有机物的初始活性分布；

k——有机物的降解速率常数，h^{-1}。

以初始活性为伽马分布对式（12-1）进行积分可得到如下方程：

$$\frac{DOC_t}{DOC_0}=\left(\frac{\alpha}{\alpha+t}\right)^{\nu} \tag{12-2}$$

式中　DOC_0 和 DOC_t——零时刻和 t 时刻的有机物浓度；

速率指数 α——具有反应活性物种的平均降解周期。

ν（无量纲）描述 k 接近 0 时活性分布的形状。

表观降解速率常数 k_t（h^{-1}）通过式（12-3）计算得出：

$$k_t=\frac{\nu}{\alpha+t} \tag{12-3}$$

（2）微生物共现生态网络构建

采用在线分子生态网络流程（molecular ecological network analysis，MENA，http://ieg4.rccc.ou.edu/mena/）构建微生物间相互作用关系网络。该方法基于随机矩阵理论（random matrix theory，RMT）[3]，具体步骤如下：

① 首先根据标准化后的物种相对丰度计算配对皮尔森相关系数以获得皮尔森相关矩阵（Pearson correlation matrix），随后，把皮尔森相关矩阵通过对数转换成一个相似性矩阵；

② 采用基于 RMT 的网络构建方法确定节点（即操作分类单元 operational taxonomic unit，OTU）的理论阈值（St）；

③ 保留丰度相似性值大于理论阈值 St 的 OTUs，通过计算配对 OTUs 之间的连接强度，从相似性矩阵中衍生出一个相邻矩阵用以计算网络拓扑学特性，如节点数（number of nodes）、连接数（number of edges）、平均连接度（average degree，$\overline{K}$）、平均聚类系数（average cluster coefficient，$\overline{CC}$）和模块化指数（modularity）等。

此外，采用快速贪婪模块性最大化（fast greedy modularity optimization）方法对网络进行模块构建。最后，利用 Maslov-Sneppen 方法，在不改变构建出的生态网络节点和连线数的基础上，重新连接原网络中不同的节点并构建 100 次随机网络，随后采用标准 z 检验对构建的生态网络及与其对应的随机网络之间的网络拓扑学特性差异进行分析。使用 Gephi 0.9.2 软件对构建的生态网络进行可视化。

在微生物生态网络中，节点的拓扑学地位可根据其模块内连接度（Zi）和模块间连接度（Pi）分为 4 种类型。

① 外围节点（peripherals：$Zi \leqslant 2.5$，$Pi \leqslant 0.62$）：几乎仅与其所在的模块内的节点存在少量的连接。

② 连接器节点（connectors：$Zi \leqslant 2.5$，$Pi > 0.62$）：与其模块内的节点联系较少，与其他模块节点有较多的连接。

③ 模块枢纽节点（module hubs：$Zi > 2.5$，$Pi \leqslant 0.62$）：仅与其所在模块内的其他节点联系紧密。

④ 网络枢纽节点（network hubs：$Zi > 2.5$，$Pi > 0.62$）：同时与其所在模块内的节点和其他模块节点联系紧密。

从微生物生态学的意义上来说，被归为外围节点的物种可以视为微生物生态系统中的特化种（specialists，指在特定生态位中生存的物种），被归为连接器和模块枢纽节点的物种可视为泛化种（generalists，指食性和栖息地广泛的物种），而网络枢纽节点物种可视为超级泛化种（supergeneralists）[4]。

12.2 SMP 转化过程的活性连续体模型模拟

SMP 降解过程中有机物浓度变化如图 12-1 所示。经过 10d 的降解，SMP 中有机物浓度在好氧条件下从 (27.50±0.24)mg/L 降至 (21.62±0.66)mg/L，而在缺氧条件下，有机物浓度从 (27.48±0.62)mg/L 降至 (23.70±0.54)mg/L。RC 模型可以较好地描述 SMP 的生物转化过程，好氧和缺氧条件下模型 R^2 值分别为 0.92 和 0.91（表 12-1）。模拟结果显示，好氧和缺氧条件下模型 ν 值均低于 1，表明 SMP 主要由难降解有机物构成。值得注意的是，相比于缺氧条件，好氧条件下 SMP 具有明显更高的 k_0（0.0021 相比于 0.00086），明显更低的 ν（0.22 相比于 0.35）以及明显更低的 α（106.30 相比于 408.04），表明好氧环境更有利于 SMP 中难降解有机物的生物利用。此外，将 SMP 中有机物按照反应活性分为 3 个类别，即 $k \geqslant 0.01\text{h}^{-1}$（类别 1）、$0.001 < k < 0.01\text{h}^{-1}$（类别 2）和 $k \leqslant 0.001\text{h}^{-1}$（类别 3），以更好地分析和比较缺氧和好氧条件下 SMP 中有机物的反应活性（表 12-1）。结果显示，好氧条

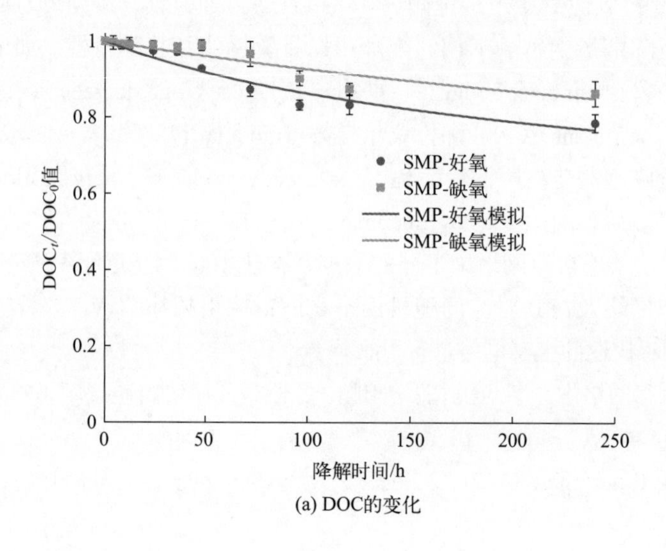

(a) DOC的变化

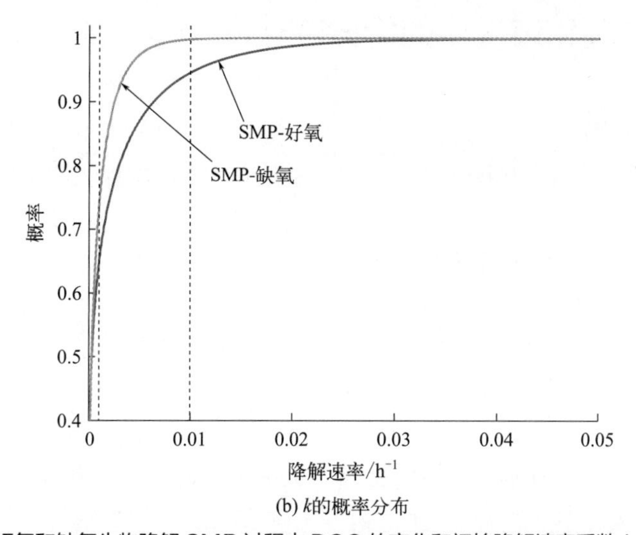

(b) k的概率分布

图 12-1　好氧和缺氧生物降解 SMP 过程中 DOC 的变化和初始降解速率系数 k 的概率分布

RC 模型用于模拟 DOC 随时间序列的变化，误差棒表示 3 个重复间的差异，竖直虚线代表 $k=0.001h^{-1}$ 和 $k=0.01h^{-1}$

件下，SMP 中隶属于类别 1、类别 2 和类别 3 的组分所占比例分别为 5.43%、29.46% 和 65.11%，缺氧条件下则分别为 0.24%、25.69% 和 74.07%。此外，k 值在好氧条件下比缺氧条件下降程度更为明显，且两者随时间表现为趋同（图 12-2）。

表 12-1　活性连续体模型模拟 SMP 在好氧和缺氧条件下的拟合参数

组别	R^2	速率参数 α/h	形状参数 ν（无量纲）	初始降解速率 k_0/h^{-1}	反应活性分布		
					类别 1/%	类别 2/%	类别 3/%
SMP- 好氧	0.92	106.30	0.22	0.0021	5.43	29.46	65.11
SMP- 缺氧	0.91	408.04	0.35	0.00086	0.24	25.69	74.07

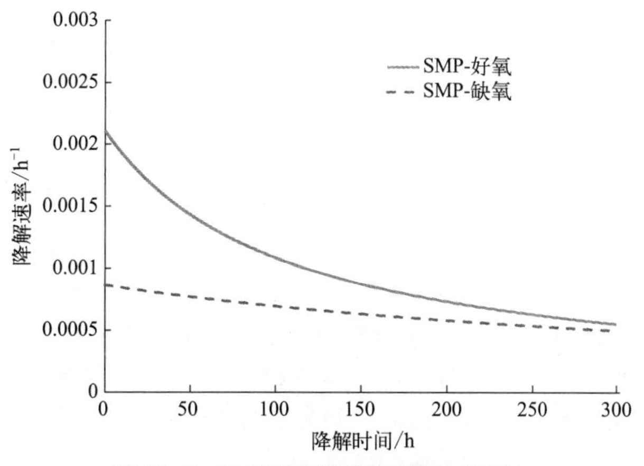

图 12-2　SMP 表观降解速率常数的变化

12.3 SMP 转化过程中的组分变化

采用 LC-OCD 表征 SMP 转化过程中组分的变化。如图 12-3（a）所示，原始 SMP 主要由 HS、BB、低分子量有机酸（LMW acids）和低分子量中性物质（LMW neutrals）组成。此外，HOC 也是原始 SMP 的主要组成之一，占比达 23.27%。这与之前的 SMP 表征结果相类似[5]。低分子量有机酸和中性物质在好氧和缺氧条件下均得到显著的降解，表明低分子量有机物在生物过程被优先去除［图 12-3（a）］。相比之下，HS 和 BB 类物质含量在生物降解过程中几乎不变甚至有微弱的升高，表明这类物质难以被微生物利用。值得注意的是，整个降解过程中（240h），好氧条件下 HOC 浓度降低了 45.63%，而缺氧条件下仅下降不到 10%［图 12-3（b）］，表明 SMP 中疏水性组分（如高分子量蛋白质和芳香性物质）的微生物降解是一个强烈依赖于 DO 的过程。此外，生物聚合类物质（BP）在好氧和缺氧条件下都表现出一定程度的降解。

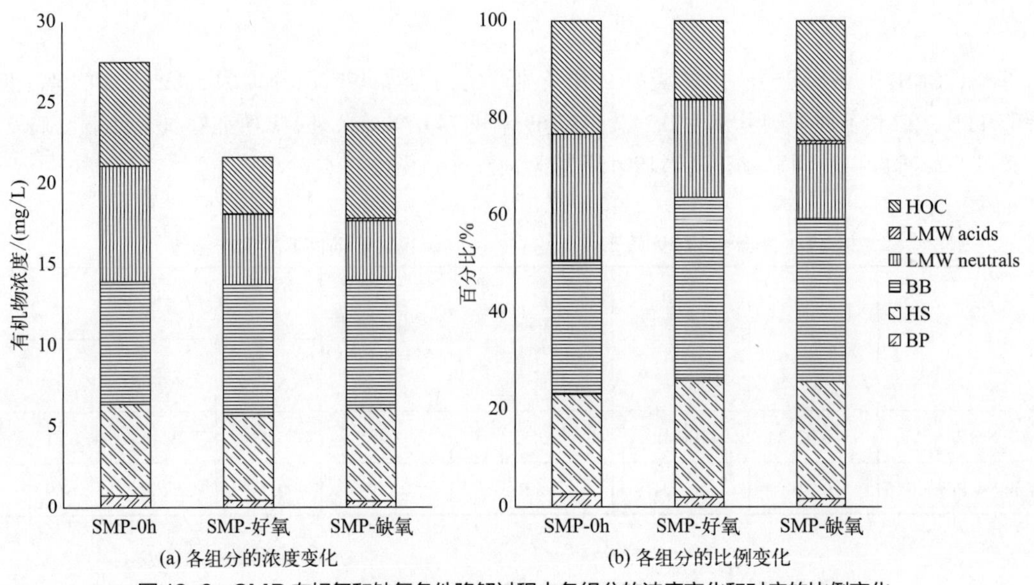

图 12-3 SMP 在好氧和缺氧条件降解过程中各组分的浓度变化和对应的比例变化

12.4 SMP 转化过程中的微生物群落多样性和结构的响应

如图 12-4（a）所示，不管好氧还是缺氧条件，初始阶段（24h）的微生物群落相比于接种污泥，前者的物种多样性［如 Shannon（香农）指数］显著低于后者（$P < 0.05$）。随着降解时间延长，好氧和缺氧条件下的微生物群落多样性均表现出一定程度的升高。另外，好氧条件下的微生物群落多样性高于缺氧条件［Shannon 指数：(6.11±0.67) 相比于 (5.46±1.24)］。基于 Bray-Curtis 距离的 NMDS（非度量多维尺度分析）分析显示，接种

污泥和 SMP 降解微生物群落之间产生了明显分离［图 12-4（b）］，表明 SMP 转化过程对微生物群落结构具有显著的驱动效应。此外，好氧和缺氧条件下 SMP 降解微生物群落结构均呈现随时间演替的特征且两者演替轨迹不同。3 种不同的非参数置换检验结果均表明好氧和缺氧条件下 SMP 降解微生物群落结构之间具有显著的差异（MRPP，Delta = 0.69，$P = 0.003$；ANOSIM，$R = 0.24$，$P = 0.006$；Adonis，$F = 3.09$，$P = 0.001$）。以上结果表明 DO 对驱动 SMP 降解微生物群落结构具有重要作用。值得注意的是，两种条件下微生物群落的时间演替可能归因于 SMP 中有机物降解速率的衰减（图 12-2）。

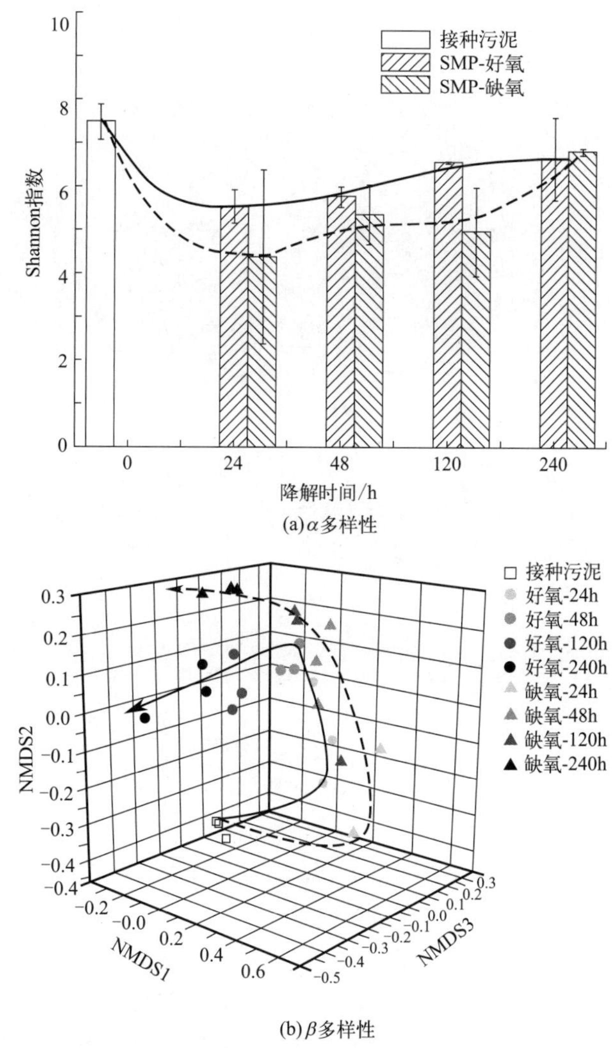

图 12-4　SMP 在好氧和缺氧降解过程中微生物群落 α 多样性和 β 多样性的变化

接种污泥中优势门为 Chloroflexi（平均相对丰度为 33.03%）、Proteobacteria（29.99%）、Bacteroidetes（11.67%）和 Actinobacteria（11.54%）［图 12-5（书后另见彩图）］。当接种至 SMP 溶液中，Chloroflexi 的相对丰度锐减至 4.13%（好氧条件）和 1.73%（缺氧条件）。两

种条件下，自始至终 Proteobacteria 都是 SMP 降解微生物群落中丰度最高的优势门。随着降解过程的进行，Verrucomicrobia 和 Deinococcus-Thermus 在两种条件下均得到富集，而 Acidobacteria 和 Patescibacteria 逐渐被淘汰。相比之下，Firmicutes 在好氧条件下相对丰度得到升高，而在缺氧条件下呈现相反的趋势。

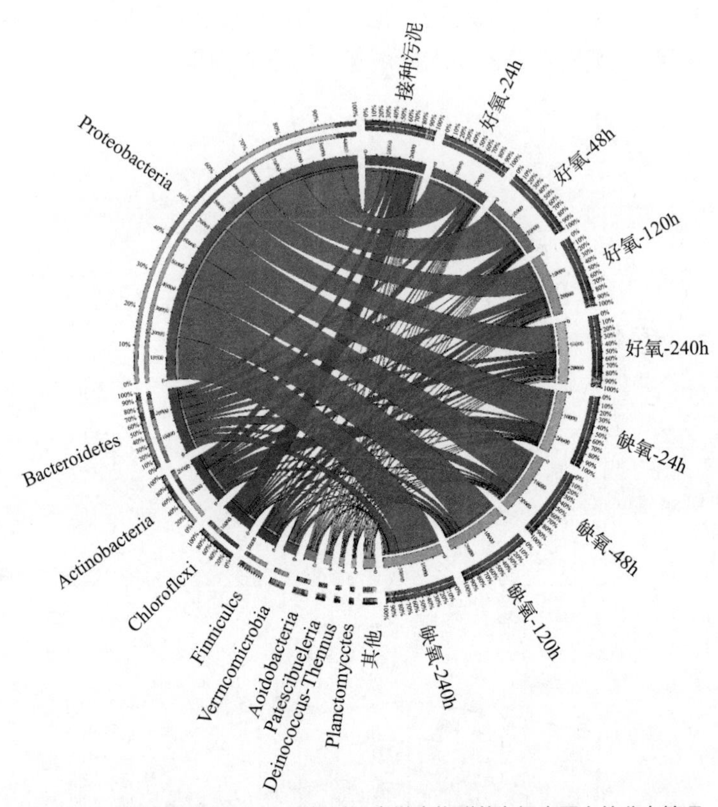

图 12-5　接种污泥和 SMP 降解过程中微生物群落在门水平上的分布情况

属水平上，541 个物种得以识别。如图 12-6 所示（书后另见彩图），*Candidatus* Competibacter（平均相对丰度为 11.08%）是接种污泥中丰度最高的属，其次为 *Kouleothrix*（2.23%）、*Tetrasphaera*（1.63%）、*Hyphomicrobium*（1.49%）和 *Conexibacter*（1.29%）。这些优势属在活性污泥系统里是普遍存在的。

好氧条件下，*Aeromonas*、*Herbaspirillum* 和 *Bacillus* 得以富集，而在缺氧条件下，*Acinetobacter*、*Herbaspirillum* 和 *Rhodococcus* 则成为优势属。另外，SIMPER（相似性百分比）分析用来识别单个属造成接种污泥和 SMP 降解微生物群落差异的贡献。造成差异最大的前 10 个属如表 12-2 所列。两种条件下，相比于接种污泥，2 个丰度上调的属（*Herbaspirillum* 和 *Cupriavidus*）和 2 个丰度下调的属（*Candidatus Competibacter* 和 *Kouleothrix*）是造成差异的主要属。此外，*Aeromonas* 和 *Bacillus* 是造成接种污泥和好氧 SMP 降解群落差异的主要属，而 *Acinetobacter*、*Rhodococcus* 和 *Delftia* 是造成接种污泥和缺氧 SMP 降解群落差异的主要属。

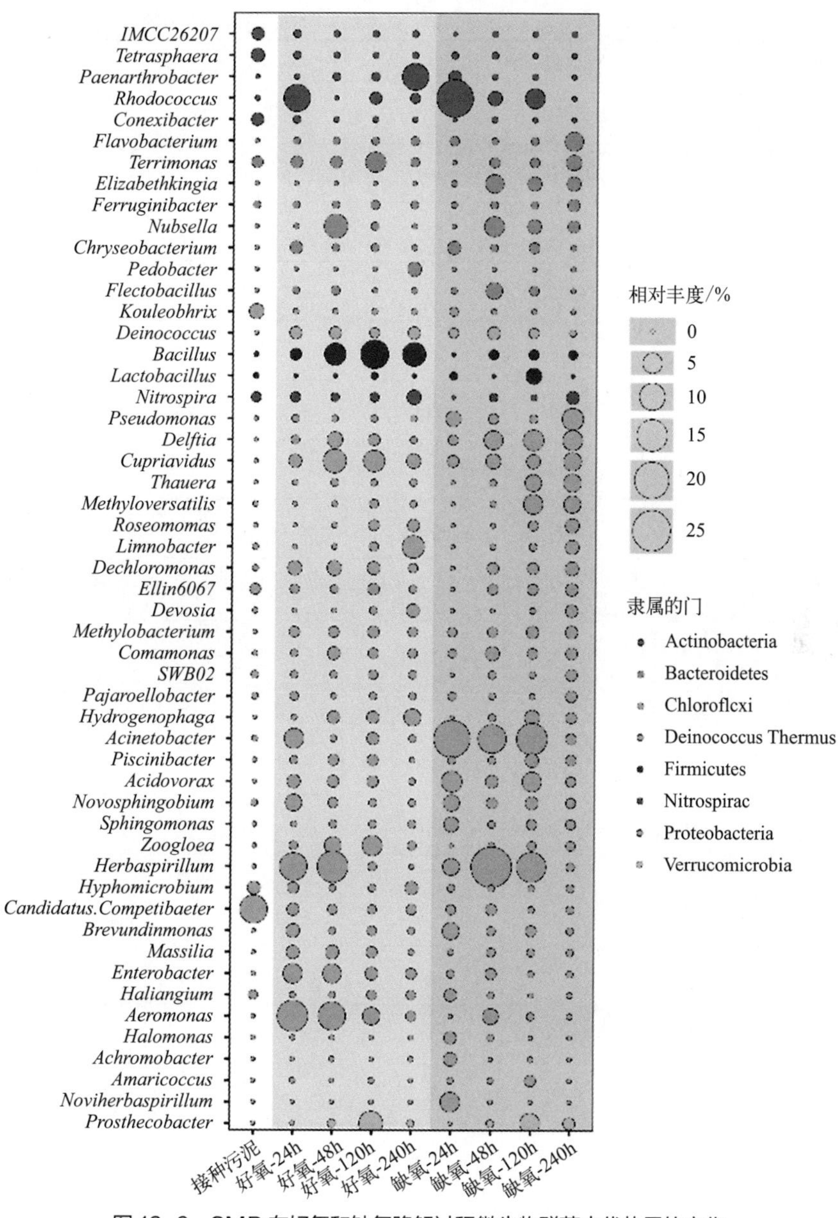

图 12-6　SMP 在好氧和缺氧降解过程微生物群落中优势属的变化

表 12-2　接种污泥群落与 SMP 降解微生物群落差异的相似性百分比分析结果

属	平均相对丰度 /%		平均非相似度 /%	对非相似度贡献占比 /%	累积非相似度 /%
	SMP- 好氧	接种污泥			
Candidatus Competibacter	0.79	11.09	9.09	10.45	10.45
Aeromonas	7.40	0.00	6.44	7.41	17.86

续表

属	平均相对丰度 /%		平均非相似度 /%	对非相似度贡献占比 /%	累积非相似度 /%
	SMP- 好氧	接种污泥			
Bacillus	6.45	0.01	6.09	7.00	24.86
Herbaspirillum	6.59	0.00	5.65	6.50	31.35
Cupriavidus	4.24	0.00	3.85	4.43	35.78
Rhodococcus	2.97	0.02	2.63	3.03	38.81
Enterobacter	2.85	0.00	2.53	2.90	41.71
Paenarthrobacter	2.62	0.00	2.48	2.85	44.56
Zoogloea	2.31	0.00	2.10	2.42	46.98
Kouleothrix	0.06	2.23	1.98	2.28	49.26

属	平均相对丰度 /%		平均非相似度 /%	对非相似度贡献占比 /%	累积非相似度 /%
	SMP- 缺氧	接种污泥			
Herbaspirillum	11.34	0.00	9.47	10.27	10.27
Acinetobacter	11.01	0.06	8.88	9.64	19.91
Candidatus Competibacter	0.48	11.09	8.74	9.49	29.40
Rhodococcus	5.71	0.02	4.54	4.92	34.32
Delftia	4.20	0.00	3.62	3.93	38.26
Acidovorax	2.80	0.00	2.28	2.47	40.73
Pseudomonas	2.37	0.00	2.19	2.38	43.11
Cupriavidus	2.37	0.00	2.08	2.26	45.37
Methyloversatilis	2.17	0.04	1.85	2.01	47.37
Kouleothrix	0.09	2.23	1.82	1.98	49.35

12.5 SMP 转化过程中的微生物群落组装

Sloan 零模型结果显示好氧和缺氧条件下 SMP 降解微生物群落的拟合度（R^2）分别为 0.47［图 12-7（a）］（书后另见彩图）和 0.013［图 12-7（b）］（书后另见彩图）。另外，好氧和缺氧条件下的估测物种迁移率（*m*）分别为 0.057 和 0.017。以上结果表明随机过程不适合用于解释好氧和缺氧条件下 SMP 降解微生物群落的组装，其主要受控于确定性的选择过程。特别地，好氧和缺氧条件下，处于模型预测上方的 OTUs 分别占总 OTUs 数 6.61% 和 7.16%（占相对丰度 45.66% 和 27.92%），表明这些 OTUs 具有比模型预测更高的出现频率。在这些处于模型预测上方丰度前 10 的 OTUs 中，隶属于 *Herbaspirillum* 和 *Acinetobacter* 的 OTUs 在好氧和缺氧条件下均持续出现。相比之下，好氧和缺氧条件下，处于模型预测下方的 OTUs 分别占总 OTUs 数 5.39% 和 5.88%（占相对丰度 14.39% 和 25.57%），表明这些 OTUs 具有比模型预测更低的出现频率。在这些 OTUs 中，隶属于 *Limnobacter* 的 OTUs 在好氧和缺氧条件下均持续出现。需要指出的是，隶属于 *Aeromonas* 和 *Terrimonas* 的 OTUs 在好氧条件下具有比模型预测更高的出现频率，而在缺氧条件下其出现频率低于模型预测值。

12.6　SMP 转化过程中的微生物种间作用

基于 RMT 理论的 SMP 降解群落生态网络如图 12-8 所示（书后另见彩图）。好氧和缺氧条件下分子生态网络的拓扑学参数如表 12-3 所列。两个生态网络的谐波测地距离（harmonic geodesic distance，HD）、平均聚集系数（average clustering coefficients，$\overline{CC}$）和模块化指数（modularity）均显著高于其对应的随机网络。此外，两个生态网络的小世界系数（σ）都大于 1，表明所构建的微生物分子生态网络具有典型的小世界和模块化等生态网络特征。好氧条件下生态网络相比缺氧条件更加复杂（网络节点数：前者 353，后者 157）。好氧条件下的生态网络由 553 条连接边构成，其中负相关的连接边占主导，占比 60.76%，而缺氧条件下由 300 条连接边构成，其中正相关的连接边占主导，占比 57.00%。此外，好氧条件下的微生物网络相比后者具有更高的模块化指数，前者模块化指数为 0.773，模块数为 33，后者则分别为 0.600 和 14。

进一步地，根据物种的模块内连接度（*Zi*）和模块间连接度（*Pi*）识别出维持 SMP 降解微生物群落和功能的关键物种[4]。结果显示，绝大多数的节点几乎仅与其所在的模块内的节点存在少量的连接，属于外围节点（peripherals）（图 12-9）。好氧和缺氧条件下的微生物网络均未发现网络枢纽。13 个 OTUs（其中 10 个模块枢纽和 3 个连接器）和 10 个 OTUs（其中 4 个模块枢纽和 6 个连接器）分别被确定为好氧和缺氧条件下微生物网络的关键物种（表 12-4）。好氧条件下的关键物种主要分布于 4 个门，包括 Proteobacteria（7 OTUs）、Bacteroidetes（3 OTUs）、Actinobacteria（2 OTUs）和 Acidobacteria（1 OTU），而缺氧条件下的关键物种主要分布于 Proteobacteria（9 OTUs）和 Bacteroidetes（1 OTU）。两个生态网络中没有发现共有关键物种，表明 DO 对 SMP 降解微生物群落生态具有显著影响。有趣的是，大多数关键物种都具有反硝化以及代谢难降解和芳香性化合物（SMP 中的主要成分）的潜能[6, 7]，或者具有对恶劣环境（如寡营养）的抗性[8]。

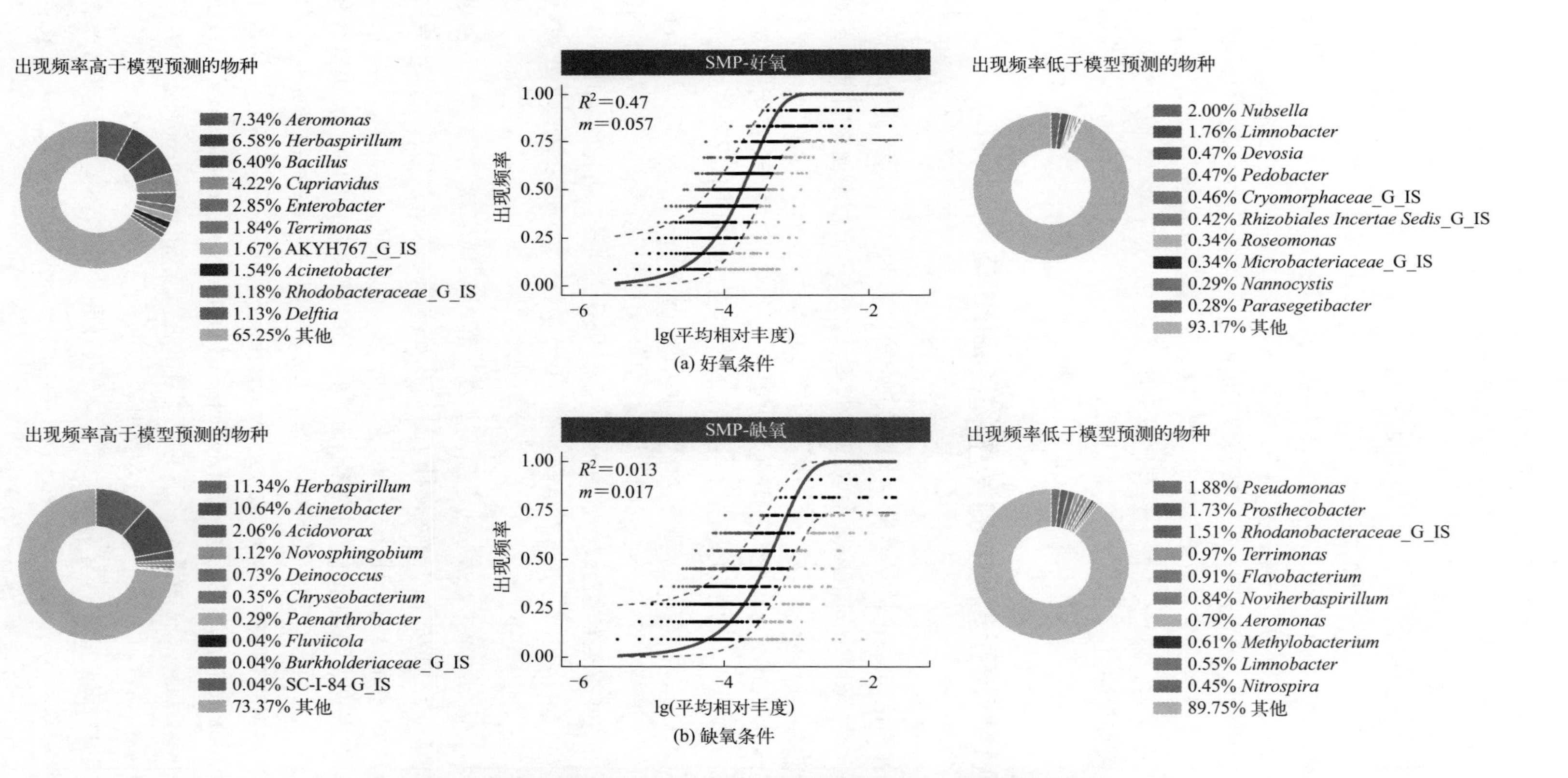

图 12-7　好氧和缺氧条件下 SMP 降解微生物群落的 Sloan 零模型模拟情况

表 12-3　SMP 降解微生物网络及其对应随机网络的拓扑学参数

生态网络	实测网络							模型预测随机网络		
	节点数（n）	相似度阈值（St）	R^2	HD	$\overline{CC}$	模块化指数	σ①	HD±SD	$\overline{CC}$±SD	模块化指数 ±SD
SMP- 好氧	353	0.85	0.906	5.28	0.109	0.773	5.93	4.02±0.04	0.014±0.005	0.596±0.006
SMP- 缺氧	157	0.89	0.890	3.46	0.144	0.600	2.12	3.06±0.04	0.060±0.014	0.475±0.009

① σ，小世界系数 $\sigma=(CC/CC_r)/(HD/HD_r)$。$\sigma>1$ 表示具有小世界特征，表明较高的相互连接和较高的效率[9]。

表 12-4　SMP 降解微生物网络中的关键物种及其潜在功能

微生物网络	OTU	拓扑学地位	最低分类单元	门	平均相对丰度 /%	功能潜能	参考文献
SMP-好氧	OTU1	模块枢纽	Acinetobacter	Proteobacteria	1.54	参与硝化、反硝化和除磷，降解芳香化合物	[6，10，11]
	OTU7	模块枢纽	Rhodococcus	Actinobacteria	2.97	降解难降解化合物	[12]
	OTU55	模块枢纽	Burkholderia-Caballeronia-Paraburkholderia	Proteobacteria	0.18	降解难降解化合物	[13]
	OTU57	连接器	Chitinophagales	Bacteroidetes	0.13	降解多糖类物质	[14]
	OTU125	模块枢纽	PHOS-HE36	Bacteroidetes	0.06	反硝化，降解聚合物、多环芳烃和杂环芳烃	[15-17]
	OTU145	模块枢纽	JG36-GS-52	Proteobacteria	0.08	鲜见报道	—
	OTU200	模块枢纽	A0839	Proteobacteria	0.11	鲜见报道	—

续表

微生物网络	OTU	拓扑学地位	最低分类单元	门	平均相对丰度 /%	功能潜能	参考文献
SMP-好氧	OTU256	连接器	AKYH767	Bacteroidetes	0.02	鲜见报道	—
	OTU267	模块枢纽	Acetobacteraceae	Proteobacteria	0.05	鲜见报道	—
	OTU363	模块枢纽	Subgroup 6	Acidobacteria	0.05	鲜见报道	—
	OTU767	连接器	Burkholderiaceae	Proteobacteria	0.03	反硝化，降解难降解化合物，能抵抗恶劣环境	[18-21]
	OTU768	模块枢纽	Kineosporia	Actinobacteria	0.02	鲜见报道	—
	OTU3541	模块枢纽	Klebsiella	Proteobacteria	8.90×10-5	能抵抗恶劣环境，降解多糖类物质	[22，23]
SMP-缺氧	OTU21	模块枢纽	Acidovorax	Proteobacteria	2.06	反硝化，降解芳香化合物	[24，25]
	OTU43	连接器	Flavobacterium	Bacteroidetes	0.91	反硝化，能利用多种有机物	[26，27]
	OTU46	模块枢纽	Dechloromonas	Proteobacteria	0.87	反硝化，降解芳香化合物	[28，29]
	OTU62	连接器	Dechloromonas	Proteobacteria	0.14	反硝化，降解芳香化合物	[28，29]
	OTU65	连接器	Rhodobacteraceae	Proteobacteria	0.33	反硝化，降解芳香化合物	[30，31]
	OTU126	连接器	A0839	Proteobacteria	0.10	鲜见报道	—
	OTU169	连接器	OLB12	Proteobacteria	0.05	鲜见报道	—
	OTU181	模块枢纽	Rhodobacteraceae	Proteobacteria	0.40	反硝化，降解芳香化合物	[30，31]
	OTU315	模块枢纽	Novosphingobium	Proteobacteria	0.20	反硝化，降解芳香化合物	[32，33]
	OTU2204	连接器	Rhodobacteraceae	Proteobacteria	0.01	反硝化，降解芳香化合物	[30，31]

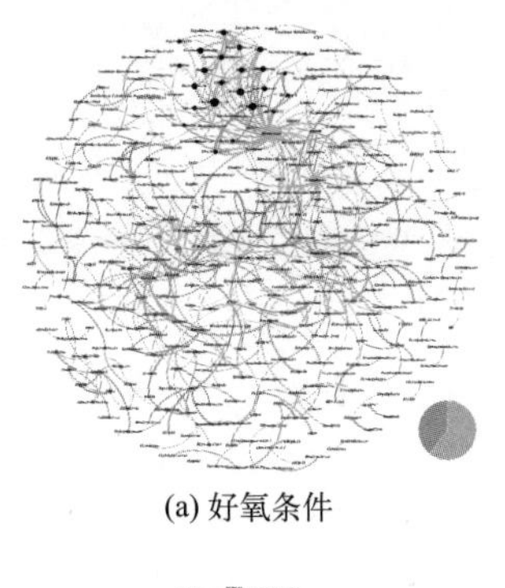

(a) 好氧条件

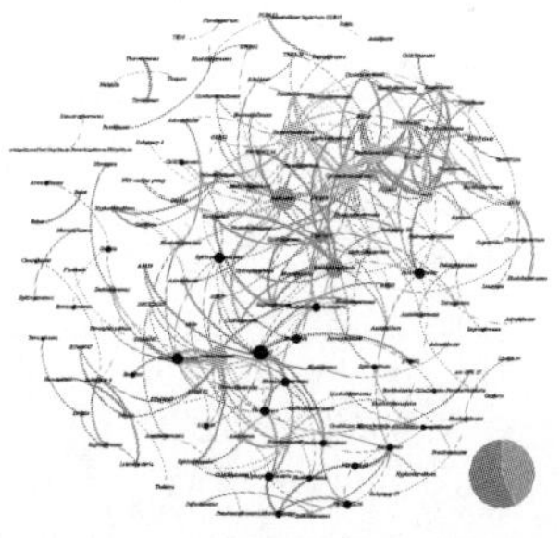

(b) 缺氧条件

图 12-8　好氧和缺氧条件下 SMP 降解微生物群落种间作用

节点颜色以其所在的模块划分，节点大小与其连接度成正比，
红色和绿色连接边分别代表正向和负向相互作用，
右下角饼图表示正负连接边所占比例，边的厚度与相关系数的绝对值成正比

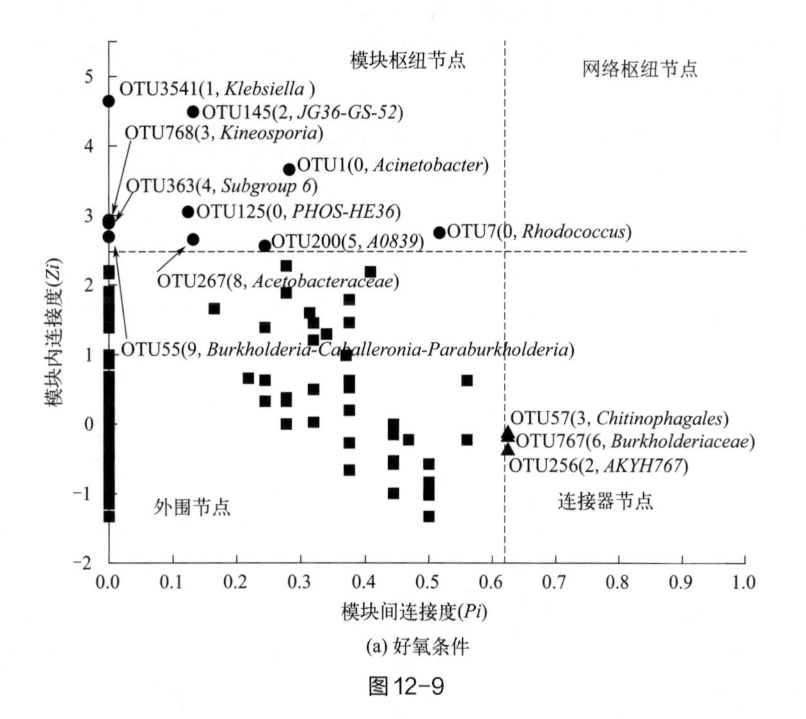

(a) 好氧条件

图 12-9

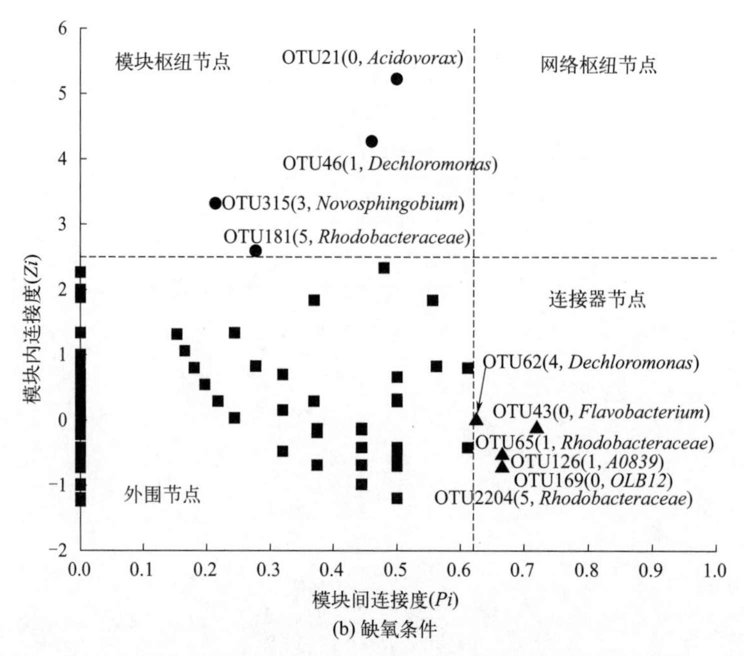

图 12-9 SMP 在好氧和缺氧条件下降解过程中微生物群落生态网络的 *Zi–Pi* 图

12.7 SMP 的反应活性与其微生物降解群落的相互作用

本研究采用活性连续体模型较好地表征了 SMP 在好氧和缺氧环境下的微生物转化动力学，表明 SMP 中化合物反应活性是连续的。换言之，经验依赖的多指数模型模拟 SMP 转化行为具有相当的局限性。需要指出的是，SMP 转化过程中亦会生成新的代谢物（如腐殖质前体）。重要的是，活性连续体模型考虑了生物转化过程中的降解和生成 [34]。DOM 分子量分布对其在水生系统中的生物活性和归趋影响显著 [35]。SMP 中有机物分子量的连续分布特征可能是导致其反应活性连续性的重要因素。有文献指出，低分子量 DOM 更容易被生物利用 [36]，而分子尺寸 - 反应活性假说认为高分子量有机物生物活性更强 [37]，且微生物碳泵也是基于此假说 [38]。本研究中，低分子量和高分子量有机物相比中等分子量有机物具有更高的反应活性，表明分子尺寸 - 反应活性假说并不完全适用于描述 SMP 的微生物转化行为，其生物活性可能受控于其他特性，如分子极性（亲疏水性）。另外，SMP 在好氧环境的生物活性相比于缺氧环境表现得更高。类似地，Barker 等也观察到 SMP 在好氧条件下比缺氧条件下具有更高的降解效率 [39]。考虑到小分子有机物在两种条件下相似的去除率以及腐殖质、腐殖质前体的生物惰性，好氧和缺氧条件下具有不同降解效率的疏水性有机物可能是调控 SMP 生物活性的重要组分。这可能是由疏水芳香性化合物降解过程中非特异性酶驱动的羟基化和开环需要好氧环境所致 [40]。

相比于接种污泥，初始 SMP 降解微生物群落的物种多样性更低，表明 SMP 对微生物群落结构具有强烈的选择效应。Sloan 中性模型进一步证实了 SMP 对于群落塑造是基于生态位选择的确定性过程驱动的。特别地，*Herbaspirillum* 和 *Acinetobacter* 在好氧和缺氧条件下出现的频率均比零模型预测值要高，表明它们对 SMP 的降解具有关键作用。有研究指出，*Herbaspirillum* 具有利用低分子量有机物的多种代谢表型和潜能 [41]。例如，当暴露于低分子量芳香性化合物后，*Herbaspirillum* 得到显著富集 [42]。更为相关地，Tang 等分离出 *Herbaspirillum* sp. 菌株，并通过 LC-OCD 技术发现该菌株在 SMP 中低分子量有机酸和中性物质的去除中扮演着重要的角色 [43]。以往文献报道，*Acinetobacter* 在多种 DO 环境包括好氧、厌氧和厌 / 好氧交替条件下均具有竞争性生长优势 [44]，且可以利用多种芳香性物质为唯一碳源和能源 [45]。重要的是，*Acinetobacter* 具有水解和发酵功能 [44]，可将大分子有机物（如生物聚合物和疏水性有机物）水解为生物可利用小分子，从而对 SMP 中大分子有机物的转化和代谢具有重要作用。因此，*Herbaspirillum* 和 *Acinetobacter* 的选择性富集分别对 SMP 中低分子量和高分子量有机物的降解产生积极贡献。

然而，DO 很大程度上影响了这种选择效应。结果显示，DO 介导的选择过程是异质选择。特别地，好氧条件下 SMP 降解微生物群落相比缺氧条件具有更高的物种多样性，这可能归因于好氧条件下 SMP 更高的生物活性（即生物不稳定组分更高）。研究表明，生物不稳定组分与微生物多样性的正相关关系在多种生态系统中（如土壤、污水厂）得到证实 [46, 47]。越来越多的证据显示微生物多样性对生态系统功能的重要作用 [48]。然而，最新研究发现，生态系统的功能不仅受控于微生物多样性，还受控于群落组装过程 [49]。本研究中，两种条件下群落组装均由确定性过程主导，因此好氧条件下更高的微生物多样性保证了系统更好的功能表达，即更快的 SMP 转化。

生态学上，分子生态网络中的模块可被认为是功能单元 [50]，亦可视为微生物生态位 [51]。因此，好氧条件下更高的模块化指数和更多的模块意味着更高的代谢和功能多样性。通过功能冗余分析，确实发现了好氧条件下微生物群落更高的功能冗余指数。具体地，好氧条件下有 8412 个功能（即参与 C、N、P、S 代谢的酶或蛋白质）表现出更高的功能冗余，而缺氧条件下仅有 493 个功能表现出更高的功能冗余［图 12-10（书后另见彩图）］。特别

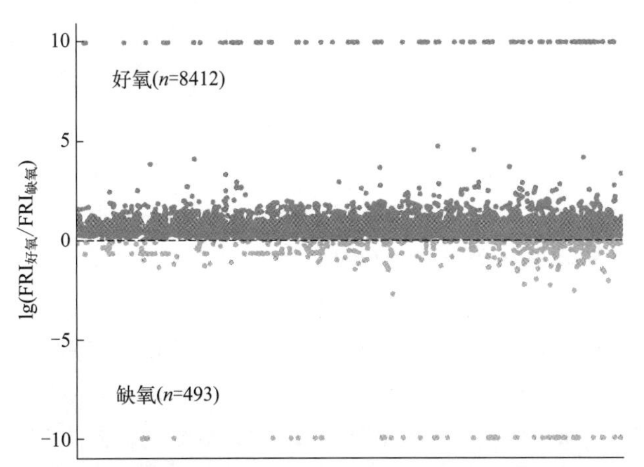

图 12-10　好氧和缺氧条件下 SMP 降解微生物群落的功能冗余指数（FRI）

lg（$FRI_{好氧}/FRI_{缺氧}$）> 0 表示好氧微生物群落具有更高的功能冗余程度，lg（$FRI_{好氧}/FRI_{缺氧}$）=10 和 −10 分别表示该功能在好氧微生物群落和缺氧微生物群落中单独存在

地，多糖和氨基酸代谢路径相关的基因在好氧条件下表现出更高的丰度（图 12-11）。总之，相比缺氧环境，好氧条件下更高的功能冗余保证了 SMP 在后者更高的降解效率。

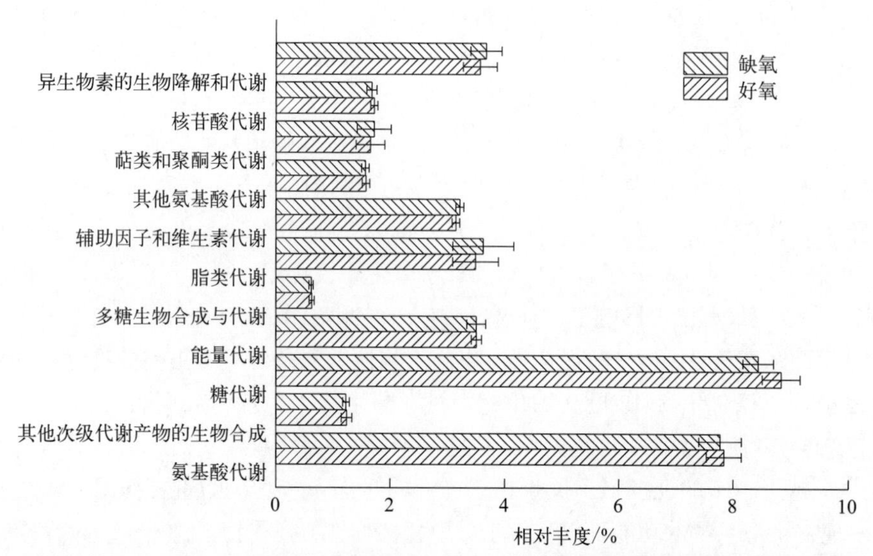

图 12-11　Tax4Fun2 预测的好氧和缺氧条件下 SMP 降解微生物群落代谢路径分布情况

具体到物种水平，这种选择效应也具有 DO 依赖关系，可能归因于：

① 不同物种对 DO 的偏好不同，如好氧条件下，相比零模型预测值 *Terrimonas* 的出现频率更高（图 12-7），主要是因为 *Terrimonas* 严格好氧的生长代谢模式 [7]；

② SMP 不同反应活性对选择效应的调控，如好氧条件下，兼性厌氧菌 *Aeromonas*[52] 出现频率相比零模型预测值更高，而在缺氧条件下比零模型预测值低，这可能是因为好氧条件下 SMP 更高的生活活性利于 *Aeromonas* 的生长代谢。

另外，DO 条件改变了 SMP 降解微生物群落的种间作用模式，即好氧条件种间作用以竞争为主，缺氧条件则以合作为主。造成这种差异的原因亦可能是好氧和缺氧条件下 SMP 不同的生物活性。类似地，前人研究报道，在群落和物种水平上生物可利用基质浓度的增加会导致物种关系从合作转变为竞争 [53，54]。

本研究对自然和工程生态系统中 SMP 生物转化过程的模拟和控制具有重要意义。重要的是，DO 调控着 SMP 组分反应活性转化行为，而反应活性又与 SMP 转化过程中微生物群落多样性、结构和组装过程相关联。值得注意的是，相比于接种污泥，SMP 降解微生物群落中 *Candidatus Competibacter* 的丰度极低，表明 SMP 可能在寡营养条件下（如低 C/N 值市政污水）抑制了聚糖原菌（glycogen accumulating organisms，GAOs）的生长，从而潜在地强化生物除磷过程。有趣的是，参与 SMP 代谢的大多数关键物种都具有反硝化潜能，表明 SMP 可能对污水处理系统中反硝化菌群的形成具有重要的驱动作用。好氧和缺氧条件下疏水性有机物不同的降解效率可能是导致好氧 MBR 与厌氧 MBR 膜污染机制不同的重要原因 [55]。另外，因为 HS 的难生物降解特性，这些可能是受纳水体 DOM 的重要来源，亦是潜在的消毒副产物的前驱物以及膜工艺的关键污染物。考虑到好氧和缺氧条件下 SMP 降解微生物群落组装由确定性过程主导，稀释 - 强化方法可用于富集培养 SMP 降解的功能菌群或最低有效菌群[56]。需要指出的是，在 SMP 的好氧和缺氧过程中，*Herbaspirillum* 和 *Acinetobacter* 均得到选择性富集，表明这些物种对污水处理系统中 SMP 转化具有关键性作用。

参考文献

[1] Koehler B，von Wachenfeldt E，Kothawala D，et al. Reactivity continuum of dissolved organic carbon decomposition in lake water[J]. Journal of Geophysical Research：Biogeosciences，2012，117（G1）.

[2] Lopes J F，Silva C. Temporal and spatial distribution of dissolved oxygen in the Ria de Aveiro lagoon[J]. Ecological Modelling，2006，197（1-2）：67-88.

[3] Deng Y，Jiang Y H，Yang Y，et al. Molecular ecological network analyses[J]. BMC Bioinformatics，2012，13（1）：1.

[4] Olesen J M，Bascompte J，Dupont Y L，et al. The modularity of pollination networks[J]. Proceedings of the National Academy of Sciences，2007，104（50）：19891-19896.

[5] Jiang T，Kennedy M D，Schepper V D，et al. Characterization of soluble microbial products and their fouling impacts in membrane bioreactors[J]. Environmental Science & Technology，2010，44（17）：6642-6648.

[6] Li J，Luo C，Song M，et al. Biodegradation of phenanthrene in polycyclic aromatic hydrocarbon-contaminated wastewater revealed by coupling cultivation-dependent and -independent approaches[J]. Environmental Science & Technology，2017，51（6）：3391-3401.

[7] Nierychlo M，Andersen K S，Xu Y，et al. MiDAS 3：An ecosystem-specific reference database，taxonomy and knowledge platform for activated sludge and anaerobic digesters reveals species-level microbiome composition of activated sludge[J]. Water Research，2020，182：115955.

[8] Low A，Ng C，He J. Identification of antibiotic resistant bacteria community and a GeoChip based study of resistome in urban watersheds[J]. Water Research，2016，106：330-338.

[9] Telesford Q K，Joyce K E，Hayasaka S，et al. The ubiquity of small-world networks[J]. Brain Connect，2011，1（5）：367-375.

[10] Cheng H，Cheng D，Mao J，et al. Identification and characterization of core sludge and biofilm microbiota in anaerobic membrane bioreactors[J]. Environment International，2019，133：105165.

[11] Wen G，Wang T，Li K，et al. Aerobic denitrification performance of strain *Acinetobacter johnsonii* WGX-9 using different natural organic matter as carbon source：Effect of molecular weight[J]. Water Research，2019，164：114956.

[12] Zhang L，Zhang Y，Gamal El-Din M. Degradation of recalcitrant naphthenic acids from raw and ozonated oil sands process-affected waters by a semi-passive biofiltration process[J]. Water Research，2018，133：310-318.

[13] Zhu G，Zhang Y，Chen S，et al. How bioaugmentation with *Comamonas testosteroni* accelerates pyridine mono-oxygenation and mineralization[J]. Environmental Research，2021，193：110553.

[14] Zhang H，Huang M，Zhang W，et al. Silver nanoparticles alter soil microbial community compositions and metabolite profiles in unplanted and cucumber-planted soils[J]. Environmental Science & Technology，2020，54（6）：3334-3342.

[15] Magrí A，Company E，Gich F，et al. Hydroxyapatite formation in a single-stage *Anammox*-based batch treatment system：Reactor performance，phosphorus recovery，and microbial community[J]. ACS sustainable Chemistry &

Engineering，2021，9（7）：2745-2761.

[16] Yang L H，Zhu T T，Cai W W，et al. Micro-oxygen bioanode：An efficient strategy for enhancement of phenol degradation and current generation in mix-cultured MFCs[J]. Bioresource Technology，2018，268：176-182.

[17] Yang S，Guo B，Shao Y，et al. The value of floc and biofilm bacteria for anammox stability when treating ammonia-rich digester sludge thickening lagoon supernatant[J]. Chemosphere，2019，233，472-481.

[18] Zhao R，Yu K，Zhang J，et al. Deciphering the mobility and bacterial hosts of antibiotic resistance genes under antibiotic selection pressure by metagenomic assembly and binning approaches[J]. Water Research，2020，186：116318.

[19] Chen J，Li H，Zhang Z，et al. DOC dynamics and bacterial community succession during long-term degradation of Ulva prolifera and their implications for the legacy effect of green tides on refractory DOC pool in seawater[J]. Water Research，2020，185：116268.

[20] Xiao R，Ni B J，Liu S，et al. Impacts of organics on the microbial ecology of wastewater *Anammox* processes：Recent advances and meta-analysis[J]. Water Research，2021，191：116817.

[21] Lai C Y，Song Y，Wu M，et al. Microbial selenate reduction in membrane biofilm reactors using ethane and propane as electron donors[J]. Water Research，2020，183：116008.

[22] Sheng Z，Liu Y. Effects of silver nanoparticles on wastewater biofilms[J]. Water Research，2011，45（18）：6039-6050.

[23] Liu J，Zuo W，Zhang J，et al. Shifts in microbial community structure and diversity in a MBR combined with worm reactors treating synthetic wastewater[J]. Journal of Environmental Sciences，2017，54：246-255.

[24] Deng L，Ngo H H，Guo W，et al. Pre-coagulation coupled with sponge-membrane filtration for organic matter removal and membrane fouling control during drinking water treatment[J]. Water Research，2019，157：155-166.

[25] Sun H，Narihiro T，Ma X，et al. Diverse aromatic-degrading bacteria present in a highly enriched autotrophic nitrifying sludge[J]. Science of the Total Environment，2019，666：245-251.

[26] Jo S J，Kwon H，Jeong S Y，et al. Comparison of microbial communities of activated sludge and membrane biofilm in 10 full-scale membrane bioreactors[J]. Water Research，2016，101：214-225.

[27] Liu H，Zhu L，Tian X，et al. Seasonal variation of bacterial community in biological aerated filter for ammonia removal in drinking water treatment[J]. Water Research，2017，123：668-677.

[28] Carosia M F，Okada D Y，Sakamoto I K，et al. Microbial characterization and degradation of linear alkylbenzene sulfonate in an anaerobic reactor treating wastewater containing soap powder[J]. Bioresource Technology，2014，167：316-323.

[29] Yang C，Zhang W，Liu R，et al. Phylogenetic diversity and metabolic potential of activated sludge microbial communities in full-scale wastewater treatment plants[J]. Environmental Science & Technology，2011，45（17）：7408-7415.

[30] Liu J，Li C，Jing J，et al. Ecological patterns and adaptability of bacterial communities in alkaline copper mine drainage[J]. Water Research，2018，133：99-109.

[31] Jin M，Yu X，Yao Z，et al. How biofilms affect the uptake and fate of hydrophobic organic compounds（HOCs）in microplastic：Insights from an In situ study of Xiangshan Bay，China[J]. Water Research，2020，184：116118.

[32] Beganskas S，Gorski G，Weathers T，et al. A horizontal permeable reactive barrier stimulates nitrate removal and shifts microbial ecology during rapid infiltration for managed recharge[J]. Water Research，2018，144：274-284.

[33] Roy D，Lemay J F，Drogui P，et al. Identifying the link between MBRs' key operating parameters and bacterial community：A step towards optimized leachate treatment[J]. Water Research，2020，172：115509.

[34] Mostovaya A，Hawkes J A，Koehler B，et al. Emergence of the reactivity continuum of organic matter from

kinetics of a multitude of individual molecular constituents[J]. Environmental Science & Technology, 2017, 51 (20): 11571-11579.

[35] Shimotori K, Omori Y, Hama T. Bacterial production of marine humic-like fluorescent dissolved organic matter and its biogeochemical importance[J]. Aquatic Microbial Ecology, 2009, 58 (1): 55-66.

[36] Logue J B, Stedmon C A, Kellerman A M, et al. Experimental insights into the importance of aquatic bacterial community composition to the degradation of dissolved organic matter[J]. ISME, 2016, 10 (3): 533-545.

[37] Benner R, Amon R M. The size-reactivity continuum of major bioelements in the ocean[J]. Annual Review of Marine Science, 2015, 7: 185-205.

[38] Walker Brett D, Beaupré Steven R, Guilderson Thomas P, et al. Pacific carbon cycling constrained by organic matter size, age and composition relationships[J]. Nature Geoscience, 2016, 9 (12): 888-891.

[39] Barker D J, Salvi S M, Langenhoff A A, et al. Soluble microbial products in ABR treating low-strength wastewater[J]. Journal of Environmental Engineering, 2000, 126 (3): 239-249.

[40] Reddy C N, Kumar A N, Mohan S V. Metabolic phasing of anoxic-PDBR for high rate treatment of azo dye wastewater[J]. Journal of Hazardous Materials, 2018, 343: 49-58.

[41] Besemer K, Singer G, Limberger R, et al. Biophysical controls on community succession in stream biofilms[J]. Applied and Environmental microbiology, 2007, 73 (15): 4966-74.

[42] Xu H X, Wu H Y, Qiu Y P, et al. Degradation of fluoranthene by a newly isolated strain of *Herbaspirillum chlorophenolicum* from activated sludge[J]. Biodegradation, 2011, 22 (2): 335-45.

[43] Tang G, Zheng X, Li X, et al. Variation of effluent organic matter (EfOM) during anaerobic/anoxic/oxic (A^2O) wastewater treatment processes[J]. Water Research, 2020, 178: 115830.

[44] Cheng H, Cheng D, Mao J, et al. Identification and characterization of core sludge and biofilm microbiota in anaerobic membrane bioreactors[J]. Environ Int, 2019, 133: 105165.

[45] Jung J, Park W. Acinetobacter species as model microorganisms in environmental microbiology: Current state and perspectives[J]. Applied Microbiology and Biotechnology, 2015, 99 (6): 2533-2548.

[46] Ramírez P B, Fuentes-Alburquenque S, Díez B, et al. Soil microbial community responses to labile organic carbon fractions in relation to soil type and land use along a climate gradient[J]. Soil Biology and Biochemistry, 2020: 141: 107692.

[47] Zhang B, Ning D, Yang Y, et al. Biodegradability of wastewater determines microbial assembly mechanisms in full-scale wastewater treatment plants[J]. Water Research, 2019, 169: 115276.

[48] Tilman D, Isbell F, Cowles J M, Biodiversity and ecosystem functioning[J]. Annu Rev Ecol Evol S, 2014, 45 (1): 471-493.

[49] Zhang Z, Deng Y, Feng K, et al. Deterministic assembly and diversity gradient altered the biofilm community performances of bioreactors[J]. Environmental Science & Technology, 2019, 53 (3): 1315-1324.

[50] Luo F, Zhong J, Yang Y, et al. Application of random matrix theory to microarray data for discovering functional gene modules[J]. Physical Review E, 2006, 73 (3): 031924.

[51] Eiler A, Heinrich F, Bertilsson S, Coherent dynamics and association networks among lake bacterioplankton taxa[J]. ISME, 2012, 6 (2): 330-342.

[52] Whitman W B, Rainey F, Kämpfer P, et al. Bergey's manual of systematics of archaea and bacteria[M]. Wiley Online Library, 2015.

[53] Hoek T A, Axelrod K, Biancalani T, et al. Resource availability modulates the cooperative and competitive nature of a microbial cross-feeding mutualism[J]. PLoS Biology, 2016, 14 (8): e1002540.

[54] Bergk Pinto B, Maccario L, Dommergue A, et al. Do organic substrates drive microbial community interactions in arctic snow?[J]. Frontiers in Microbiology, 2019, 10: 2492.

[55] Yao Y，Xu R，Zhou Z，et al. Linking dynamics in morphology，components，and microbial communities of biocakes to fouling evolution：A comparative study of anaerobic and aerobic membrane bioreactors[J]. Chemical Engineering Journal，2021，413：127483.

[56] Jimenez D J，Dini-Andreote F，de Angelis K M，et al. Ecological insights into the dynamics of plant biomass-degrading microbial consortia[J]. Trends in Microbiology，2017，25（10）：788-796.

第 13 章

膜污染微生物群落的组装机制

由于生物滤饼层的形成而导致的膜污染是限制 MBR 大规模应用的最主要因素。生物滤饼层内传质阻力的存在迫使其中的物种通过对基质的激烈竞争或者互养等合作方式得到共存。这些复杂的生物作用使得滤饼层生物群落成分与结构异常复杂，因此明确表征不同运行条件下 MBR 系统中生物滤饼层微生物群落的动态变化对 MBR 的相关研究和工业应用至关重要。一般而言，生物滤饼层的形成受控于操作条件、基质的类型和生物可利用性以及其中的微生物作用等。已有研究表明，运行模式、曝气强度和 TMP 强烈影响着滤饼层的微生物群落结构[1，2]。尽管已有较多研究对生物滤饼层中的微生物群落进行了表征，但对于群落的生态网络和其中的关键物种等关键问题仍未回答。MBR 污水处理厂中活性污泥的异质性、污水成分的多变性和操作运行条件的不稳定使得滤饼层微生物群落组装，即随机性过程和确定性过程难以确定[3]。识别与表征驱动滤饼层微生物群落形成的生态过程，将会为 MBR 的靶向膜污染控制提供理论基础和重要借鉴。

本章旨在揭示生物滤饼层微生物群落的组装机理。通过运行一套实验室规模的 MBR 反应器，在不同膜通量和污染阶段的膜组件上采集滤饼层样品，并进行高通量测序分析，解析驱动生物滤饼层微生物群落组装的生态过程。此外，生态网络分析被用来识别生物滤饼层中共存物种的作用模式与生态贡献。

13.1 关键技术手段

MBR 的操作与运行：反应器的有效总容积为 24 L，其中缺氧池和好氧池各 12 L，如图 13-1 所示。

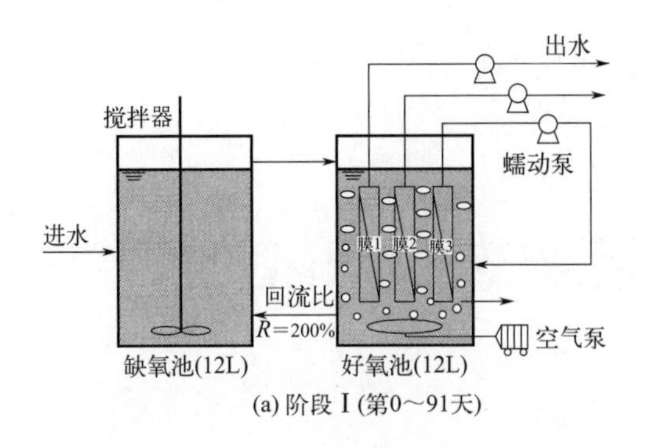

(a) 阶段Ⅰ(第0～91天)

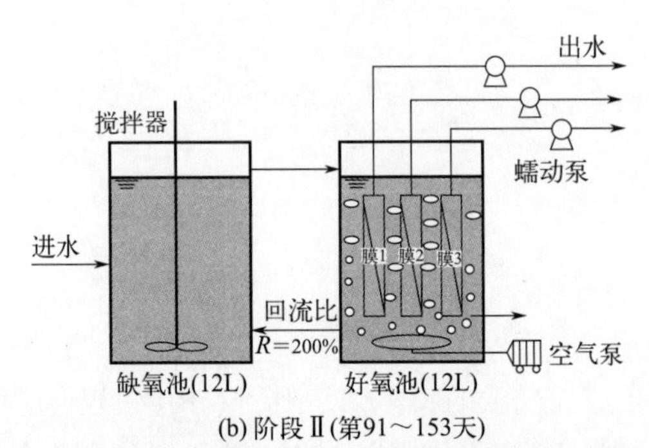

(b) 阶段Ⅱ(第91～153天)

图 13-1　本研究中 A/O MBR 的工艺流程

反应器启动的接种污泥取自广州某污水处理厂的二沉池。为减小实际生活污水水质变化对反应器运行带来的影响，本实验采用模拟生活污水为进水。将 3 块新的平板膜组件（$0.1m^2$，0.1μm，PVDF，SINAP-10，上海斯纳普膜分离科技有限公司）浸没于好氧池，分别命名为膜 1、膜 2 和膜 3。出水通过 3 个蠕动泵连续抽吸，膜运行过程不设停止间歇和反冲洗。使用 LabVIEW 程序以 10min 的间隔记录 TMP。当 TMP 增加到约 25kPa 时，将污染的膜组件取出，首先用高压自来水将滤饼层冲洗干净，再将其置于 0.3% NaClO 溶液中浸泡 12h 进一步恢复通量。表 13-1 中列出了 MBR 操作参数的详细信息。

微生物测序结果的统计学分析方法：利用 Chase 等开发的零模型来进行群落组装的生态学过程分析[4]，该方法保持每个时间点物种丰富度（α 多样性）和所有时间点物种丰富度（γ 多样性）恒定。多元分散可置换分析（permutational analysis of multivariate dispersions，PERMDISP）用来检验实际观测微生物群落和零模型预测微生物群落的统计学差异。零模型衍生的标准效应量（standard effect size，SES）参数可以用来定性描述群落组装的确定性过程。此外，基于周集中团队提出的方法，选择强度（selection strength，SeS）可以用来定量计算群落组装的确定性和随机性过程[5]。计算公式如下：

$$\mathrm{SeS}=(J_{\mathrm{obs}}-\bar{J}_{\mathrm{exp}})/J_{\mathrm{obs}}$$

式中　J_{obs} 和 $\bar{J}_{\mathrm{exp}}$——实际观测 Jaccard 相似度和模型预测 Jaccard similarity 的平均值。

表 13-1　MBR 反应器运行参数

运行参数	阶段Ⅰ（第 0 ～ 91 天）									阶段Ⅱ（第 91 ～ 153 天）		
	膜 1	膜 2				膜 3				膜 1	膜 2	膜 3
通量 /[L/(m^2 · h)]	8	16	16	16	16	16①	16①	16①	8①	8	8	8
时间 /d	0 ～ 84	0 ～ 27	27 ～ 55	55 ～ 78	78 ～ 91	0 ～ 25	25 ～ 47	47 ～ 77	77 ～ 91	84 ～ 147	91 ～ 153	78 ～ 142
结束时 TMP/kPa	10.06（S5）②	25.01	25.08（S2）②	10.16（S4）②	5.08（S6）②	25.06	10.08（S1）②	25.03（S3）②	1.97	5.05（S8）②	4.96（S9）②	4.94（S7）②
MLVSS/(mg/L)	6193±326									6193±326		
SRT/d	20									20		
HRT/h	10									10		
DO/(mg/L)	3.5±1.2									3.5±1.2		
污泥回流比 /%	200									200		
pH 值	7.1±0.2									7.1±0.2		
温度 /℃	25±2									25±2		

① 为了保持整个运行周期 HRT 恒定不变，阶段Ⅰ膜 3 出水回流至反应器内。

② S1、S2、S3、S4、S5、S6、S7、S8 和 S9 表示滤饼层取样点。

13.2 MBR 运行性能及膜污染变化

整个 MBR 运行周期内，反应器表现出良好的有机物和营养盐的去除效率，对 COD、TN 和 TP 的平均去除率分别达到 91.38%、78.50% 和 57.36%。另外，出水硝酸盐浓度相比于上清液降低了 13.00%，表明生物滤饼层对去除营养物具有一定的贡献。此外，不同通量运行的膜组件出水水质并没有表现出明显差异。如图 13-2 所示（书后另见彩图），膜通量主导了 TMP 的上升规律，即通量越高，TMP 上升速率越快。高通量运行条件下，TMP 的发展呈现出明显的两段式。在初始 20d 运行期间内，TMP 以较慢的平均速率 0.50kPa/d 升高。随着污染过程推进，TMP 平均增长速率迅速升至 2.16kPa/d，比初期污染速率提高了 332%。相反地，TMP 在低通量条件以较慢的平均增长速率 0.11kPa/d 升高。

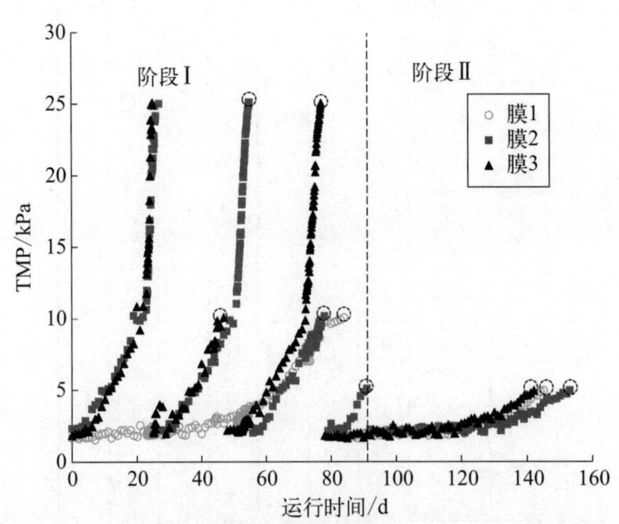

图 13-2 MBR 反应器运行周期内采样点分布及跨膜压差的变化

黑色虚线圆圈代表滤饼层取样点

如表 13-2 所列，滤饼层的 PS 和 PN 含量随着膜通量和 TMP 的变化而发生显著变化。相同 TMP 条件下，低通量滤饼层的 PS 浓度显著高于高通量滤饼层的 PS 浓度。此外，在高、低通量运行条件下 PS/PN 比例均随着污染过程的进行呈现升高趋势。

表 13-2 不同污染阶段滤饼层的组成

滤饼层样品	膜通量 /[L/(m²·h)]	运行天数 /d	TMP /kPa	VSS /(g/m²)	PS /(g/m²)	PN /(g/m²)	PS /PN 值
S1	16	21.9	10	26.26	2.48	2.43	1.02
S2	16	27.4	25	49.75	3.00	2.20	1.37
S3	16	29.1	25	46.95	3.15	2.08	1.52

续表

滤饼层样品	膜通量 /[L/(m²·h)]	运行天数 /d	TMP /kPa	VSS /(g/m²)	PS /(g/m²)	PN /(g/m²)	PS /PN 值
S4	16	23.0	10	22.62	2.77	2.44	1.13
S5	8	84.2	10	98.69	4.88	1.94	2.51
S6	16	13.0	5	3.61	0.68	0.62	1.09
S7	8	64.1	5	69.36	2.24	1.42	1.58
S8	8	62.3	5	61.54	2.95	1.56	1.89
S9	8	61.8	5	75.68	3.26	1.78	1.83

13.3　生物滤饼层的微生物组成与多样性

通过 Illumina 平台对本研究 27 个样品测序共获得 1450526 条高质量序列。为了在相同的测序深度对样品进行多样性和组成分析比较，从每个样品中随机地抽取 29172 个序列对数据进行标准化。在属水平上筛选出所有样品中丰度前 30 的物种（其中一个无任何分类学注释信息，故保留 29 个），如图 13-3（a）所示（书后另见彩图）。这些属主要分布于 *Proteobacteria*（平均相对丰度 36.32%）、*Chloroflexi*（平均相对丰度 31.88%）、*Planctomycetes*（平均相对丰度 9.83%）、*Bacteroidetes*（平均相对丰度 9.77%）、*Actinobacteria*（平均相对丰度 2.83%）、*Nitrospirae*（平均相对丰度 2.55%）和 *Verrucomicrobia*（平均相对丰度 1.76%）。此外，高通量滤饼层与低通量滤饼层拥有相似的主要物种（平均相对丰度＞ 1.0%），但其相对丰度的排序表现出一定的差异，如表 13-3 所列。

表 13-3　高通量滤饼层与低通量滤饼层中主要属的分布

微生物群落	属	门	纲	平均相对丰度 /%
高通量滤饼层	*Roseiflexus*	Chloroflexi	Chloroflexia	18.2
	Thiothrix	Proteobacteria	Gammaproteobacteria	8.53
	Planctomyces	Planctomycetes	Planctomycetacia	3.58
	Legionella	Proteobacteria	Gammaproteobacteria	2.98
	Nitrospira	Nitrospirae	Nitrospira	2.69
	Phaeodactylibacter	Bacteroidetes	Sphingobacteriia	2.38
	Candidatus Competibacter	Proteobacteria	Gammaproteobacteria	1.91
	Aeromonas	Proteobacteria	Gammaproteobacteria	1.86

续表

微生物群落	属	门	纲	平均相对丰度 /%
高通量滤饼层	*Azospira*	Proteobacteria	Betaproteobacteria	1.53
	Haliangium	Proteobacteria	Deltaproteobacteria	1.28
低通量滤饼层	*Roseiflexus*	Chloroflexi	Chloroflexia	39.4
	Thiothrix	Proteobacteria	Gammaproteobacteria	9.74
	Legionella	Proteobacteria	Gammaproteobacteria	3.77
	Terrimicrobium	Verrucomicrobia	Spartobacteria	2.97
	Planctomyces	Planctomycetes	Planctomycetacia	2.31
	Mycobacterium	Actinobacteria	Actinobacteria	2.19
	Phaeodactylibacter	Bacteroidetes	Sphingobacteriia	1.95
	Fodinicola	Actinobacteria	Actinobacteria	1.72
	OM27_clade	Proteobacteria	Deltaproteobacteria	1.48
	Nitrospira	Nitrospirae	Nitrospira	1.23

所有样品的测序深度指数均高于 99%，表明测序深度已经足够涵盖样品中绝大多数细菌群落的多样性。基于 Shannon 和 Chao 指数的结果判断，在 MBR 运行过程中，高通量滤饼层的微生物多样性均比低通量条件下的要高（表 13-4）。随着膜污染的加剧，高、低通量运行下的生物滤饼层的 α 多样性均呈现逐渐下降的趋势［图 13-3（b）］（书后另见彩图）。值得注意的是，悬浮活性污泥的微生物多样性呈现一定范围内的波动（约 20%）而无明显的变化趋势。这些结果表明滤饼层的多样性并不会对悬浮污泥的生物多样性构成影响，而前者与 MBR 反应器的操作运行状态密切相关。

表 13-4 悬浮污泥和滤饼层群落的 α 多样性指数

样品	Sobs	Shannon	Chao	均匀度	测序深度指数
悬浮污泥 _1	767	4.261024	1045.124	0.64148	0.993238
悬浮污泥 _2	947	4.330953	1179.592	0.631952	0.993246
悬浮污泥 _3	1284	4.751761	1528.804	0.663864	0.995457
悬浮污泥 _4	1276	4.750352	1435.536	0.664247	0.99598
悬浮污泥 _5	1043	4.424006	1364.527	0.636561	0.992209
悬浮污泥 _6	939	3.910057	1272.577	0.571244	0.993116
高通量滤饼层 _5kPa_1	1244	5.271481	1348.439	0.739744	0.997512

续表

样品	Sobs	Shannon	Chao	均匀度	测序深度指数
高通量滤饼层 _5kPa_2	1411	5.011159	1547.505	0.690999	0.99559
高通量滤饼层 _5kPa_3	1296	4.920893	1517.282	0.686601	0.994096
高通量滤饼层 _10kPa_1	1314	4.648954	1603.75	0.647412	0.994495
高通量滤饼层 _10kPa_2	1214	4.848922	1527.271	0.682786	0.991266
高通量滤饼层 _10kPa_3	1202	4.730233	1504.118	0.667006	0.992044
高通量滤饼层 _10kPa_4	1400	4.818578	1664.734	0.665161	0.995381
高通量滤饼层 _10kPa_5	1359	4.807817	1698.018	0.66641	0.994985
高通量滤饼层 _10kPa_6	1237	4.822477	1598.121	0.677272	0.991395
高通量滤饼层 _25kPa_1	1228	4.944545	1470.742	0.695128	0.993167
高通量滤饼层 _25kPa_2	1214	4.848842	1525.395	0.682774	0.992139
高通量滤饼层 _25kPa_3	1295	4.995596	1628.436	0.697099	0.991751
高通量滤饼层 _25kPa_4	1111	4.572202	1358.013	0.651959	0.99572
高通量滤饼层 _25kPa_5	1104	4.570657	1352.221	0.652327	0.995287
高通量滤饼层 _25kPa_6	993	4.513253	1295.791	0.654025	0.994238
低通量滤饼层 _5kPa_1	947	3.555197	1207.204	0.518757	0.995895
低通量滤饼层 _5kPa_2	902	3.688037	1225.11	0.541991	0.995489
低通量滤饼层 _5kPa_3	801	3.730639	1003.736	0.557989	0.99339
低通量滤饼层 _10kPa_1	632	3.433118	987.6316	0.532358	0.993678
低通量滤饼层 _10kPa_2	705	3.540241	1054.25	0.539819	0.993056
低通量滤饼层 _10kPa_3	944	3.653421	1204.155	0.533336	0.995136

进一步运用基于 Bray-Curtis 距离的 NMDS 分析以比较活性污泥和滤饼层微生物群落结构的差异，结果如图 13-3（c）所示（书后另见彩图）：活性污泥样品均沿着 NMDS1 分布，范围为 -0.15 ～ 0.15，而在 NMDS2 上的对应数值均低于 0。相对地，滤饼层样品在 NMDS 图的四个象限内均有所分布，表明这两种不同形态聚集体中的微生物群落呈现出明显不同的多样性分布特征。此外，高通量滤饼层样品分布在第二、第三象限，而低通量滤饼样品主要分布在第一、第四象限，说明不同膜通量下的滤饼层具有显著不同的微生物群落结构。

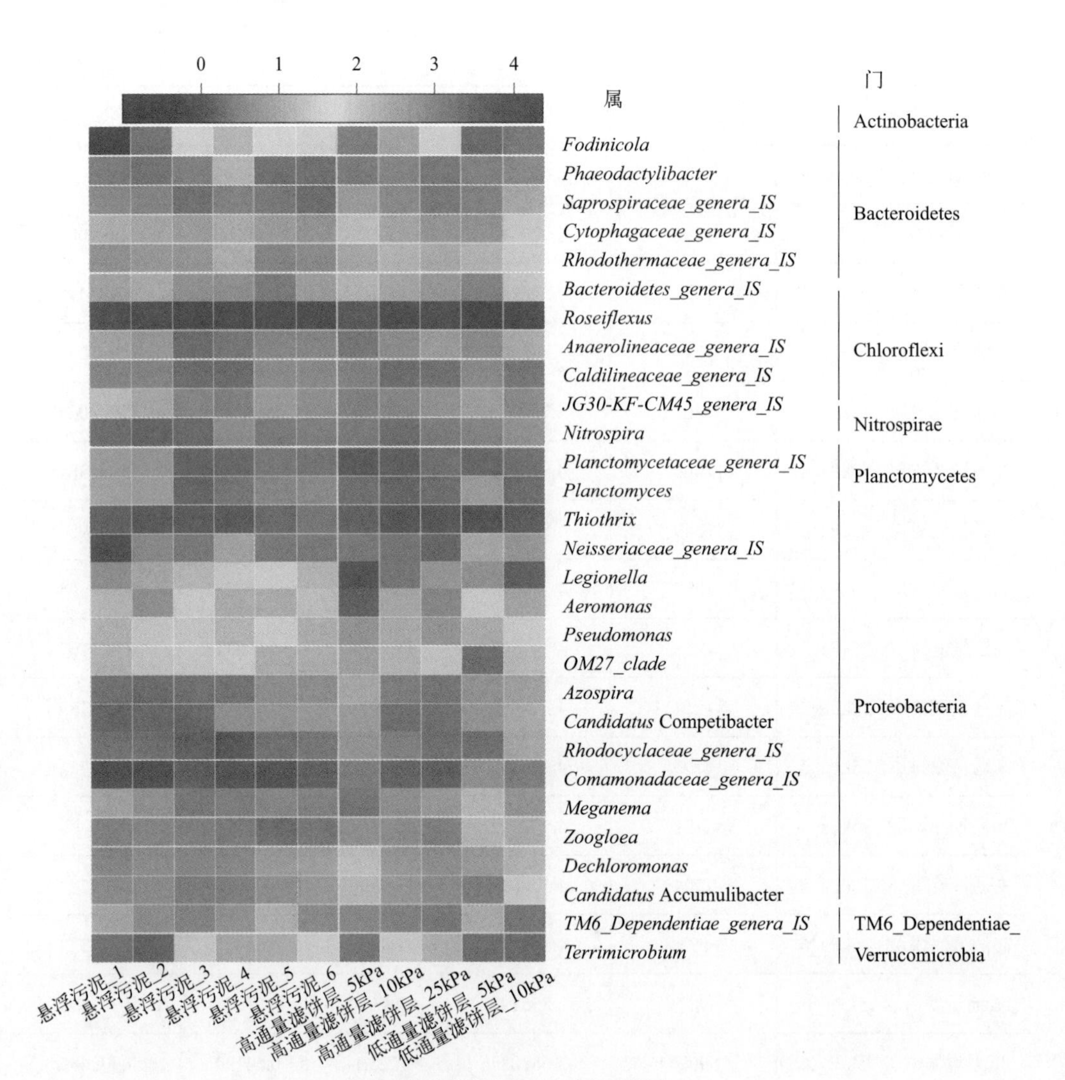

(a) 所有样品中相对丰度前30的属

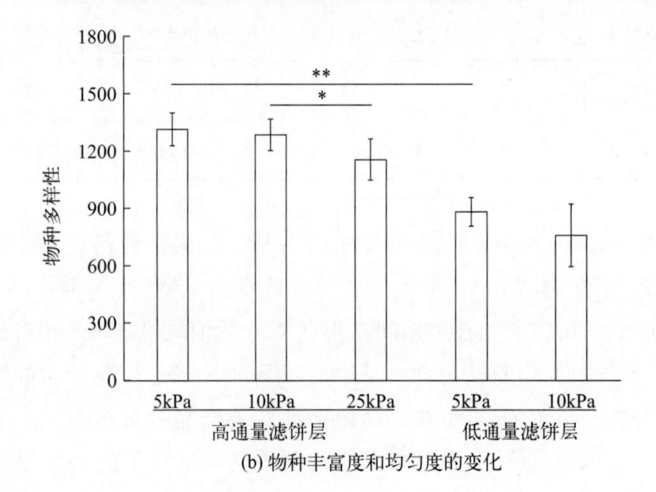

(b) 物种丰富度和均匀度的变化

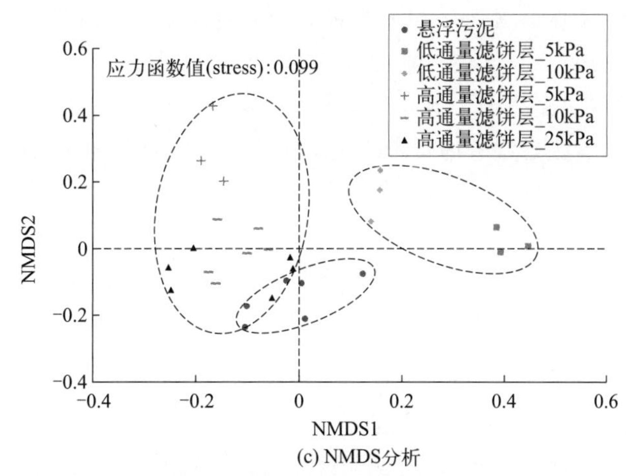

(c) NMDS分析

图 13-3 所有样品中相对丰度前 30 的属、滤饼层中物种丰富度和均匀度的变化以及基于 Bray-Curtis 距离对污泥和滤饼层样品的 NMDS 分析

13.4 滤饼层微生物群落组装的确定性与随机性过程

根据生态位理论，确定性过程对群落结构模式有很大的控制作用。确定性过程常常包括非随机、基于生态位的任何生态过程包括环境筛滤和各种生物相互作用（如竞争、促进、互惠和掠夺）。与确定性过程不同，随机性过程通常包括概率扩散（如定居点的随机机会）、随机物种形成和灭绝和生态漂移（如生物数量的随机变化）等。MBR 中微生物群落结构的塑造可能受到确定性与随机性过程的共同调控。因此，采用生态零模型对微生物群落的组装机理进行解析，结果如表 13-5 所列。PERMDISP 结果显示，活性污泥和高通量滤饼层的实际观测 β 多样性与零模型预测的 β 多样性无显著差异（$P > 0.05$），表明微生物群落的组装过程由随机性过程主导。然而，低通量滤饼层 β 多样性与零模型预测的 β 多样性差异显著（$P < 0.05$），说明低通量滤饼层的微生物群落的组装过程主要是确定性过程驱动的。

表 13-5 活性污泥和滤饼层群落的实际质心与零模型预测质心的统计学差异检验

微生物群落	群落实际质心	零模型预测质心	F	P
悬浮污泥	0.35	0.32	0.65	0.45
高通量滤饼层 _5kPa	0.25	0.24	1.21	0.33
高通量滤饼层 _10kPa	0.28	0.27	3.09	0.11
高通量滤饼层 _25kPa	0.30	0.30	0.01	0.92
低通量滤饼层 _5kPa	0.23	0.29	56.76	0.00
低通量滤饼层 _10kPa	0.28	0.31	11.22	0.03

低通量滤饼层的实际观测 Jaccard 相似度数值显著高于零模型对其预测的 Jaccard 相似度数值（表 13-6）。根据微生态相关理论[6]，可以推知环境筛滤作用（非生物作用），即滤饼层的微环境选择而非微生物相互作用驱动其群落构成。SeS（选择强度）可以用来定性衡量确定性效应，且一般认为数值越大，确定性过程所占的比例越高。结果显示，低通量滤饼层的 SeS 值比活性污泥和大多数高通量滤饼层（除 10kPa 外）的 SeS 值都高。

表 13-6　活性污泥和滤饼层群落组装的确定性和随机性过程

微生物群落	J_{obs}	J_{exp}	SeS	确定性过程占比 /%	随机性过程占比 /%
悬浮污泥	0.47±0.08	0.33±0.04	3.12±1.30	29.00	71.00
低通量滤饼层 _5kPa	0.60±0.01	0.29±0.00	186.54±8.17	51.59	48.41
低通量滤饼层 _10kPa	0.51±0.01	0.24±0.02	17.67±1.64	53.43	46.57
高通量滤饼层 _5kPa	0.56±0.02	0.45±0.01	9.98±0.60	20.55	79.45
高通量滤饼层 _10kPa	0.57±0.03	0.43±0.01	21.39±4.96	24.77	75.23
高通量滤饼层 _25kPa	0.54±0.05	0.38±0.04	4.24±1.44	29.19	70.81

SeS 可以用来定量计算基于生态位的确定性过程所占的比例。根据 SeS 的结果（图 13-4），活性污泥微生物群落组装过程中，随机性过程（1-SeS）平均占到 71.00%；低通量滤饼层微生物群落组装过程中，由确定性过程主导，占比 51.59% ～ 53.43%，而高通量滤饼层微生物群落组装过程中，由随机性过程主导，占比 70.81% ～ 79.45%。值得注意的是，高、低通量运行条件下，确定性过程所占比例在滤饼层群落组装过程中均随着 TMP 的升高而增加。

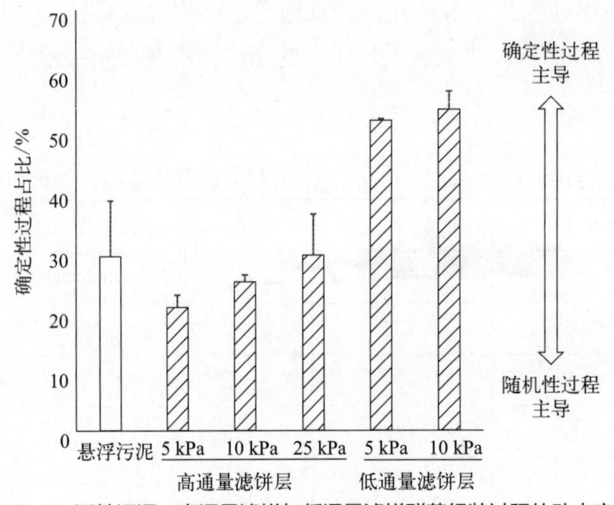

图 13-4　活性污泥、高通量滤饼与低通量滤饼群落组装过程的动态变化

13.5　滤饼层微生物生态网络的拓扑学特征

基于 RMT 理论构建了高、低通量下滤饼层微生物相互作用的生态网络，如图 13-5 所示（书后另见彩图）。网络图中节点的颜色以其所属的门来区分，节点大小与连接度呈正相关，红边和灰边分布代表正相关和负相关，边的厚度与节点间皮尔逊相关系数呈正相关。高通量滤饼层生态网络中共存在 352 个节点（即 OTUs）和 918 条连接的边，其中 61.22% 正相关的连接边，38.78% 负相关的连接边，而低通量滤饼层生态网络中共存在 221 个 OTUs 和 2068 条连接边，其中 56.04% 正相关的连接边，43.96% 负相关的连接边。此外，本研究所构建的 $\overline{\mathrm{CC}}$、HD 和模块化指数均大于显著其相应的随机网络。另外，两个生态网络的 σ 都大于 1，表明所构建的微生物分子生态网络具有典型的小世界和模块化等生态网络特征 [7]。相较于高通量滤饼层，低通量滤饼层微生物生态网络具有更高的 $\overline{K}$，更高的 $\overline{\mathrm{CC}}$，更短的 HD（表 13-7），表明低通量滤饼层微生物群落结构更加复杂且物种间相互作用更加剧烈。低通量滤饼层的微生物生态网络比高通量滤饼层具有更低的模块化指数以及更高的平均连接度。此外，采用曼特尔检验（Mantel test）检验滤饼层中 OTU 间的连接强度是否与其系统发育相似度相关。结果显示，物种间正、负相关关系均与其系统发育距离无显著相关性（$P > 0.05$），表明系统发育相似性对微生物间的相互作用强度的影响较小。

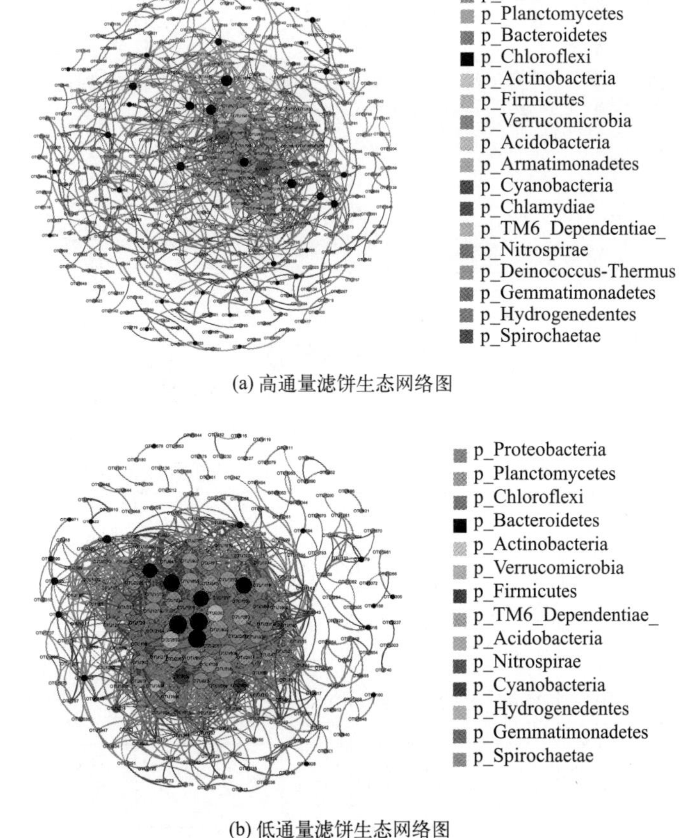

(a) 高通量滤饼生态网络图

(b) 低通量滤饼生态网络图

图 13-5

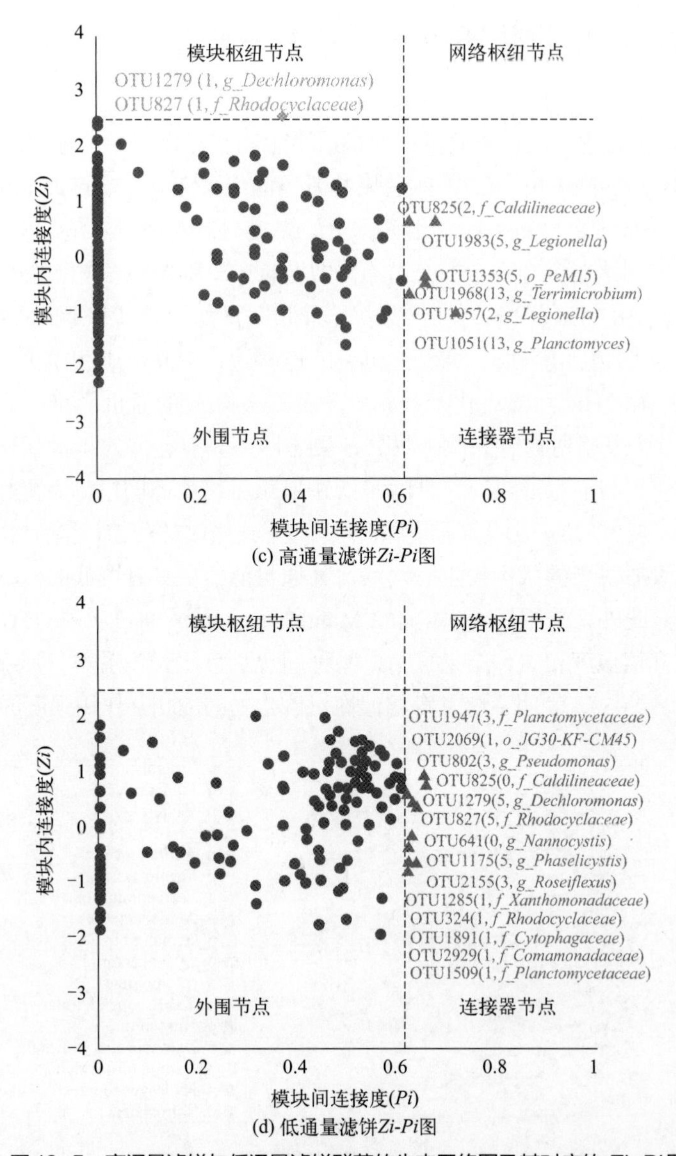

图 13-5　高通量滤饼与低通量滤饼群落的生态网络图及其对应的 *Zi*-*Pi* 图

表 13-7　不同通量滤饼层微生态网络和相应的随机网络的拓扑学参数

生态网络	实测网络								模型预测随机网络		
	节点数（n）	相似度阈值（St）	R^2	$\overline{K}$	HD	$\overline{CC}$	模块化指数	σ	HD±SD	$\overline{CC}$±SD	模块化指数±SD
低通量滤饼层	221	0.91	0.56	18.72	2.50	0.48	0.25	1.4	2.16±0.02	0.30±0.01	0.14±0.01
高通量滤饼层	352	0.96	0.87	5.22	4.62	0.33	0.63	5.8	3.21±0.03	0.04±0.01	0.40±0.01

13.6　滤饼层微生物群落的关键物种

在微生物分子生态网络中，物种的生态作用可以通过其在自身模块中的连接度（Zi）与其在其他模块中的连接度（Pi）定义。如图 13-5 所示，绝大多数的节点几乎仅与其所在的模块内的节点存在少量的连接，属于外围节点。生态学上，被归为外围节点的物种可以视为微生物生态系统中的特化种，被归为连接器和模块枢纽节点的物种可视为泛化种，而网络枢纽节点物种可视为超级泛化种。低通量滤饼层有约 6.3% 的 OTUs 为泛化种且全部为连接器物种，而高通量滤饼层存在 2.3% 的 OTUs 为泛化种，其中包括 0.6% 的模块枢纽物种和 1.7% 的连接器物种（表 13-8）。由于两个生态网络中都没有检测到超级泛化种的存在，泛化种可以认为是驱动膜污染生态网络的关键物种。在这些关键物种中，高通量滤饼层和低通量滤饼层分别拥有 5 个和 11 个特有的物种（表 13-9）。此外，两个生态网络共有 3 个关键物种，即 *g_Dechloromonas*、*f_Rhodocyclaceae* 和 *f_Caldilineaceae*。群体感应（quorum sensing，QS）相关的物种，如 *g_Legionella* 和 *g_Pseudomonas*，也在两个生态网络中被检出但相对丰度都很低（平均相对丰度 0.01% ～ 0.93%），表明一些低丰度物种在膜污染过程中扮演着重要的角色。

表 13-8　不同通量滤饼层微生物网络中关键物种的拓扑学参数

微生物网络	网络节点	拓扑学地位	所在模块	Zi	Pi
高通量滤饼层	OTU1279	模块枢纽	1	2.55	0.38
	OTU827	模块枢纽	1	2.55	0.38
	OTU1983	连接器	5	0.68	0.68
	OTU1353	连接器	5	0.68	0.63
	OTU1968	连接器	13	−0.33	0.66
	OTU1057	连接器	2	−0.43	0.66
	OTU1051	连接器	13	−0.64	0.63
	OTU825	连接器	2	−0.99	0.72
低通量滤饼层	OTU1509	连接器	1	0.72	0.66
	OTU2929	连接器	1	0.72	0.66
	OTU1891	连接器	1	0.72	0.66
	OTU324	连接器	1	0.91	0.65
	OTU1285	连接器	1	0.34	0.64
	OTU2155	连接器	3	−0.66	0.64
	OTU1175	连接器	5	0.38	0.63
	OTU641	连接器	0	0.43	0.63

续表

微生物网络	网络节点	拓扑学地位	所在模块	*Zi*	*Pi*
低通量滤饼层	OTU827	连接器	5	−0.19	0.63
	OTU1947	连接器	3	−0.66	0.63
	OTU2069	连接器	1	−0.82	0.63
	OTU802	连接器	3	−0.66	0.63
	OTU825	连接器	0	−0.38	0.62
	OTU1279	连接器	5	0.57	0.62

表 13-9 不同通量滤饼层微生物网络中关键物种的潜在功能

微生物网络	网络节点	最低分类单元	门	平均相对丰度/%	代谢潜能	功能潜能	参考文献
高通量滤饼层	**OTU1279**[a]	***g_Dechloromonas***	**p_Proteobacteria**	0.14	兼性厌氧	反硝化菌	[8]
	OTU827	***f_Rhodocyclaceae***	**p_Proteobacteria**	0.22	兼性厌氧	反硝化菌	[9]
	OTU1983	*g_Legionella*	p_Proteobacteria	0.11	好氧	大多数具有运动性，QS 相关	[10]
	OTU1353	*o_PeM15*	p_Actinobacteria	0.19	兼性好氧	鲜见报道	—
	OTU1968	*g_Terrimicrobium*	p_Verrucomicrobia	0.93	兼性厌氧	不具有运动性	[11]
	OTU1057	*g_Legionella*	p_Proteobacteria	0.04	好氧	大多数具有运动性，QS 相关	[10]
	OTU1051	*g_Planctomyces*	p_Planctomycetes	0.01	好氧	运动性，利用多糖为主要碳源	[12]
	OTU825	***f_Caldilineaceae***	**p_Chloroflexi**	0.18	兼性厌氧	丝状菌，偏好单糖和多糖	[13]
低通量滤饼层	OTU1509	*f_Planctomycetaceae*	p_Planctomycetes	0.07	好氧	运动性，丝状菌，多糖降解，对不利环境抗性强	[14]
	OTU2929	*f_Comamonadaceae*	p_Proteobacteria	0.14	好氧	运动性，反硝化菌，EPS 分泌	[15]
	OTU1891	*f_Cytophagaceae*	p_Bacteroidetes	0.47	好氧	快速运动性，降解多糖和蛋白质	[16]

续表

微生物网络	网络节点	最低分类单元	门	平均相对丰度/%	代谢潜能	功能潜能	参考文献
低通量滤饼层	OTU324	*f_Rhodocyclaceae*	p_Proteobacteria	0.70	兼性厌氧	反硝化菌	[9]
	OTU1285	*f_Xanthomonadaceae*	p_Proteobacteria	0.05	好氧	多糖产生菌	[17]
	OTU2155	*g_Roseiflexus*	p_Chloroflexi	0.03	兼性好氧	运动性，丝状菌	[18]
	OTU1175	*g_Phaselicystis*	p_Proteobacteria	0.06	好氧	鲜见报道	—
	OTU641	*g_Nannocystis*	p_Proteobacteria	0.11	好氧	运动性，利用蛋白胨或蛋白质	[8]
	OTU827	***f_Rhodocyclaceae***	**p_Proteobacteria**	0.69	兼性厌氧	反硝化菌	[9]
	OTU1947	*f_Planctomycetaceae*	p_Planctomycetes	0.04	好氧	运动性，丝状菌，对不利环境抗性强，多糖代谢	[8]
	OTU2069	*o_JG30-KF-CM45*	p_Chloroflexi	0.07	好氧	丝状菌	—
	OTU802	*g_Pseudomonas*	p_Proteobacteria	0.07	好氧	运动性，QS 相关，多糖产生菌	[19]
	OTU825	***f_Caldilineaceae***	**p_Chloroflexi**	0.02	兼性厌氧	丝状菌，偏好单糖和多糖	[8]
	OTU1279	***g_Dechloromonas***	p_**Proteobacteria**	0.27	兼性厌氧	反硝化菌	[8]

注：两个微生物群落中相同的关键物种以加粗显示。

进一步地，用 Pearson 关联分析检验关键物种与环境因子的相互关系，结果如图 13-6 所示（书后另见彩图）。有趣的是，硝酸盐和 PS 的浓度与大多数关键物种的相对丰度呈现明显的正相关关系，表明这两个基质可能是滤饼层微生物生态网络最相关的环境筛滤因子。COD 和 PN 浓度也与大多数关键物种的相对丰度具有正相关关系，进一步证实了生物聚合物在滤饼层微生物群落形成过程中的重要性。此外，在两个生态网络中关键物种与其连接的物种的作用主要是正向的。具体而言，高通量和低通量滤饼层中 60.3% 和 57.1% 的连接为正向的，表明合作或互利共生等生态关系主导着滤饼层中关键微生物的相互作用。

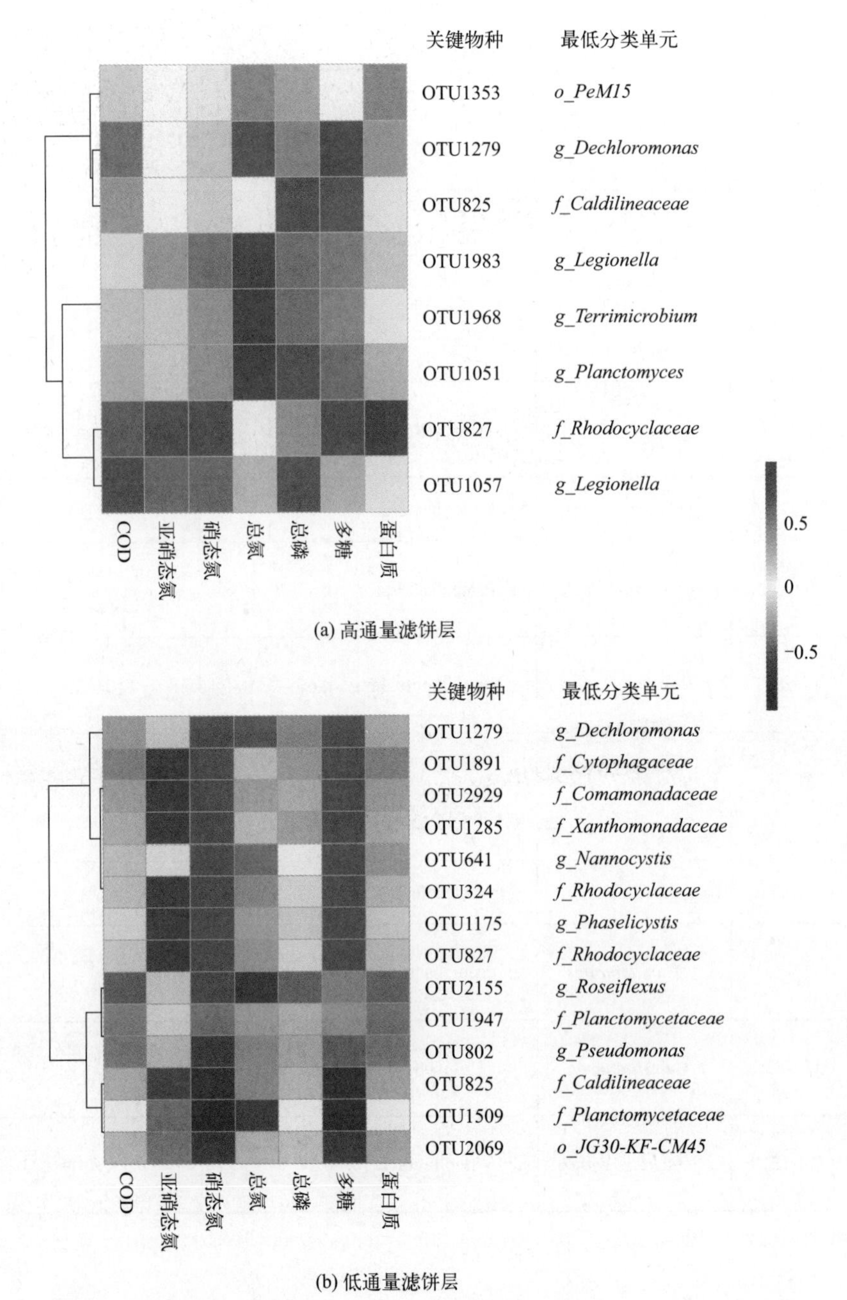

图 13-6 高通量和低通量滤饼层微生物生态网络中关键物种与环境因子的相关关系

13.7 滤饼层微生物群落组装受多重因素的共同调控

滤饼层微生物群落组装受机械作用的调控。机械作用，例如出水抽吸力和曝气强度是滤饼层微生物群落形成的物理驱动力。出水抽吸力能够驱动微生物从污泥混合液定向移动到膜组件表面，而曝气产生的作用力将会促进滤饼层中的微生物扩散至污泥相中。本研究中，不同通量所带来的不同的出水抽吸力导致了显著不同的滤饼层微生物群落组装过程。低通量运行条件下，滤饼层微生物群落很大程度上受控于环境筛滤作用，即滤饼层附近的微环境比如基质类型和浓度；而高通量条件下的情况则与前者不同。Besemer 等[20]和 Wilhelm 等[21]都指出溪流中的生物膜群落的组装主要受控于环境条件驱动的确定性过程而非上覆水体中物种的随机扩散形成。与之相对地，高通量带来的强抽吸力将会非选择性地驱动污泥相中的微生物迁移到膜组件表面而形成滤饼层。本研究的结论与最近自然生态系统的研究结果相一致，在该报道中作者指出水力学条件能影响确定性过程和随机性过程，从而控制河流中生物膜群落的组装过程[22]。本研究中，滤饼层群落组装确定性比例随污染过程推进而增加，这可能归因于初始定植物种与后来物种之间生物作用的强化。相似地，溪流生物膜群落组装的确定性过程所占的比例也随着其形成和发展过程中不断提高[23]。

滤饼层微生物群落组装受基质的调控。以往的研究大多将生物聚合物（如 PS）对膜污染的作用归因于堵塞或形成凝胶层[24，25]。很少有研究关注生物聚合物的降解或合成与细菌之间的相互作用。本研究中的两个通量下滤饼层生态网路共有的 3 个关键膜污染微生物 *g_Dechloromonas*、*f_Rhodocyclaceae* 和 *f_Caldilineaceae*，都是兼性厌氧细菌，它们可以更好地适应滤饼层中的缺氧微环境。*f_Rhodocyclaceae* 和 *g_Dechloromonas* 中的有些物种会潜在地促进硝酸盐的去除和难降解有机物的降解。先前关于 MBR 的研究结果也显示，出水中的 TN 浓度低于反应器上清液中的 TN 浓度[26]。这些研究有力地证实了滤饼层中反硝化菌的存在。有学者使用宏基因组学方法进一步揭示了参与硝酸盐还原的细菌的基因在滤饼层中的普遍存在性[27]。

此外，亲水性的 *f_Caldilineaceae* 物种被发现在膜污染或膜表面物种的固定中起着重要作用，从而促进 MBRs 中滤饼层的形成。低通量滤饼微生物生态网络特有的关键膜污染物种中，大多数物种是能够运动的（具有鞭毛），并参与生物大分子的代谢，例如 PN 和 PS 的降解。相比之下，高通量滤饼层生态网络中的关键物种运动能力较低，并且参与 PN 和 PS 代谢潜力较小。膜表面上的 EPS 为滤饼层微生物创造了局部环境（即营养或碳源）。例如，它们导致了膜面上物种的定植和生物膜形成过程[1]。滤饼层中具有运动能力的细菌比其他细菌更容易获得基质。并且在滤饼层这种基质匮乏的微环境中，某些细菌以膜表面沉积细菌释放的 EPS 或死细菌的细胞碎片为生长代谢的基质。这些过程最终导致了完全不同于活性污泥的群落组装机制[28]。

滤饼层微生物群落组装受生态作用的调控。在膜污染发展过程中，滤饼层群落组装确定性过程的提高与最初和随后定植物种之间的生物作用强烈相关。本研究中，低通量滤饼层中的微生物之间的联系相比于高通量情况下表现得更加紧密。这也印证了确定性组装过程在低通量滤饼的生态网络中具有更高的重要性。此外，高通量滤饼的生态网络比低通量滤饼的微生物网络具有更高的模块化指数，表明其生态位分化程度更高，从而导致其中微生物种群之间的相互作用较弱[29]。通常来讲，直接或间接的生物作用（如共享生态位）都代表着确定性过程而非随机性过程[30]。因此，以上结果都明确了确定性过程在低通量滤饼层中的种间关系起着重要作用，进一步证实了上述关于生物滤饼群落组装机制的论断。

Ju 等的研究发现，活性污泥中的微生物群落的确定性组装由物种进化相似度来决定[31]。然而，在本研究中我们发现物种发育相似性在生物滤饼群落的微生态网络中起着微不足道的作用，从而确认了生物滤饼与其来源群落（悬浮活性污泥）的组装机制存在着明显的差异。滤饼层中关键膜污染物种与其相互作用的物种之间主要表现为正相关关系，而物种间的正相关关系普遍认为与合作或互利共生等物种共存方式有关，主要体现为以下几个方面：

① 代谢合作，某个物种利用相邻物种产生的代谢产物为碳源或能源。例如，PN 水解菌 *Saprospiraceae* 以 Comamonadaceae 中的细菌分泌的蛋白质为代谢基质（例如生态网络模块 1 中的 OTU2929 与 OTU1851）。

② 某些细菌可以通过改善邻近物种生存的微环境来帮助其他物种生存。例如，好氧异养菌 *Pirellula* 通过消耗氧气为兼性厌氧的 Caldilineaceae 提供了局部厌氧条件（例如微生态网络中模块 0 中的 OTU825 与 OTU1855）。

此外，两种通量下的滤饼层中 QS 相关细菌作为关键物种出现在微生态网络中，表明细菌间的交流对生物滤饼微生物群落的形成和发展具有一定的贡献。值得注意的是，与先前在其他生态系统上的发现相似[32]，我们的研究结果也表明，所有引起膜污染的关键物种的相对丰度都非常低，证实了低丰度物种在膜污染微生态中的重要作用。在笔者课题组另一项关于膜污染的研究中[17]，通过 LefSe 算法识别出大部分滤饼层样品的生物标志物都属于低丰度物种，如 Methylophilaceae、Burkholderiaceae、Paucibacter 和 Pseudoxanthomonas 的平均丰度分别为 0.03%、0.02%、0.01% 和 0.02%。尽管这些低丰度物种与膜污染滤饼层形成的关系并不明确，但它们在滤饼层中呈现出的统计学上的显著差异性和生物学上的一致性反映了其生物学行为，即偏好于在膜表面上生长，表明这些低丰度物种对膜污染滤饼层的形成或发展有很大的影响。研究表明，在包括污水处理系统在内的大多数环境中，生物膜的形成是一种多物种行为，包括一系列的微生物调节途径，在不同阶段分别触发和控制生物膜形成[33，34]。前人的研究表明，归属于 Burkholderiaceae 菌科的物种含有大量可促进生物膜形成的基因[35]。因此，尽管 Burkholderiaceae 菌科在滤饼层的平均丰度仅为 0.001%，但它们可能是导致膜污染发展的最重要因素之一。该项研究的微生物分子生态网络分析结果也显示大部分关键物种的相对丰度均很低（< 1%），表明对于膜污染滤饼层微生物组装，低丰度的关键物种可能比某些高丰度物种发挥更重要的作用。从生态学上来说，这些低丰度物种对于维持滤饼群落的结构和功能非常重要。因此，膜污染的控制应集中在消除这些低丰度关键膜污染细菌的影响。

实际污水成分复杂，包括有机物、营养物和污水中微生物，污水温度会在很大程度上影响滤饼层微生物群落的组装。因此，本研究中，我们在实验室条件下运行 MBR 反应器，在室温下以人工合成废水为进水，以便清楚地解析微生物群落的组装过程。研究结果发现生物滤饼群落的组装过程受机械作用、环境筛选和物种间相互作用的共同调控。在低通量条件下，生物滤饼的形成和发展主要取决于滤饼层周围微环境的选择作用，受到随机过程的影响较小。相比之下，高通量滤饼层微生物群落主要受控于出水抽吸力的作用，从而导致悬浮污泥中物种非选择性附着于膜表面。因此，低通量滤饼层中的关键膜污染物种很大程度上可被预测，而高通量滤饼群落组成的预测因其组装的随机性则更具挑战性。其他操作条件（例如 SRT、温度）通过介导确定性或随机过程能影响微生物群落组装，也可能影响膜污染滤饼层中微生物群落的组装。本研究结合生态零模型和分子生态网络，为解构膜污染微生态提供了一种可行的方法，研究结果可为各种特定的MBR系统开发靶向膜污染控制策略提供理论支持。

参考文献

[1] Huang L, Wever D H, Diels L. Diverse and distinct bacterial communities induced biofilm fouling in membrane bioreactors operated under different conditions[J]. Environmental Science & Technology, 2008, 42 (22): 8360-8366.

[2] Lu H, Xue Z, Saikaly P, et al. Membrane biofouling in a wastewater nitrification reactor: Microbial succession from autotrophic colonization to heterotrophic domination[J]. Water Research, 2016, 88: 337-345.

[3] Matar G K, Bagchi S, Zhang K, et al. Membrane biofilm communities in full-scale membrane bioreactors are not randomly assembled and consist of a core microbiome[J]. Water Research, 2017, 123: 124-133.

[4] Chase J M, Kraft N J B, Smith K G, et al. Using null models to disentangle variation in community dissimilarity from variation in α-diversity[J]. Ecosphere, 2011, 2 (2): 11.

[5] Zhou J, Deng Y, Zhang P, et al. Stochasticity, succession, and environmental perturbations in a fluidic ecosystem[J]. Proceedings of the National Academy of Sciences, 2014, 111 (9): E836-E845.

[6] Chase J M. Drought mediates the importance of stochastic community assembly[J]. Proceedings of the National Academy of Sciences, 2007, 104 (44): 17430-17434.

[7] Zhou J, Deng Y, Luo F, et al. Functional molecular ecological networks[J]. mBio, 2010, 1 (4): 10.1128/mbio.00169-10.

[8] McIlroy S J, Saunders A M, Albertsen M, et al. MiDAS: The field guide to the microbes of activated sludge[J]. Database (Oxford), 2015, 2015: bav062.

[9] Oren A. The family Rhodocyclaceae[M]. Springer: Berlin, 2014: 975-998.

[10] Appelt S, Heuner K. The flagellar regulon of *legionella*—a review[J]. Frontiers in Cellular and Infection Microbiology, 2017, 7 (454): 1-13.

[11] Qiu Y L, Kuang X Z, Shi X S, et al. Terrimicrobium sacchariphilum gen. nov., sp. nov., an anaerobic bacterium of the class 'Spartobacteria' in the phylum Verrucomicrobia, isolated from a rice paddy field[J]. International Journal of Systematic and Evolutionary Microbiology, 2014, 64 (Pt 5): 1718-1723.

[12] Youssef N H, Elshahed M S. The phylum Planctomycetes[M]. Springer Berlin Heidelberg: Berlin, Heidelberg, 2014: 759-810.

[13] C K, TR T, AT M, et al. Eikelboom's morphotype 0803 in activated sludge belongs to the genus *Caldilinea* in the phylum *Chloroflexi*[J]. FEMS Microbiol Ecology, 2011, 76 (3): 451-462.

[14] Guo M, Han X, Jin T, et al. Genome Sequences of Three Species in the Family Planctomycetaceae[J]. Journal of Bacteriology, 2012, 194 (14): 3740-3741.

[15] Khan S T, Horiba Y, Yamamoto M, et al. Members of the family *Comamonadaceae* as primary poly (3-hydroxybutyrate-co-3-hydroxyvalerate) -degrading denitrifiers in activated sludge as revealed by a polyphasic approach[J]. Applied and Environmental Microbiology, 2002, 68 (7): 3206-3214.

[16] McBride M, Liu W, Lu X, et al. The family Cytophagaceae[M]. 2014: 577-593.

[17] Zhang S, Zhou Z, Li Y, et al. Deciphering the core fouling-causing microbiota in a membrane bioreactor: Low abundance but important roles[J]. Chemosphere, 2018, 195: 108-118.

[18] Ishii S, Shimoyama T, Hotta Y, et al. Characterization of a filamentous biofilm community established in a cellulose-fed microbial fuel cell[J]. BMC Microbiology, 2008, 8 (1): 1-12.

[19] Wang S，Yu S，Zhang Z，et al. Coordination of swarming motility，biosurfactant synthesis，and biofilm matrix exopolysaccharide production in *Pseudomonas aeruginosa*[J]. Applied and Environmental Microbiology，2014，80（21）：6724-6732.

[20] Besemer K，Peter H，Logue J B，et al. Unraveling assembly of stream biofilm communities[J]. ISME，2012，6（8）：1459-68.

[21] Wilhelm L，Singer G A，Fasching C，et al. Microbial biodiversity in glacier-fed streams[J]. ISME，2013，7（8）：1651-1660.

[22] Li Y，Wang C，Zhang W，et al. Modeling the effects of hydrodynamic regimes on microbial communities within fluvial biofilms：Combining deterministic and stochastic processes[J]. Environmental Science & Technology，2015，49（21）：12869-12878.

[23] Veach A M，Stegen J C，Brown S P，et al. Spatial and successional dynamics of microbial biofilm communities in a grassland stream ecosystem[J]. Molecular Ecology，2016，25（18）：4674-4688.

[24] Rosenberger S，Laabs C，Lesjean B，et al. Impact of colloidal and soluble organic material on membrane performance in membrane bioreactors for municipal wastewater treatment[J]. Water Research，2006，40（4）：710-720.

[25] Yoshida K，Tashiro Y，May T，et al. Impacts of hydrophilic colanic acid on bacterial attachment to microfiltration membranes and subsequent membrane biofouling[J]. Water Research，2015，76（1）：33-42.

[26] Meng F，Wang Y，Huang L N，et al. A novel nonwoven hybrid bioreactor（NWHBR）for enhancing simultaneous nitrification and denitrification[J]. Biotechnology and Bioengineering，2013，110（7）：1903-1912.

[27] Rehman Z U，Ali M，Iftikhar H，et al. Genome-resolved metagenomic analysis reveals roles of microbial community members in full-scale seawater reverse osmosis plant[J]. Water Research，2019，149：263-271.

[28] Ju F，Zhang T，Bacterial assembly and temporal dynamics in activated sludge of a full-scale municipal wastewater treatment plant[J]. ISME，2015，9（3）：683-95.

[29] Faust K，Raes J，Microbial interactions：From networks to models[J]. Nature Reviews Microbiology，2012，10（8）：538-550.

[30] Barberan A，Bates S T，Casamayor E O，et al. Using network analysis to explore co-occurrence patterns in soil microbial communities[J]. ISME J，2012，6（2）：343-51.

[31] Ju F，Xia Y，Guo F，et al. Taxonomic relatedness shapes bacterial assembly in activated sludge of globally distributed wastewater treatment plants[J]. Environ Microbiol，2014，16（8）：2421-2432.

[32] Deng Y，Zhang P，Qin Y，et al. Network succession reveals the importance of competition in response to emulsified vegetable oil amendment for uranium bioremediation[J]. Environmental Microbiology，2016，18（1）：205-218.

[33] O'Toole G，Kaplan H B，Kolter R. Biofilm formation as microbial development[J]. Annual Review of Microbiology，2000，54（1）：49-79.

[34] Vlamakis H，Chai Y，Beauregard P，et al. Sticking together：Building a biofilm the *Bacillus subtilis* way[J]. Nature Reviews Microbiology，2013，11（3）：157-168.

[35] Voronina O L，Kunda M S，Ryzhova N N，et al. *Burkholderia contaminans* biofilm regulating operon and its distribution in bacterial genomes[J]. BioMed Research International，2016.

第14章

好氧MBR与厌氧MBR膜污染行为的对比研究

此前，众多研究者对好氧膜生物反应器（aerobic MBR，AeMBR）中的膜污染机理进行了深入探究，AeMBR中的膜污染现象得到了较为全面深刻的认识[1]。由于厌氧膜生物反应器（anaerobic MBR，AnMBR）和AeMBR具有相似的反应器构型和泥水分离原理，因此AeMBR中关于膜污染机理的认知和膜污染控制的方法常被推广应用于AnMBR中[2,3]。然而，AnMBR和AeMBR之间存在许多不同之处，例如厌氧系统和好氧系统在微生物生态上具有显著差异，两者包含不同的微生物群落，对有机物进行分解代谢的途径也截然不同[4]。除此之外，先前的研究表明AnMBR中污泥混合液的污泥粒径小于AeMBR[5]，两类反应器中污泥混合液上清液包含的胶体物质浓度不同[6]，厌氧污泥混合液和好氧污泥混合液在SMP和EPS含量上也存在差异[7]。基于以上的差异，不同类型的MBR之间的膜污染机理和膜污染物可能不尽相同，具体的膜污染现象取决于反应器中不同的生物处理过程。然而，迄今为止只有少数研究对AnMBR和AeMBR间膜污染行为的差异进行了直接的比较与探究。例如，Yurtsever等[8]观察到AnMBR和AeMBR中不同的膜污染发展过程，Xiong等[9]从SMP和EPS的角度探究了AnMBR和AeMBR中的膜污染机理。总体而言，早期的研究仅关注于反应器整体的运行效果或SMP/EPS对膜污染的影响[10]。然而，MBR中的污泥混合液是一种复杂的混合物，其中包含污泥絮体、微细颗粒物和SMP/EPS，以上每一种组分均有可能是潜在的膜污染物。近期，Zhou等[11]报道了AnMBR污泥混合液上清液中微细颗粒物对于膜过滤过程存在负面影响，同时指出微细颗粒物不仅包含有机物，还包含大量的细菌细胞。尽管在先前的研究中鲜见报道，但微细颗粒物因其非生物与生物两方面的特性很可能具有复杂的膜污染机理。此外，AeMBR中的微细颗粒物是否同样具有双重特性及其对于膜污染的影响仍未可知。

因此，本研究通过平行运行AnMBR和AeMBR，对污泥混合液中潜在的膜污染物

（污泥絮体、微细颗粒物和 SMP/EPS）进行详细的表征，以期全面认识和对比 AnMBR 和 AeMBR 的膜污染机理。具体地，采用死端过滤实验评估潜在膜污染物的过滤性能和膜污染潜力；FTIR 表征结合主成分分析（principal component analysis，PCA）用于识别有机膜污染物来源；16S rRNA 高通量测序结合微生物溯源分析用于揭示膜污染层中微生物的来源。

14.1 AeMBR 与 AnMBR 的运行效果及膜污染情况

本研究平行运行了反应器构造完全相同的一组 AeMBR 和一组 AnMBR，反应器有效体积为 1.8L，反应器构造如图 14-1 所示，运行时长超过 200d。除了接种污泥和曝气模式外，两组反应器的运行条件（如膜组件构造、HRT、SRT、进水底物、运行温度和曝气强度等）保持一致。AeMBR 中，借助空气泵进行曝气，起到保持污泥混合液悬浮状态并减缓膜污染的作用，曝气强度控制在 2L/min；AnMBR 中，真空泵利用反应器顶部空间的气体进行沼气循环曝气，曝气强度同样设置为 2L/min。中空纤维膜组件（$0.03m^2$，0.1μm，PVDF，日本旭化成，日本）浸没于 MBR 中，与两台蠕动泵（膜通量控制泵和出水泵）串联相接。膜通量控制在 $9L/(m^2 \cdot h)$ 以达到亚临界通量状态，出水通量控制在 $6L/(m^2 \cdot h)$ 以保持 HRT 为 10h，多余的滤液返回反应器。通过人工定期排泥，反应器的 SRT 控制在 50d。本实验采用人工合成废水作为反应器的进水底物，COD 浓度约为 400mg/L。实验中的 AeMBR 和 AnMBR 均在 28℃恒温水浴下运行，通过在进水底物中投加 $NaHCO_3$（725mg/L）调节反应器内的 pH 值维持在 7.0±0.2。经过长达 100d 的驯化培养（时长等于两个 SRT），反应器在实验开始前已经达到稳定状态。压力表用于记录 TMP，当 TMP 增加到约 28kPa 时暂停反应器的运行并将膜组件取出进行清洗。

膜组件的清洗步骤分为物理清洗和化学清洗两步：

① 用海绵刷将包括滤饼层和凝胶层在内的膜污染物刷下后，用加压自来水冲洗膜表面；

② 将物理清洗后的膜组件置于 0.3% 的 NaClO 溶液中浸泡 12h，再将其置于 2.5% 的柠檬酸溶液（pH＝2.0）中浸泡 1h。

收集清洗步骤①中洗刷下的膜污染物与清洗水于蓝盖瓶中，向来自 AnMBR 的膜污染物混合物中通 N_2 曝气 15min 以保持与 AnMBR 内部同样的厌氧状态。利用磁力搅拌对收集的膜污染物混合物进行均质处理以备后续分析，搅拌转速控制为 500r/min，搅拌时间为 2h。待膜组件清洗完毕后，反应器再次运行，其中 AnMBR 在启动前需通 N_2 曝气 20min 以维持反应器内部的厌氧状态。

如图 14-2 和表 14-1 所示，两组反应器运行稳定，AeMBR 和 AnMBR 均实现优异的有机物去除效果，其出水 COD 浓度分别为（41.2±7.6）mg/L 和（43.2±7.7）mg/L（n=30，$P > 0.05$）。在整个实验周期中，AeMBR 中污泥混合液的 TSS 浓度稳定在 6.0g/L 左右，AnMBR 中污泥混合液的 TSS 浓度稍低，保持在 5.3g/L 左右。此外，AeMBR 还实现了

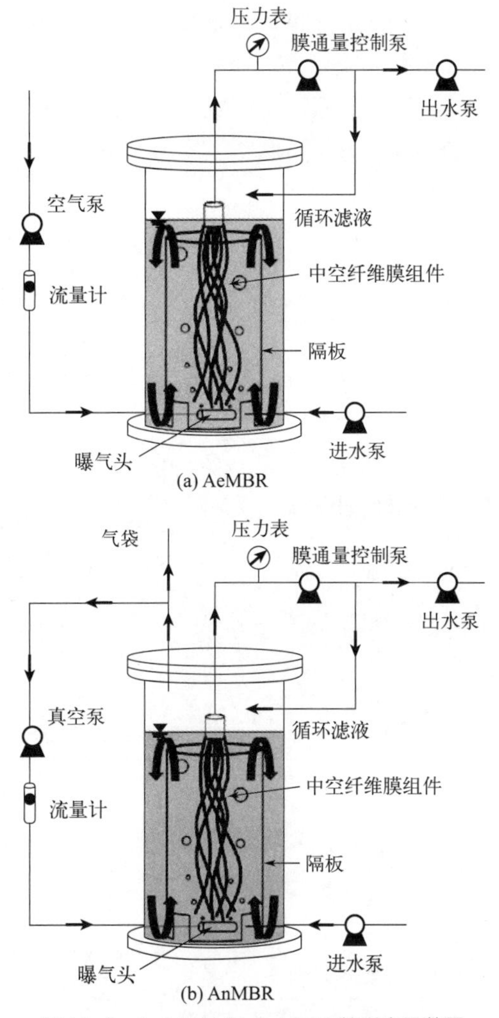

图 14-1　AeMBR 和 AnMBR 的反应器装置

高达 97.7% 的 NH_4^+-N 去除效率，出水中的 NH_4^+-N 浓度低至（0.9±0.2）mg/L（图 14-3）。AnMBR 每日约产生 358.9mL 的生物气，其中甲烷含量达 66.3%，经计算甲烷产率约为 0.15LCH_4/g 去除的 COD（图 14-4）。与甲烷产率的理论值（0.35LCH_4/g 去除的 COD）相比，本实验中 AnMBR 的甲烷产率较低，这可能归因于反应器中较低的运行温度（28℃）。研究表明当 AnMBR 的操作温度低于 30℃时，超过 45% 的甲烷将会以溶解态形式存在并随反应器膜出水流失[12, 13]。值得注意的是，尽管两组反应器的进水底物完全一致，但 AeMBR 和 AnMBR 污泥混合液上清液中的有机物浓度却呈现显著的区别。AnMBR 污泥混合液上清液中 COD、PS 和 PN 的浓度分别为 277.3mg/L、45.2mg/L 和 44.5mg/L，而 AeMBR 污泥混合液上清液中 COD、PS 和 PN 的浓度分别为 62.9mg/L、13.9mg/L 和 6.6mg/L，前者中的有机物含量明显高于后者。膜对于污泥混合液上清液中有机物的截留率在 AnMBR 中可超过 84.7%，而在 AeMBR 中仅有 31.9% ～ 58.5%。除此之外，本实验观察到 AeMBR 中污泥混合液 EPS 浓度（13.9mg PS/g VSS 和 33.6mg PN/g VSS）是 AnMBR 中污泥混合液 EPS 浓度（3.4mg PS/g VSS 和 5.6mg PN/g VSS）的 5.3 倍（表 14-1）。这与先前研究的报道相似，好氧污泥混合液会比厌氧污泥混合液产生更多的 EPS[14]，EPS 在污泥聚集体的形成中发挥重要作用。根据以上两组反应器之间的差异，可以推测 AeMBR 和 AnMBR 间的膜污染存在显著差异。

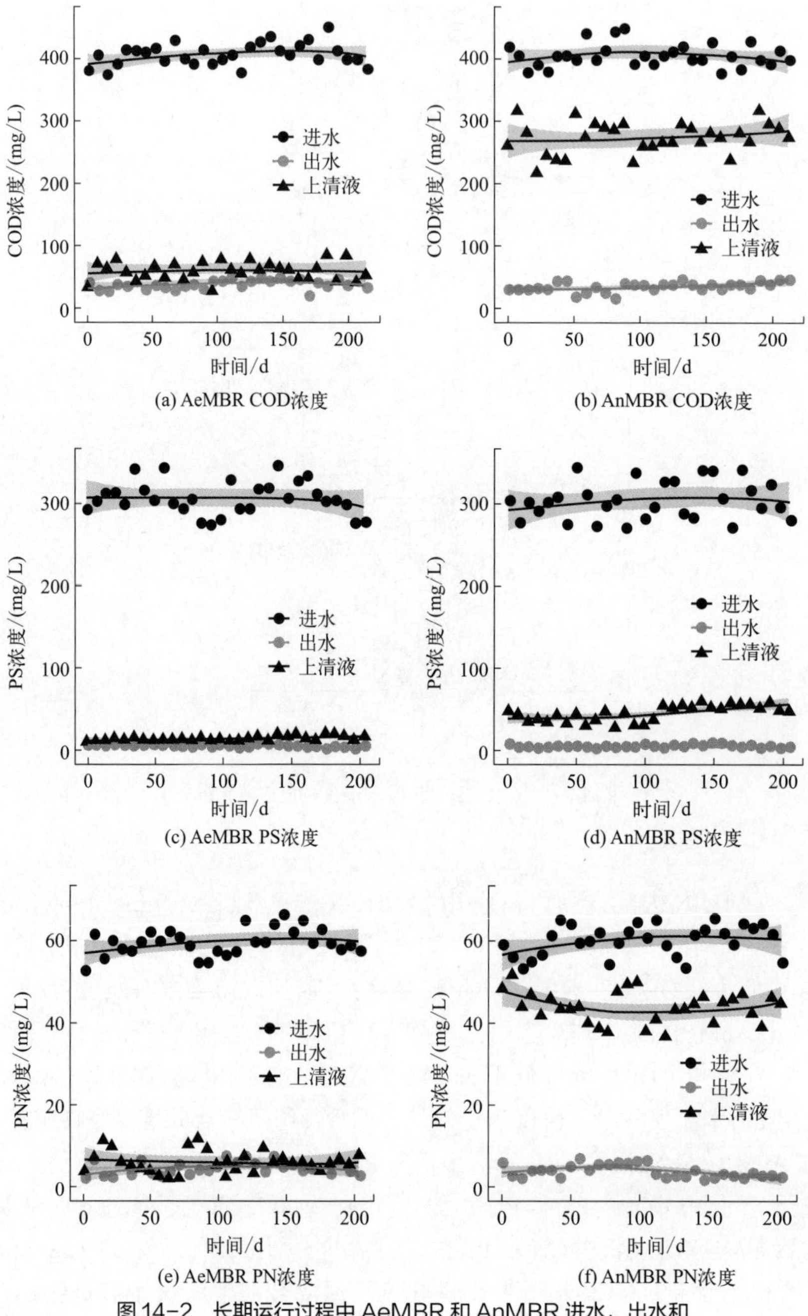

图 14-2 长期运行过程中 AeMBR 和 AnMBR 进水、出水和上清液中有机物（COD、PS 和 PN）的浓度

表 14-1　AeMBR 和 AnMBR 的运行效果

类别		AeMBR	AnMBR	P 值
TSS/(g/L)		6.0±0.6	5.3±0.3	<0.01
VSS/(g/L)		5.3±0.4	4.6±0.2	<0.01
VSS/TSS/%		88.6±2.3	86.2±2.7	<0.01
进水 /(mg/L)	COD	409.2±17.8	408.5±18.7	>0.05
	PS	305.0±20.0	302.2±23.0	>0.05
	PN	60.1±3.3	60.6±3.8	>0.05
	氨氮	40.6±1.3	40.9±1.3	>0.05
出水 /(mg/L)	COD	41.2±7.6	43.2±7.7	>0.05
	PS	5.2±1.6	4.8±1.7	>0.05
	PN	5.1±1.6	4.3±1.6	>0.05
	氨氮	0.9±0.2	43.3±1.2	<0.01
上清液 /(mg/L)	COD	62.9±15.0	277.3±25.2	<0.01
	PS	13.9±2.9	45.2±9.6	<0.01
	PN	6.6±2.7	44.5±3.8	<0.01
	氨氮	1.1±0.4	43.4±1.2	<0.01
EPS/(mg/g VSS)	PS	13.9±2.8	3.4±1.1	<0.01
	PN	33.6±4.3	5.6±2.5	<0.01
有机物去除率①/%	COD	89.9±1.9	89.7±1.9	>0.05
	PS	98.3±0.5	98.4±0.6	>0.05
	PN	91.6±2.6	92.9±2.6	>0.05
膜截留率①/%	COD	31.9±11.7	84.7±3.2	<0.01
	PS	58.5±12.9	89.2±4.0	<0.01
	PN	45.4±16.6	90.3±3.7	<0.01

注：表中数据以平均值 ± 标准偏差的形式呈现（$n=30$）。

① 有机物去除率根据反应器进水和出水有机物浓度进行计算，膜截留率根据反应器污泥上清液和出水有机物浓度计算。

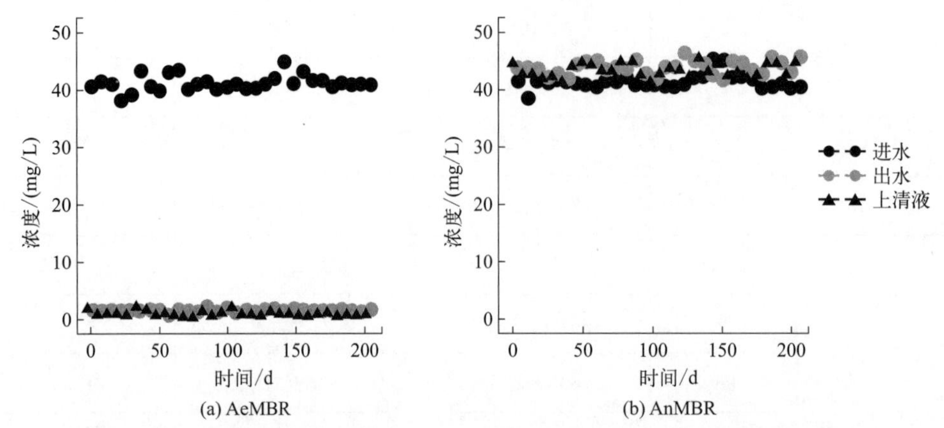

图 14-3　长期运行过程中 AeMBR 和 AnMBR 中进水、出水和上清液氨氮的浓度

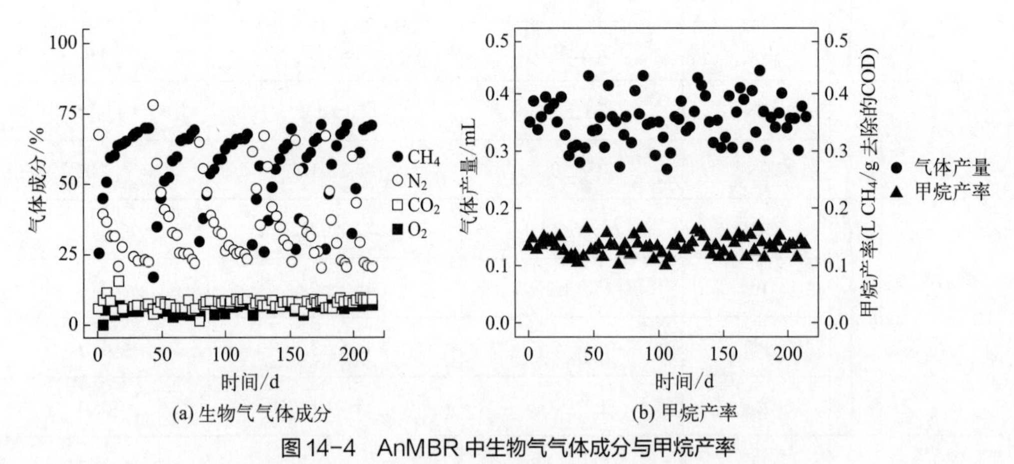

图 14-4　AnMBR 中生物气气体成分与甲烷产率

生物气成分的循环变化是由膜清洗后重启 AnMBR 时氮气曝气而引起

如图 14-5 和图 14-6 所示，在整个实验周期中（约为 100d），AnMBR 中的膜组件经历了 5 次污染，而 AeMBR 中的膜组件仅经历了 3 次污染（其中一次 TMP 跃升由液位问题引起，故排除在外）。尽管 AeMBR 中污泥混合液的 TSS 浓度（6.0g/L）高于 AnMBR 中污泥混合液的 TSS 浓度（5.3g/L），但其并未引起更为严重的膜污染。AnMBR 中的膜污染速率为 1.5kPa/d，AeMBR 中的膜污染速率为 0.9kPa/d，前者约是后者的 1.7 倍（表 14-2）。与膜污染速率相反，AeMBR 中的膜污染物含量和膜污染阻力远高于 AnMBR，其中，AeMBR 的平均膜污染物含量（70.2g TSS/m^2）竟高达 AnMBR（10.7g TSS/m^2）的 6.6 倍（表 14-2）。然而，AnMBR 中的膜污染比阻（$5.7\times10^{12}m^{-1}/g$ TSS）却显著高于 AeMBR（$2.0\times10^{12}m^{-1}/g$ TSS）（表 14-2）。与 AeMBR 相比，AnMBR 中的膜污染物含量低、膜污染比阻高，这意味着 AnMBR 中膜上形成的污染物层更为密实紧致。综上所述，两个系统中的膜污染状况存在显著差异，AnMBR 中发生的膜污染较 AeMBR 更为严重。

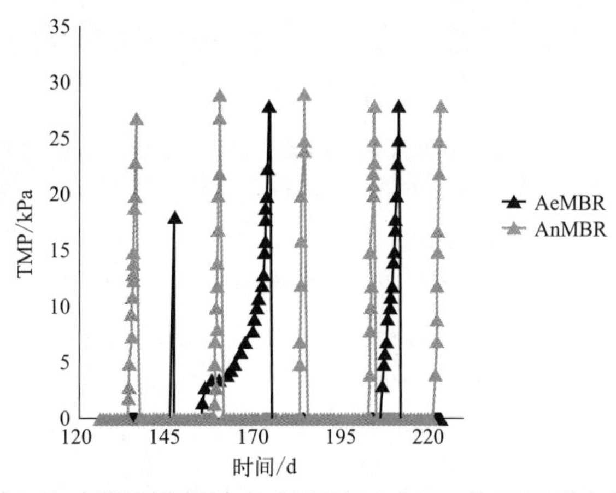

图 14-5　长期运行过程中 AeMBR 和 AnMBR 的 TMP 动态变化

145d 时 AeMBR 中 TMP 跃升由反应器故障引起，因此进行了膜组件的清洗并重启反应器

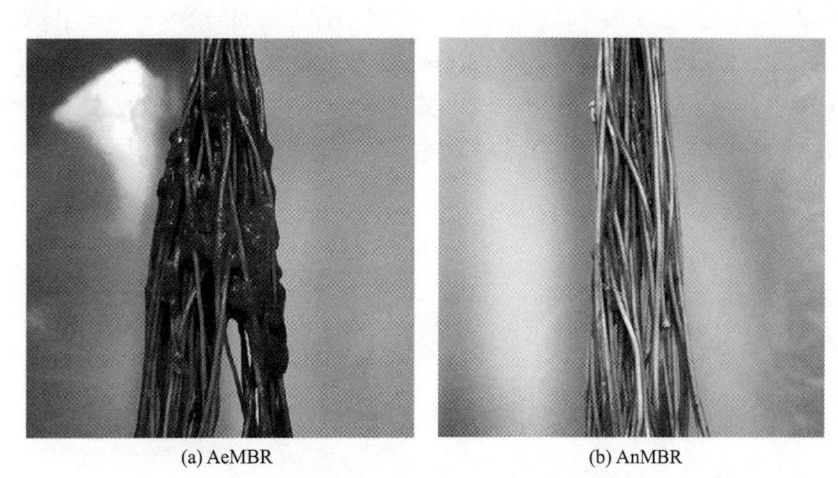

(a) AeMBR　　(b) AnMBR

图 14-6　AeMBR 和 AnMBR 中污染的膜组件

表 14-2　AeMBR 和 AnMBR 中的膜污染特性

类别	AeMBR	AnMBR
运行周期 /d	31.5	18.5
TMP/kPa	28	28
污染速率 /（kPa/d）	0.9	1.5
TSS/（g/m^2）	70.2	10.7
VSS/（g/m^2）	59.2	9.5
VSS/TSS	0.8	0.9
污染阻力 /m^{-1}	4.2×10^{12}	1.9×10^{12}
污染比阻 /（m^{-1}/g TSS）	2.0×10^{12}	5.7×10^{12}

14.2 污泥混合液不同组分的过滤性能及膜污染潜力

为了进一步探明 AeMBR 和 AnMBR 不同的膜污染机理，本研究借助死端过滤实验对污泥混合液不同组分（污泥絮体、污泥上清液和 SMP）的过滤性能及膜污染潜力进行了分析。如图 14-7（a）（书后另见彩图）和图 14-17（b）（书后另见彩图）所示，无论是 AeMBR 还是 AnMBR，两组反应器中的污泥混合液均表现出较差的过滤性能，而 SMP 则表现出良好的过滤性能。在污泥混合液的过滤中，滤饼层阻力（R_c）占主导地位；而在 SMP 的过滤中，膜自身阻力（R_m）占主导地位。Christensen 等[15]同样报道了在死端过滤实验中溶质（＜0.45μm）对于过滤过程的影响可被忽略。与污泥混合液相比，AeMBR 和 AnMBR 中污泥絮体的过滤性能得到了明显改善，过滤相同体积样品所需时间明显缩短。值得注意的是，两组反应器中污泥上清液的过滤性能间存在显著的差异。AeMBR 污泥上清液的过滤性能与 SMP 相似，而 AnMBR 中污泥上清液的过滤性能甚至差于污泥絮体，表明 AnMBR 污泥上清液在污泥混合液的过滤中扮演着重要的角色。此外，在 AnMBR 污泥上清液的过滤中，凝胶层阻力（R_g）占比高达 98.4%，说明其具有极强的凝胶层形成能力［图 14-7（b）］。另外，AnMBR 污泥混合液上清液的污染比阻（$1.56\times10^{15}m^{-1}$/g TSS）和 UMFI 值（4.56）远高于其他各类样品（3.98×10^{11} ～ $1.10\times10^{15}m^{-1}$/g TSS，0.01 ～ 1.07），

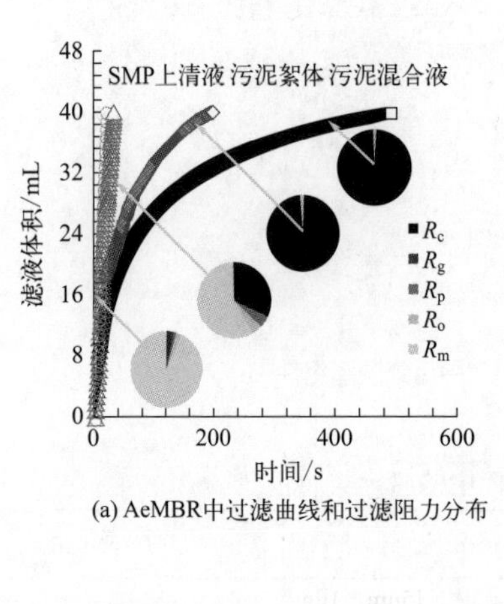

(a) AeMBR中过滤曲线和过滤阻力分布

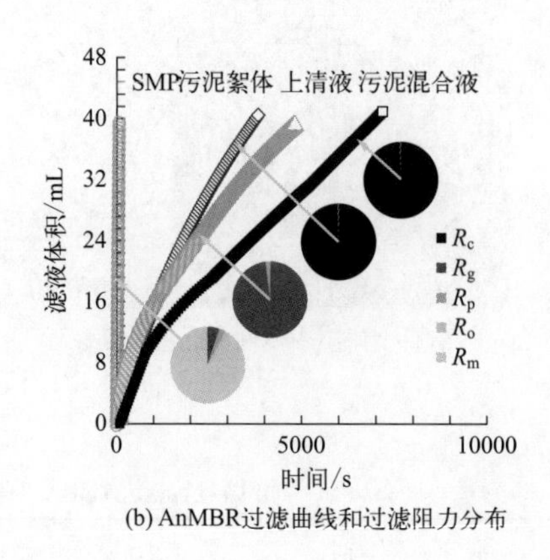

(b) AnMBR过滤曲线和过滤阻力分布

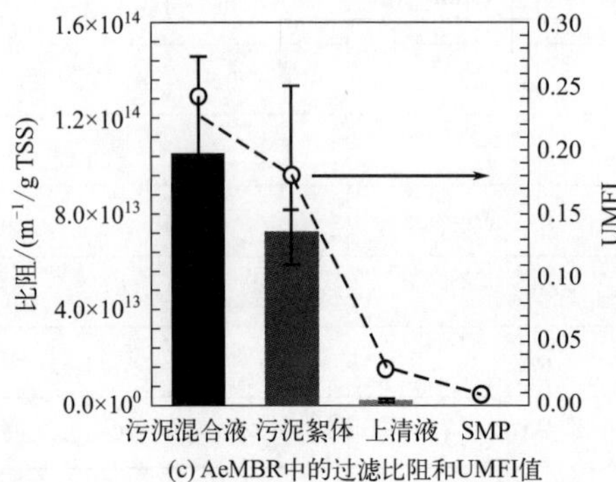

(c) AeMBR中的过滤比阻和UMFI值

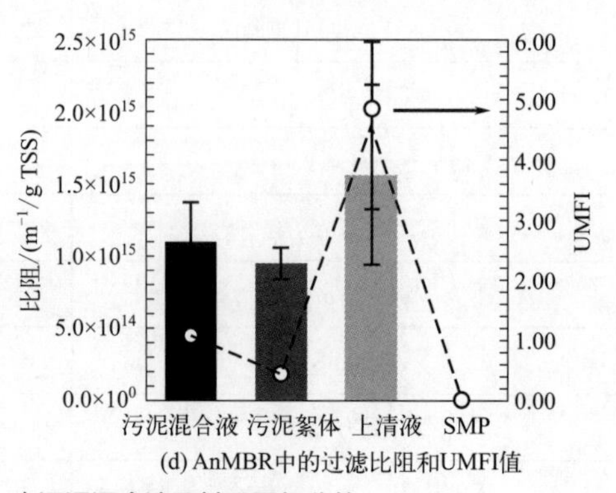

(d) AnMBR中的过滤比阻和UMFI值

图 14-7　AeMBR 和 AnMBR 中污泥混合液及其不同组分的过滤曲线与过滤阻力分布及过滤比阻和 UMFI 值

这进一步表明 AnMBR 污泥上清液具有显著的污染潜能［图 14-7（c）和图 14-7（d）］（书后另见彩图）[16]。以上结果表明富含微细颗粒物（0.45 ～ 10μm）的 AnMRB 污泥上清液在污泥混合液的过滤中起到至关重要的作用。事实上，Gao 等 [17] 和 Choo 等 [18] 也报道了胶体颗粒（0.1 ～ 10μm）在膜污染发展过程中的关键作用。因此，未来的研究应重视微细颗粒物对于 AnMBR 膜污染的影响。

14.3 污泥上清液和膜污染物上清液的尺寸分布

污泥上清液被进一步细分成微米级颗粒（5 ～ 10μm）、亚微米级颗粒（1 ～ 5μm）、胶体（0.45 ～ 1μm）、生物聚合物（100000 ～ 0.45μm）和低分子量 SMP（＜ 100000）（图 14-8）。显然，AeMBR 污泥上清液和膜污染物上清液中的主要成分为生物聚合物和低分子量 SMP，占 57.8% ～ 67.8% 的总有机物含量［图 14-9（a）］。好氧生物代谢过程可以充分降解进水底物中的有机物，同时微生物会分泌生物聚合物，因此在 AeMBR 污泥上清液中以小尺寸的微细颗粒物为主。而在 AeMBR 膜污染物上清液中，生物聚合物（100000 ～ 0.45μm）则成为了最主要的成分，其在膜污染物上清液中的占比（44.2% ～ 57.5%）远高于其他组分。特别地，膜污染物上清液中 57.5% 的 PS 来自于生物聚合物包含的 PS。Hwang 等 [19] 观察到在膜上的污染物层中存在 PS 积累的现象，尤其是污染物层的底部，PS 积累现象更加地明显。实际上，AeMBR 膜污染物层在不断形成和增厚的过程中，其内部的微环境可能会发生剧烈的变化，逐渐转变为氧气稀缺、营养匮乏的状态。在这样恶劣的微环境下，微生物可能会死亡并释放出细胞内部的生物聚合物 [20]，这有可能是引起生物聚合物组分在 AeMBR 膜污染物混合物上清液中占比增加的原因。

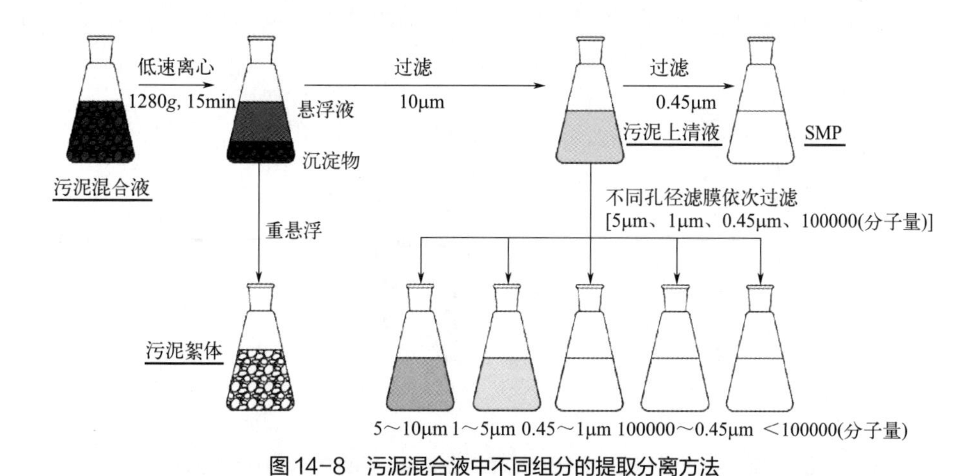

图 14-8 污泥混合液中不同组分的提取分离方法

带有下划线的样品用于进行死端过滤实验，其余样品用于进行尺寸筛分实验

AnMBR 的尺寸分布与 AeMBR 相差甚远，无论是在污泥上清液还是膜污染物上清

液中，微细颗粒物（0.45 ～ 10μm）均占主导地位（> 60.5%），其占比远高于其他组分[图 14-9（b）]。类似地，Gao 等[17]和 Evans 等[21]同样发现 AnMBR 污泥混合液上清液中富含颗粒物和胶体物质。除此之外，AnMRB 污泥上清液和膜污染物上清液的尺寸分布间存在一定的相似性。AnMBR 污泥上清液在富含微细颗粒物的同时具有较差的过滤性能，这意味着微细颗粒物在 AnMBR 膜污染中可能扮演着重要的角色。Zhou 等[11]研究发现 AnMBR 污泥上清液中的微细颗粒物包含大量的细菌细胞，且具有较强的生物膜形成能力。

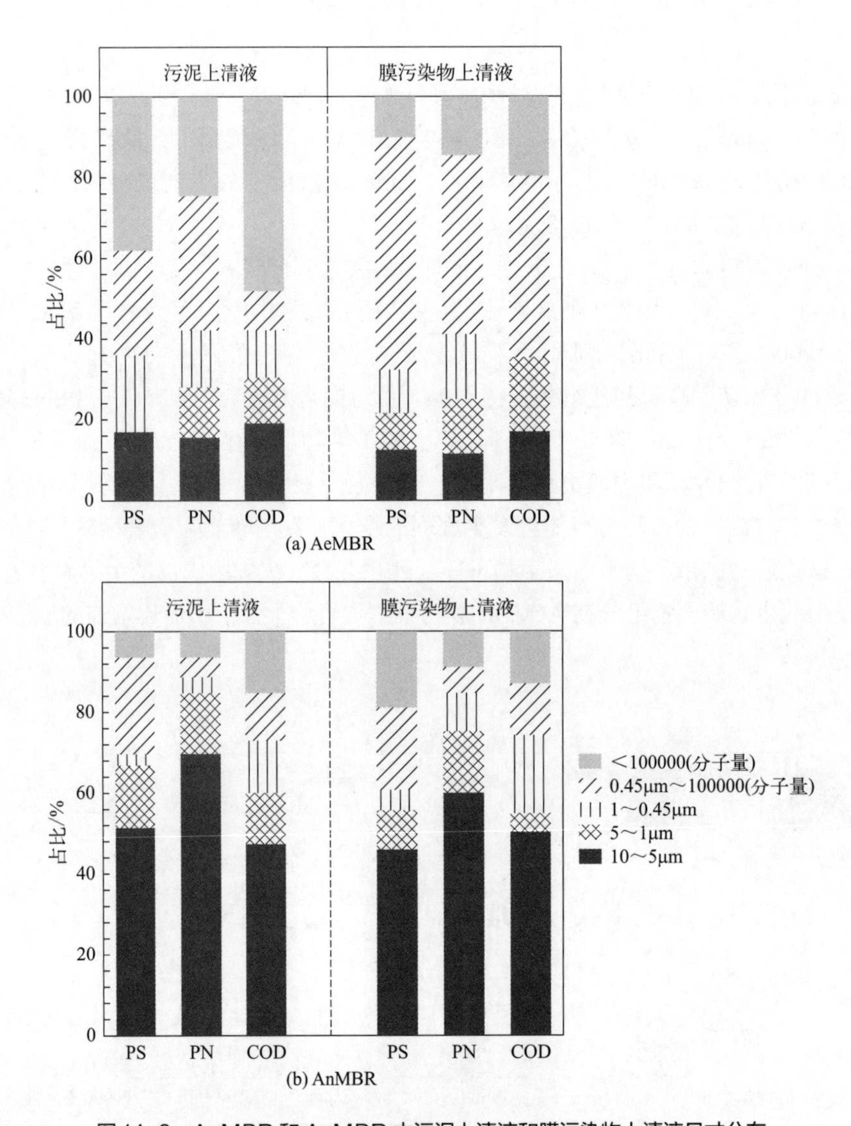

图 14-9 AeMBR 和 AnMBR 中污泥上清液和膜污染物上清液尺寸分布

综上所述，AnMBR 污泥混合液上清液中的微细颗粒物会同时引起有机污染和生物污染，因此在探究微细颗粒物的膜污染行为时需同时考虑其有机物组成和微生物群落构成。

14.4　膜表面有机物的官能团特征

如图 14-10 所示，来自 AeMBR 和 AnMBR 的有机物样品（污泥混合液上清液中的微细颗粒物和生物聚合物、膜污染物混合物上清液、污泥混合液和膜污染物混合物的 EPS）的红外吸收光谱具有相似的吸收峰。在有机物样品中检测出的红外吸收峰所代表的官能团对应的物质如下：PS 类物质（1050cm^{-1} 处为 C—O 键）[22]，PN 相关物质（1453cm^{-1} 处和 1544cm^{-1} 处为酰胺Ⅱ键，1650cm^{-1} 处为酰胺Ⅰ键）[23] 和脂类物质（2854cm^{-1} 处为 CH_2 对称伸缩振动，2925cm^{-1} 处为 CH_2 非对称伸缩振动，2956cm^{-1} 处为 CH_3 非对称伸缩振动）[24]。在所有的有机物样品中，均检测到了 PS、PN 和脂质。

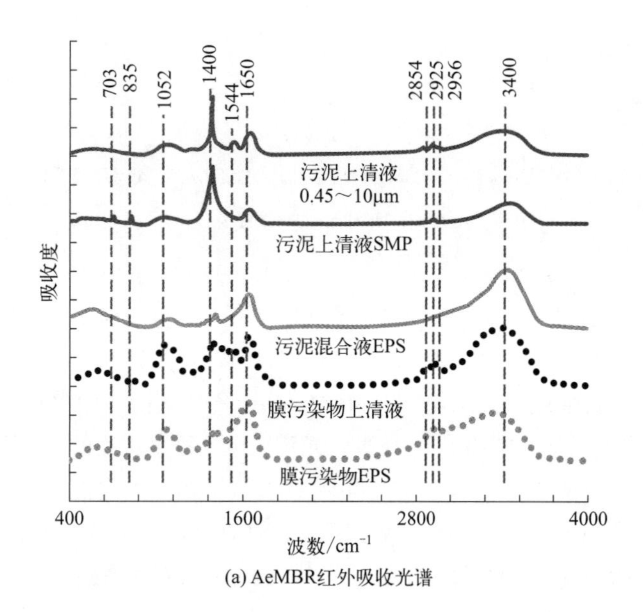

(a) AeMBR红外吸收光谱

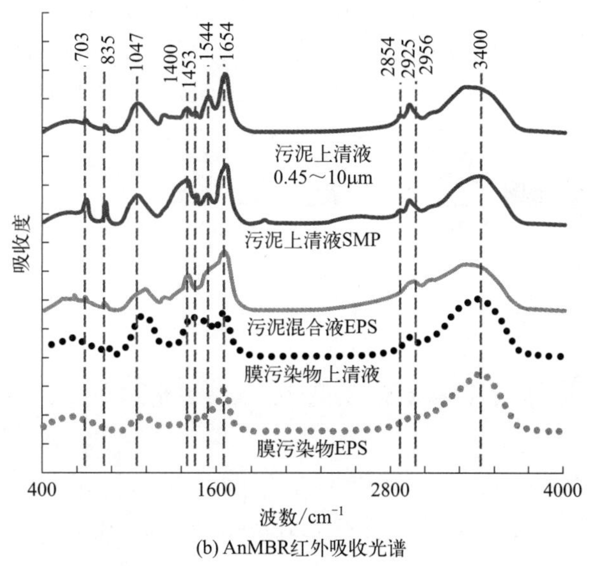

(b) AnMBR红外吸收光谱

图 14-10

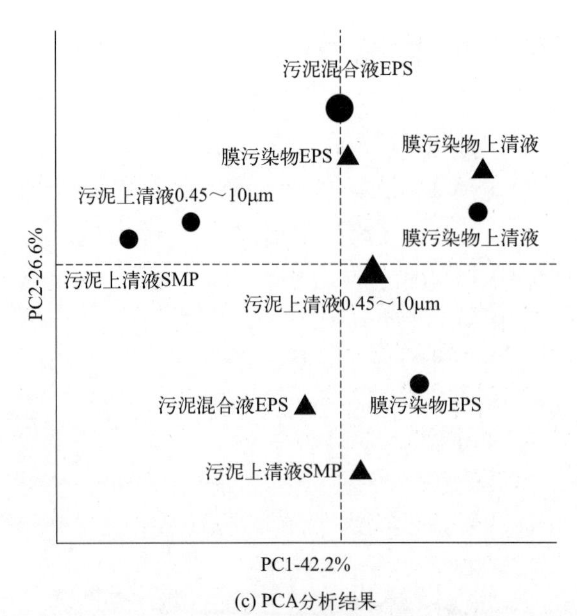

(c) PCA分析结果

图14-10 AeMBR和AnMBR中有机物样品的红外吸收光谱及其PCA分析结果

AeMBR为圆形，AnMBR为三角形

在AeMBR的膜污染物混合物上清液和EPS样品中［图14-10（a）］，与PS类物质有关的1052cm^{-1}处的吸收峰以及与脂质有关的2854cm^{-1}处、2925cm^{-1}处和2956cm^{-1}处的吸收峰具有较高的吸收强度，显示出PS和脂质在AeMBR膜污染中的重要性。为了进一步辨别和区分不同的样品，对样品的红外吸收光谱数据（每个样品的红外吸收光谱包含1869个吸收强度数据）进行PCA分析。如图14-10（c）所示，污泥混合液的EPS靠近膜污染物混合物上清液及EPS，而污泥混合液上清液中的微细颗粒物和生物聚合物聚集并远离来自膜污染物混合物的样品。先前，Hwang等[19]报道在成熟膜污染物层中的微生物会分泌大量的EPS。由此可以推测污泥混合液的EPS及沉积在膜表面上的微生物分泌的代谢产物是AeMBR膜污染层中有机污染物的主要来源。然而，在AnMBR有机物样品的红外吸收光谱中，未观察到吸收峰有明显的红移或蓝移，且吸收峰强度也无明显变化，这说明AnMBR中来自污泥混合液和膜污染物混合物的样品在有机物组成上较为相似［图14-10（b）］。根据PCA分析结果，AnMBR污泥混合液上清液中的微细颗粒物与膜污染物混合物上清液及EPS距离较近，这意味着污泥混合液上清液中的微细颗粒物可能是潜在的关键膜污染物［图14-10（c）］。

14.5 膜表面微生物的微生物组成及溯源分析

本研究采用16S rRNA高通量测序对22个微生物样品进行测序分析，筛选掉低质量的序列并剔除掉嵌合体后，一共获得524522条有效序列，平均序列长度达到372.5bp，样品的覆盖度均高于 99%。基于 97% 的聚类相似度，共产生 1442 个 OTUs。

在 AeMBR 中，污泥混合液微生物样品与膜污染物混合物微生物样品的微生物群落结构基本一致。在门类水平上，相对丰度最高的细菌是 Bacteroidetes（40.7%）和 Proteobacteria（25.7%），其次是 Nitrospirae（4.9%）和 Acidobacteria（4.7%）[图 14-11（书后另见彩图）]。Bacteroidetes 和 Proteobacteria 在样品中相对丰度较高的情况和先前的研究一致，Ishizaki 等 [25] 和 Choi 等 [26] 同样报道了它们在污泥混合液和膜污染物混合物中占有主导地位。作为碳氢化合物降解菌，Bacteroidetes 在样品中的高相对丰度可能与本研究采用的合成废水中葡萄糖含量较高有关。在 Bacteroidetes 门内，*f_Microscillaceae* 占主导地位，其在污泥混合液和膜污染物混合物样品中的相对丰度高达 41.4% 和 37.5%。而在 Proteobacteria 门内，*g_Ancylobacter*、*f_Xanthobacteraceae*、*g_Rhodobacter*、*g_Brachymonas*、*g_Lautropia* 和 *f_Burkholderiaceae* 在污泥混合液和膜污染物混合物样品中的相对丰度差距微小，分别是 4.5% 和 3.5%、1.2% 和 0.8%、9.0% 和 7.5%、2.6% 和 1.5%、2.0% 和 1.8% 以及 6.5% 和 5.8%。来自 Acidobacteria 门的 *c_Subgroup* 在污泥混合液中的相对丰度

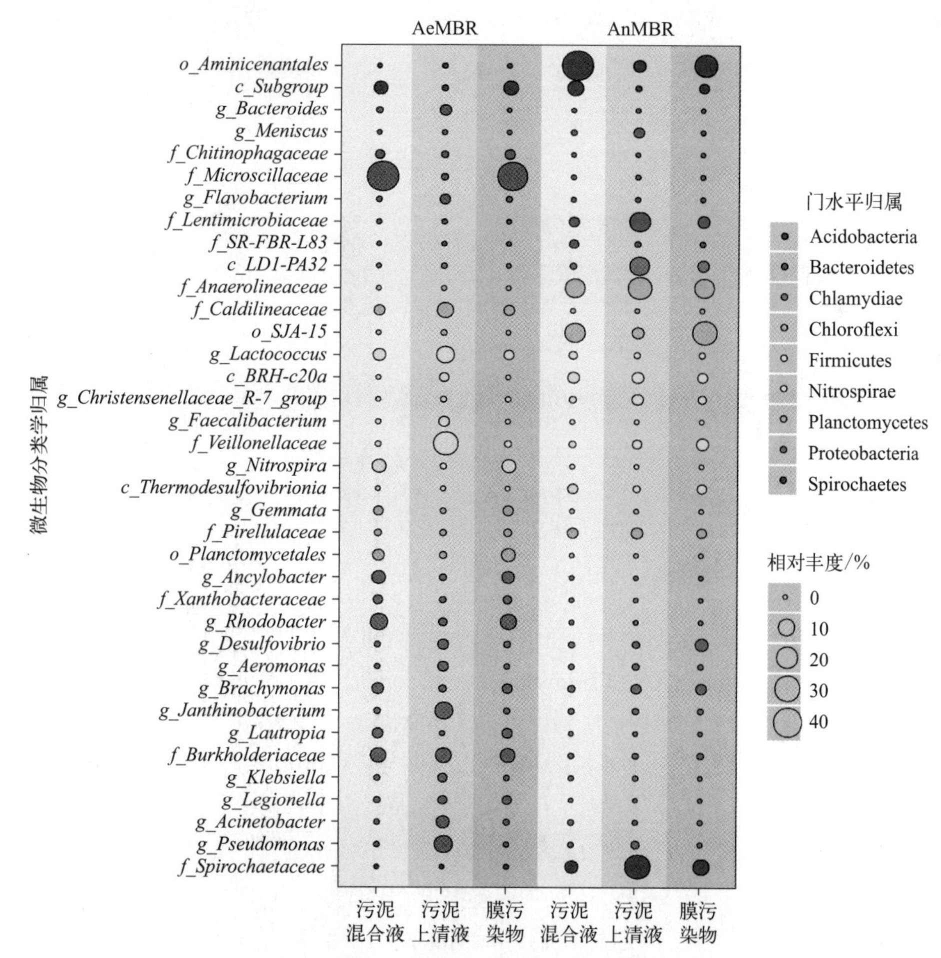

图 14-11　AeMBR 和 AnMBR 中微生物样品的微生物群落结构（相对丰度 > 1% 的属）

为 4.6%，在膜污染物混合物中的相对丰度为 6.1%，其相对丰度略有上升。来自 Nitrospirae 门的 *g_Nitrospira* 是亚硝酸盐氧化菌，其在污泥混合液和膜污染物混合物中的相对丰度均为 4.7%。对比之下，AeMBR 污泥混合液上清液中的微细颗粒物与污泥混合液的微生物群落结构间具有明显差异，主要的门类水平微生物为 Chloroflexi（7.1%）、Firmicutes（34.9%）和 Proteobacteria（37.5%）。在相对丰度最高的 3 个门中，*f_Caldilineaceae*（7.4%）、*g_Lactococcus*（9.5%）、*f_Veillonellaceae*（22.4%）、*g_Janthinobacterium*（9.8%）和 *g_Pseudomonas*（10.3%）为主导的优势物种。尽管以上的微生物在污泥混合液上清液微细颗粒物中具有较高的相对丰度，但在膜污染物混合物中相对丰度却极低。进一步采用 PCoA（主坐标分析）对微生物样品中的微生物群落结构进行分析，第一主坐标和第二主坐标对微生物群落结构的解释度为 74.9%。如图 14-12（a）所示，污泥混合液样品与膜污染物混合物样品聚集在一起，而污泥混合液上清液中的微细颗粒物单独聚集。除此之外，微生物溯源结果表明 AeMBR 膜污染物混合物中 67.7% 的微生物来自污泥混合液［图 14-12（b）］，而污泥混合液中 90.3% 的成分为污泥絮体。与污泥絮体相比，污泥混合液上清液微细颗粒物对膜污染物混合物中微生物的贡献仅为 1.9%。综上所述，可以合理推断 AeMBR 膜污染物中的微生物主要来自污泥混合液中污泥絮体在膜表面的沉积。

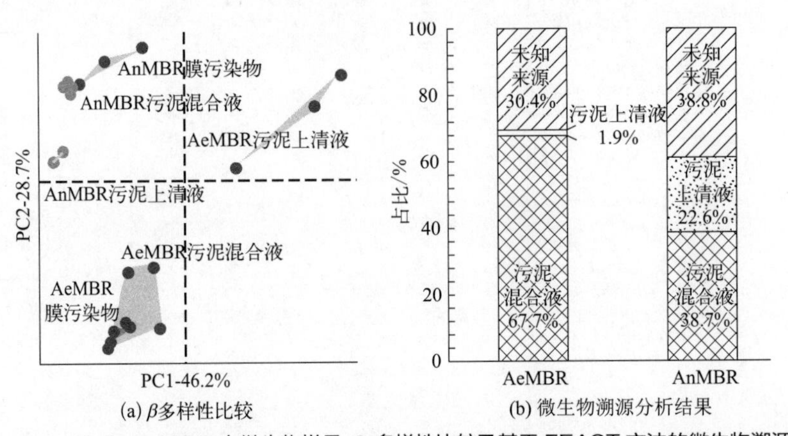

(a) β多样性比较 (b) 微生物溯源分析结果

图 14-12 AeMBR 和 AnMBR 中微生物样品 β 多样性比较及基于 FEAST 方法的微生物溯源分析结果

在 AnMBR 中，污泥混合液、污泥上清液的微细颗粒物以及膜污染物中的主要微生物为 Acidobacteria 门、Bacteroidetes 门、Chlamydiae 门、Chloroflexi 门和 Spirochaetes 门（图 14-11）。在污泥混合液上清液微细颗粒物中，*f_Lentimicrobiaceae*（14.8%）、*c_LD1-PA32*（12.8%）、*f_Anaerolineaceae*（20.3%）和 *f_Spirochaetaceae*（24.7%）占主导地位并具有较高的相对丰度。其中，*f_Lentimicrobiaceae* 和 *f_Anaerolineaceae* 是在厌氧环境下存活的典型微生物，参与有机物的水解发酵过程[27]。*f_Anaerolineaceae* 属于丝状菌，具有作为促使细胞聚集的黏附基质的潜在功能[28]，*f_Spirochaetaceae* 被报道在烃类化合物降解的代谢过程中发挥作用[29]。值得注意的是，上述微生物在膜污染物混合物中的相对丰度显著增加，表明其被膜截留并在膜上大量积累。以上结果说明，不仅污泥混合液中的污泥絮体影响着膜污染的发展，污泥混合液上清液中的微细颗粒物同样对膜污染具有重要的影响。相似地，Lin 等 [30] 研究发现 AnMBR 污泥混合液上清液中的微小絮体倾向于黏附在膜表面并在膜污染中发挥关键的作用。如图 14-12（a）所示，来自厌氧系统的微生物样品聚集并落在同一象限内，进一步证实了污泥混合液、污泥混合液上清液中的微细颗粒物以及膜污染物混合物中微生物群落间的高度相似性。除此之外，微生物来源追溯分析表明 AnMBR 膜污染物混合物中 38.7% 的微生物来自污泥混合液，该数值显著低于 AeMBR 中的对应值。更重要的是，AnMBR 膜污染物混合物中有 22.6% 的微生物来自污泥混合液上清液微细颗粒物，而它们仅占污泥混合液成分的 5.1% [图 14-12（b）]。综上所述，污泥混合液上清液微细颗粒物是 AnMBR 膜污染的重要来源，而污泥絮体的黏附及其释放的 EPS 则是 AeMBR 膜污染的重要来源。

14.6　膜表面滤饼层中微生物演替过程及种间相互作用

基于 RMT 理论，本研究构建了 AnMBR 和 AeMBR 滤饼层中微生物的分子生态网络，旨在揭示微生物间相互作用在膜污染动态发展过程中的影响。显然，这两个分子生态网络的拓扑学特征，如 $\overline{CC}$、HD 和模块化指数等均高于对应的随机网络（表 14-3），且 σ 均大于 1，说明厌氧系统和好氧系统中的生态网络均存在小世界和模块化的特征。AnMBR 滤饼层的生态网络包含 485 个节点和 1481 条边，其中 82.65% 的边为正向作用；AeMBR 滤饼层的生态网络包含 377 个节点和 2832 条边，其中 75.77% 的边为正向作用。厌氧系统中的具有正向作用的连接边多于好氧系统，这表明在 AnMBR 中微生物间的合作行为较 AeMBR 更为普遍 [图 14-13（a）和图 14-3（c）（书后另见彩图）]。该结果符合预期，厌氧消化过程中的有机物代谢为复杂的多步骤生物过程，需要具有不同代谢功能的微生物合作完成。网络拓扑学参数方面，AnMBR 网络图的 HD、模块化指数和 σ 较高，而 AeMBR 中的 $\overline{K}$ 和 $\overline{CC}$ 较高，上述差异说明 AnMBR 中的微生物间相互作用较弱而 AeMBR 中的微生物间相互作用较为强烈。此外，在两组反应器滤饼层微生物群落的 *Zi-Pi* 图中，绝大多数的节点都落于特定种象限内且未见网络枢纽节点 [图 14-13（b）和图 14-13（d）（书后另见彩图）]。AnMBR 滤饼层微生物群落生态网络图中共有 8 个模块枢纽和 3 个连接器节点，AeMBR 滤饼层微生物群落生态网络图中共有 15 个模块枢纽和 2 个连接器节点。

表 14-3　AnMBR 和 AeMBR 滤饼层中微生态网络和相应的随机网络的拓扑学参数

生态网络	实测网络								模型预测随机网络		
	节点数（n）	相似度阈值（St）	R^2	$\overline{K}$	HD	$\overline{CC}$	模块化指数	σ	HD±SD	$\overline{CC}$±SD	模块化指数 ±SD
AnMBR	485	0.92	0.91	6.11	3.91	0.21	0.67	2.90	3.08±0.02	0.056±0.005	0.349±0.005
AeMBR	377	0.93	0.84	15.02	3.04	0.26	0.41	1.08	2.39±0.01	0.189±0.008	0.174±0.004

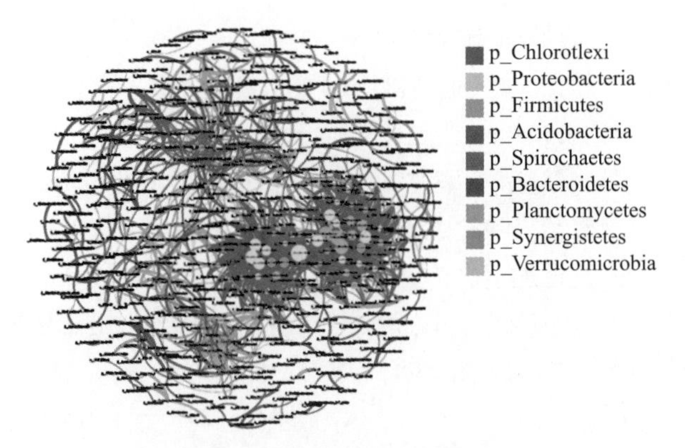

(a) AnMBR微生物群落生态分子网络图

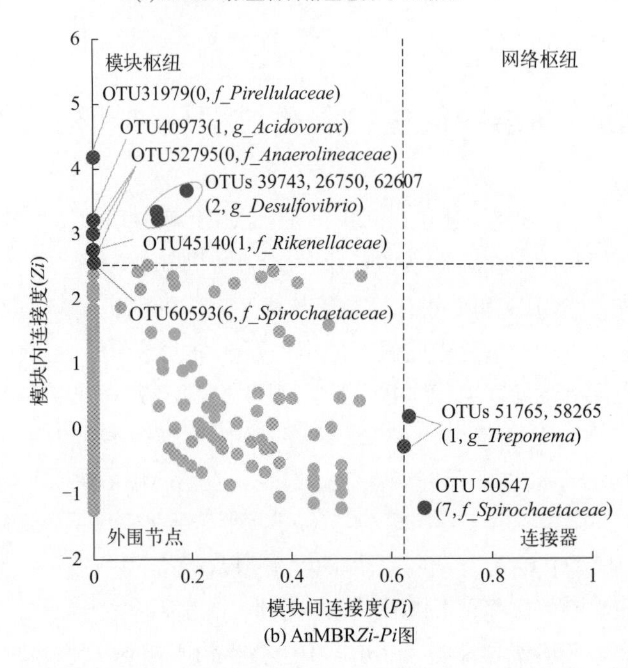

(b) AnMBR*Zi-Pi*图

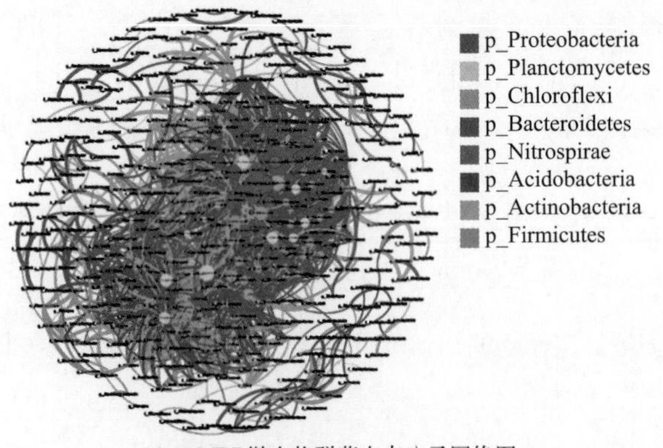

(c) AeMBR微生物群落生态分子网络图

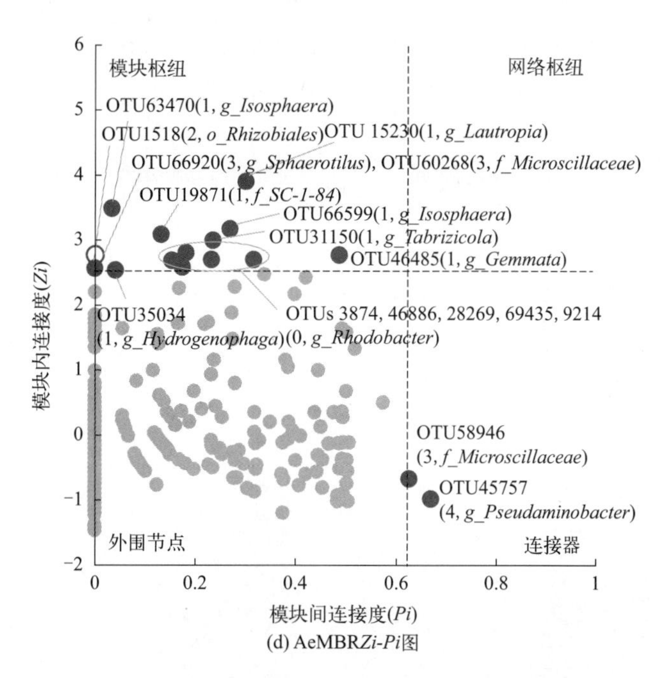

(d) AeMBR*Zi-Pi*图

图 14-13 AnMBR 和 AeMBR 滤饼层中微生物群落生态分子网络图及 OTUs 的 *Zi–Pi* 图

在 AnMBR 滤饼层微生物群落的关键物种中，*g_Acidovorax*、*f_Anaerolineacea* 和 *f_Pirellulaceae* 在初始膜污染阶段的相对丰度分别为 5.87%、28.11% 和 2.68%，高于其在膜污染中期和后期滤饼层中的相对丰度［图 14-14（书后另见彩图）］。如图 14-15（a）所示（书后另见彩图），不同膜污染阶段下上述微生物的相对丰度与膜表面上 PS 和 PN 的积累速率间存在强烈的正相关关系，两者均在初始膜污染阶段达到峰值随后逐渐下降，这意味着上

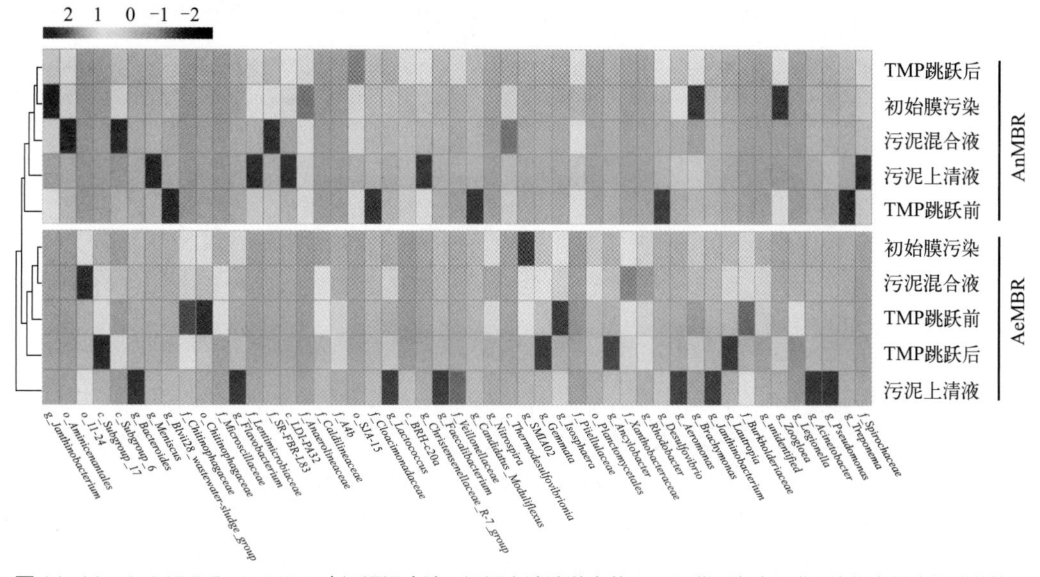

图 14-14 AnMBR 和 AeMBR 中污泥混合液、污泥上清液游离菌及不同膜污染阶段膜污染物中微生物群落热图

图中仅展示相对丰度大于 1% 的微生物

述微生物可能在滤饼层有机物积累过程中发挥着重要的作用且在早期膜污染中扮演着先锋菌的角色。此外，据研究报道*f_Anaerolineaceae*具有丝状菌的特点[31]，其在滤饼层中较高的相对丰度进一步体现了丝状菌在膜污染发展过程中的重要性。作为生态网络中的泛化种，*g_Desulfovibrio*是典型的硫还原细菌[32]，而*f_Spirochaetaceae*被报道可参与硫的氧化过程，它们与发酵细菌合作可完全降解蛋白质[33]。上述两种硫循环过程参与菌与膜表面上PN的积累速率呈负相关关系，这意味着TMP跳跃后膜表面上PN积累量的减少及PN的负积累速率可能是微生物间相互作用的结果。其余的关键物种，如*f_Rikenellaceae*和*g_Treponema*在滤饼层微生物群落中较为稀少，相对丰度仅为0.56%和0.44%，这表明稀有菌在膜污染发展过程中同样发挥着重要的作用。

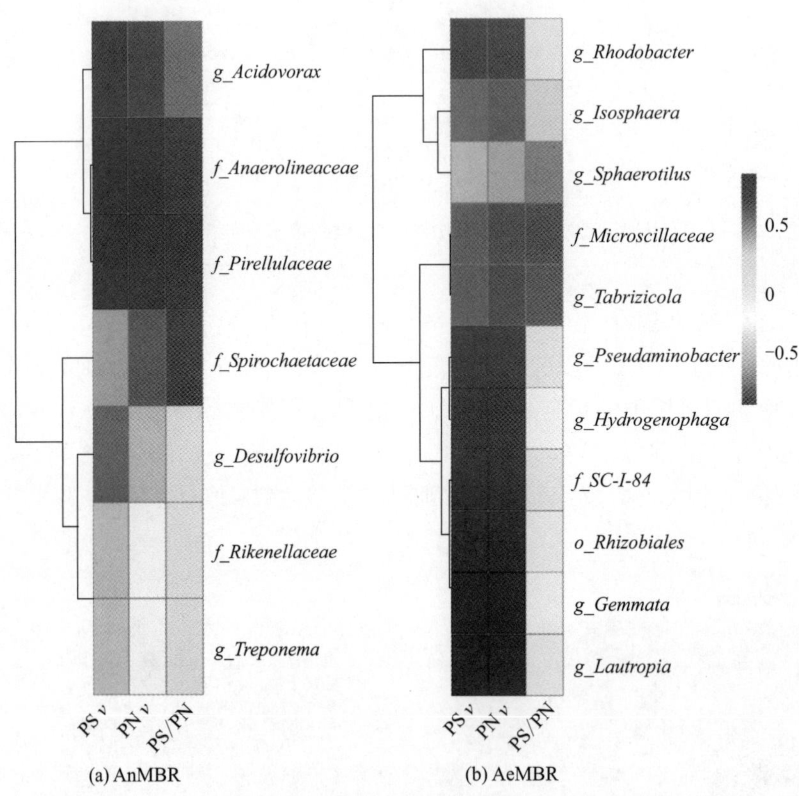

图14-15 AnMBR和AeMBR滤饼层微生物群落中关键微生物的相对丰度与膜污染发展指标（PS *v*、PN *v*及PS/PN）间的相关性分析（*v*代表积累速率）

在AeMBR滤饼层的关键物种中［图14-13（d）］，*g_Sphaerotilus*为丝状菌及EPS生产者[34]，可以促进微生物在膜表面上的早期定植。*g_Sphaerotilus*与膜表面上PS和PN的变化呈负相关关系［图14-15（b）］，表明其对膜污染发展过程的影响主要作用于初始膜污染阶段和TMP跳跃前。滤饼层中相对丰度最高的关键物种为*f_Microscillaceae*，TMP跳跃后其相对丰度由上一阶段的24.38%显著增加至36.67%（图14-16）。据研究报道，*f_Microscillaceae*具有较强的EPS分泌能力，在滤饼层中其代谢产物会被处于内部寡营养状态下的微生物利用[35]。有趣的是，该关键物种与膜污染发展指标间存在正相关关系，这表明 *f_Microscillaceae* 在膜上的大量积累对 TMP 的突然跃升有着重要的影响。作为生态网络中的模块枢纽，*g_Rhodobacter* 和 *o_Rhizobiales* 为典型的反硝化菌，兼性菌 *g_Lautropia* 可在厌氧环境下存活。上述微生物在生态网络中的关键地位可归因于滤饼层中缺氧环境的形成，缺氧条件促使微生物调整代谢途径以适应发生变化的微生物生境。其余的关键物种，如 *g_Tabrizicola*、*g_Pseudaminobacter*、*g_Hydrogenophaga* 和 *f_SC-I-84* 在滤饼层中的相对丰度均低于 1%，且与 PS 和 PN 的积累速率成正相关关系。与 AnMBR 相似，上述低丰度物种在生态网络中的关键地位表明稀有菌在膜污染发展过程中的作用不可忽略。综上所述，滤饼层中微生物间的相互作用和滤饼层的动态发展两者相互影响，彼此施加选择性压力，微生物在不同污染阶段的具体作用仍需深入研究。

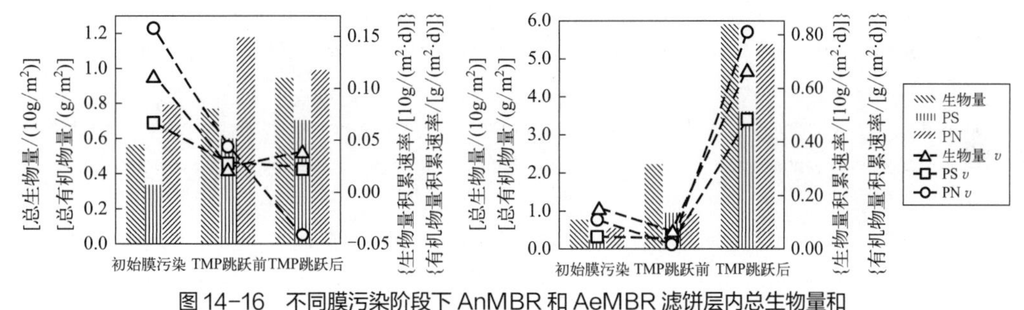

图 14-16 不同膜污染阶段下 AnMBR 和 AeMBR 滤饼层内总生物量和总有机物量以及生物量积累速率和有机物积累速率

考虑到 AeMBR 和 AnMBR 中截然不同的膜污染物及膜污染行为，因此采用 AeMBR 膜污染的研究手段（如污泥絮体和 SMP/EPS 表征）来研究 AnMBR 膜污染可能存在不当之处，而应对 AnMBR 污泥混合液上清液中的微细颗粒物进行细致而深入的研究，例如微细颗粒物的形成及膜污染机理亟待探明。此外，由于膜污染过程是一个动态变化的过程，因此仅仅关注微细颗粒物在成熟膜污染物层中的作用并不足以对其全面认知，探究微细颗粒物在膜污染初期以及后续的膜污染发展中所扮演的角色可以深入理解 AnMBR 膜污染过程。由本研究的结果可推知，对反应器构型进行优化，调节 AnMBR 运行参数以实现减少微细颗粒物含量可有效延缓膜污染。

参考文献

[1] Meng F，Zhang S，Oh Y，et al. Fouling in membrane bioreactors：An updated review[J]. Water Research，2017，114：151-180.

[2] Smith A L，Stadler L B，Love N G，et al. Perspectives on anaerobic membrane bioreactor treatment of domestic wastewater：A critical review[J]. Bioresource Technology，2012，122：149-159.

[3] Stuckey D C. Recent developments in anaerobic membrane reactors[J]. Bioresource Technology，2012，122：137-

148.

[4] Wang M，Chen Y. Generation and characterization of DOM in wastewater treatment processes[J]. Chemosphere，2018，201：96-109.

[5] Lant P，Hartley K. Solids characterisation in an anaerobic migrating bed reactor（AMBR）sewage treatment system[J]. Water Research，2007，41（11）：2437-2448.

[6] Martin-Garcia I，Monsalvo V，Pidou M，et al. Impact of membrane configuration on fouling in anaerobic membrane bioreactors[J]. Journal of Membrane Science，2011，382（1-2）：41-49.

[7] Sheng G P，Yu H Q，Li X Y. Extracellular polymeric substances（EPS）of microbial aggregates in biological wastewater treatment systems：A review[J]. Biotechnology Advances，2010，28（6）：882-894.

[8] Yurtsever A，Sahinkaya E，Aktaş Ö，et al. Performances of anaerobic and aerobic membrane bioreactors for the treatment of synthetic textile wastewater[J]. Bioresource Technology，2015，192：564-573.

[9] Xiong Y，Harb M，Hong P Y. Characterization of biofoulants illustrates different membrane fouling mechanisms for aerobic and anaerobic membrane bioreactors[J]. Separation and Purification Technology，2016，157：192-202.

[10] Zhou Z，Tan Y，Xiao Y，et al. Characterization and significance of sub-visible particles and colloids in a submerged anaerobic membrane bioreactor（SAnMBR）[J]. Environmental Science & Technology，2016，50（23）：12750-12758.

[11] Zhou Z，Tao Y，Zhang S，et al. Size-dependent microbial diversity of sub-visible particles in a submerged anaerobic membrane bioreactor（SAnMBR）：Implications for membrane fouling[J]. Water Research，2019，159：20-29.

[12] Liu Z H，Yin H，Dang Z，et al. Dissolved methane：A hurdle for anaerobic treatment of municipal wastewater[J]. Environmental Science & Technology，2014，48（2）：889-890.

[13] Crone B C，Garland J L，Sorial G A，et al. Significance of dissolved methane in effluents of anaerobically treated low strength wastewater and potential for recovery as an energy product：A review[J]. Water Research，2016，104：520-531.

[14] Morgan J W，Forster C F，Evison L. A Comparative study of the nature of biopolymers extracted from anaerobic and activated sludges[J]. Water Research，1990，24（6）：743-750.

[15] Christensen M L，Niessen W，Sørensen N B，et al. Sludge fractionation as a method to study and predict fouling in MBR systems[J]. Separation and Purification Technology，2018，194：329-337.

[16] Nguyen A H，Tobiason J E，Howe K. Fouling indices for low pressure hollow fiber membrane performance assessment[J]. Water Research，2011，45：2627-2637.

[17] Gao W J，Han M N，Qu X，et al. Characteristics of wastewater and mixed liquor and their role in membrane fouling[J]. Bioresource Technology，2013，128：207-214.

[18] Choo K H，Lee C H. Effect of anaerobic digestion broth composition on membrane permeability[J]. Water Science and Technology，1996，34（9）：173-179.

[19] Hwang B K，Lee W N，Yeon K M，et al. Correlating TMP increases with microbial characteristics in the bio-cake on the membrane surface in a membrane bioreactor[J]. Environmental Science & Technology，2008，42（11）：3963-3968.

[20] Wu S C，Lee C M. Correlation between fouling propensity of soluble extracellular polymeric substances and sludge metabolic activity altered by different starvation conditions[J]. Bioresource Technology，2011，102（9）：5375-5380.

[21] Evans P J，Parameswaran P，Lim K，et al. A comparative pilot-scale evaluation of gas-sparged and granular activated carbon-fluidized anaerobic membrane bioreactors for domestic wastewater treatment[J]. Bioresource Technology，2019，288：120949.

[22] Ji J，Qiu J，Wong F S，et al. Enhancement of filterability in MBR achieved by improvement of supernatant and floc characteristics via filter aids addition[J]. Water Research，2008，42（14）：3611-3622.

[23] Militello V，Casarino C，Emanuele A，et al. Aggregation kinetics of bovine serum albumin studied by FTIR spectroscopy and light scattering[J]. Biophysical Chemistry，2004，107（2）：175-187.

[24] Khan M T，de O M C L，Aubry C，et al. Kinetic study of seawater reverse osmosis membrane fouling[J]. Environmental Science & Technology，2013，47（19）：10884-10894.

[25] Ishizaki S，Fukushima T，Ishii S，et al. Membrane fouling potentials and cellular properties of bacteria isolated from fouled membranes in a MBR treating municipal wastewater[J]. Water Research，2016，100：448-457.

[26] Choi J，Kim E S，Ahn Y. Microbial community analysis of bulk sludge/cake layers and biofouling-causing microbial consortia in a full-scale aerobic membrane bioreactor[J]. Bioresource Technology，2017，227：133-141.

[27] Miao L，Wang S，Li B，et al. Effect of carbon source type on intracellular stored polymers during endogenous denitritation（ED）treating landfill leachate[J]. Water Research，2016，100：405-412.

[28] Xia Y，Wang Y，Wang Y，et al. Cellular adhesiveness and cellulolytic capacity in Anaerolineae revealed by omics-based genome interpretation[J]. Biotechnology for Biofuels，2016，9（1）：1-13.

[29] Krieg N，Staley J，Brown D，et al. Bergey's manual of systematic bacteriology[M]. Springer：Germany，2011，4.

[30] Lin H，Liao B Q，Chen J，et al. New insights into membrane fouling in a submerged anaerobic membrane bioreactor based on characterization of cake sludge and bulk sludge[J]. Bioresource Technology，2011，102（3）：2373-2379.

[31] Yin Y，Sun J，Liu F，et al. Effect of nitrogen deficiency on the stability of aerobic granular sludge[J]. Bioresource Technology，2019，275：307-313.

[32] Zhou J，He Q，Hemme C L，et al. How sulphate-reducing microorganisms cope with stress：Lessons from systems biology[J]. Nature Reviews Microbiology，2011，9（6）：452-466.

[33] Meyer D D，de Andrade P A，Durrer A，et al. Bacterial communities involved in sulfur transformations in wastewater treatment plants[J]. Applied Microbiology and Biotechnology，2016，100（23）：10125-10135.

[34] Zhu Y，Zhang Y，Ren H Q，et al. Physicochemical characteristics and microbial community evolution of biofilms during the start-up period in a moving bed biofilm reactor[J]. Bioresource Technology，2015，180：345-351.

[35] Xue J，Zhang Y，Liu Y，et al. Effects of ozone pretreatment and operating conditions on membrane fouling behaviors of an anoxic-aerobic membrane bioreactor for oil sands process-affected water（OSPW）treatment[J]. Water Research，2016，105：444-455.

第15章

有机负荷率对 AnMBR 游离菌及其膜污染行为的影响

有机负荷率（organic loading rate，OLR）对厌氧生物处理效果及其中所涉及各类微生物的生命活动具有重要的影响，保持适宜的 OLR 条件有助于厌氧反应器的能源回收并促使其达到较高的甲烷产率。据报道，厌氧生物系统中存在最适的 OLR 阈值，在此阈值范围内厌氧生物反应器可以发挥良好的有机物、污染物去除效果并保持稳定的微生物群落结构及功能。一旦反应器的 OLR 超过阈值，厌氧生物系统中的水解发酵细菌会大量增殖，原有的微生物群落稳定结构遭到破坏[1]。Nkuna 等[2]研究发现过高的 OLR 会引起 AnMBR 污泥混合液中的优势微生物发生改变，从 *Acinetobacter* 转变为 *Pseudomonas*。此外，在反应器 OLR 逐渐升高的条件下，AnMBR 内 *Firmicutes* 的相对丰度会显著增加，同时产甲烷菌倾向于以乙酸为底物产甲烷，乙酸营养型产甲烷途径取代了低 OLR 条件下的氢营养型产甲烷途径，并逐渐成为系统内主要的产甲烷方式[3]。综上，可推测 AnMBR 污泥上清液游离菌同样会受到反应器 OLR 条件的影响，进而影响膜污染行为。然而，目前关于 OLR 对 AnMBR 游离菌的影响仍未见报道。

因此，本研究通过运行一组 AnMBR 并改变其 OLR 条件，探究了 OLR 对于污泥上清液游离菌的影响及其演替过程。采用荧光染色及显微观察对游离菌形态变化进行表征。借助 16S rRNA 高通量测序识别游离菌的群落变化及演替规律，同时采用微生物溯源分析确认不同 OLR 条件下游离菌对于膜污染的贡献。采用生态网络分析污泥上清液游离菌间的微生物相互作用，探究游离菌对 OLR 变化的响应。总体上，本研究有望增强对 AnMBR 污泥上清液游离菌的形成及其对膜污染影响的认知，并有助于优化膜污染控制策略。

15.1 关键技术手段

15.1.1 AnMBR 的搭建与运行

本研究运行了一组实验室规模 AnMBR，接种污泥为实验室已驯化的厌氧污泥，运行时长超过 140d，有效体积为 1.8L。反应器一共设置了 5 组 OLR 条件，按照时间顺序运行阶段如下：阶段 A 的 OLR 为 0.96kg COD/(m^3 · d)，阶段 B 的 OLR 为 3kg COD/(m^3 · d)，阶段 C 的 OLR 为 4.8kg COD/(m^3 · d)，阶段 D 的 OLR 为 9.6kg COD/(m^3 · d)，阶段 E 的 OLR 为 0.96kg COD/(m^3 · d)。本实验采用人工合成废水作为反应器的进水底物，不同 OLR 阶段的进水 COD 浓度如下：阶段 A 的进水 COD 浓度为 400mg/L，阶段 B 的进水 COD 浓度为 1250mg/L，阶段 C 的进水 COD 浓度为 2000mg/L，阶段 D 的进水 COD 浓度为 4000mg/L，阶段 E 的进水 COD 浓度为 400mg/L。人工合成废水的具体组成成分可见表 15-1。根据不同 OLR 阶段的进水 COD 浓度，向合成废水中投加适当的 $NaHCO_3$ 使反应器内的 pH 值维持在 7.5 左右。AnMBR 内装有浸没式中空纤维膜组件，膜材质为 PVDF，膜面积为 0.02m^2，膜孔尺寸为 0.1μm。膜组件与出水泵相连，膜通量设置为 9L / (m^2 · h)。反应器的 HRT 设置为 10h，SRT 设置为 100d，将反应器置于 34℃恒温水浴中保温运行。为保持污泥混合液的全混合悬浮状态并减缓膜污染，采用真空气泵抽取反应器顶部空间的气体并通过安装于膜组件下方的曝气头进行曝气，曝气强度控制在 2L/min。膜组件与出水泵间连接有压力表，用以记录膜组件的 TMP。一旦 TMP 达到 30kPa，暂停 AnMBR 的运行并将膜组件从中取出进行物理清洗及化学清洗以恢复膜通量，根据达西公式计算各部分过滤阻力。收集物理清洗步骤中洗刷下的膜污染物于蓝盖瓶中，采用磁力搅拌的方式对其进行均质处理得到膜污染物混合物以备后续的分析。本实验采用加热法提取污泥混合液及膜污染物混合物的 EPS。在整个实验过程中，定期采集 AnMBR 的进水、膜过滤出水、污泥上清液及污泥混合液 EPS 进行水质指标测定以监测反应器运行效果。

表 15-1 不同 OLR 阶段人工合成废水成分

阶段	营养物	浓度 /(mg/L)	其他	浓度 /(mg/L)
阶段 A	葡萄糖	280	NH_4Cl	153.6
	蛋白胨	82		
	牛肉膏	28	KH_2PO_4	20
阶段 B	葡萄糖	875		
	蛋白胨	256.25	$FeSO_4 \cdot 7H_2O$	2.5
	牛肉膏	87.5	$CaCl_2$	0.44
阶段 C	葡萄糖	1400	$MgCl_2 \cdot 6H_2O$	0.19
	蛋白胨	410	$Na_2MoO_4 \cdot 2H_2O$	0.19
	牛肉膏	140	$CoCl_2 \cdot 6H_2O$	0.13

续表

阶段	营养物	浓度 /（mg/L）	其他	浓度 /（mg/L）
阶段 D	葡萄糖	2800	$MnCl_2 \cdot 4H_2O$	0.06
	蛋白胨	820	$ZnCl_2$	0.06
	牛肉膏	280	H_3BO_3	0.06
阶段 E	葡萄糖	280	$CuSO_4$	0.06
	蛋白胨	82	$NiCl_2 \cdot 6H_2O$	0.04
	牛肉膏	28	$NaHCO_3$	根据 OLR 调整

15.1.2　污泥上清液游离菌的荧光染色及显微观察

从反应器中取出一定体积的污泥混合液并提取其上清液，具体方法参见图 14-8。将过滤后得到的污泥上清液在 14190g、4℃条件下离心 15min，倒去悬浮液，将底部沉淀物重悬于 1mL 纯水中即可得到污泥上清液游离菌样品。本实验采用包含 SYTO 9 和 PI 荧光核酸染料的 LIVE/DEAD BacLight bacterial viability 试剂盒对污泥上清液游离菌进行染色。首先取 100μL 重悬浮后的上清液游离菌样品于 1mL 离心管中，向其中加入 10μL 的 SYTO 9 和 PI 的 1∶1 混合物，随后在室温下将加入染料的游离菌样品置于避光处孵育 15min。染色完成后，取 5μL 样品滴加于载玻片上，覆盖盖玻片进行压片处理。使用与电脑连接的荧光显微镜（MF31，广州明美科技有限公司，中国）对游离菌细胞形态进行观察并拍照，为使观察结果具有代表性，每次至少取 5 次染色样品进行观察并选取至少 5 个视野进行拍照。

15.2　AnMBR 的运行效果

在不同 OLR 条件下，运行效果呈规律性的变化趋势（图 15-1）。实验开始前，反应器中污泥混合液在 OLR 为 0.96kg COD/（$m^3 \cdot d$）的条件下经过了长期的驯化，污泥混合液性质稳定。如图 15-1（a）所示，实验开始后阶段 A 内污泥混合液的 TSS 和 VSS 浓度分别稳定在 6.4g/L 和 6.0g/L；随着反应器 OLR 的逐渐升高，污泥混合液的 TSS 和 VSS 浓度在阶段 D 达到峰值，高达 16.4g/L 和 14.9g/L，为初始阶段对应浓度的 2.5 ～ 2.6 倍；阶段 E 内 OLR 回落至初始水平，污泥混合液的 TSS 和 VSS 浓度随之降低至 5.2g/L 和 4.7g/L。类似地，反应器内污泥上清液的有机物浓度（COD、PS 和 PN）也具有逐步上升随后回落的趋势［图 15-1（b）～(d)］。在初始阶段，污泥上清液中包含 COD 511.7mg/L、PS 48.9mg/L 和 PN 86.5mg/L，有机物含量在一定范围内小幅度波动。随着 OLR 的逐步提高，污泥上清液有机物浓度在阶段 D 达到峰值，分别为 COD 1923.4mg/L、PS 273.0mg/L 和 PN 358.3mg/L。随后，阶段 E 内反应器的 OLR 回调至初始水平，污泥上清液有机物浓度随之降低至 COD 918.1mg/L、

PS 167.9mg/L 和 PN 248.6mg/L。尽管阶段 E 的 OLR 水平与阶段 A 的保持一致，但上清液有机物浓度仍高于初始阶段，这可能是由于高 OLR 水平促进了污泥上清液中游离菌的大量增殖并被膜截留于 AnMBR 内。尽管反应器的 OLR 水平大幅增加，但污泥混合液中未见显著的挥发性脂肪酸（volatile fatty acid，VFA）积累［图 15-1（e）］。在高 OLR 阶段（阶段 B ～ D），每次 OLR 的调整均伴随着阶段内污泥上清液 VFA 浓度的先增加后降低。即使在阶段 D 内 OLR 水平高达初始阶段 10 倍的情况下，VFA 浓度仍然达到峰值（乙酸 104.4mg/L、丙酸 102.1mg/L 和丁酸 7.0mg/L）后迅速降低（乙酸 22.2mg/L）。污泥上清液 VFA 浓度的变化规律说明系统内的微生物具有良好的活性，能应对冲击负荷，保持系统稳定性。

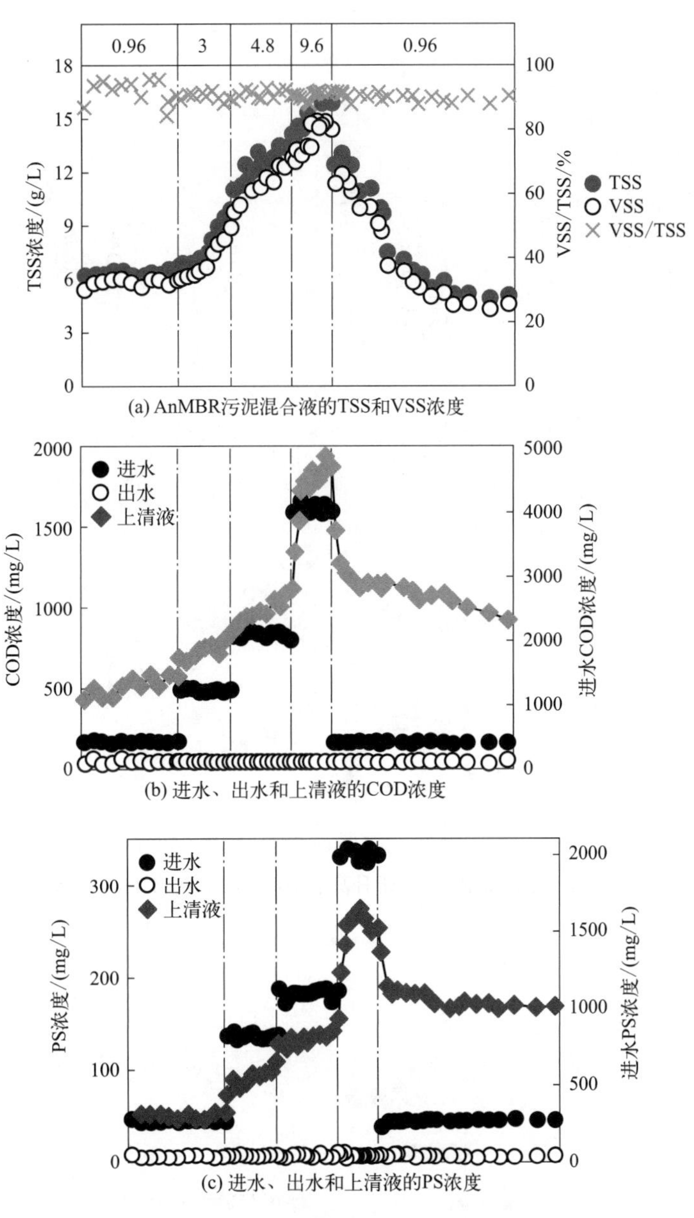

图 15-1

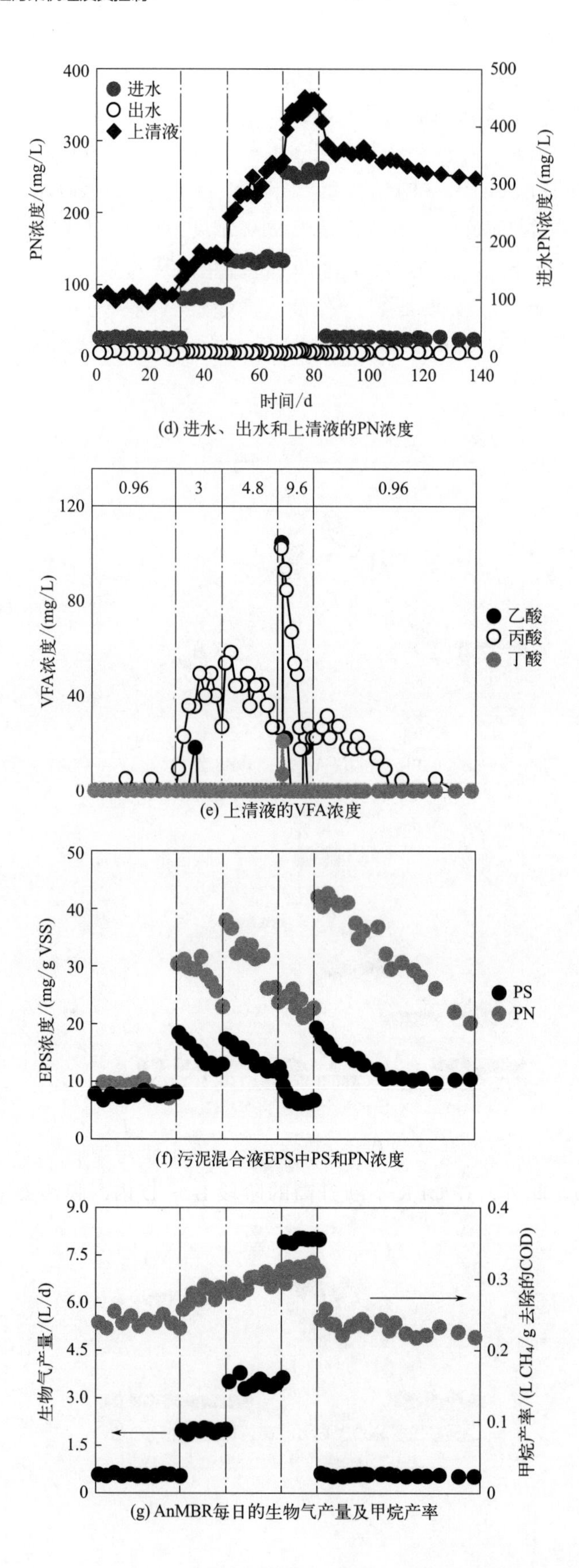

(d) 进水、出水和上清液的PN浓度

(e) 上清液的VFA浓度

(f) 污泥混合液EPS中PS和PN浓度

(g) AnMBR每日的生物气产量及甲烷产率

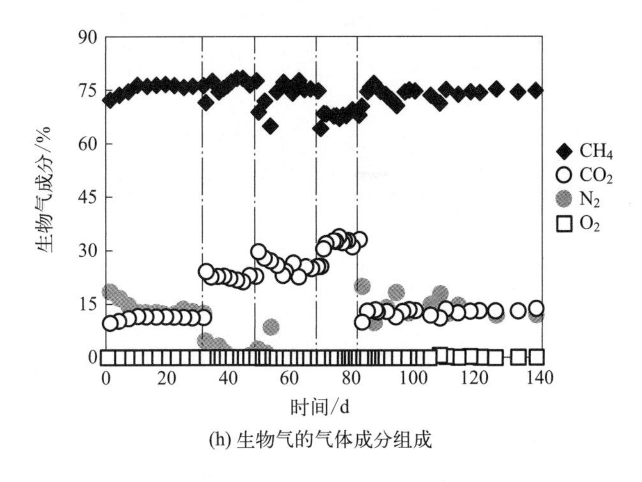

(h) 生物气的气体成分组成

图 15-1 不同 OLR 条件下的变化趋势

在早期实验中，污泥混合液 EPS 浓度稳定在 PS 7.1mg/g VSS 和 PN 9.5mg/g VSS［图 15-1（f）］；调节 OLR 至 3kg COD/（m^3・d）和 4.8kg COD/（m^3・d）后，EPS 浓度均呈现突增然后下降的变化。值得注意的是，阶段 D 内 AnMBR 的 OLR 水平提高至 9.6kg COD/（m^3・d）时，EPS 浓度并未上升反而下降，其中的 PS 浓度（6.9mg/g VSS）甚至降低至初始阶段的水平。EPS 在高 OLR 水平下降低可能归因于以下 2 个方面：

① 进水底物中 PN 浓度逐渐增加，大量 PN 水解导致反应器内部出现氨氮积累，抑制了微生物 EPS 的产生；

② VFA 浓度在阶段 D 内显著增加，导致污泥混合液的 pH 值存在一定程度的波动，pH 值降低引起了 EPS 的水解。

在后续的阶段 E 内，污泥混合液 EPS 浓度首先显著升高随后逐渐下降，阶段内早期 EPS 浓度大幅度增加的成因可能是微生物大量释放了上一阶段存储于体内的有机物。如图 15-1（g）和图 15-1（h）所示，随着 OLR 的不断变化，AnMBR 的甲烷产率不断升高，从 0.23L CH_4/g 去除的 COD 升高至 0.32L CH_4/g 去除的 COD，接近厌氧过程的理论甲烷产率（0.35L CH_4/g 去除的 COD）。

如图 15-2 和表 15-2 所示，不同 OLR 阶段下膜污染情况具有显著的差异。随着 OLR 不断增加，AnMBR 膜污染越来越严重，阶段 D 内一个膜污染周期仅耗时 5d，膜污染速率高达 6kPa/d。此外，在 OLR 不断升高的阶段 B ～ D 内，膜污染中的滤饼层阻力（R_c）占总过滤阻力的比例由 87.5% 下降至 68.0%，而有机污染阻力占（R_o）总过滤阻力的比例由 8.6% 上升至 23.4%；尽管 OLR 在阶段 E 内回落至初始水平［0.96kg COD/（m^3・d）］，但有机污染阻力在总过滤阻力中所占的比例进一步增加至 27.5%。结合不同 OLR 阶段下污泥混合液的 TSS/VSS 浓度及污泥上清液的有机物浓度（图 15-1），上述结果表明污泥上清液中有机物及游离菌的含量对于膜污染具有重要的影响。此外，研究报道 AnMBR 中污泥上清液易在膜表面形成具有极高过滤阻力的凝胶层，进一步解释了上述的变化趋势。然而，膜表面上积累的生物量及有机膜污染物量最高的阶段为阶段 B，积累生物量高达 17.4g TSS/m^2，积累有机污染物量高达 COD 8.0g/m^2、PS 1.3g/m^2 和

PN 2.4g/m^2。与阶段E相比，虽然阶段B中污泥上清液有机物浓度较低，膜污染周期较短，但其污泥混合液包含的TSS及VSS浓度较高（图15-1）。在膜过滤过程中，污泥混合液及其中的微生物在膜表面沉积黏附并生长繁殖，致使阶段B内膜表面上存在较多的微生物及有机膜污染物。

表15-2 AnMBR中不同OLR阶段膜污染的特征

阶段	OLR /[kg COD/(m^3·d)]	运行时长 /d	TMP/kPa	污染速率 /(kPa/d)	TSS /(g/m^2)	VSS /(g/m^2)	有机膜污染物 /(g/m^2)			EPS /(g/m^2)		污染阻力 /m^{-1}	比阻 /(m^{-1}/g TSS)
							COD	PS	PN	PS	PN		
A	0.96	31	3	0.1	4.2	4.0	4.1	0.4	0.4	0.1	0.1	8.5×10^{11}	1.0×10^{13}
B	3	16	30	1.9	17.4	16.5	8.0	1.3	2.4	0.2	0.3	2.8×10^{12}	8.0×10^{12}
C	4.8	10	30	3.0	14.2	13.6	3.1	1.1	1.7	0.1	0.2	1.2×10^{12}	4.4×10^{12}
D	9.6	5	30	6.0	9.4	9.1	2.6	0.7	0.9	0.3	0.2	1.1×10^{12}	5.6×10^{12}
E	0.96	33	30	0.9	4.5	4.4	4.4	0.9	0.6	0.1	0.1	8.2×10^{11}	9.0×10^{12}

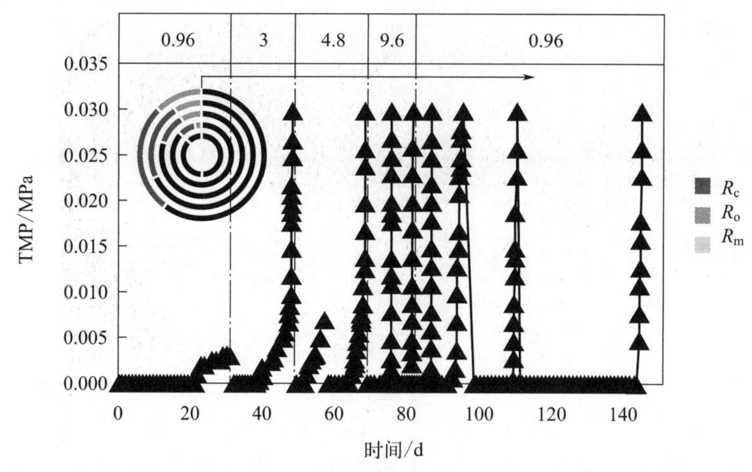

图 15-2 实验中 AnMBR 的 TMP 动态变化及不同 OLR 阶段下的过滤阻力分布

15.3 污泥上清液的尺寸分布及游离菌形貌

每个 OLR 阶段内均进行至少 3 次的尺寸筛分实验，按照阶段内的实验时间点划分为早期（E）、中期（M）和晚期（L），尺寸分布结果从左至右按时间顺序排列（图 15-3）。

随着 OLR 的变化，AnMBR 污泥上清液尺寸分布及其中游离菌的形貌均发生了显著的变化。在阶段 A 内，污泥上清液游离菌主要集中在 5 ～ 10μm 和 1 ～ 5μm 尺寸范围，前者占污泥上清液总 COD 含量的 24.6%、总 PS 含量的 30.8% 和总 PN 含量的 28.9%，后者占污泥上清液总 COD 含量的 26.9%、总 PS 含量的 33.9% 和总 PN 含量的 35.5%。此时，污泥上清液游离菌中仅可见丝状菌，呈细长且弯曲的形貌，具有不分节的结构［图 15-4（a）～（c）（书后另见彩图）］。图 15-4 中所有的照片均在 40 倍物镜下观察并拍摄，图 15-4（a）～（o）（书后另见彩图）按时间顺序及不同的 OLR 阶段依次排列。当 OLR 增加至 3kg COD/（m^3·d）时，污泥上清液中 5 ～ 10μm 组分的含量增加而 1 ～ 5μm 组分的含量减少（图 15-3）。5 ～ 10μm 组分占污泥上清液总 COD 含量、总 PS 含量和总 PN 含量的比例分别上升至 38.1%、46.0% 和 37.1%，而 1 ～ 5μm 组分占污泥上清液总 COD 含量、总 PS 含量和总 PN 含量的比例分别下降至 21.2%、23.0% 和 25.1%。相应地，观察该阶段上清液游离菌样品时，发现大量纵横交错的丝状菌［图 15-4（f）］，呈交织网状。随着反应器内 OLR 进一步提高至 4.8kg COD/（m^3·d），污泥上清液 5 ～ 10μm 组分和 1 ～ 5μm 组分占上清液总有机物含量的比例均有所下降，前者降低至 20.3% 总 COD 含量、21.1% 总 PS 含量和 12.9% 总 PN 含量，后者降低至 16.6% 总 COD 含量、22.9% 总 PS 含量和 22.6% 总 PN 含量（图 15-3）。对比之下，污泥上清液 0.45 ～ 1μm 组分占上清液总有机物含量的比例则显著升高，分别上升至 35.0% 总 COD 含量、36.2% 总 PS 含量和 36.1% 总 PN 含量。该阶段丝状菌依旧是污泥上清液游离菌的主要组成。但值得注意的是，此时的游离菌中还可观察到部分球菌［图 15-4（g）～（i）］。在阶段 C 内，污泥上清液中可见尺寸微小的球菌，这与 0.45 ～ 1μm 组分占污泥上清液总有机物量比例的增加相互呼应。结合该阶段严重的膜

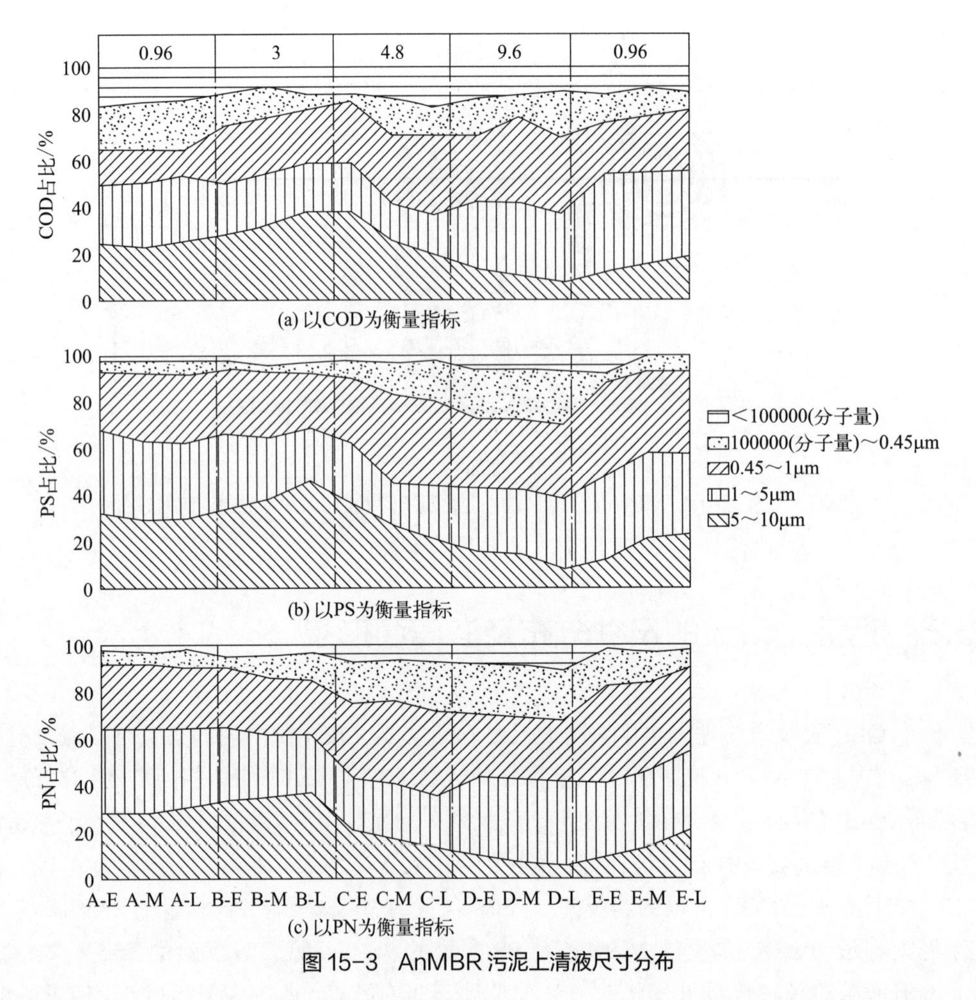

图 15-3 AnMBR 污泥上清液尺寸分布

污染情况，表明高 OLR 可通过促使上清液中小尺寸游离菌含量的增加进而加剧膜污染。阶段 D 内［9.6kg COD/（m^3·d）］污泥上清液的尺寸分布出现了显著的变化，5 ～ 10μm 组分占比进一步减少至 8.2% COD、8.4% PS 和 5.8% PN，而 1 ～ 5μm 组分和 0.45 ～ 1μm 组分则成为了主要成分（图 15-3)。与污泥上清液尺寸分布变化相呼应，污泥上清液游离菌的形貌也发生了显著的变化，大量的球菌出现而丝状菌逐渐消失［图 15-4（l)］。此外，显微镜观察视野内还出现了部分短杆菌［图 15-4（j)］。随着 AnMBR 的 OLR 回落至 0.96kg COD/（m^3·d)，5 ～ 10μm 组分在污泥上清液中的占比回升而 0.45 ～ 1μm 组分的占比逐渐减少（图 15-3)。该阶段下，污泥上清液游离菌的形貌发生了有趣的变化，大量的丝状菌重新出现，而视野内的球菌显著减少［图 15-4（m）～（o)］。与此同时，于阶段 D 首次出现的短杆菌在阶段 E 聚集并形成花簇状［图 15-4（n)］。污泥上清液尺寸筛分分析及游离菌的荧光染色显微观察表明，AnMBR 游离菌的细胞形态受到 OLR 的影响，丝状菌先富集随后消失最终复现，球菌和短杆菌在高 OLR 条件下出现。但上述分析停留在污泥上清液的物理化学特性及游离菌的微生物形貌上，游离菌群演替过程需要借助微生物测序的手段进一步探明。

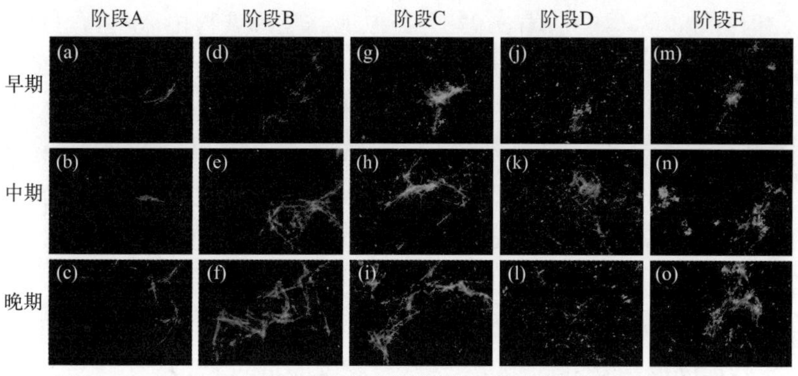

图 15-4　AnMBR 污泥上清液游离菌微生物形貌的荧光染色显微观察照片

15.4　OLR 对游离菌的群落结构及生物演替的影响

如图 15-5 所示，在实验过程中，污泥混合液和污泥上清液游离菌的微生物群落丰富度持续降低［图 15-5（a）和图 15-5（c）］。

从阶段 A 至阶段 D，OLR 持续增加，污泥混合液和污泥上清液游离菌中的部分微生物可能无法适应高负荷条件逐渐被淘汰，导致样品中微生物群落的丰富度不断降低。而在阶段 E 内，OLR 迅速降低至 0.96kg COD/（m^3・d），剧烈的负荷变化对系统中部分敏感微生物造成冲击，进一步降低了微生物群落的丰富度。相比之下，膜污染物所含微生物群落在整个实验过程中丰富度变化较小［图 15-5（e）］。滤饼层的微生物生境与混合悬浮态下的微生物生境具有显著差异，对其中的微生物施以强烈的选择性压力，因此膜污染物中微生物群落可在变化的 OLR 下保持较为稳定的 α 多样性。进一步，PCoA（主坐标分析）揭示了样品中微生物群落的 β 多样性变化［图 15-5（b）］，污泥混合液样品按照时间顺序从第三象限逐步转移至第四象限。阶段 A 至阶段 D 平稳变化，而在阶段 E 内则变化剧烈，不同阶段的变化趋势与 OLR 阶梯上升而后突然回调的趋势相吻合。类似地，膜污染物中微生物群落的 β 多样性在最后阶段显著区别于初始阶段［图 15-5（f）］。相比之下，阶段 B、阶段 C 和阶段 D 内的污泥上清液游离菌微生物群落紧密聚集，而初始阶段和最后阶段则落于同一象限内［图 15-5（d）］。值得注意的是，尽管污泥上清液游离菌经历了明显的群落结构变化及生物演替过程，但其在 OLR 回调至初始阶段水平后出现了恢复的趋势。上述结果表明 OLR 对不同微生物具有不同的影响，且上清液游离菌中微生物群落在 OLR 变化条件下具有一定的可逆性和恢复性。

如图 15-6 所示（书后另见彩图），从微生物相对丰度变化的角度出发，污泥混合液中微生物可以分为 3 组［图 15-6（a）］，其中第一组中微生物相对丰度随 OLR 变化不断降低。例如，*g_Aminicenantales* 在阶段 A 中占主导地位，其相对丰度高达 71.9%，而在阶段 E 其相对丰度降低至 23.7%。第二组中微生物在高 OLR 条件［9.6kg COD/（m^3・d）］下达到相对丰度峰值，但与其他微生物相比仍处于较低水平，其相对丰度均低于 1.6%。经历过 OLR 剧烈变化后，第 3 组中微生物在阶段 E 内成为优势物种，其相对丰度可高达阶段 A 内的 4.6 倍（如 *g_SM1H02*）。类似地，膜污染物中微生物也可以分为 3 组［图 15-6（c）］，*g_Aminicenantales* 仍是从阶段 A 至阶段 E 相对丰度不断降低的代表物种。尽管污泥上清液游离菌同样可以分为 3 组，但其具有不同的变化趋势［图 15-6（b）］。随着 OLR 变化，发酵细菌 *g_Lentimicrobiaceae*[4]、*g_SJA-15*[5] 和 *g_Desulfovibrio*[6] 以及 QQ 菌 *g_Delftia*[7] 的相对丰度显著下降，逐渐从系统中消失。在 OLR 水平由 0.96kg COD/（m^3·d）增加至 3kg COD/（m^3·d）的过程中，高有机物耐受菌 *g_Woesearchaeia*[8] 的相对丰度增加至 9.6%，而同型产乙酸菌 *g_Syntrophorhabdus*[9] 的相对丰度则增加至初始阶段的 2 倍。第 3 组中的微生物具有在阶段 D 达到相对丰度峰值的特点，其中的 *g_Aminicenantales*、*g_Bacteroides* 和 *g_Lactivibrio* 可代谢烃类化合物[10-12]，而 *g_Lactococcus* 通过发酵作用可将葡萄糖转化为乳酸、丙酸和乙酸[13]。此外，属于 Clostridia 纲的 *g_D8A-2* 细胞形貌呈短杆状[14]，与在阶段 D 内污泥上清液游离菌的荧光染色显微观察结果中出现的大量短杆菌相吻合［图 15-4（j）］。随着阶段 E 内 OLR 回调至初始阶段水平，上述微生物中除 *g_Aminicenantales* 外，相对丰度均降低至 2.5% 以下。结合 β 多样性的变化趋势，污泥上清液游离菌可能对外在条件的波动具有较强的耐受性且在外部扰动解除后具有较好的恢复性。

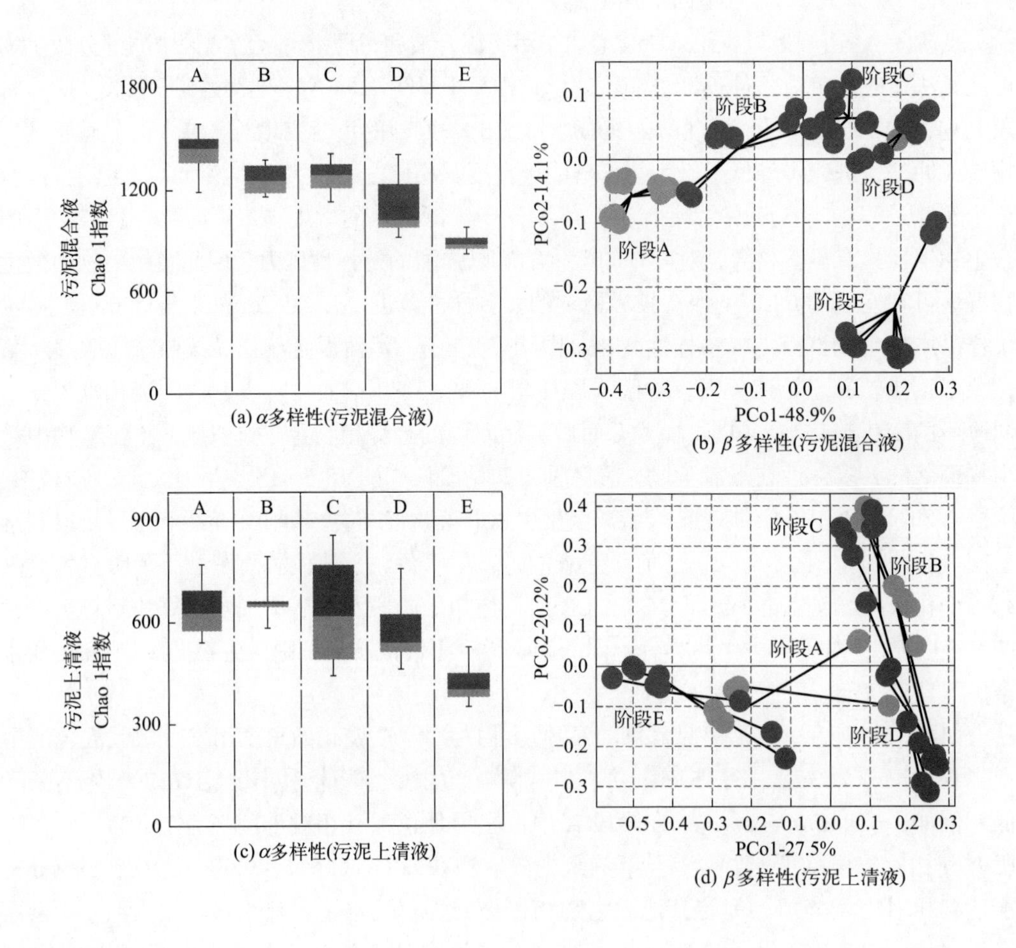

(a) α多样性(污泥混合液)

(b) β多样性(污泥混合液)

(c) α多样性(污泥上清液)

(d) β多样性(污泥上清液)

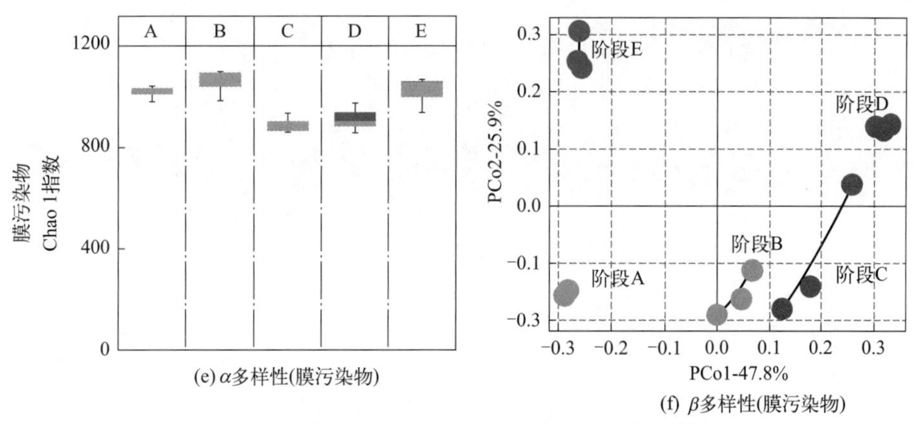

(e) α多样性(膜污染物)　(f) β多样性(膜污染物)

图 15-5　AnMBR 污泥混合液、污泥上清液游离菌及膜污染物样品中微生物群落的 α 多样性和 β 多样性

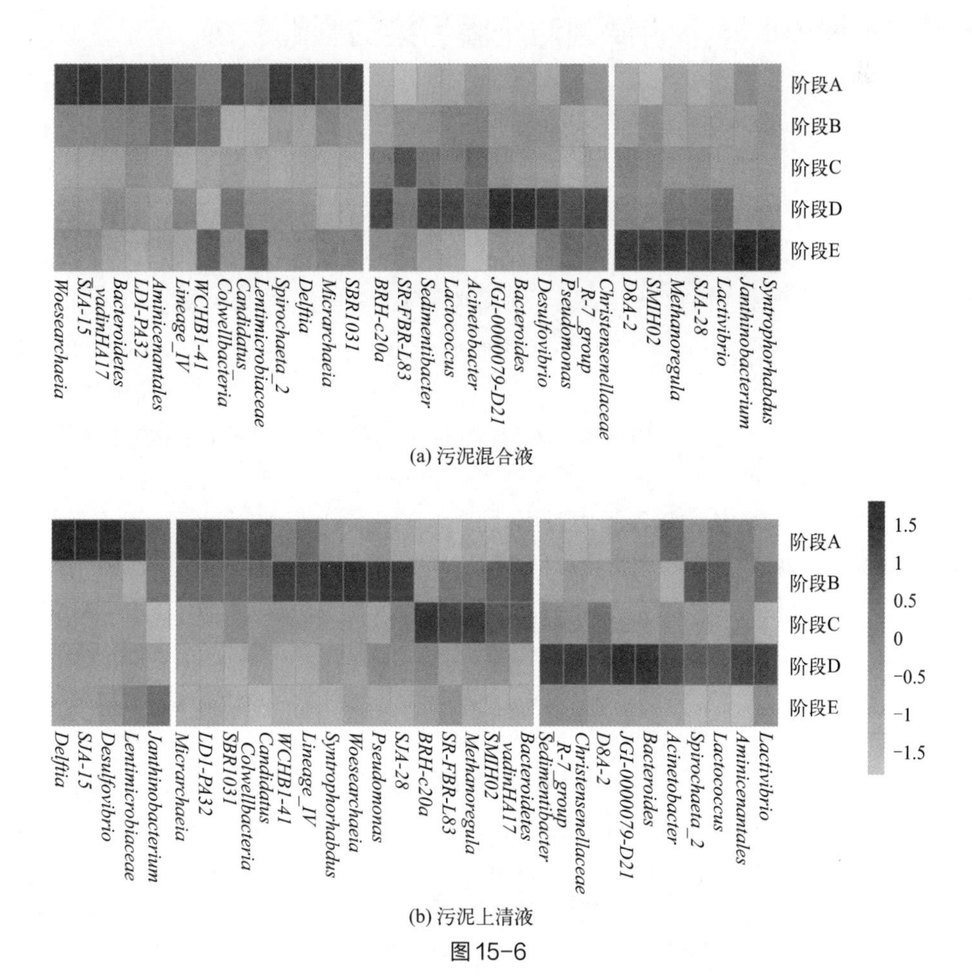

图 15-6

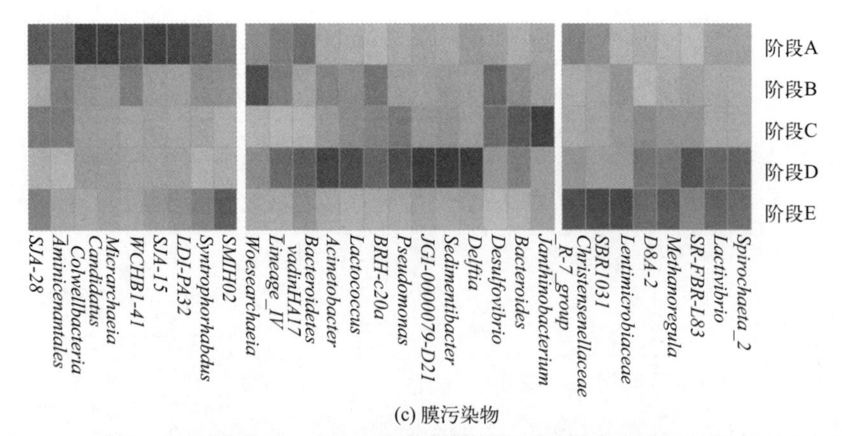

(c) 膜污染物

图 15-6　AnMBR 中污泥混合液、污泥上清液游离菌及膜污染物中所包含微生物的相对丰度变化

图中仅展示相对丰度排名前 30 的属水平微生物

15.5　不同 OLR 下游离菌对于膜污染的影响

图 15-7（书后另见彩图）韦恩集合图左侧柱形图表示每组样品所含序列条数，上方柱形图表示标记样品间共有序列条数（$\log_2$ 计算值），微生物溯源结果的数值代表潜在微生物群落来源对目标微生物群落的贡献度。尽管 AnMBR 的 OLR 条件不断变化，但污泥上清液游离菌的微生物群落间始终存在部分相同的微生物序列［图 15-7（a）］。除了阶段 A 与阶段 B，其余相邻阶段间（阶段 B 与阶段 C、阶段 C 与阶段 D、阶段 D 与阶段 E）和 OLR 条件相同阶段间（阶段 A 与阶段 E）共有序列条数在污泥上清液总序列数中的占比（分别为 59.1%、51.9%、41.1% 和 32.4%）均低于膜污染物（63.5%、66.7%、51.6% 和 52.5%）。不同阶段共有序列数间存在差异，表明 OLR 的递增及骤减均对游离菌的微生物群落造成了选择性压力，部分耐受性较差的敏感微生物可能在 OLR 变化过程中被淘汰，同时部分适应性强的微生物可能从主体污泥中脱离并分散于上清液中。相比之下，相邻阶段间和 OLR 条件相同阶段间膜污染物中微生物群落间共有序列占比保持在较为稳定的水平，这意味着可能存在部分核心微生物，在膜污染过程中起到重要作用。此外，在每个 OLR 阶段下，污泥上清液游离菌与膜污染物中微生物群落间始终保持有共同的微生物序列，其在膜污染中的占比在 18.2% ～ 28.8% 之间波动。在先前的研究中，污泥上清液游离菌被证实是膜污染物的重要来源，对膜污染有着重要的影响[15]。本实验结果再次强调了上清液游离菌在 AnMBR 膜污染中不可忽视的作用，且外在条件的改变会影响游离菌的膜污染行为。如图 15-7（b）所示，在实验初始阶段，膜污染物中约有 28.6% 的微生物来自污泥上清液游离菌。随着 OLR 不断增加，该比例逐渐降低至阶段 B 的 18.3%、阶段 C 的 10.7% 和阶段 D 的 7.4%，污泥上清液游离菌对于膜污染物的贡献逐渐减小。由荧光染色显微观察的结果可知（图 15-4），尽管阶段 B 至阶段 D 中污泥上清液微生物量逐渐增加，但同时其有机物含量也大幅度增加。结合不同阶段下膜污染过滤阻力分布（图 15-2），OLR 逐渐升高的情况下有机污染在短期膜过滤过程中的作用越来越显著。值得注意的是，当 OLR 回调至初始

水平时，污泥上清液游离菌对膜污染物所含微生物的贡献率恢复至 18.5%。此时，AnMBR 内污泥上清液仍含有较高的有机物含量（图 15-1）且有机污染阻力在膜过滤阻力分布中占比高达 27.5%（图 15-2）。上述阶段 E 内的膜污染特性可归因于污泥上清液富含有机物的同时还含有大量游离菌的特性，在长期膜过滤过程中污泥上清液被膜截留于反应器内，而其中的游离菌在膜表面不断沉积 / 黏附，因此不仅引起有机膜污染还将导致生物膜污染。

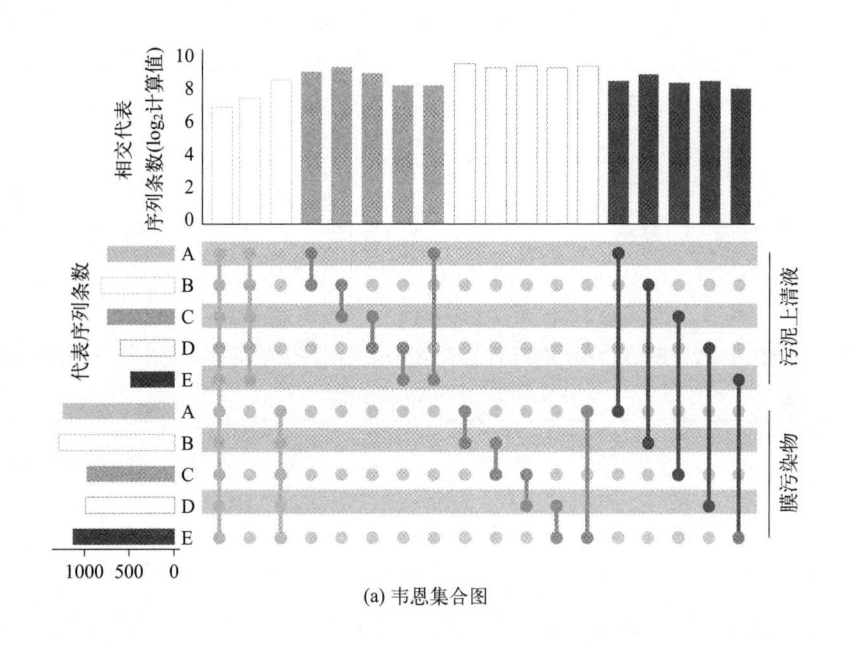

(a) 韦恩集合图

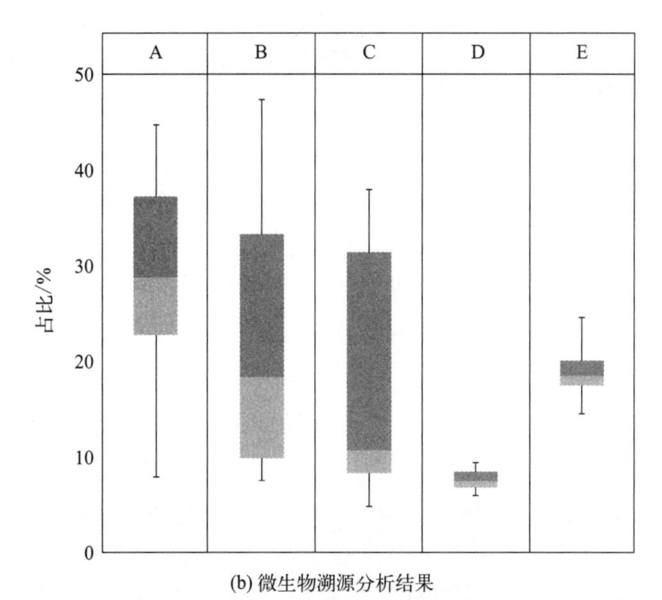

(b) 微生物溯源分析结果

图 15-7　AnMBR 中污泥混合液、污泥上清液游离菌及膜污染物中微生物群落的韦恩集合图及微生物溯源分析结果

15.6 游离菌的微生物种间关系

微生物借助种间关系来维持微生物生态系统的结构和功能，并对微生物群落产生重要的影响。为了进一步探明 OLR 对 AnMBR 游离菌种间关系的影响，本研究通过构建微生态网络对 OLR 变化下游离菌间相互作用进行分析。如表 15-3 所列，上清液游离菌生态网络的拓扑学特征参数，如 $\overline{CC}$、HD 和模块化指数，均较相应的随机网络高。此外，上清液游离细菌生态网络的 σ 均大于 1，说明不同 OLR 条件下游离菌生态网络都具有小世界及模块化的特征[16, 17]。随着 OLR 不断变化，游离菌生态网络的大小也在不断变化且在阶段 C 达到最小值，仅包含 129 个节点。尽管在网络大小上具有差异，但不同 OLR 阶段下游离菌生态网络中正向连接（阶段 A 为 78.4%、阶段 B 为 69.6%、阶段 C 为 93.2%、阶段 D 为 79.1% 和阶段 E 为 67.6%）均远高于负向连接，表明 AnMBR 游离菌主要以合作的方式共存。

表 15-3 不同 OLR 阶段下 AnMBR 中污泥上清液游离菌中微生物群落的生态分子网络及对应随机网络的拓扑学特征

阶段	实测网络								模型预测随机网络		
	节点数（n）	相似度阈值（St）	R^2	$\overline{K}$	HD	$\overline{CC}$	模块化指数	σ	HD±SD	$\overline{CC}$±SD	模块化指数±SD
A	214	0.89	0.82	8.60	3.33	0.33	0.54	2.39	2.53±0.02	0.11±0.01	0.27±0.01
B	171	0.93	0.83	5.92	3.57	0.31	0.59	3.45	2.75±0.02	0.07±0.01	0.35±0.01
C	129	0.98	0.75	6.62	2.62	0.20	0.45	1.44	2.40±0.03	0.13±0.01	0.30±0.01
D	198	0.90	0.77	7.30	3.11	0.25	0.49	2.30	2.66±0.03	0.09±0.01	0.29±0.01
E	164	0.87	0.76	8.57	2.72	0.34	0.45	2.11	2.45±0.02	0.15±0.01	0.25±0.01

如图 15-8 所示，不同 OLR 阶段游离菌主要扮演特定种的角色，且所有生态网络中均未见超级泛化种，而落在模块枢纽和连接器节点象限内的泛化种被视为关键物种，很可能推动着游离微生物群落的演替。在阶段 A 的关键物种中，*f_Spirochaetaceae* 包括多种能够代谢有机物产生乙酸的产乙酸菌[18]，可为后续的产甲烷菌提供代谢底物。有趣的是，阶段 B 的游离菌生态网络中并不存在关键物种且其中的连接大多为正向连接，表明游离菌可通过相互合作适应 OLR 变化。随着 OLR 进一步提高至 4.8kg COD/(m^3·d)，*g_Christensenellaceae_R-7_group* 和 *g_Aminicenantales* 成为生态网络中的关键物种，其可代谢多种烃类化合物[15, 19]，与反应器进水中逐渐增加的多糖含量相

吻合。随后，OLR 骤降至 0.96kg COD/（m^3·d），游离菌生态网络关键物种转变为 *f_Spirochaetaceae*、*g_Bathyarchaeia* 和 *f_Synergistaceae*。据报道，*f_Spirochaetaceae* 抗冲击性能极高且经历 OLR 冲击后可以迅速适应并恢复[19]。总体而言，AnMBR 游离菌间的相互作用以合作为主，其中的微生物能较好地抵挡反应器运行条件 / 外界环境因素的波动。

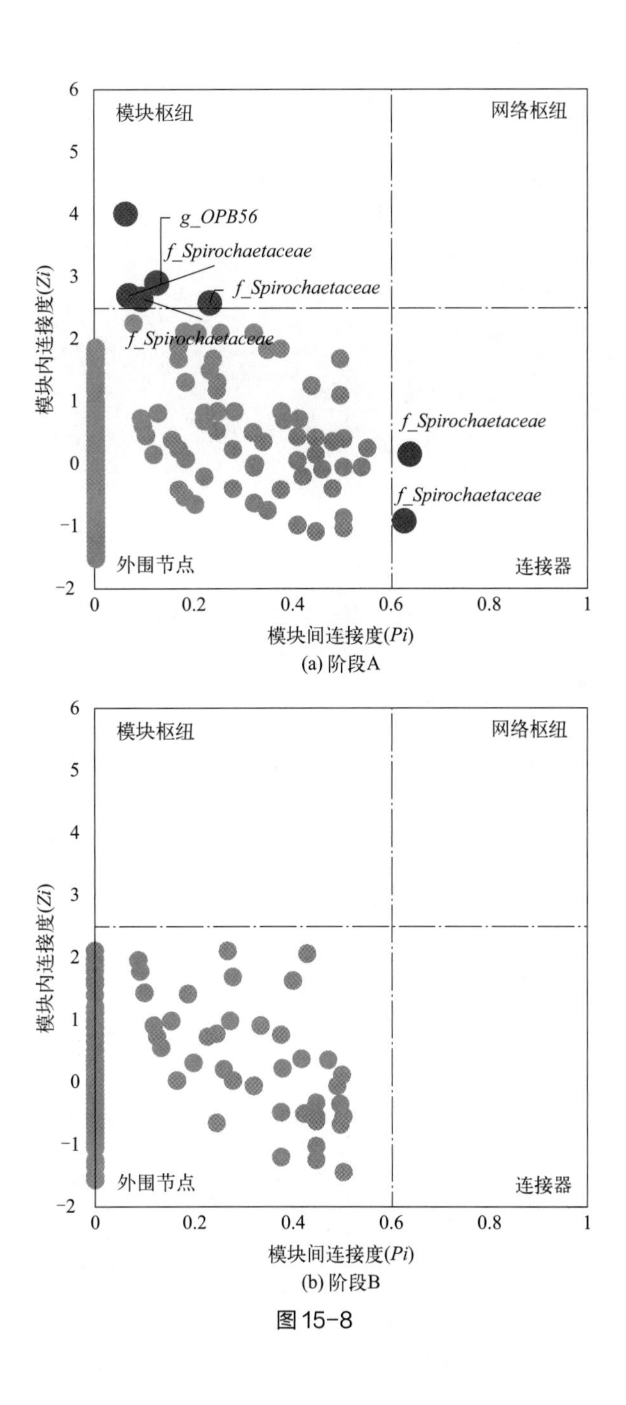

图 15-8

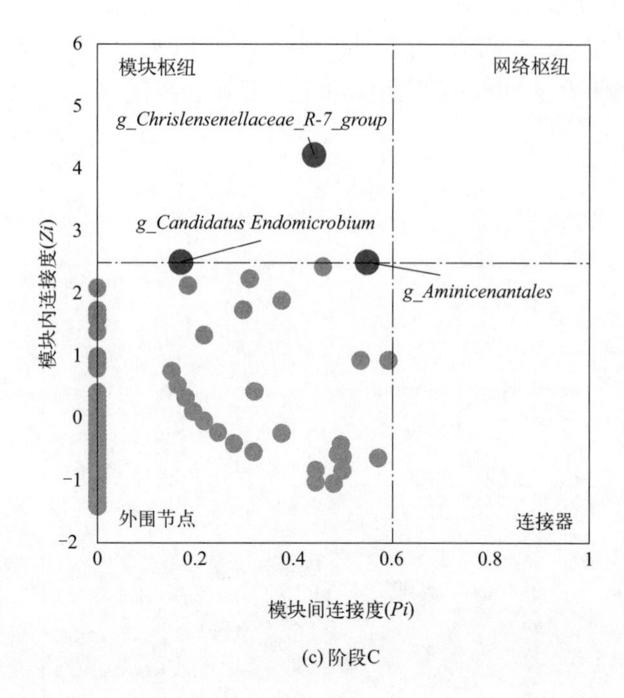
模块枢纽
网络枢纽
g_Chrislensenellaceae_R-7_group
g_Candidatus Endomicrobium
g_Aminicenantales
外围节点
连接器
模块内连接度(Zi)
模块间连接度(Pi)
6
5
4
3
2
1
0
-1
-2
0
0.2
0.4
0.6
0.8
1

(c) 阶段C

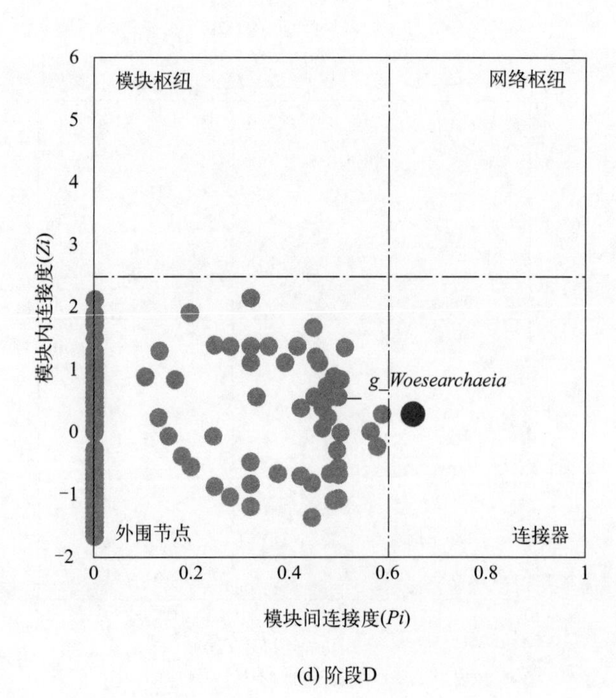
模块枢纽
网络枢纽
g_Woesearchaeia
外围节点
连接器
模块内连接度(Zi)
模块间连接度(Pi)
6
5
4
3
2
1
0
-1
-2
0
0.2
0.4
0.6
0.8
1

(d) 阶段D

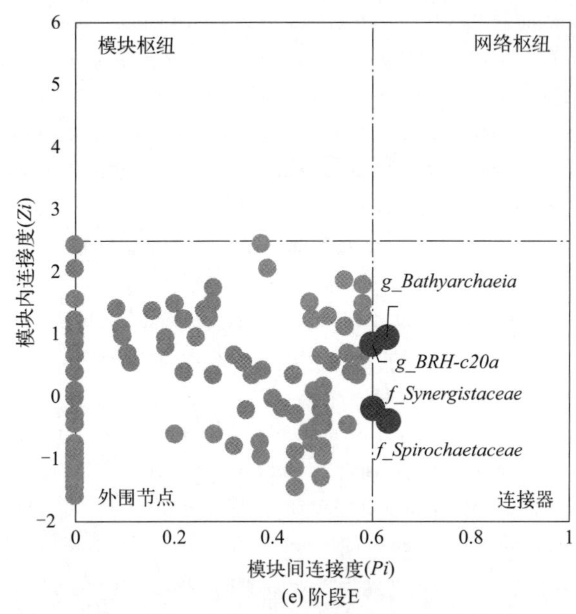

图 15-8　不同 OLR 阶段 AnMBR 污泥上清液游离菌中微生物群落生态分子网络的 Zi–Pi 图

AnMBR 污泥上清液中游离菌是生物膜污染物的重要来源之一。作为污泥混合液的组成部分，上清液游离菌被膜截留而留存于反应器内，不可避免地受到反应器运行参数变化的影响。尽管在 OLR 变化条件下，污泥上清液游离菌的物种组成及群落结构在不断变化，但其微生物群落具有一定的恢复性。在代谢功能的层面，污泥上清液游离菌大多为水解发酵菌及产酸菌。而微生物生态网络分析表明，游离菌间始终存在强烈的合作关系，且其中多数微生物属于特定种，在网络中发挥特定的代谢作用。基于上述结果，可推测 AnMBR 污泥上清液游离菌通过协同代谢的方式对进水底物进行水解酸化，并为产甲烷菌提供代谢底物，同时凭借特定的代谢功能维持系统的稳定性并抵挡外界环境因素的波动。由此，预处理 AnMBR 的进水底物，取代上清液游离菌的水解发酵作用并打破游离菌的微生物生态网络稳定性，有可能减少污泥上清液中游离菌的含量从而实现膜污染的控制。

参考文献

[1] Nguyen A Q，Wickham R，Nguyen L N，et al. Impact of anaerobic co-digestion between sewage sludge and carbon-rich organic waste on microbial community resilience[J]. Environmental Science：Water Research & Technology，2018，4（12）：1956-1965.

[2] Nkuna R，Roopnarain A，Adeleke R. Effects of organic loading rates on microbial communities and biogas production from water hyacinth：A case of mono-and co-digestion[J]. Journal of Chemical Technology Biotechnology，2019，94（4）：1294-1304.

[3] Balcıoğlu G，Yilmaz G，Goender Z B. Evaluation of anaerobic membrane bioreactor（AnMBR）treating confectionery wastewater at long-term operation under different organic loading rates：Performance and membrane fouling[J]. Chemical Engineering Journal，2021，404：126261.

[4] Sun L，Toyonaga M，Ohashi A，et al. Lentimicrobium saccharophilum gen. nov.，sp. nov.，a strictly anaerobic bacterium representing a new family in the phylum Bacteroidetes，and proposal of Lentimicrobiaceae fam. nov[J]. International Journal of Systematic Evolutionary Microbiology，2016，66（7）：2635-2642.

[5] Rosenkranz F，Cabrol L，Carballa M，et al. Relationship between phenol degradation efficiency and microbial community structure in an anaerobic SBR[J]. Water Research，2013，47（17）：6739-6749.

[6] Zheng Y，Zhou Z，Ye X，et al. Identifying microbial community evolution in membrane bioreactors coupled with anaerobic side-stream reactor，packing carriers and ultrasonication for sludge reduction by linear discriminant analysis[J]. Bioresource Technology，2019，291：121920.

[7] Tabraiz S，Shamurad B，Petropoulos E，et al. Mitigation of membrane biofouling in membrane bioreactor treating sewage by novel quorum quenching strain of *Acinetobacter* originating from a full-scale membrane bioreactor[J]. Bioresource Technology，2021，334：125242.

[8] Gründger F，Carrier V，Svenning M M，et al. Methane-fuelled biofilms predominantly composed of methanotrophic ANME-1 in Arctic gas hydrate-related sediments[J]. Scientific Reports，2019，9（1）：1-10.

[9] Ju F，Zhang T. Novel microbial populations in ambient and mesophilic biogas-producing and phenol-degrading consortia unraveled by high-throughput sequencing[J]. Microbial Ecology，2014，68（2）：235-246.

[10] Xie A，Deaver J A，Miller E，et al. Effect of feed-to-inoculum ratio on anaerobic digestibility of high-fat content animal rendering wastewater[J]. Biochemical Engineering Journal，2021，176：108215.

[11] Yu Z，Wen X，Xu M，et al. Characteristics of extracellular polymeric substances and bacterial communities in an anaerobic membrane bioreactor coupled with online ultrasound equipment[J]. Bioresource Technology，2012，117：333-340.

[12] Carneiro R B，Mukaeda C M，Sabatini C A，et al. Influence of organic loading rate on ciprofloxacin and sulfamethoxazole biodegradation in anaerobic fixed bed biofilm reactors[J]. Journal of Environmental Management，2020，273：111170.

[13] Zhang B，Yu Q，Yan G，et al. Seasonal bacterial community succession in four typical wastewater treatment plants：Correlations between core microbes and process performance[J]. Scientific Reports，2018，8（1）：1-11.

[14] Tracy B P，Jones S W，Fast A G，et al. *Clostridia*：The importance of their exceptional substrate and metabolite diversity for biofuel and biorefinery applications[J]. Current Opinion in Biotechnology，2012，23（3）：364-381.

[15] Yao Y，Zhou Z，Stuckey D C，et al. Micro-particles—A neglected but critical cause of different membrane fouling between aerobic and anaerobic membrane bioreactors[J]. ACS Sustainable Chemistry & Engineering，2020，8（44）：16680-16690.

[16] Zhou J，Deng Y，Luo F，et al. Functional molecular ecological networks[J]. mBio，2010，1（4）：e00169.

[17] Wu Z H，Fang J Y，Xiang Y Y，et al. Roles of reactive chlorine species in trimethoprim degradation in the UV/chlorine process：Kinetics and transformation pathways[J]. Water Research，2016，104：272-282.

[18] Liu J，Zhang L，Zhang P，et al. Quorum quenching altered microbial diversity and activity of anaerobic membrane bioreactor（AnMBR）and enhanced methane generation[J]. Bioresource Technology，2020，315：123862.

[19] Szuróczki S，Szabó A，Korponai K，et al. Prokaryotic community composition in a great shallow soda lake covered by large reed stands（Neusiedler See/Lake Fertő）as revealed by cultivation-and DNA-based analyses[J]. FEMS Microbiology Ecology，2020，96（10）：fiaa159.

第16章

实际MBR污水厂的膜污染特性分析

某大型MBR污水处理厂位于我国广东省某市。该水厂采用A^2O+MBR工艺，处理规模为$2.0\times10^5 m^3/d$。污水处理厂的设计出水水质均执行国家《城镇污水处理厂污染物排放标准》（GB 18918—2002）的一级A标准及广东省《水污染物排放限值》（DB 44/26—2001）第二时段一级标准之严者。该污水处理厂的工艺流程如图16-1所示。

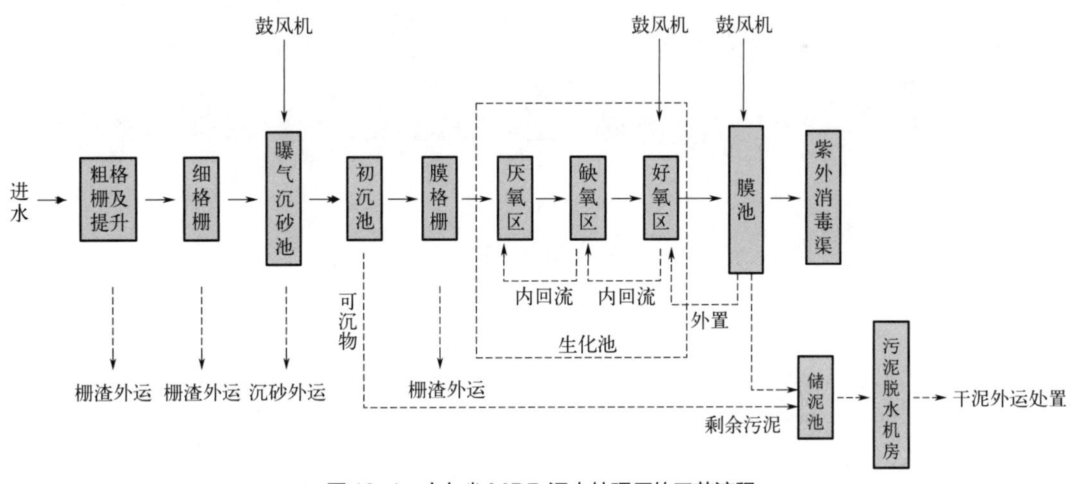

图16-1 广东省MBR污水处理厂的工艺流程

16.1 膜组件TMP变化情况

该MBR厂产水量和跨膜压差变化如图16-2所示。MBR运行过程中，随着膜污染的加重，膜组器产水量逐步降低，严重限制了污水厂的处理效能。本章针对该厂 1 号、3 号和 9 号廊道内膜组器进行了样品采集，此时该厂刚进行离线清洗 2 个月左右。如图 16-2 所示，3 个膜组器的跨膜压差变化趋势符合线性趋势，而在离线清洗前跨膜压差的变化没有明显规律。膜组器采样时，1 号廊道的跨膜压差较低，约为 2.5kPa，产水量能够达到预期标准，但最低跨膜压差逐渐升高，说明在线清洗后膜表面仍旧残留大量的顽固物质，严重影响膜组器的过滤性能。1 号廊道运行 0.5 年左右后跨膜压差变化不再呈现线性增长趋势，说明此时膜组器需要全面的离线清洗，原有的离线清洗方法无法保证膜组器稳定高效运行 1 年。

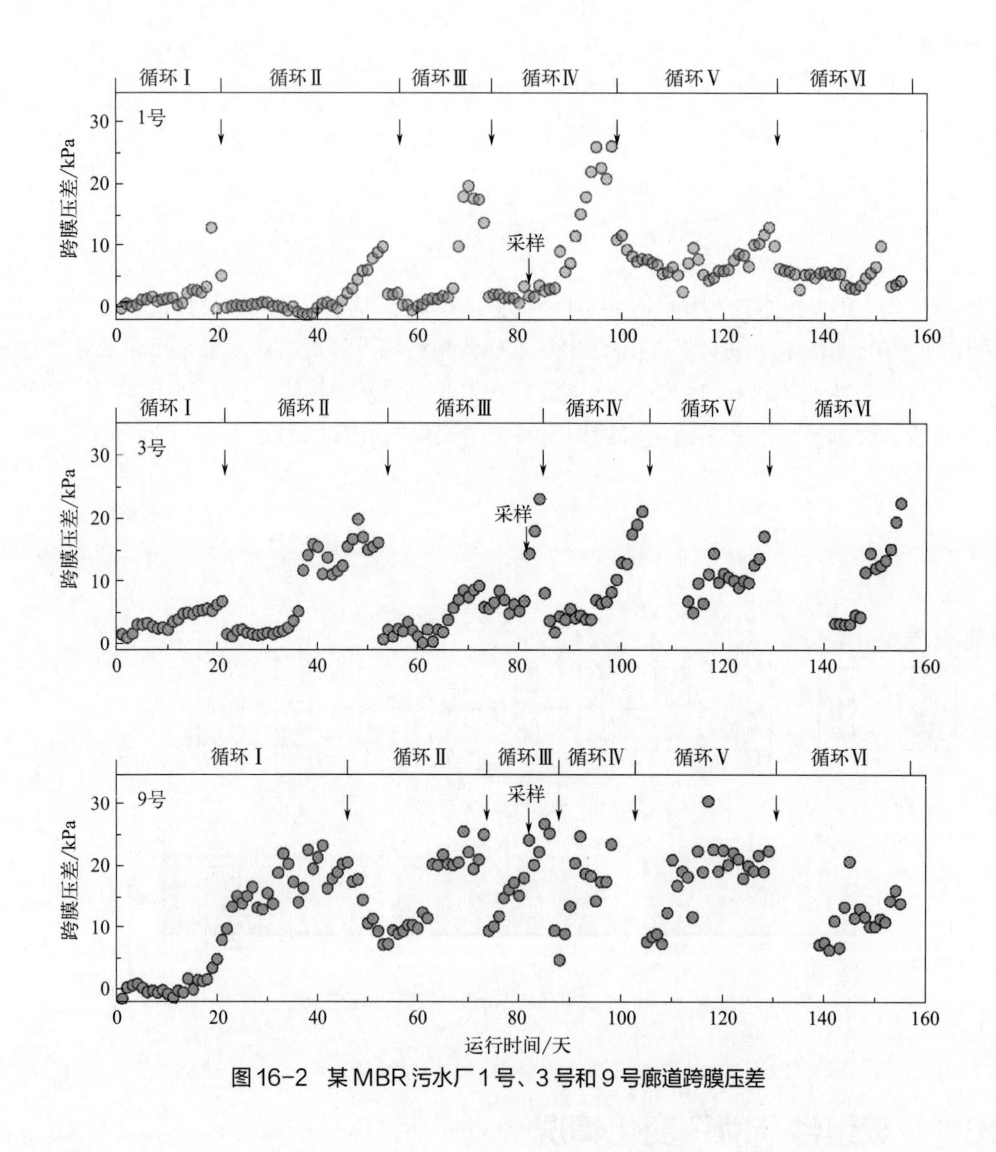

图16-2 某MBR污水厂1号、3号和9号廊道跨膜压差

3 号廊道运行周期内的跨膜压差没有超过 30kPa，最大产水量能够达到 200m^3/h 以上。离线清洗前，跨膜压差仍然处于非线性的变化趋势，而离线清洗后跨膜压差的线性变化趋

势仍然不明显（相较于 1 号廊道）。以上结果说明离线清洗方法难以有效恢复膜组器性能，同时发现该膜组器膜丝具有破损等问题，导致跨膜压差常年处于较低水平，严重影响膜出水水质。

与其他廊道类似，9 号廊道离线清洗后膜组器跨膜压差变化呈现明显的线性趋势，但是这种趋势只能持续很短的时间。而且，在保持一定的产水量时（> $50m^3/h$），跨膜压差常年超过 5kPa，说明离线清洗后，膜丝表面可能仍残留污染物，阻碍膜过滤性能的恢复。此外，通过分析该厂其他廊道膜组器跨膜压差发现，离线清洗后跨膜压差的上升呈现明显的线性趋势，但这种变化趋势持续时间较短。综上，1 号、3 号和 9 号的跨膜压差常年呈非线性变化，说明离线清洗难以有效恢复其过滤性能，而 9 号廊道在产水过程中最低跨膜压差仍然在 5kPa 以上，进一步说明了目前离线清洗方法的失效。

16.2　膜污染分析

16.2.1　膜丝 SEM 表征

由膜组器 TMP 增长规律可知，1 号和 3 号可代表膜污染过程的早期和中期阶段，9 号代表膜污染的后期阶段。本小节进一步通过扫描电镜（SEM）和显微红外（micro-FTIR）进行后续的膜污染表征。SEM 图发现清洗前后膜丝与新膜丝的微观形貌具有明显差异［图 16-3（书后另见彩图）］。由于膜抽滤作用，膜丝表面出现滤饼层和颗粒物的堆积。污水厂 3 种污染程度的膜丝表面附着了片状有机物和网状结构的微小颗粒物。膜污染早期主要以滤饼层为主，膜污染中后期出现颗粒物黏附，同时膜丝表面检测到类似钟虫之类的原生动物。对膜丝进行化学清洗（3% 次氯酸钠浸泡）后，膜丝微观形貌发生明显变化，如图 16-3 所示。3 个廊道膜丝表面污染物均得到了有效去除，但是膜丝表面网状结构中仍旧残留部分颗粒物，特别是 3 号廊道膜丝部分滤饼层和颗粒状污染物无法被有效去除。

图 16-3

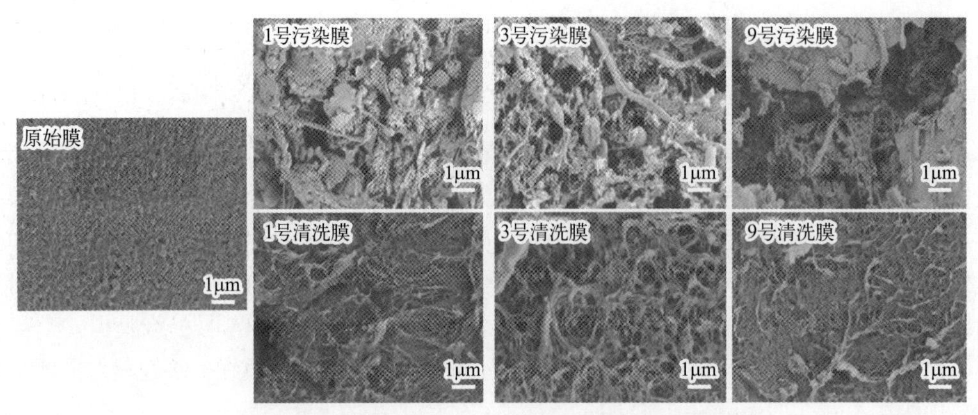

图 16-3 污染膜丝照片以及污染膜和清洗膜的 SEM 图

16.2.2 膜污染物组成及浓度

进一步分析 MBR 池以及膜丝表面污染物 SMP 和 EPS 中的 PS 和 PN 浓度。结果如图 16-4 所示（书后另见彩图）。1 号、3 号和 9 号生物滤饼层中 SMP 和 EPS 的浓度高于膜池污泥混合液中的浓度，这可能因为难降解有机物在膜表面的积累。具体而言，EPS 浓度比 SMP 浓度高约 2 倍以上，但 1 号、3 号和 9 号之间没有统计学显著差异。对于 SMP，9 号中的 PS 浓度［（11.4±1.9）mg/g TSS］远高于 1 号［（1.6±0.4）mg/g TSS，$P<0.05$］和 3 号［（8.0±0.7）mg/g TSS］，分别比 1 号和 3 号高 613% 和 43%。与膜池中污染物相比，更多 PS 污染物积累于 9 号膜表面，导致 SMP 中 PN/PS 值降低（2.78），而 1 号和 3 号中的 PN/PS 值则相对更高（分别为 4.22 和 3.58）。

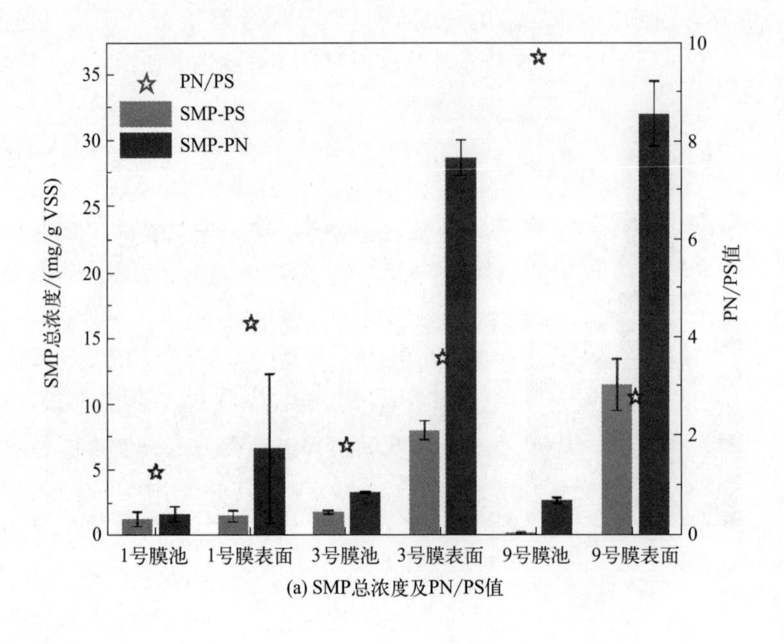

(a) SMP总浓度及PN/PS值

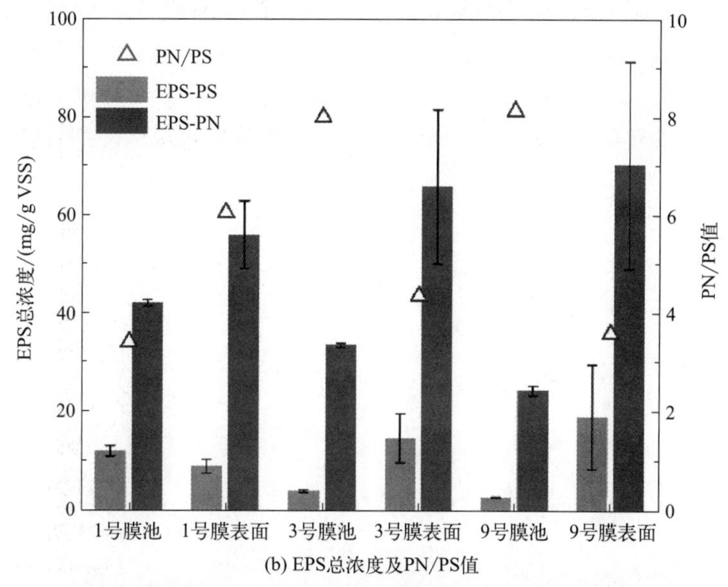

(b) EPS总浓度及PN/PS值

图 16-4 MBR 池和膜表面污染物中 SMP 总浓度及 PN/PS 值、EPS 总浓度及 PN/PS 值

16.2.3 膜污染物显微红外表征

采用 micro-FTIR 对 3 个廊道的污染膜丝进行表面官能团分析，结果如图 16-5 所示。原始 PVDF 膜中 $880cm^{-1}$、$1220cm^{-1}$ 和 $1414cm^{-1}$ 处的特征峰归属为 C—H 键、C—F 键和—CF_2 键。$1670cm^{-1}$ 处特征峰归属为 PVDF 膜中添加剂聚乙烯吡咯烷酮（PVP）的酰胺基团 C—O 振动峰。然而，在长时间运行后，污染膜中 1800～$800cm^{-1}$ 之间的特征峰强度降低。例如，膜外表面和内表面在 $1670cm^{-1}$ 和 $880cm^{-1}$ 处的峰强度均明显弱于原始膜。

对比不同膜污染周期膜丝红外光谱信息发现，膜污染早期和中期膜表面关键官能团组成差异较小（即 1 号和 3 号），但对于膜污染后期（9 号），$1414cm^{-1}$、$1220cm^{-1}$ 和 $880cm^{-1}$ 等特征峰的强度低于 1 号和 3 号，9 号表面、横截面和内表面样品 $1670cm^{-1}$ 处的峰值甚至无法清楚观察到。上述结果可能是由于在线或恢复反洗过程中通过 NaClO 化学清洗去除掉了相关膜结构组成成分（PVP）。由于亲水性添加剂 PVP 在膜清洗过程中被释放出来，使得疏水性生物分子更容易吸附在膜表面或膜孔中，从而易于引起膜孔堵塞。同时，FTIR 光谱结果表明 9 号在 MBR 运行期间存在严重的膜污染。此外，PN（$1682cm^{-1}$、$1554cm^{-1}$ 和 $1422cm^{-1}$）和 PS（$1255cm^{-1}$、$1086cm^{-1}$ 和 $1022cm^{-1}$）成分在横截面和膜孔内部广泛存在。

MBR 运行过程中，需要通过化学清洗对膜表面污染物进行定期清洗，因此，进一步对 NaClO 清洗后的残留污染物进行了分析。收集包括清洗膜表面和横截面在内的样品，使用 micro-FTIR 评估污染物的空间分布 [图 16-6（书后另见彩图）]。从清洗膜的显微图像来看，在 1 号和 3 号的膜孔内发现了分散的污染物，而在 9 号膜孔或表面上观察到更多的污染物积累。采用显微 FTIR 光谱图进一步分析了 NaClO 清洗后膜孔和膜表面的污染物成分。在膜孔内和表面分别检测到 $1682cm^{-1}$、$1579cm^{-1}$ 和 $1457cm^{-1}$ 3 个峰，主要归因于 PN 的酰胺Ⅰ和Ⅱ键以及氨基酸的 COO^- 基团对称拉伸峰。同时，micro-FTIR 也证明了 PS 官能团的不同变化。所有膜样品在 1086cm^{-1}、1022cm^{-1} 和 902cm^{-1} 处均观察到特征峰，这些峰被认为是多糖组分中的 C—O—C 键、糖醛酸的 C—O—C 键和 α-1, 4- 糖苷键。然而，在 1255cm^{-1} 和 1168cm^{-1} 处 C—O—C 键的振动峰仅在膜孔内观察到，说明糖醛酸大量积累，这与 PN 的膜污染过程存在明显差异。显然，化学清洗后残留的糖醛酸可能被认为是一种难以通过 NaClO 清洗去除的顽固污染物。

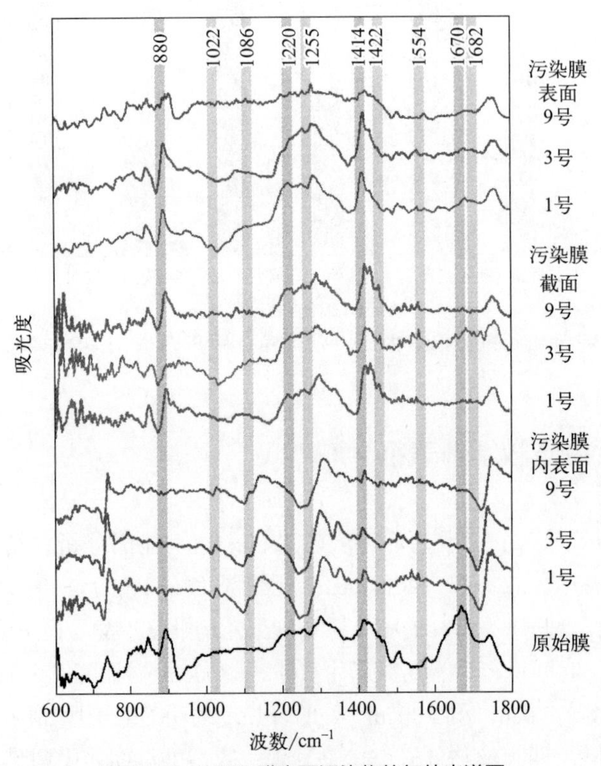

图 16-5 MBR 膜表面污染物的红外光谱图

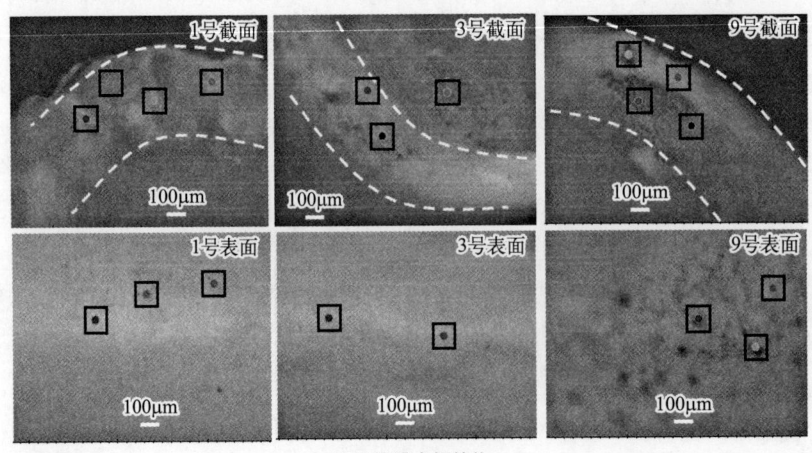

(a) 污染膜内部结构

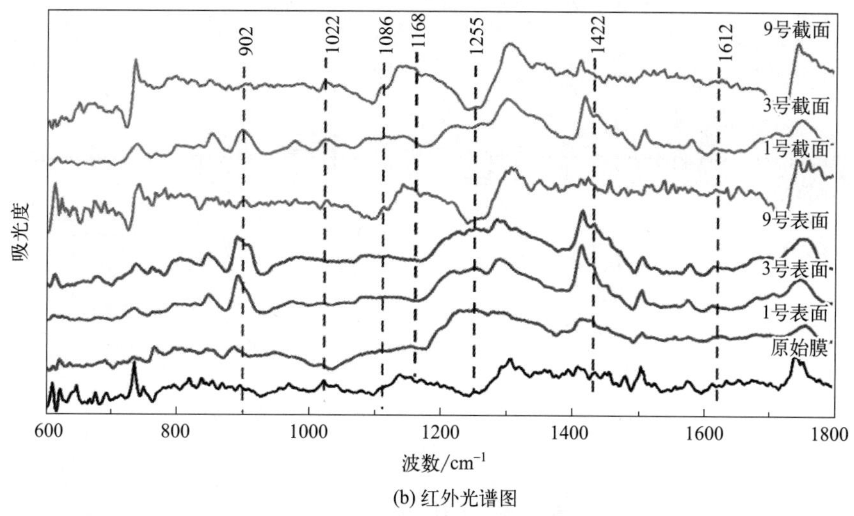

(b) 红外光谱图

图16-6　化学清洗后污染膜内部结构以及清洗膜表面和截面的红外光谱图

16.3　膜表面污染物的微生物特性

16.3.1　微生物多样性及其组成

首先对微生物多样性指数分析发现［图16-7（a）］，膜组件污染过程中微生物丰富度（如观测OTUs数）呈现先上升后下降的趋势，其中膜污染中期（3号廊道）微生物丰富度最高，而且显著高于MBR池的悬浮污泥。膜污染初期（1号廊道）微生物丰富度与MBR池悬浮污泥没有明显差异，因为此时膜表面微生物主要来源于悬浮污泥。而在膜污染后期（9号廊道）微生物丰富度显著迅速下降，且明显低于MBR池的悬浮污泥。Faith系统发育多样性指数考虑了环境中微生物之间的进化距离，指数越高说明微生物进化越明显，微生物在进化树上来源越复杂。然而，随着污染过程程度加重，Faith系统发育多样性逐渐下降［图16-7（b）］，表明膜过滤过程选择性地改变了微生物的富集生长，出现演替而不是进化过程。此外，香农指数为微生物多样性指数，代表环境中微生物物种的多样性，由图16-7（c）可知膜污染过程对微生物物种多样性无明显影响，不同阶段物种多样性与MBR池悬浮污泥相似。微生物均匀度（即Pielou's均匀度）为群落实际的香农指数与具有相同物种丰富度群落中能够获得的最大香农指数的比值。如果所有物种具有相同的相对丰度，则该值为1。膜污染过程的前中期均匀度指数呈现明显的上升趋势，说明膜表面大部分微生物呈现富集过程。但是，膜污染后期微生物的均匀度指数没有明显变化，表明群落演替过程中只有特殊优势菌群富集，其他微生物逐渐消亡。可见，膜过滤过程促使微生物演替，部分微生物富集，但膜污染后期会导致大量微生物被淘汰，而部分细菌在膜表面成为优势菌。

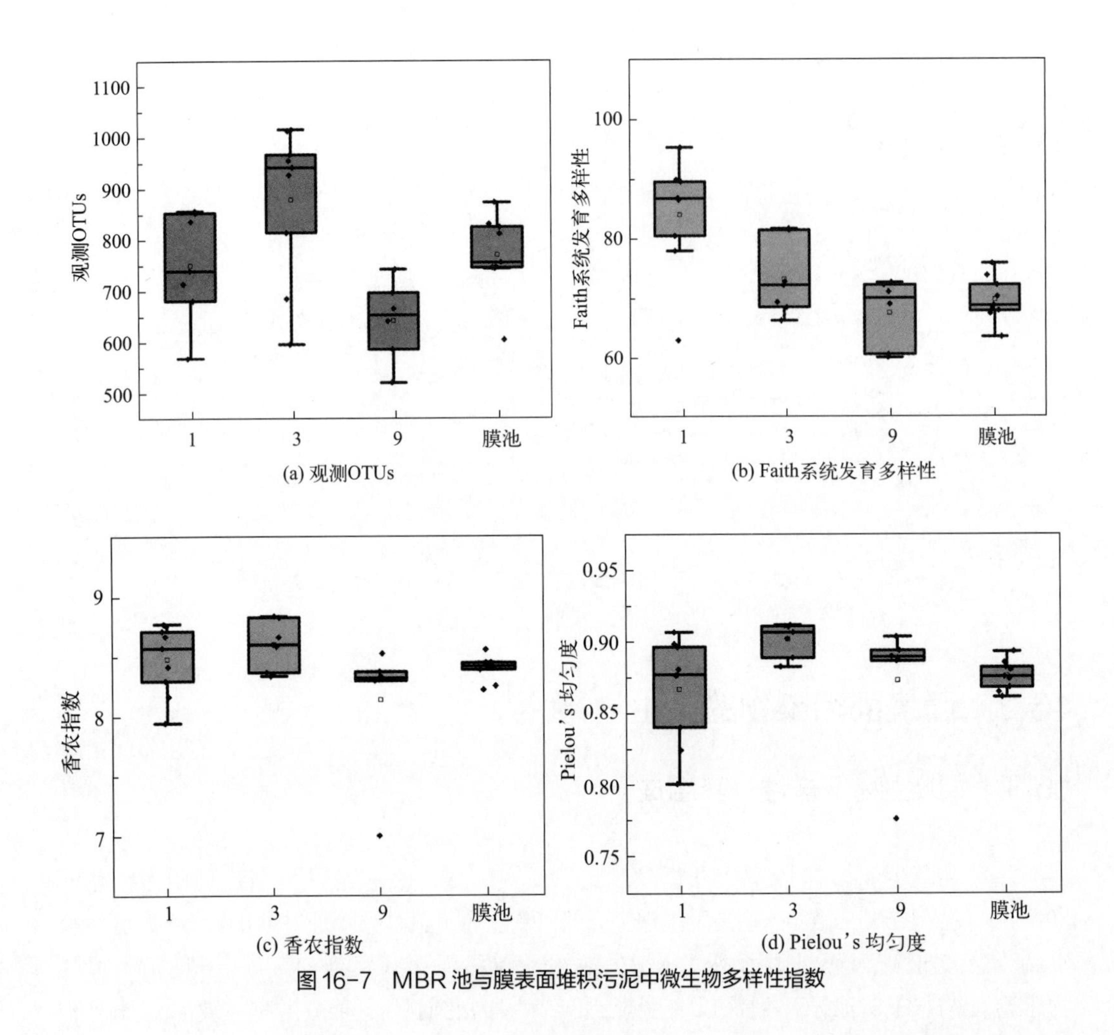

图 16-7　MBR 池与膜表面堆积污泥中微生物多样性指数

主坐标聚类分析结果显示，MBR 池悬浮污泥和膜表面污染层的微生物群落分别聚类在一起（图 16-8），表明即使两者的微生物多样性无明显差异，但两者群落结构存在显著差异。这可能是由于膜过滤过程对膜表面微生物富集具有明显的选择作用。值得注意的是，膜污染前期膜表面微生物群落与污染中期、后期相比，群落差异明显，而污染中期和后期膜表面微生物群落结构无显著性差异，表明膜表面微生物群落结构的演替主要发生在膜污染的初始阶段。

16S rRNA 测序结果如图 16-9 所示，微生物群落门水平上本研究共检测到 6 个高丰度的微生物门，包括 Proteobacteria、Patescibacteria、Bacteroidetes、Chloroflexi、Acidobacteria 和 Nitrospirae。其中，膜污染过程导致 Patescibacteria 门的相对丰度显著上升，特别是膜污染中后期，其相对丰度可达到 20% ～ 30%。但是，膜污染过程中 Chloroflexi 的相对丰度呈现显著下降趋势，其相对丰度逐渐由悬浮污泥的 15% 降至膜污染后期的 5%。同时，悬浮污泥中 Acidobacteria 相对丰度平均为 6%，膜表面污泥中 Acidobacteria 相对丰度仅为 2% ～ 3%。此外，膜污染过程对 Nitrospirae 丰度没有明显影响。

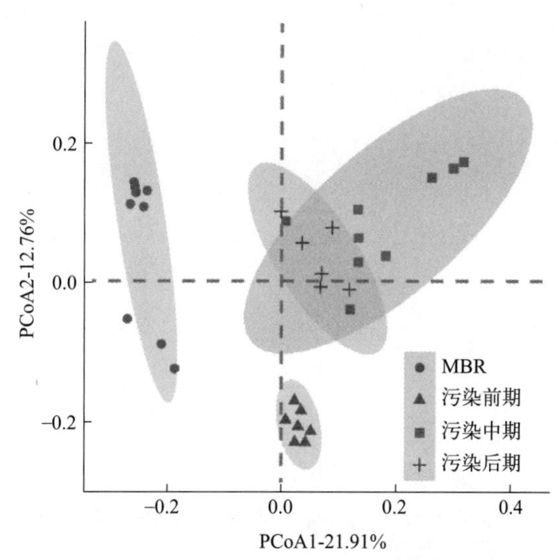

图 16-8　MBR 膜池悬浮污泥和膜表面污染层微生物群落结构的 PCoA 聚类

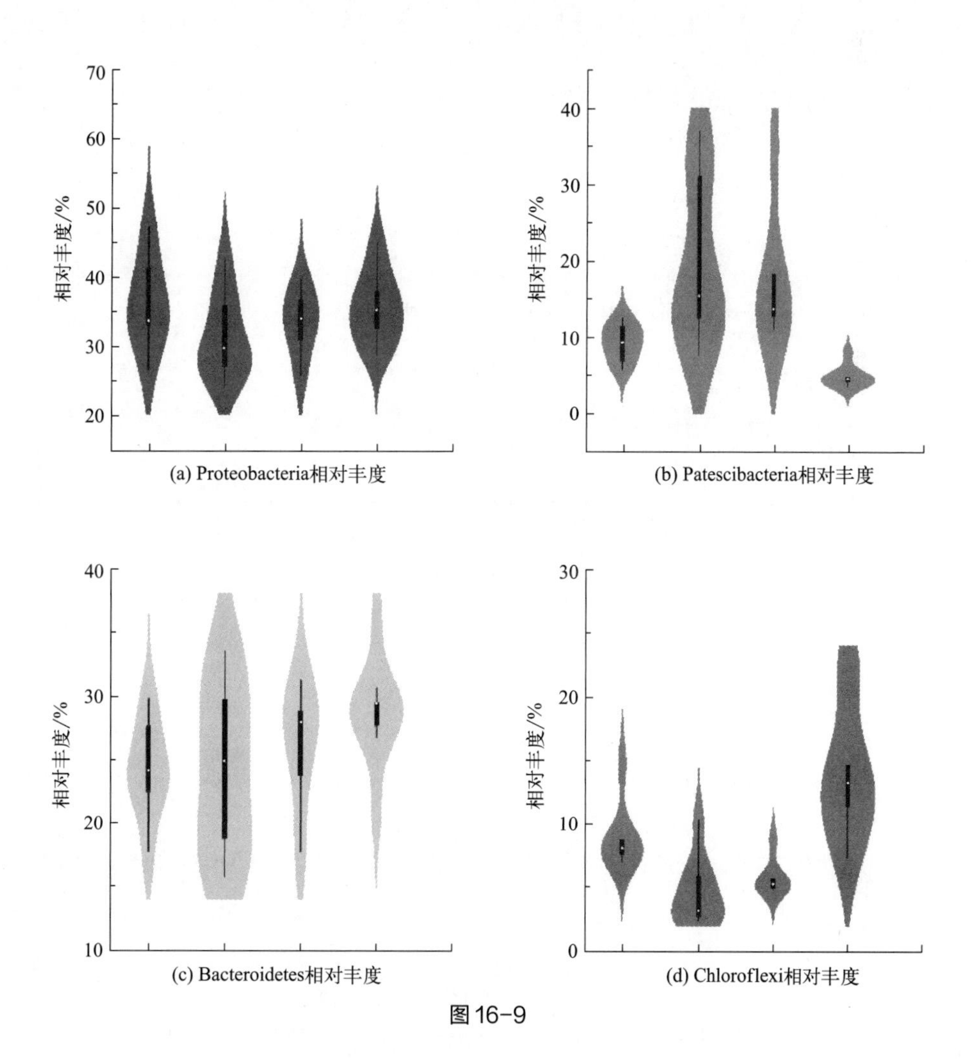

图 16-9

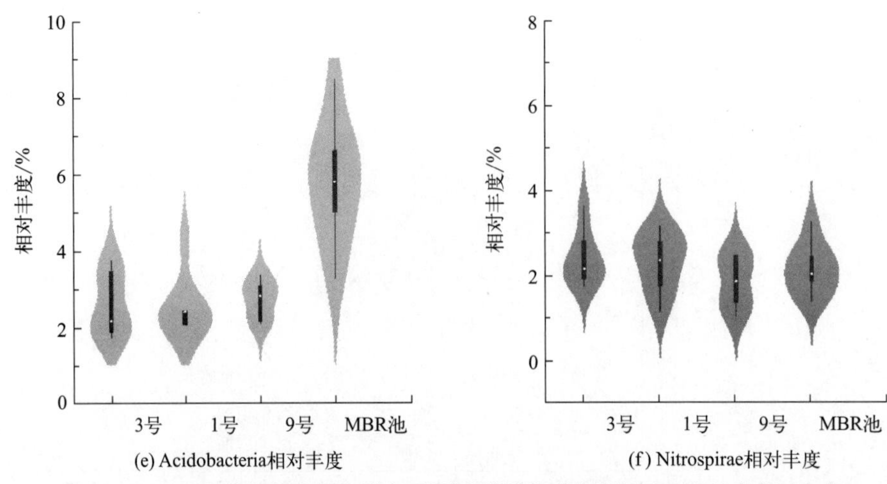

(e) Acidobacteria相对丰度　　(f) Nitrospirae相对丰度

图 16-9　MBR 膜池悬浮污泥和膜表面污染层微生物群落结构在门水平上的相对丰度

属水平上［图 16-10（书后另见彩图）］，所有样品中有超过 35 个属丰度超过 1%，印证了微生物群落较高的多样性和均匀度。进一步通过统计和差异分析发现［图 16-11

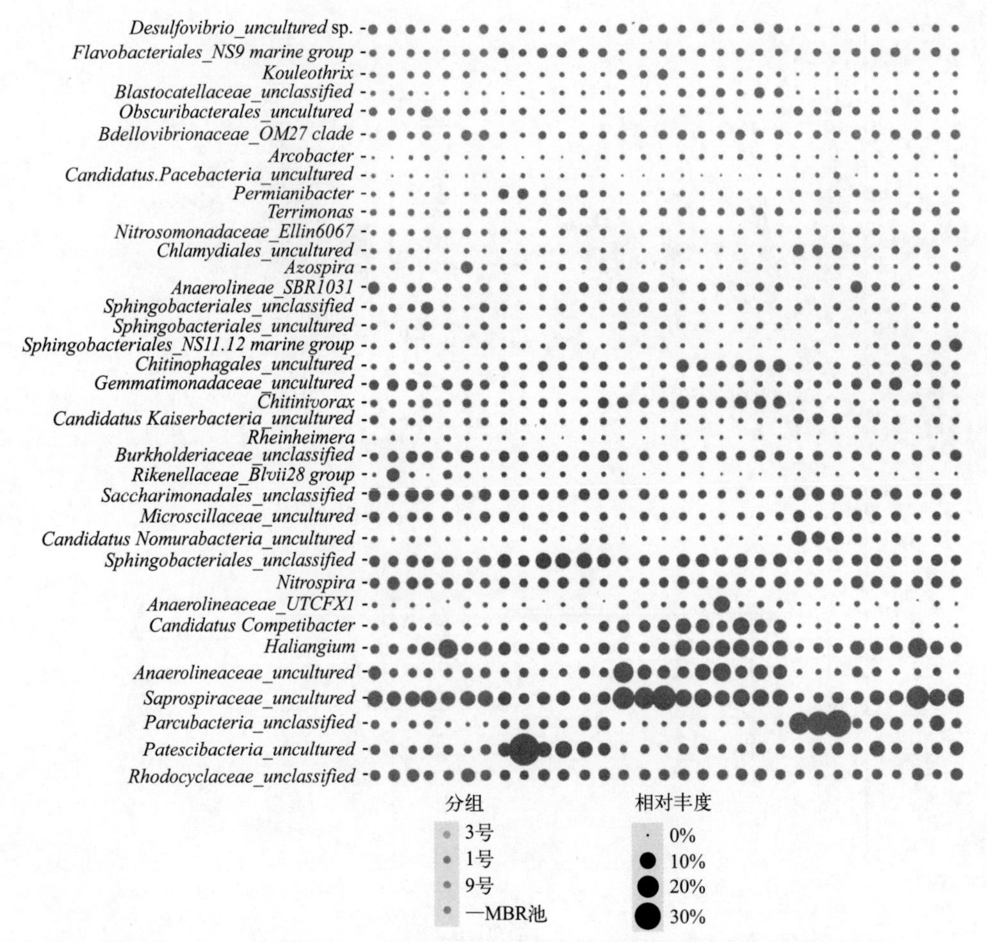

图 16-10　MBR 膜池悬浮污泥和膜表面污染层微生物群落结构在属水平上的相对丰度

（书后另见彩图）]，不同膜污染阶段下关键微生物存在明显差异。例如，膜污染早期阶段中 *Rhodocyclaceae* 为优势微生物。随着膜污染的发生，膜污染后期微生物群落中 Pseudomonadales 逐渐得到富集，其中该分类水平下的 *Pseudomonas* 被证实是膜污染过程中的关键微生物。综上可知，膜污染过程中微生物群落结构发生明显的演替过程，而且多种微生物的相对丰度具有显著性变化。

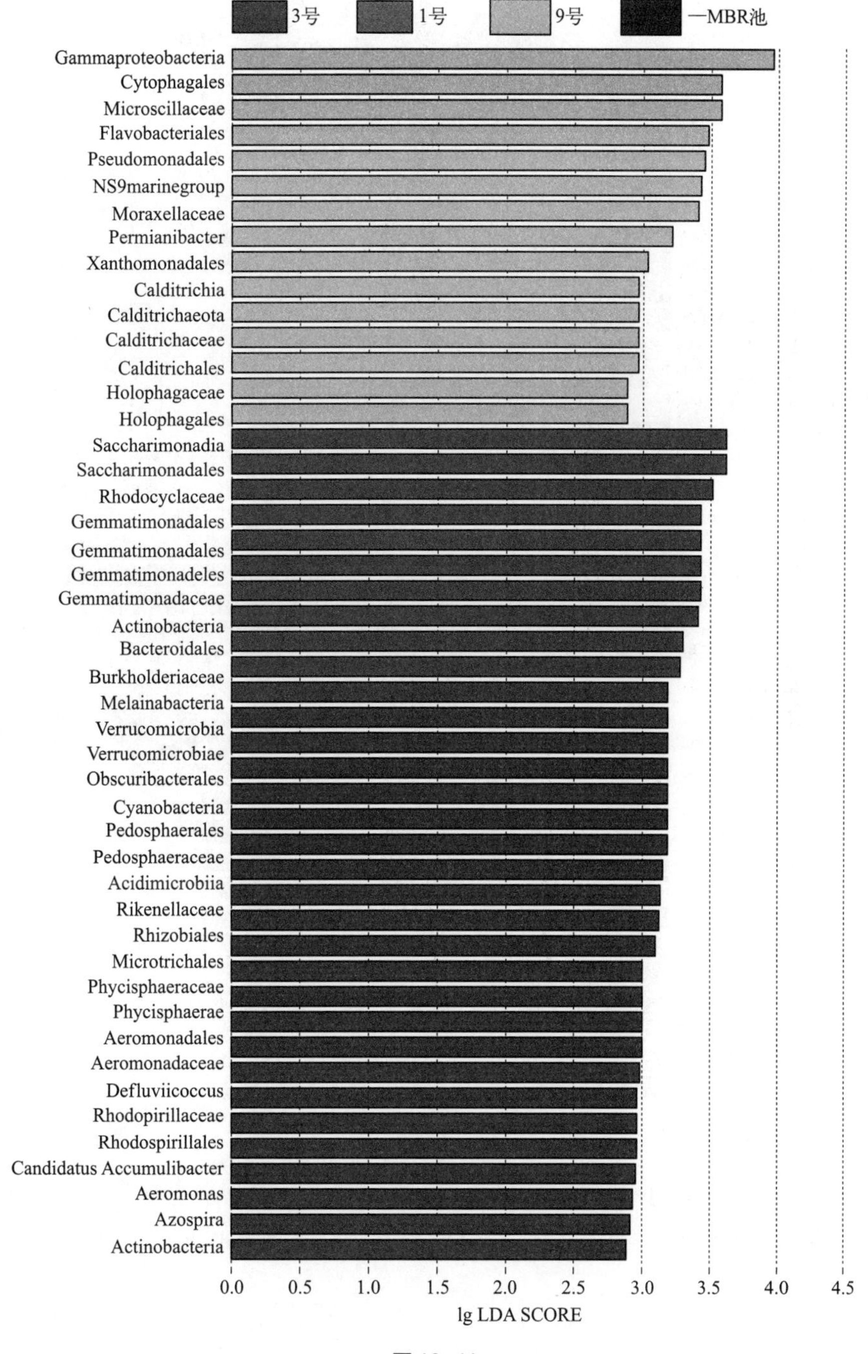

图16-11

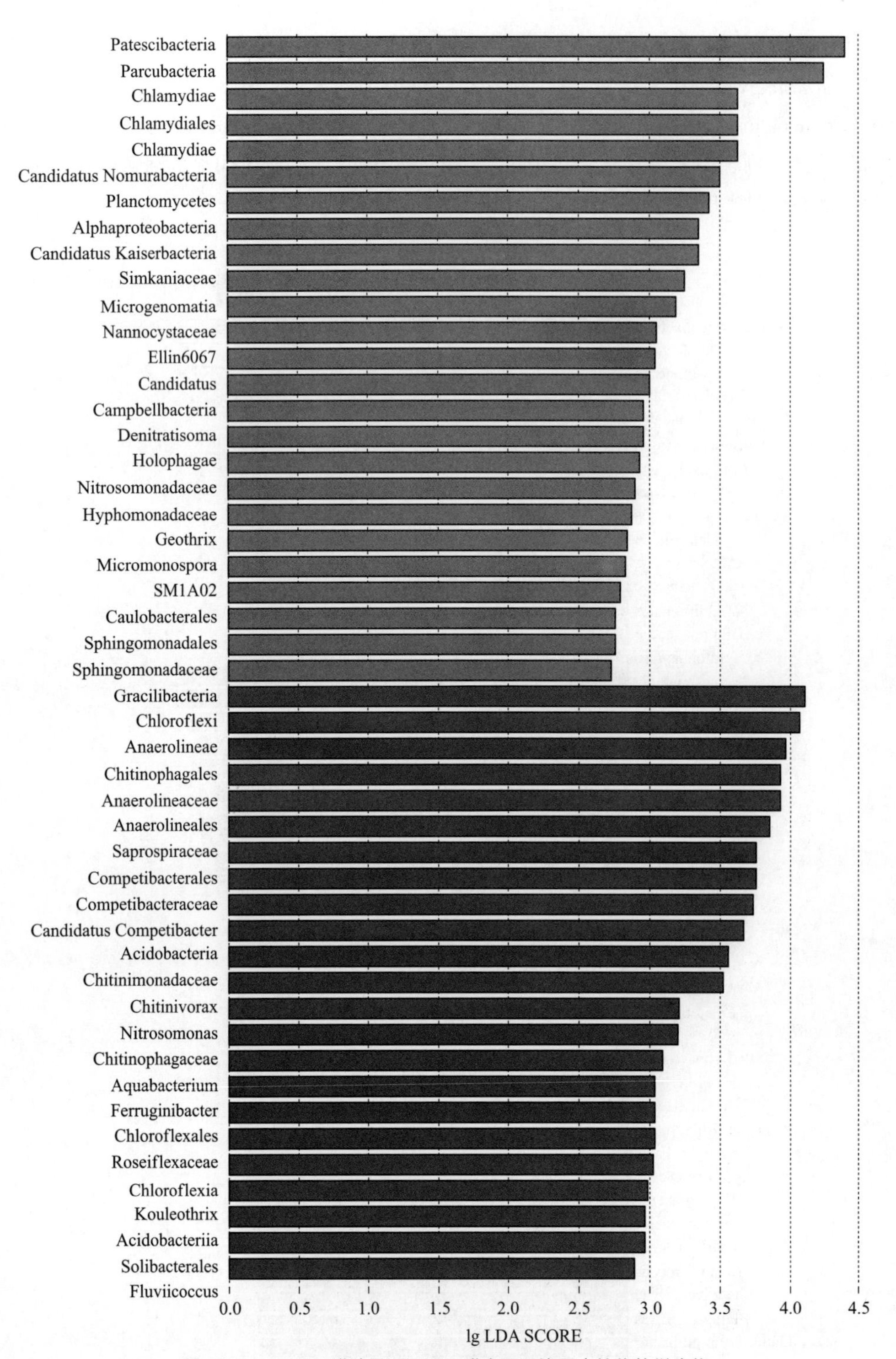

图 16-11 MBR 膜池悬浮污泥和膜表面污染层中的优势微生物

LDA：线性判别分析。用 LDA 对数据进行降维并评估差异显著物种的影响力，即 LDA SCORE

16.3.2　微生物代谢功能特征

尽管膜污染过程对微生物群落结构及其组成产生明显影响，但是通过对微生物整体代谢功能的预测分析及统计学分析发现，膜污染早期膜表面污泥中微生物代谢功能与悬浮污泥微生物代谢功能没有明显差异，而膜污染中后期微生物代谢功能具有明显的改变趋势，不同样品之间代谢功能变化较大。进一步地，通过对不同环境中微生物代谢功能冗余性分析发现（图 16-12），膜污染中期微生物代谢功能冗余性最高，表明此时具有相同代谢功能的微生物得到大量富集。此外，膜污染早期和中期微生物代谢功能冗余性显著高于悬浮污泥，表明膜污染过程促使具有同样代谢功能的微生物发生富集现象。然而，膜污染后期微生物代谢功能的冗余性显著下降并低于悬浮污泥，这可能是因为滤饼层中大量微生物死亡导致微生物多样性、均匀度显著下降，从而使得功能的冗余性下降。

综上可知，膜污染过程通过影响微生物的代谢功能来筛选富集微生物，尤其在膜污染早期和中期。识别膜污染过程关键的微生物代谢功能，并通过技术手段抑制这些微生物代谢功能可实现膜污染的有效控制。

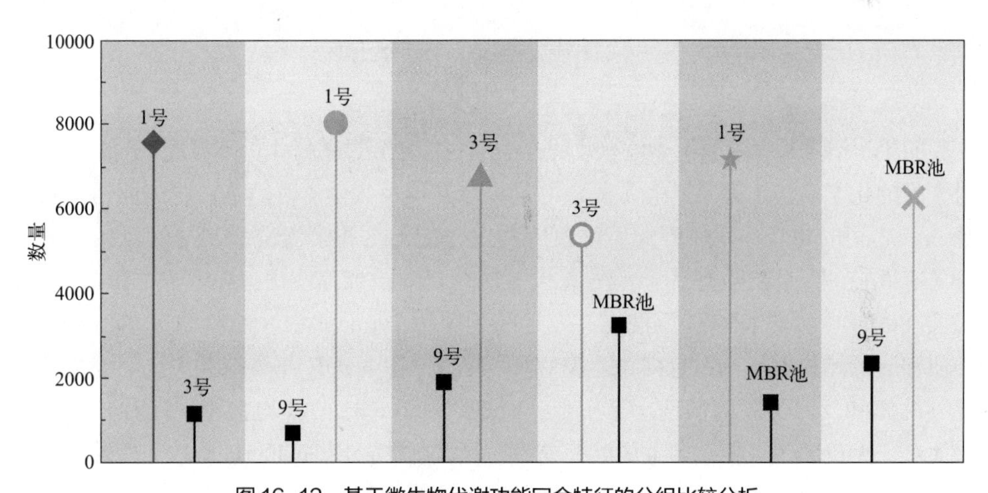

图 16-12　基于微生物代谢功能冗余特征的分组比较分析

纵坐标的数量越多代表功能冗余程度越高

第17章

化学清洗药剂对生物大分子理化性质和分子结构的影响研究

膜的化学清洗是去除膜污染最有效的方法之一，是膜过滤操作中不可或缺的一部分[1, 2]。同时，膜的化学清洗也是一个非常复杂的过程，其涉及化学清洗药剂、膜表面污染物和膜本身三者之间的相互作用。因此，对膜清洗过程的优化和膜清洗机制的研究将有助于膜污染的有效控制。NaClO作为典型的氧化清洗剂常常被推荐使用。Wei等[3]和Wang等[4]均证实在线或原位的NaClO反洗能有效地控制膜污染。同时，NaClO也被指出对膜的表面性质和膜的结构有影响，且对微生物和环境有危害。NaOH作为碱性清洗剂也常被用于超滤、纳滤和反渗透膜的清洗。事实上，NaClO和NaOH两者均主要是针对有机膜污染物，而对于无机膜污染物，如金属沉淀或污垢而言则需要用HCl和柠檬酸等酸性清洗剂进行清洗。同时酸性清洗剂也会对有机污染物造成一定的影响。目前，很少有文献直接针对化学清洗药剂与膜污染物之间的相互作用进行研究。然而，膜的清洗效率很大程度上取决于化学清洗药剂对膜污染物理化性质的改变或破坏。因此，本章主要考察常用化学清洗药剂NaClO、H_2O_2、NaOH、HCl和NaCl对3种模拟的膜污染物［DEX、BSA和二沉池出水0.45μm～100000（分子量）区间的生物聚合物（BP）］的物理化学性质和组成及分子结构的影响或破坏作用。

17.1 化学清洗剂对生物大分子流变性能的影响

本实验中使用的所有生物大分子（BMM）溶液均呈现出膨胀性流体或剪切增稠流

体的特性，其黏度随着剪切应力增强而增强。通过对不同剪切速率下剪切力的变化进行数值拟合得出溶液的稠度指数和流动行为指数。从图 17-1（a）可以看出随着 NaClO 浓度的增加，BMM 溶液的黏性降低，流动性增强。这说明 NaClO 溶液破坏了分子之间的相互作用力。但对于 BSA 和 DEX 来说，当 NaClO 浓度增加到一定程度时（30mg/L 或 70mg/L），其黏性不再持续降低反而有所增强，流动性能下降。而后随着 NaClO 浓度进一步提高，黏性再次呈现出降低的趋势。这说明不同浓度 NaClO 溶液对 BMM 的作用机制可能存在差异。高浓度 NaClO 溶液除了本身具有的强氧化作用外，其 pH 值和离子强度都很高，BMM 流变性能的变化是三者共同作用的结果。同样，在图 17-1（b）中显示氧化剂 H_2O_2 也能提高 BMM 溶液的流动性能，降低其黏稠性。文献指出氧化剂能将 NOM 中的官能团转化为酮、醛和羧酸等富含氧原子的基团，这使得 NOM 的亲水性增强而更容易水解，尤其在高 pH 值下 [5]。Strugholtz 等 [6] 也指出 NaClO 和 H_2O_2 氧化剂能够破坏 NOM 中的芳香环状结构，而造成芳香类蛋白、腐殖质等 BMM 中交联结构断裂。这些都很好地解释了 NaClO 和 H_2O_2 氧化剂降低 BMM 黏稠性而提高其流动性能的机制。此外，NaClO 和 H_2O_2 氧化剂对 BMM 流变性能的影响程度上存在明显差异。NaClO 对 BSA 的破坏性更大，其稠度指数和流动指数变化很明显，而 H_2O_2 对 BSA 的影响则比较弱。Strugholtz 等的研究中指出 NaClO 的氧化作用对 BMM 的破坏比 H_2O_2 的水解催化氧化作用更加明显或剧烈 [6]。然而，本研究发现 H_2O_2 对 DEX 溶液流变性能的改变比 NaClO 更为有效。

图 17-1（c）显示当 pH 值处于 6 ～ 10 之间时，DEX 的稠度指数和流动指数都比较稳定，并没有发生太大变化。但当 pH ＜ 6 和 pH ＞ 10 时，随着 pH 值的降低和升高，在强酸和强碱性的环境下 DEX 的稠度指数不断降低，流动指数不断升高。Li 等 [7] 也发现深海嗜中温细菌胞外 PS 的黏度在 pH=3 ～ 9 都保持稳定，但在 pH ＞ 11 后黏度明显下降，其原因主要可能是过多的 OH^- 对表面负电荷的 PS 分子造成了屏蔽效应或促使 PS 分子的分解从而使分子间或分子内部作用力减弱。同样地，BSA 在 pH=3 ～ 11 时稠度指数和流动指数也未明显改变，而当 pH ＞ 11 时 BSA 的稠度指数开始降低，流动指数相应升高。在 pH=2 的强酸环境下，BSA 的稠度指数也有较大幅度的降低。但在 pH=1 时，稠度指数反而又有一定的回升。污水厂上清液中的生物聚合物在强碱下其黏性有所降低但并不显著，变化幅度比较小，在强酸 pH=2 条件下具有类似于 BSA 中黏性回增的现象。事实上，目前已有相关文献对不同 pH 值下 EPS 的结构和物化性质的影响进行了报道 [8]，指出有机物中许多官能团在不同的 pH 值条件下去质子化或质子化的状态会有差异，例如：在 pH ＜ 4 时，羧基仍然以去质子化形态存在，而当 pH 值在 7 ～ 9 之间时硫醇、亚磺酸、磺酸和氨基等基团可以在去质子化和质子化状态之间相互转化 [9]。这些有机物官能团的质子化和去质子化形态差异直接影响其与金属的结合以及影响分子间的相互作用力，以致溶液的流变性能也会随之发生改变 [8]。图 17-1（d）显示随着 NaCl 浓度的提高，离子强度不断增加，3 种 BMM 溶液的黏性均有所降低，而流动性能相应增强。Chen 等 [10] 认为高浓度电解质对分子间氢键的屏蔽与分子内的静电排斥作用共同导致了有机物质黏性的下降。

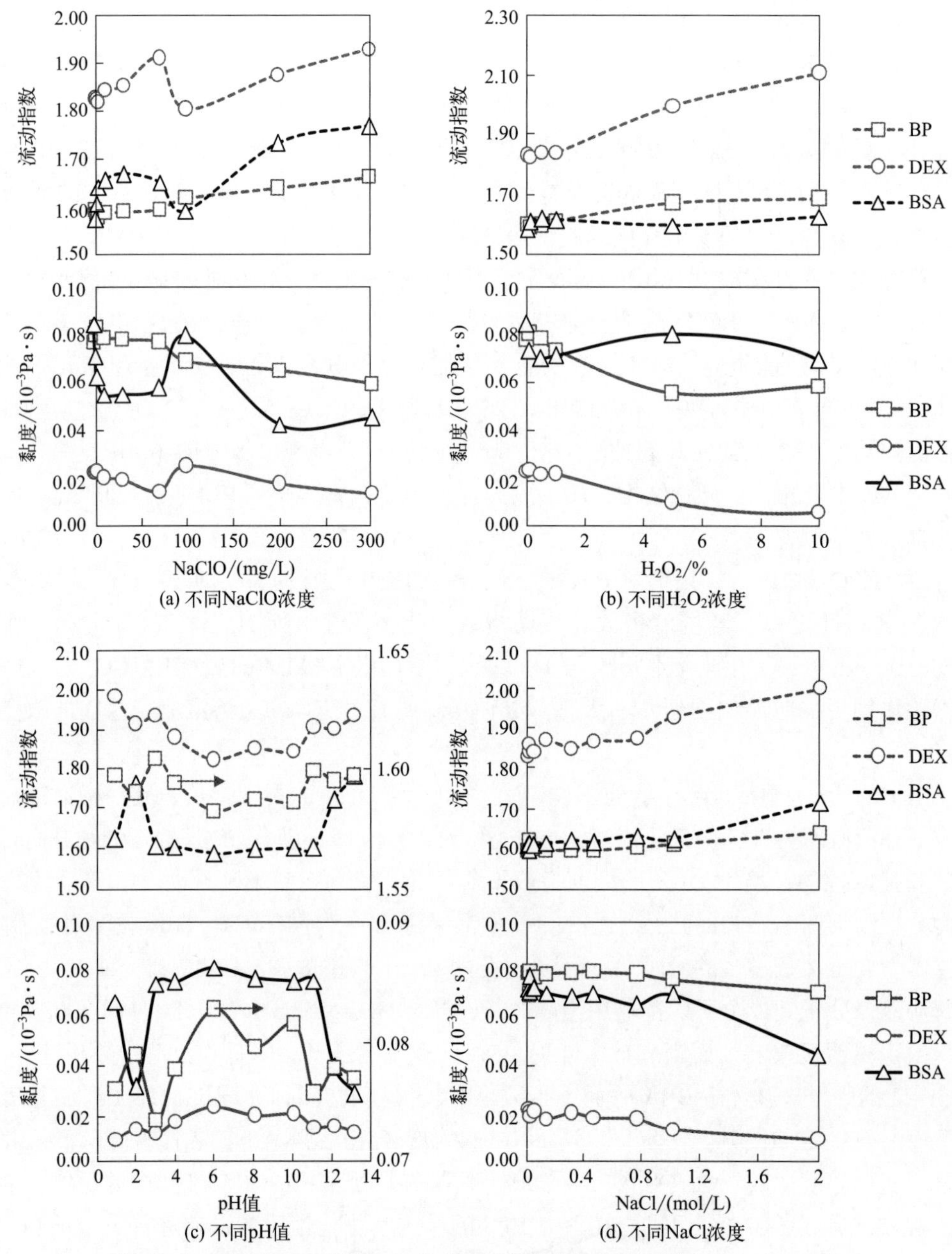

图 17-1 不同 NaClO 浓度、H_2O_2 浓度、pH 值和 NaCl 浓度下 BP、DEX 和 BSA 的稠度指数（黏度）与流动指数变化

17.2 化学清洗剂对生物大分子分子尺寸的影响

从图 17-2（a）和图 17-2（b）可以看出，在两种氧化剂 NaClO 和 H_2O_2 作用下，DEX 和 BP 的分子尺寸都显著降低。这说明 DEX 和 BP 的分子结构遭到氧化剂的破坏和分解。

这也是其黏度改变的主要原因之一。但 BSA 的分子尺寸在氧化剂作用下却明显增加，尤其是在高浓度 NaClO 环境中，说明分子与分子之间可能发生了化学反应而链接在一起。图 17-2（c）中 BSA 和 BP 在强碱 pH=11 ～ 13 时分子尺寸也明显增加，而 DEX 在整个 pH 值范围 1 ～ 13 区间分子尺寸比较稳定，说明强碱性环境下 DEX 黏性的下降可能与分子侧链基团的改变或分子表面电荷的改变有关。图 17-2（d）中 DEX 和 BSA 的分子尺寸随着电解质 NaCl 的浓度升高而稍微有所增长，这可能是因为高 NaCl 浓度下压缩双电子层，分子间静电排斥作用减弱而发生聚集。事实上，在测定聚合物溶液的分子尺寸和 zeta 电位时，往往需要溶解在 10mmol/L 的 NaCl 盐溶液中以使分子表面水化层或双电子层受到一定压缩，确保测定数据稳定可靠。因此，当生物聚合物溶液中电解质浓度从 0mol/L 变为 0.005mol/L 时分子尺寸突然下降，这可能是聚合物表面水化层或双电子层受到压缩引起的。

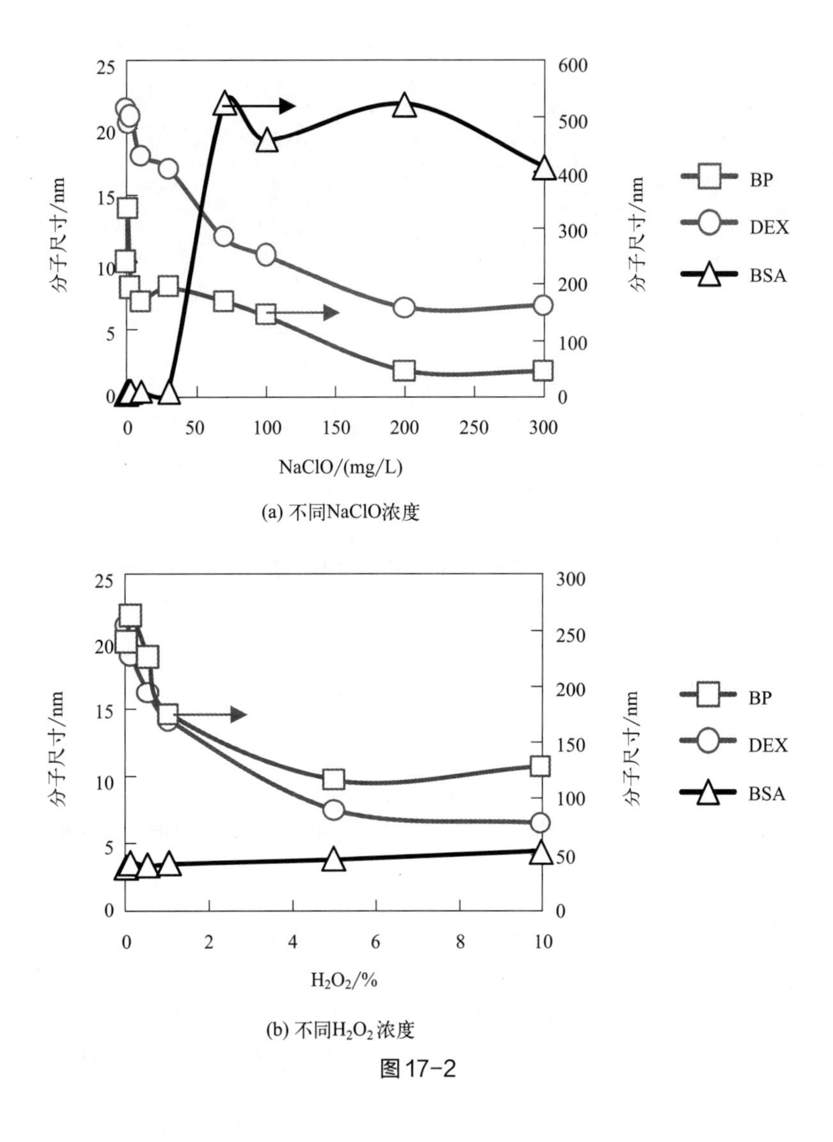

(a) 不同NaClO浓度

(b) 不同H_2O_2浓度

图 17-2

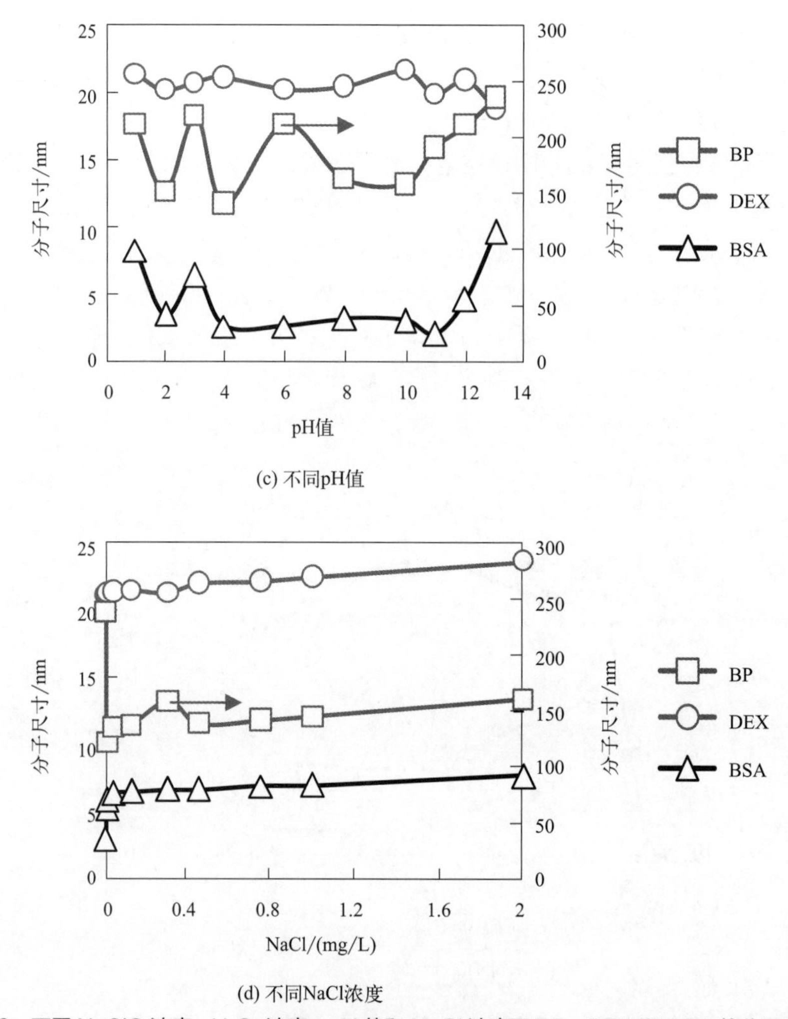

(c) 不同pH值

(d) 不同NaCl浓度

图 17-2　不同 NaClO 浓度、H_2O_2 浓度、pH 值和 NaCl 浓度下 BP、DEX 和 BSA 的分子尺寸变化

17.3　化学清洗剂对生物大分子表面电荷的影响

图 17-3 显示在 NaClO 溶液中，随着 NaClO 浓度的增加，分子表面负电荷越来越多，BMM 的 zeta 电位起初都有所降低。但当 NaClO 浓度增加到 3 ～ 10mg/L 时，BMM 表面 zeta 电位反过来逐渐增大而后维持稳定。因此，在高浓度 NaClO 溶液中 DEX 和 BP 的 zeta 电位绝对值很低，溶液体系应不稳定，分子间静电排斥力降低而易聚集形成更大分子或颗粒。但是从图 17-2（a）中可以看出 DEX 和 BP 的分子尺寸并没有增加，反而在不断下降。同样，在图 17-3（b）中随着 H_2O_2 的浓度增加，DEX 的 zeta 电位从负值不断增长为正值，且绝对值非常低，但其分子尺寸同样呈现下降的趋势。这说明 NaClO 和 H_2O_2 的氧化作用是 BMM 物化性质和结构受到破坏的主要原因。对于 BSA 来说，zeta 电位的增长和分子尺寸的变化具有一致性。

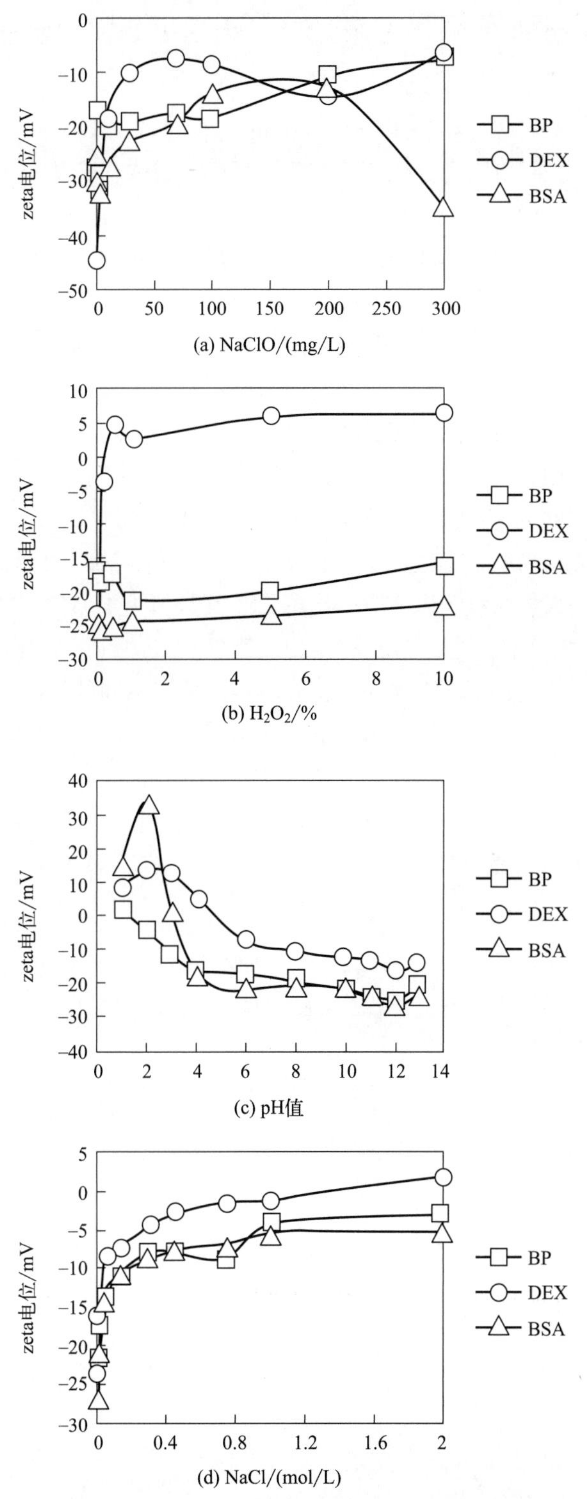

图 17-3　不同 NaClO 浓度、H_2O_2 浓度、pH 值和 NaCl 浓度下 BP、DEX 和 BSA 的 zeta 电位的变化

17.4　化学清洗剂作用下生物大分子的 EEM 光谱

图 17-4（书后另见彩图）给出了纯水、10mg/L NaClO、5% H_2O_2、1mol/L NaCl、HCl（pH=2）和 NaOH（pH=12）下 BP 溶液中荧光物质的组成变化。从图 17-4（a）可以看出，BP 原溶液有明显的 3 个峰：峰 A 的激发和发射波长为 235nm/350nm 代表芳香类蛋白物质；峰 B 的激发和发射波长为 280nm/340nm，代表色氨酸类蛋白物质；峰 C 的激发和发射波长为 335nm/425nm，表示腐殖酸类物质。从荧光强度可以看出（表 17-1），生物聚合物原溶液中主要的荧光物质为芳香类蛋白峰 A 和色氨酸类蛋白峰 B，其荧光强度分别达到 163.72 和 104.33，而腐殖酸类物质峰 C 含量较少，其荧光强度仅为 29.5。在 10mg/L NaClO 下，BP 的荧光峰只剩下峰 A 和峰 B，其荧光强度非常低，分别为 8.54 和 6.46，且其峰的位置出现一定蓝移，而峰 C 则完全消失。Świetlik 等 [11] 指出荧光峰位置的蓝移很大程度上与大尺寸分子或颗粒有机物的分解以及芳香环和长链分子中共轭双键基团的断裂有关系。同样，5% H_2O_2 也对生物聚合物中的蛋白有很强的破坏作用，峰 A 和峰 B 几乎消失，而峰 C 是仅剩的荧光物质，且峰强相对于原液有一定降低，其数值为 11.32。这些说明氧化剂对 BP 中荧光物质具有非常显著的影响。Liu 等 [12] 也发现在臭氧的氧化作用下地表水体中荧光物质的峰强都有所减少，尤其是芳香类和色氨酸类蛋白质。不同的是，NaClO 对芳香类物质的破坏作用更强于 H_2O_2[6]。图 17-4（b）显示 1mol/L NaCl 对 BP 的荧光组分和强度的影响并不明显，峰 A 的荧光强度减小到 138.43（表 17-1），而峰 B 和峰 C 的荧光强度与原液相比并无太大变化。Sheng 等 [13] 也观察到污泥 EPS 的荧光组分和强度均未受到离子强度（10 ～ 80mmol/L NaCl）的影响。

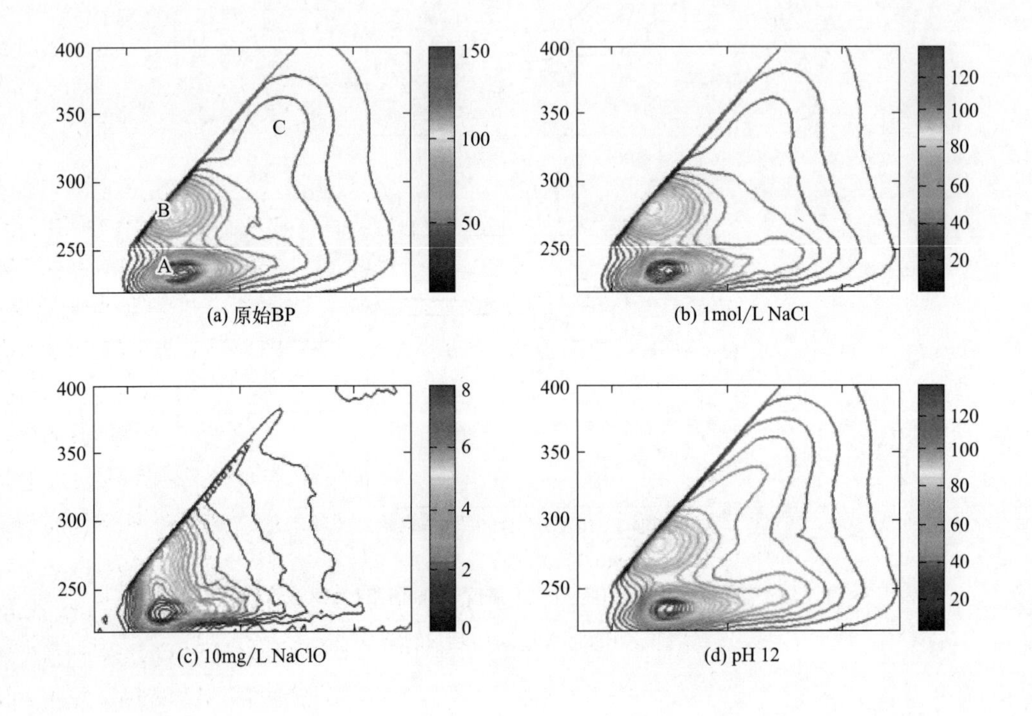

(a) 原始BP　(b) 1mol/L NaCl
(c) 10mg/L NaClO　(d) pH 12

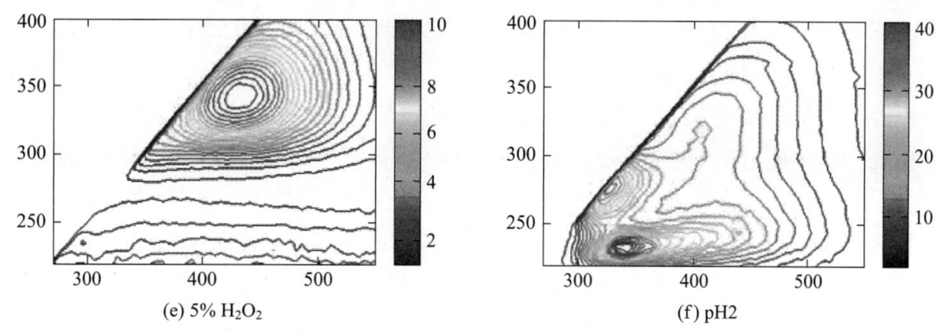

图 17-4 在纯水、10mg/L NaClO、5 % H_2O_2、1mol/L NaCl、HCl (pH=2) 和 NaOH (pH=12) 溶液下 BP 中三维荧光光谱图

表 17-1 在纯水、10mg/L NaClO、5 % H_2O_2、1mol/L NaCl、HCl（pH=2）和 NaOH（pH=12）溶液中 BP 荧光组分和强度的变化情况

项目	芳香类蛋白 峰 A（235nm/350nm）	色氨酸类蛋白 峰 B（280nm/340nm）	腐殖酸类物质 峰 C（335nm/425nm）
生物聚合物原液	163.72	104.33	29.5
NaClO（10mg/L）	8.54	6.46	0
H_2O_2（5%）	0	0	11.32
NaCl（1mol/L）	138.43	97.10	24.41
NaOH（pH=12）	143.39	85.3	37.29
HCl（pH=2）	42.65	35.92	14.33

图 17-4（d）和（f）显示 NaOH（pH=12）下 BP 的荧光组分和强度变化并不显著，其中峰 A 和峰 B 稍微有所降低，而峰 C 的荧光强度却有所升高。Patel-Sorrentino 等[14]指出腐殖质在高的 pH 值中主要以线性链状结构存在，释放出更多的荧光团，所以荧光强度增加；而在 pH 值较低时，腐殖质的结构是卷曲的，从而掩蔽了很多荧光团，荧光强度会降低。事实上，在强酸 HCl（pH=2）作用下 BP 的荧光组分峰 A、峰 B 和峰 C 均出现了减少，数值分别降低到 42.65、35.92 和 14.33。Sheng 等[13]在研究污泥 EPS 的荧光光谱特征实验中指出有机物中酸性官能团和分子构象的改变是 pH 值影响有机物荧光光谱的主要原因。

17.5 化学清洗剂作用下生物大分子的 FTIR 光谱

在 BP 原液中（图 17-5），主要的红外吸收峰有（表 17-2）：3398cm^{-1}（羟基官能团中 O—H）、2918cm^{-1}（脂肪酸中 C—H）、1620cm^{-1}（PN 结构中酰胺 I 键，C═O）、1550cm^{-1}（PN 结构中酰胺 II 键，C—N 和 N—H）、1433cm^{-1}（与 PN 相关的 C—OH、CH_3 和 CH_2）、

1389cm^{-1}（COO^- 结构中的 C—O）、1350cm^{-1}（与氨基酸、酰胺和脂肪族化合物相关的 C—O 和 C—H）、1230cm^{-1}（PN 二级结构中酰胺Ⅲ键）、1125 ～ 1047cm^{-1}（PS 结构中的 O—H 和 C—O 以及核糖核酸类物质）、900 ～ 600cm^{-1}（指纹区）。这些说明污水厂二沉池出水中 BP 主要由 PS、PN、脂肪酸或脂质以及核酸等 BMM 组成。在 10mg/L NaClO 和 5%H_2O_2 强氧化剂作用下，BP 中 PN 的结构遭到明显破坏，在 1550cm^{-1} 处酰胺Ⅱ键和 1230cm^{-1} 处酰胺Ⅲ键的红外吸收峰几乎完全消失。NaClO 对 PN 结构中 1620cm^{-1} 处酰胺Ⅰ键也有影响，其红外吸收峰强度明显降低。这一结果与 BP 的 EEM 中 PN 荧光峰强度的降低相一致，说明氧化剂对大分子 PN 具有很强的分解或破坏作用。此外，NaClO 还对 BP 中 3398cm^{-1} 处羟基官能团和 2918cm^{-1} 处的长链脂肪酸以及 1125 ～ 1047cm^{-1} 的 PS 和核糖核酸类有机物的结构有影响，其红外吸收峰强均出现下降。

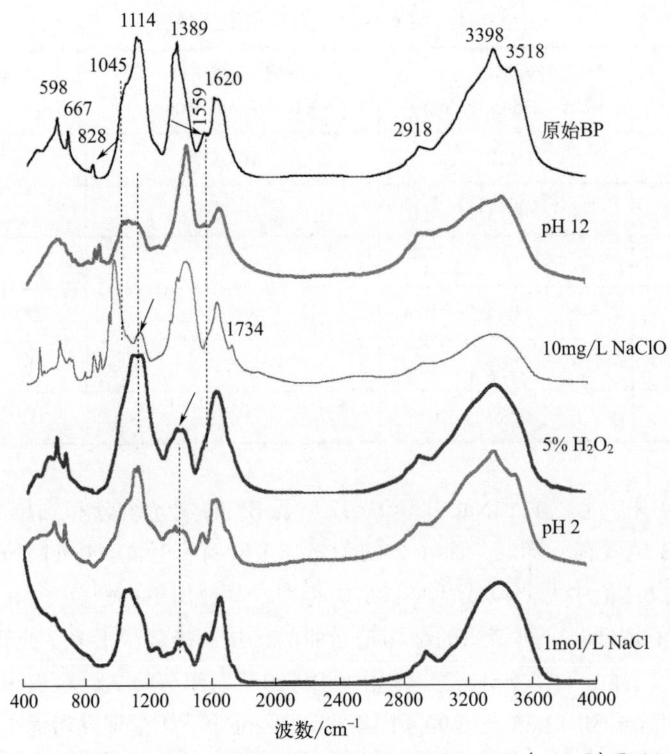

图17-5　在纯水、10mg/L NaClO、5% H_2O_2、1mol/L NaCl、HCl（pH=2）和 NaOH（pH=12）溶液下 BP 的红外光谱图

表 17-2　在纯水、10mg/L NaClO、5% H_2O_2、1mol/L NaCl、HCl（pH=2）和 NaOH（pH=12）溶液下 BP 红外光谱峰的归属

分子结构	原始 BP	NaOH（pH=12）	NaClO（10mg/L）	H_2O_2（5%）	HCl（pH=2）	NaCl（1mol/L）
O—H 羟基	3398	3342 ↓	3403 ↓	3413	3409	3406

续表

分子结构	原始 BP	NaOH（pH=12）	NaClO（10mg/L）	H_2O_2（5%）	HCl（pH=2）	NaCl（1mol/L）
C—H 伸缩振动（脂肪酸）	2918	3073 ↓	2938 ↓	2943	2934	2930
C—H 伸缩振动	2848	2851	—	2851	2848	2848
羰基	—	—	1734	—	1734	—
酰胺 I	1620	1673 ↓	1628 ↓	1639	1648	1648
酰胺 Ⅱ	1550	1565	—	—	1556	1556
蛋白质中 C—OH、CH_3 和 CH_2	1433	1441	1435	1449 ↓	1437 ↓	1442 ↓
羧基中 C—O 伸缩振动	1389	1408	1381	1399 ↓	1381 ↓	1399 ↓
氨基酸 \ 酰胺 \ 脂肪酸中 C—O 和 C—H 伸缩振动	1350	—	1332	1371 ↓	1345 ↓	1372 ↓
酰胺 Ⅲ	1230	1237	—	—	1240	1246
多糖和磷酸二酯环状结构中 P═O、C—O—C 和 C—O—P	1125	1122 /1061 ↓	1139 ↓	1132 /1093	1116 /1070	1137 /1073
磷酸化蛋白、乙醇和多糖结构中 C—OH	1045	1032 ↓	1037 ↓	1043	1040	1043
核糖核酸中 O—P—O 与氨基酸中 C—O、C—C 结构	—	—	968	—	—	—
环状结构中 C—C、C—OH	—	—	936	—	—	—

注：“—”表示此处无红外吸收峰；“↓”表示此处红外吸收峰强度降低。

在图 17-5 中 NaOH（pH=12）对 BP 的作用与 NaClO 有一定相似之处。事实上，10mg/L NaClO 溶液的 pH 值在 11 左右，除了强氧化作用外还具有强碱性。在强碱性环境下 3398cm^{-1} 处羟基官能团和 2918cm^{-1} 处的长链脂肪酸红外吸收峰强明显下降。同样地，在 1125 ～ 1047cm^{-1}PS 区域的红外吸收峰也出现明显的下降，且在 1620cm^{-1} 酰胺 I 处的蛋白质二级结构的峰强也有所减少。Liu 等[15] 指出，强碱性溶液下 PS 和 PN 会发生部分水解，如糖类结构中的 β-1, 4- 糖苷键和 PN 中的肽键会发生断裂。特别地，有机物质中油脂类和脂肪酸类物质会在碱性环境下发生皂化反应，而腐殖酸中的酚类或羧基中氢离子会游离出来，有机物的溶解性和亲水性增强。从图 17-5 中我们也看到在 5% H_2O_2、pH 2 和 1mol/L

NaCl 作用下 BP 在 1433cm^{-1}、1389cm^{-1} 和 1350cm^{-1} 3 处的红外吸收峰强度明显降低，其主要与 PN 和脂肪酸的结构有关系。

17.6 化学清洗剂作用下生物大分子的 XPS 光谱

不同化学清洗剂作用下 BP 的 XPS 光谱如图 17-6 所示（书后另见彩图）。峰的位置与元素对应的关系为：C 1s（284.8eV）、O 1s（532.8eV）和 N 1s（400.0eV）。由于元素的峰位置很大程度上取决于与它们相连的官能团，为获取更详细的有机物分子结构信息，通过 XPS peaks4.1 软件进行拟合以获得高分辨率的 C 1s、N 1s 和 O 1s 的 XPS 图谱。

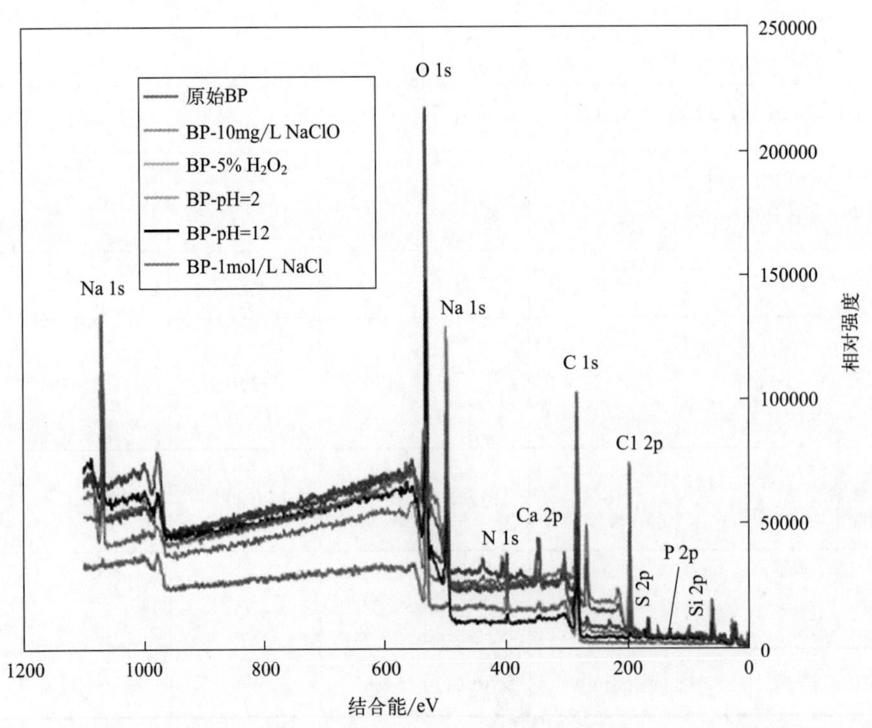

图 17-6 在纯水、10mg/L NaClO、5% H_2O_2、1mol/L NaCl、HCl（pH=2）和 NaOH（pH=12）溶液下的 BP 冻干固体样的 XPS 光谱

如图 17-7 所示（书后另见彩图），C 1s 峰可以分为 4 个独立的峰：

① 峰位置在 284.8eV 的峰表示 $\underline{C}$—（C，H），如脂肪族和蛋白质侧链；

② 峰位置在 286.3eV 的为醚基、氨基化合物和醇类物质的 $\underline{C}$—（O，N）；

③ 峰位置在 287.9eV 被认为是 $\underline{C}$═O 或者 O—$\underline{C}$—O，典型的化学基团有羧酸盐、氨基化合物、羰基和乙缩醛；

④ 峰位置在 288.9eV 为 O═$\underline{C}$—OH 或者 O═$\underline{C}$—OR，如羧基或者酯类化合物。

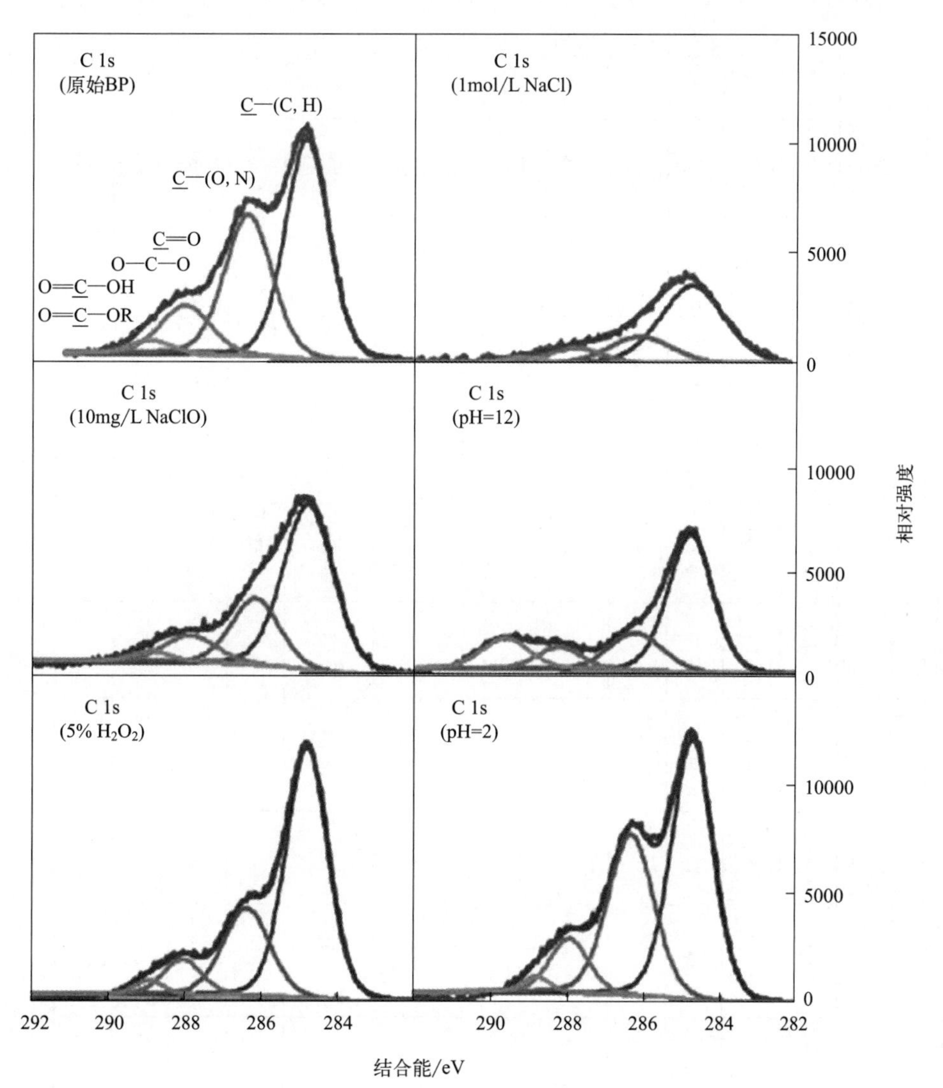

图 17-7　在纯水、10mg/L NaClO、5 % H_2O_2、1mol/L NaCl、HCl（pH=2）和 NaOH（pH=12）溶液下的 BP 冻干固体样的高分辨率 C 1s 谱

结合表 17-3 可以看出，在 10mg/L NaClO 和 NaOH（pH=12）作用下，C—（C，H）基团的峰面积出现明显下降，而 H_2O_2 和 HCl（pH=2）对其并无太大影响。这说明只有在强氧化剂和强碱性环境中，脂肪族化合物或蛋白质侧链结构才能被破坏。这与 FTIR 光谱中 NaClO 和 NaOH（pH=12）作用下的 BP 在 2918cm^{-1} 的红外吸收峰强度减少的结果一致。对于蛋白质结构 C—（O，N），5% H_2O_2、10mg/L NaClO 和 NaOH（pH=12）三者对其均有显著的影响，其所占比例与原 BP 相比明显降低。另外，与羧酸盐、氨基化合物、羰基和乙缩醛相关的化学结构 C═O 和 O—C—O 在氧化剂和碱性环境中也有所减少。对于 O═C—OH 或者 O═C—OR 有关的羧基或者酯类化合物在 NaOH（pH=12）溶液中的比例与原 BP 相比显著增加。

表 17-3　高分辨率 C 1s、N 1s 和 O 1s XPS 能谱中各个官能团中相应原子的相对含量（峰面积和比例）

元素	峰位置/eV	官能团	生物聚合物原液		NaOH（pH=12）		10mg/L NaClO		5% H_2O_2		HCl（pH=2）		1mol/L NaCl	
			峰面积	比例 /%	峰面积	比例 /%	峰面积	比例 /%	峰面积	比例 /%	峰面积	比例 /%	峰面积	比例 /%
C1S	284.6	$\underline{C}$—（C，H）	15642	49.6	10690	58.5	14468	63.1	17590	64.4	18183	52.7	8262	65
	285.7	$\underline{C}$—（O，N）	10957	34.8	3384	18.5	5414	23.6	6789	24.9	12180	35.3	2781	21.9
	286.2	$\underline{C}$═O，O—$\underline{C}$—O	4033	12.8	1714	9.4	2372	10.3	2265	8.3	3486	10.1	1309	10.3
	288.2	O═$\underline{C}$—OH，O═$\underline{C}$—OR	898	2.8	2488	13.6	679	3	651	2.4	685	2	368	2.9
总 C	284.6		31529		18276		22932		27295		34534		12720	
O1S	531.3	C═$\underline{O}$，P═$\underline{O}$，P—$\underline{O}$	7536	11.2	23643	57	12830	47.6	3130	11.2	6137	12.3	3768	31.7
	532.7	C—$\underline{O}$—H，C—$\underline{O}$—C，C—$\underline{O}$—P	59169	88.8	17867	43	14114	52.4	24909	88.8	43694	87.7	8123	68.3
总 O	531.5		66705		41510		26944		28039		49831		11891	
N1S	399.9	$\underline{N}_{nonpr}$	2851	96	1474	93	1002	81.5	3199	96.9	4139	95.3	1841	95.1
	402.2	$\underline{N}_{pr}$	119	4	112	7	227	18.5	102	3.1	205	4.7	94	4.9
总 N	399. 7		2970		1586		1229		3302		4344		1935	

注：$\underline{N}_{nonpr}$ 为非质子化氮；$\underline{N}_{pr}$ 为质子化氮。

图 17-8（书后另见彩图）显示纯水和所有化学清洗剂下作用的 BP 中 N 1s 都有两个组分：一是峰位置在 399.9eV，与非质子化氮 N（如酰胺、有机胺和嘧啶）有关系；而另一个峰位置在 403.1eV 处，属于质子化氮 N（氨基糖和氨基酸）[16]。从峰强结果可以看出，非质子化氮的含量占有绝对优势，比例高达 96% 左右。Yuan 等 [17] 和 Meng 等 [18] 分别在细菌 EPS 和河水 DOM 的结构研究中发现了类似结果。表 17-3 中显示在 10mg/L NaClO 和 NaOH（pH=12）作用下生物聚合物的非质子化氮（N_{nonpr}）和质子化氮（N_{pr}）的峰面积以及其比例也均发生了较大变化，尤其是在 NaClO 的作用下。而另一氧化剂 5% H_2O_2 和 HCl（pH=2）以及 1mol/L NaCl 对 BP 的 N 1s 的组成影响并不明显，非质子化和质子化氮的峰面积比例基本保持不变。这些都与 17.5 部分中 5% H_2O_2 和 HCl（pH=2）以及 1mol/L NaCl 作用下 BP 的红外光谱在 1620cm^{-1} 和 1550cm^{-1} 出峰未改变的结果基本一致，且进一步证实 NaClO 和 NaOH 对蛋白质结构酰胺 Ⅰ 和 Ⅱ 破坏作用较强。

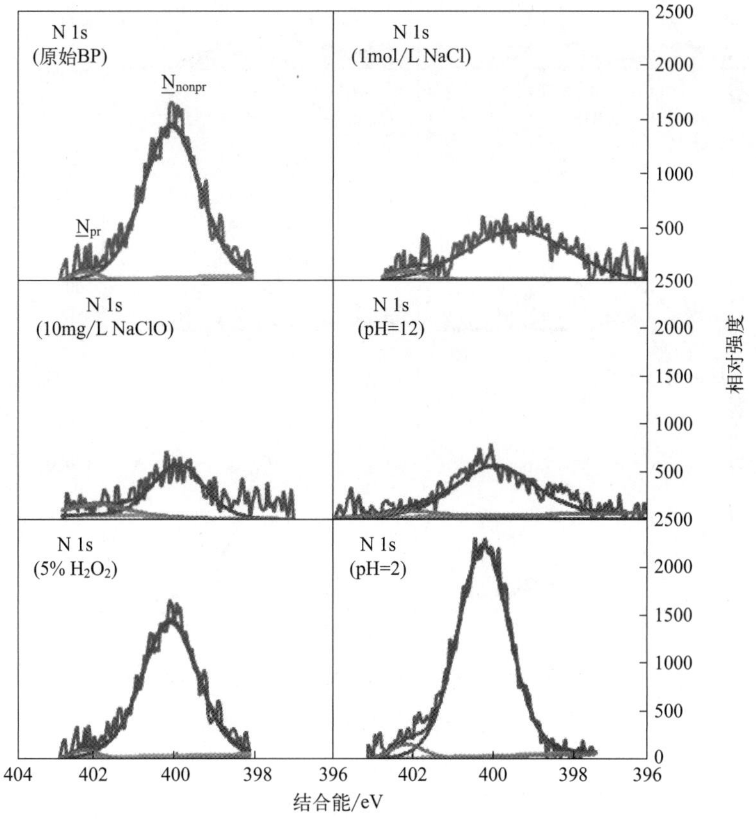

图 17-8　在纯水、10mg/L NaClO、5% H_2O_2、1mol/L NaCl、HCl（pH=2）和 NaOH（pH=12）溶液下的 BP 冻干固体样的高分辨率 N 1s 谱

O 1s 的高分辨率 XPS 图如图 17-9 所示（书后另见彩图），其可分解为两种组分：一是峰位置在 532.7eV 的 C—O—H（如乙醇）、C—O—C（缩醛和半缩醛）、C—O—P；二是峰位置在 531.6eV 的 C═O、P═O、O—P。从表 17-3 中可以看出，在氧化剂 10mg/L

NaClO 和 NaOH（pH=12）作用下，C—O—H、C—O—C、C—O—P 的结构中氧原子百分比出现明显下降，而 C═O、P═O、O—P 相关官能团中氧原子比例则呈现出较大增长。但是在 5% H_2O_2 和 HCl（pH=2）溶液中，BP 中 O 1s 两种结构的峰面积比例均未发生改变，与原液的 O 1s 组成相似。结合 FTIR 的结果，C—O—H、C—O—C、C—O—P（1125 ～ 1047cm^{-1}）与 BP 中的 PS、磷酸二酯类化合物、磷酸化的 PN 和醇类有机物相关，说明 NaClO 和 NaOH 对此类有机物具有较强的破坏作用。

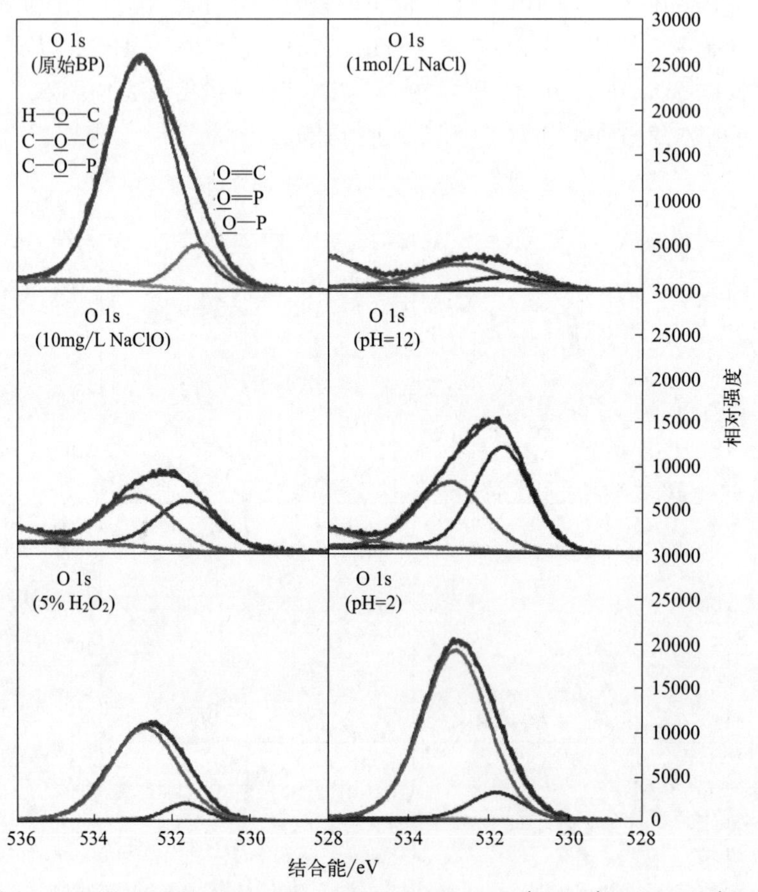

图 17-9　在纯水、10mg/L NaClO、5% H_2O_2、1mol/L NaCl、HCl（pH=2）和 NaOH（pH=12）溶液下的 BP 冻干固体样的高分辨率 O 1s 谱

参考文献

[1] Porcelli N，Judd S. Chemical cleaning of potable water membranes：A review[J]. Separation and Purification Technology，2010，71（2）：137-143.

[2] Al-Amoudi A，Lovitt R W. Fouling strategies and the cleaning system of NF membranes and factors affecting cleaning efficiency[J]. Journal of Membrane Science，2007，303（1-2）：6-28.

[3] Wei C H，Huang X，Ben Aim R，et al. Critical flux and chemical cleaning-in-place during the long-term operation

of a pilot-scale submerged membrane bioreactor for municipal wastewater treatment[J]. Water Research，2011，45（2）：863-871.

[4] Wang Z，Meng F，He X，et al. Optimisation and performance of NaClO-assisted maintenance cleaning for fouling control in membrane bioreactors[J]. Water Research，2014，53（0）：1-11.

[5] Thurman E M. Organic geochemistry of natural waters[J]. Springer Science & Business Media：2012.

[6] Strugholtz S，Sundaramoorthy K，Panglisch S，et al. Evaluation of the performance of different chemicals for cleaning capillary membranes[J]. Desalination，2005，179（1-3）：191-202.

[7] Li H P，Hou W G. Influences of pH and electrolyte on the rheological properties of aqueous solution of exopolysaccharide secreted by a deep-sea mesophilic bacterium[J]. Food Hydrocolloids，2011，25（6）：1547-1553.

[8] Wang L L，Wang L F，Ren X M，et al. pH dependence of structure and surface properties of microbial EPS[J]. Environmental Science & Technology，2012，46（2）：737-744.

[9] Braissant O，Decho A W，Dupraz C，et al. Exopolymeric substances of sulfate-reducing bacteria：Interactions with calcium at alkaline pH and implication for formation of carbonate minerals[J]. Geobiology，2007，5（4）：401-411.

[10] Chen H H，Xu S Y，Wang Z. Gelation properties of flaxseed gum[J]. Journal of Food Engineering，2006，77（2）：295-303.

[11] Świetlik J，Dą Browska A，Raczyk-Stanisławiak U，et al. Reactivity of natural organic matter fractions with chlorine dioxide and ozone[J]. Water Research，2004，38（3）：547-558.

[12] Liu T，Chen Z L，Yu W Z，et al. Characterization of organic membrane foulants in a submerged membrane bioreactor with pre-ozonation using three-dimensional excitation-emission matrix fluorescence spectroscopy[J]. Water Research，2011，45（5）：2111-2121.

[13] Sheng G P，Yu H Q. Characterization of extracellular polymeric substances of aerobic and anaerobic sludge using three-dimensional excitation and emission matrix fluorescence spectroscopy[J]. Water Research，2006，40（6）：1233-1239.

[14] Patel-Sorrentino N，Mounier S，Benaim J Y. Excitation-emission fluorescence matrix to study pH influence on organic matter fluorescence in the Amazon basin rivers[J]. Water Research，2002，36（10）：2571-2581.

[15] Liu C，Caothien S，Hayes J，et al. Membrane chemical cleaning：From art to science[J]. Pall Corporation，Port Washington，NY，2001，11050.

[16] Yan L，Marzolin C，Terfort A，et al. Formation and reaction of interchain carboxylic anhydride groups on self-assembled monolayers on gold[J]. Langmuir，1997，13（25）：6704-6712.

[17] Yuan S J，Sun M，Sheng G P，et al. Identification of key constituents and structure of the extracellular polymeric substances excreted by bacillus megaterium TF10 for their flocculation capacity[J]. Environmental Science & Technology，2011，45（3）：1152-1157.

[18] Meng F G，Huang G C，Li Z Q，et al. Microbial transformation of structural and functional makeup of human-impacted riverine dissolved organic matter[J]. Industrial & Engineering Chemistry Research，2012，51（17）：6212-6218.

第 18 章

NaClO 对聚醚砜膜的作用机制

如前所述，MBR 在运行过程中因为膜污染会导致膜通量的下降，为了恢复通量通常需要定期进行化学清洗。化学清洗过程中的恶劣条件（如强酸、强碱和强氧化环境）会导致膜孔径、表面性质和化学键发生重大变化从而加速膜老化。膜性质的变化反过来又会影响膜和污染物之间的相互作用，从而影响膜污染的发展。因此，全面了解膜老化过程对于优化膜的化学清洗具有重要意义。

NaClO 是最常用的膜清洗剂之一。然而，NaClO 会引起聚砜和聚醚砜（polyethersulfone，PES）等常见膜材料的化学降解。事实上，大分子添加剂的存在会使膜老化变得更加复杂。尽管有大量关于膜老化的报道，但其动态老化过程仍未明了。FTIR 光谱是研究化学键变化的常用手段，但其通常会遇到不同波段之间的重叠而导致分子水平上的分辨率较差。而且传统的 FTIR 光谱无法阐明膜老化过程中不同官能团变化的顺序。最近，电化学动力表征被提出以研究 NaClO 导致膜老化过程中的一些可电离基团的变化顺序[1]。尽管如此，膜材料中相当比例官能团的变化不能较好地识别。因此，膜的不同官能团和 NaClO 之间的反应顺序需要进一步得到分子水平上全面的验证。此外，膜老化导致膜性能的相应变化亦需进行系统的研究。基于外界扰动（如 pH 值、温度和氧化剂浓度等）引起 FTIR 光谱变化的 2D-FTIR-COS 可以潜在地揭示不同官能团的变化顺序[2]。近年来，2D-FTIR-COS 分析已成功应用于研究金属和纳米材料与大分子和细菌等各种底物的相互作用机制[3]。

本章采用 2D-FTIR-COS 技术，系统考察 PVP 改性 PES（PES/PVP）膜在各种 NaClO 暴露条件下化学结构的变化。研究分子水平上膜老化过程中官能团之间的反应顺序，并明确膜老化对膜性能（如纯水渗透性、表面形态和污染行为）的影响。

18.1　NaClO 清洗后 PES/PVP 膜的 ATR–FTIR 光谱

实验将 PES/PVP 膜片浸泡在 300mg/L 不同 pH 值的 NaClO 溶液（pH=6、8 和 10）中 0.5 ～ 30d。实验过程中，NaClO 溶液定期更换以维持余氯浓度和 pH 值。如图 18-1 所示（书后另见彩图），PES/PVP 膜经过不同 pH 值的 NaClO 溶液浸泡后，其红外吸收峰的变化主要集中在 1800 ～ 1000cm^{-1} 区间 [4]。PES 原膜的典型吸收峰如下：

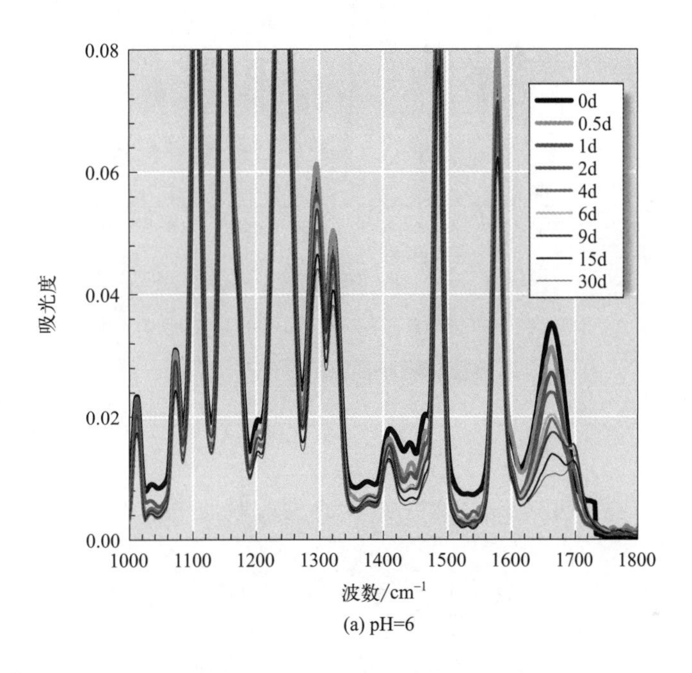

(a) pH=6

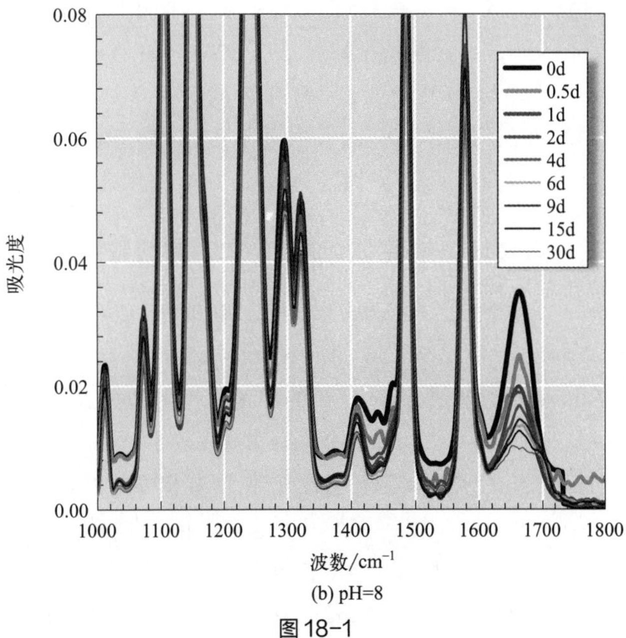

(b) pH=8

图 18-1

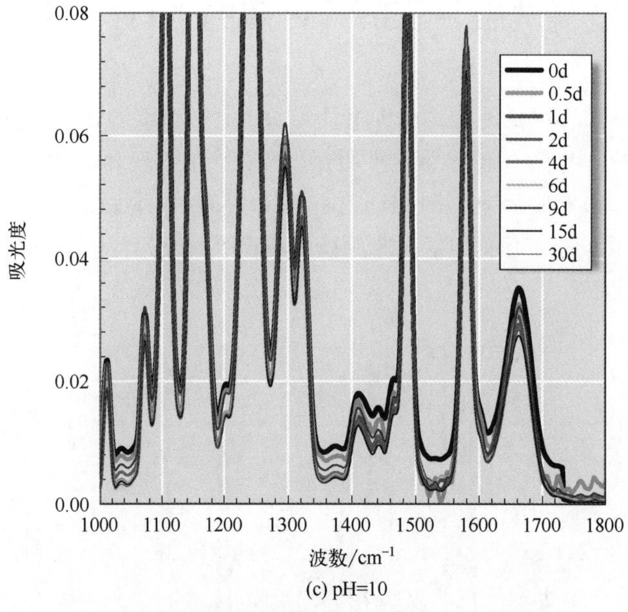

(c) pH=10

图 18-1 PES/PVP 膜在不同 pH 值的 NaClO 溶液中暴露不同时间的 ATR-FTIR 图

① 在 1580cm^{-1} 和 1486cm^{-1} 处有两个典型的吸收峰，与 PES 分子链中的芳香环有关；

② 位于 1320/1292cm^{-1} 和 1150/1105cm^{-1} 处的吸收峰分别属于砜基（Ar—SO_2—Ar）的不对称和对称拉伸振动峰；

③ 1241cm^{-1} 处的强峰是由于芳香醚（Ar—O—Ar）结构的存在。此外，在 1662cm^{-1}、1463cm^{-1}、1440cm^{-1} 和 1420cm^{-1} 处的特征峰代表了 PVP 的存在 [1]。例如，位于 1463cm^{-1}、1440cm^{-1} 和 1410cm^{-1} 处的峰与 PVP 中的 C—H 环结构有关 [5]。在 1662cm^{-1} 处的吸收峰对应于酰胺键的 C═O 振动峰，通过 XPS 的数据进一步证实了 PES 原膜中含有 3.45% 的 N 原子。在前人的研究结果中同样报道了 PES 基膜在 1662cm^{-1} 处有吸收峰 [6]，这些结果表明商业 PES 膜含有一些 PVP。

此外，ATR-FTIR 光谱分析结果表明不同 pH 值的 NaClO 显著影响膜表面官能团。随着 NaClO 溶液 pH 值的增加，PES/PVP 膜在 1800 ～ 1000cm^{-1} 区间特征吸收峰强度降低的程度逐渐减弱。特别是 pH=6 的 NaClO 溶液处理导致了 1662cm^{-1} 处酰胺键的分解，同时在 1700cm^{-1} 处形成了一个新的肩峰，表明琥珀酰亚胺基团的形成。相比之下，PES/PVP 膜经过 pH=8 的 NaClO 溶液的处理后，在 1700cm^{-1} 处的肩峰强度较弱，而经过 pH=10 的 NaClO 溶液处理后几乎没有出现 1700cm^{-1} 处的肩峰，这些结果与 Kourde-Hanafi 等的研究结果一致 [7]。也有可能是琥珀酰亚胺键形成后，在较高 pH 值条件下又被分解。代表 PVP 环状结构的 1440cm^{-1} 和 1463cm^{-1} 处的两个小峰在经过 pH=6 和 8 的 NaClO 处理后，随着 NaClO 暴露时间的延长而消失，进一步说明了PVP的结构被破坏。但是，当采用pH=10的NaClO浸泡时，膜表面的红外吸收峰强度仅轻微降低。这些结果表明，PES/PVP膜的老化速率与NaClO溶液的pH值有关。然而，传统的一维FTIR光谱分析的信息有限，并不能给出不同pH值下膜的动态老化过程，尤其是不能给出PES/PVP膜的官能团在NaClO暴露过程中的变化顺序。

18.2　二维红外相关光谱揭示PES/PVP膜的老化过程

图18-2（书后另见彩图）中红色表示正相关，蓝色表示负相关，颜色越深代表相关性越强；在2D-CoS图中，位于对角线上的峰称为自相关峰，而交叉峰位于非对角线位置。由图18-2（a）、图18-2（c）、图18-2（e）可知，在3个pH值条件下浸泡的PES/PVP膜的同步光谱图在峰的分布上几乎相同。可以分辨出12个自相关峰，包括1105cm^{-1}、1150cm^{-1}、1241cm^{-1}、1292cm^{-1}、1320cm^{-1}、1410cm^{-1}、1440cm^{-1}、1463cm^{-1}、1486cm^{-1}、1580cm^{-1}、1662cm^{-1}和1700cm^{-1}。其中，不管NaClO的pH值如何，在1105/1150cm^{-1}和1241cm^{-1}处对应的砜基和芳香醚峰的强度最高；其次是在1662cm^{-1}和1486/1580cm^{-1}处对应的酰胺和芳环结构的峰，而在1410cm^{-1}、1440cm^{-1}和1580cm^{-1}对应的C—H脂肪环结构的峰强度最低。关于1030cm^{-1}处可能与磺酸基或酚基有关的峰，在本书中没有分辨出自相关峰，可能因为PVP的量较低（< 5%）。Prulho等只在PVP含量高达50%的老化PES膜中观察到了1030cm^{-1}处的较弱的峰[8]。此外，这些自相关峰在pH=6和pH=8条件下强度要比pH=10条件下更强，表明PES/PVP膜在pH=6和pH=8的NaClO条件下更容易被降解[9]。值得注意的是，在1662cm^{-1}处的自相关峰在pH=6和pH=8条件下的强度大概是pH=10条件下的10倍，这表明PVP分子中的酰胺基团比PES的特征官能团更容易受到NaClO的破坏。由表18-1可知，同步光谱图中的大部分交叉峰在3个pH值下都有加号，表明几乎所有的官能团在PES/PVP膜老化过程中都经历了同步变化（即频带强度减小）。然而，在pH=6时所有交叉峰［$\Phi(x_1,\ 1700) < 0$］有负号，表明在1700cm^{-1}处官能团的变化方向与在1662～1000cm^{-1}范围内其他基团的变化相反，这是由于随着暴露时间的延长，1700cm^{-1}处峰的强度增加。有趣的是pH=8条件时，交叉峰［$\Phi(x_1,\ 1700)$］在1292cm^{-1}、1320cm^{-1}、1410cm^{-1}、1440cm^{-1}、1463cm^{-1}和1662cm^{-1}处是负号，而在1105cm^{-1}、1150cm^{-1}、1241cm^{-1}、1486cm^{-1}和1580cm^{-1}处没有负号。显然，上述结果为1700cm^{-1}处琥珀酰亚胺基团的形成以及C—H脂肪环（1463～1410cm^{-1}）和酰胺（1662cm^{-1}）基团的变化提供了很好的证据[10]。同时，也进一步证实了琥珀酰亚胺基团在pH=6条件下积累，而在pH=8条件下会被氧化或水解[7]。但是，在pH=10条件下，1700cm^{-1}处的自相关峰没有被观察到，并且所有的交叉峰没有符号。这可能与以下两个因素有关：a. NaClO在pH=10时主要以ClO^-（> 90%）形式存在，产生·OH和ClO·自由基的能力较弱，氧化能力较差[11]；b. 吡咯烷的开环发生在碱性溶液中（pH=8和pH=10）[8]。

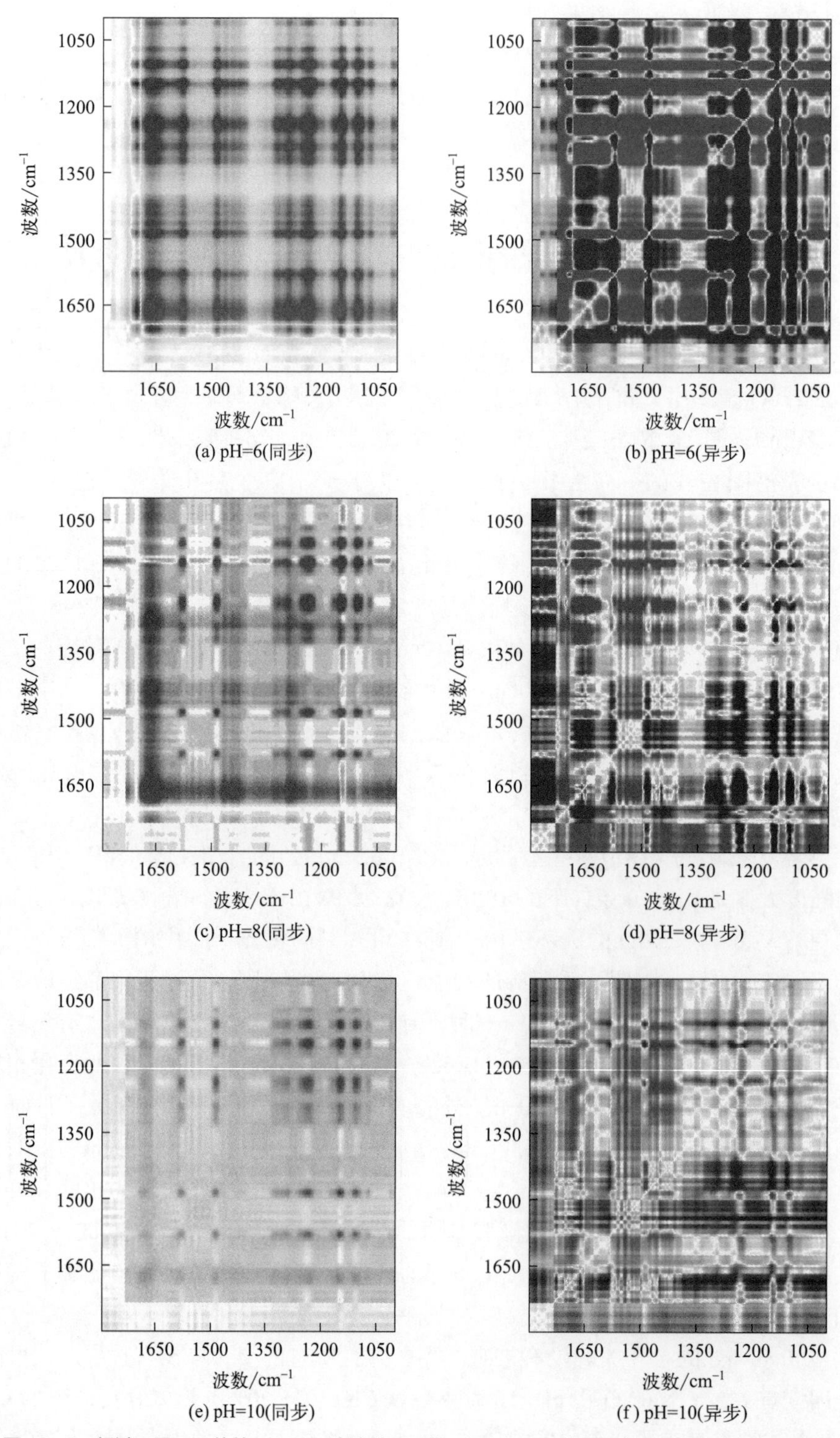

图 18-2 经过不同 pH 值的 NaClO 溶液处理后的 PES/PVP 膜的同步和异步二维红外光谱图

表 18-1 PES/PVP 膜在不同 pH 值的 NaClO 溶液中暴露不同时间后的 2D-CoS 同步和异步图中交叉峰的分配和符号

峰 /cm^{-1}	基团归属	符号											
		1105	1150	1241	1292	1320	1410	1440	1463	1486	1580	1662	1700
1105	S═O 对称振动	+++	+++ (+−+)	+++ (−−+)	+++ (−−o)	+++ (−−−)	+++ (−−−)	+++ (−−−)	+++ (−−−)	+++ (−−o)	+++ (−−o)	+++ (−−−)	−oo (+oo)
1150	S═O 对称振动		+++	+++ (−−o)	+++ (−−−)	+++ (−−−)	+++ (−−−)	+++ (−−−)	+++ (−−−)	+++ (−−o)	+++ (−−o)	+ (−−−)	−oo (+oo)
1241	芳香醚键			+++	+++ (−−−)	+++ (−−−)	+++ (−−−)	+++ (−−−)	+++ (−−−)	+++ (−−o)	+++ (−−o)	+++ (−−−)	−oo (+−−)
1292	O═S═O 非对称振动；C—N 键				+++	+++ (−−−)	+++ (−−−)	+++ (−−−)	+++ (−−−)	+++ (++o)	+++ (++o)	+++ (−−−)	−oo (+−−)
1320	O═S═O 非对称振动					+++	+++ (−−−)	+++ (−−−)	+++ (−−−)	+++ (+++)	+++ (+++)	+++ (−−−)	−−o (+−−)
1410	环状结构上的 C—H 键						+++	+++ (−+−)	+++ (−−−)	+++ (+++)	+++ (+++)	+++ (+++)	−−o (−−−)
1440	环状结构上的 C—H 键							+++	+++ (−−−)	+++ (+++)	+++ (+++)	+++ (+++)	−−o (−−−)
1463	环状结构上的 C—H 键								+++	+++ (+++)	+++ (+++)	+++ (+++)	−−o (−−−)
1486	芳香环上的 C—H 对称弯曲振动，C—S 伸展									+++	+++ (−+o)	+++ (−−−)	−oo (+o−)
1580	芳香环上的 C—C 伸展										+++	+++ (−−−)	−oo (+−−)
1662	酰胺基团上的 C═O 伸展											+++	−−o (−−−)
1700	琥珀酰亚胺基团												++o

注：1. “o” 表示无峰，“+” 表示正的数值，“−” 表示负的数值。

2. 括号内外的符号顺序代表不同的 pH 值条件下（6、8、10）的数值情况。

根据Noda定律[2]，异步相关光谱可以揭示PES/PVP膜老化过程中官能团被降解的顺序。异步光谱图是基于对角线反对称的，因此没有自相关峰。图18-2（b）、图18-2（d）、图18-2（f）显示交叉峰的符号在3个pH条件下具有显著差异。如表18-1所列，在pH=6条件下，除了1410cm^{-1}、1440cm^{-1}、1463cm^{-1}和1662cm^{-1}，大部分交叉峰［$\Phi(x_1, 1700)$］显示正号，表明1700cm^{-1}处峰强度的增加是发生在1410cm^{-1}、1440cm^{-1}、1463cm^{-1}和1662cm^{-1}峰强度下降之后，但是在其他峰之前（即1105cm^{-1}、1150cm^{-1}、1241cm^{-1}、1292cm^{-1}、1320cm^{-1}、1486cm^{-1}和1580cm^{-1}）。此外，Φ（x_1，1920/1320/1410/1440/1463）交叉峰呈现负号，意味着1292cm^{-1}、1320cm^{-1}、1410cm^{-1}、1440cm^{-1}和1463cm^{-1}处峰强度减小是在1105cm^{-1}、1150cm^{-1}和1241cm^{-1}处峰减弱之前。并且，6个负交叉峰在Φ（1105、1486/1580）、Φ（1150、1486/1580）和Φ（1241、1486/1580）处被观察到，说明1486cm^{-1}、1580cm^{-1}处吸收峰的变化早于1241cm^{-1}、1150cm^{-1}和1105cm^{-1}吸收峰。总体而言，pH=6的NaClO老化条件下，PES/PVP膜基团的降解顺序如下：1463cm^{-1}、1440cm^{-1}和1410cm^{-1}（C—H脂肪环）＞1662cm^{-1}（酰胺基团）＞1700cm^{-1}（琥珀酰亚胺）＞1320cm^{-1}、1292cm^{-1}（S═O）＞1486cm^{-1}、1580cm^{-1}（芳香结构）＞1241cm^{-1}（芳香醚）＞1105cm^{-1}、1150cm^{-1}（O═S═O）。

同样地，根据pH=8条件下2D-CoS图的符号，频带变化的顺序依次为：1463cm^{-1}、1440cm^{-1}和1410cm^{-1}＞1662cm^{-1}＞1292cm^{-1}、1320cm^{-1}＞1700cm^{-1}＞1486cm^{-1}、1580cm^{-1}＞1241cm^{-1}＞1150cm^{-1}、1105cm^{-1}。结果同样证明了膜中的PVP首先被降解，其次才是Ph—SO_2—Ph键的断裂，最后是PES芳香醚的变化。但是，pH值为8时的2D-CoS图中，一些交叉峰［$\Phi(x_1, 1700)$和（x_1，1700）］没有符号。因此，除了说明1700cm^{-1}处琥珀酰亚胺的形成是在PVP中脂肪环结构和酰胺键（1410cm^{-1}、1440cm^{-1}、1463cm^{-1}、1662cm^{-1}）破坏之后，无法确定1700cm^{-1}波段的变化顺序。在pH=10的NaClO条件下，吸收峰的变化顺序为：1463cm^{-1}、1440cm^{-1}和1410cm^{-1}＞1662cm^{-1}＞1320cm^{-1}、1292cm^{-1}＞1486cm^{-1}、1580cm^{-1}、1241cm^{-1}、1150cm^{-1}、1105cm^{-1}。意料之中的是，在pH=10的NaClO条件下，PVP中1463cm^{-1}、1440cm^{-1}、1410cm^{-1}和1662cm^{-1}仍然先被破坏，而PES本身的C—H芳香环结构（1486cm^{-1}和1580cm^{-1}）和芳香醚（1241cm^{-1}）较少甚至没有被破坏。相应地，在pH=10条件下的XPS C 1s、N 1s、O 1s和Cl 2p高分辨谱仅显示了轻微的变化［图18-3（书后另见彩图）］。先前的研究也显示NaClO溶液在较强碱性条件下对膜的官能团和性能的影响较小（例如表面电荷、断裂伸长率和拉伸强度等）[9]。

一般来说，无论NaClO溶液的pH值条件如何，PES/PVP膜的动态老化过程除了官能团的降解速率不同以外，其他方面几乎是类似的。第一步，PVP脂肪环结构中的C—H键被·OH破坏，特别是酰胺基团的α位置［图18-4（a）］[12]。随后，PVP中的酰胺键（1662cm^{-1}）被破坏，同时1700cm^{-1}处的琥珀酰亚胺键生成[12]。这些反应可以由XPS分析证实（图18-3）。例如，随着NaClO暴露时间的延长，C—（C，H）键的含量降低，而C═O键的含量增加（表18-2）。此外，随着暴露时间的延长，质子化N的增加进一步证实了吡咯烷结构的破坏。特别是在pH=8的条件下，质子化N的含量从0增加到26.16%，主要是因为琥珀酰亚胺基团在碱性溶液中更容易开环或水解[8]。XPS结果显示与pH=6（3.45%降到2.48%）和pH=10（3.45%降到3.19%）的NaClO暴露条件相比，pH=8的条件下，N元素的原子百分含量下降得最低（从3.45%降至1.55%）（表18-2），说明老化的

表 18-2 经过不同 pH 值的 NaClO 老化处理的 PES/PVP 膜的 XPS C 1s、N 1s、O 1s、S 2p 和 Cl 2p 高分辨能谱图随暴露时间的变化（即第 1 天、第 6 天和第 30 天）

单位：%

元素	峰 /eV	基团	各个基团的含量									
			新膜	pH=6			pH=8			pH=10		
			0	第 1 天	第 6 天	第 30 天	第 1 天	第 6 天	第 30 天	第 1 天	第 6 天	第 30 天
C 1s	284.8	$\underline{C}$—（C，H）	82.42	81.42	81.42	79.02	80.63	77.27	78.20	80.46	80.44	79.09
	286.2	$\underline{C}$—（O，N，S）	15.09	15.71	15.25	17.20	16.11	19.63	19.38	16.20	16.31	17.13
	287.3	$\underline{C}$═O	2.49	2.87	2.72	2.94	3.25	3.09	2.20	3.34	3.24	3.17
	288.3	O═$\underline{C}$—OH（R）	0	0	0.61	0.84	0	0	0.22	0	0	0
C		原子百分数	73.45	73.56	73.20	72.22	73.26	73.12	72.8	74.29	75.22	74.01
O 1s	531.6	（C，S）═$\underline{O}$	80.11	79.67	76.57	73.47	77.52	77.30	73.14	80.83	78.48	77.67
	533.4	C—$\underline{O}$—H，C—$\underline{O}$—C	19.89	20.33	23.43	26.53	22.48	22.70	26.86	19.17	21.52	22.33
O		原子百分数	17.94	18.22	18.08	19.10	18.44	18.68	18.95	17.59	16.66	17.75
N 1s	399.6	$\underline{N}_{nonpr}$	100	97.34	95.74	91.39	92.00	86.90	73.84	100	100	96.33
	401	$\underline{N}_{pr}$	0	2.66	4.26	8.61	8.00	13.10	26.16	0	0	3.67
N		原子百分数	3.45	3.39	3.19	2.48	2.81	2.19	1.55	3.32	3.18	3.19
S		原子百分数	4.40	4.48	4.75	5.31	5.18	5.52	5.79	4.73	4.84	4.83
Cl		原子百分数	0.10	0.35	0.78	0.89	0.31	0.49	0.64	0.07	0.1	0.22

PVP 材料从膜中被洗脱出来。前人的研究结果表明 PVP 材料的初始降解 / 释放可能会加速 PES 聚合物的后续降解，并且使膜孔增大[9, 13]。实际上，PVP 的酰胺基（O═C—N）与 PES 的砜基（O═S═O）相互作用最强[14]，换言之，一旦 PVP 的酰胺基被攻击并从膜中洗脱，PES 的砜基将会直接面临 NaClO 的攻击，而加速膜的老化[13]。正如所料，PVP 在受到不同 pH 值的 NaClO 破坏后，PES 在 1320/1292cm^{-1} 处的砜基非对称伸缩振动峰受到了冲击，导致磺酰基 Ph—S 的断裂［图 18-4（b）］[15]。最近，基于电动表征，Hanafi 等还发现在磺酸基产生之前有羧酸的产生[13]。但是，他们没有观察到强碱条件下（pH=11.5）C—S 键的断裂，这与我们在 pH=10 条件下观察到的不一致，可能由于老化条件（即 pH 值、游离氯浓度和暴露时间等）的不同。同时，C—S 键断裂会导致苯磺酸和苯基氯的生成。本研究中，XPS 结果证实了老化膜中 Cl 元素的存在（图 18-3），对应 C—Cl 共价键，而不是无机氯离子的吸附[16]。由于 pH=10 条件下 NaClO 氧化性较弱，Cl 元素仅在暴露 30d 后的老化膜上观察到。相比之下，在 pH=6 和 8 的 NaClO 暴露 1d 的膜上就检测到了氯元素的存在，这主要因为 PVP 环状结构（1440cm^{-1} 和 1410cm^{-1}）上的氢也可以被氯取代。此外，·OH 的攻击使得 PES 芳香环（1580cm^{-1} 和 1486cm^{-1}）发生了羟基化，形成了苯酚。1241cm^{-1} 处芳香醚被裂解后，经氢提取也可以产生苯酚。最后，PES 在 1150/1105cm^{-1} 处的砜基对称伸缩振动峰受到 NaClO 攻击后被完全降解。

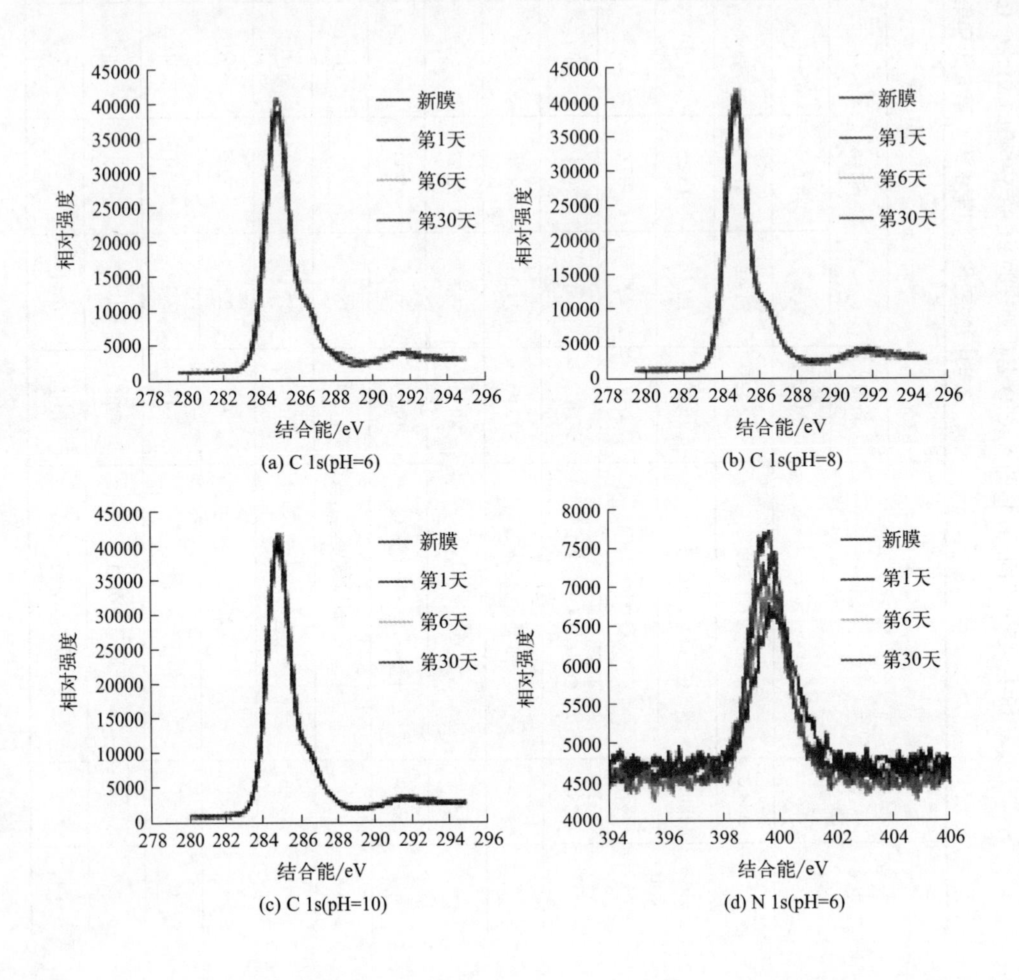

(a) C 1s(pH=6)　(b) C 1s(pH=8)　(c) C 1s(pH=10)　(d) N 1s(pH=6)

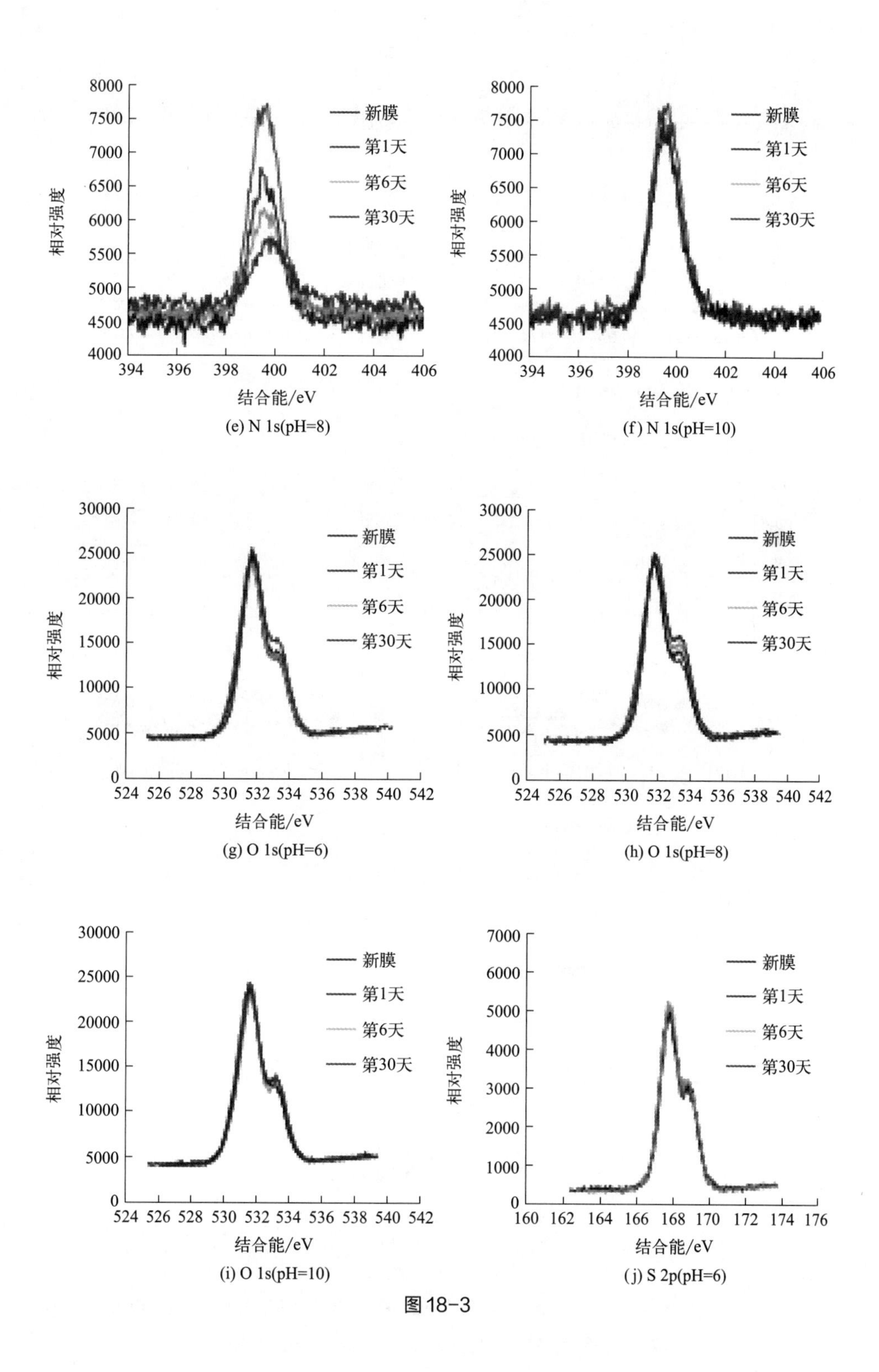
相对强度
结合能/eV
新膜
第1天
第6天
第30天
(e) N 1s(pH=8)
(f) N 1s(pH=10)
(g) O 1s(pH=6)
(h) O 1s(pH=8)
(i) O 1s(pH=10)
(j) S 2p(pH=6)

图 18-3

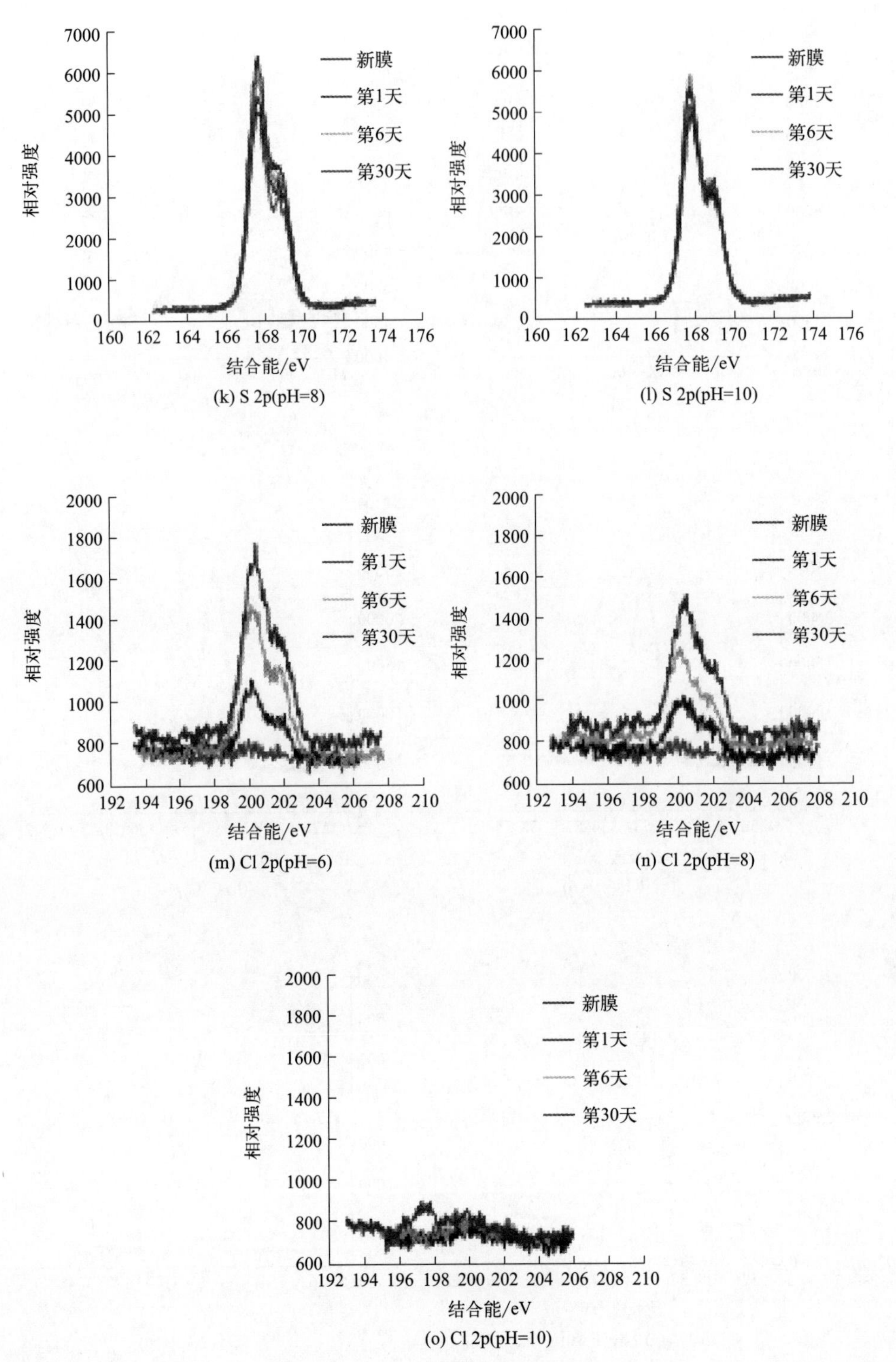

(k) S 2p(pH=8)

(l) S 2p(pH=10)

(m) Cl 2p(pH=6)

(n) Cl 2p(pH=8)

(o) Cl 2p(pH=10)

图 18-3 经过 pH 值为 6、8 和 10 的 NaClO 老化的 PES/PVP 膜的 XPS C 1s、N 1s、O 1s、S 2p 和 Cl 2p 能谱图随暴露时间（即第 1 天、6 天和 30 天）的变化

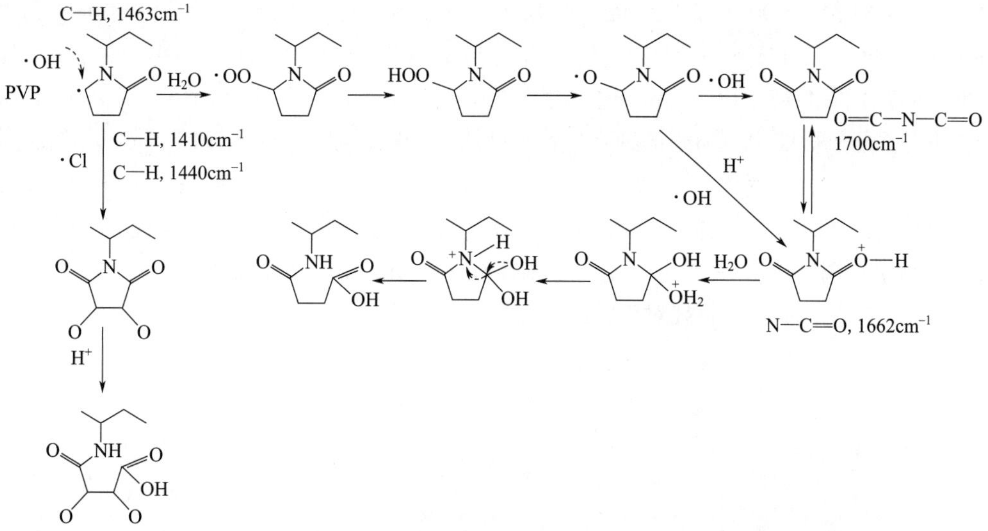

(a) PVP老化过程

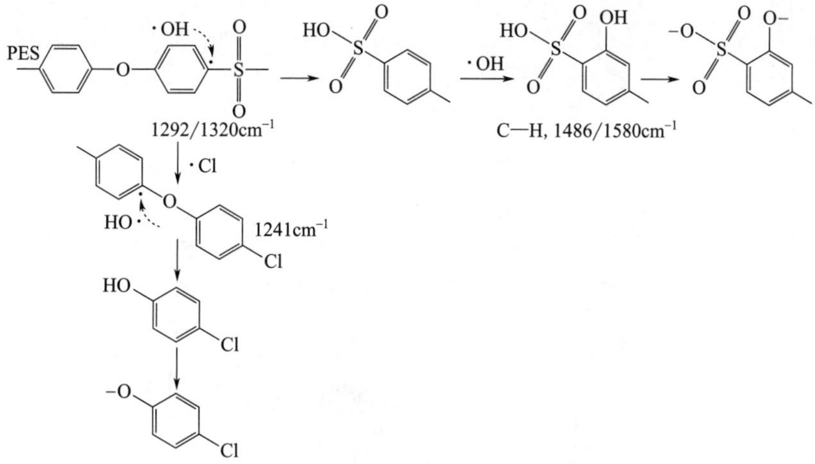

(b) PES老化过程

图 18-4 PVP 和 PES 在 NaClO 暴露过程中的老化过程示意

18.3 NaClO 清洗后 PES/PVP 膜的性能

如图 18-5 所示，在 pH=6 和 8 的 NaClO 处理条件下，PES/PVP 膜的归一化通量和膜孔径随着暴露时间的延长而显著增加，而在 pH=10 条件下增加较缓慢，这与之前的研究报道一致[13]。如前所述，NaClO 的处理在膜表面形成了可离子化的基团，如羧基、苯磺酸基以及酚羟基等，显著增加了膜表面的电荷密度，并增加了膜的亲水性。此外，由 SEM 表征结果可知（图 18-5、图 18-6），经过 pH=6 和 8 的 NaClO 处理后膜表面的孔径显著增大，这也是使纯水通量提高的原因[17]。特别是经过 pH=8 的 NaClO 处理，膜的通量增加最快，其次是 pH=6 和 pH=10。例如，在 pH=6、8 和 10 的 NaClO 溶液中暴露 6d，归一化通量分别增长了 4.62 倍、5.90 倍和 1.20 倍［图 18-5（a）］。同样地，Pellegrin 等[9] 和 Hanafi 等[13] 均报道了 NaClO 在 pH=8 时对 PES/PVP 膜有最强的破坏。事实上，NaClO 溶液在 pH=8 时，HClO 和 ClO^- 在溶液中以 1∶3 的比例存在[18]，此时，NaClO 溶液中存在大量的自由基，具有非常强的氧化能力。与膜的纯水通量快速增加相比，在 pH=6 和 8 的 NaClO 溶液中暴露 6d，膜孔径增加较缓慢。之后，在 pH=6 和 8 的 NaClO 溶液中长期暴露（6 ～ 30d），膜孔径明显增加，但是这个阶段膜孔径的增加对于水通量的提高影响较小。这些结果表明，NaClO 暴露初期导致 PVP 水解而使膜亲水性提高是使通量显著增加的主要原因[13]，而长期暴露时，PES 的磺酰基断裂对于膜孔径增加起了重要作用[9]。

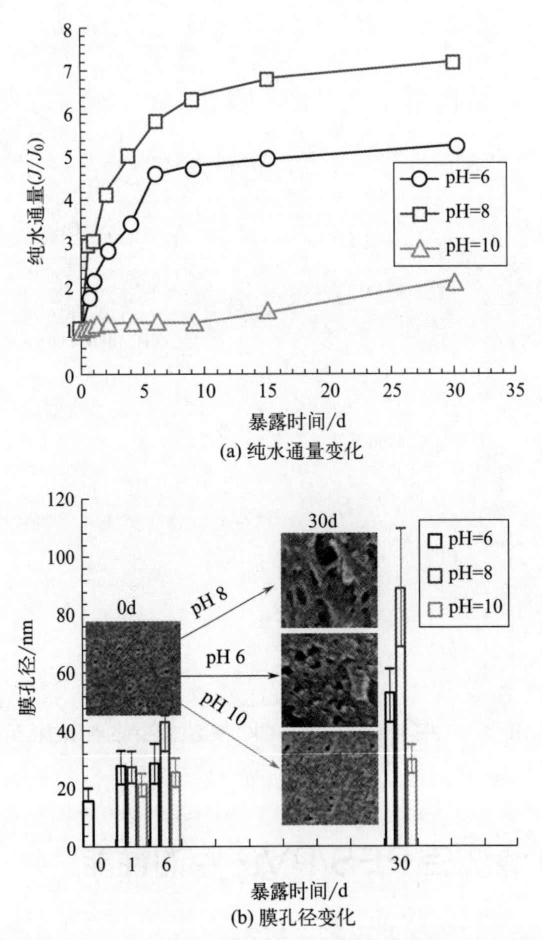

图 18-5 不同 pH 值的 NaClO 作用下 PES/PVP 膜的纯水通量和膜孔径随暴露时间的变化

膜孔径根据膜的 SEM 图确定

18.4 NaClO 处理后 PES/PVP 膜污染行为

为了进一步研究老化膜的膜污染行为，采用 HA 作为污染物进行了一系列的死端过滤实验，结果如图 18-7 所示。在 pH=6 和 8 的条件下，随着 NaClO 暴露时间的延长，老化膜的通量迅速下降。并且，pH=8 老化条件下膜通量的下降要比 pH=6 条件下的更剧烈，特别是在 NaClO 暴露 0.5d 和 1d 时更为明显［图 18-7（b）］。相比之下，pH=10 条件老化下的膜的通量变化不大，而仅是暴露 30d 后通量显著下降［图 18-7（c）］。这些结果表明，pH=8 条件下老化的膜污染最严重，可以由 UMFI 值证实［图 18-7（d）］。例如，PES/PVP 膜在 pH=8 的 NaClO 溶液中短期暴露（0 ～ 6d）时，膜的 UMFI 明显增加（从 0.004 增加到 0.013），与图 18-5 中纯水通量和膜孔径变化趋势一致。可能是由于在 pH=8 的条件下，PVP 的酰胺基团具有最强的降解和浸出速率，使得 PES 聚合物直接与疏水的 HA 分子作用，使得 HA 吸附在膜上并堵塞了膜孔。另一方面，在 pH=8 的 NaClO 作用下膜孔径增加最大，水通量增加最快，使得 HA 分子更容易进入膜孔而造成孔的堵塞。Pellergrin 等同样发现 NaClO 老化处理的 PES/PVP 膜更容易受到葡聚糖的严重的不可逆膜污染 [17]。同时，老化膜表面形成的离子化基团更增加了 HA 分子的吸附 [19]。

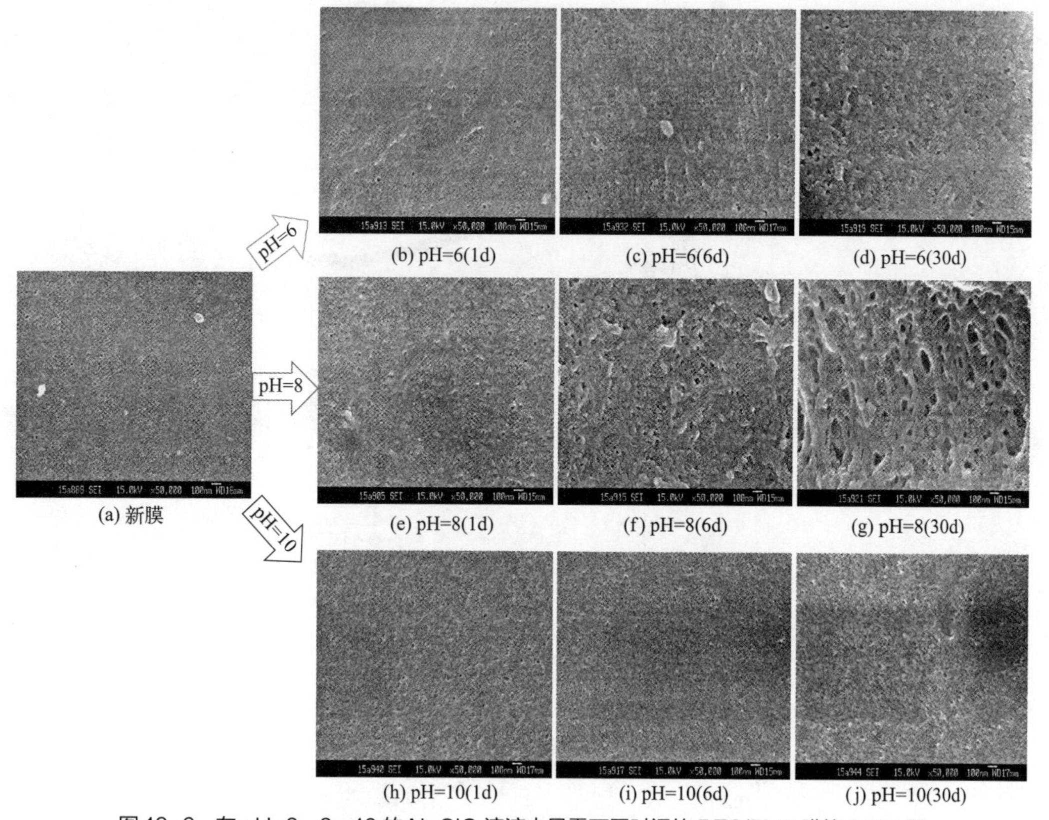

图 18-6　在 pH=6、8、10 的 NaClO 溶液中暴露不同时间的 PES/PVP 膜的 SEM 图

如图 18-8 所示，红外光谱图中 PVP 酰胺基团强度的下降与纯水通量和 UMFI 值具有较好的相关性。随着 1662 cm^{-1} 波段强度的降低，纯水通量和 UMFI 值均显著增加，特别是在 pH=6 和 8 的条件下。总的来说，PVP 中酰胺键的降解在 PES/PVP 膜 NaClO 老化过程中起主导作用。

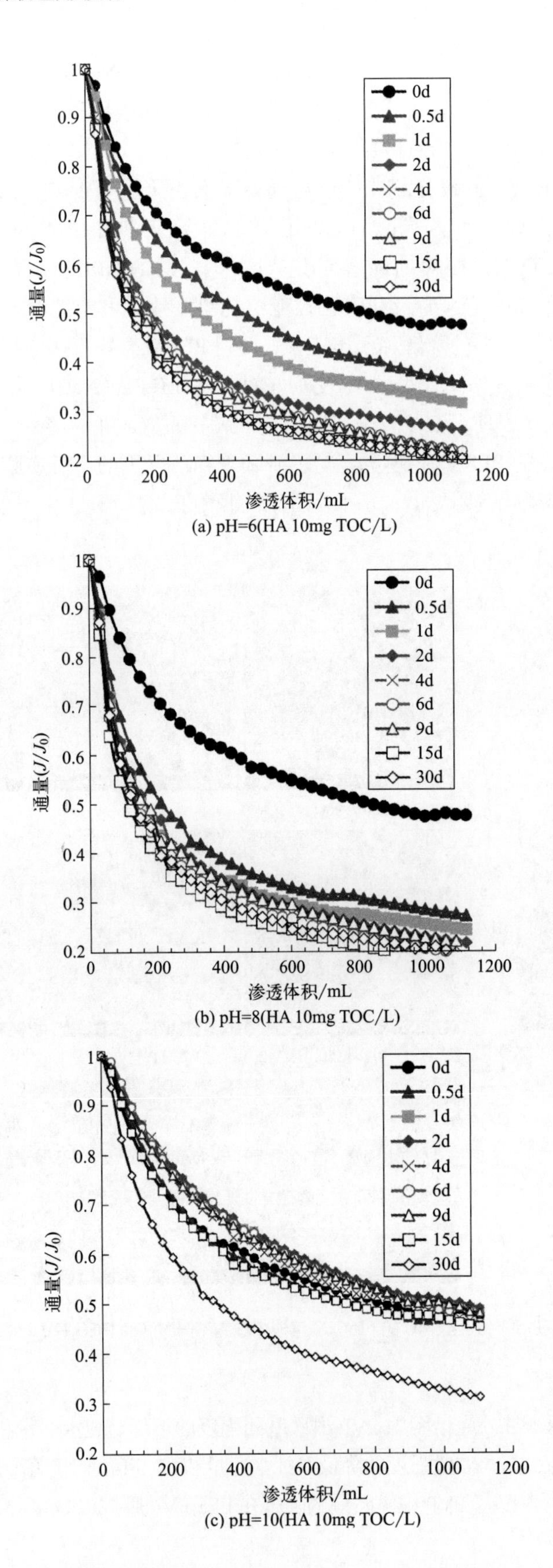

(a) pH=6(HA 10mg TOC/L)

(b) pH=8(HA 10mg TOC/L)

(c) pH=10(HA 10mg TOC/L)

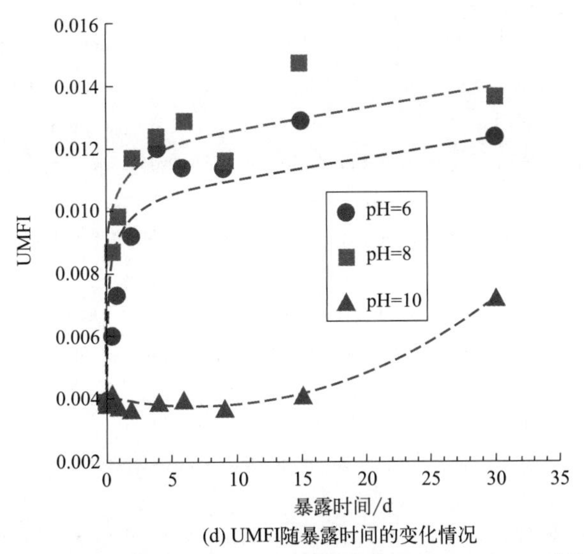

(d) UMFI随暴露时间的变化情况

图 18-7　不同 pH 值的 NaClO 溶液中暴露不同时间的 PES/PVP 膜的过滤行为

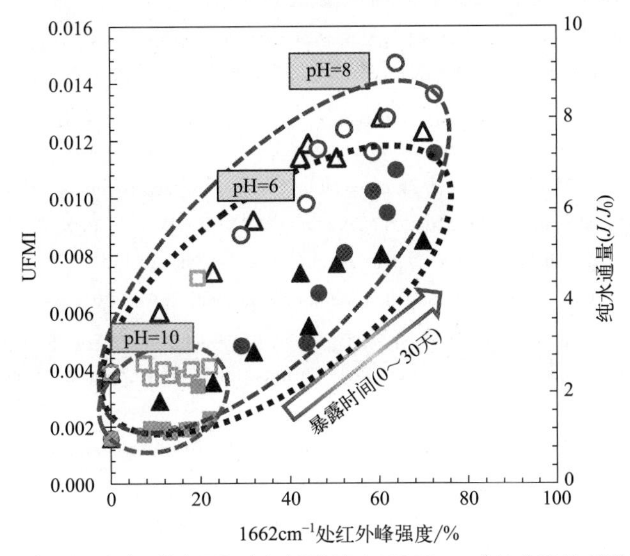

图 18-8　UMFI（空心图标）/ 纯水通量（实心图标）与 1662 cm^{-1} 处（PVP 的酰胺基团）红外峰强度的降低之间的相关性随暴露时间的变化

三角形、圆形和方形分别代表 pH=6、8 和 10 的条件

参考文献

[1] Hanafi Y，Szymczyk A，Rabiller-Baudry M，et al. Degradation of poly（ether sulfone）/polyvinylpyrrolidone membranes by sodium hypochlorite：Insight from advanced electrokinetic characterizations[J]. Environmental Science & Technology，2014，48（22）：13419-13426.

[2] Noda I，Dowrey A，Marcott C，et al. Generalized two-dimensional correlation spectroscopy[J]. Applied

Spectroscopy，2000，54（7）：236A-248A.

[3] Yan W，Wang H，Jing C. Adhesion of Shewanella oneidensis MR-1 to goethite：A two-dimensional correlation spectroscopic study[J]. Environmental Science & Technology，2016，50（8）：4343-4349.

[4] Pathak S K，Tripathi S C，Singh K K，et al. Removal of americium from aqueous nitrate solutions by sorption onto PC88A—Impregnated macroporous polymeric beads[J]. Journal of Hazardous Materials，2014，278：464-473.

[5] Regula C，Carretier E，Wyart Y，et al. Ageing of ultrafiltration membranes in contact with sodium hypochlorite and commercial oxidant：Experimental designs as a new ageing protocol[J]. Separation and Purification Technology，2013，103：119-138.

[6] Vatsha B，Ngila J C，Moutloali R M. Preparation of antifouling polyvinylpyrrolidone（PVP 40K）modified polyethersulfone（PES）ultrafiltration（UF）membrane for water purification[J]. Physics and Chemistry of the Earth，Parts A/B/C，2014，67-69：125-131.

[7] Kourde-Hanafi Y，Loulergue P，Szymczyk A，et al. Influence of PVP content on degradation of PES/PVP membranes：Insights from characterization of membranes with controlled composition[J]. Journal of Membrane Science，2017，533：261-269.

[8] Prulho R，Therias S，Rivaton A，et al. Ageing of polyethersulfone/polyvinylpyrrolidone blends in contact with bleach water[J]. Polymer Degradation and Stability，2013，98（6）：1164-1172.

[9] Pellegrin B，Prulho R，Rivaton A，et al. Multi-scale analysis of hypochlorite induced PES/PVP ultrafiltration membranes degradation[J]. Journal of Membrane Science，2013，447：287-296.

[10] Fouquet T，Torimura M，Sato H. Multi-stage mass spectrometry of poly（vinyl pyrrolidone）and its vinyl succinimide copolymer formed upon exposure to sodium hypochlorite[J]. Mass Spectrometry，2016，5（1）：A0050.

[11] Holst，Gustaf. The chemistry of bleaching and oxidizing agents[J]. Chemical Reviews，1954，54（1）：169-194.

[12] Hassouna F，Therias S，Mailhot G，et al. Photooxidation of poly（*N*-vinylpyrrolidone）（PVP）in the solid state and in aqueous solution[J]. Polymer Degradation and Stability，2009，94（12）：2257-2266.

[13] Hanafi Y，Loulergue P，Ababou-Girard S，et al. Electrokinetic analysis of PES/PVP membranes aged by sodium hypochlorite solutions at different pH[J]. Journal of Membrane Science，2016，501：24-32.

[14] Miyano T，Matsuura T，Sourirajan S. Effect of polivinylpyrrolidone additive on the pore size snd the pore size distribution of polyethersulfone（victrex）membranes[J]. Chemical Engineering Communications，1993，119（1）：23-39.

[15] Gaudichet-Maurin E，Thominette F. Ageing of polysulfone ultrafiltration membranes in contact with bleach solutions[J]. Journal of Membrane Science，2006，282（1-2）：198-204.

[16] Wu J，Benoit D，Lee S S，et al. Ground state reactions of nC_{60} with free chlorine in water[J]. Environmental Science & Technology，2016，50（2）：721-731.

[17] Pellegrin B，Mezzari F，Hanafi Y，et al. Filtration performance and pore size distribution of hypochlorite aged PES/INP ultrafiltration membranes[J]. Journal of Membrane Science，2015，474：175-186.

[18] Causserand C，Rouaix S，Lafaille J P，et al. Ageing of polysulfone membranes in contact with bleach solution：Role of radical oxidation and of some dissolved metal ions[J]. Chemical Engineering and Processing：Process Intensification，2008，47（1）：48-56.

[19] Arkhangelsky E，Kuzmenko D，Gitis V. Impact of chemical cleaning on properties and functioning of polyethersulfone membranes[J]. Journal of Membrane Science，2007，305（1-2）：176-184.

第19章

NaClO 对多糖的作用机制

如上章所述，膜清洗过程中 NaClO 对膜材料表现出破坏作用。另外，在清洗完膜表面污染层后，残余的 NaClO 可能会扩散至污泥混合液中。此时，微生物在 NaClO 刺激下会产生大量 EPS，从而提高其生物膜形成能力[1]，并加速下一次膜污染发生的速率。可以预期，这种持续产生的 EPS 会与残留的 NaClO 短暂接触反应，而且在不同混合液 pH 值条件下发生不同的化学反应。因此，这些细菌分泌的 EPS 可能难以被彻底降解。前人的研究表明，不当的化学清洗时间可能会导致膜污染物的二次堆积，从而导致膜的再污染[2]。可见，膜化学清洗过程中不仅需要考虑到化学清洗剂造成的膜老化问题，还需关注清洗剂对微生物 EPS 的作用及由此引起的膜再污染行为。

EPS 由 PS、PN、腐殖酸、核苷酸和油脂等组成，而其中 PS 在膜污染过程中起到首要作用[3]。前人研究表明，化学清洗可以去除大部分 PN 和腐殖质，却无法去除绝大部分多糖[4]。因此，在给定的化学清洗剂剂量条件下这些 PS 可能反应不彻底，进而提高生物膜形成能力并加速膜污染的再次发生。海藻酸盐是由细菌、微藻、大型藻类等微生物产生的酸性 PS，并广泛存在于各种自然环境中[5]。在过去数十年间，海藻酸盐被广泛当作微生物 EPS 的模式物质，用于膜过滤有机污染的研究中[6]。前期研究表明，海藻酸盐可在 MBR 膜污染物中扮演支撑结构的角色，并为生物膜生长提供一层基底[7]。在线反洗过程中，海藻酸盐可通过消耗残余的 NaClO，进而提高微生物抗逆性能[8]。目前，较多研究关注到海藻酸盐对膜污染的影响因素，例如 pH 值、阳离子和离子强度、分子质量、海藻酸盐单体的组成及其结构排序。然而，在线清洗过程中 NaClO 导致海藻酸盐氧化降解对膜再污染的影响尚不清晰。需要指出的是，海藻酸盐在 NaClO 作用下发生的分子结构变化将对生物膜生长和膜的再污染产生重要影响。探究海藻酸盐降解过程中官能团的变化将有助于理解其变化与膜污染行为之间的联系。如上章所述，2D-COS 分析是一种可有效分析复杂反应过程的手段。可以预期，借助 2D-FTIR-COS 可明晰次氯酸作用下海藻酸盐的氧化降解过程。

因此，本研究的目标是利用 2D-FTIR-COS 技术从官能团水平上探索在 MBR 实际运行 pH 值环境条件下 NaClO 与海藻酸盐的作用过程。此外，利用死端过滤实验研究了与 NaClO 作用后海藻酸盐的膜污染行为。

19.1 NaClO 作用下海藻酸盐的 FTIR 光谱

实验配制 222mg/L 不同 pH 值（pH=6、7、8）的海藻酸钠溶液储备液以及 2000mg/L 的 NaClO 溶液，取一定体积的 NaClO 溶液加入到海藻酸钠溶液中，使海藻酸钠和 NaClO 的浓度均保持在 200mg/L。将混合溶液在黑暗条件下搅拌不同时间（0min、10min、30min、60min、120min、240min、480min）取样，并加入一定体积的 150mmol/L Na_2SO_3 溶液终止反应。此外，为了使在 0min 时采集的样品与其他样品保持相同的离子强度，在加入海藻酸钠之前，将 NaClO 储备液与 Na_2SO_3 溶液预先混合。未经 NaClO 处理的海藻酸钠在不同 pH 值环境下的 FTIR 如图 19-1 所示。海藻酸钠在不同 pH 值条件下都存在相似的红外吸收峰。其中，在 1700 ~ 1600cm^{-1} 和 1450 ~ 1400cm^{-1} 的光谱区域的两个吸收峰分别对应于 C═O 键的伸缩和 COOH 的对称 / 非对称振动，而 C—C—H 和 O—C—H 的降解会在 1300cm^{-1} 的位置产生一个较弱的吸收峰。此外，海藻酸钠骨架上吡喃糖环的 C—O—C 键振动和伸缩会分别在 1250 ~ 1150cm^{-1} 和 1100 ~ 1000cm^{-1} 的光谱区域产生一个尖峰和一个肩峰。在 1000 ~ 900cm^{-1} 和 900 ~ 800cm^{-1} 的吸收峰则分别归属于糖醛酸的 C—O 键伸缩和 C—H 键降解[9]。值得注意的是，在不同 pH 值条件下海藻酸钠的红外吸收峰强度表现出显著差异。一个明显的差异是 1660cm^{-1} 的吸收峰随着 pH 值的升高而消失，这可归因于海藻酸羧酸官能团的去离子化过程[10]。此外，我们还观察到 1350 ~ 1000cm^{-1} 区间的显著变化，包括在较高 pH 值时 C—H/O—C—H 官能团（1276cm^{-1}）的减弱和 C—O—C 官能团（1081cm^{-1}）的增强。其他官能团，包括糖醛酸（985cm^{-1} 和 946cm^{-1}）和 C—H 键

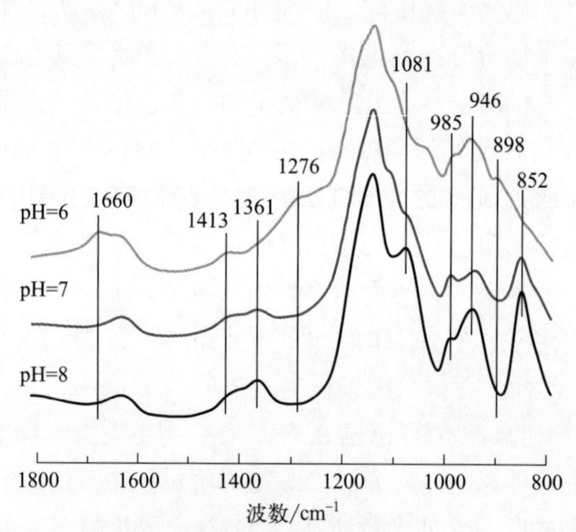

图 19-1 未经 NaClO 处理的海藻酸钠在弱酸、中性和弱碱（pH = 6、7 和 8）的 FTIR 光谱（1800 ~ 800cm^{-1}）

（898cm^{-1} 和 852cm^{-1}）也出现了显著的变化。上述结果表明，海藻酸钠骨架的各个官能团会在不同 pH 值条件下表现出不同的运动模式，进而决定了它们在不同酸碱条件下与 NaClO 反应的敏感性。

海藻酸钠经不同 pH 值的 NaClO 处理不同时间后的 FTIR 光谱如图 19-2 所示。所有 pH 值条件下海藻酸钠吸收峰的变化主要集中在 1300 ～ 900cm^{-1}。当 pH=6 时，海藻酸钠的红外吸收峰时涨时落，表明其分子结构的复杂动态变化过程。其中，海藻酸盐分子首先发生解交联反应，这给部分官能团提供更广阔的运动空间，因而增加了它们的光谱吸收（例如 985cm^{-1} 和 898cm^{-1}）。此后，解交联的海藻酸钠被 NaClO 进一步氧化而使诸多官能团的红外吸收峰强降低（例如 1081cm^{-1}、985cm^{-1}、946cm^{-1} 和 898cm^{-1}）。在 pH=7 和 8 时也可以观察到类似的降解过程，但由于在弱酸和中性环境中氧化性分子 HOCl 的含量更高，海藻酸钠降解的程度也更高。海藻酸钠红外图谱的另一个明显变化区间集中在 1700 ～ 1600cm^{-1}，尤其是当环境 pH 为弱酸性和中性条件下。这可能是海藻酸盐的羧基架桥结构被破坏或者是海藻酸骨架生成醛基造成的。然而，由于不同官能团红外吸收峰的重叠，一维红外光谱无法解析不同官能团在 NaClO 暴露下降解的具体顺序。

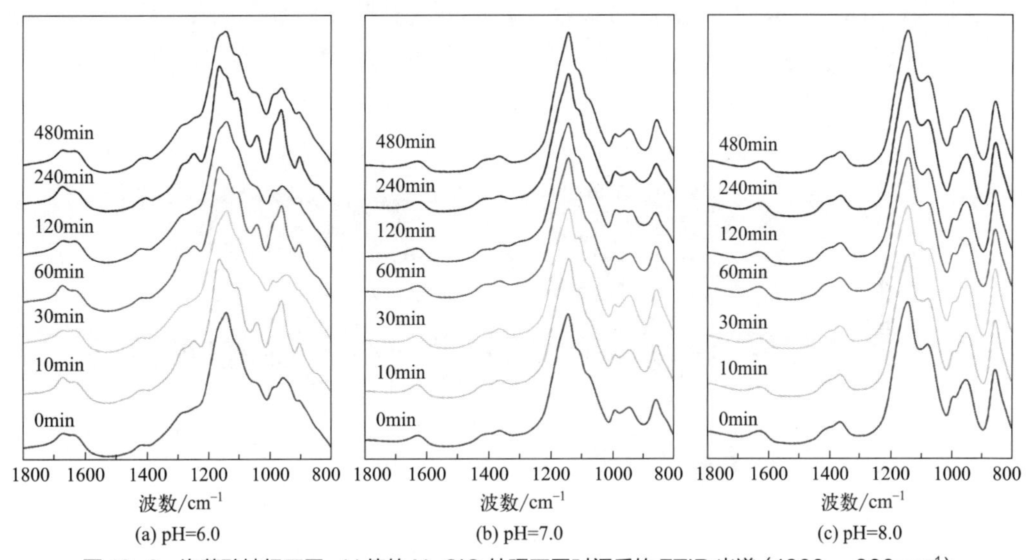

图 19-2 海藻酸钠经不同 pH 值的 NaClO 处理不同时间后的 FTIR 光谱（1800 ~ 800cm^{-1}）

19.2 二维红外相关光谱揭示 NaClO 对海藻酸盐的作用

为了更深入解析海藻酸盐在 NaClO 暴露下的降解行为，我们使用二维红外相关分析解析了其红外同步和异步光谱图［图 19-3（书后另见彩图）］。图 19-3（a）、（c）和（e）展示了在 3 种 pH 值环境下海藻酸盐的同步光谱。在 pH=6 的同步光谱可分辨出 12 个自相关峰，包括 1725cm^{-1}、1605cm^{-1}、1425cm^{-1}、1320cm^{-1}、1250cm^{-1}、1170cm^{-1}、1122cm^{-1}、

$1070cm^{-1}$、$1020cm^{-1}$、$970cm^{-1}$、$930cm^{-1}$ 和 $880cm^{-1}$。其中，$1070cm^{-1}$、$970cm^{-1}$、$930cm^{-1}$、$880cm^{-1}$ 的自相关峰峰强最大，$1320cm^{-1}$、$1250cm^{-1}$、$1170cm^{-1}$、$1122cm^{-1}$ 和 $1020cm^{-1}$ 次之，而 $1725cm^{-1}$、$1605cm^{-1}$ 和 $1425cm^{-1}$ 的峰强最弱。这说明在 NaClO 暴露下 C—O—C 键和糖醛酸的活性最高。此外，$1250cm^{-1}$、$1170cm^{-1}$ 和 $970cm^{-1}$ 的交叉峰符号表明这些官能团的变化方向与其他官能团相异。可能的原因是海藻酸盐的解交联给了部分官能团更宽的振动范围，进而使其吸收峰在分子降解过程中增加。在中性环境下，同步光谱只分辨出 6 个自相关峰，包括 $1632cm^{-1}$、$1295cm^{-1}$、$1235cm^{-1}$、$1095cm^{-1}$、$960cm^{-1}$ 和 $885cm^{-1}$。需要指出的是，这些自相关峰的峰强显著低于它们在弱酸性环境下的峰强，表明 pH=7 时海藻酸盐分子的降解程度低于 pH=6 的情况。这主要是因为 NaClO 的氧化能力体现在其电离反应产生的高氧化性 HOCl 分子上。根据电离平衡，溶液有效氯的 HOCl 在 pH=6、7 和 8 的分子比例分别为 97.2%、77.5% 和 25.6%。因此，NaClO 在较低 pH 值时可以产生更高程度的分子氧化降解。与此同时，该同步光谱的所有正值交叉峰表明在 pH=7 条件下所有官能团都往一个方向变化。显然，这进一步证明在中性环境海藻酸盐的交联程度低于弱酸性环境，因而海藻酸的解交联作用不会显著增加其他官能团的吸收峰峰强。与前者相比，pH=8 的同步光谱只包含 $1190cm^{-1}$、$1100cm^{-1}$、$1050cm^{-1}$、$940cm^{-1}$ 和 $855cm^{-1}$ 5 个自相关峰。更低的自相关峰峰强进一步验证了在较高 pH 环境下海藻酸盐降解较弱的论断。与中性环境的同步光谱类似，弱碱性下所有的交叉峰都为正值，表明所有官能团都往一个方向变化。

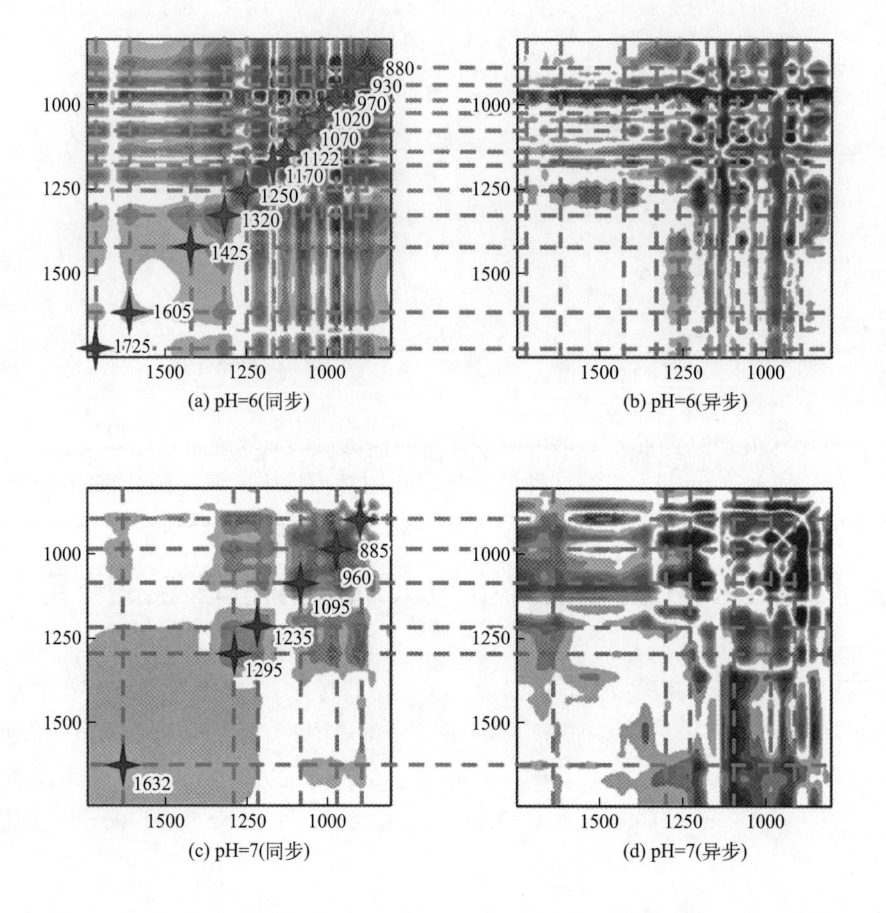

(a) pH=6(同步)　(b) pH=6(异步)

(c) pH=7(同步)　(d) pH=7(异步)

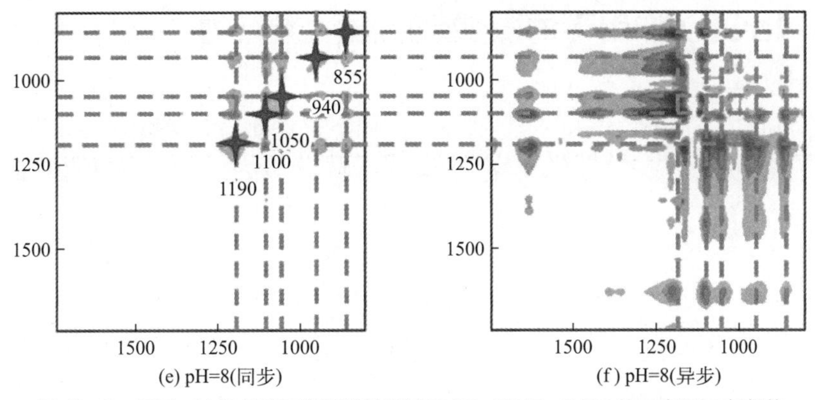

图 19-3　不同 pH 值条件下海藻酸钠溶液的 2D-FTIR-COS 的同步和异步光谱

同步光谱和异步光谱［图 19-3（b）、（d）和（f）］的交叉峰符号可提供不同官能团在 NaClO 暴露下的降解顺序。根据 Noda 定律[11]，在 pH=6 的次氯酸氧化情况下的海藻酸盐降解顺序为：C═O 伸缩，COOH 的对称 / 非对称振动，C—C—H 和 O—C—H 降解（1725cm^{-1}、1605cm^{-1}、1425cm^{-1}、1320cm^{-1}、1070cm^{-1}、1020cm^{-1} 和 880cm^{-1}）＞糖醛酸 C—O 伸缩（930cm^{-1}）＞ C—O—C 振动（1122cm^{-1}）＞糖醛酸 C—O 伸缩（970cm^{-1}）＞ C—O—C 振动（1250cm^{-1}）＞ C—O—C 振动（1170cm^{-1}）。值得注意的是，因为部分官能团的异步光谱交叉峰为零，我们推断它们的变化是同时发生的。这可能由 2 个原因造成：a. NaClO 在弱酸性条件下的高氧化能力导致了海藻酸盐结构的快速破坏[12]；b. 0 ～ 30min 之间的一维红外光谱数量较少降低了二维相关分析的分辨率。然而，对 0 ～ 480min 红外光谱的二维相关分析在一定程度上解析了海藻酸盐的降解过程。上述结果表明，在 pH=6 时，NaClO 先引起海藻酸盐的水解[13]，从而破坏了由羧基和氢键组成的分子网络[14]。因此，羧基的运动（1725cm^{-1}、1605cm^{-1} 和 1425cm^{-1}）受到显著影响。解链的海藻酸盐结构为 NaClO 的进一步氧化提供了更多的攻击位点，进而导致 C—C—H 和 O—C—H 的降解（1320cm^{-1}）、C—O—C 的断裂（1070cm^{-1} 和 1020cm^{-1}）和 C—H 的降解（880cm^{-1}）。随着暴露时间延长，糖醛酸（970cm^{-1} 和 930cm^{-1}）也被 NaClO 降解，从而破坏力分子骨架的半缩醛。前人研究表明，海藻酸骨架上相邻的糖醛酸和酯基会生成半缩醛以保护骨架结构免受氧化攻击[15]。因此，它的降解会导致海藻酸盐的后续降解，例如 C—O—C 的断裂（1250cm^{-1} 和 1170cm^{-1}）。二维红外分析显示在中性环境下，海藻酸盐官能团的降解顺序为 1632cm^{-1} → 1095cm^{-1} → 960cm^{-1} → 1295cm^{-1} → 1235cm^{-1} → 855cm^{-1}。该结果表明在 pH=7 时，海藻酸盐的 COOH 非对称振动（1632cm^{-1}）减少，暗示海藻酸的架桥结构破坏。接着，C—O—C（1095cm^{-1}）和糖醛酸的 C—O 键（960cm^{-1}）被攻击，进而导致更多 C—O—C 键断裂（1295cm^{-1} 和 1235cm^{-1}）。在 pH=8 的情况下，海藻酸盐官能团的降解顺序为 855cm^{-1} → 940cm^{-1} → 1050cm^{-1} → 1100cm^{-1} → 1190cm^{-1}（即 C—H 降解＞糖醛酸 C—O 伸缩＞ C—O—C 伸缩＞ C—O—C 振动＞ C—O—C 振动）。类似地，NaClO 先激发了糖醛酸 C—O 键（940cm^{-1}）的降解，继而降解了 C—O—C 键（1190cm^{-1}、1100cm^{-1} 和 1050cm^{-1}）。然而，弱碱性环境中未观察到羧基的降解。

19.3 NaClO 作用下海藻酸盐的膜污染行为

在不同 pH 值（pH=6、7 和 8）条件下，不同降解程度的海藻酸钠会表现出不同的膜污染行为［图 19-4（a）～（c）］。如图 19-4（d）所示，未经处理的海藻酸盐的 UMFI 随 pH 值的增加而降低。这可归因于在较低 pH 值条件下海藻酸分子会通过羧基的氢键作用自发形成一个分子网络，从而使海藻酸盐的膜堵孔能力增加。经过短期 NaClO 暴露（30min）后，海藻酸盐在 pH=6、7 和 8 条件下的 UMFI 分别上涨 20.70%、85.89% 和 116.01%；但经过 480min 的 NaClO 氧化后，弱酸性和中性环境的海藻酸盐 UMFI 与初始相比分别下降 86.87% 和 8.80%，而弱碱性的保持相对稳定。此外，经过长期 NaClO 暴露后中性的海藻酸盐污染潜力最高，弱碱性次之，而弱酸性最弱。

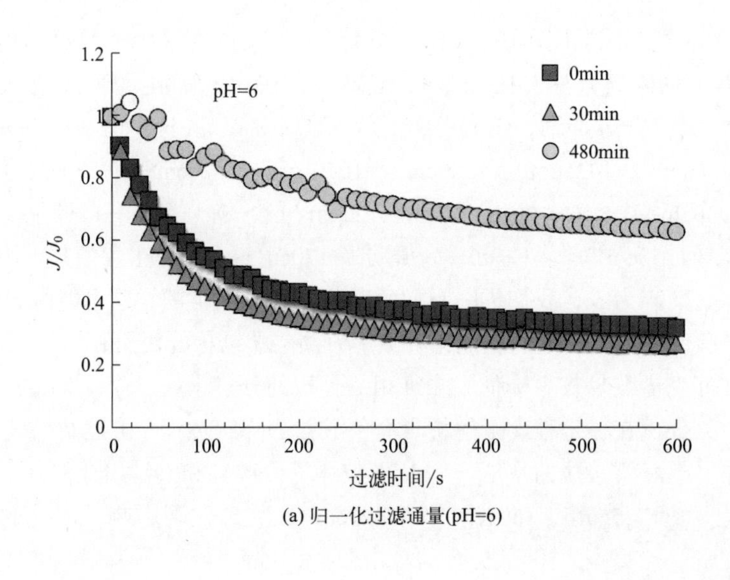

(a) 归一化过滤通量(pH=6)

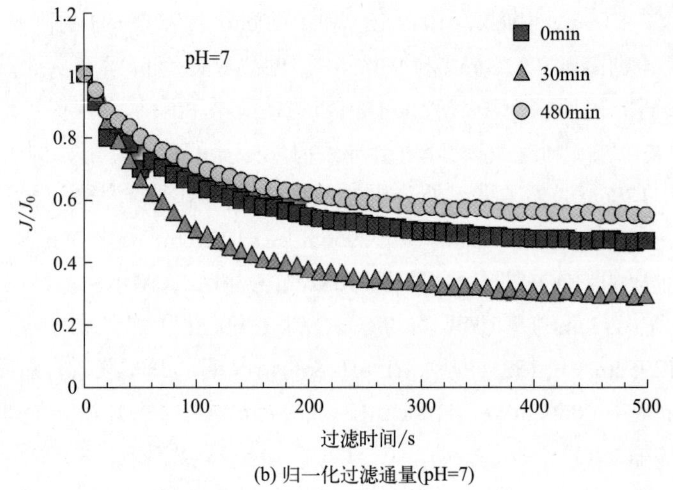

(b) 归一化过滤通量(pH=7)

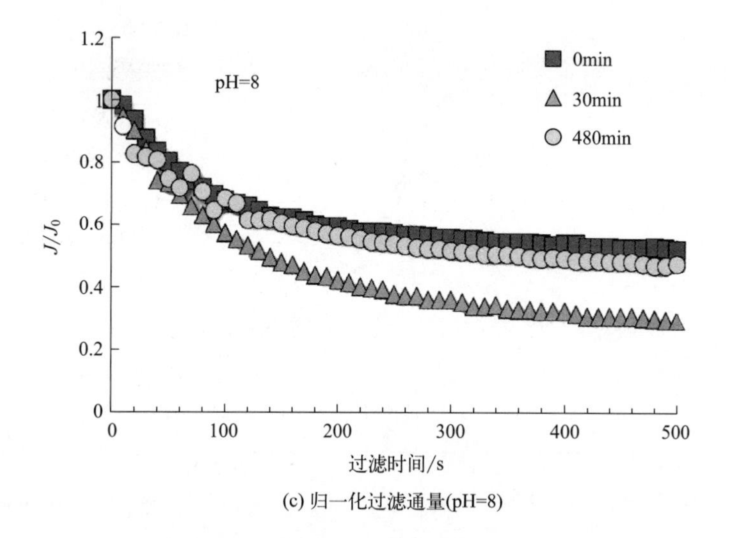

(c) 归一化过滤通量(pH=8)

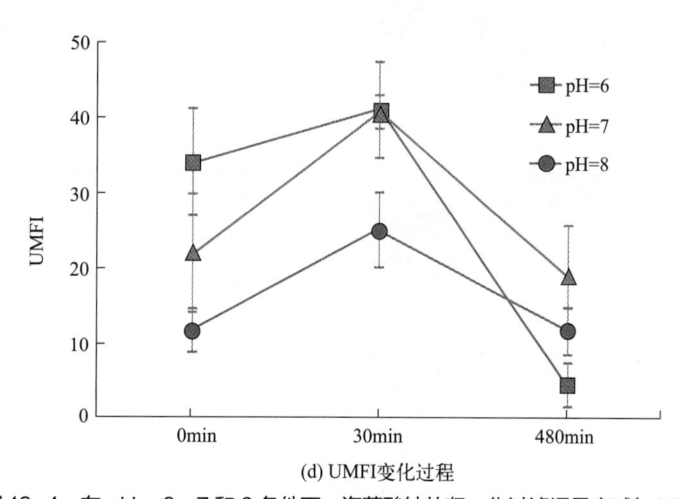

(d) UMFI变化过程

图 19-4　在 pH = 6、7 和 8 条件下，海藻酸钠的归一化过滤通量衰减与 UMFI 随 NaClO 暴露时间的变化过程

海藻酸盐官能团的变化顺序决定了上述膜污染能力的变化。前人研究表明，多糖的污染潜力与其糖醛酸含量呈线性正相关[16]。可以预期，糖醛酸的降解在海藻酸盐膜污染能力降低的过程中扮演着重要角色。一系列研究表明，海藻酸骨架的糖醛酸会自发形成半缩醛结构而保护分子整体免受氧化攻击[15]。因此，短期（30 min）的 NaClO 暴露不会显著破坏海藻酸的分子网络，从而使得海藻酸盐分子量没有显著改变［图 19-5（书后另见彩图）和图 19-6］。此外，吡喃糖环 C—O—C 键的断裂减弱了海藻酸分子的刚性[15]，从而增加不同分子间的交联。这解释了经过短期 NaClO 暴露后海藻酸黏度上升的原因（图 19-7）。整体来看，短期 NaClO 暴露下海藻酸盐的分子量无显著降低而其黏度上升，

从而提高了其膜污染能力。

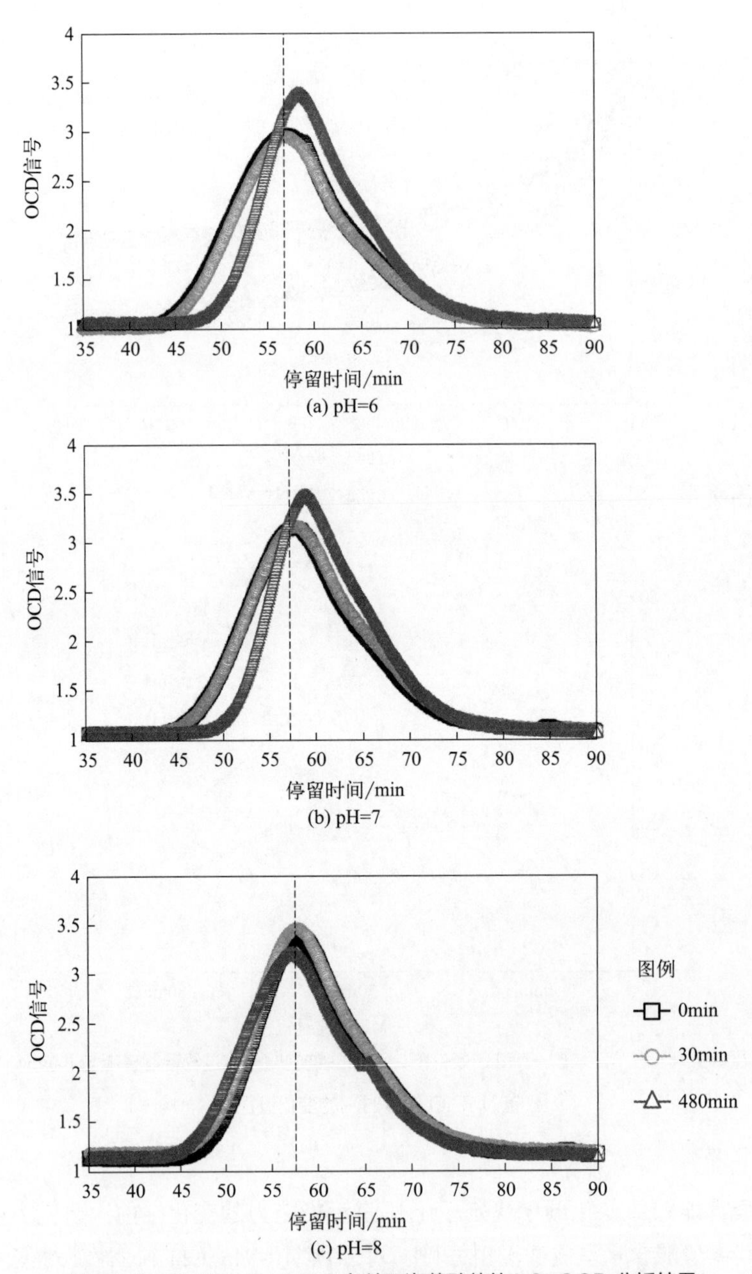

图19-5　在pH = 6、7和8条件下海藻酸盐的LC-OCD分析结果

随着暴露时间的延长（480 min），半缩醛结构被破坏而导致海藻酸盐骨架C—O—C的严重断裂。海藻酸盐碳链的断裂给单体更多旋转空间并使分子量降低[15]，同时也降低了海藻酸盐溶液的黏度。综合作用下，海藻酸盐的膜污染能力显著降低。正如预期，NaClO在较低pH值可激发更高程度的分子氧化降解，因而可以实现更彻底的膜清洗。有趣的是，

在 pH = 8 时，海藻酸盐经过长时间 NaClO 暴露后反而提高了自身的黏度和分子量。这可能是较低程度的氧化降低了海藻酸盐分子刚性而提高了其交联能力造成的。氧化程度较低的海藻酸盐分子倾向于形成高分子量和密实的分子网络和滤饼层，这与前人有关半氧化的海藻酸钠合成水溶胶的研究结果相类似[17]。

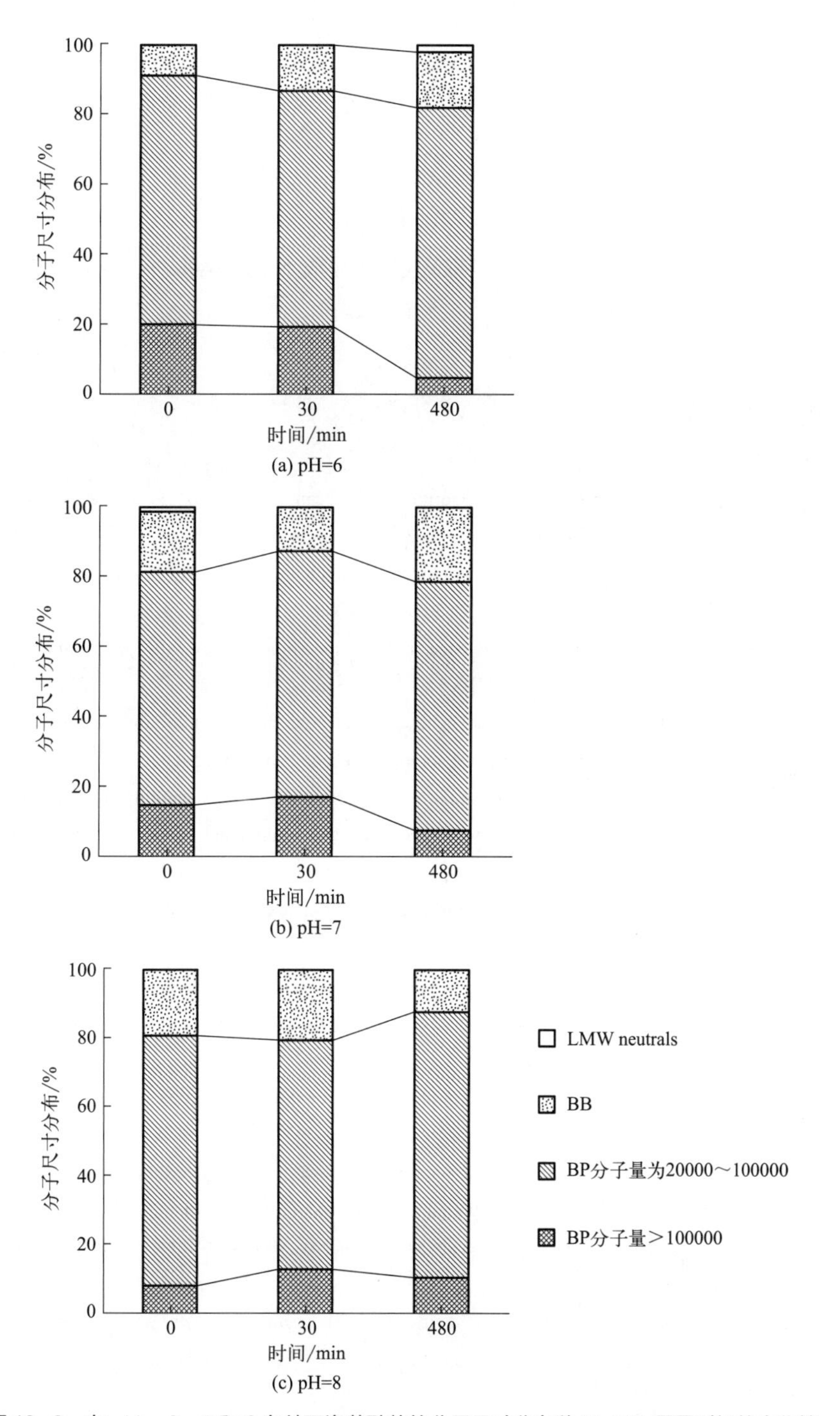

图 19-6 在 pH = 6、7 和 8 条件下海藻酸盐的分子尺寸分布随 NaClO 暴露时间的变化情况

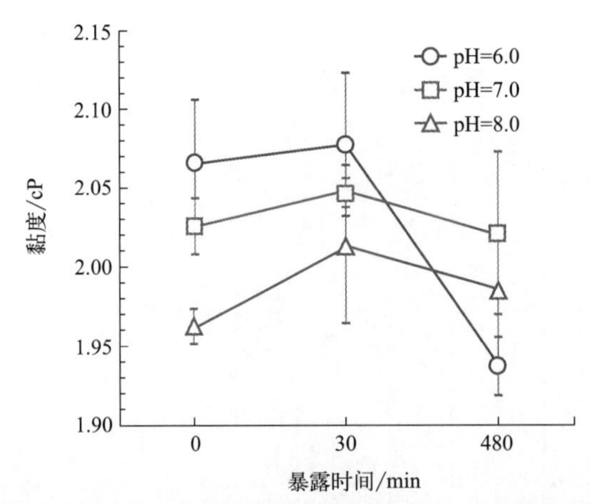

图 19-7　在 pH = 6、7 和 8 条件下海藻酸盐的黏度随 NaClO 暴露时间的变化情况

注：1cP=10^{-3}Pa·s

参考文献

[1] Lumjiaktase P，Diggle S P，Loprasert S，et al. Quorum sensing regulates dpsA and the oxidative stress response in *Burkholderia pseudomallei*[J]. Microbiology，2006，152（Pt 12）：3651-3659.

[2] Saha N K，Balakrishnan M，Ulbricht M. Fouling control in sugarcane juice ultrafiltration with surface modified polysulfone and polyethersulfone membranes[J]. Desalination，2009，249（3）：1124-1131.

[3] Meng F，Chae S R，Drews A，et al. Recent advances in membrane bioreactors（MBRs）：Membrane fouling and membrane material[J]. Water Research，2009，43（6）：1489-1512.

[4] Sun Y，Fang Y，Liang P，et al. Effects of online chemical cleaning on removing biofouling and resilient microbes in a pilot membrane bioreactor[J]. International Biodeterioration & Biodegradation，2016，112：119-127.

[5] Sioutopoulos D C，Goudoulas T B，Kastrinakis E G，et al. Rheological and permeability characteristics of alginate fouling layers developing on reverse osmosis membranes during desalination[J]. Journal of Membrane Science，2013，434（5）：74-84.

[6] Meng S，Liu Y. Alginate block fractions and their effects on membrane fouling[J]. Water Research，2013，47（17）：6618-6627.

[7] Christensen B E，Characklis W G. Physical and chemical properties of biofilms[J]. Biofilms，1990，93（130）：130.

[8] Learn D B，Brestel E P，Seetharama S. Hypochlorite scavenging by *Pseudomonas aeruginosa* alginate[J]. Infection & Immunity，1987，55（8）：1813-1818.

[9] Papageorgiou S K，Kouvelos E P，Favvas E P，et al. Metal-carboxylate interactions in metal-alginate complexes studied with FTIR spectroscopy[J]. Carbohydrate Research，2010，345（4）：469-473.

[10] Yan B，Ma J，Na L. Synthesis and swelling behaviors of sodium carboxymethyl cellulose-g-poly（AA-co-AM-co-AMPS）/MMT superabsorbent hydrogel[J]. Carbohydrate Polymers，2011，84（1）：76-82.

[11] Noda I，Ozaki Y. Two-dimensional correlation spectroscopy：Applications in vibrational and optical spectroscopy[M]. John Wiley & Sons，2005.

[12] Holst，Gustaf. The chemistry of bleaching and oxidizing agents[J]. Chemical Reviews，1954，54（1）：169-194.

[13] Liu C，Caothien S，Hayes J，et al. Membrane chemical cleaning：From art to science[J]. Pall Corporation，Port Washington，NY，2001：11050.

[14] Draget K I，BræK G S，Smidsrød O. Alginic acid gels：The effect of alginate chemical composition and molecular

weight[J]. Carbohydrate Polymers，1994，25（1）：31-38.

[15] Gomez C G，Rinaudo M，Villar M A. Oxidation of sodium alginate and characterization of the oxidized derivatives[J]. Carbohydrate Polymers，2007，67（3）：296-304.

[16] Okamura D，Mori Y，Hashimoto T，et al. Identification of biofoulant of membrane bioreactors in soluble microbial products[J]. Water Research，2009，43（17）：4356-4362.

[17] Boontheekul T，Kong H J，Mooney D J. Controlling alginate gel degradation utilizing partial oxidation and bimodal molecular weight distribution[J]. Biomaterials，2005，26（15）：2455-2465.

第20章

高频率低浓度 NaClO 维护反洗对膜污染的控制

近年来，原位化学反冲洗被用于控制膜污染且在膜通量恢复方面显示出良好的性能。此方法直接将化学清洗液注入膜腔，而无需转移膜组件或混合液。由于原位化学反冲洗在膜污染控制方面的良好性能，该技术已在许多 MBR 污水厂中得到应用。然而，化学反冲洗的操作策略大多基于运行经验，在已报道的 MBR 污水厂之间大相径庭。因此，应优化化学反冲洗的操作参数，如清洗剂负荷、反冲洗持续时间和反冲洗通量。

化学反冲洗过程中 NaClO 和水力冲击的综合影响很可能会改变膜的特性，如膜孔径和表面特性。值得注意的是，NaClO 对膜的影响在很大程度上取决于 NaClO 溶液的 pH 值和浓度。在 $pH < 7$ 时，HOCl 占主导地位，由于氯化作用导致膜亲水性和渗透性降低。相比之下，在 $pH > 7$ 时，由于水解效应，膜变得更加亲水和更具渗透性。另一方面，向反应器中注入高浓度的 NaClO 将不可避免地影响微生物增殖和污泥絮体的形成。因此，NaClO 原位反冲洗对 MBR 系统的影响机制极其复杂，亟待被揭示。

在传统的物理反冲洗和化学清洗的基础上，本研究开发了一种具有高频次和低剂量特点的新型化学反冲洗方法，称为维护原位化学反洗方法。该研究基于以下 3 个假设：

① NaClO 溶液原位化学反冲洗可以有效控制 MBR 膜污染；

② 低剂量的 NaClO 对污泥和膜的不利影响较低；

③ 存在可以实现膜污染控制效果和较好反应器性能的最优 NaClO 浓度。

本研究平行运行两套 MBR 系统，分别采用纯水反冲洗和 NaClO 反冲洗（图 20-1），反冲洗的操作参数如表 20-1 所列。

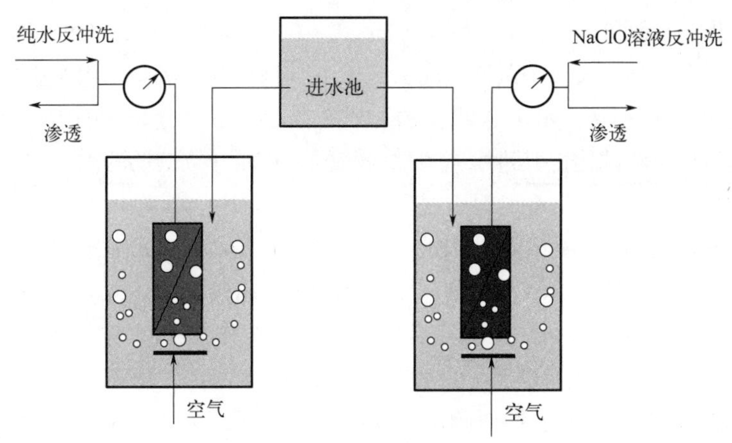

图 20-1　本研究 MBR 装置

表 20-1　实验各阶段原位反冲洗条件

阶段	第Ⅰ阶段（第 1 ～ 40 天）		第Ⅱ阶段（第 41 ～ 100 天）		第Ⅲ阶段（第 101 ～ 145 天）		第Ⅳ阶段（第 146 ～ 215 天）	
反应器	MBR-A	MBR-B	MBR-A	MBR-B	MBR-A	MBR-B	MBR-A	MBR-B
反冲洗试剂	纯水	NaClO	纯水	NaClO	纯水	NaClO	纯水	NaClO
反冲洗液浓度 /（mg/L）	—	0.5	—	1.5	—	0.05	—	0.2
反冲洗液体积 /mL	500	500	500	500	500	500	500	500
反冲洗液 pH 值	6.8	11.1	6.8	11.5	6.8	10.0	6.8	10.6
反冲洗周期 /h	12	12	72	72	12	12	12	12
反冲洗时长 /min	15	15	15	15	15	15	15	15
MBR 内浓度 /（mg/L）	—	0.05	—	0.15	—	0.005	—	0.02

20.1　MBR 运行情况

两套 MBR 持续连续运行了 215d（见图 20-2）。在整个运行期间对反应器性能进行了监测，以考察 NaClO 添加对营养物去除的影响。采用纯水反冲洗的 MBR-A 中的 MLSS 浓度从 3200mg/L 逐渐增加至约 5000mg/L［见图 20-2（a）］，然而采用 NaClO 反冲洗的 MBR-B 中 MLSS 浓度波动较大。在第Ⅰ阶段结束时，MBR-B 中的 MLSS 浓度降至 2000mg/L。这可能是由于 NaClO 抑制了细菌增殖。尽管初期 MLSS 浓度出现下降，但在接下来的 3 个运行阶段中（第Ⅱ、第Ⅲ和第Ⅳ阶段分别为 1.5mg/L、0.05mg/L 和 0.2mg/LNaClO），MBR-B 中的 MLSS 浓度逐渐增加，表明细菌已适应了 NaClO 溶液的氧化刺激。由于第Ⅳ阶段 MBR-B 良好的膜渗透性，其具有比 MBR-A 更高的 MLSS 浓度；相比之下，MBR-A 的更高膜污染速率和更频繁的异位清洗使得其进水营养供应较低，从而导致较低的微生物生长速率。

如图 20-2（b）所示，在整个运行过程中，MBR-B 中上清液和出水 COD 浓度相对稳定，与对照 MBR-A 中的浓度相似。MBR-A 和 MBR-B 的平均 COD 去除率分别为 91.2% 和 91.5%。此外，MBR-A 和 MBR-B 上清液中分别有大约 51.7% 和 50.8% 的 COD 被膜截留。结果表明，NaClO 反洗对 COD 的去除无明显影响。MBR-A 和 MBR-B 中的 NH_4^+-N 去除也较稳定［见图 20-2（c）］，平均去除效率分别为 95.9% 和 94.7%。显然，MBR-B 中的 NH_4^+-N 化细菌对 NaClO 表现出良好的耐受性。与 COD 和 NH_4^+-N 相比，两套 MBR 对 TN 的去除效率均低得多，这可能是由于反应器中缺乏缺氧条件。在第Ⅰ、第Ⅱ和第Ⅲ阶段，两套 MBR 对 TN 的平均去除效率相似，即 MBR-A 为 52.1%、33.5% 和 61.6%，MBR-B 为 46.9%、34.2% 和 63.9%。然而，在第Ⅳ阶段，MBR-B 中的 TN 去除效率增加到 73.8%，远高于 MBR-A

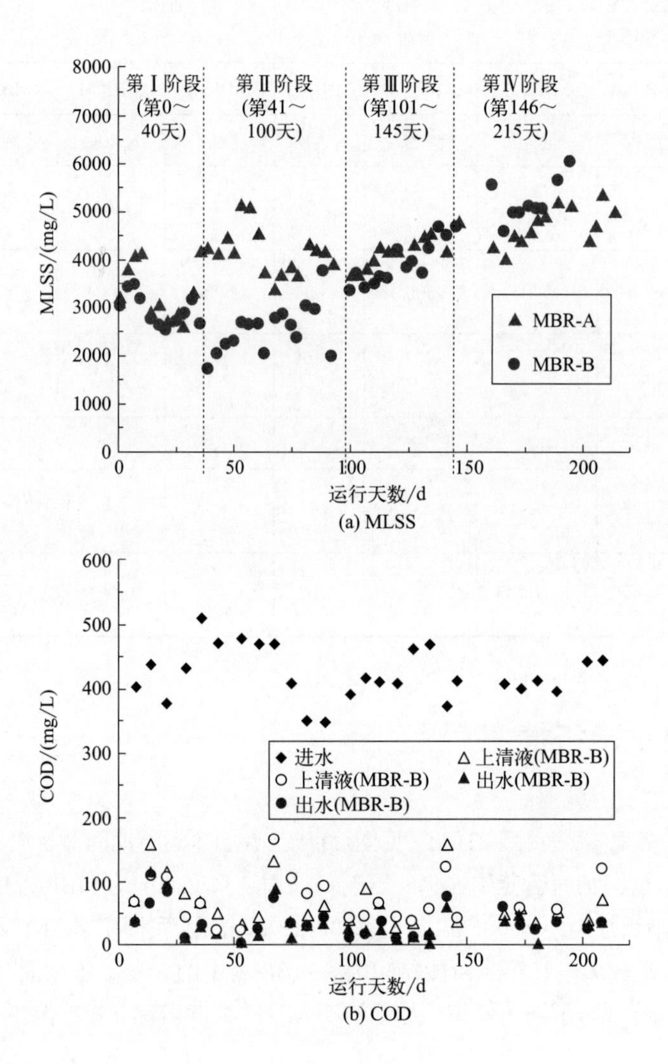

(a) MLSS

(b) COD

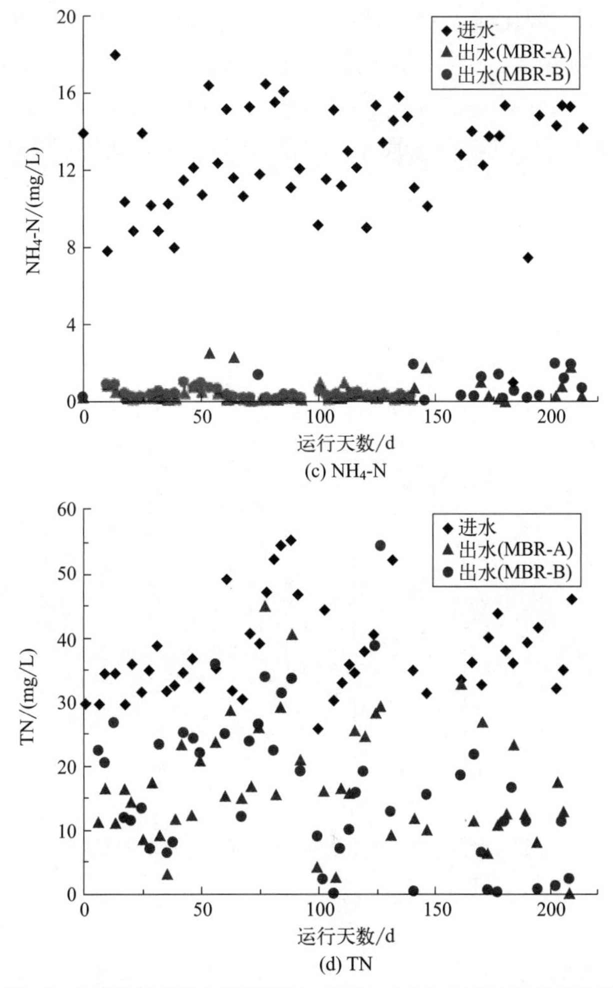

图 20-2　MBR 反应器中污泥浓度、COD、NH_4^+-N 和 TN 浓度的变化

（57.9%）。对污泥絮体形态的进一步观察显示，在整个运行过程中，MBR-B 中逐渐形成大而致密的污泥絮体。此外，污泥颗粒最终在第Ⅳ阶段的 MBR-B 中形成。这可能是因为在环境刺激条件下，微生物会形成聚集体以保护自己免受 NaClO 的影响。最终，大絮状物或颗粒内溶解氧浓度的梯度分布可以促进同步硝化反硝化。

20.2　TMP 动态变化

如图 20-3 所示，以 TMP 的动态变化来指示两套反应器中膜组件的整体污染行为。在第Ⅰ阶段中，使用 0.5mg/L NaClO 反冲洗的 MBR-B 的 TMP 增加率（平均 0.048kPa/h）比使用纯水反冲洗的 MBR-A（平均 0.213kPa/h）低得多。MBR-B 和 MBR-A 分别经历了 1 次（第 22 天）和 3 次（第 5 天、第 8 天和第 12 天）离线清洗。具体而言，MBR-A 在运行初期（第 0 ～ 12 天）发生了严重的膜污染。这主要是因为在运行初期细菌的快速生长和增殖强化了 SMP 的形成和积累，从而加速了膜污染[1]。相比之下，MBR-B 运行初期，SMP 浓度要低得多，这表明在启动期间暴露于 0.5mg/L NaClO 下可以抑制 SMP 的形成。值得注意的是，在随后的 3 个运行阶段（Ⅱ、Ⅲ和Ⅳ）中，两套 MBR 中的 SMP 和 EPS 浓度无显著差异。

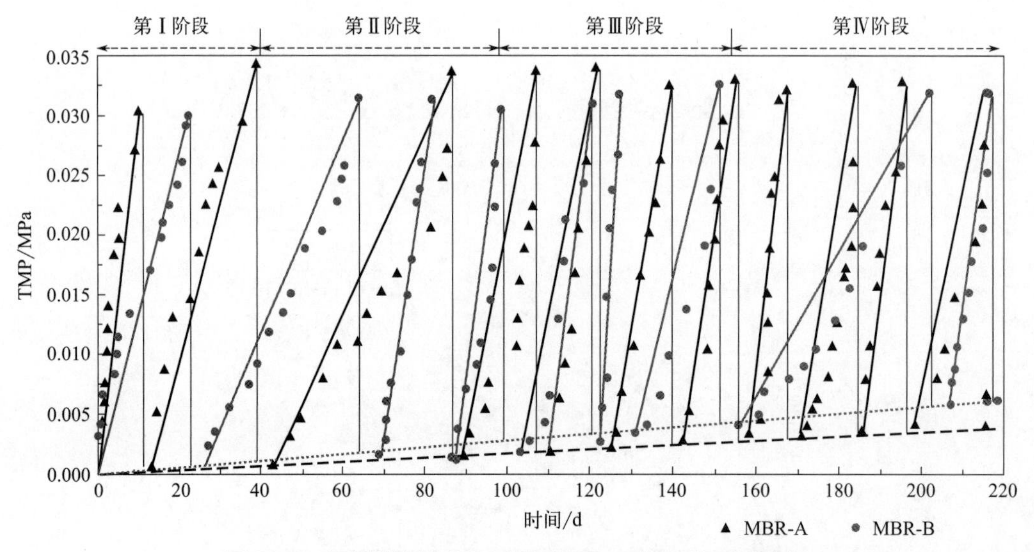

图 20-3 运行过程中 MBR-A 和 MBR-B 的 TMP 动态变化

在第Ⅱ阶段，NaClO 浓度和反冲洗间隔分别增加至 1.5mg/L 和 72h。因此，MBR-B 在第Ⅰ和第Ⅱ阶段中 NaClO 负荷相同。采用 NaClO 反冲洗的 MBR-B（平均 0.125kPa/h）比纯水反冲洗的 MBR-A（平均 0.055kPa/h）具有更高的 TMP 增加速率。在第Ⅱ阶段中，MBR-B 和 MBR-A 分别进行 3 次（第 61 天、第 72 天和第 84 天）和 2 次（第 85 天和第 98 天）离线化学清洗。MBR-A 在第 80 天发生了严重的丝状菌膨胀，因此在第 85 ～ 100 天产生了严重的膜污染。总体而言，第Ⅰ、第Ⅱ阶段的运行结果表明，采用较高频率和较低化学剂量的原位反冲洗对 MBR 膜污染的控制效果更佳。

在第Ⅲ阶段中，NaClO 浓度降至 0.05mg/L，反洗间隔为 12h。在第Ⅲ阶段初期（第 100 ～ 115 天），MBR-A 和 MBR-B 的污泥沉降性均有所降低（见图 20-4），这可能是两套 MBR 系统 TMP 快速增加的主要原因。此后（第 119 ～ 145 天），两套 MBR 污泥沉降性能均得以改善（见图 20-4），因此，TMP 增加速率变缓。然而，与 MBR-A（平均 0.102kPa/h）相比，MBR-B 仍具有更快的污染速率（平均 0.136kPa/h）。MBR-B 较高的膜污染速率可能是因为极低浓度 NaClO 反冲洗可灭活膜污染滤饼层中的部分活细菌，但不能使其与滤饼层脱离。滤饼层中活细胞 / 死细胞比例的降低将会产生大量生物聚合物，从而加剧膜污染[2]。

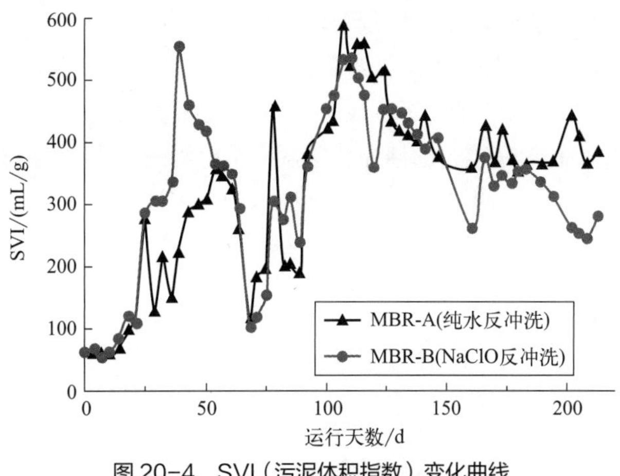

图 20-4　SVI（污泥体积指数）变化曲线

为了有效地控制膜污染，在第Ⅳ阶段中将 NaClO 浓度增加至 0.2mg/L。与采用 NaClO 反冲洗的 MBR-B（平均 0.096kPa/h）相比，采用纯水反洗的 MBR-A（平均 0.257kPa/h）的 TMP 上升明显更快。在整个第Ⅳ阶段，MBR-A 中的膜组件进行了 7 次离线化学清洗，而 MBR-B 中的膜组件仅进行了 1 次离线清洗。第 145 ～ 190 天，MBR-B 的 TMP 始终保持在 -0.01MPa 以下，表明采用 0.2mg/L NaClO 溶液原位反冲洗是更加持续有效的运行模式。MBR-B 较低的污染速率可能归因于：

① 0.2mg/L NaClO 溶液反冲洗可以将滤饼层从膜表面有效地脱离；

② NaClO 溶液反冲洗没有影响 MBR-B 污泥混合液的活性；

③ MBR-B 中形成的颗粒状污泥（与 MBR-A 中丝状菌的快速增长相反），有助于延缓膜污染。

总体而言，TMP 动态变化表明过高的 NaClO 浓度会抑制混合液中的细菌活性，而过低的 NaClO 剂量无法有效地脱离滤饼层。事实上，我们通过实验发现在混合液中加入高浓度的 NaClO（混合液中＞ 1mg/L）后，细菌的比好氧速率降低，表明高浓度 NaClO 会对细菌的代谢活动产生不利影响。Lee 等[3] 研究表明 NaClO 浓度增加到 5mg/g MLVSS 时，污泥颗粒会因为 NaClO 的抑制作用而解体。因此，采用 0.2mg/L NaClO 溶液以 12h 的间隔进行反洗是膜污染控制的优化方案。在长期运行过程中，MBR-A 和 MBR-B 的不可逆污染速率分别为 0.00079kPa/h 和 0.0012kPa/h，表明 NaClO 反冲洗会加速不可逆污染的发展。MBR-B 中较快的不可逆污染很可能是由死细菌在膜孔内的沉积或膜孔的变化所致。

考虑到长期运行过程中 NaClO 溶液对生物过程的影响，且存在反洗液和污泥特性的差异，无法得出关于反洗液类型（NaClO 溶液与纯水）在膜污染控制过程中的确切作用。针对此，我们进一步将两个膜组件浸没于同一反应器中，进行了一组短期过滤实验。结果表明（图 20-5），低浓度（0.05mg/L、0.5mg/L）NaClO 反冲洗相比纯水反洗具有更好的膜通量恢复效果。但高浓度（1.5mg/L）NaClO 反冲洗反而对膜过滤性能产生不利影响，这可能是因为高 NaClO 浓度对细菌的杀灭效应导致死细菌在膜表面的积累。当 NaClO 浓度在最后一次运行中降至 0.2mg/L 时，NaClO 反冲洗再次取得比纯水反洗更佳的膜通量恢复效果。

因此，短期膜过滤实验和长期反应器运行结果表明：

① 一定浓度范围 NaClO 原位反冲洗有助于滤饼层从膜表面脱离；

② MBR 长期运行中，较高浓度 NaClO（反洗液中为 1.5mg/L，反洗后反应器中为 0.15mg/L）反冲洗并没有提高膜过滤性能，这可能是由污泥性质的变化所致。

因此，在 MBR 的实际膜清洗过程中应优化 NaClO 浓度，且需兼顾 NaClO 对膜污染控制和微生物活性的影响。

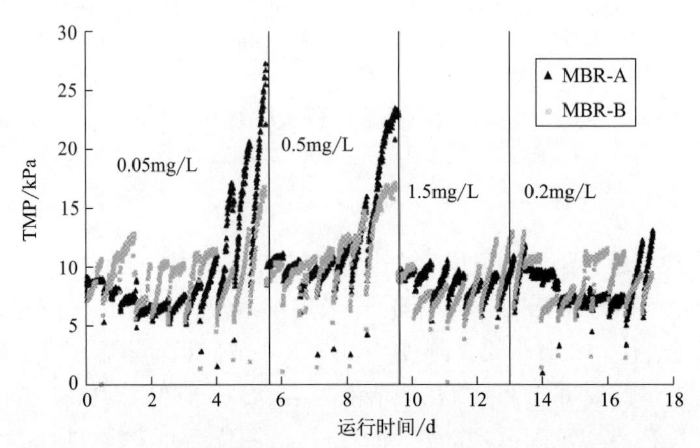

图 20-5　同一反应器中短周期 MBR-A 和 MBR-B 的 TMP 动态变化

20.3　生物聚合物的变化

为进一步理解反冲洗对滤饼层的去除机制，在运行第Ⅱ和第Ⅳ阶段中使用 NaClO 溶液（反洗通量和间隔与运行阶段对应）对膜污染滤饼层进行离线化学清洗。在离线反冲洗过程中，对脱落的生物聚合物中的 PS 和 PN 进行表征。如图 20-6 所示，PS 和 PN 在反洗过程中逐渐脱落，脱落程度取决于反洗溶液种类（NaClO 与纯水）及其浓度。在运行第Ⅱ和第Ⅳ阶段中，NaClO 溶液反冲洗 15min 后脱落的 PS 分别为 185mg/m^2 和 133mg/m^2，分别占滤饼层中总 PS 的 32% 和 28%。相对应地，纯水反冲洗分别脱落 119mg/m^2 和 45mg/m^2，分别占滤饼层中总 PS 的 26% 和 13%。此外，PN 也容易受到 NaClO 溶液反洗而脱落，尤其是在较高的浓度（0.2mg/L）条件下。在运行第Ⅳ阶段中，NaClO 和纯水反冲洗分别导致 199mg/m^2 和 43mg/m^2 的 PN 脱落，分别占滤饼层中总 PN 的 87% 和 19%。以上结果表明 NaClO 反冲洗可以强化生物聚合物从膜表面的脱除。NaClO 溶液强化膜污染物脱落可能是由于氯（例如 HClO 和 ClO^-）的氧化作用和碱性溶液（pH=10 ～ 11.5）的水解作用。事实上，NaClO 溶液，尤其在高 pH 值条件下，可以氧化 PN 和 PS 的官能团，降低它们的分子尺寸并加快水解速率。例如，PS 形成的凝聚态凝胶结构在碱性条件下变成部分松散的螺旋聚集体[4]。此外，生物聚合物的分子尺寸也随着 pH 值的增加而减小[5]。与 PS 相比，PN 在化学清洗过程中容易变性。而且，

NaClO 溶液还可能破坏 PN 与膜材料之间的疏水相互作用。

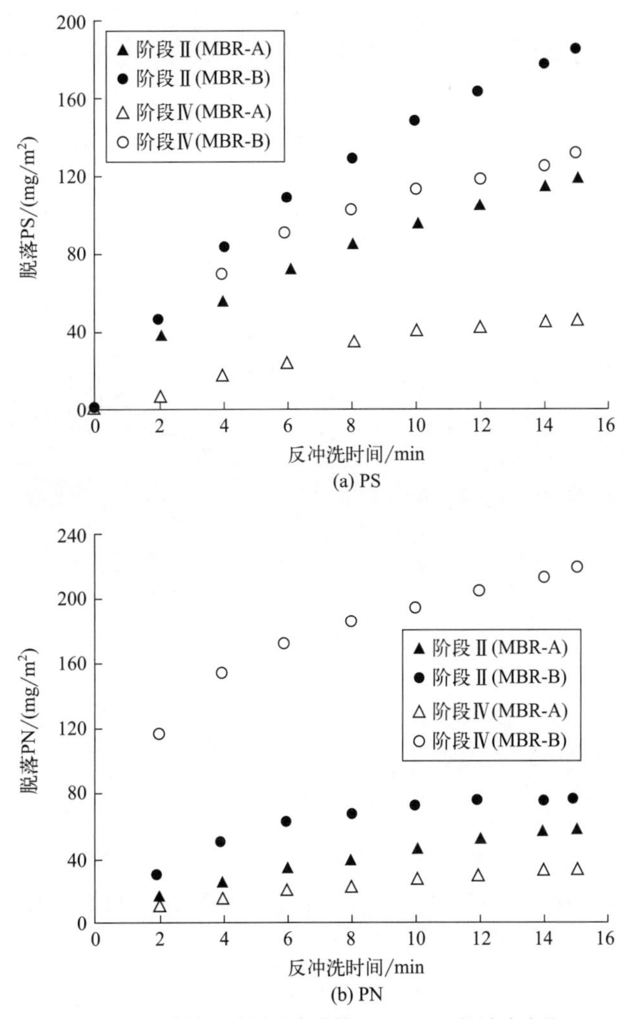

图 20-6　离线反洗过程中脱落 PS 和 PN 的浓度变化

20.4　膜污染层微生物群落结构变化

为了揭示滤饼层中的微生物群落结构，对运行第Ⅳ阶段收集的样品进行了 16S rRNA 克隆文库的构建。对 MBR-A 和 MBR-B 的滤饼层中检出的 66 个和 88 个序列进行比较分析，分别确定了 17 个和 24 个 OTUs，其中只有 6 个和 8 个 OTUs 被鉴定为已知物种，其余的系统发育型与公共数据库中细菌的 16S rRNA 序列都表现出低于＜ 97% 的相似性。门水平上［图 20-7（书后另见彩图）］，MBR-A 中滤饼层微生物群落由 Proteobacteria（71%）、Sphingobacteria（5%）、Verrucomicrobia（1.5%）、Cyanobacteria（1.5%）和未培养的细菌组成。相比之下，MBR-B 中滤饼层微生物群落更加多样化并表现出不同的结构，物种主要来自 Proteobacteria（57%）、Cyanobacteria（8%）、Bacteroidetes（2%）、Sphingobacteria（2%）、Acidobacteria（1%）和未培养的细菌。值得注意的是，系统发育分析表明 *Thiothrix eikelboomii* 在 MBR-A（67%）和 MBR-B（56%）滤饼层中相对丰度均最高，其存在和过度生长会导致活性污泥过程中的丝状菌膨胀。可以推知，两个反应器中污泥较差的沉降性主要是由于 *Thiothrix eikelboomii* 的过度生长。*Thiothrix eikelboomii* 在膜表面的优先吸附沉积是导致膜污染的重要因素。MBR-B 滤饼层中较低丰度的 *Thiothrix eikelboomii* 表明 NaClO 反冲洗可以抑制混合液中丝状菌的过度繁殖，或者更容易将其从膜表面脱离。

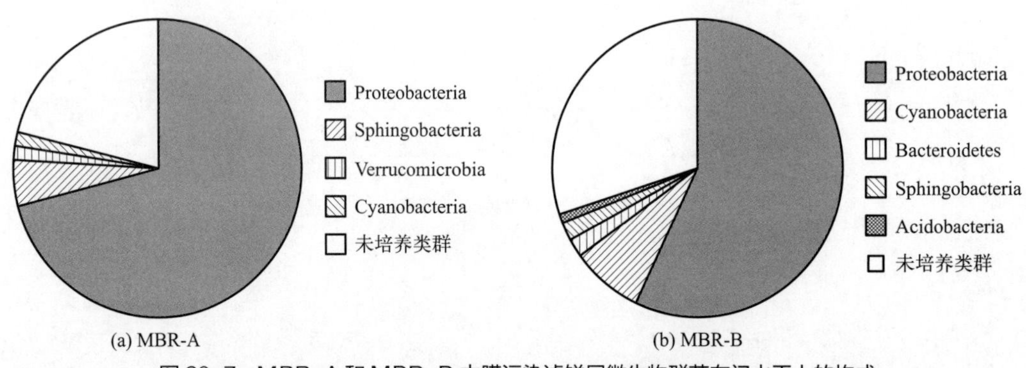

图 20-7　MBR-A 和 MBR-B 中膜污染滤饼层微生物群落在门水平上的构成

20.5　膜性质的变化

各运行阶段清洁膜和污染膜的纯水通量如图 20-8 所示（书后另见彩图）。

新膜的纯水通量为 165L/(m²·h·bar)（1bar=10^5Pa）。对于严重污染阶段（TMP＞0.03MPa）的膜而言，它们的纯水通量下降至＜30L/(m²·h·bar)，某些时刻 MBR-B 的污染膜组件比 MBR-A 中的纯水通量反而更低。值得注意的是，MBR-A 和 MBR-B 中清洗之后膜的透水性在长期运行后显著增加，尤其是在运行第Ⅲ和第Ⅳ阶段。运行最后阶段，MBR-A 和 MBR-B 中清洁膜的纯水通量分别达到了 260L/(m²·h·bar) 和 300L/(m²·h·bar)。这可能是反冲洗过程引起的液压改变了膜结构。其中，MBR-B 清洁膜具有更好的透水性可能是由于化学试剂改变了膜性质。

膜表面 SEM 结果显示［图 20-9（a）～（c）]，与新膜均匀分布的孔相比，在使用过的膜的外表面（即活性层）上发现了许多较大的孔。MBR-A 和 MBR-B 两种使用过的膜的孔径（纯水和 NaClO 反洗的膜孔径分别约为 142nm 和 167nm）明显大于新膜（约 108nm）的膜孔。同时，反冲洗也显著改变了膜内表面的孔径［图 20-9（d）～（f）]。由此可推知长期反冲洗过程带来的水力冲击可导致膜孔变大，这可能对于增加膜的透水性至关重要。这一结果与 Puspitasari 等[6]之前进行的相关研究基本一致，他们发现，使用 1%NaClO 溶液清洗的 PVDF 膜运行 1 周后，膜平均孔径从 0.187μm 增加至 0.22μm。然而，尽管纯水渗透率随着孔径的增大而增加，但在实际应用中孔径变大可能会导致更快的膜孔堵塞[7]。

事实上，彻底清洗后的膜，特别是经过 NaClO 反冲洗的膜内表面仍存有不可去除的细菌［图 20-9（f）］，表明膜孔径或结构的变化可能会对膜孔堵塞的污染控制产生不利影响。膜孔堵塞因其很难通过机械清洗和曝气去除，已被认为是限制 MBR 可持续运行的主要因素之一。因此，未来的研究需对当前使用的化学强化反冲洗方法进行优化，防止膜的变化（例如孔变大）而加速膜孔堵塞过程。

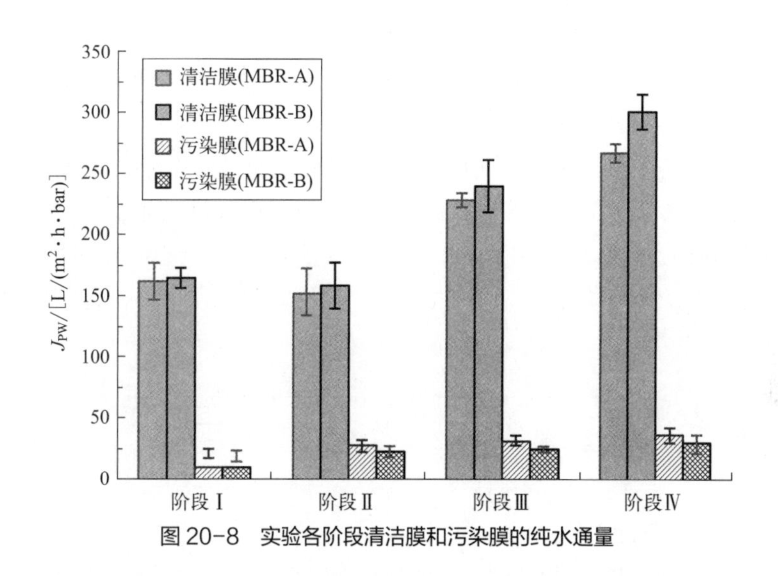

图 20-8 实验各阶段清洁膜和污染膜的纯水通量

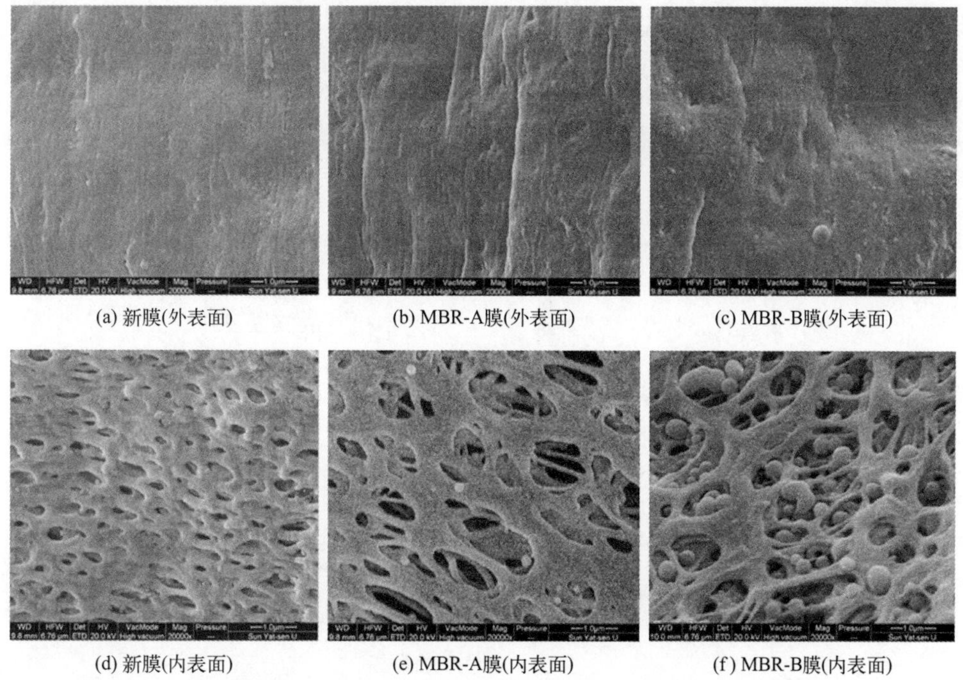

(a) 新膜(外表面) (b) MBR-A膜(外表面) (c) MBR-B膜(外表面)

(d) 新膜(内表面) (e) MBR-A膜(内表面) (f) MBR-B膜(内表面)

图 20-9 新膜、MBR-A（纯水反冲洗）膜、MBR-B（次氯酸钠反冲洗）膜表面形貌

图 20-10 为新膜和旧膜活性层（外表面）和支撑层（内表面）的 FTIR 图。840cm^{-1} 和 1400cm^{-1} 分别对应的是 CH_2 的摇摆和偏转 / 摆动峰 [8]；880cm^{-1} 处的吸收峰则归因于 C、H 和 F 原子的扭转 / 弯曲 / 拉伸 [9]；1180cm^{-1} 和 1280cm^{-1} 处的吸收峰分别对应的是 C—F 的对称拉伸和非对称拉伸 [8]；1643cm^{-1} 处的吸收峰归因于 C═O 拉伸 [9]。与新膜相比，两种 MBR 反应器旧膜活性层的基团在长期过滤后略有变化。其中，暴露于 NaClO 反冲洗的膜中 C—F 的吸收强度（1180cm^{-1} 和 1280cm^{-1}）略有下降，这主要是由于 NaClO 溶液的氧化作用。尽管有细微的变化，但 3 种膜的活性层总体上显示出相似的光谱，表明暴露于 NaClO 溶液中并没有显著改变化学官能团。因此，PVDF 膜的活性层通常可耐受 NaClO 溶液。相比之下，暴露于 NaClO 溶液的膜支撑层［图 20-10（b）］发生了明显的变化。1643cm^{-1}（C═O 拉伸）和 1280cm^{-1}（C—F 的不对称拉伸）处的峰强分别降低和增加了近 50% 和 44%。支撑层官能团的显著变化是由于其暴露于 NaClO 的时间更长。此前，Wang 等 [10] 发现，在中试规模的 MBR 系统，暴露于有效氯含量为 7.95（g·h）/L 的 NaClO 溶液不会破坏 PVDF 平板膜活性层的化学结构。然而，暴露于 NaClO 溶液后，膜的接触角从 91.8°降

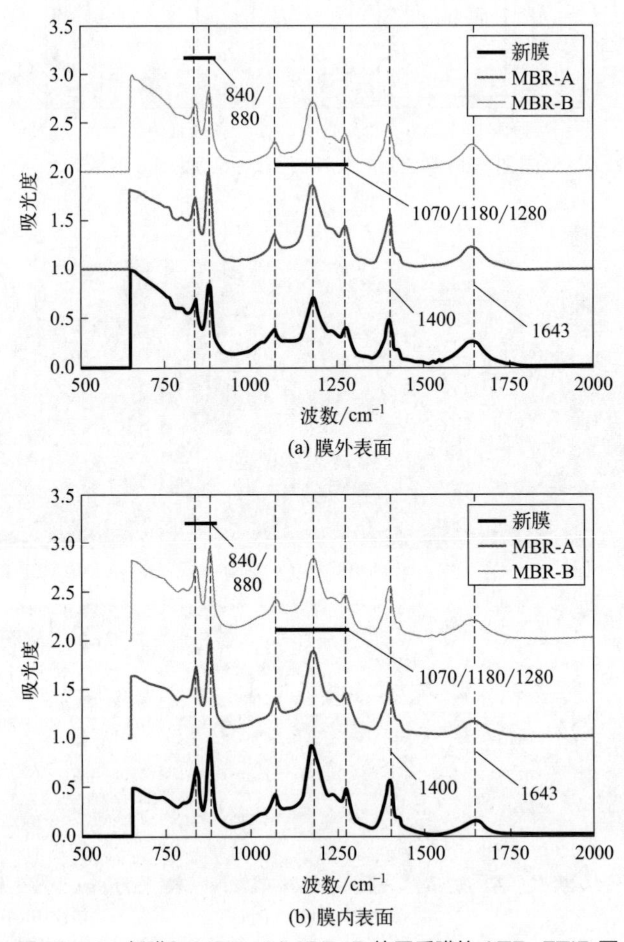

图 20-10　新膜和 MBR-A/MBR-B 使用后膜的 ATR-FTIR 图

至 75.8°，可能是因为暴露于 pH ＞ 7 的 NaClO 溶液会导致膜由于水解效应而变得更加亲水和透水。尽管在本研究中没有监测膜亲水性的变化，但膜亲水性的增加可能是导致 NaClO 反冲洗膜的纯水渗透率显著增加的重要原因。

由于原位化学反冲洗过程中，膜特性、滤饼层和污泥混合液都可能受到化学物质的影响。本研究发现长期运行 215d 后膜性质发生了变化，例如膜孔放大和不可去除的细胞碎片的积累。然而，在实际应用中，MBR 的运行周期更长（＞ 5 年），膜特性、滤饼层和污泥混合液的长期变化值得关注。此外，与化学强化反洗或原位化学清洗相比，本研究反洗液中 NaClO 浓度极低，可被认为是化学维护反清洗而非化学清洗。维护反洗与化学强化反洗的耦合可充分利用两者的技术优势，值得进一步研究与优化，以实现更加高效的膜污染控制。

参考文献

[1] Zhou Z，Meng F，Liang S，et al. Role of microorganism growth phase in the accumulation and characteristics of biomacromolecules（BMM）in a membrane bioreactor[J]. RSC Advances，2011，2（2）：453-460.

[2] Chu H P，Li X Y，Membrane fouling in a membrane bioreactor（MBR）：Sludge cake formation and fouling characteristics[J]. Biotechnology and Bioengineering，2005，90（3）：323-331.

[3] Lee E J，Kwon J S，Park H S，et al. Influence of sodium hypochlorite used for chemical enhanced backwashing on biophysical treatment in MBR[J]. Desalination，2013，316：104-109.

[4] Seviour T，Donose R C，Pijuan R，et al. Purification and Conformational Analysis of a key exopolysaccharide component of mixed culture aerobic sludge granules[J]. Environmental Science & Technology，2010，44（12）：4729-4734.

[5] Wang L L，Wang L F，Ren X M，et al. pH dependence of structure and surface properties of microbial EPS[J]. Environmental Science & Technology，2012，46（2）：737-744.

[6] Puspitasari V，Granville A，Le-Clech P，et al. Cleaning and ageing effect of sodium hypochlorite on polyvinylidene fluoride（PVDF）membrane[J]. Separation and Purification Technology，2010，72（3）：301-308.

[7] Hwang K J，Liao C Y，Tung K L. Effect of membrane pore size on the particle fouling in membrane filtration[J]. Desalination，2008，234（1-3）：16-23.

[8] Wei C H，Huang X，Ben Aim R，et al. Critical flux and chemical cleaning-in-place during the long-term operation of a pilot-scale submerged membrane bioreactor for municipal wastewater treatment[J]. Water Research，2011，45（2）：863-871.

[9] Masuelli M A，Grasselli M，Marchese J，et al. Preparation，structural and functional characterization of modified porous PVDF membranes by g-irradiation[J]. Journal of Membrane Science，2012，389：91-98.

[10] Wang P，Wang Z，Wu Z，et al. Effect of hypochlorite cleaning on the physiochemical characteristics of polyvinylidene fluoride membranes[J]. Chemical Engineering Journal，2010，162（3）：1050-1056.

第21章

NaOH在线化学反洗在膜污染控制中的应用

在上一章中，我们讨论了高频率低浓度NaClO维护反洗在膜污染控制中的作用。NaClO是一种典型的杀菌剂，适度投加可以有效控制膜污染，而过量投加则可能会使反应系统崩溃。NaOH也常常被用在化学反洗中，已被证明能有效控制膜污染。相比于NaClO，NaOH除控制膜污染外，还能为好氧膜池微生物提供碱度以保障硝化反应顺利进行；同时由于硝化作用的发生对碱度的消耗使得NaOH反洗对微生物造成的损害大为降低。然而，先前很少有文献报道NaOH反洗对MBR运行性能的影响，并且NaOH反洗过程延缓膜污染的机制也尚未被充分阐明。因此，本章详细考察NaOH反洗对MBR运行性能和膜污染控制的作用机制，为NaOH在线反洗技术的应用与优化提供理论指导。

21.1 MBR运行情况

本实验采用的MBR为A/O工艺，缺氧和好氧池有效体积分别为5L（图21-1）。接种污泥来自NFPMBR，采用人工合成废水，其组成参见本书第6章。两个相同的中空纤维膜组件被置入同一好氧池中，目的是保证两个膜组件在相同水力条件和相同性质的污泥混合液中运行，而唯一不同的是膜组件的反洗溶液。其中，一组膜组件用pH=7.0左右的纯水进行反洗，而另一组膜组件则用pH=12.0的NaOH溶液进行反洗。两个膜组件的反洗频率是每隔2.7h反洗0.3h，反洗通量为8.33L/($m^2 \cdot h$)。具体的反洗操作参数见表21-1。

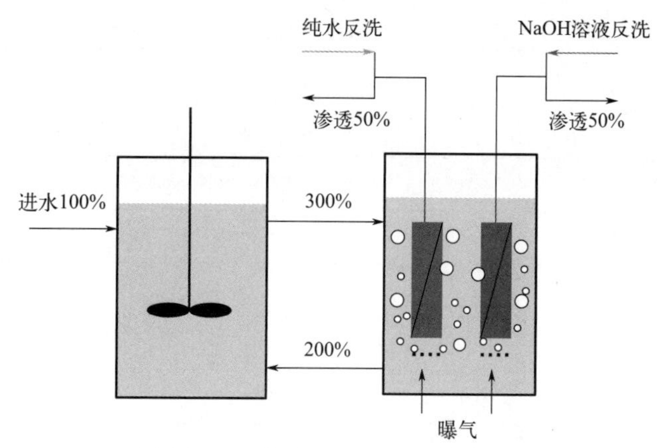

图 21-1　在线反洗 A/O MBR 结构流程

表 21-1　在线反洗 MBR 在 3 个运行阶段的操作参数

运行阶段	反应器运行参数			膜通量/[L/(m²·h)]		反洗参数		
	VSS /(mg/L)	HRT/h	SRT/d	纯水反洗	NaOH 反洗	反洗体积 /mL	持续时间 /h	反洗通量 /[L/(m²·h)]
阶段Ⅰ（第 0 ～ 75 天）	5640±449	7.7	20	6.5	6.5	250	0.3	8.33
阶段Ⅱ（第 76 ～ 100 天）	5734±545	7.7	20	13	0	250	0.3	8.33
阶段Ⅲ（第 101 ～ 130 天）	5603±665	7.7	20	0	13	250	0.3	8.33

MBR 运行期间，COD、NH_4^+-N、TN 和 TP 的平均去除率分别保持在 94%、95%、75% 和 63%（见表 21-2）。高的 NH_4^+-N 去除率表明反应器中微生物具有较好的硝化活性。另外，纯水和 NaOH 反洗膜组件膜出水中的 COD 存在一定差异，其平均浓度分别为 18mg/L 和 22mg/L。与 NaOH 反洗膜组件相比，纯水反洗膜组件对 PS 和 PN 具有更高的截留效率，即在 NaOH 反洗膜组件膜出水中 PS 和 PN 的浓度更高。这种截留率的差异主要源于 3 个方面：

① NaOH 反洗对膜表面膜污染物有较强的化学破坏作用，使大分子尺寸的 PS 和 PN 转化为有机小分子随着膜出水排出 [1]；

② NaOH 反洗改变了膜表面的滤饼层结构和性质，使滤饼层的二级过滤作用减弱 [2]；

③ NaOH 反洗造成膜孔的结构发生改变，使更多大尺寸的有机物随着膜出水排出 [3]。

纯水和 NaOH 反洗膜组件膜出水中 PS 和 PN 的关系如图 21-2 所示。从图中可以看出，PS（0.684）和 PN（0.877）的斜率都小于 1，说明有机物在 NaOH 反洗膜组件膜出水中浓度更高。PS 具有更低的斜率，表明膜表面中 PS 更容易被 NaOH 反洗破坏或 NaOH 反洗使膜表面滤饼层释放出了更多小分子 PS。

表 21-2 在线反洗 A/O-MBR 的营养物质去除情况 单位：mg/L

营养物	进水	上清液	膜出水		去除率 /%
			NaOH 反洗	纯水反洗	
NH_4^+-N	23.25±4.25	—	2.13±1.03		94.97±12.95
TN	52.00±9.96	—	12.73±5.49		75.41±10.52
TP	12.23±5.50	—	4.41±3.33		62.97±24.16
COD	380.52±114.57	43.76±16.53	22.21±12.36	17.98±9.15	93.71±5.84
PS	50.46±45.54	9.01±3.83	3.14±1.15	2.78±1.07	—
PN	46.11±6.20	6.85±2.60	3.04±1.53	2.58±1.42	—

注：样品数量 n=37，表中数据均为平均值和标准偏差。

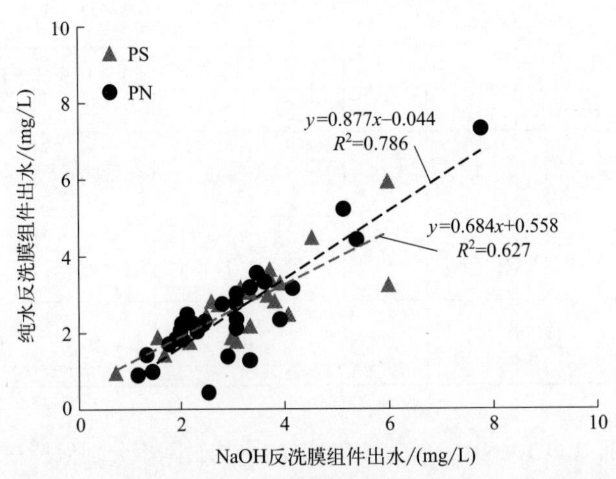

图 21-2 纯水和 NaOH 反洗膜组件膜出水中 PS 和 PN 的浓度

21.2 NaOH 反洗对 pH 值的控制

在本实验开始之前，对NaOH的浓度大小、反洗时间和反洗通量都进行了优化和调节，以控制 pH 值在合适的范围和维持微生物良好的活性。典型运行周期内（膜反洗和膜抽吸过程）MBR 缺氧和好氧池中 pH 值的变化情况如图 21-3 所示。缺氧池中 pH 值维持在稳定水平约 6.6。然而，好氧池 pH 值则经历了波动变化：a. 在反冲洗阶段，由于 NaOH 在短时间内大量进入污泥混合液，使其 pH 值从 6.6 迅速增加到 7.7；b. 在抽吸阶段，由于好氧池微生物的硝化作用，pH 值从 7.7 逐渐下降到 6.6 左右。由于在污泥混合液中存在很多具有缓冲作用的离子，例如 HCO_3^-、CO_3^-、PO_4^{3-}、HPO_4^{2-} 等，同时好氧膜池中微生物的硝化作用能及时消耗一部分碱度，从而避免了 pH 值的较大波动。

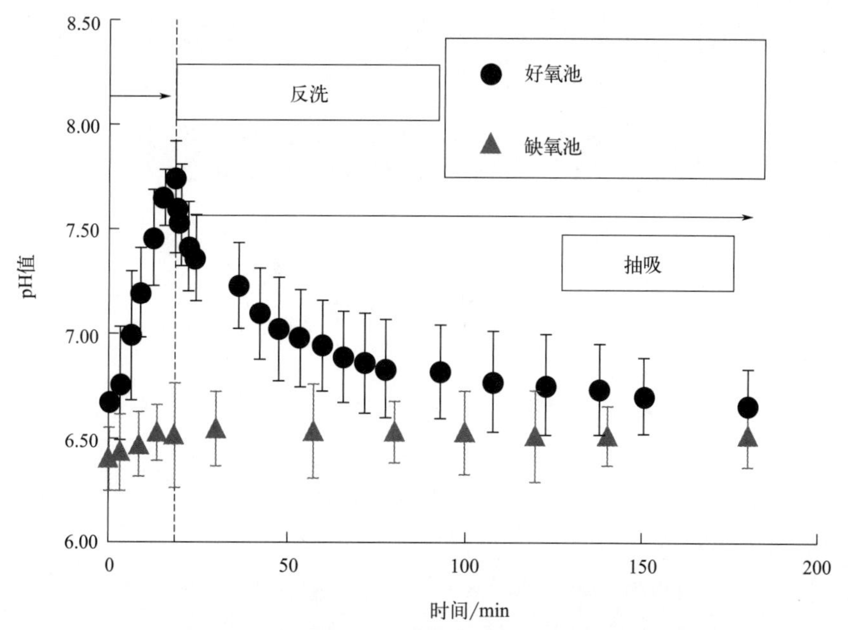

图 21-3　MBR 缺氧和好氧池中 pH 值在运行周期内的变化情况

21.3　NaOH 反洗对膜污染的控制

如图 21-4（a）所示（书后另见彩图），在反应器运行的第Ⅰ阶段，NaOH 反洗膜组件的污染速率低，在 75d 内 TMP 仅仅增长到 8kPa，而纯水反洗膜组件的 TMP 则已高达 20kPa。即使当两个膜组件的通量增加到 13L/(m²·h）后（第Ⅱ阶段和第Ⅲ阶段），NaOH 反洗仍能很好地缓解和减轻膜污染，其膜组件在约 22d 的时间内只进行了 2 次离线膜清洗，而纯水反洗膜组件则在相同运行时间内就离线清洗了 5 次。上述实验结果说明化学反洗比物理反洗更能有效地控制膜污染。反应器运行期间纯水和 NaOH 反洗膜组件 TMP 的变化过程如图 21-4（b）所示（书后另见彩图）。根据 Huyskens 等[4]的报道，膜组件总的和不可逆的膜污染速率可通过对图中最大和最小 TMP 的增长进行线性拟合计算得出。从图 21-4（c）(书后另见彩图）可以看出，在低通量 6.5L/(m²·h）下，NaOH 反洗膜组件总的和不可逆的膜污染速率分别为 4Pa/h 和 3Pa/h，其数值均低于纯水反洗膜组件总的膜污染速率和不可逆的膜污染速率（8Pa/h 和 5Pa/h）。同样，在高通量 13L/(m²·h）下 NaOH 反洗膜组件也具有较低的膜污染速率［图 21-4（d）(书后另见彩图)］。总体上，NaOH 反洗能够减轻 50%[6.5L/(m²·h)] 和 69%[13L/(m²·h)] 总的膜污染速率增长，其中 40%[6.5L/(m²·h)] 和 50%[13L/(m²·h)] 是针对不可逆膜污染速率的减少。Lee 等[3]也观察到 NaOH 反洗能很好地控制不可逆膜污染。Wei 等[5]则发现 NaOH 反洗能有效去除膜表面凝胶层和部分膜孔的堵塞。综上，NaOH 反洗能有效控制膜的污染，尤其是不可逆膜污染。

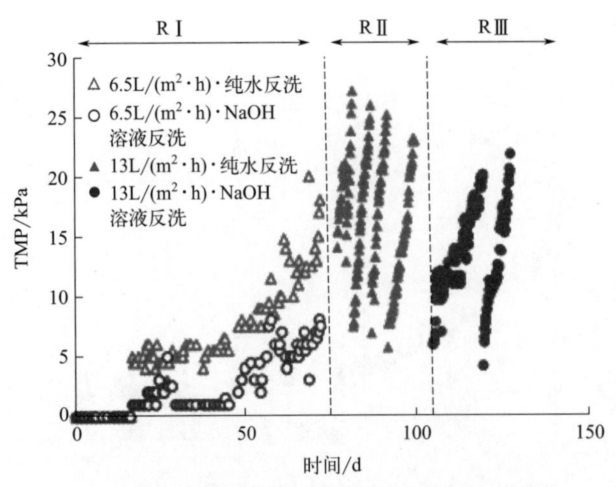

(a) 在每一个膜组件抽吸阶段结束时，最高TMP的变化

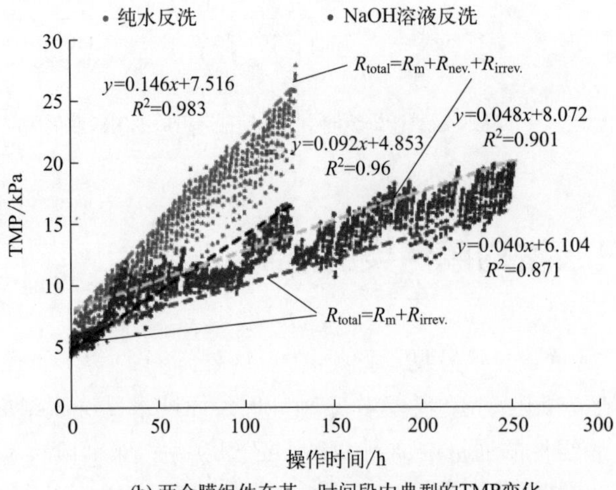

(b) 两个膜组件在某一时间段内典型的TMP变化

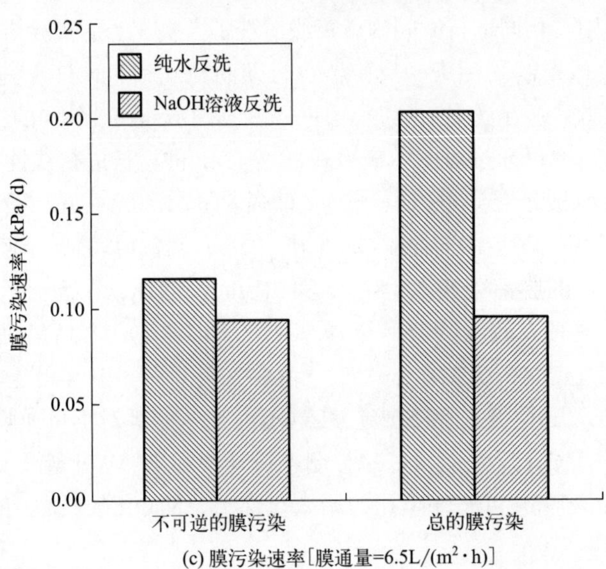

(c) 膜污染速率［膜通量=6.5L/(m²·h)］

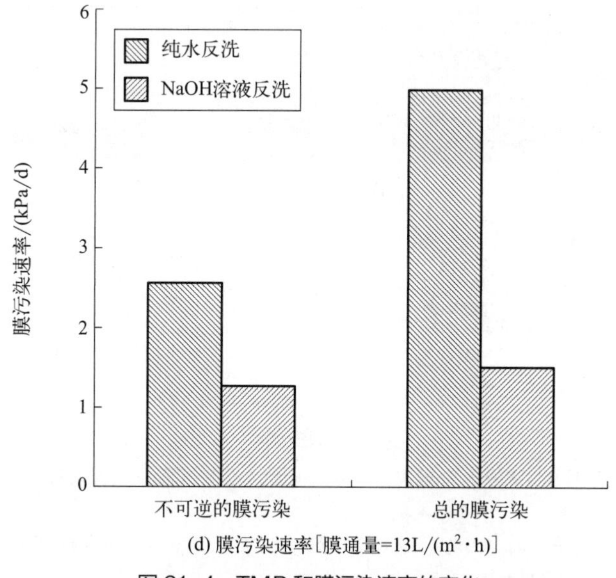

(d) 膜污染速率[膜通量=13L/(m²·h)]

图 21-4　TMP 和膜污染速率的变化

21.4　反洗过程中膜污染物的脱落

膜离线反洗和彻底清洗过程中 PS、PN 和 TOC 的脱落情况如图 21-5 所示。从图中可以看出，随着反洗时间的增加，反洗溶液中有机物的含量也在不断升高。特别是在 NaOH 反洗作用下，最终有 161.9mg TOC/m^2 和 74.4mg TOC/m^2 有机物分别从 6.5L/(m^2·h) 和 13L/(m^2·h) 的膜表面脱落。然而，在纯水反洗过程中，6.5L/(m^2·h) 和 13L/(m^2·h) 膜表面脱离的有机物仅有 43.5 mg TOC/m^2 和 39.6 mg TOC/m^2。

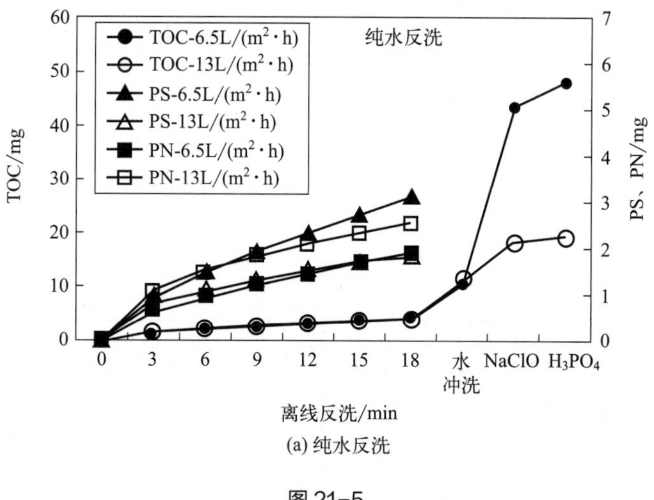

(a) 纯水反洗

图 21-5

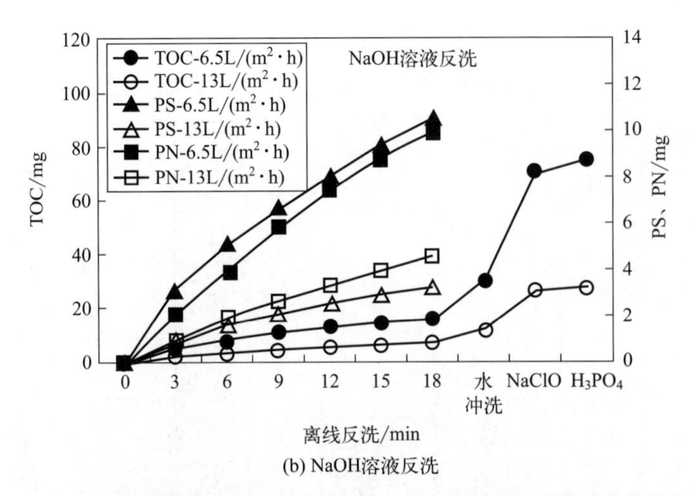

(b) NaOH溶液反洗

图 21-5 离线膜清洗过程中纯水和 NaOH 反洗膜表面污染物的脱落情况

无论膜通量高或低，在 NaOH 反冲洗溶液中 PS 和 PN 的浓度较高且 PN/PS 值在不断增大。然而，在纯水反洗的溶液中 PS 和 PN 的浓度较低且 PN/PS 值无明显变化。这说明 NaOH 反洗能够强化或促使膜表面滤饼层中 PN 的释放。另外，通过对反洗后的膜进行彻底化学清洗，大量膜污染物仍然被释放出。与高通量相比，低通量膜表面释放出了更多污染物，主要原因可能是低通量膜组件有较长的运行时间。同时，这也说明仅仅执行反洗即便是化学反洗，膜表面的污染物质都无法完全去除，在经过长期运行后势必需要对膜组件进行彻底离线化学清洗以恢复出水通量。

21.5 NaOH 反洗对膜表面滤饼层组成的影响

高通量下纯水和NaOH反洗膜表面滤饼层中VSS、PS和PN的组成情况如表21-3所列。从表中可以看出，NaOH 反洗膜表面含有较低 VSS，其浓度为 906.5mg/L，而纯水反洗膜表面的 VSS 含量则高达 2637mg/L。另外，NaOH 反洗膜表面滤饼层中 EPS 的含量极低，PS 和 PN 的浓度仅分别为 10.68mg/L 和 14.68mg/L。但纯水反洗膜表面滤饼层中 EPS 的 PS 和 PN 分别高达 20.73mg/L 和 51.60mg/L。可见，NaOH 反洗极大地强化了膜表面滤饼层中 EPS 的释放，尤其是 EPS 中 PN 的释放。最近，Wang 等 [1] 报道污泥 EPS 在高的 pH 值环境中有机分子能产生溶胀现象而容易释放出长链分子，最终使得分子基团的密度降低。

表 21-3 纯水和 NaOH 反洗膜表面滤饼层的组成成分

反洗溶液	膜通量/[L/(m²·h)]	滤饼层生物量/(mg VSS/L)	上清液 SMP/(mg/L)		滤饼层 SMP/(mg/L)		上清液 EPS/(mg/L)		滤饼层 EPS/(mg/L)	
			PS	PN	PS	PN	PS	PN	PS	PN
纯水	13	2637	7.77	5.86	8.06	14.54	18.49	36.11	20.73	51.60
NaOH		906.5			7.05	7.12			10.68	14.68

21.6　NaOH 反洗对膜结构的影响

21.6.1　膜表面和截面的 SEM 图

通过新膜、NaOH 反洗膜和纯水反洗膜的表面和横截面的 SEM 图可直观显示物理反洗和化学反洗对膜结构的改变。从图 21-6（a）～（b）可以看出，新膜的表面非常光滑且膜孔分布比较均匀密集，新膜的横截面由内外两层过滤层和中间支撑体组成且过滤层膜孔大小非常均一。然而，从图 21-6（c）和图 21-6（e）可以看出，使用过的反洗膜表面仍然有残留污染物的存在，膜孔分布稀疏散落，可能某些污染物依旧堵塞着膜孔或黏附在膜表面。从反洗膜的横截面图 21-6（d)、图 21-6（f）可以观察到反洗膜的膜孔变大，尤其是 NaOH 反洗膜的膜孔，甚至其支撑体的孔径也被疏通。NaOH 反洗膜的表面［图 21-6（e)］也可以清晰地看到少量较大的膜孔。

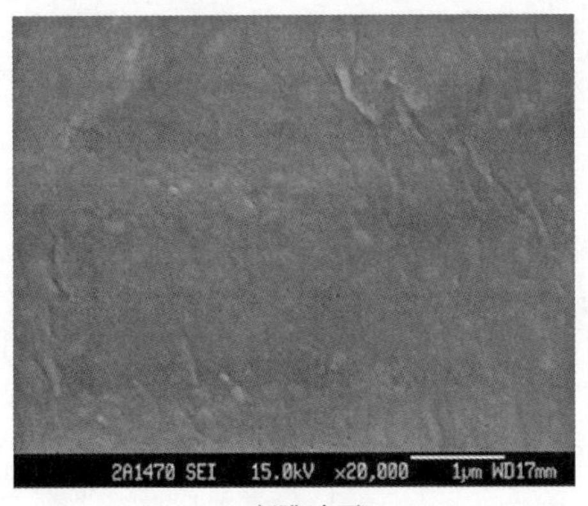

(a) 新膜(表面)

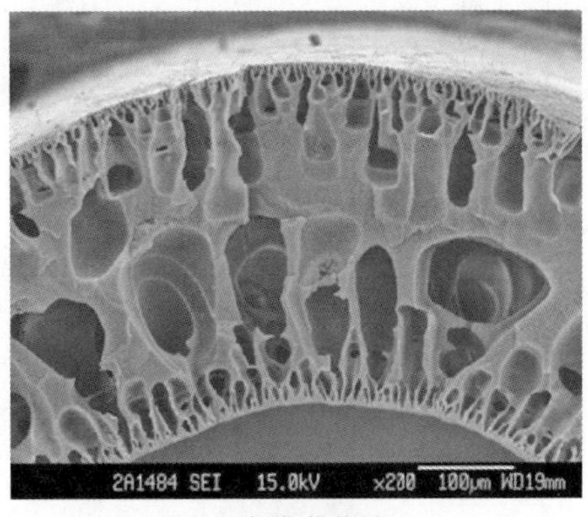

(b) 新膜(横截面)

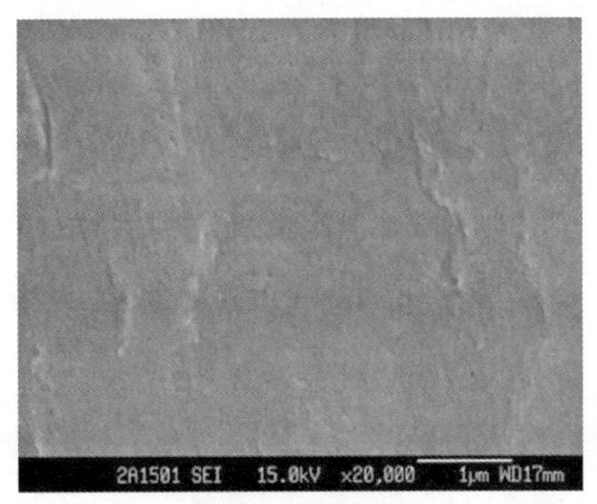

(c) 纯水反洗膜(表面)

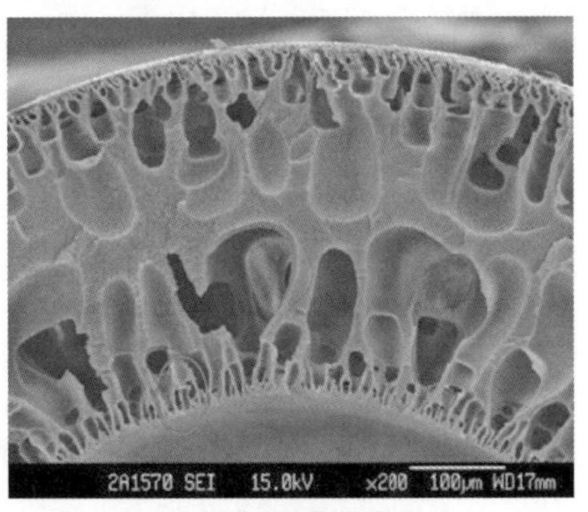

(d) 纯水反洗膜(横截面)

图 21-6

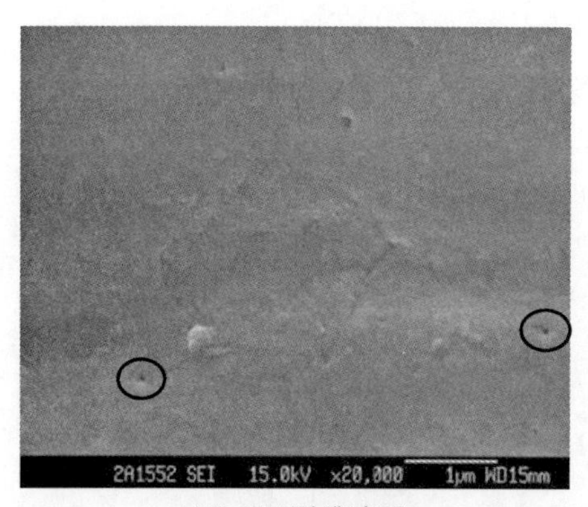

(e) NaOH反洗膜(表面)

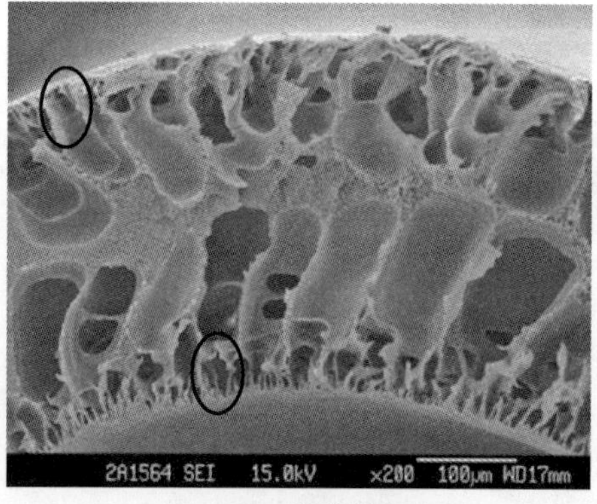

(f) NaOH反洗膜(横截面)

图 21-6　新膜、纯水反洗膜和 NaOH 反洗膜表面和横截面的扫描电镜图

21.6.2　膜自身阻力的变化情况

NaOH 反洗膜和纯水反洗膜的自身膜阻力也发生变化。如图 21-7 所示，在反应器运行的第 75 天 NaOH 反洗膜和纯水反洗膜自身阻力分别下降了 24.1% 和 9.6%，进一步佐证了膜孔的增大。然而经过长期运行后，在第 92 天后 NaOH 反洗膜和纯水反洗膜自身膜阻力基本维持稳定且处在相近的水平，分别为 $7.6\times10^{11}m^{-1}$ 和 $8.6\times10^{11}m^{-1}$。因此，膜经过长期运行后由反洗溶液和水力冲刷引起的膜自身固有阻力的降低对延缓膜污染的效应是可以忽略的，这也再次证明 NaOH 反洗引起滤饼层结构和组成的变化是其控制膜污染的根本原因。

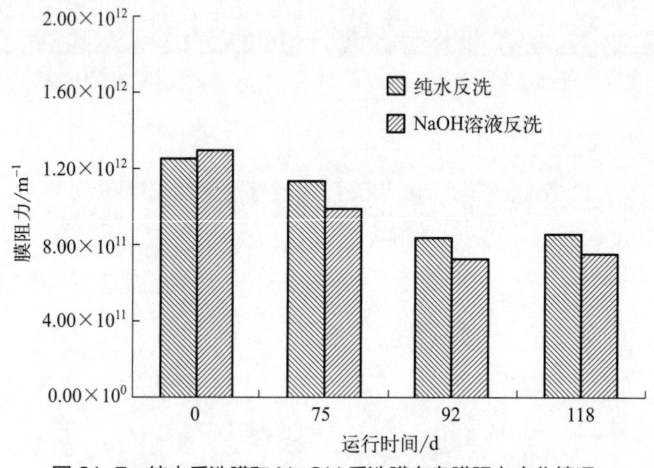

图 21-7　纯水反洗膜和 NaOH 反洗膜自身膜阻力变化情况

21.6.3　膜表面 FTIR 分析

图 21-8 为新膜和反洗膜表面的 FTIR 图。新膜的红外光谱中 $1402cm^{-1}$ 和 $841cm^{-1}$ 处

吸收峰与 CH_2 平面弯曲或摇摆有关，1273cm^{-1} 和 1179cm^{-1} 处吸收峰与 CF 伸缩振动有关，1073cm^{-1} 与 C—C 伸缩振动有关以及 880cm^{-1} 与 C、H 和 F 的扭曲有关，具有 PVDF 材质的典型官能团。与新膜的 FTIR 图相比，纯水和 NaOH 反洗膜的出峰位置及吸收峰的强度都十分相似，表明 NaOH 反洗并未对膜的化学结构造成破坏。

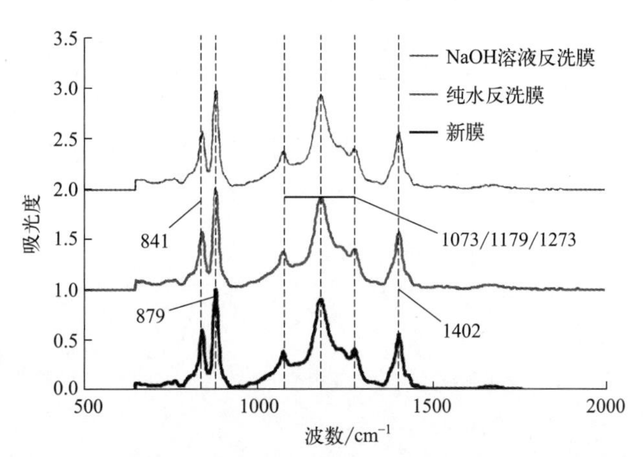

图 21-8 新膜、纯水反洗膜和 NaOH 反洗膜表面 ATR-FTIR 光谱

参考文献

[1] Wang L L，Wang L F，Ren X M，et al. pH dependence of structure and surface properties of microbial EPS[J]. Environmental Science & Technology，2012，46（2）：737-744.

[2] Jermann D，Pronk W，Boller M，et al. The role of NOM fouling for the retention of estradiol and ibuprofen during ultrafiltration[J]. Journal of Membrane Science，2009，329（1-2）：75-84.

[3] Lee E J，Kim K Y，Lee Y S，et al. A study on the high-flux MBR system using PTFE flat sheet membranes with chemical backwashing[J]. Desalination，2012，306：35-40.

[4] Huyskens C，Brauns E，Van Hoof E，et al. A new method for the evaluation of the reversible and irreversible fouling propensity of MBR mixed liquor[J]. Journal of Membrane Science，2008，323（1）：185-192.

[5] Wei C H，Huang X，Ben Aim R，et al. Critical flux and chemical cleaning-in-place during the long-term operation of a pilot-scale submerged membrane bioreactor for municipal wastewater treatment[J]. Water Research，2011，45（2）：863-871.

第22章

群体淬灭细菌 *Rhodococcus* sp. BH4 对生物膜生长的差异化作用

生物膜工艺对水中污染物的去除发挥着重要作用。然而，生物膜在某些环境下的生长是不利的，如膜污染。生物膜控制在自然和工程系统及医学领域日益受到广泛关注。研究表明，QS 参与生物膜的形成[1]。因此，近年来，QQ 已被开发为多种环境介质表面的潜在生物膜控制技术。在膜表面生物膜形成发展过程中，QQ 酶或 QQ 菌被证实可有效控制膜污染。例如，添加 AHL- 内酯酶（一种 QQ 酶）可抑制 *Pseudomonas aeruginosa* PAO1 和 *Aeromonas hydrophila* 生物膜的形成[2]。QQ 技术在其出现后的 20 年内已在市政污水处理中试规模（10m^3/d）上得以验证与示范[3]。然而，到目前为止该技术既没有商业化，也没有在实际生产规模得到应用，这可以归结为以下多种因素。QQ 和 QS 细菌在自然和工程环境中共存，它们的相对含量受操作条件、废水成分、微生物多样性等多种因子的调控。在不了解土著或内源 QQ 活性的情况下，很难判断外源添加的细菌是否有效发挥了 QQ 作用。反应器中 QS 和内源性 QQ 的协同调节也存在不确定性，这会显著影响微生物聚集体的行为。理解 QQ 行为的主要限制原因在于反应器中混合菌群的复杂性。生物膜内多物种之间的关联和相互作用无处不在，但这些相互作用对 QQ 的响应仍然没有得到充分研究。

纯培养条件下，QQ 酶和 QQ 细菌可有效抑制生长或成熟的生物膜。应当指出的是，大多数纯培养研究仅使用了少数模式细菌（如 *Escherichia coli*，*Pseudomonas* sp.）。因此，这些结果不能直接用于了解工程生态系统中常见细菌的 QQ 行为。据推测，并非所有生物膜形成细菌对特定 QQ 菌株都有类似的响应，因此应重新评估 QQ 细菌在多物种生物膜中的作用。考虑到 QQ 技术在生物膜控制方面的应用前景，但目前仍缺乏其对反应器水平上非模式菌的调控机理研究。因此，本章选取广泛应用的 QQ 细菌 *Rhodococcus* sp. BH4，旨在研究其在活性污泥菌株形成生物膜过程中的作用。进一步考察 QQ 对菌株 EPS 的影响，揭示在 QQ 细菌存在条件下形成生物膜的细菌调节 EPS 产生的机制。此外，还通过监测细菌聚集体尺寸、生长曲线和细胞比例，全面揭示污泥中的典型细菌与 *Rhodococcus* sp. BH4 之间的作用机制。

22.1　污泥分离菌株的生物膜

实验采用第 9 章中从污泥样品中分离出的 23 株细菌菌株，在 96 孔微量滴定板上培养生物膜，以研究污泥源单种菌株的生物膜形成潜能。如图 22-1 所示，23 种污泥细菌的生物膜生物量（A_{590}）范围很广（0.160 ～ 3.645，$n = 3$），不同菌株和物种形成的生物膜生物量具有显著差异（$P < 0.005$）。例如，*Bacillus* 属的最低生物膜生物量为 0.296（*Bacillus* sp. JSB2），而 *Bacillus* 属的最高生物膜生物量为 2.545（*Bacillus* sp. JSB13）。*Aeromonas* sp. 和 *Klebsiella* sp. 也有类似的现象，表明细菌形成生物膜潜能具有菌株水平上的依赖性，这归因于每个菌株的独特代谢潜力。上述结果表明，这 23 株分离菌株的生物膜形成潜能各异，可视为生物反应器中的代表性细菌。

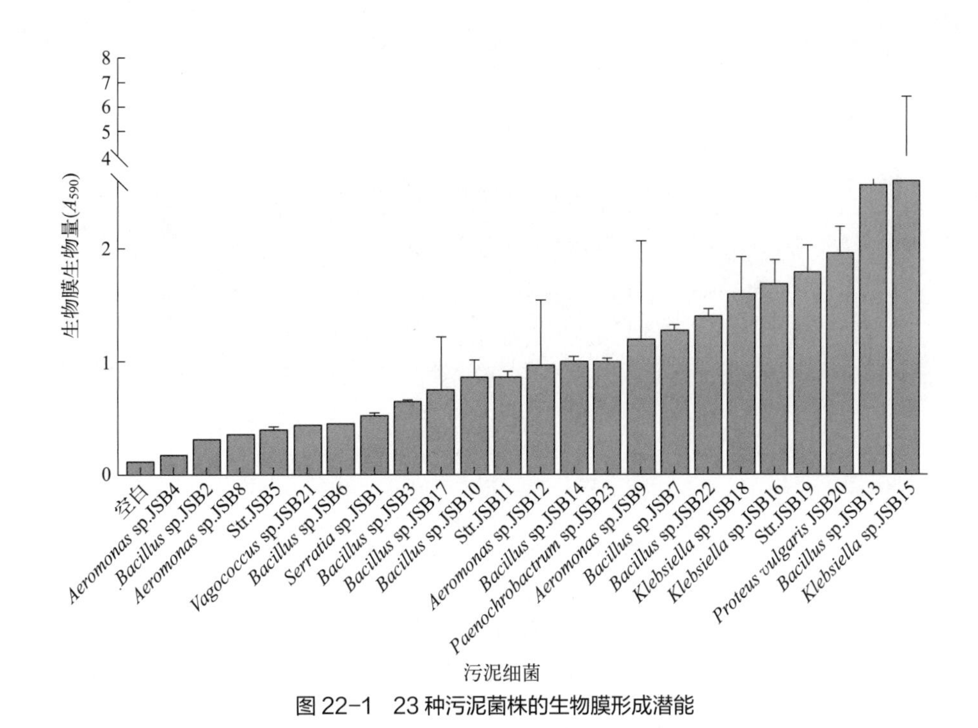

图 22-1　23 种污泥菌株的生物膜形成潜能

22.2　种间作用对生物膜生长及其组成的影响

选定 3 种代表性菌株（即 *Bacillus* sp. JSB10、*Proteus vulgaris* JSB20 和 *Vagococcus* sp. JSB21）揭示种间或菌株间相互作用。在选定的污泥细菌（*Bacillus* sp. JSB10、*Proteus vulgaris* JSB20 或 *Vagococcus* sp. JSB21）的双菌生物膜中，无论 *Proteus vulgaris* JSB20 最初的接种比例如何，*Proteus vulgaris* JSB20 均显示出与 *Bacillus* sp. JSB10 或 *Vagococcus* sp. JSB21 的种间竞争性作用（图 22-2）。这表明 *Bacillus* sp. JSB10 或 *Vagococcus* sp. JSB21 的生物膜形成过程对 *Proteus vulgaris* JSB20 的存在较为敏感。*Proteus vulgaris* JSB20 添加对双菌生物膜生物量的抑制百分比为 35% ～ 40%（$n = 3$，$P < 0.005$）。在一项类似的双菌生物膜研究中，与单种形成生物膜相比，*Escherichia coli* Nissle 1917 对肠出血性 *Escherichia coli*、*Staphylococcus aureus* 和 *Staphylococcus epidermidis* 的生物膜形成分别抑制了 14 倍、1100 倍和 8300 倍 [4]。本研究结合前人研究发现，种间作用普遍存在，且对生物膜的调控具有重要意义。重要的是，这种细菌之间的相互作用使 QQ 行为比预期更为复杂。因此，在本章中将单一菌株的响应与 *Rhodococcus* sp. BH4 进行比较，以期更深入地理解 QQ 行为。

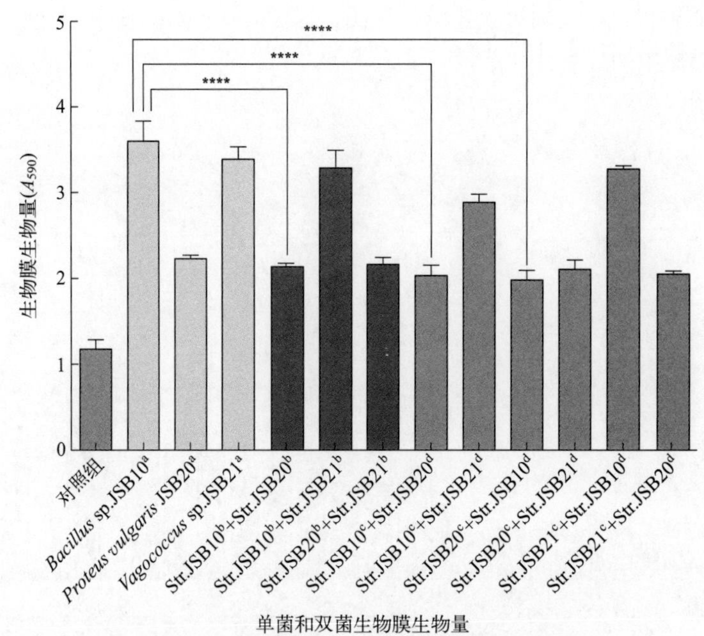

图 22-2　96 孔微量滴定板培养双菌生物膜中的属间作用

接种量：a. 10μL；b.5μL；c. 1μL；d. 9μL

本文深入研究了 *Rhodococcus* sp. BH4 与污泥菌株形成双菌生物膜过程中 BH4 的作用。研究发现孵育 24h 的成熟生物膜的生物量（平均 $A_{590} = 0.4815$）高于其他孵育时间（6h，$A_{590} = 0.3212$；12h，$A_{590} = 0.3645$ 和 48h，$A_{590} = 0.2915$），且成熟的双菌生物膜生物量与单菌生物膜生物量具有显著差异（$P < 0.05$）。因此，本研究聚焦孵育 24h 后的成熟生物膜。结果表明，*Rhodococcus* sp. BH4 与 23 株污泥细菌共培养时，抑制了其中 17 株细菌形成的双菌生物膜，而促进了剩下 6 株细菌形成的双菌生物膜，即在 74% 和 26% 的双菌生物膜中发现了竞争（拮抗）和合作（协同）关系（$P < 0.05$）（图 22-3）。竞争作用下对生物

膜生物量的抑制作用为 44% ～ 93%，合作作用下生物膜生物量增加 21% ～ 294%。此外，所有 3 株 *Klebsiella* sp. 在双菌生物膜中都表现出与菌株 BH4 的竞争关系。对于 *Bacillus* sp. 或 *Aeromonas* sp. 的双菌生物膜，同时观察到其与菌株 BH4 的竞争（主要）和合作（次要）关系。本研究结果表明，竞争关系在含有 *Rhodococcus* sp. BH4 的双菌生物膜的种间关系中占主导地位，这与其他环境条件中的发现相一致[5]。然而，活性污泥中某些细菌与 *Rhodococcus* sp. BH4 之间在形成生物膜方面的合作关系将会使 QQ 技术的应用面临更大的挑战。共存物种之间的竞争作用主要归因于对基质的竞争和生态位重叠等[6]，而合作关系的出现可能由于代谢物 / 酶的互养[7]或相似的代谢生态位[8]。

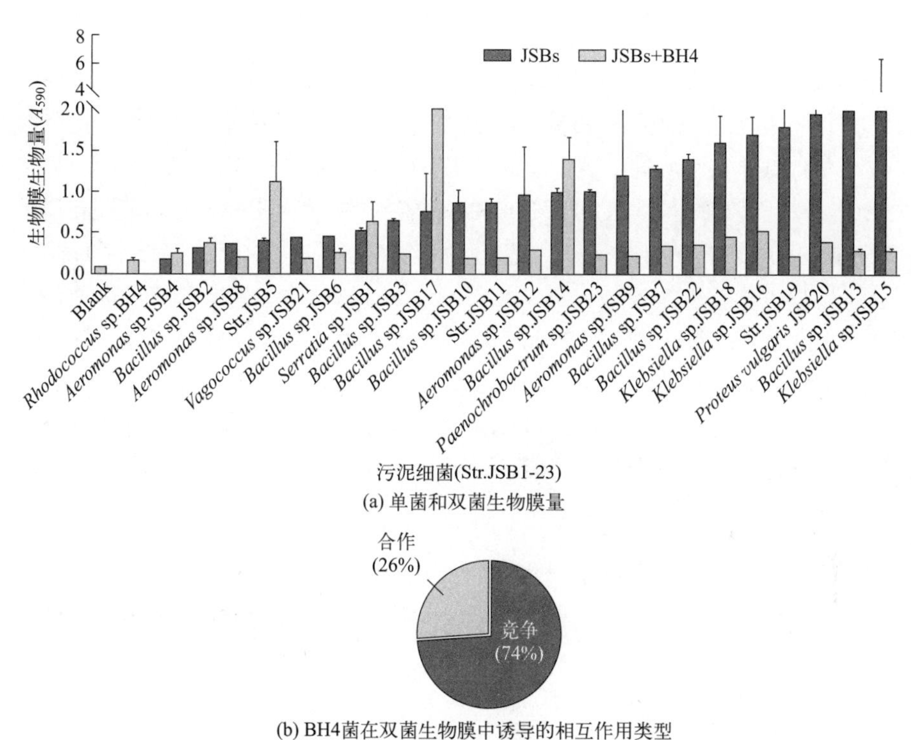

(a) 单菌和双菌生物膜量

(b) BH4菌在双菌生物膜中诱导的相互作用类型

图 22-3 96 孔微量滴定板培养双菌生物膜中 *Rhodococcus* sp. BH4 的影响

对 6 组双菌生物膜（每组均包含 *Rhodococcus* sp. BH4 和另一污泥菌株）进行细胞计数，结果如表 22-1 所列。A 组生物膜 *Rhodococcus* sp. BH4 与菌株 JSB1、JSB2 和 JSB4 的双菌体系中细胞数分别为 9.38×10^9 个 /cm^2、3.68×10^6 个 /cm^2 和 3.77×10^8 个 /cm^2。B 组生物膜 *Rhodococcus* sp. BH4 与菌株 JSB11、JSB13、JSB22 的双菌体系中细胞数分别为 1.18×10^{10} 个 /cm^2、2.13×10^7 个 /cm^2 和 3.72×10^8 个 /cm^2。本研究双菌生物膜中观察到的活细胞数量与前人研究相似[4, 9, 10]。6 组生物膜中有 4 组 *Rhodococcus* sp. BH4 细胞数量比相对应的菌株数量少。例如，双菌生物膜中，菌株 JSB1、JSB4、JSB11 和 JSB13 细胞数量分别为 *Rhodococcus* sp. BH4 细胞数量的 46.6 倍、1.5 倍、2.0 倍和 2.2 倍。相反地，当与菌株 JSB2 或 JSB22 共培养时 *Rhodococcus* sp. BH4 细胞数量分别为 JSB2 和 JSB22 细胞数量的 3.7 倍和 1.8 倍。

表 22-1 双菌生物膜的活细胞平板计数（孵育时间 24h）

双菌样品	总细胞数量 /(个 /cm²)	菌株 JSB1 数量 /(个 /cm²)	菌株 BH4 数量 /(个 /cm²)	JSB1 与 BH4 数量比值
JSB1+BH4	9.38×10^{9}	9.18×10^{9}	1.97×10^{8}	46.6 ∶ 1.0
JSB2+BH4	3.68×10^{6}	7.86×10^{5}	2.89×10^{6}	0.3 ∶ 1.0
JSB4+BH4	3.77×10^{8}	2.24×10^{8}	1.53×10^{8}	1.5 ∶ 1.0
JSB11+BH4	1.18×10^{10}	7.87×10^{9}	3.88×10^{9}	2.0 ∶ 1.0
JSB13+BH4	2.13×10^{7}	1.47×10^{7}	6.62×10^{6}	2.2 ∶ 1.0
JSB22+BH4	3.72×10^{8}	1.31×10^{8}	2.41×10^{8}	0.5 ∶ 1.0

双菌生物膜中菌株 JSB1 和 *Rhodococcus* sp. BH4 细胞数量比为 46.6∶1.0，双菌生物膜的生物量比 JSB1 单菌生物膜的生物量高出 21% 以上，它们的种间作用被认为是合作关系。*Rhodococcus* sp. BH4 在极低的丰度下与菌株 JSB1 表现出协同作用，表明前者的存在会增加菌株 JSB1 对介质表面的黏附力或促进 JSB1 细胞间的凝聚。EPS 研究结果也证实了上述发现，*Rhodococcus* sp. BH4+ 菌株 JSB1 双菌生物膜的 EPS（PN 390mg/L，PS 360mg/L）相比其他双菌生物膜的 EPS（PN 30 ～ 60mg/L，PS 8 ～ 173mg/L）含有更高浓度的 PN 和 PS（图 22-4）。相比之下，更高丰度的 *Rhodococcus* sp. BH4 与菌株 JSB2、JSB4 也表现为协同作用。此外，*Rhodococcus* sp. BH4 的细胞数量在含有菌株 JSB11、JSB13 或 JSB22 的双菌生物膜中并非一成不变（表 21-1）。上述结果揭示了 *Rhodococcus* sp. BH4 与生物膜中其他细菌的种间作用取决于后者菌株的特异性。

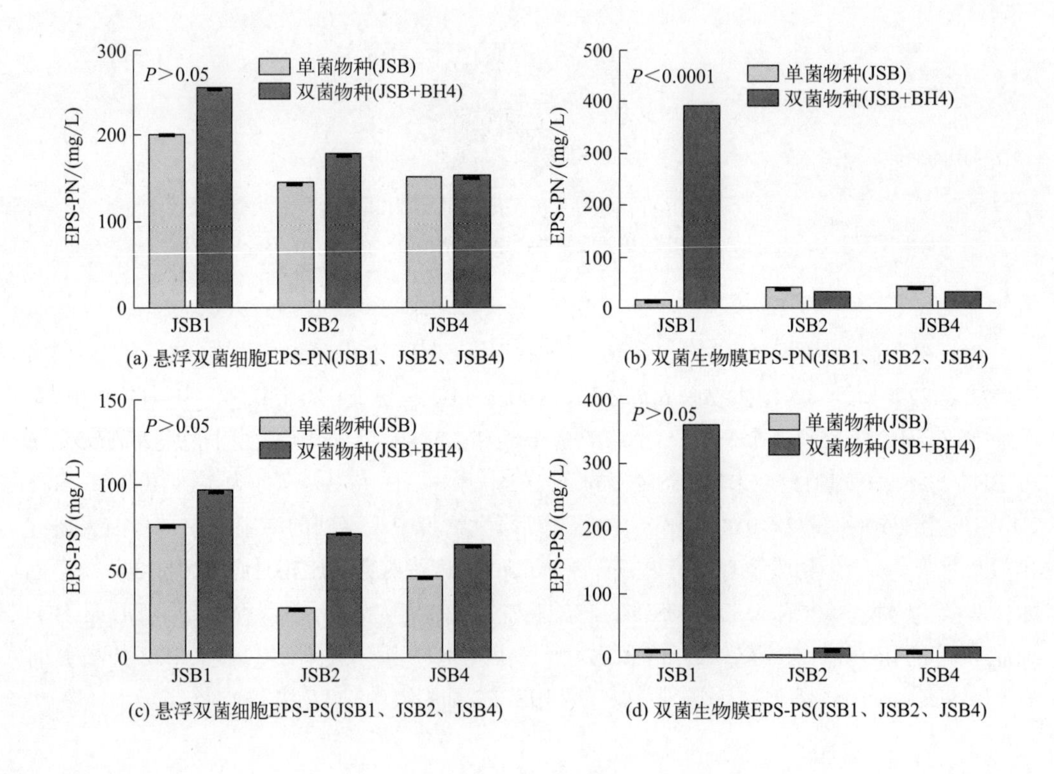

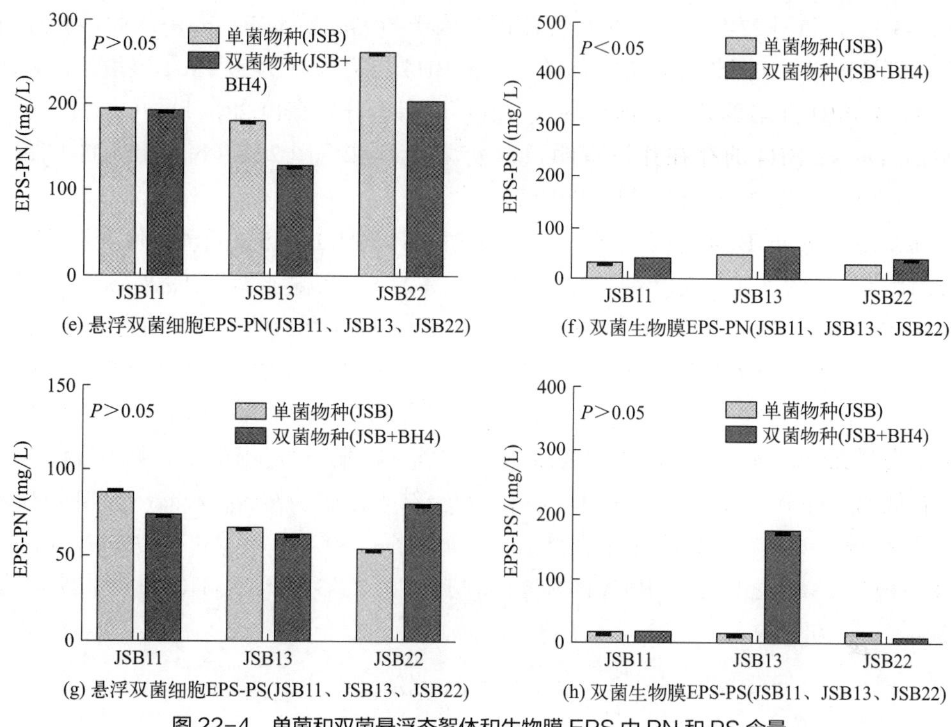

(e) 悬浮双菌细胞EPS-PN(JSB11、JSB13、JSB22)　(f) 双菌生物膜EPS-PN(JSB11、JSB13、JSB22)

(g) 悬浮双菌细胞EPS-PS(JSB11、JSB13、JSB22)　(h) 双菌生物膜EPS-PS(JSB11、JSB13、JSB22)

图 22-4　单菌和双菌悬浮态絮体和生物膜 EPS 中 PN 和 PS 含量

EPS 对双菌生物膜的初始黏附和发展成熟具有关键作用，因而对生物膜和悬浮细胞 EPS 中的 PN 和 PS 进行了量化。结果发现，不管种间作用模式如何，*Rhodococcus* sp. BH4 共培养条件下均会对双菌生物膜 EPS 中 PN 含量造成显著影响（$P < 0.05$）[图 22-4（b）、图 22-4（f）]。然而，*Rhodococcus* sp. BH4 对双菌生物膜 EPS 中 PS 浓度 [图 22-4（d）、图 22-4（h）] 以及悬浮双菌细胞 EPS 中 PN [图 22-4（a）、图 22-4（e）] 和 PS [图 22-4（c）、图 22-4（g）] 均无明显影响（$P > 0.05$）。此外，对于大多数孵育 6h 和 12h 的初始生物膜以及孵育 48h 的成熟生物膜而言，QQ 细菌均未表现出显著的竞争或合作关系（$P > 0.05$）。然而，在某些双物种生物膜中，如 QQ 菌与菌株 JSB7，在孵育 6h 和 12h 的生物膜生长初期，两者表现为合作关系，而在培养 24h 和 48h 的生物膜生长后期则体现为竞争作用，这可能与菌株特定的生长模式有关。

22.3 *Rhodococcus* sp. BH4 对细菌生长速率的影响

单一和混合细菌（选定的污泥细菌 + *Rhodococcus* sp. BH4）悬浮培养生长曲线如图 22-5 所示。培养 48h 后，*Rhodococcus* sp. BH4 显著影响了菌株 JSB1（$P < 0.005$）、JSB4（$P < 0.0005$）、JSB11（$P < 0.05$）和 JSB13（$P < 0.0005$）的生长但对菌株 JSB2（$P > 0.05$）和 JSB22（$P > 0.05$）的生长无明显影响。*Rhodococcus* sp. BH4 与菌株 JSB1 和 JSB4 的协同作用表现尤为突出，A_{600} 值为 0.95 ～ 1.1（$n = 6$），稳定期长达 24 ～ 34h

[图 22-5（a）和图 22-5（c）]。这些特征可归因于与 *Rhodococcus* sp. BH4 共培养导致双菌生物膜量的增加（图 21-3）。*Rhodococcus* sp. BH4 与菌株 JSB4 或 JSB1 混培条件相比菌株 JSB4 或 JSB1 纯培养条件，前者的 A_{600} 值相比后者分别高出 28% 和 31%。相比之下，*Rhodococcus* sp. BH4 的存在并没有明显改变菌株 JSB2 [图 22-5（b）]、JSB11 [图 22-5（d）] 和 JSB22 [图 22-5（f）] 的生长曲线。

Rhodococcus sp. BH4 与菌株 JSB13 混合培养相比菌株 JSB13 纯培养条件下前者混合悬浮液的最大吸光度（A_{600}）比后者高出约 4 倍 [图 22-5（e）]。此外，*Rhodococcus* sp. BH4 与菌株 JSB1 混培条件下生长速率的提高 [图 22-5（a）] 与相应的双菌生物膜生物量在 6h、12h、24h 和 48h 状态相吻合，即生物膜 EPS 中 PN 和 PS 含量显著增加（相比纯培养条件高 26 ～ 30 倍，$P < 0.05$），并且相同组合的悬浮细胞数量增加（增加 1.27 ～ 1.3 倍）。上述结果表明 *Rhodococcus* sp. BH4 与菌株 JSB1 之间存在强烈的合作行为，即使在前者相对含量较低的条件下（2.1%，表 22-1）。此外，以上结果亦显示 *Rhodococcus* sp. BH4 对菌株 JSB1 的影响主要是在生物膜而非悬浮培养状态 [图 22-4（a）～（d）]。*Rhodococcus* sp. BH4 与菌株 JSB4 之间也存在类似的协同作用 [图 22-3、图 22-4（a）、图 22-4（c）、图 22-4（d）和图 22-5]。

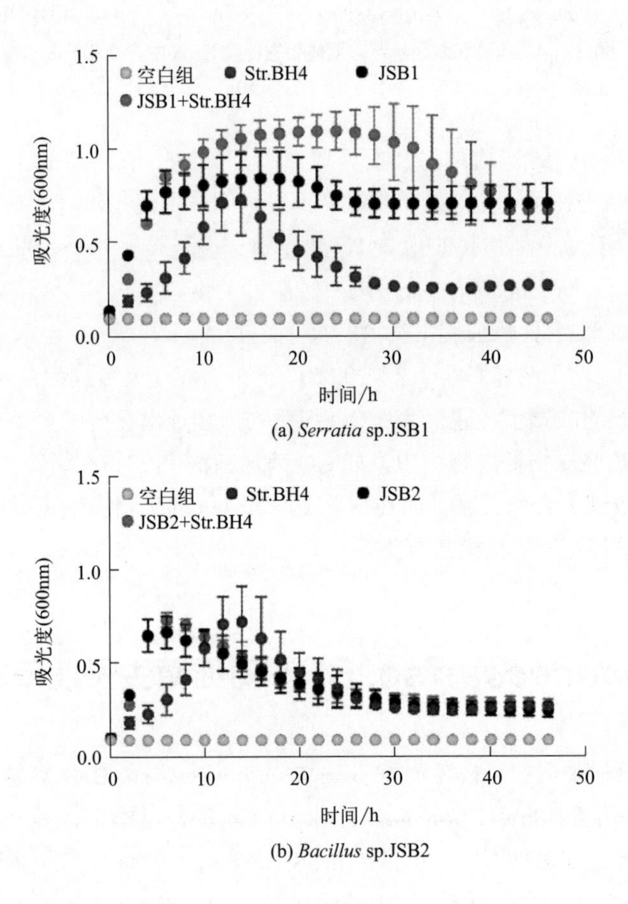

(a) *Serratia* sp.JSB1

(b) *Bacillus* sp.JSB2

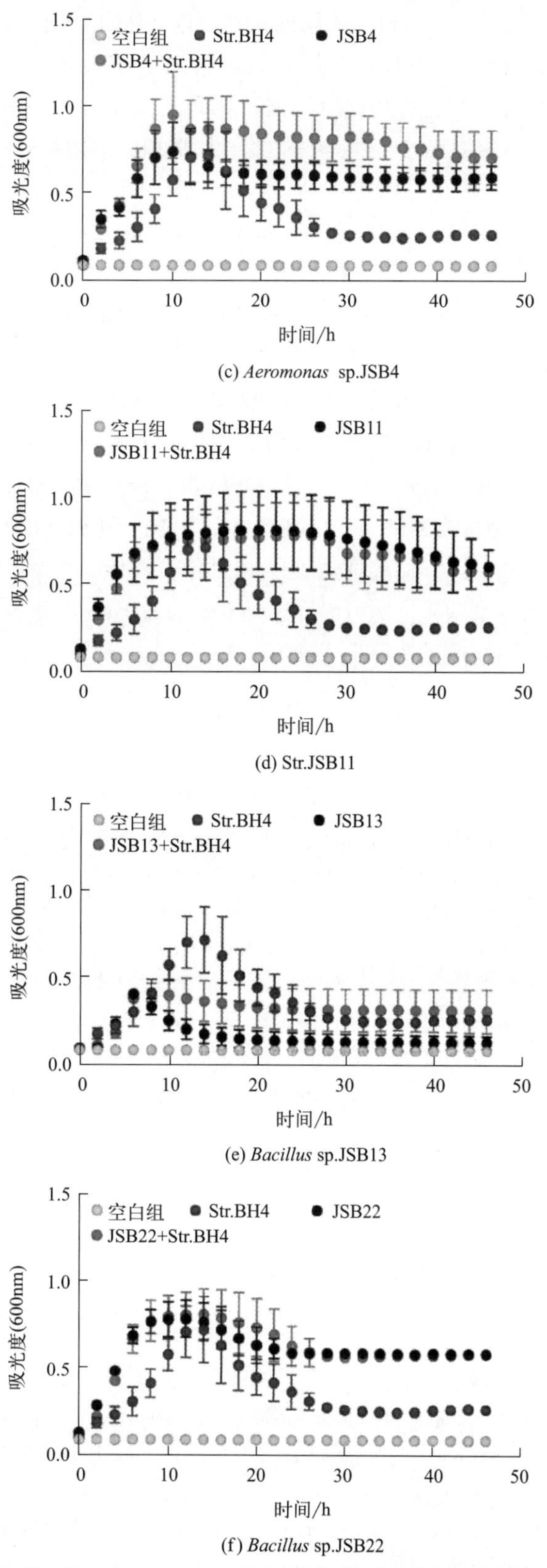

图22-5 *Rhodococcus* sp. BH4 存在或不存在条件下的生长曲线

目前人们对生物膜细菌之间相互作用的认知有限，因此，对不利生物膜（如膜污染）的控制颇具挑战。从单菌和双菌形成生物膜潜能的角度，有助于深入认识驱动细菌生物膜群落组成的作用力并提出靶向生物膜控制策略。本研究从活性污泥中分离代表性菌株，所筛 23 株纯菌中有 9 株在生物膜培养过程中能够产生较高的生物量（$A_{590} > 1.0$）（图 22-1）。并且，活性污泥中低生物膜形成潜能细菌（$A_{590} = 0.1 \sim 0.7$，*Aeromonas* sp. JSB4、JSB8，*Bacillus* sp. JSB2、JSB6、JSB3、JSB17，*Vagococcus* sp. JSB21 和 *Serratia* sp. JSB1）与高生物膜形成潜能细菌（$A_{590} = 1.0 \sim 3.6$，*Aeromonas* sp. JSB9，*Bacillus* sp. JSB7、JSB22、JSB13，*Proteus vulgaris* JSB20，*Klebsiella* sp. JSB15、JSB16、JSB18）是共存的，表明低生物膜形成潜能菌株可能是多物种生物膜形成与发展的调节剂 [11]，且在制定生物膜控制策略时不应忽视低生物膜形成潜能细菌的作用。值得注意的是，*Rhodococcus* sp. BH4 作为目前最常被报道的 QQ 菌，但它对 23 株污泥菌株中的 6 株所培养生成的生物膜不具有抑制能力（图 22-3）。相反，*Rhodococcus* sp. BH4 与 *Serratia* sp. JSB1 共培养过程中表现出强烈的协同效应，具体体现为微生物絮体尺寸急剧增加，生物膜 EPS 中 PN 和 PS 浓度显著增加。因此，应用 QQ 技术抑制混合菌群生物膜的有效性值得商榷，需要在菌株水平上加以评估并充分验证。最近，QQ 细菌被证明可以抑制 *Acinetobacter* sp. 的生长 [12]，因此 QQ 技术的有效性是来自抗菌还是抗 QS 行为亦值得深究。

参考文献

[1] Davies David G，Parsek Matthew R，Pearson James P，et al. The involvement of cell-to-cell signals in the development of a bacterial biofilm[j]. Science，1998，280（5361）：295-298.

[2] Shastry R P，Rekha P D，Rai V R. Biofilm inhibitory activity of metallo-protein AHL-lactonase from cell-free lysate of endophytic Enterobacter species isolated from *Coscinium fenestratum* Gaertn[J]. Biocatalysis and Agricultural Biotechnology，2019，18：101009.

[3] Lee S，Park S K，Kwon H，et al. Crossing the border between laboratory and field：Bacterial quorum quenching for anti-biofouling strategy in an MBR[J]. Environmental Science & Technology，2016，50（4）：1788-1795.

[4] Fang K，Jin X，Hong S H. Probiotic *Escherichia coli* inhibits biofilm formation of pathogenic *E. coli* via extracellular activity of DegP[J]. Scientific Reports，2018，8（1）：4939.

[5] Kim S R，Oh H S，Jo S J，et al. Biofouling control with bead-entrapped quorum quenching bacteria in membrane bioreactors：Physical and biological effects[J]. Environmental Science & Technology，2013，47（2）：836-842.

[6] Parijs I，Steenackers H P. Competitive inter-species interactions underlie the increased antimicrobial tolerance in multispecies brewery biofilms[J]. ISME J，2018，12（8）：2061-2075.

[7] Rakoff-Nahoum S，Foster K R，Comstock L E. The evolution of cooperation within the gut microbiota[J]. Nature，2016，533（7602）：255-259.

[8] Harcombe W. Novel cooperation experimentally evolved between species[J]. Evolution，2010，64（7）：2166-2172.

[9] Wang R，Kalchayanand N，Schmidt J W，et al. Mixed biofilm formation by shiga toxin-producing *Escherichia coli* and *Salmonella enterica Serovar Typhimurium* enhanced bacterial resistance to sanitization due to extracellular polymeric substances[J]. Journal of Food Protection，2013，76（9）：1513-1522.

[10] Makovcova J，Babak V，Kulich P，et al. Dynamics of mono- and dual-species biofilm formation and interactions between *Staphylococcus aureus* and Gram-negative bacteria[J]. Microbial Biotechnology，2017，10（4）：819-832.

[11] Luo J，Dong B Y，Wang K，et al. Baicalin inhibits biofilm formation，attenuates the quorum sensing-controlled virulence and enhances *Pseudomonas aeruginosa* clearance in a mouse peritoneal implant infection model[J]. Plos One，2017，12（4）：e0176883.

[12] Jeong S Y，Lee C H，Yi T，et al. Effects of quorum quenching on biofilm metacommunity in a membrane bioreactor[J]. Microbial Ecology，2020，79（1）：84-97.

第23章

生物相分离 AnMBR 对游离菌的调控及膜污染行为的影响

根据第14～15章研究结果已知，AnMBR污泥上清液中含有大量的游离菌，其大多为水解发酵菌，对于膜污染具有重要的影响。一方面，在AnMBR进水有机负荷变化的情况下，游离菌通过协同代谢的方式对进水底物进行水解酸化，凭借特定的代谢功能维持系统的稳定性；另一方面，受到进水不同碳源的影响，游离菌会形成不同的微生物群落（如嗜糖菌或硫代谢菌），对特定类型的碳源进行水解发酵。因此，本研究提出了一种调控污泥上清液游离菌的AnMBR膜污染控制方法，该方法试图通过进水底物预处理及生物相分离（固定水解酸化菌）的手段减少污泥上清液游离菌的含量从而缓解膜污染。

早在20世纪70年代，生物相分离的两阶段厌氧消化概念便被提出。半个世纪以来，其研究进展主要集中于3个方面：

① 两阶段厌氧消化工艺的处理效果、能源回收潜能和微生物群落的变化，如生物氢烷商业化生产的可行性，运行条件对处理效果的影响，系统中产甲烷菌的演替。

② 两阶段厌氧消化工艺在工业废水处理中的应用。例如，在酒糟废水、木薯加工废水、乳制品废水、啤酒废水和屠宰场废水等工农业废水上的广泛应用。

③ 将两阶段厌氧消化概念与其他工艺进行结合以实现更有效的污水处理，如两阶段厌氧消化与UASB反应器的结合[1]，两阶段厌氧消化概念用于固定床反应器中[2]。然而，有关两阶段厌氧消化与AnMBR结合以实现膜污染控制的研究仍鲜见报道。

因此，本研究在相同的运行参数下平行运行了两相和单相AnMBR，系统研究生物相分离对膜污染的调控作用，具体分为：

① 评估两相及单相AnMBR污泥上清液的过滤性能和膜污染潜能；

② 借助荧光染色及显微观察对比不同生物相上清液游离菌的微生物细胞形态；

③ 采用16S rRNA高通量测序识别不同生物相上清液游离菌的群落组成和结构。

23.1　关键技术手段

相分离 AnMBR 的搭建与运行。本研究搭建并运行了一组两相 AnMBR，同时在相同的操作参数下运行了一组单相 AnMBR 作为对照组，运行时长超过 150d。如图 23-1 所示，两相 AnMBR 包括前端的水解酸化池与后端的产甲烷 MBR，两者均密封以保证系统内的厌氧环境，通过水管相连；单相 AnMBR 为单体反应器，尺寸构造与两相反应器中产甲烷相 MBR 保持一致。水解酸化池底部填充有 150 个圆柱状 K1 型高密度聚乙烯（HDPE）填料［（1×1×1）cm^3］，上部填充有 200 个多孔海绵填料，填充填料后的有效体积为 0.45L。产甲烷 MBR 与单相 AnMBR 中均安装有浸没式中空纤维膜组件（0.02m^2，0.45μm，PVDF，RAYOU，日本），膜通量设置为 9L/（m^2·h），有效体积为 1.8L。本实验采用人工合成废

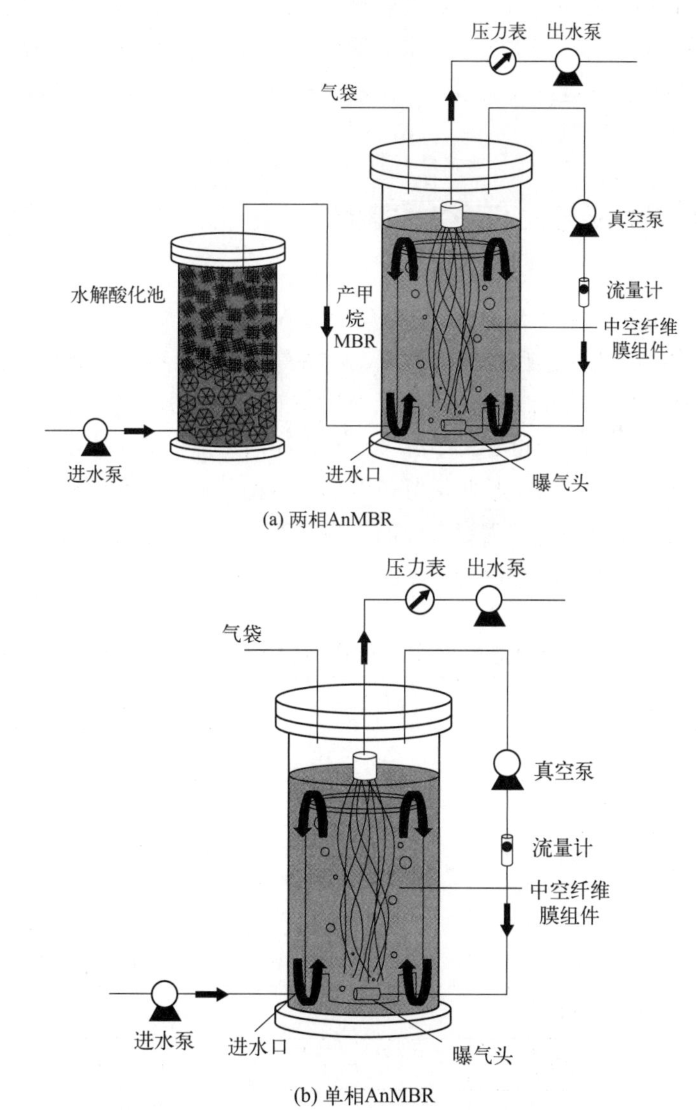

图 23-1　两相 AnMBR 和单相 AnMBR 的反应器装置

水作为反应器的进水底物，COD浓度为400mg/L。在两相AnMBR中，进水底物通过进水蠕动泵由底部进入水解酸化池，随后向上流经连接水管进入产甲烷MBR底部的进水口；在单相AnMBR中，进水底物通过进水蠕动泵直接进入AnMBR底部的进水口。水解酸化池、产甲烷MBR与单相AnMBR的HRT分别为2.5h、10h和10h，SRT通过定期人工排泥的方式控制在50d，反应器运行温度通过水浴加热的方式保持在30℃。为保持产甲烷MBR和单相AnMBR中的污泥混合液处于全混合悬浮状态并起到减缓膜污染的作用，采用真空气泵抽取反应器顶部空间中的生物气并通过安装于膜组件下方的曝气头进行曝气，曝气强度控制在2L/min。膜组件与出水蠕动泵相连，其间安装有压力表以记录膜组件的TMP。当TMP达到25kPa时，暂停运行反应器并从中取出膜组件进行物理清洗和化学清洗以恢复膜组件的纯水通量。收集物理清洗步骤中洗刷下的膜污染物于蓝盖瓶中，采用磁力搅拌的方式对其进行均质处理得到膜污染物混合物以备后续的分析。通过毛刷刷取水解酸化池填料上附着的生物膜，将收集到的生物膜样品混合均匀以备后续分析。在整个实验过程中，定期采集两组反应器的进水、水解酸化池出水、膜过滤出水和污泥上清液进行水质指标测定以监测反应器运行效果。

23.2 两相AnMBR的运行效果

反应器运行初期，两相AnMBR中的产甲烷MBR和单相AnMBR内的污泥混合液TSS浓度相同，均为5.4g/L。反应器运行至50d左右时（时长约为一个SRT），水解酸化池中填料上附着的生物膜量增加至2.7g/L，而产甲烷MBR中污泥混合液的TSS浓度大幅度降低至2.5g/L，表明在两相AnMBR中的水解酸化池内逐渐形成了水解产酸生物相而在产甲烷MBR内逐渐淘汰其他微生物并保留产甲烷微生物。随后，水解酸化池中填料上附着的生物膜量和单相AnMBR内污泥混合液的TSS浓度分别稳定在2.8g/L和3.7g/L，而产甲烷MBR内污泥混合液的TSS浓度持续降低至1.3g/L（表23-1）。

表23-1 本实验两相法水解酸化池、产甲烷MBR以及单相AnMBR的运行效果

类别		水解酸化池	产甲烷MBR	单相AnMBR
悬浮固体	TSS/(g/L)	2.8±0.1	1.3±0.4	3.7±0.1
	VSS/(g/L)	2.7±0.1	1.2±0.3	3.4±0.1
	VSS/TSS值	1.0±0.0	1.0±0.1	0.9±0.0
进水/(mg/L)	COD	402.3±9.4	152.2±34.8	402.3±9.4
	PS	252.7±5.5	7.0±1.3	252.7±5.5
	PN	60.2±2.2	28.5±3.2	60.2±2.2
上清液/(mg/L)	COD	—	350.0±33.9	1189.6±66.5
	PS	—	30.9±4.4	171.2±7.9

续表

类别		水解酸化池	产甲烷 MBR	单相 AnMBR
上清液 /（mg/L）	PN	—	46.8±5.6	231.0±14.2
出水 /（mg/L）	COD	152.2±34.8	46.6±6.7	49.1±6.2
	PS	7.0±1.3	5.4±1.2	5.6±1.1
	PN	28.5±3.2	5.3±1.1	6.6±1.0
	乙酸	55.0±18.0	—	—
	丙酸	8.9±5.1	—	—

除了影响反应器中污泥混合液的 TSS 浓度，生物相分离方法对于污泥上清液也有重要影响。与单相 AnMBR 相比，生物相分离方法显著降低了产甲烷 MBR 内污泥上清液的有机物浓度［图 23-2（a）、图 23-2（c）和图 23-2（e）（书后另见彩图）及表 23-1］。两组反应器的进水底物完全一致，其中含有 COD402.3mg/L、PS252.7mg/L 和 PN60.2mg/L。在两相 AnMBR 中，进水底物经水解酸化池处理后有机物浓度降低为 COD152.2mg/L、PS7.0mg/L 和 PN28.5mg/L，且含有乙酸 55.0mg/L 和丙酸 8.9mg/L，表明水解产酸相的微生物完成了大部分有机物的代谢。在与水解酸化池相连的产甲烷 MBR 中，酸化出水所含有机物及 VFA 被产甲烷相的微生物进一步代谢利用。此时，产甲烷 MBR 内污泥上清液所含有机物的浓度分别为 COD350.0mg/L、PS30.9mg/L 和 PN46.8mg/L。相比之下，单相 AnMBR 内污泥上清液中含有大量的有机物，其浓度高达 COD1189.6mg/L、PS171.2mg/L 和 PN231.0mg/L，为产甲烷 MBR 的 3.4 ～ 5.5 倍［图 23-2（b）、图 23-2（d）和图 23-2（f）（书后另见彩图）及表 23-1］。

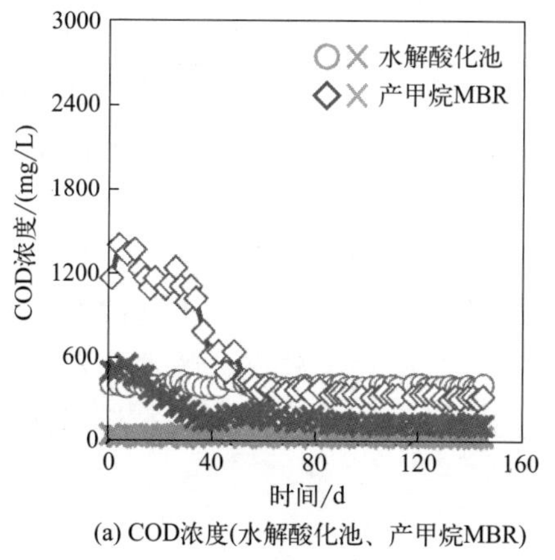

(a) COD浓度(水解酸化池、产甲烷MBR)

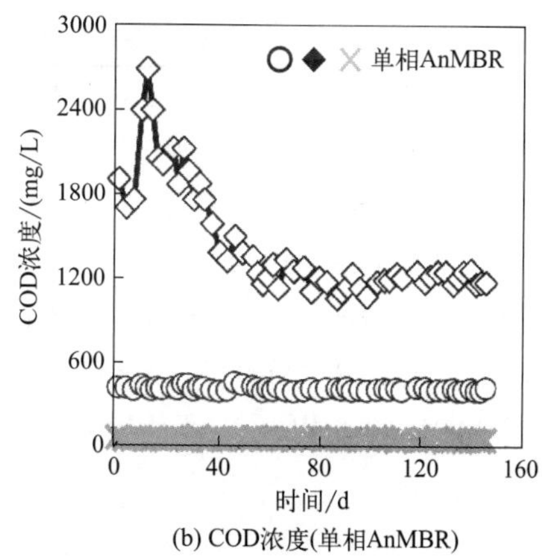

(b) COD浓度(单相AnMBR)

图 23-2

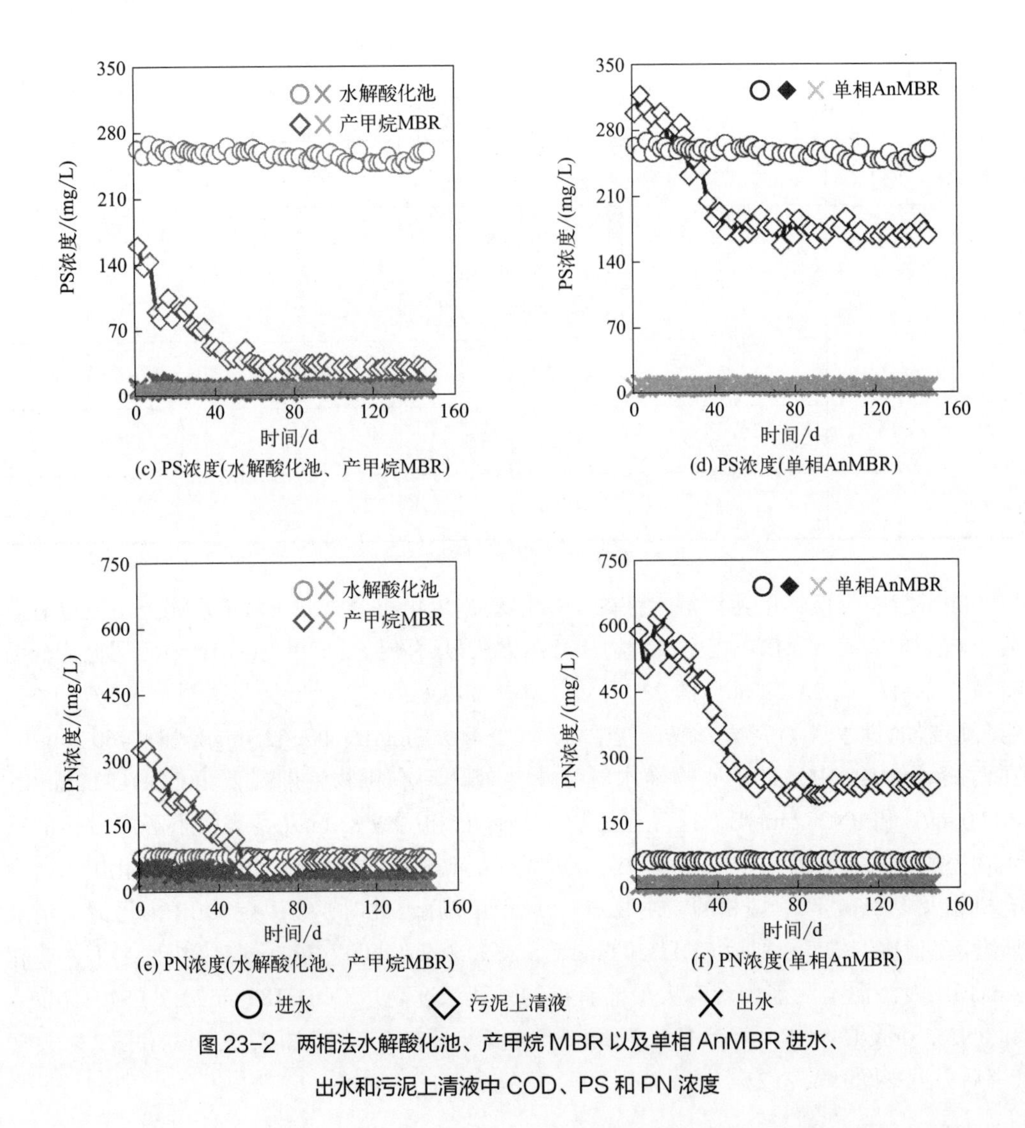

(c) PS浓度(水解酸化池、产甲烷MBR)
(d) PS浓度(单相AnMBR)
(e) PN浓度(水解酸化池、产甲烷MBR)
(f) PN浓度(单相AnMBR)

图 23-2　两相法水解酸化池、产甲烷 MBR 以及单相 AnMBR 进水、出水和污泥上清液中 COD、PS 和 PN 浓度

生物量及污泥上清液有机物浓度的差异引起了两组反应器中膜污染情况的显著区别，主要表现为产甲烷 MBR 中的膜污染情况较轻，而单相 AnMBR 中存在严重的膜污染现象。如图 23-3 所示（书后另见彩图），在整个实验过程中，单相 AnMBR 中的 TMP 跳跃频繁发生，平均膜污染周期为 19.6d，平均膜污染速率为 1.3kPa/d。而在两相 AnMBR 中，TMP 一直维持极低的水平（2kPa），实现了长达 150d 的近零污染运行，表明生物相分离方法可以实现优越的 AnMBR 膜污染控制效果。此外，由于两相 AnMBR 中的水解酸化池对进水底物所含有机物起到充分的水解发酵作用，产甲烷 MBR 的生物气产量及甲烷产率均略高于单相 AnMBR［图 23-4（书后另见彩图）］。

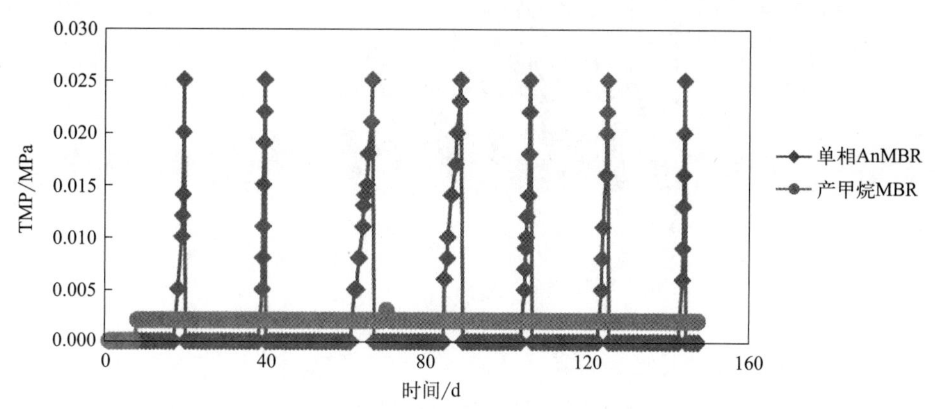

图 23-3 两相法产甲烷 MBR 和单相 AnMBR 的 TMP 动态变化

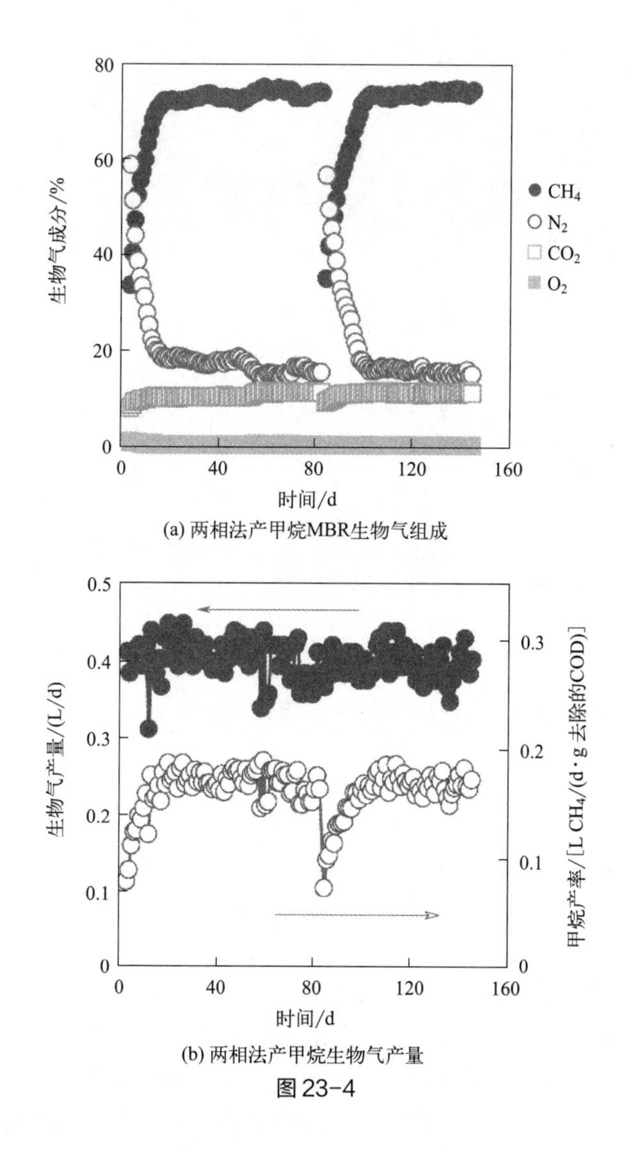

(a) 两相法产甲烷MBR生物气组成

(b) 两相法产甲烷生物气产量

图 23-4

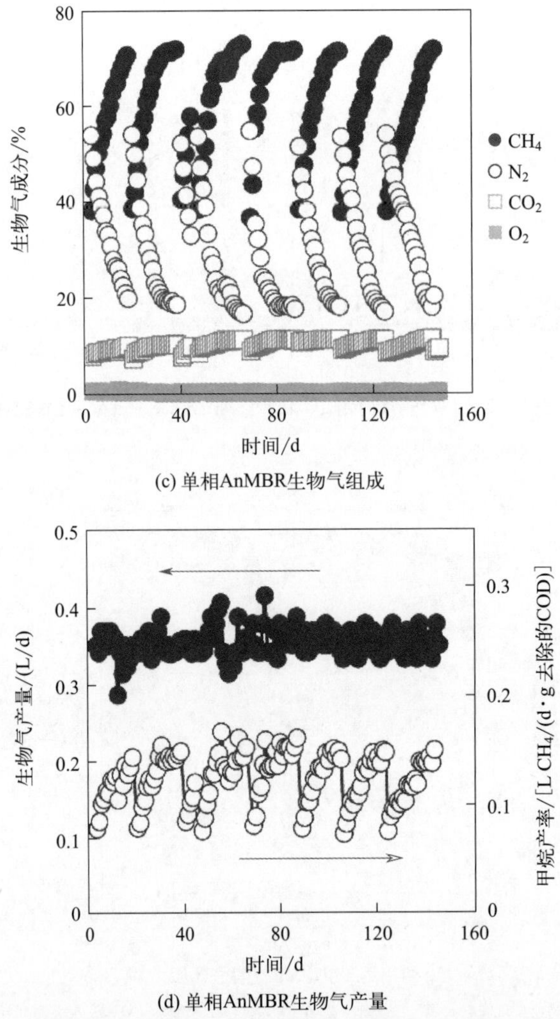

(c) 单相AnMBR生物气组成

(d) 单相AnMBR生物气产量

图 23-4　两相法产甲烷 MBR 和单相 AnMBR 的生物气产量及生物气组成成分

23.3　不同生物相污泥混合液过滤性能的差异

根据反应器长期运行的实验结果，生物相分离方法可实现良好的膜污染控制效果。考虑到产甲烷 MBR 和单相 AnMBR 在污泥混合液 TSS 浓度和污泥上清液有机物浓度上存在显著差异，本研究在控制污泥混合液 TSS 浓度相同和污泥上清液 COD 浓度相同的条件下分别进行了死端过滤实验，用以探究生物相分离方法减缓膜污染的具体途径。如图 23-5（a）所示（书后另见彩图），当污泥混合液的 TSS 浓度均保持为 0.5g/L 且过滤同样体积的样品时，单相 AnMBR 的污泥混合液样品耗时更久。同时，其 UMFI 值为 0.52，而产甲烷 MBR 的污泥混合液样品对应的 UMFI 值为 0.45，前者比后者高 15.6%，表明单相 AnMBR 中的污泥混合液具有较差的过滤性能及较高的膜污染潜能。有趣的是，去除污泥上清液后，两组反应器的污泥絮体样品具有几乎重合的过滤曲线，且产甲烷 MBR

污泥絮体的 UMFI 值（0.28）甚至高于单相 AnMBR 污泥絮体（0.25）。相比之下，污泥上清液的过滤行为与污泥混合液具有相同的趋势，单相 AnMBR 的污泥上清液具有较差的过滤性能及较高的膜污染潜能（UMFI=0.34）。进一步地，控制污泥上清液 COD 浓度为 300mg/L 的条件下，与产甲烷 MBR 的污泥上清液相比，单相 AnMBR 的污泥上清液样品依旧具有较差的过滤性能［图 23-5（b）（书后另见彩图）］。过滤相同体积样品时，单相 AnMBR 污泥上清液样品耗时为产甲烷 MBR 污泥上清液的 1.48 倍，且前者 UMFI 值为后者的 1.41 倍。结合反应器长期运行情况与死端过滤实验结果可知，生物相分离方法通过调控污泥上清液的性质来减缓膜污染，从而实现膜污染控制。先前的研究表明，AnMBR 污泥上清液中含有大量尺寸在 0.45 ～ 10μm 范围内的有机物，同时含有大量游离菌，是重要的膜污染物来源。因此，有必要考察污泥上清液的物理特性及游离菌的微生物组成，探究生物相分离方法对 AnMBR 中污泥上清液的影响，全面探索该方法控制 AnMBR 膜污染的可行性。

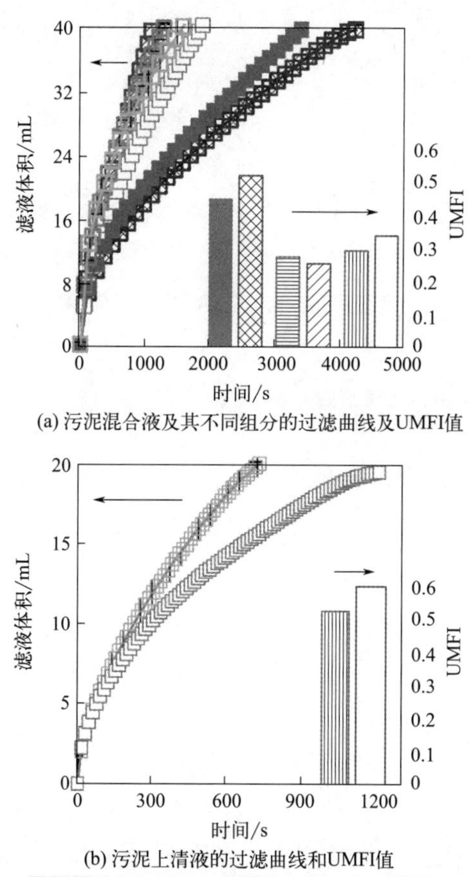

图 23-5　两相法产甲烷 MBR 和单相 AnMBR 中污泥混合液及其不同组分在相同 TSS 浓度下和污泥上清液在相同 COD 浓度下的过滤曲线及对应的 UMFI 值

23.4 不同生物相污泥上清液的尺寸分布及游离菌的形貌特征

采用生物相分离手段作为膜污染控制方法后，产甲烷 MBR 内污泥上清液的尺寸分布与单相 AnMBR 间存在显著差异［图 23-6（书后另见彩图）］。在产甲烷 MBR 中，污泥上清液各尺寸范围内的有机物组分［5 ～ 10μm、1 ～ 5μm、0.45 ～ 1μm、100000（分子量）～ 0.45μm、< 100000（分子量）］占上清液总有机物量的比例较为平均，没有明显的富集倾向。以 COD 含量作为衡量指标，上述各组分在污泥上清液中的占比分别为 22.2%、29.2%、13.8%、23.6% 和 11.1%，0.45 ～ 1μm 及< 100000（分子量）组分占比较小［图 23-6（a）］。以 PS 含量作为衡量指标，上述各组分在污泥上清液中的占比分别为 25.2%、23.0%、15.7%、18.6% 和 17.5%［图 23-6（b）］。以 PN 含量作为衡量指标，上述各组分在污泥上清液中的占比分别为 26.9%、26.1%、20.3%、19.1% 和 7.5%，< 100000（分子量）组分

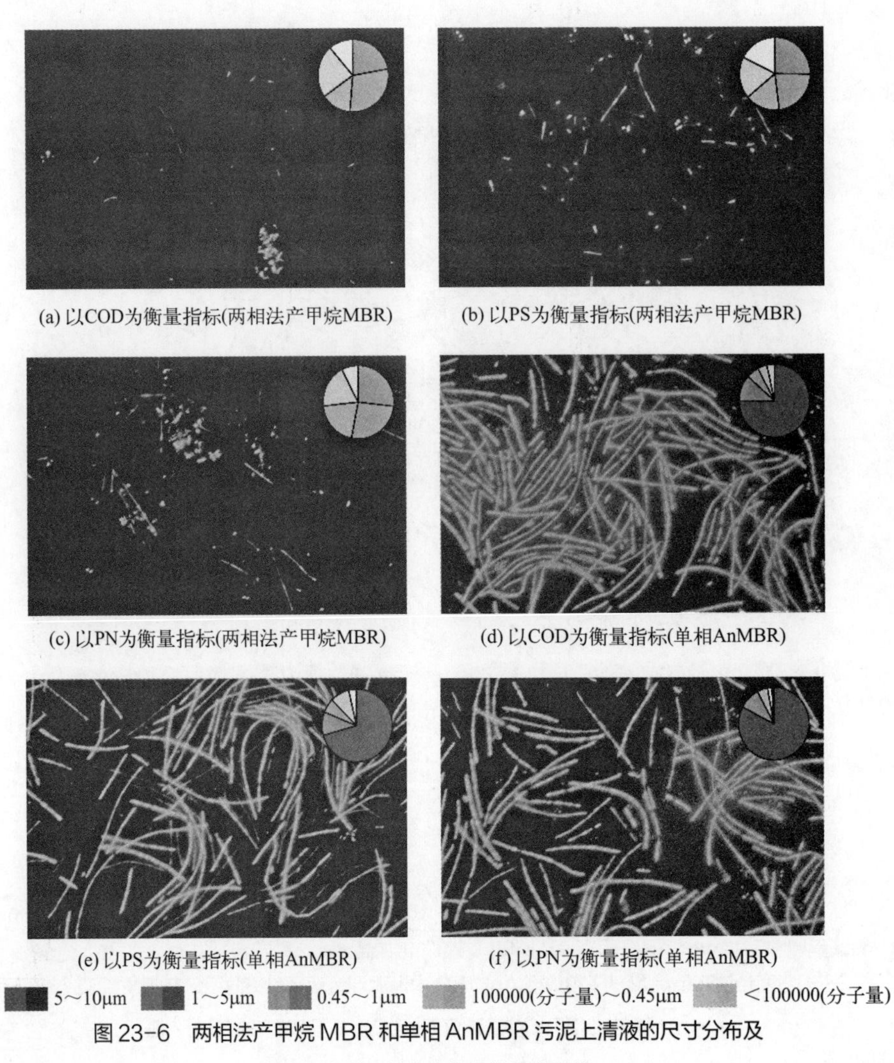

(a) 以COD为衡量指标(两相法产甲烷MBR)　(b) 以PS为衡量指标(两相法产甲烷MBR)

(c) 以PN为衡量指标(两相法产甲烷MBR)　(d) 以COD为衡量指标(单相AnMBR)

(e) 以PS为衡量指标(单相AnMBR)　(f) 以PN为衡量指标(单相AnMBR)

图 23-6　两相法产甲烷 MBR 和单相 AnMBR 污泥上清液的尺寸分布及所含游离菌的荧光染色显微观察照片

占比较小［图 23-6（c）］。相比之下，单相 AnMBR 污泥上清液各尺寸范围内的有机物占上清液总有机物含量的比例极为不均，出现明显的富集倾向，其中 5 ～ 10μm 尺寸范围内的有机物为主要成分。以 COD 含量作为衡量指标，上述各组分在污泥上清液中的占比分别为 75.0%、11.6%、5.7%、4.3% 和 3.4%［图 23-6（d）］。以 PS 含量作为衡量指标，上述各组分在污泥上清液中的占比分别为 70.8%、10.4%、6.4%、8.9% 和 3.5%［图 23-6（e）］。以 PN 含量作为衡量指标，上述各组分在污泥上清液中的占比分别为 82.7%、9.8%、4.7%、2.1% 和 0.7%［图 23-6（f）］。

相应地，产甲烷 MBR 和单相 AnMBR 污泥上清液所含游离菌的形貌特征间也存在明显的区别（图 23-6）。图中荧光染色显微观察照片右上角饼状图代表污泥上清液中的尺寸分布，图 23-6（a）和图 23-6（d）以 COD 为衡量指标，图 23-6（b）和图 23-6（e）以 PS 为衡量指标，图 23-6（c）和图 23-6（f）以 PN 为衡量指标。在产甲烷 MBR 污泥上清液中，存在少量尺寸微小的球菌和少量杆菌，同时视野内零星可见极少量的细丝状细菌。而在单相 AnMBR 污泥上清液中，分布有大量丝状菌，在视野内形成交错的图案，这部分丝状菌尺寸较大且具有分节的结构特征。两组反应器污泥上清液在尺寸分布及游离菌的形貌特征上均存在显著差异，表明生物相分离方法可有效减少 AnMBR 污泥上清液中 5 ～ 10μm 尺寸范围内的有机物组分及对应尺寸范围内的丝状游离菌，进而实现良好的膜污染控制效果。

23.5　不同生物相污泥上清液游离微生物群落的差异

如图 23-7（a）所示（书后另见彩图），生物相分离方法有效调控了两相 AnMBR 中产甲烷 MBR（即膜池）内污泥混合液的微生物群落结构，使其显著区别于单相 AnMBR。在两相 AnMBR 的水解酸化池中，存在多种水解发酵菌，如 *g_Desulfovibrio*、*g_Bacteroidetes_vadinHA17*、*g_Lactococcus*、*g_Blvii28_wastewater-sludge_group*、*g_Sedimentibacter* 和 *g_Lactivibrio* 等，其相对丰度分别为 3.0%、2.2%、2.5%、4.3%、3.1% 和 2.6% 等。

上述水解发酵菌可以代谢多种有机物，为厌氧生物代谢过程中的下游微生物提供代谢底物。此外，水解酸化池中的乙酸营养型产甲烷菌 *g_Methanosaeta* 相对丰度高达 10.4%，互营乙酸氧化菌 *g_JGI-0000079-D21* 相对丰度高达 7.9%。在两相 AnMBR 中，进水底物经水解酸化池被微生物水解发酵，代谢产物乙酸被乙酸营养型产甲烷菌和互营乙酸氧化菌进一步利用，最终酸化出水中的乙酸浓度较低（表 23-1）。对比产甲烷 MBR 和单相 AnMBR 中污泥混合液的微生物群落组成，水解发酵菌及产甲烷菌的相对丰度表现出显著差异。在单相 AnMBR 中，*g_Aminicenantales* 在污泥混合液中占主导地位，其相对丰度高达 44.3%，具有降解多种烃类化合物的代谢能力[3]；而该微生物在产甲烷 MBR 污泥混合液中的相对丰度大幅度降低至 20.0%。产甲烷 MBR 中的主要产甲烷菌为乙酸营养型的 *g_Methanosaeta*，其相对丰度高达 12.5%，同时还含有氢营养型的 *g_Methanospirillum*（2.2%）和 *g_Methanolinea*（4.8%）；而上述产甲烷菌在单相 AnMBR 中对应的相对丰度分别为 4.6%、1.5% 和 4.3%。两相 AnMBR 中相对丰度较高的产甲烷菌与该反应器较高的产甲烷速率相呼应（图 23-4）。水解酸化池填料附着生物膜、产甲烷 MBR 内污泥混合液和单相 AnMBR 内污泥混合液的微生物群落呈现出显著差异，表明生物相分离方法可以通过进水底物预处理有效干预微生物群落组成。

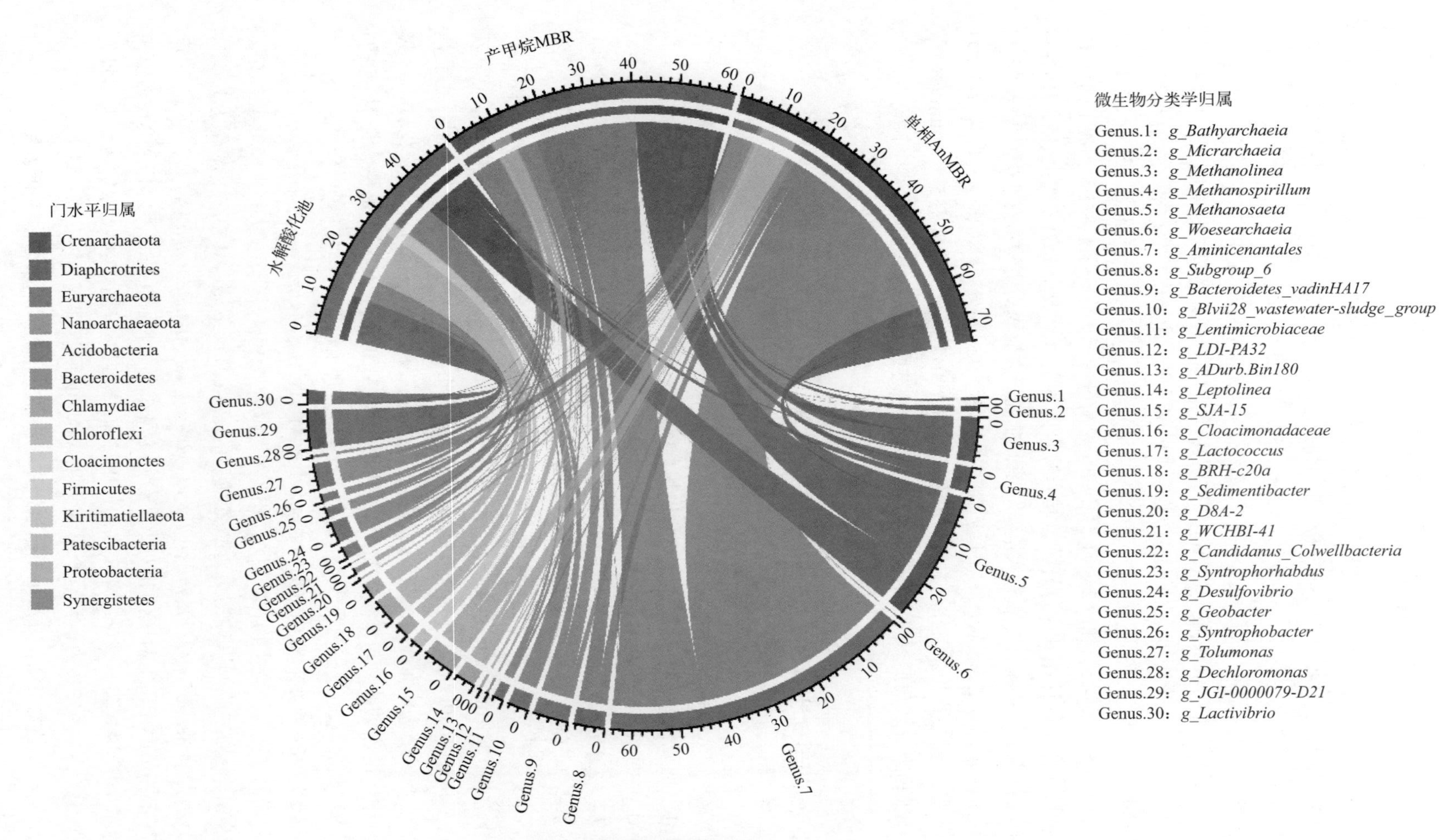

(a) 污泥混合液微生物的相对丰度

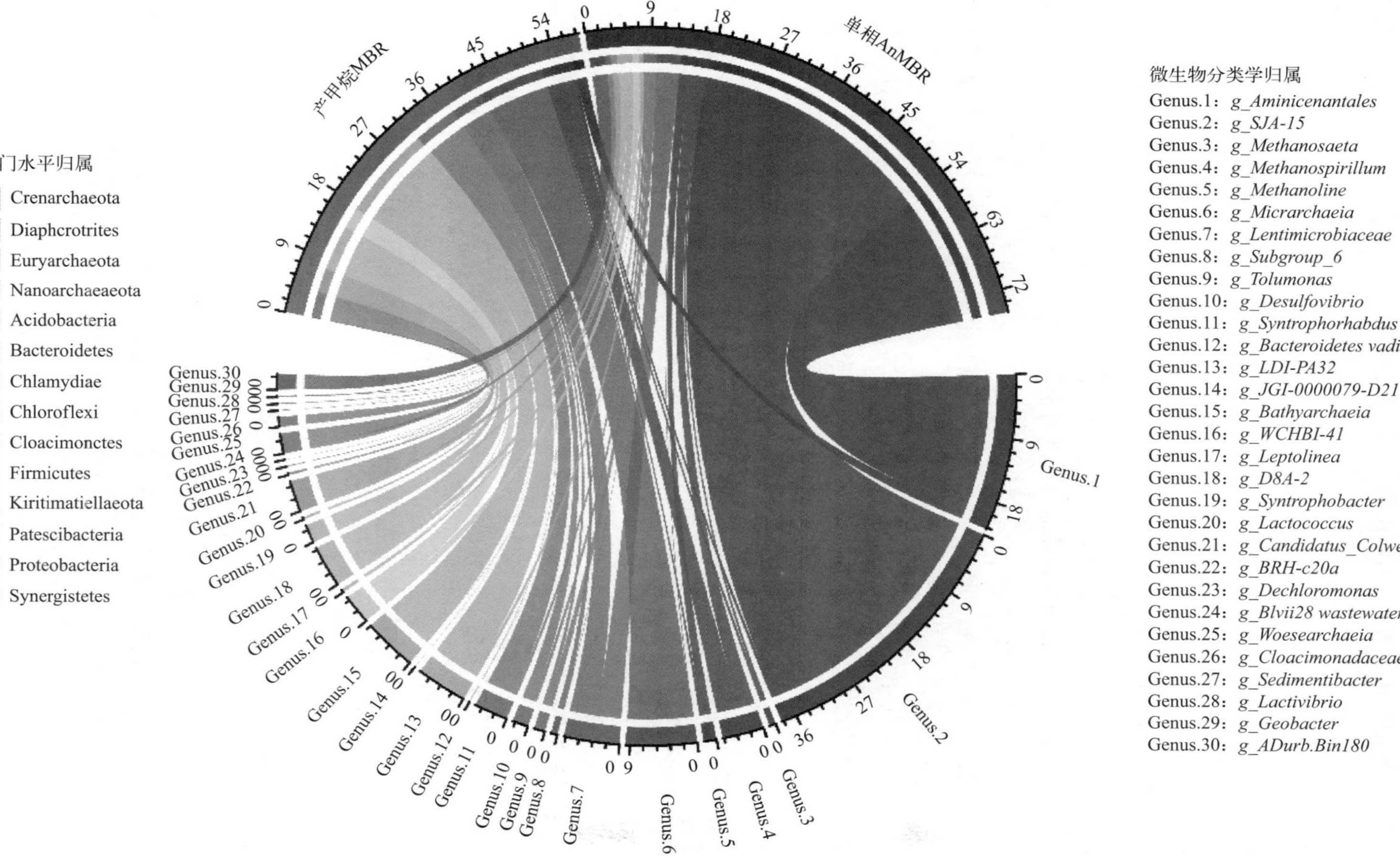

(b) 污泥上清液游离菌的相对丰度

图 23-7　两相 AnMBR 的水解酸化池中填料上附着的生物膜、产甲烷 MBR 中污泥混合液及单相 AnMBR 中污泥混合液所含微生物的相对丰度和产甲烷 MBR 中污泥上清液游离菌及单相 AnMBR 中污泥上清液游离菌的相对丰度

图中仅展示相对丰度排名前 30 的属水平微生物

值得关注的是，采用了生物相分离方法后，产甲烷 MBR 和单相 AnMBR 污泥上清液游离菌间表现出显著差异［图 23-7（b）］（书后另见彩图）。先前研究表明，AnMBR 污泥上清液游离菌多为水解发酵菌，在系统中起到降解进水底物并为后续生物代谢过程提供底物的作用。在本研究的单相 AnMBR 污泥上清液游离菌中，水解发酵菌占主导地位，如 *g_Aminicenantales* 和 *g_SJA-15*，其相对丰度分别高达 20.2% 和 37.6%，该研究结果与先前报道一致。特别地，*g_SJA-15* 菌体尺寸较大且具有丝状形貌，为典型的丝状菌 [4]，其较高的相对丰度与单相 AnMBR 污泥上清液中 5 ～ 10μm 组分的主导地位及荧光染色显微观察的结果相吻合（图 23-6）。相比之下，上述微生物在产甲烷 MBR 污泥上清液游离菌中的相对丰度仅为 1.6% 和 0.5%。另外，产甲烷 MBR 污泥上清液游离菌中还含有较多的厌氧古菌，如 *g_Micrarchaeia*（9.4%）和 *g_Woesearchaeia*（2.1%），表明生物相分离方法可能更好地营造厌氧环境，有利于厌氧微生物的生长繁殖及生理代谢。古菌 *g_Bathyarchaeia* 在产甲烷 MBR 污泥上清液游离菌中的相对丰度为 7.2%，而在单相 AnMBR 污泥上清液游离菌中的相对丰度仅为 0.1%。据报道，该古菌可通过提高甲基辅酶 M 还原酶的活性促进产甲烷过程 [5]，其在两组反应器间的相对丰度差异可能是两组反应器甲烷产率不同的原因之一（图 23-4）。

如图 23-8 所示，微生物群落多样性差异进一步反映了生物相分离方法对反应器中微生物群落结构的影响。图中 A-SF、M-SF、M-MP、I-SF 和 I-MP 分别表示水解酸化池中填料上附着的生物膜、产甲烷 MBR 污泥混合液、产甲烷 MBR 污泥上清液游离菌、单相 AnMBR 污泥混合液和单相 AnMBR 污泥上清液。通过进水底物预处理，生物相分离方法削弱了水解发酵菌的主导地位，显著提高了产甲烷 MBR 中污泥混合液及污泥上清液游离菌的群落丰富度及均匀度［图 23-8（a）和图 23-8（b）］。根据先前研究，AnMBR 中污泥上清液游离菌是重要的膜污染物来源，对膜污染有着不可忽视的影响 [6]。本研究中，生物相分离方法大幅度减少了污泥上清液中的游离菌含量，显著减弱了其对于膜污染物的贡献率，污泥混合液成为了产甲烷 MBR 中的主要膜污染物来源［图 23-8（c）］。由微生物溯源分析结果可知［图 23-8（d）］，产甲烷 MBR 的膜污染物中 12.6% 的微生物来自污泥上清液游离菌，而该比例在单相 AnMBR 中高达 25.3%。总体而言，生物相分离方法结合了进水底物预处理及生物相分离手段，在保证 AnMBR 污水处理效果的同时极大地延长了 AnMBR 的膜污染周期，显著减缓了 AnMBR 膜污染。

AnMBR 污泥上清液游离菌对污泥混合液的过滤性能具有重要影响。笔者课题组先前的研究表明，不同进水碳源类型会引起 AnMBR 污泥上清液游离菌的多样性分化，但其大部分为水解发酵菌，在系统中起到水解发酵有机物并为产甲烷微生物提供代谢底物的作用。据此，本研究提出了基于生物相分离和水解发酵菌固定化的 AnMBR 膜污染控制方法，有效地减少了反应器内污泥上清液中游离菌的含量并调控了游离菌的群落组成，实现了 AnMBR 长期近零污染运行，为 AnMBR 的可持续发展提供了重要的理论指导和技术支持。

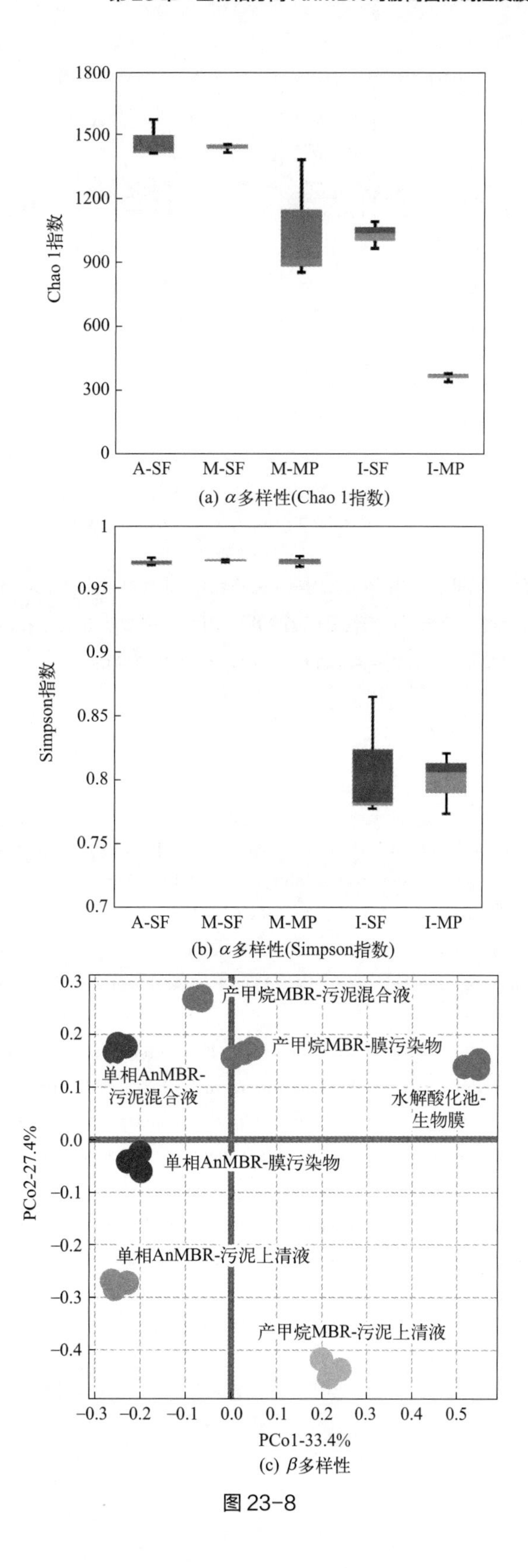

(a) α多样性(Chao 1指数)

(b) α多样性(Simpson指数)

(c) β多样性

图 23-8

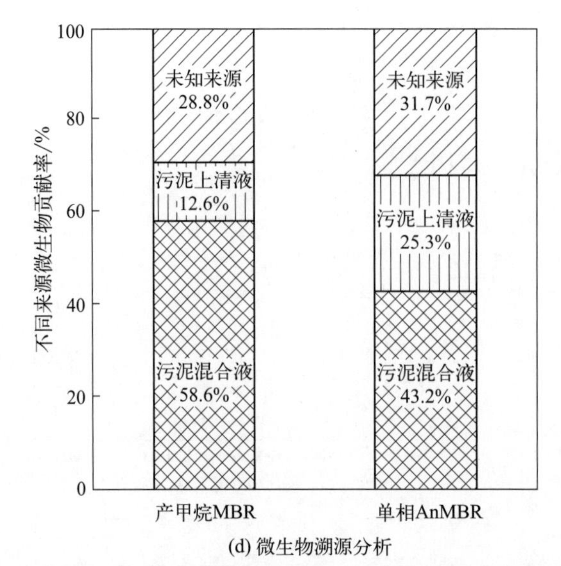

图 23-8 两相 AnMBR 水解酸化池中填料上附着的生物膜、产甲烷 MBR 中污泥混合液及污泥上清液游离菌和单相 AnMBR 污泥混合液及污泥上清液游离微生物群落的 α 多样性和 β 多样性及产甲烷 MBR 和单相 AnMBR 中膜污染物的微生物溯源分析

参考文献

[1] Intanoo P，Rangsanvigit P，Malakul P，et al. Optimization of separate hydrogen and methane production from cassava wastewater using two-stage upflow anaerobic sludge blanket reactor（UASB）system under thermophilic operation[J]. Bioresource Technology，2014，173：256-265.

[2] Fuess L T，Kiyuna L S M，Júnior A D N F，et al. Thermophilic two-phase anaerobic digestion using an innovative fixed-bed reactor for enhanced organic matter removal and bioenergy recovery from sugarcane vinasse[J]. Applied Energy，2017，189：480-491.

[3] Xie A，Deaver J A，Miller E，et al. Effect of feed-to-inoculum ratio on anaerobic digestibility of high-fat content animal rendering wastewater[J]. Biochemical Engineering Journal，2021，176：108215.

[4] Liang B，Wang L Y，Mbadinga S M，et al. *Anaerolineaceae* and *Methanosaeta* turned to be the dominant microorganisms in alkanes-dependent methanogenic culture after long-term of incubation[J]. AMB Express，2015，5：1-13.

[5] Li Y，Zhao J，Zhang Z. Implementing metatranscriptomics to unveil the mechanism of bioaugmentation adopted in a continuous anaerobic process treating cow manure[J]. Bioresource Technology，2021，330：124962.

[6] Yao Y，Gan Z，Zhou Z，et al. Carbon sources driven supernatant micro-particles differentiate in submerged anaerobic membrane bioreactors（AnMBRs）[J]. Chemical Engineering Journal，2022，430：133020.

附　录

附录1　主要缩写对照表

AeMBR，aerobic membrane bioreactor，好氧膜生物反应器

AFM，atomic force microscopy，原子力显微镜

AHA，Aldrich humic acid，Aldrich 腐殖酸

AHL，acyl homoserine lactones，脂肪酰基高丝氨酸内酯

AnMBR，anaerobic membrane bioreactor，厌氧膜生物反应器

ASI，absorbance slope index，吸光度斜率指数

A-SMP，以乙酸钠为基质产生的 SMP

$\overline{K}$，average degree，平均连接度

$\overline{CC}$，average cluster coefficient，平均聚类系数

BAP，biomass-associated products，微生物内源代谢产物

BB，building blocks，基础类物质

BMM，biomacromolecules，生物大分子

BMMb，biopolymer biomacromolecules，生物聚合物态大分子

BMMc，colloidal biomacromolecules，胶体态生物大分子

BMU，best matching unit，最佳匹配单元图

BP，biopolymers，生物聚合物

BSA，bovine serum albumin，牛血清蛋白

CLSM，confocal laser scanning microscopy，激光共聚焦扫描显微镜

COD，chemical oxygen demand，化学需氧量

CRAMs，carboxylic-rich alicyclic molecules，富含羧基的类脂环族分子

DEX，dextran，葡聚糖

DOC，dissolved organic carbon，溶解性有机碳

DOM，dissolved organic matter，溶解性有机物

DOTM，direct observation through the membrane，穿透膜直接观察技术

EPS，extracellular polymeric substance，胞外聚合物

E_2/E_3，波长 250 nm 与 365 nm 处吸光度的比值

FTIR，Fourier transform infrared spectroscopy，傅里叶变换红外光谱

GPC，gel permeation chromatography，凝胶渗透色谱

G-SMP，以葡萄糖为基质产生的 SMP

HA，humic acid，腐殖酸

HOC，hydrophobic organic carbon，疏水性有机碳

HRT，hydraulic retention time，水力停留时间

HS，humic substance，腐殖质

IC，inorganic carbon，无机碳

J/J_0，归一化通量

LC-OCD，liquid chromatography with organic carbon detector，液相有机碳测试仪

LMW，low molecular weight，低分子量

MBR，membrane bioreactor，膜生物反应器

micro-FTIR，显微红外

MLSS，mixed liquor suspended solids，混合液悬浮固体浓度

MLVSS，mixed liquor volatile suspended solid，混合液挥发性悬浮固体

MSF，membrane surface foulants，膜表面污染物

MWCOs，molecular weight cut-offs，截留分子量

NMR，nuclear magnetic resonance，核磁共振

OLR，organic loading rate，有机负荷率

OTU，operational taxonomic unit，操作分类单元

PARAFAC，parallel factor analysis，平行因子分析

PCA，principal component analysis，主成分分析

PERMDISP，permutational analysis of multivariate dispersions，多元分散可置换分析

PES，polyethersulfone，聚醚砜

PN，protein，蛋白质

PS，polysaccharide，多糖

PVDF，polyvinylidene fluoride，聚偏氟乙烯

PVP，polyvinyl pyrrolidone，聚乙烯吡咯烷酮

QQ，quorum quenching，群体淬灭

QS，quorum sensing，群体感应

RC，reactivity continuum，活性连续体

SA，sodium alginate，海藻酸钠

SEM，scanning electron microscopy，扫描电子显微镜

SES，standard effect size，标准效应量

SeS，selection strength，选择强度

SMP，soluble microbial product，溶解性微生物产物

SRNOM，Suwannee River natural organic matter，Suwannee River 天然有机物

SRT，sludge retention time，污泥停留时间

$SUVA_{254}$，specific ultraviolet absorbance at 254 nm，254 nm 处的紫外吸光值与 TOC 的比值

TC，total carbon，总碳

TMP，transmembrane pressure，跨膜压差

TN，total nitrogen，总氮

TOC，total organic carbon，总有机碳

TP，total phosphorus，总磷

UAP，utilization-associated products，底物利用相关微生物产物

U-matrix，united distance matrix，统一距离矩阵

UMFI，unified membrane fouling index，归一化膜污染指数

VFA，volatile fatty acid，挥发性脂肪酸

XPS，X-ray photoelectron spectroscopy，X 射线光电子能谱

2D-FTIR-COS，two-dimensional FTIR correlation spectroscopy，二维红外相关光谱

2D-PAGE，two-dimensional polyacrylamide gel electrophoresis，双向凝胶电泳

3D-EEM，threee-dimensional excitation-emission matrix，三维荧光光谱

附录 2　膜生物反应器通用技术规范

中华人民共和国国家标准《膜生物反应器通用技术规范》（GB/T 33898—2017）

下文节选自该标准中的 5.4 膜分离系统

5.4　膜分离系统

5.4.1　一般规定

5.4.1.1　膜分离系统运行方式宜采用恒通量和周期性间歇运行模式。

5.4.1.2　膜分离系统过滤一个运行周期宜为 7min ～ 9min；间歇期宜为 1min ～ 3min。

5.4.2　膜组器

5.4.2.1　一般规定

膜组器的整体设计应符合以下要求：

a）膜组器的吊架应安全可靠，便于安装和检修；

b）膜组器的曝气装置、集水管路、框架和吊架等部件应布局合理，便于安装和检修，并满足工艺和安全要求；

c）膜组器设计与选型应充分考虑集水均匀，结构紧凑、能耗低，其设计应符合 HJ 2527 的有关规定，管道和阀门等组件均应符合相应的标准和规范要求；

d）膜组器与管路之间应由连接可靠、密封性好、耐负压、安装拆卸方便的连接件固定，通常采用不锈钢快速接头或管道连接器固定。

5.4.2.2 膜组件

膜组件设计应符合以下要求：

a）中空纤维膜组件宜采用超滤或微滤膜组件；

b）膜的平均产水通量宜在 12L/（m^2·h）～25L/（m^2·h）；

c）膜组件的保存、使用、安装与拆卸应根据膜组件制造商的要求进行；

d）膜组件应采用耐污染、耐腐蚀性材料。

5.4.2.3 曝气装置

曝气装置主要由进气管路和曝气部件组成，其设计应符合以下要求：

a）进气管路应确保密封无泄漏，各通道应连接可靠；

b）曝气部件宜布置在膜组器下方，保证出气均匀并能有效减缓膜污染；

c）曝气方式通常采用穿孔式。

5.4.2.4 集水管路

集水管路主要由连接各个膜组件产水的集水支管和总管等组成。

5.4.2.5 框架及附属部件

框架是将膜组件、曝气装置、集水管路连接在一起的支撑体，其设计应符合以下要求：

a）框架通常应使用不锈钢、带有防腐层的碳钢等金属型材或使用有足够刚度及强度的非金属材料，能满足框架整体强度和刚度要求及耐腐蚀性等性能要求；

b）框架主体和其附属部件使用的钢材应符合 GB/T 700、GB/T 709、GB/T 1220、GB/T 3280、GB/T 4237 的有关规定，使用的硬聚氯乙烯应符合 GB/T 5836.1、GB/T 5836.2 的有关规定，使用的 ABS 应符合 GB/T 20207.1、GB/T 20207.2 的有关规定，使用的其他材料应符合 JB/T 2932 的有关规定；

c）框架主体和其附属部件使用的焊接材料以及粘接材料应符合现行国标所规定的技术要求，焊接质量应符合 GB/T 19866 的有关规定；

d）金属管道焊接与安装应符合 GB 50235 的要求。

5.4.3 膜池

5.4.3.1 一般规定

膜池整体设计应符合以下要求：

a）膜池应设置有进水口、回流口以及排泥管，每个膜池应能单独隔离、放空和检修；

b）膜池上部宜设置能覆盖膜池、化学清洗池、走道和检修平台的起吊设备；

c）膜池均应满足在线化学清洗的要求，进行恢复性清洗的膜池、离线清洗池应做防腐处理；

d）应根据膜组器的数量设计膜池数量，膜池数量宜采用偶数；

e）膜池内的膜组器平面布局应合理，平均分布，间距相等；

f）每个膜池应能独立运行且宜设置独立的进水系统、产水系统和回流系统；

g）膜池形状宜为矩形，池深应与膜组器尺寸匹配并留有富余空间；

h）膜池底部应留有排水通畅的空间和便于底部排泥的设施；
i）膜池宜有膜组器的定位设置，并保证膜组器的安装水平精度在 ±10mm 以内；
j）在寒冷地区，宜将膜池设置于室内，室内宜考虑设置供暖、通风、除雾措施；
k）膜池宜留有 10% ～ 20% 备用膜组器空位。
5.4.3.2　膜池深度
膜池深度的设计可参考以下因素：
a）膜组器高度；
b）膜组器底部排水排泥区高度，不宜小于 200mm；
c）膜组器顶部浸没水深和膜池水位调节范围，不宜小于 500mm；
d）膜池水面距池壁顶部高度，不宜小于 500mm。

5.4.4　膜进水单元

5.4.4.1　膜池进水水质宜达到表 1 的要求。

表 1　进水水质表

指标	pH	水温 ℃	动植物油 mg/L	矿物油 mg/L
要求	6 ～ 9	10 ～ 40	＜ 30	＜ 3

5.4.4.2　膜分离系统进水可采用重力自流进水，也可采用压力提升进水，进水宜均匀分配至各个膜池，进水宜采用自动闸门或自动阀门调节水量。

5.4.5　膜产水单元

5.4.5.1　膜池产水水质应符合以下要求：
a）产水浊度小于 1NTU；
b）产水固体悬浮物（SS）浓度小于 2mg/L。
5.4.5.2　膜产水单元设计应符合以下要求：
a）膜产水单元设施包括膜产水泵、各集水管路设施、辅助及监控设施；
b）膜产水单元可采用负压抽吸，也可采用静压重力自流；
c）膜产水单元通量与混合液污泥浓度、温度等性能相关，宜通过实验确定；
d）跨膜压差不宜大于 0.05MPa；
e）产水泵宜采用变频控制，流量可根据对应的膜组器数量、膜设计通量和膜有效工作时间确定，产水泵应考虑备用；
f）小型膜生物反应器工程中，产水泵可采用自吸泵，大中型工程中，产水泵宜采用离心泵，配合真空泵系统使用；
g）集水总管应采用可调节的控制阀门，真空节点应设在各组集水总管最高点处；
h）集水管路应保证连接的密封可靠性，应满足使用时的压力和耐化学清洗剂的腐蚀等要求。

5.4.6　膜曝气单元

5.4.6.1　膜曝气单元由膜组器曝气设备、鼓风机、空气管路及附件等组成。管路包括供气总管和每个膜池设置的独立的供气管，供气管连接应方便、可靠。

5.4.6.2 膜曝气单元设计应符合以下要求：

a）膜曝气量应根据膜组器性能设计确定，同时满足生物处理需氧量和膜丝抖动需气量的要求，不应造成浪费及膜损坏；

b）平均曝气强度应按膜池内膜面积计算，通常为 $0.1m^3/(m^2 \cdot h) \sim 0.5m^3/(m^2 \cdot h)$；

c）膜曝气单元可采用连续曝气、交替曝气、脉冲曝气等方式；

d）曝气管应均匀布气；

e）鼓风机可采用罗茨风机或离心风机（空气悬浮风机、磁悬浮风机等），曝气设备应考虑备用；

f）应设置膜吹扫风量、风压、风机运行状态等监控系统，保障膜吹扫系统与膜产水系统的联动控制，防止出现膜吹扫系统故障或风量过低的情况。

5.4.7 膜反冲洗单元

膜反冲洗单元设计应符合以下要求：

a）膜反冲洗水应采用膜产水或优于膜产水水质的水源；

b）膜反冲洗频率应根据进水水质、膜设计通量等因素确定，宜通过实验确定，也可参照膜供应商提供的类似工程参数；

c）膜反冲洗流量应根据膜组器的性能、产水量和产水方式综合确定，通常可按产水流量的 0.5 ～ 1.5 倍设计。

5.4.8 混合液回流单元

混合液回流单元设计应符合以下要求：

a）膜池内的混合液污泥浓度宜为 6g/L ～ 12g/L；

b）混合液污泥回流比应根据膜池混合液污泥浓度、工艺脱氮除磷要求确定，通常为进水流量的 100% ～ 400%；

c）混合液污泥回流泵宜采用离心泵、混流泵、潜水泵或螺旋泵等；

d）回流泵数量不应少于 2 台，并设有备用；

e）混合液回流泵宜有调节流量的措施，通常设备采用变频控制；

f）膜池混合液应部分回流至前面的生化反应池、部分作为剩余污泥定期排放。

5.4.9 剩余污泥排放单元

剩余污泥排放单元设计应符合以下要求：

a）膜池内的污泥泥龄通常取 20d ～ 30d；

b）膜池内的剩余污泥的排放量可按照污泥泥龄计算，也可参照 HJ 2010 的有关规定执行。

5.4.10 清洗单元

5.4.10.1 一般规定

清洗单元由清洗泵、加药罐、管路及附件等组成。

5.4.10.2 维护性清洗

维护性清洗设计应符合以下要求：

a）应定期对膜组器进行维护性清洗，通过化学药剂的杀菌、溶解、调节 pH 等作用，减缓膜表面的生物污染和化学污染，维持膜通量；

b）药液浓度由实验确定，也可参照膜供应商提供的相关资料确定，常采用的化学药剂有次氯酸钠溶液、柠檬酸溶液等。

5.4.10.3 恢复性清洗

恢复性清洗设计应符合以下要求：

a）应定期对膜元件进行充分的恢复性清洗，清除中空纤维内外表面的生物污染和化学污染物，恢复膜通量；

b）常采用的化学药剂有次氯酸钠溶液、氢氧化钠溶液、柠檬酸溶液等，药液浓度由实验确定，也可参照膜供应商提供的相关资料确定；

c）恢复性清洗采用在线清洗或离线清洗，小型膜生物反应器工程，宜采用离线清洗，大中型工程，宜采用在线清洗。

5.4.11 起吊装置

膜池顶部应设起吊装置，便于膜组器的安装与维护。

5.4.12 自动控制与检测

5.4.12.1 膜分离系统应设置完整的自动化控制与检测系统，设置应稳定可靠、便于调整，其设计符合 GB/T 3797 的有关规定。

5.4.12.2 每个膜池的进水系统宜设置独立的液位在线监测仪表，产水系统宜设置独立的流量、跨膜压差以及完整性检测的在线检测仪表，膜曝气单元宜设置独立的流量和压力的在线监测仪表。

5.4.12.3 自动控制系统宜采用可编程控制器和上位机或触摸屏进行控制，并可根据工艺要求实现设定和调整，满足膜分离工艺参数调整的要求。

5.4.12.4 自动控制系统应设有可供操作人员手动操作的人机界面以及远程就地系统。

5.4.12.5 自动控制系统应设有报警装置。

5.4.12.6 自动控制系统宜设有报表系统，根据现场需求产生年、月、日报表。

5.4.12.7 自动控制系统中的在线检测仪表应按相应规范要求定期进行检测，对仪表进行校正。

5.4.12.8 自动控制系统应设有不间断电源。

5.4.12.9 自动控制系统应遵循“集中管理，分散控制”的原则，宜根据工程的重要等级设置系统冗余。

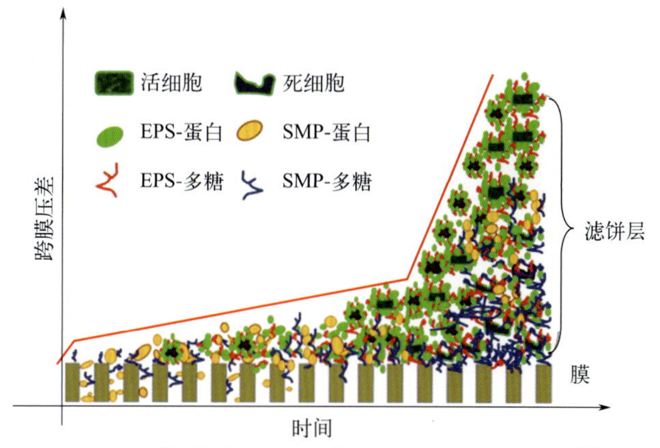

图 1-9　膜污染发展过程污染物的时空动态变化示意[12]

EPS—extracellular polymeric substance，胞外聚合物

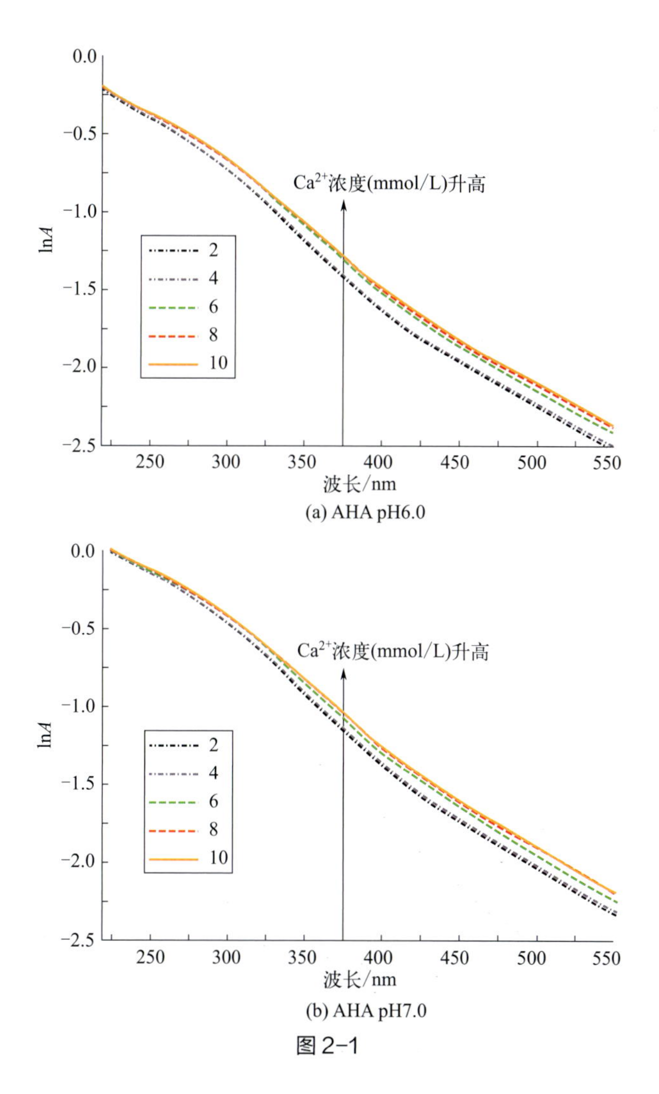

图 2-1

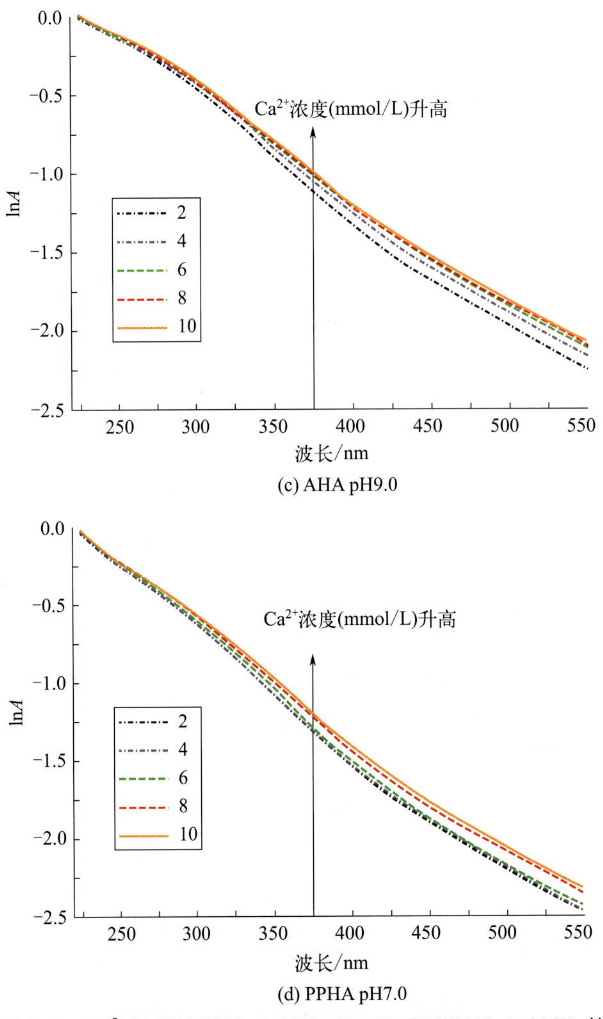

(c) AHA pH9.0

(d) PPHA pH7.0

图 2-1　Ca^{2+} 浓度对 AHA（pH 6、7、9）和 PPHA（pH 7）的自然对数处理吸收光谱（ln*A*）的影响

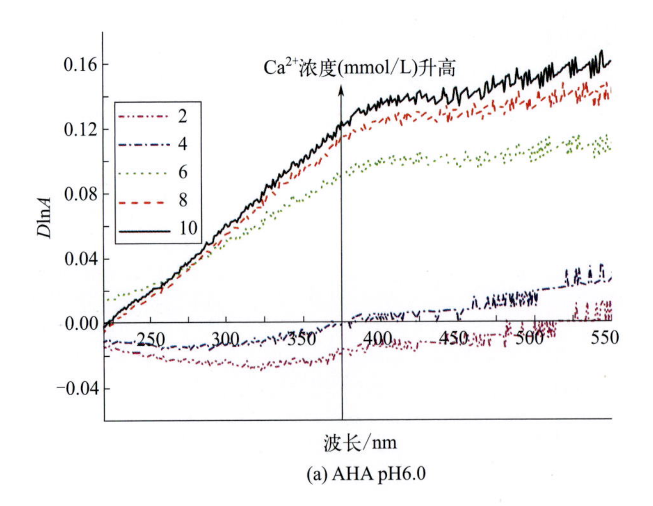

(a) AHA pH6.0

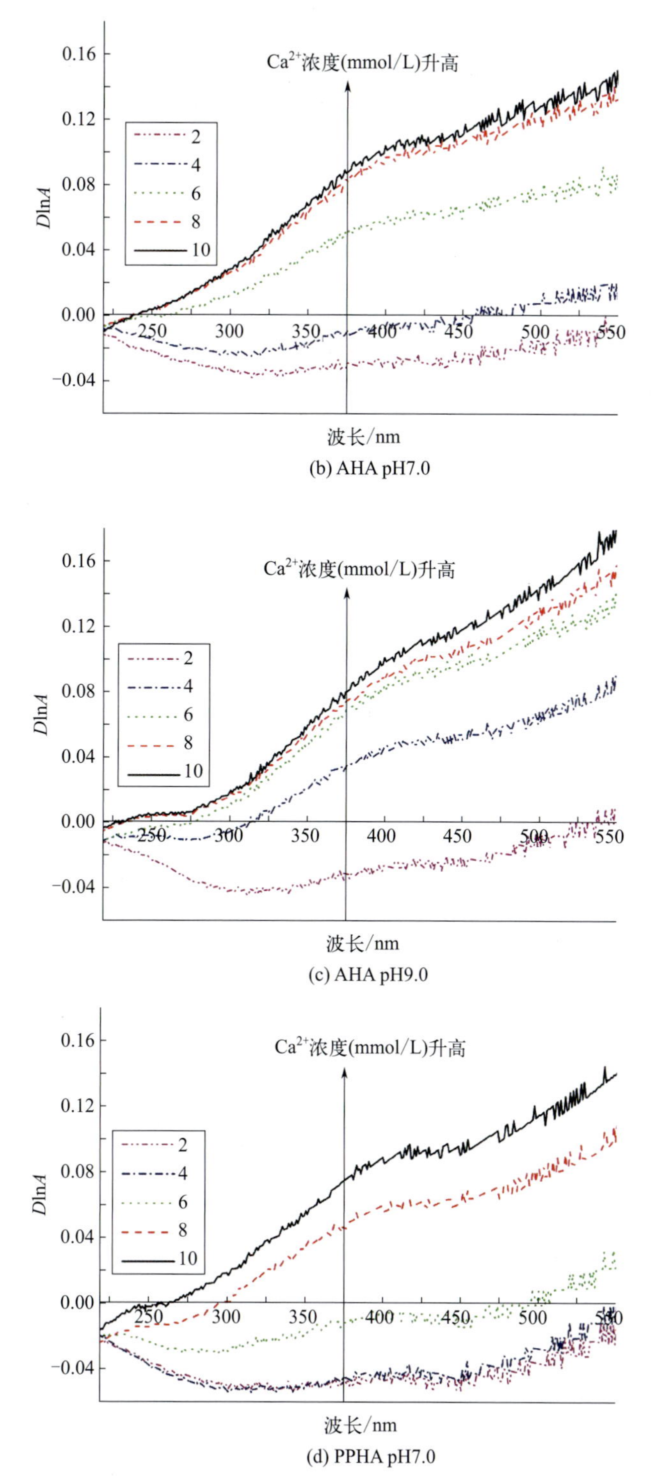

图 2-2　Ca^{2+} 浓度对 AHA（pH 6、7、9）和 PPHA（pH 7）的差值对数转换吸收光谱值（*D*ln*A*）的影响

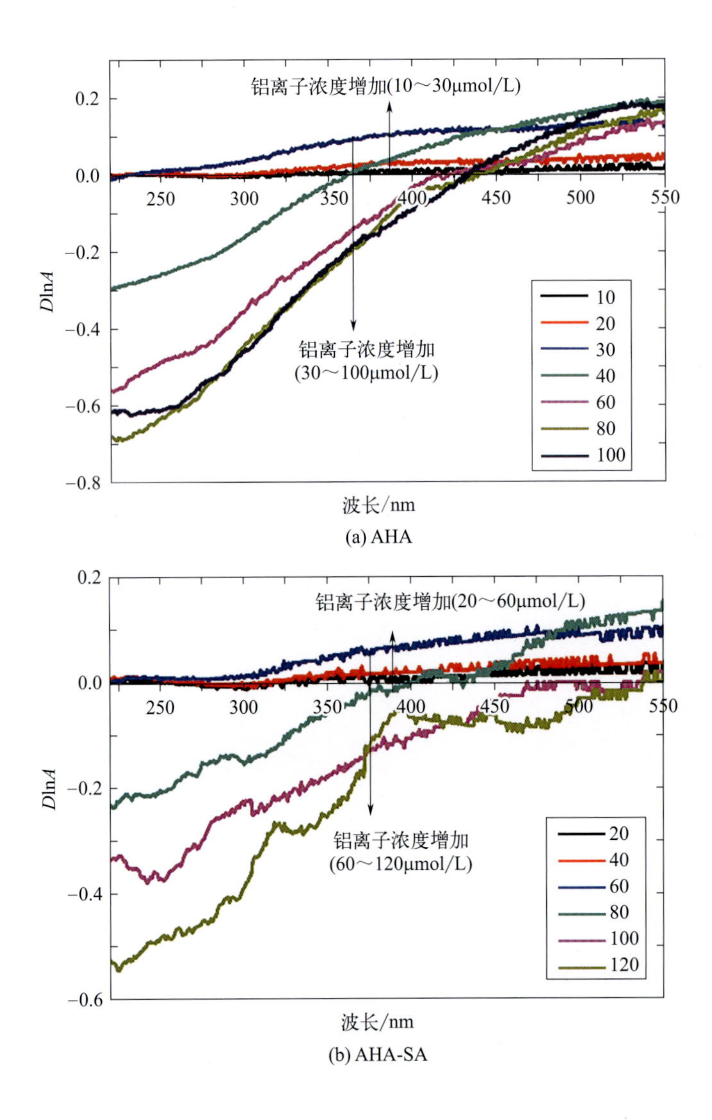

(a) AHA

(b) AHA-SA

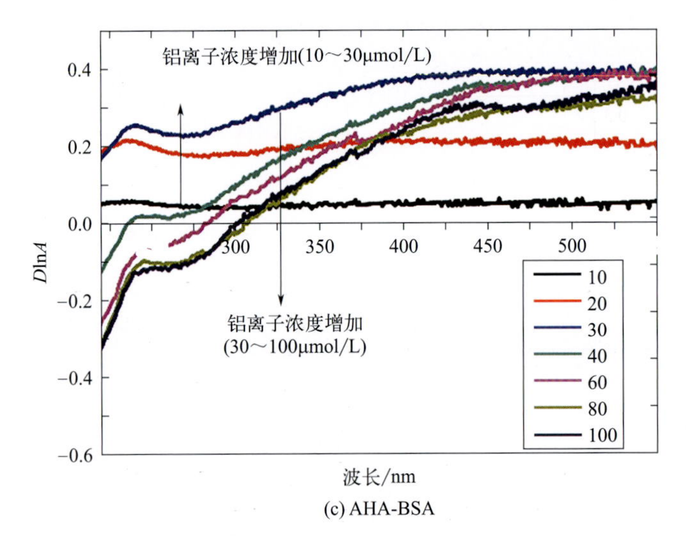

(c) AHA-BSA

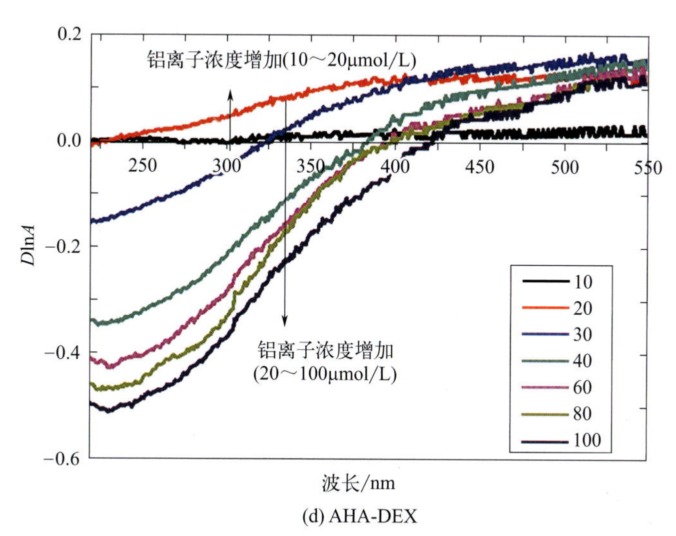

(d) AHA-DEX

图 4-2　铝离子浓度对于 AHA、AHA-SA、AHA-BSA 和 AHA-DEX 的差值对数转换吸收光谱的影响

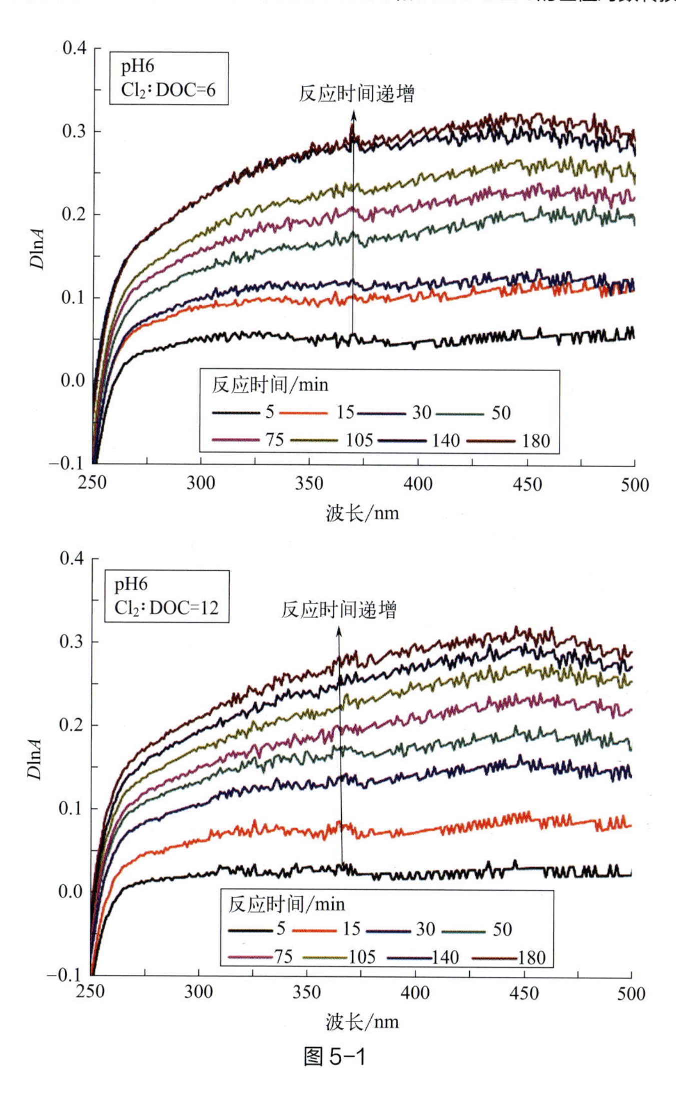

图 5-1

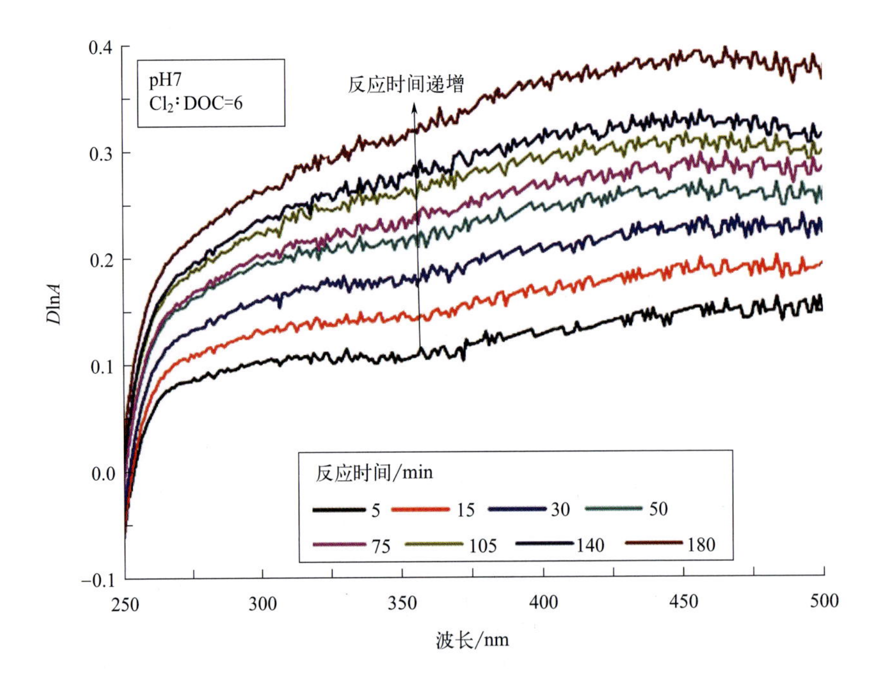
pH7
Cl_2∶DOC=6
反应时间递增
反应时间/min
5
15
30
50
75
105
140
180
0.4
0.3
0.2
0.1
0.0
−0.1
DlnA
250
300
350
400
450
500
波长/nm

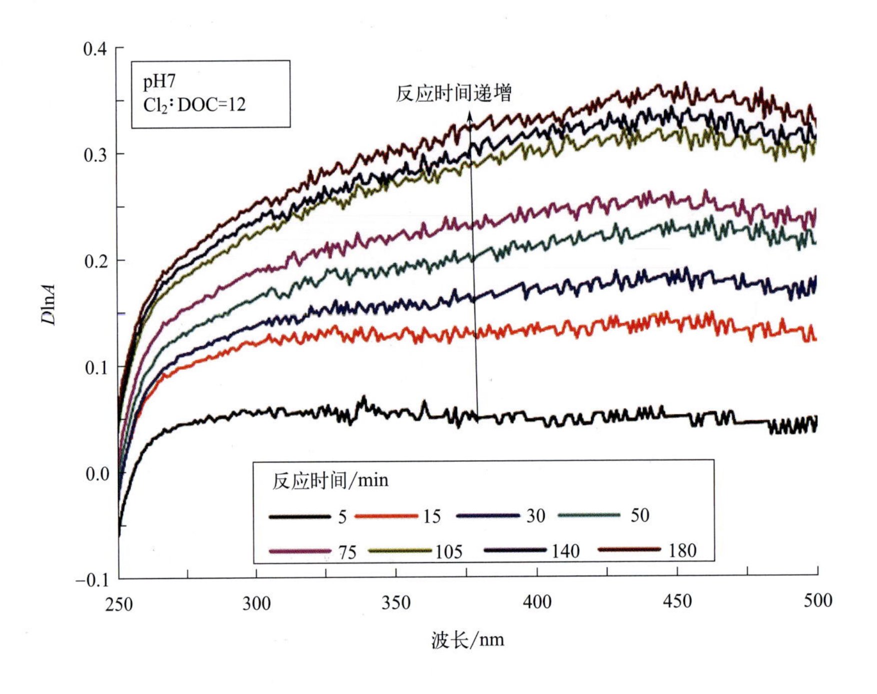
pH7
Cl_2∶DOC=12
反应时间递增
反应时间/min
5
15
30
50
75
105
140
180
0.4
0.3
0.2
0.1
0.0
−0.1
DlnA
250
300
350
400
450
500
波长/nm

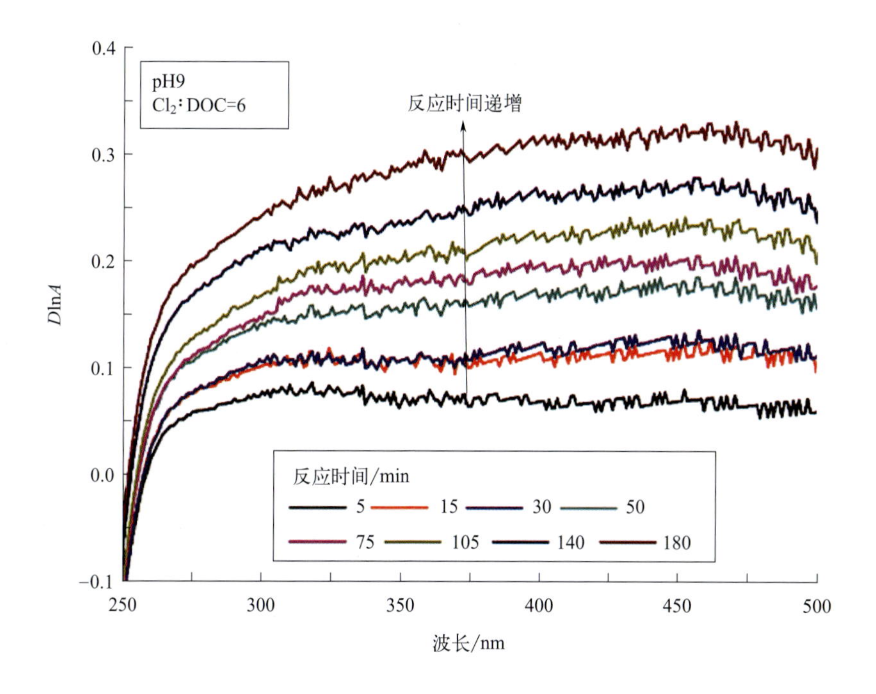

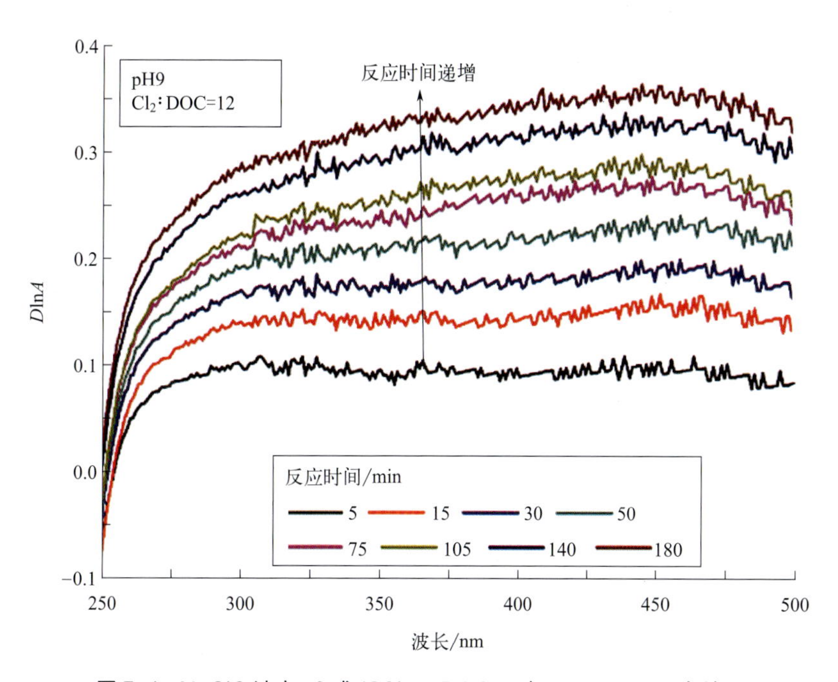

图 5-1　NaClO 浓度（6 或 $12Cl_2$ ∶ DOC）对于 pH 6、7、9 条件下 AHA 溶液的差值对数转换吸收光谱（*D*ln*A*）的影响

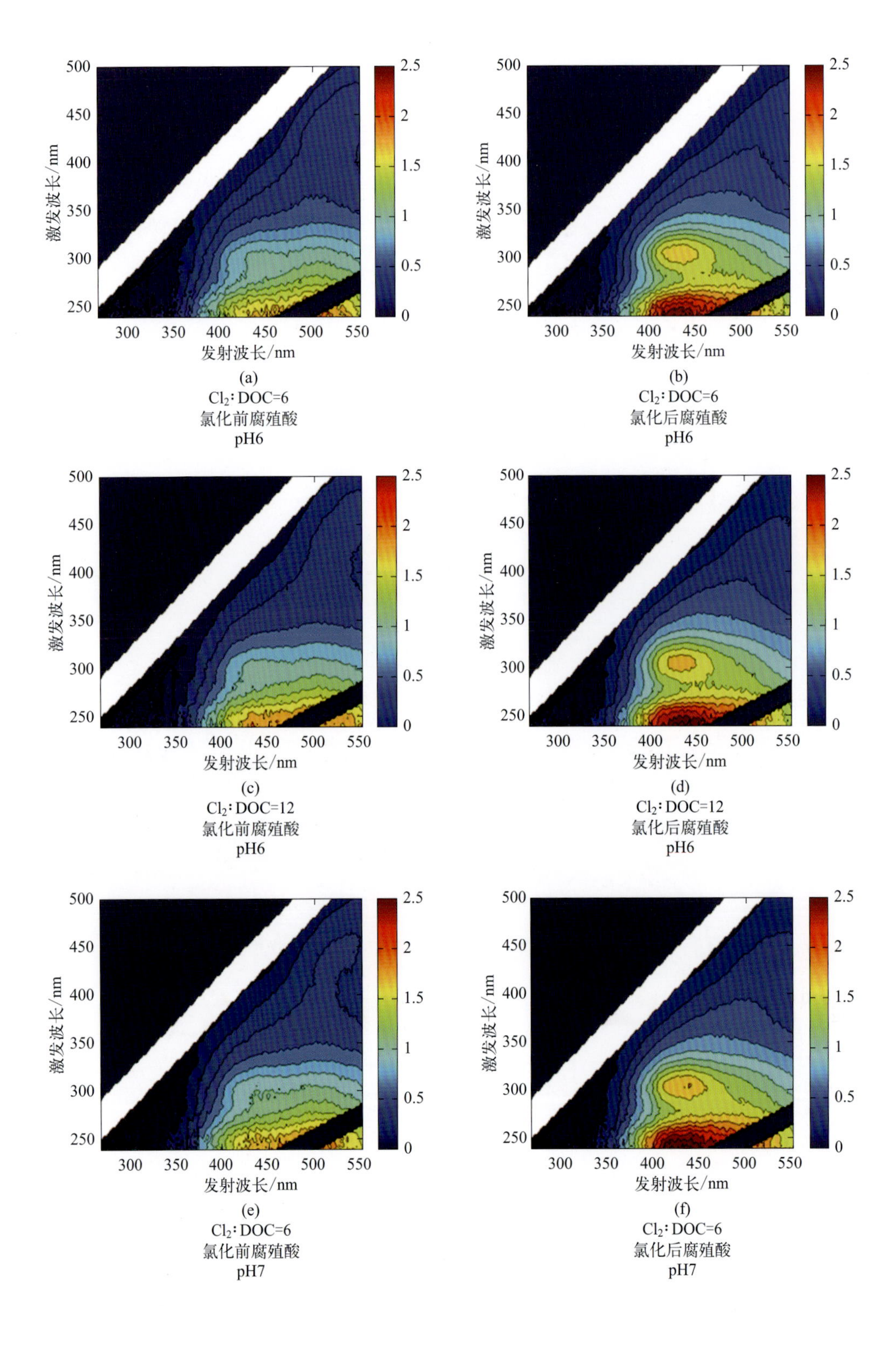

(a)
Cl_2∶DOC=6
氯化前腐殖酸
pH6

(b)
Cl_2∶DOC=6
氯化后腐殖酸
pH6

(c)
Cl_2∶DOC=12
氯化前腐殖酸
pH6

(d)
Cl_2∶DOC=12
氯化后腐殖酸
pH6

(e)
Cl_2∶DOC=6
氯化前腐殖酸
pH7

(f)
Cl_2∶DOC=6
氯化后腐殖酸
pH7

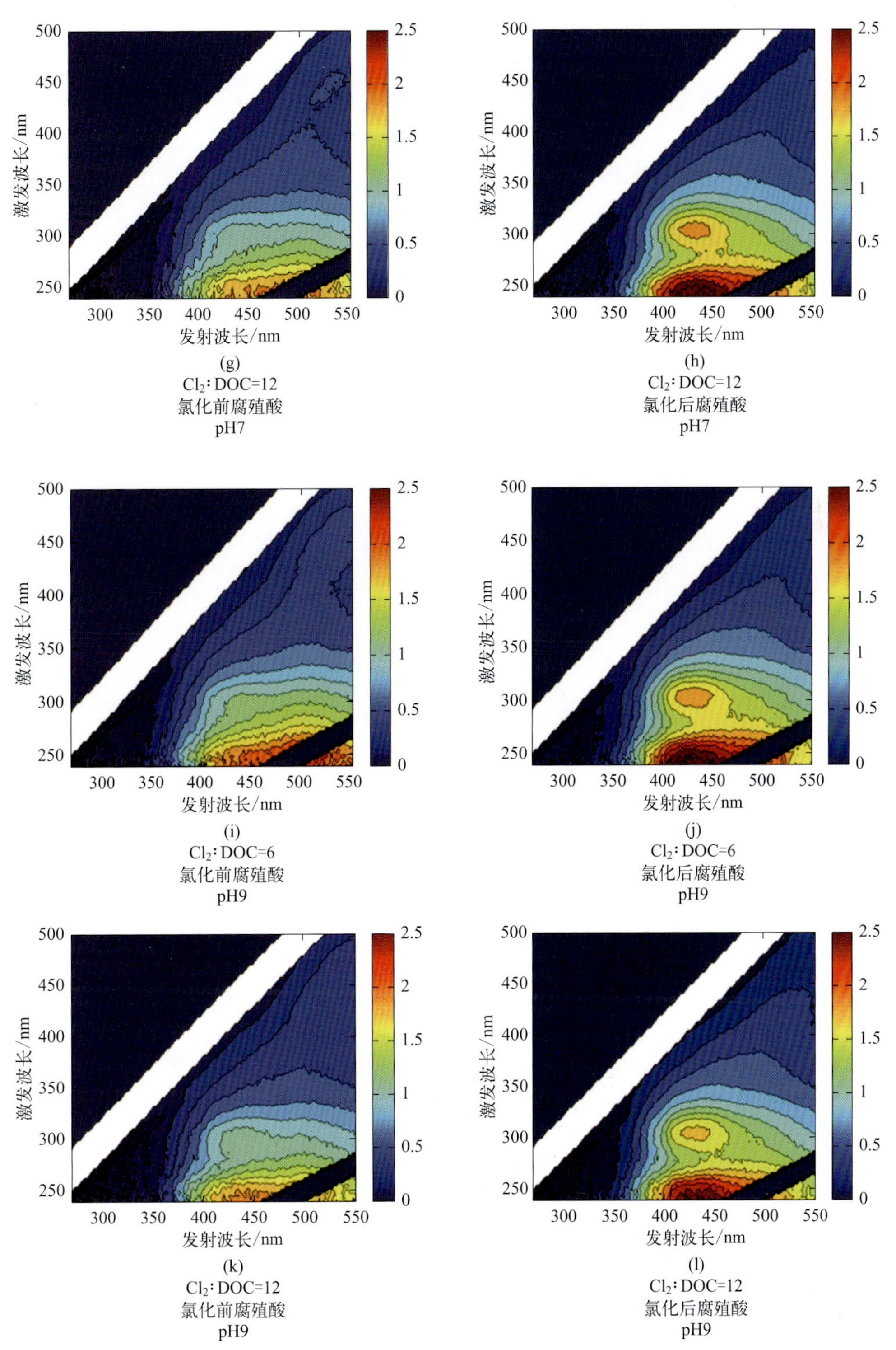

图 5-3 不同 NaClO 浓度和 pH 值环境下 AHA 溶液氯化前后的 EEM 光谱变化

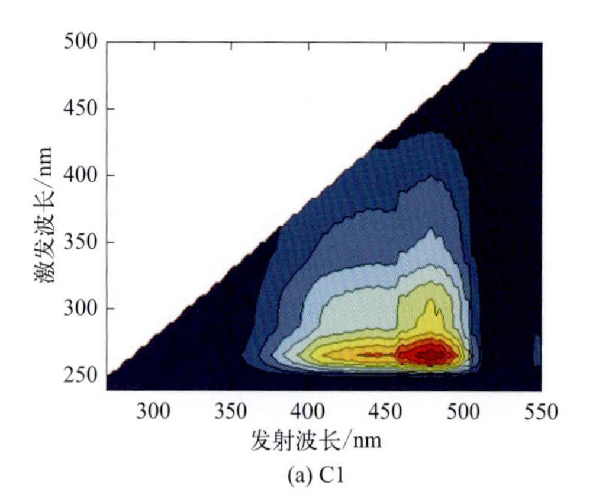

(a) C1

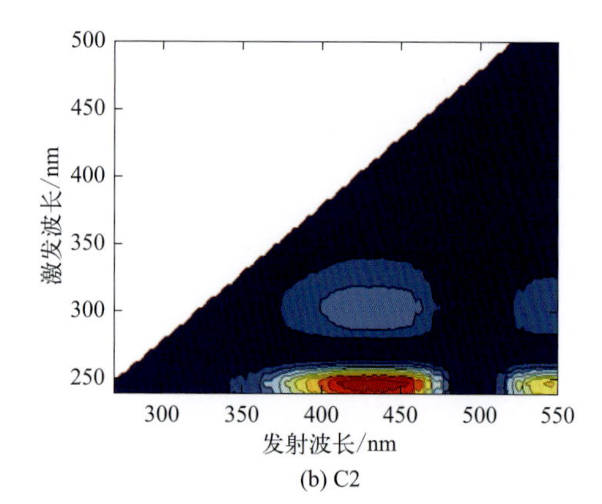

(b) C2

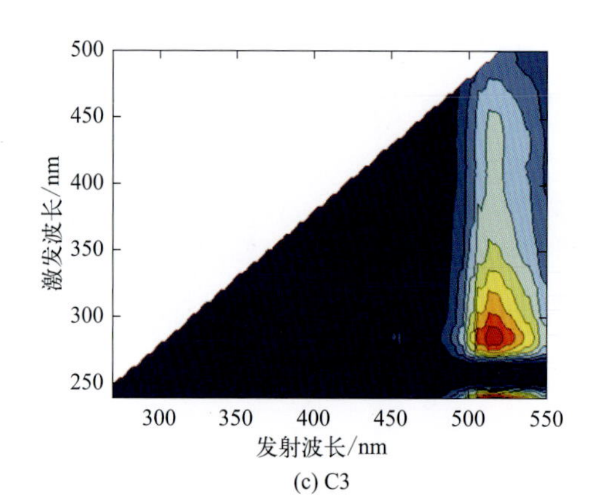

(c) C3

图 5-4　PARAFAC 方法识别的 AHA 中的 3 种荧光成分的等高线图

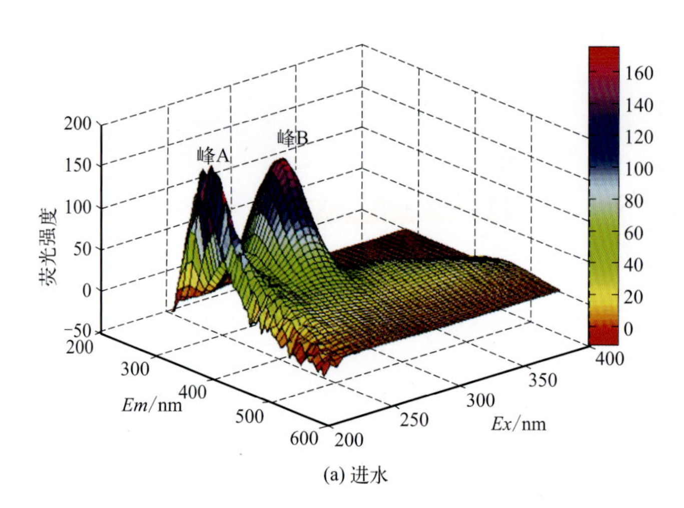

(a) 进水

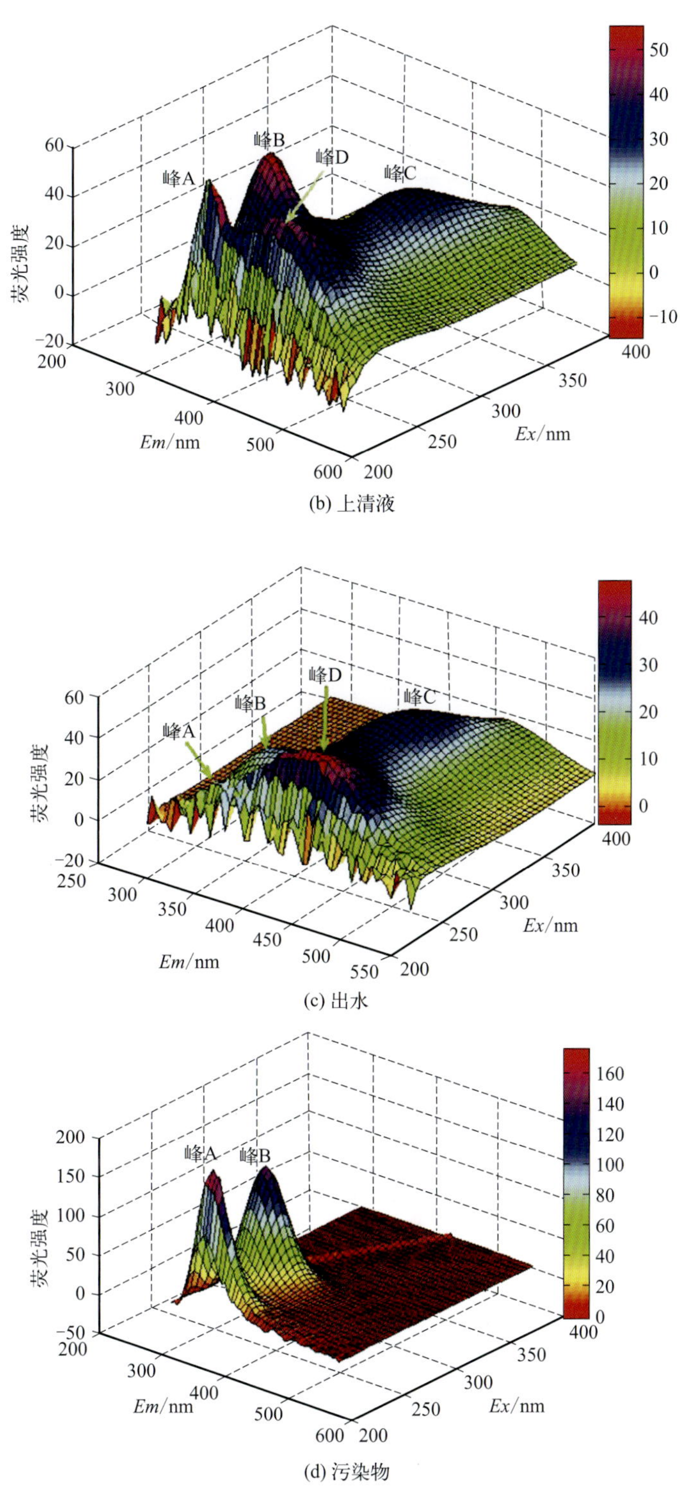

图 6-4 进水、污泥上清液、膜出水和膜表面污染物中 BMM 的 EEM 光谱特性

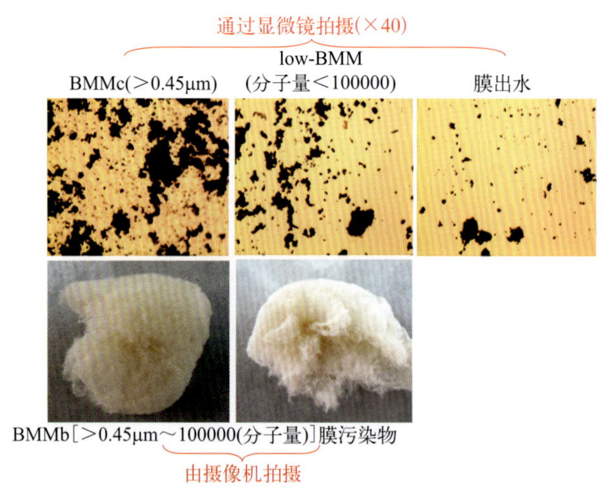

图 6-8 污泥上清液中 BMM、膜污染物和膜出水冻干后的显微镜检和普通光学照片

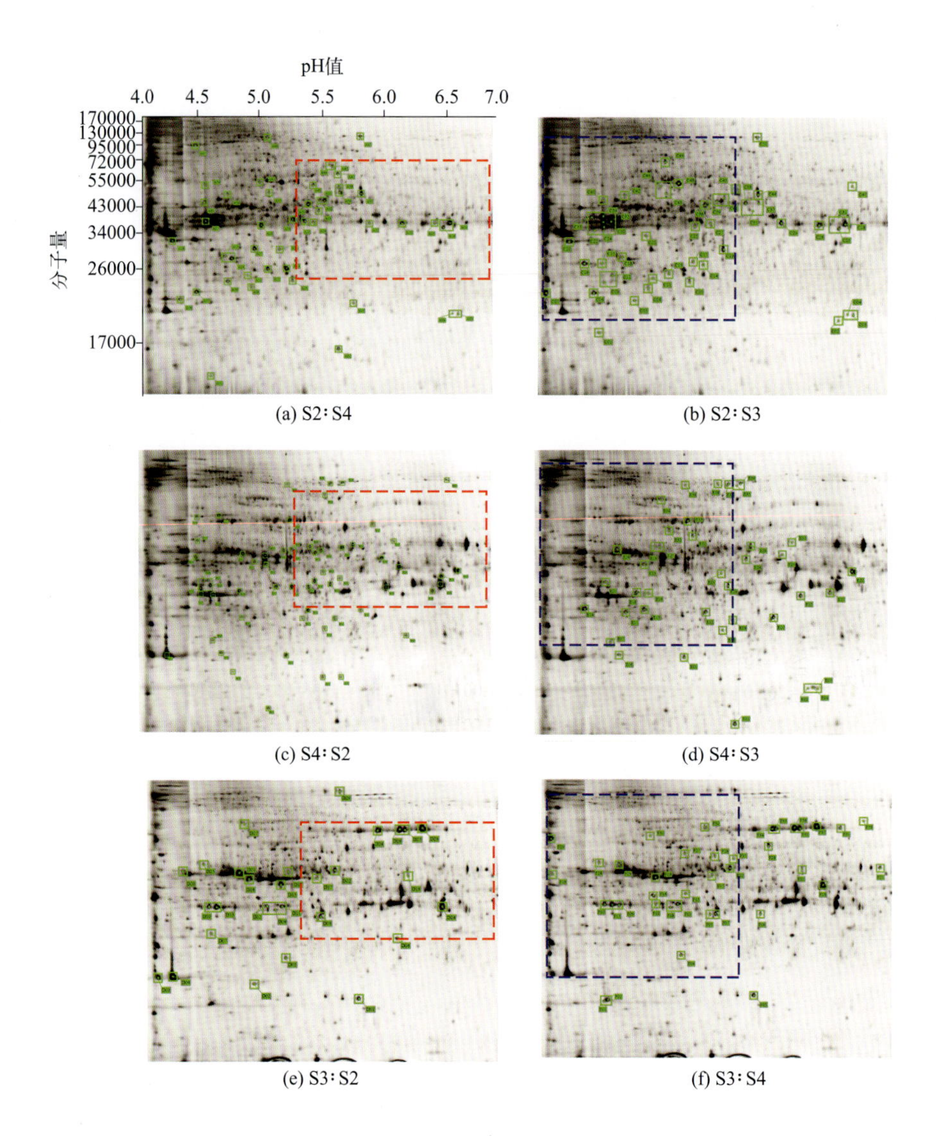

(a) S2∶S4　(b) S2∶S3

(c) S4∶S2　(d) S4∶S3

(e) S3∶S2　(f) S3∶S4

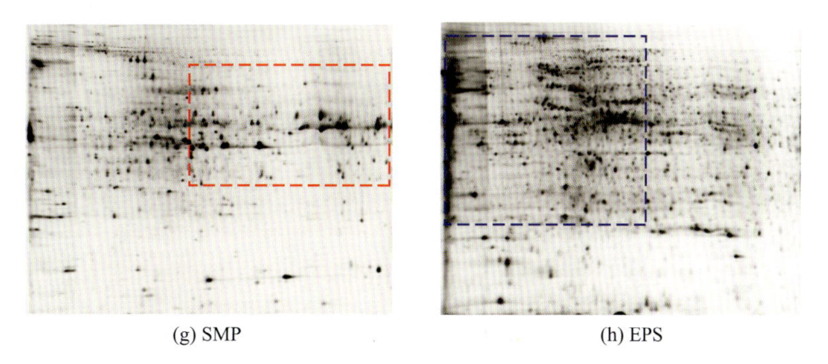

(g) SMP　　(h) EPS

图 7-3　S2、S4、S3、SMP 和 EPS 中 PN 的 2D-PAGE 图

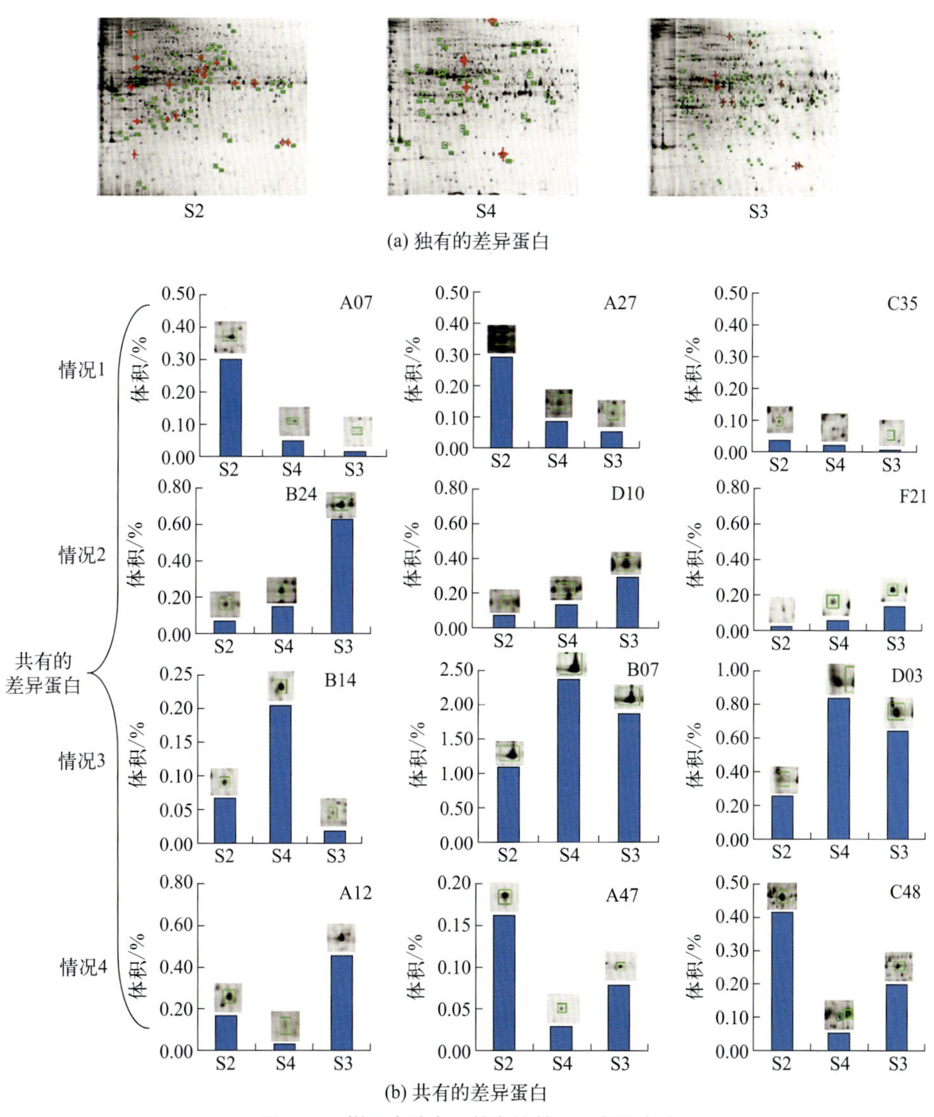

(b) 共有的差异蛋白

图 7-4　样品中独有、共有的差异蛋白的表达

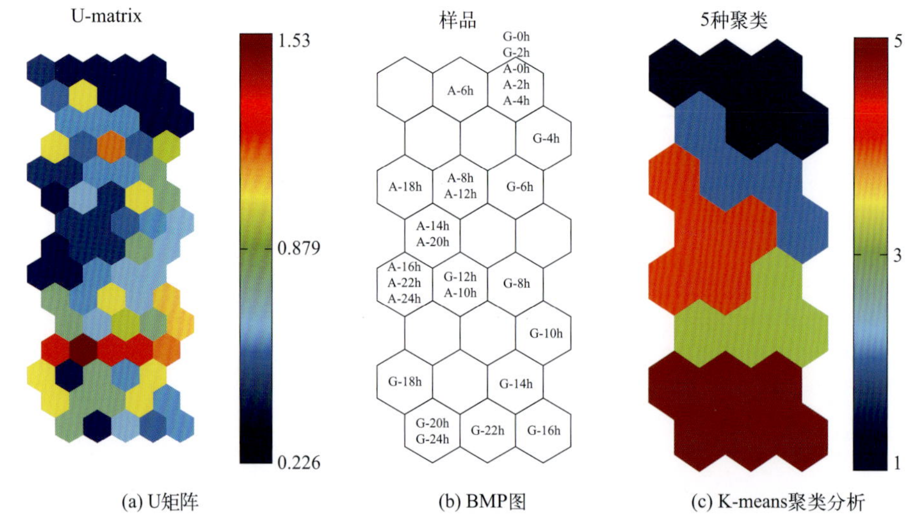

(a) U矩阵　　(b) BMP图　　(c) K-means聚类分析

图 8-6　SOM 神经网络的 U 矩阵、BMP 图和 K-means 聚类分析

G 和 A 分别代表葡萄糖和乙酸钠基质下形成的 SMP 样品；第 Ⅰ 聚类为以葡萄糖和乙酸钠为碳源的微生物在迟缓期和对数期产生的 SMP；第 Ⅱ 和第 Ⅲ 聚类分别是稳定期和衰亡期产生的 A-SMP；第Ⅳ和第Ⅴ聚类分别是稳定期和衰亡期产生的 G-SMP

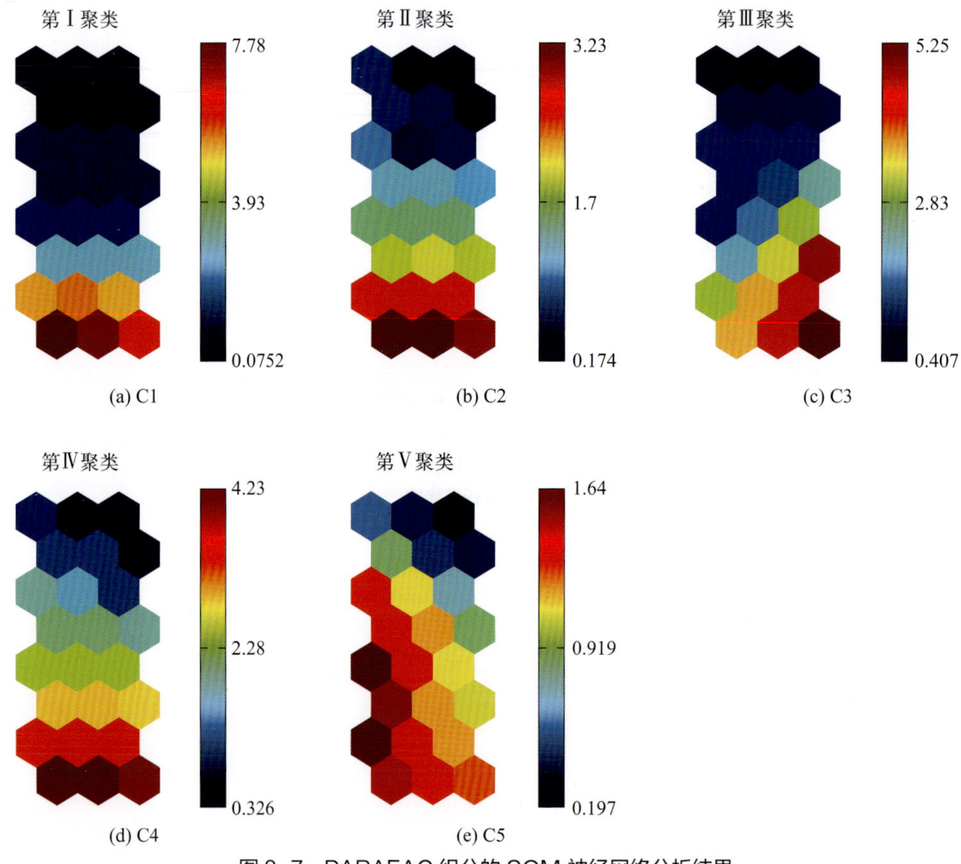

(a) C1　　(b) C2　　(c) C3

(d) C4　　(e) C5

图 8-7　PARAFAC 组分的 SOM 神经网络分析结果

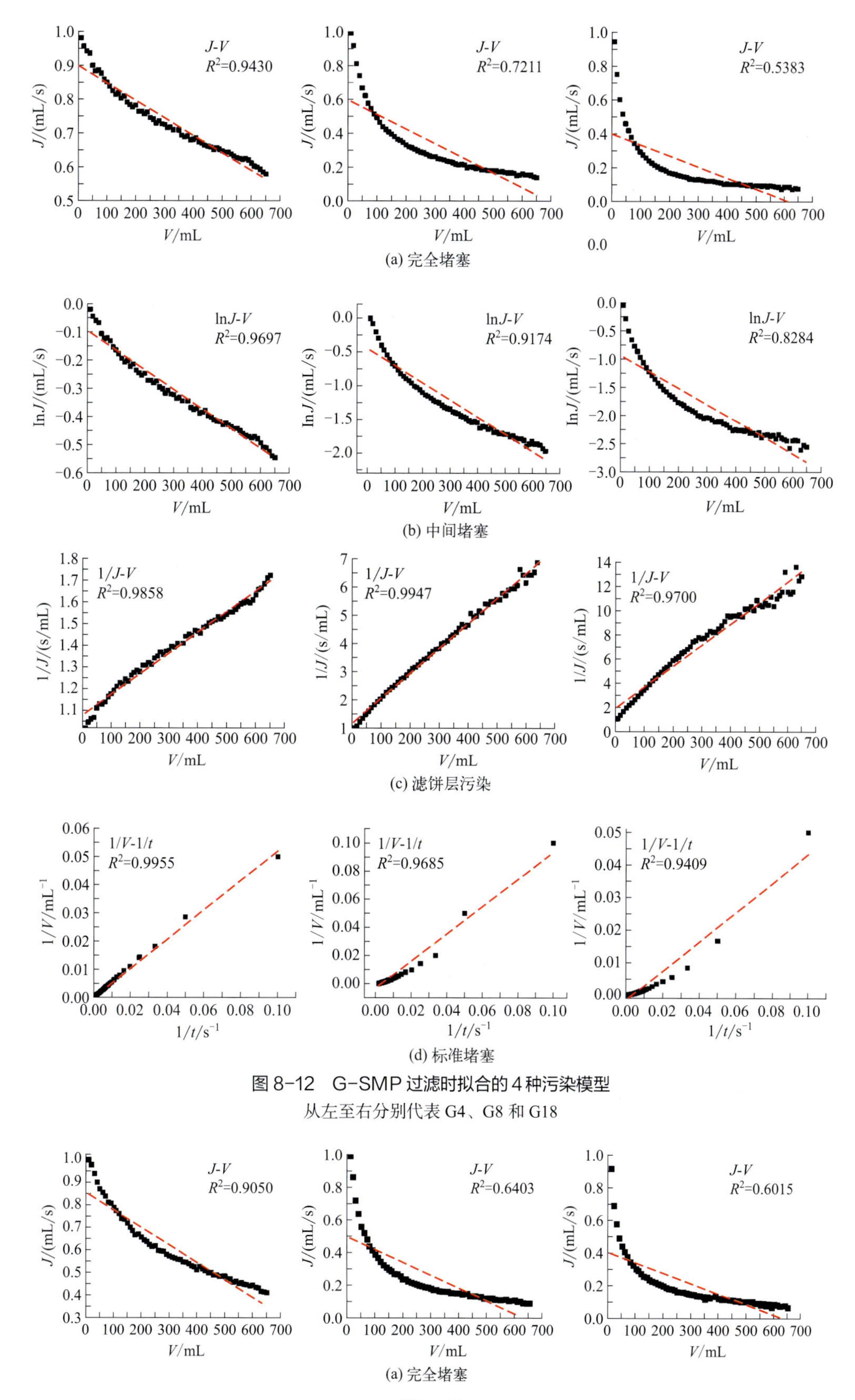

图 8-12　G-SMP 过滤时拟合的 4 种污染模型

从左至右分别代表 G4、G8 和 G18

图 8-13

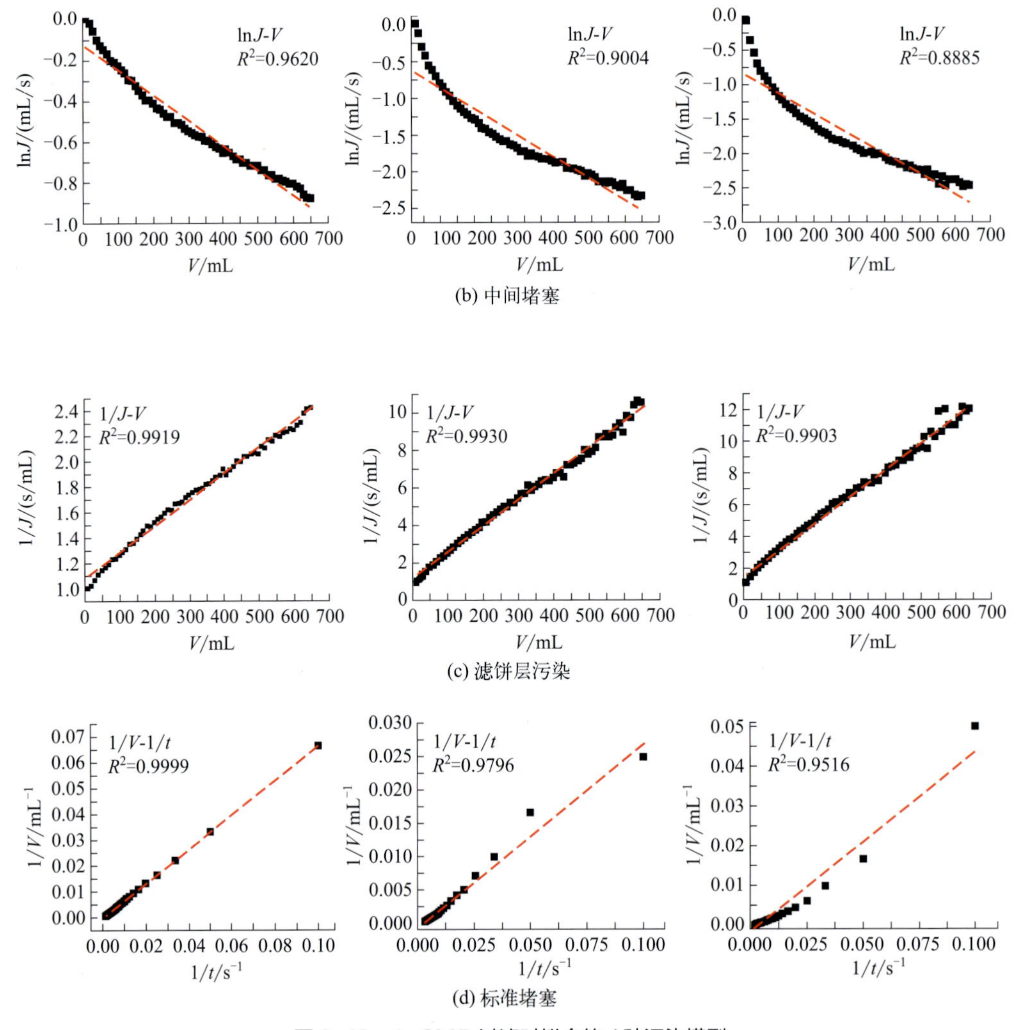

图 8-13　A-SMP 过滤时拟合的 4 种污染模型

从左至右分别代表 A6、A12 和 A18

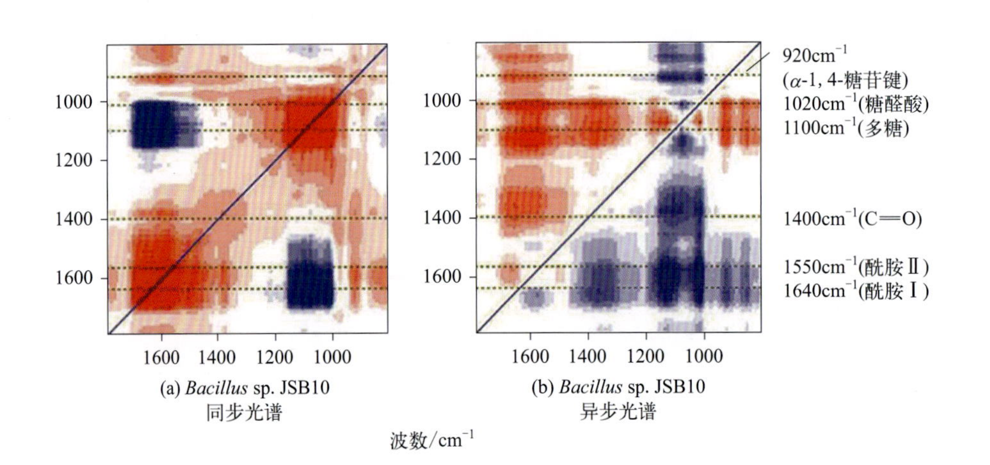

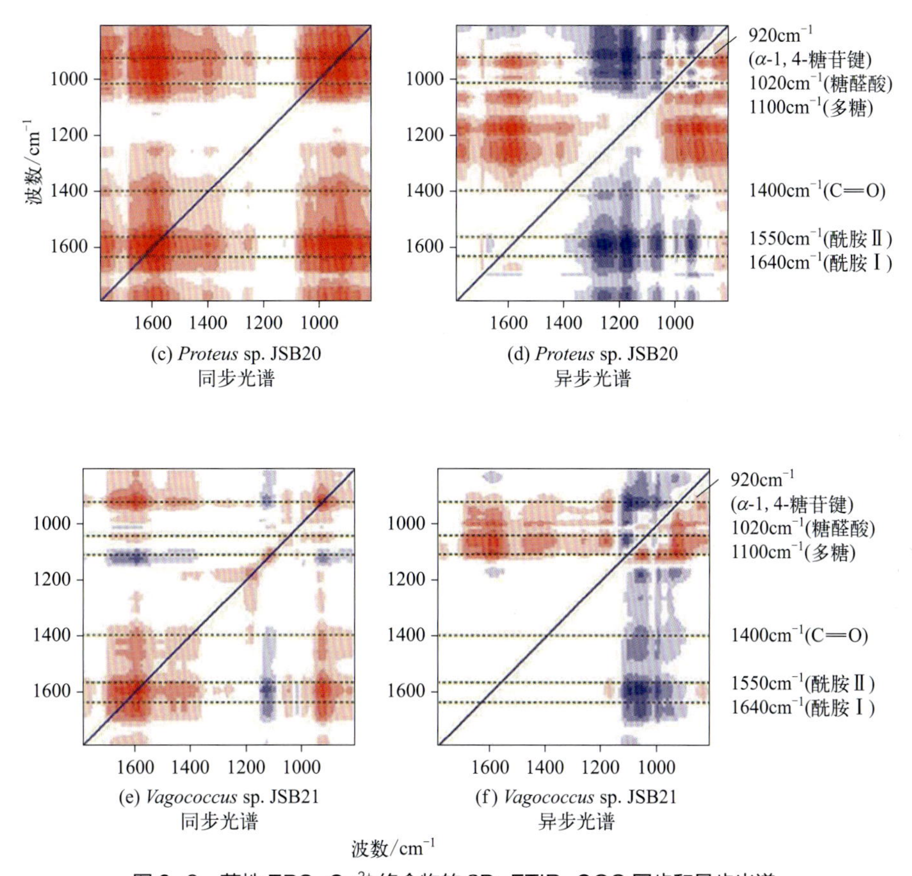

(c) *Proteus* sp. JSB20
同步光谱

(d) *Proteus* sp. JSB20
异步光谱

(e) *Vagococcus* sp. JSB21
同步光谱

(f) *Vagococcus* sp. JSB21
异步光谱

波数/cm⁻¹

图 9-8 菌株 EPS-Ca^{2+} 络合物的 2D-FTIR-COS 同步和异步光谱

高污染菌株 *Bacillus* sp. JSB10，中污染菌株 *Proteus* sp. JSB20，
低污染菌株 *Vagococcus* sp. JSB21

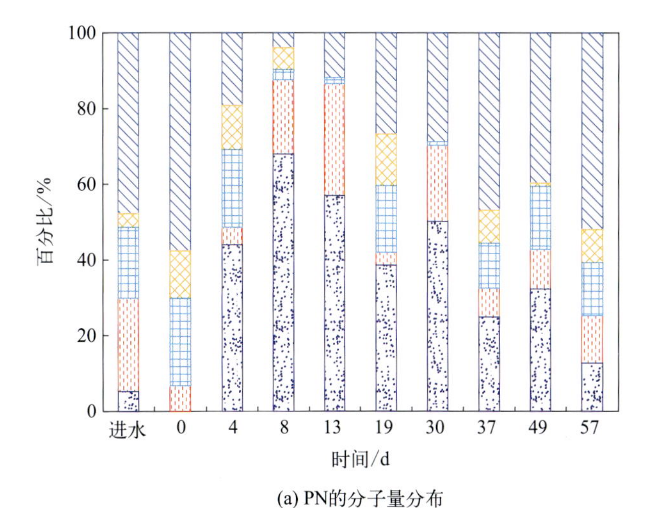

(a) PN的分子量分布

图 10-2

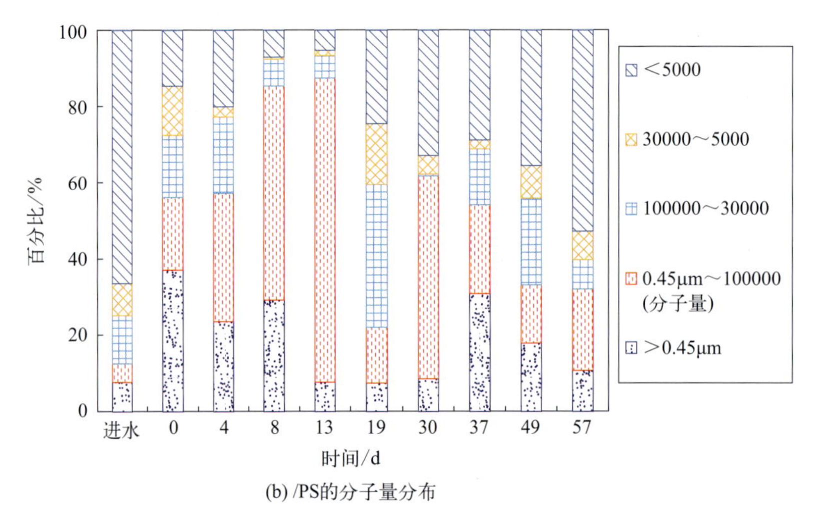

(b) /PS的分子量分布

图 10-2 不同微生物生长期污泥混合液中 PN 和 PS 的分子量分布

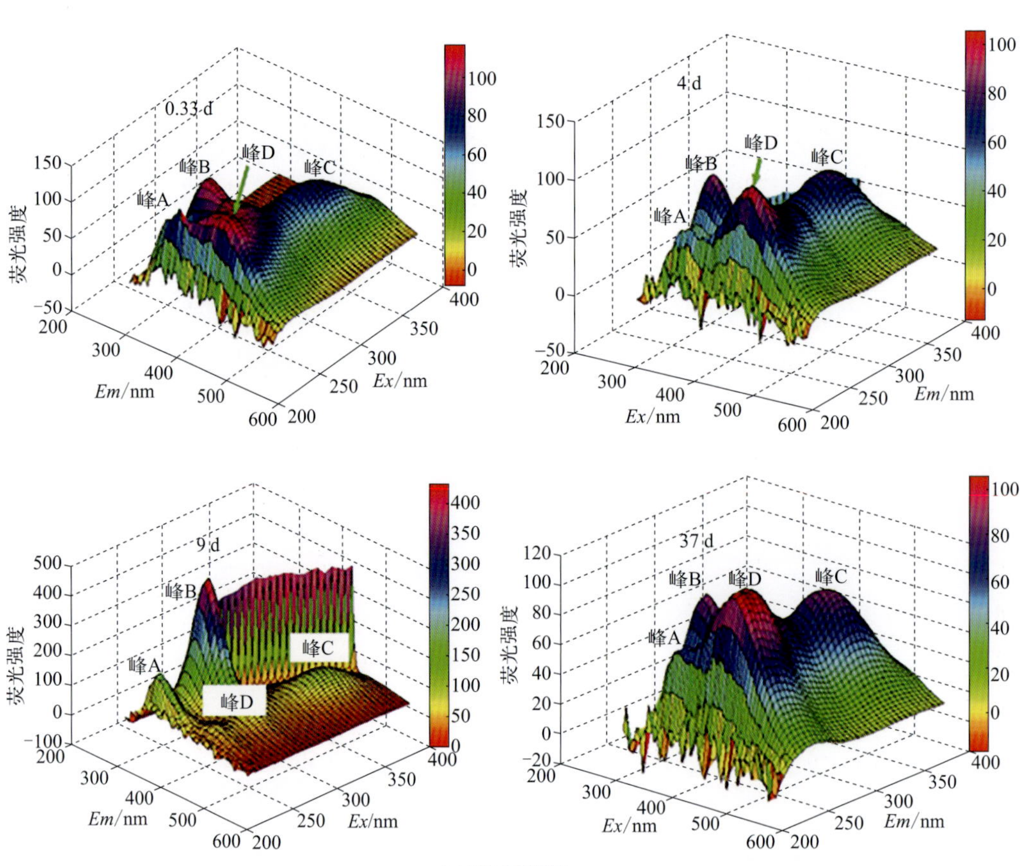

(a) EEM光谱图

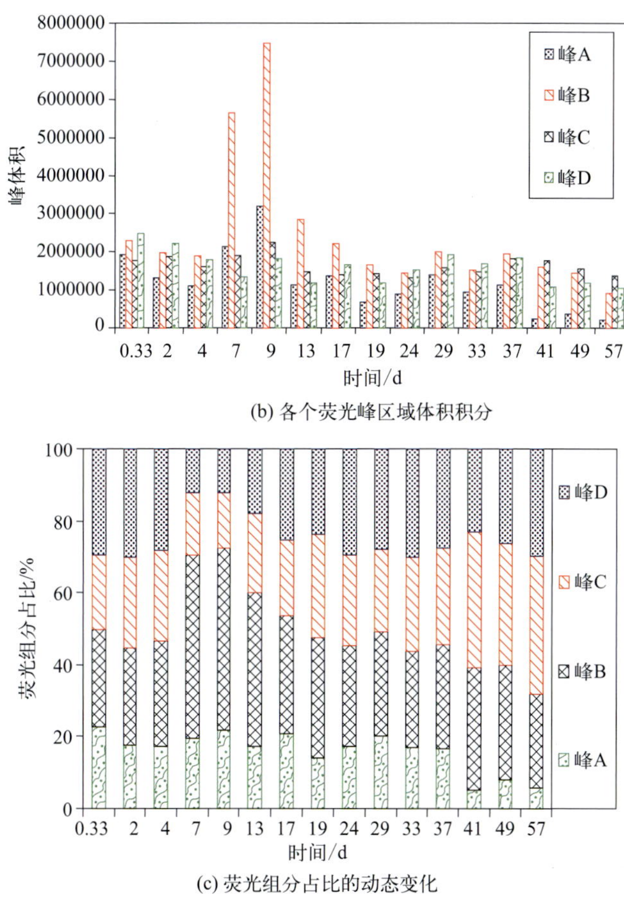

(b) 各个荧光峰区域体积积分

(c) 荧光组分占比的动态变化

图 10-3 微生物不同生长时期 SMP 的 EEM 光谱图与各个荧光峰区域体积积分及其比例的动态变化

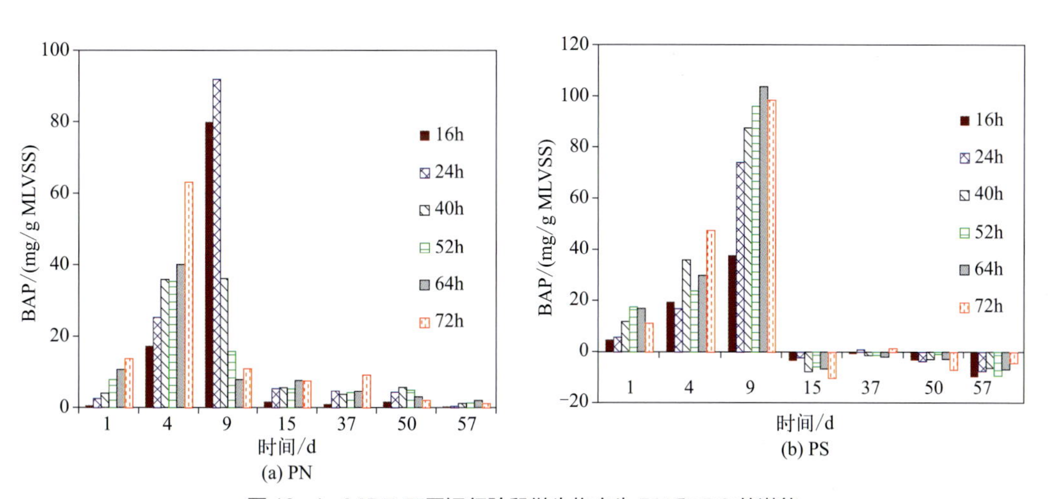

(a) PN

(b) PS

图 10-4 MBR 不同运行阶段微生物产生 PN 和 PS 的潜能

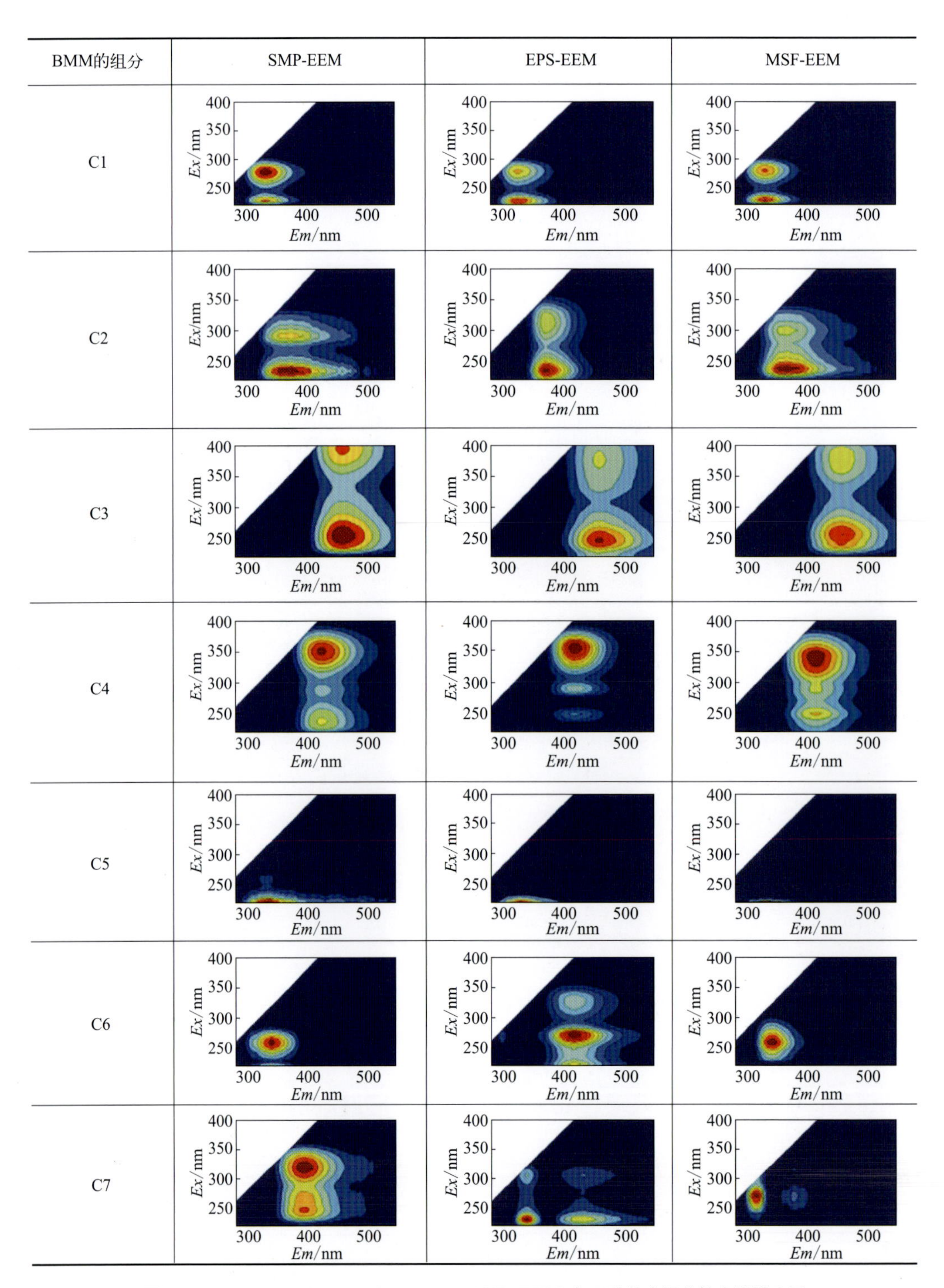

图 11-3　SMP-EEM、EPS-EEM、MSF-EEM 中 7 种荧光组分等高线轮廓图

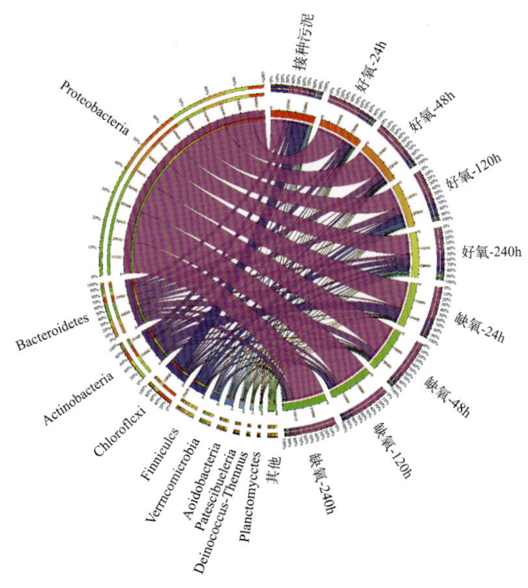

图 12-5　接种污泥和 SMP 降解过程中微生物群落在门水平上的分布情况

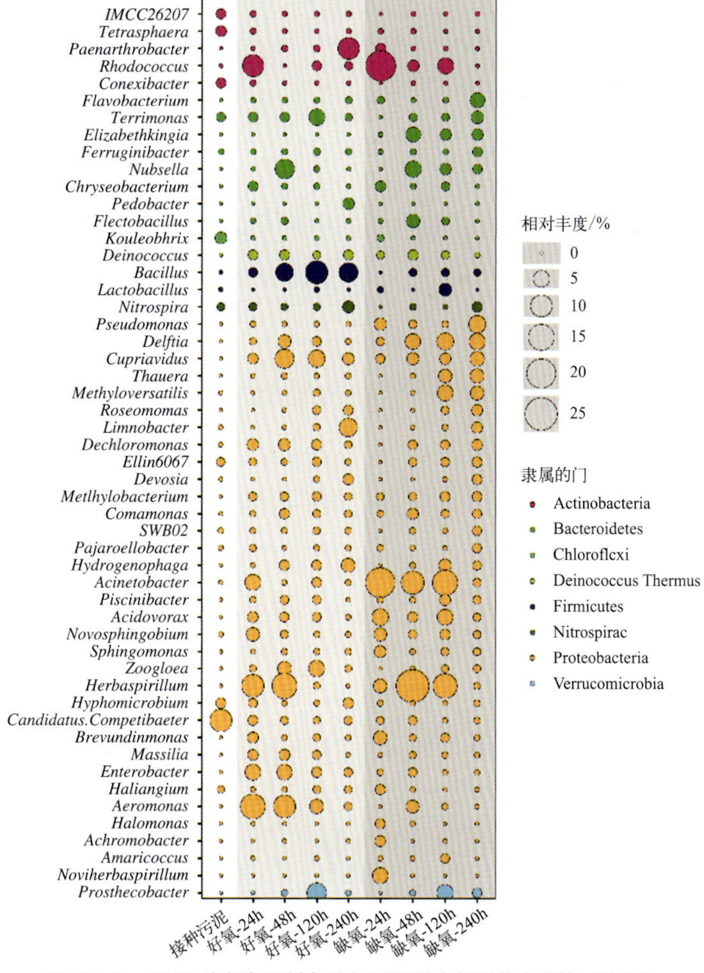

图 12-6　SMP 在好氧和缺氧降解过程微生物群落中优势属的变化

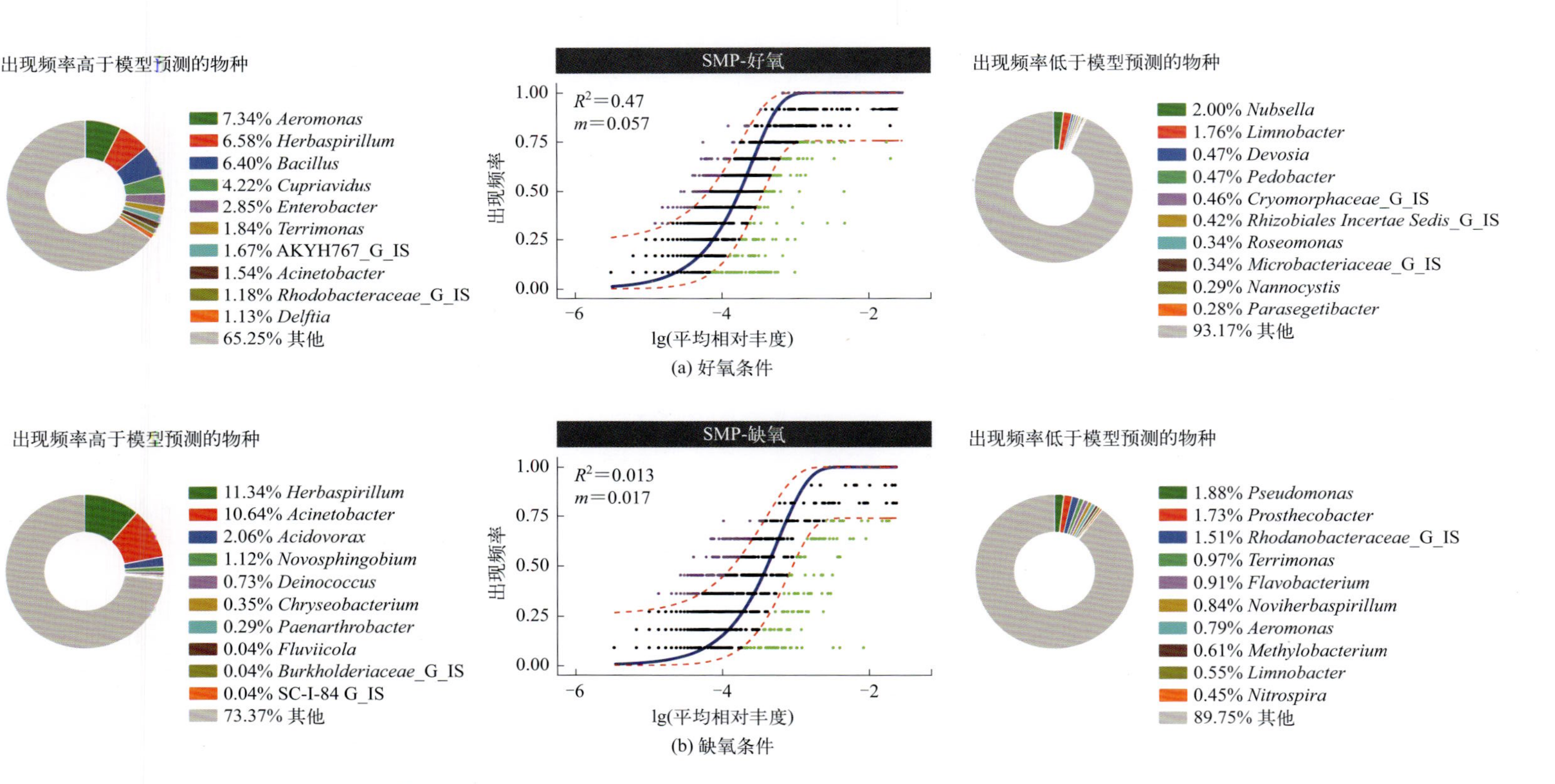

图 12-7　好氧和缺氧条件下 SMP 降解微生物群落的 Sloan 零模型模拟情况

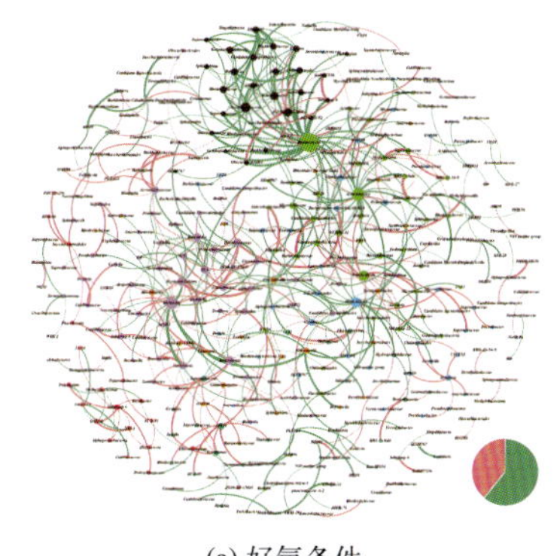

(a) 好氧条件

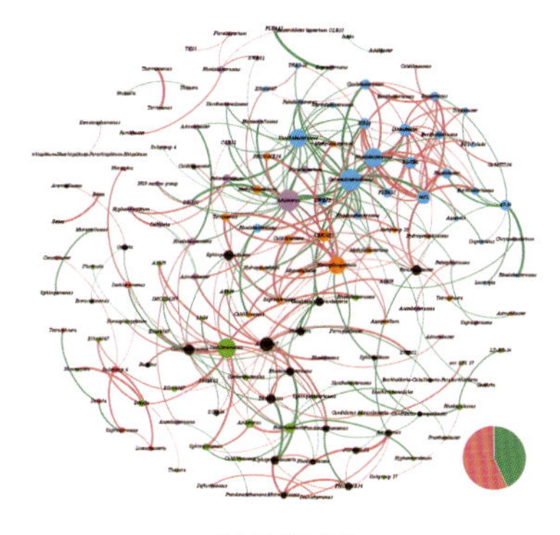

(b) 缺氧条件

图 12-8　好氧和缺氧条件下 SMP 降解微生物群落种间作用

节点颜色以其所在的模块划分，节点大小与其连接度成正比，
红色和绿色连接边分别代表正向和负向相互作用，
右下角饼图表示正负连接边所占比例，边的厚度与相关系数的绝对值成正比

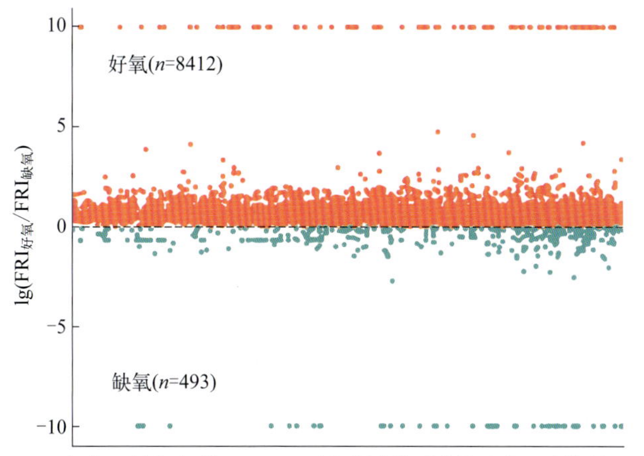

图 12-10　好氧和缺氧条件下 SMP 降解微生物群落的功能冗余指数（FRI）

lg（$FRI_{好氧}/FRI_{缺氧}$）> 0 表示好氧微生物群落具有更高的功能冗余程度，lg（$FRI_{好氧}/FRI_{缺氧}$）= 10 和 −10 分别表示该功能在好氧微生物群落和缺氧微生物群落中单独存在

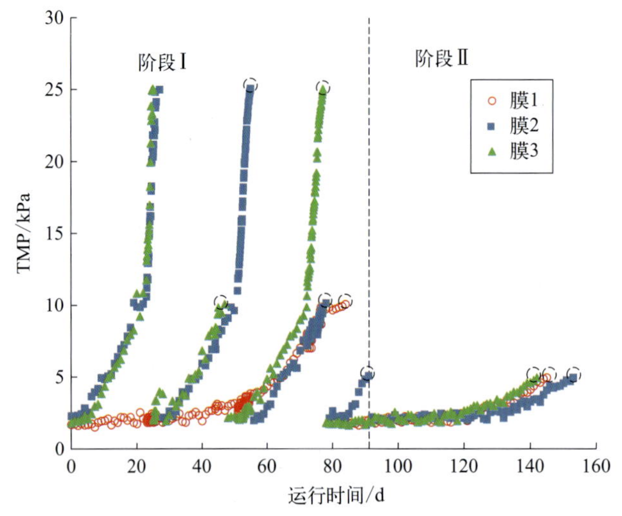

图 13-2 MBR 反应器运行周期内采样点分布及跨膜压差的变化

黑色虚线圆圈代表滤饼层取样点

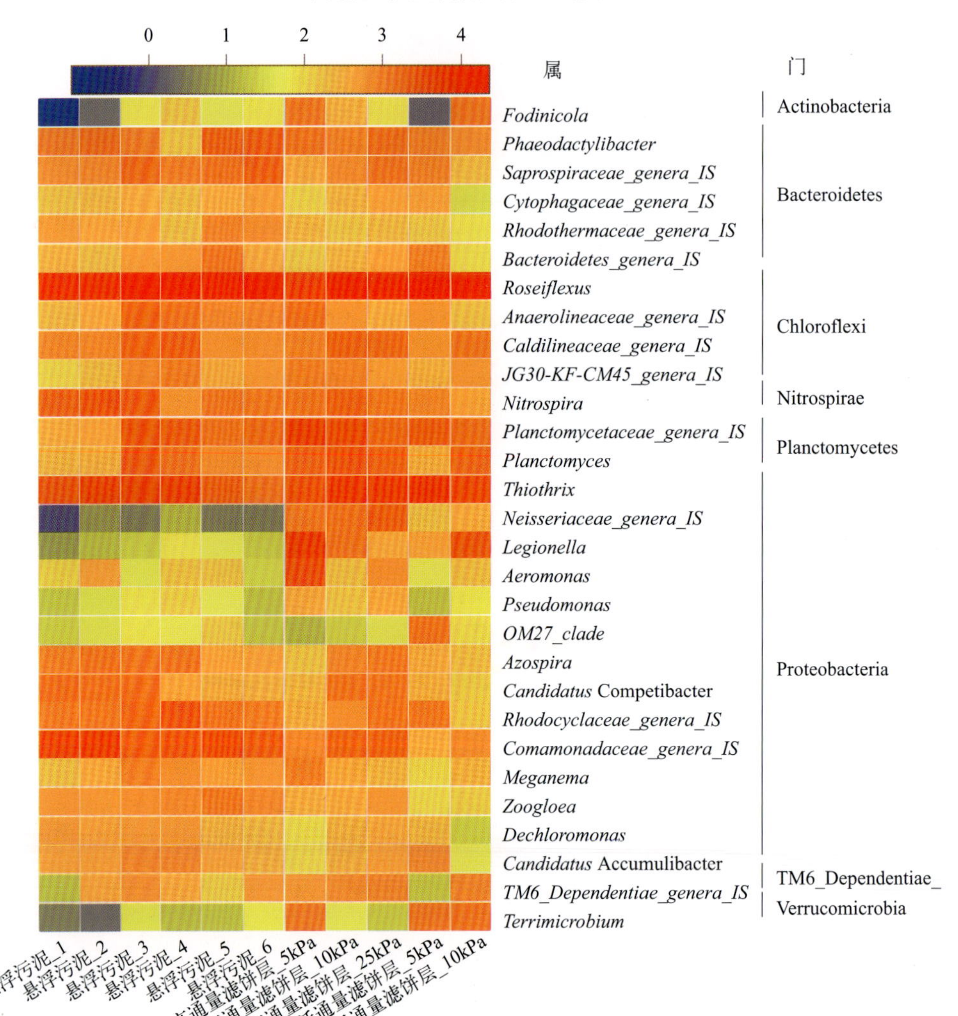

(a) 所有样品中相对丰度前30的属

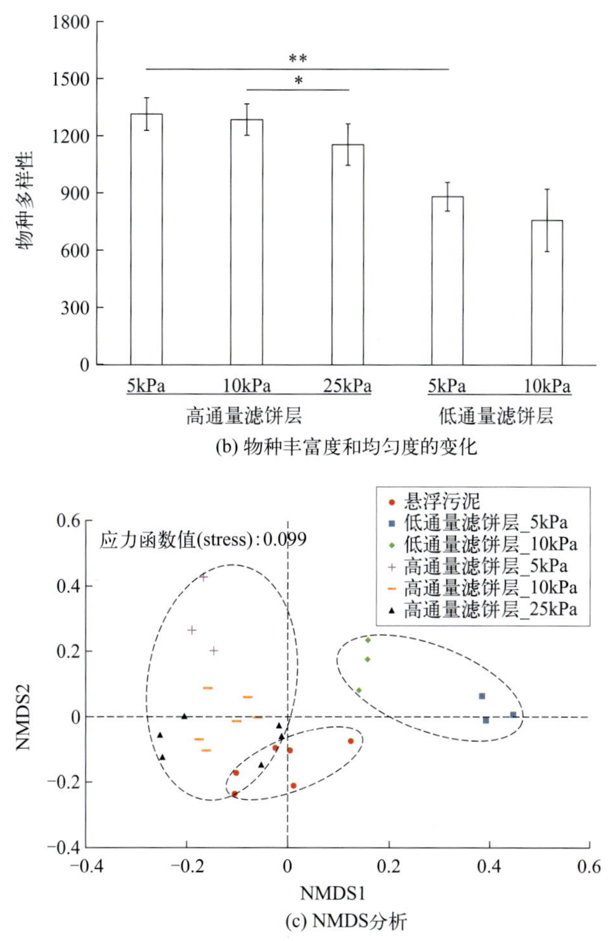

(b) 物种丰富度和均匀度的变化

(c) NMDS分析

图 13-3　所有样品中相对丰度前 30 的属、滤饼层中物种丰富度和均匀度的变化以及基于 Bray-Curtis 距离对污泥和滤饼层样品的 NMDS 分析

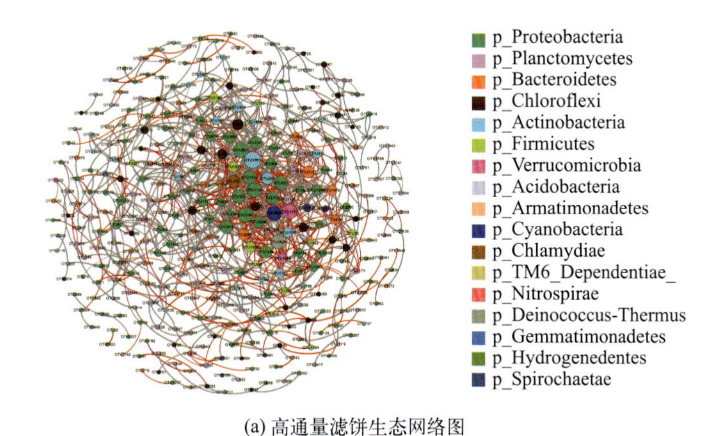

(a) 高通量滤饼生态网络图

图 13-5

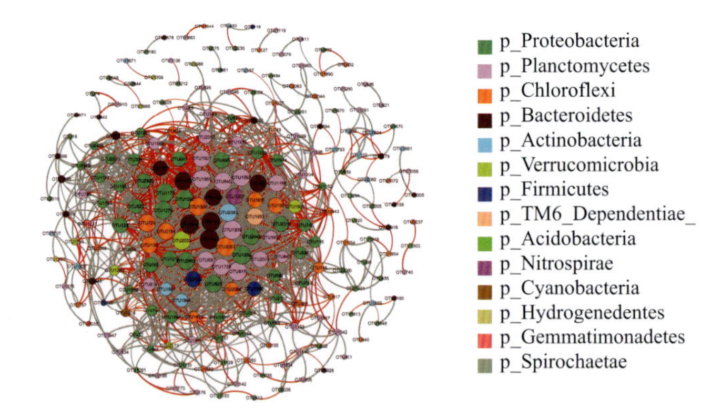

(b) 低通量滤饼生态网络图

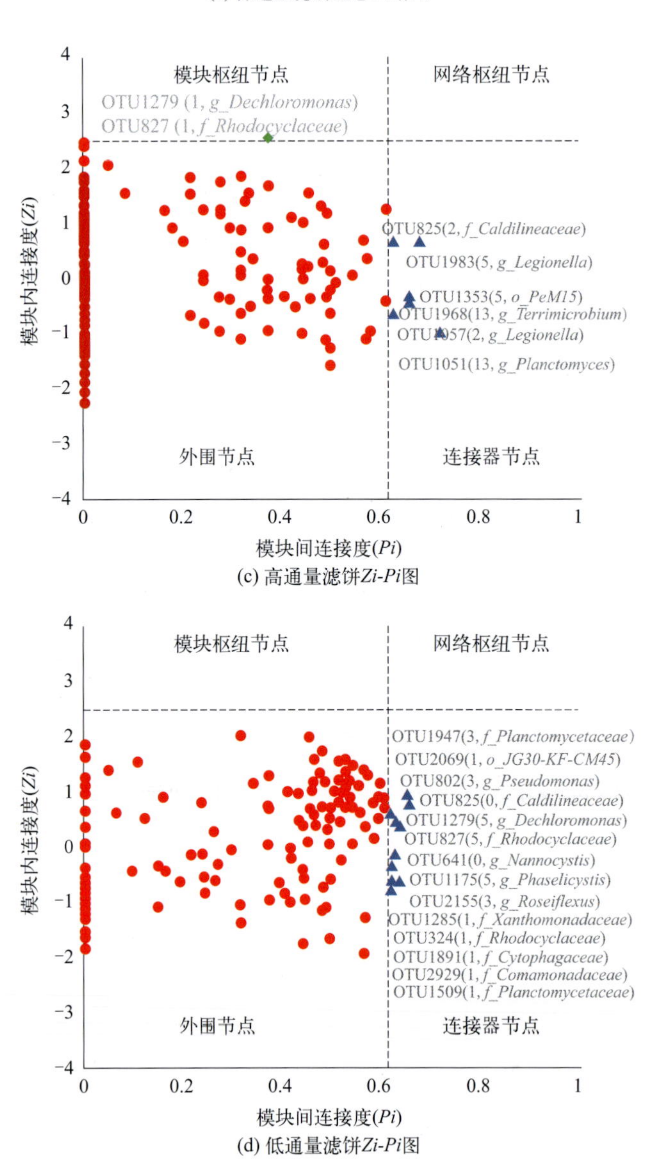

(c) 高通量滤饼 Zi-Pi 图

(d) 低通量滤饼 Zi-Pi 图

图 13-5 高通量滤饼与低通量滤饼群落的生态网络图及其对应的 Zi-Pi 图

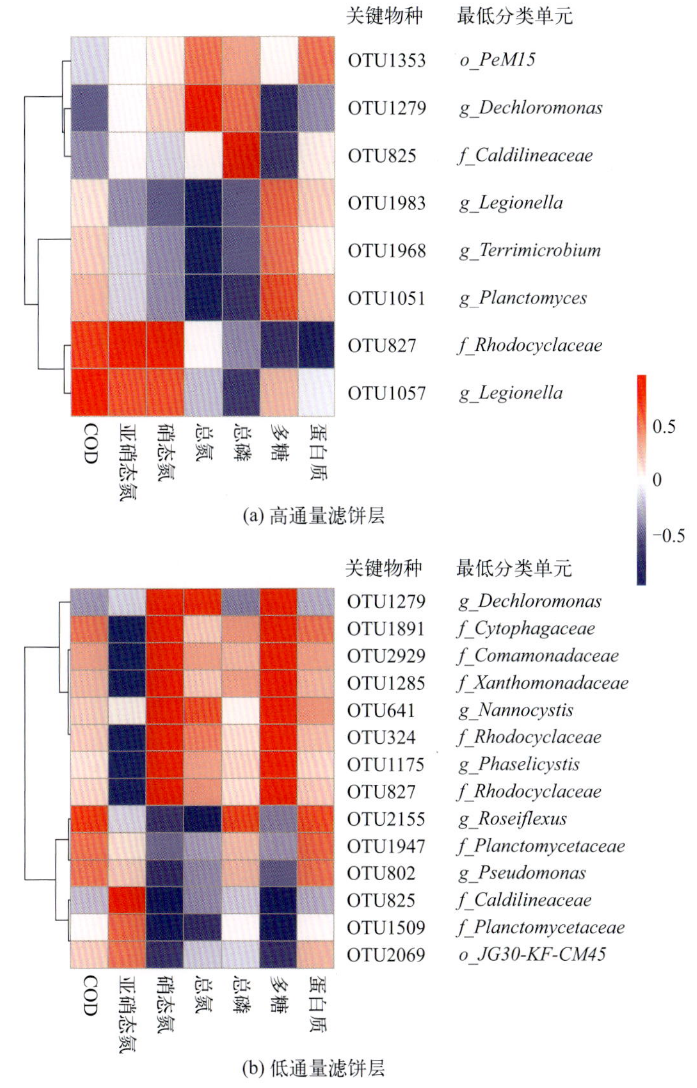

图 13-6　高通量和低通量滤饼层微生物生态网络中关键物种与环境因子的相关关系

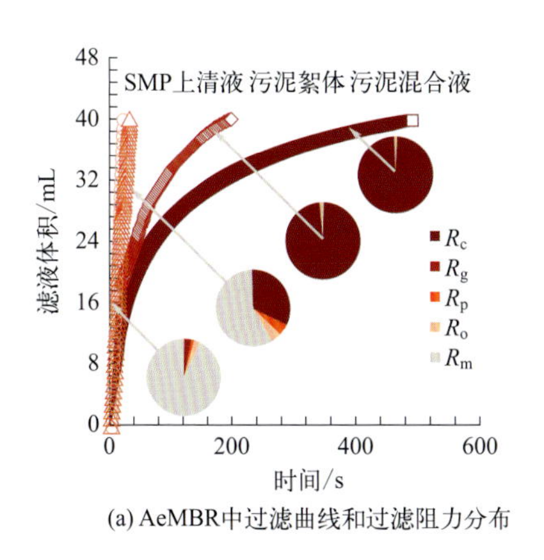

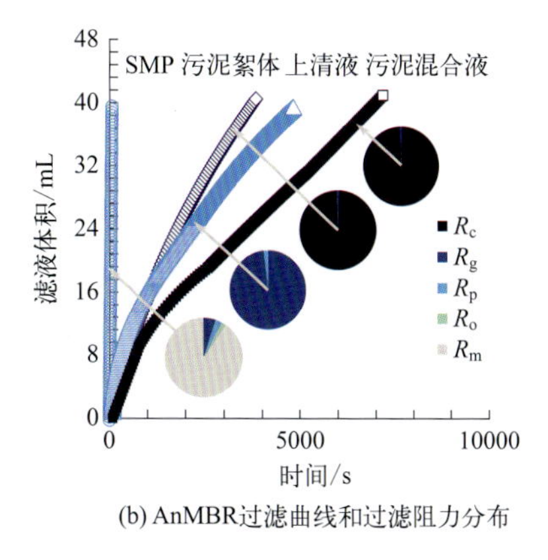

图 14-7

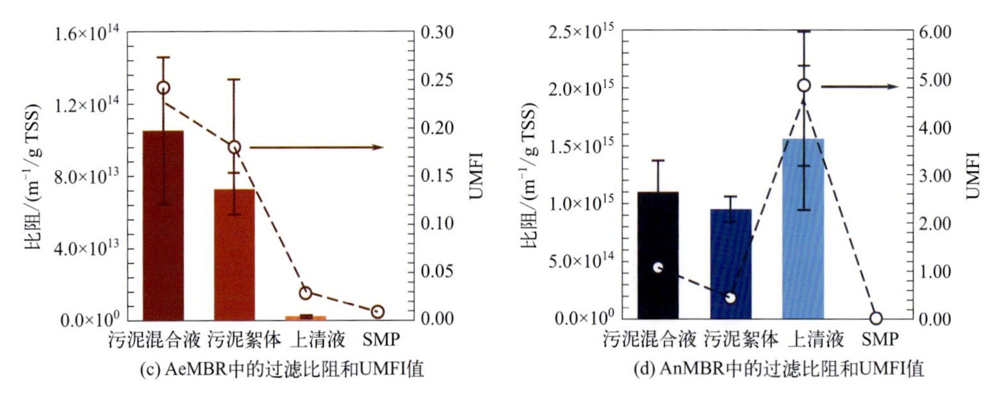

图 14-7　AeMBR 和 AnMBR 中污泥混合液及其不同组分的过滤曲线与过滤阻力分布及过滤比阻和 UMFI 值

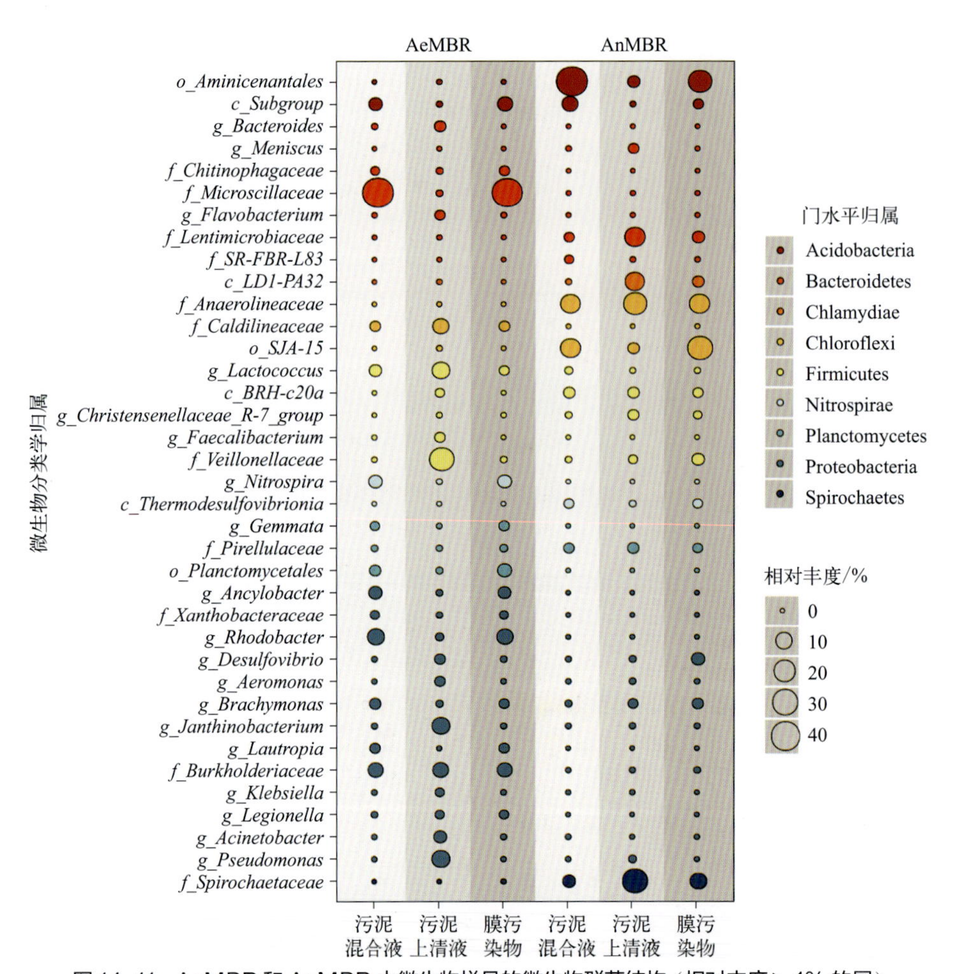

图 14-11　AeMBR 和 AnMBR 中微生物样品的微生物群落结构（相对丰度 > 1% 的属）

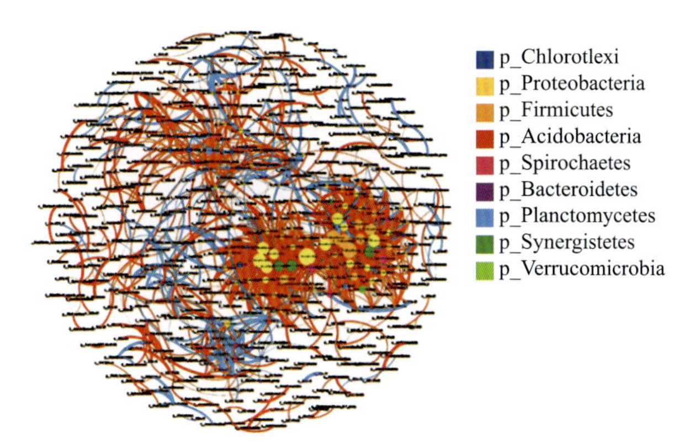

(a) AnMBR微生物群落生态分子网络图

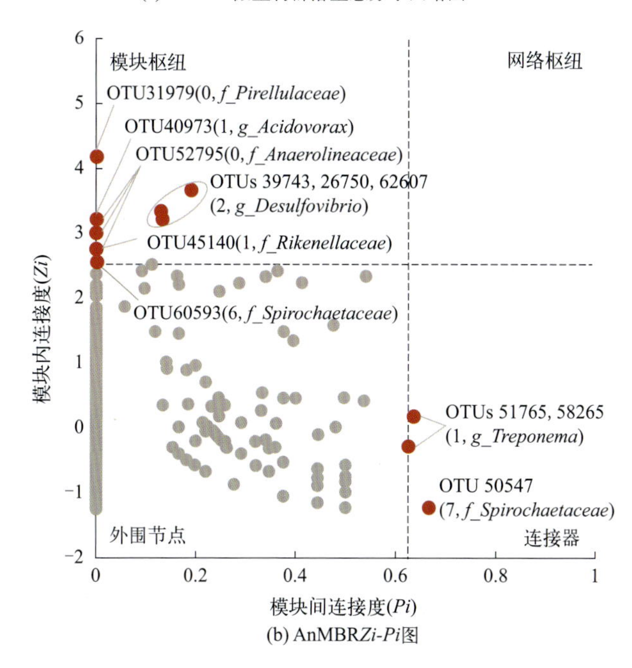

(b) AnMBR*Zi-Pi*图

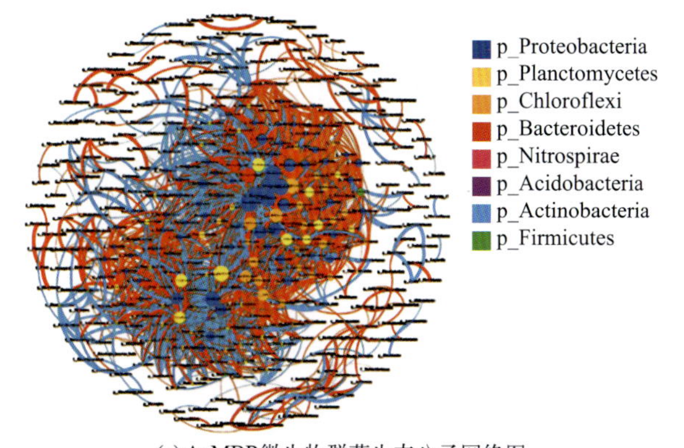

(c) AeMBR微生物群落生态分子网络图

图14-13

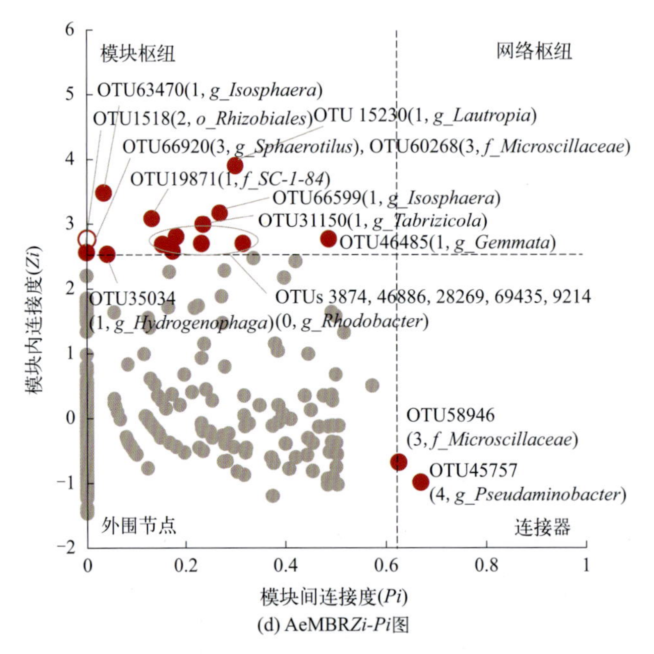

(d) AeMBR*Zi-Pi*图

图 14-13　AnMBR 和 AeMBR 滤饼层中微生物群落生态分子网络图及 OTUs 的 *Zi*-*Pi* 图

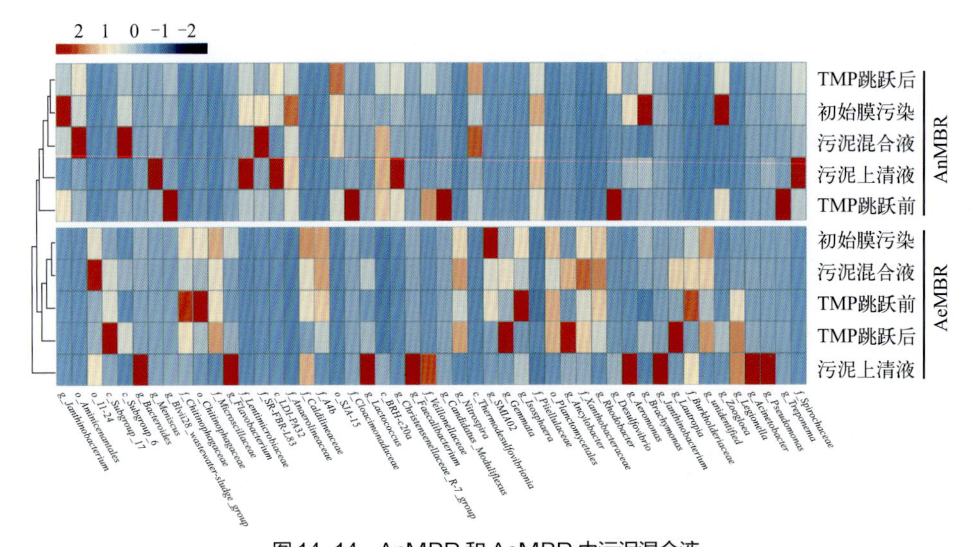

图 14-14　AnMBR 和 AeMBR 中污泥混合液、污泥上清液游离菌及不同膜污染阶段膜污染物中微生物群落热图

图中仅展示相对丰度大于 1% 的微生物

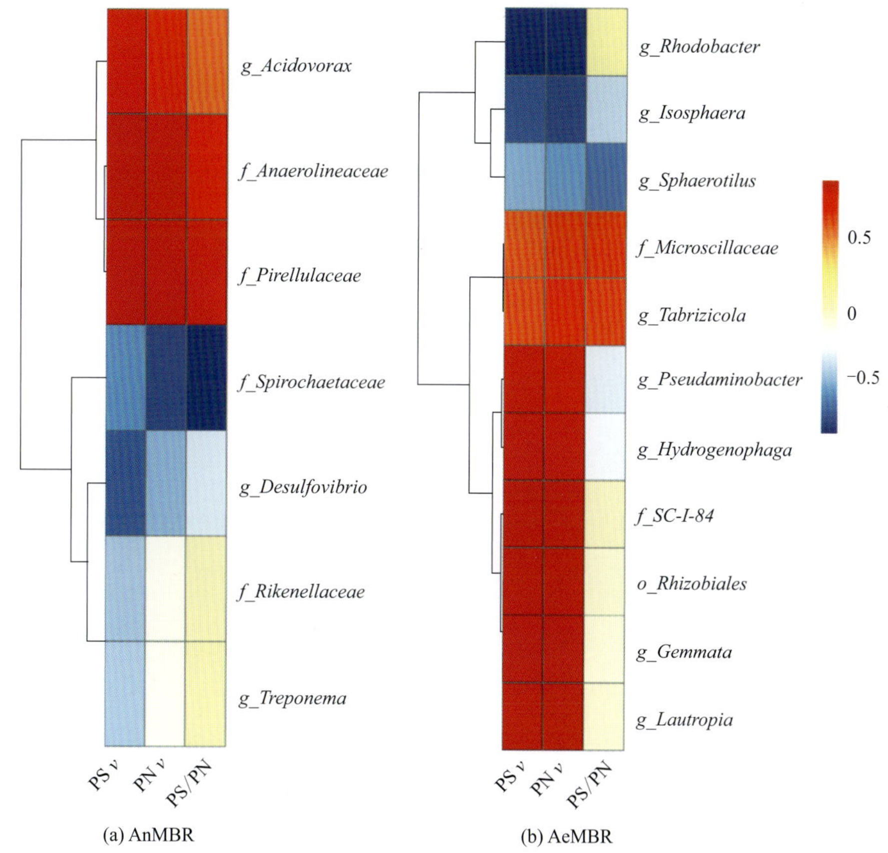

图 14-15　AnMBR 和 AeMBR 滤饼层微生物群落中关键微生物的相对丰度与膜污染发展指标（PS *v*、PN *v* 及 PS/PN）间的相关性分析（*v* 代表积累速率）

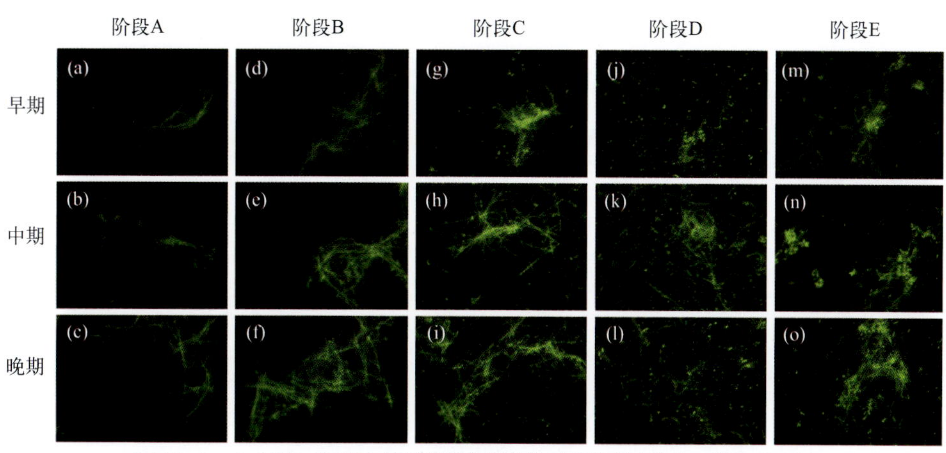

图 15-4　AnMBR 污泥上清液游离菌微生物形貌的荧光染色显微观察照片

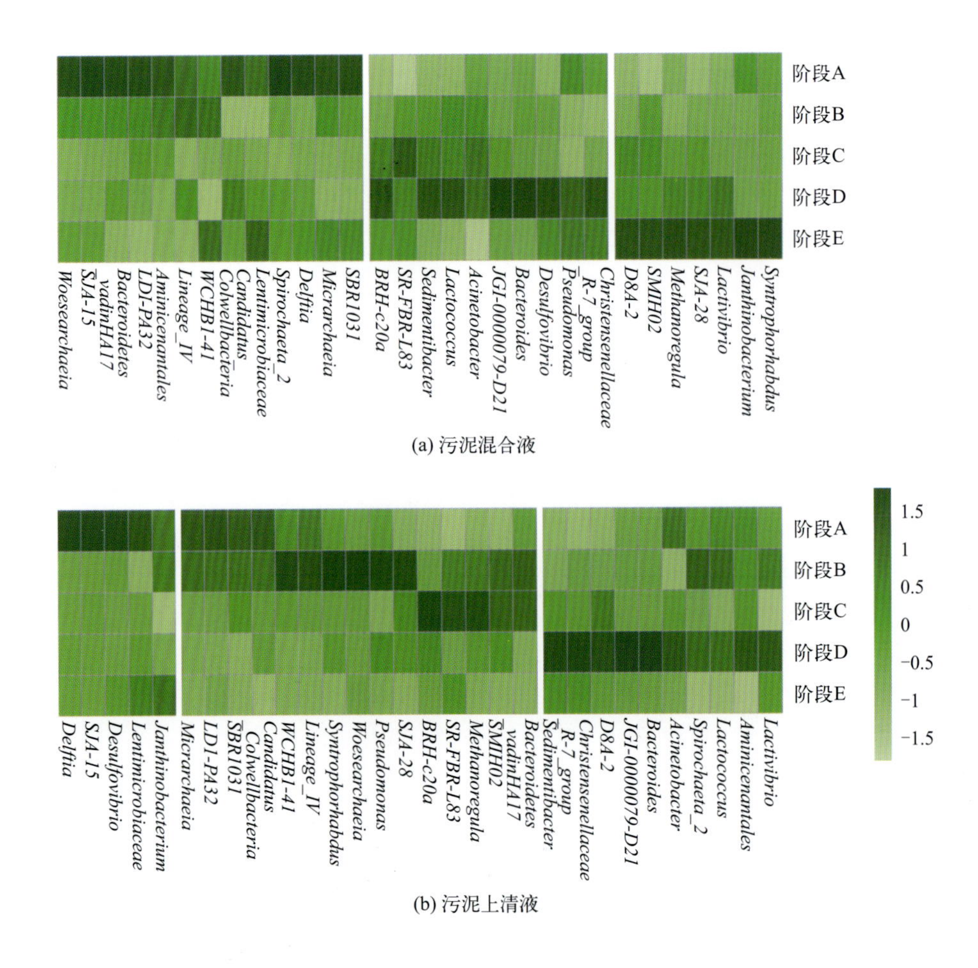

(a) 污泥混合液

(b) 污泥上清液

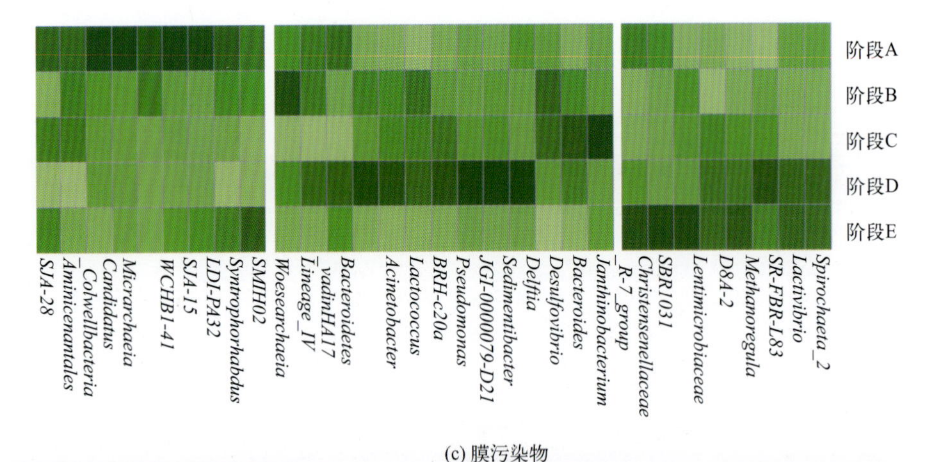

(c) 膜污染物

图 15-6　AnMBR 中污泥混合液、污泥上清液游离菌及膜污染物中所包含微生物的相对丰度变化

图中仅展示相对丰度排名前 30 的属水平微生物

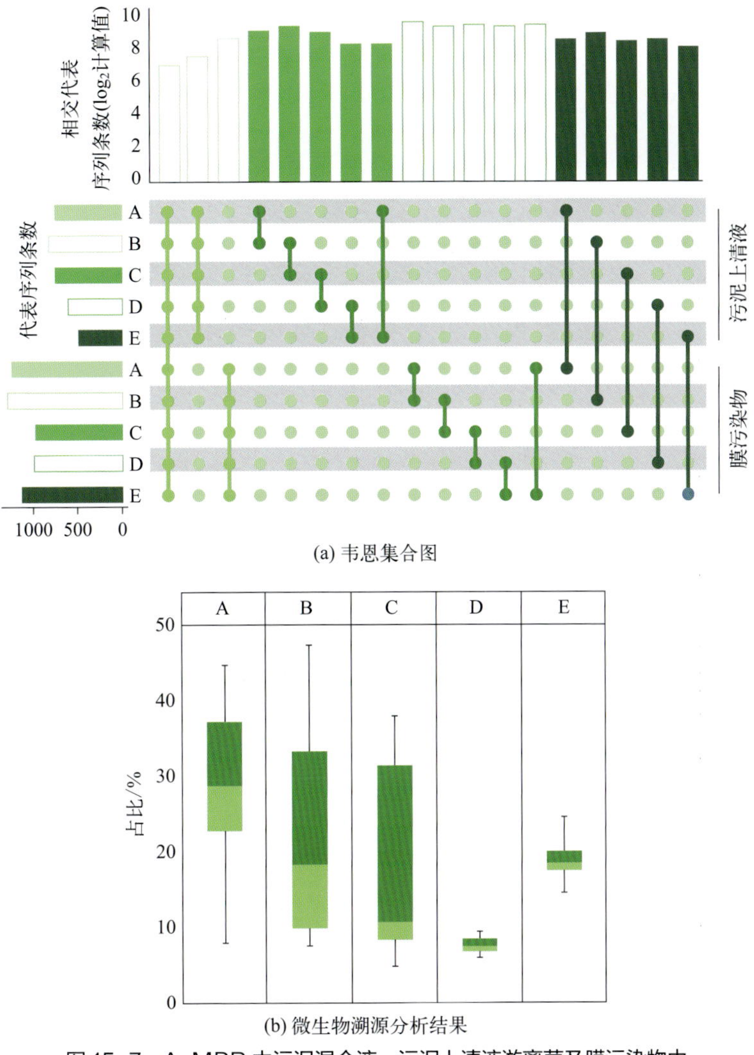

图 15-7　AnMBR 中污泥混合液、污泥上清液游离菌及膜污染物中微生物群落的韦恩集合图及微生物溯源分析结果

图 16-3

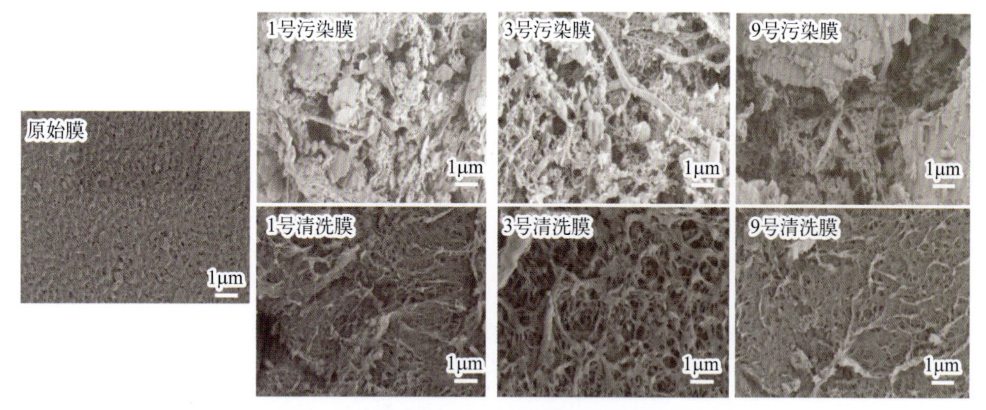

图 16-3　污染膜丝照片以及污染膜和清洗膜的 SEM 图

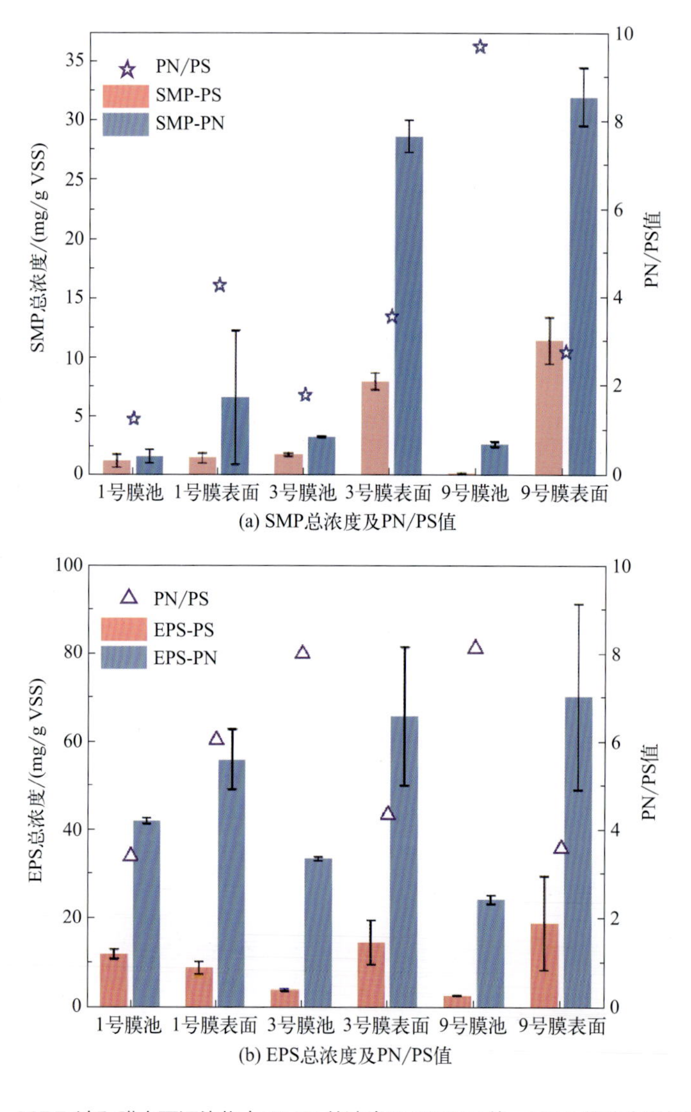

图 16-4　MBR 池和膜表面污染物中 SMP 总浓度及 PN/PS 值、EPS 总浓度及 PN/PS 值

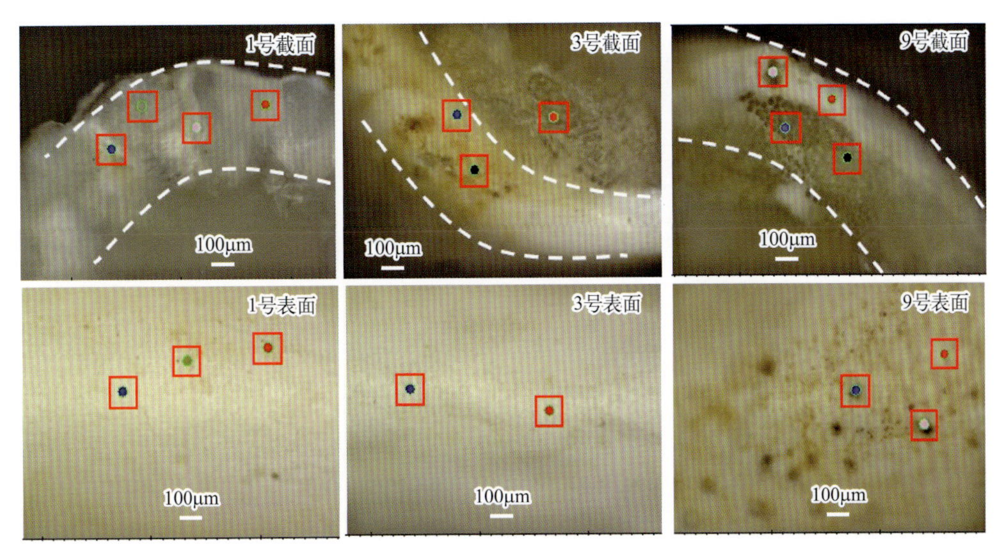

(a) 污染膜内部结构

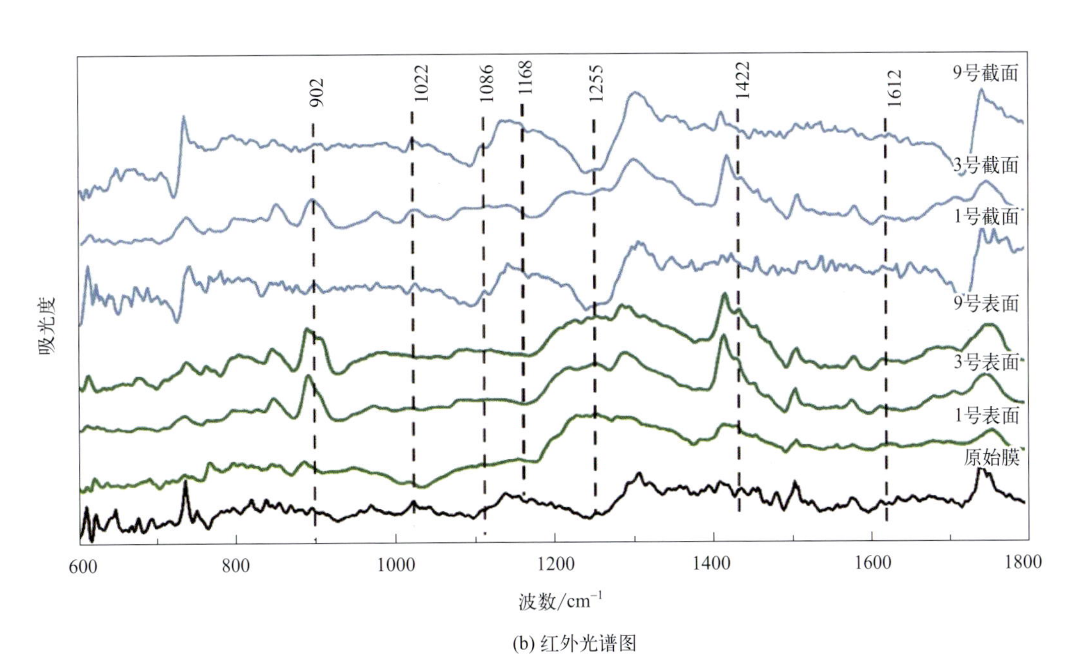

(b) 红外光谱图

图 16-6　化学清洗后污染膜内部结构以及清洗膜表面和截面的红外光谱图

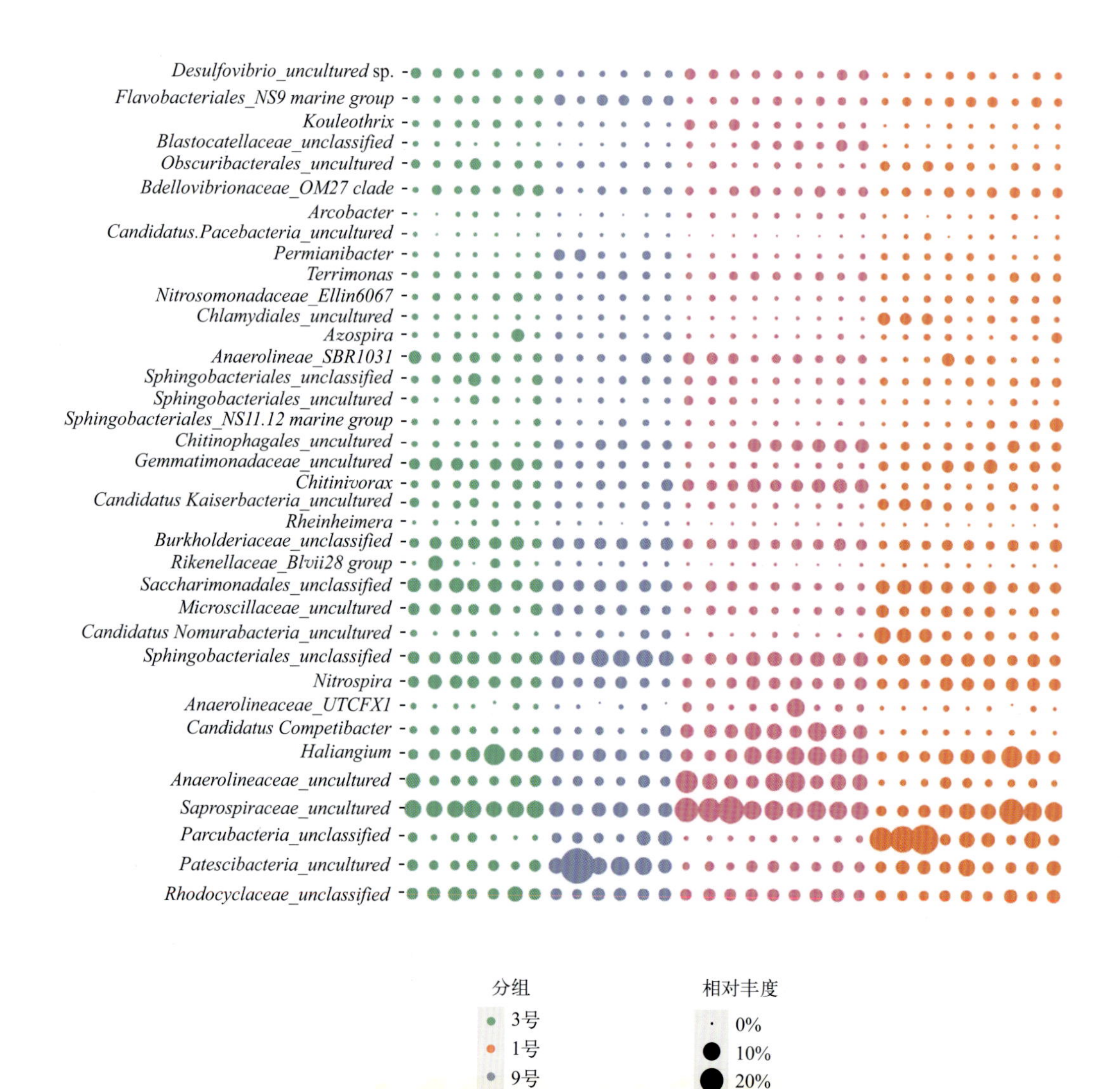

图 16-10 MBR 膜池悬浮污泥和膜表面污染层微生物群落结构在属水平上的相对丰度

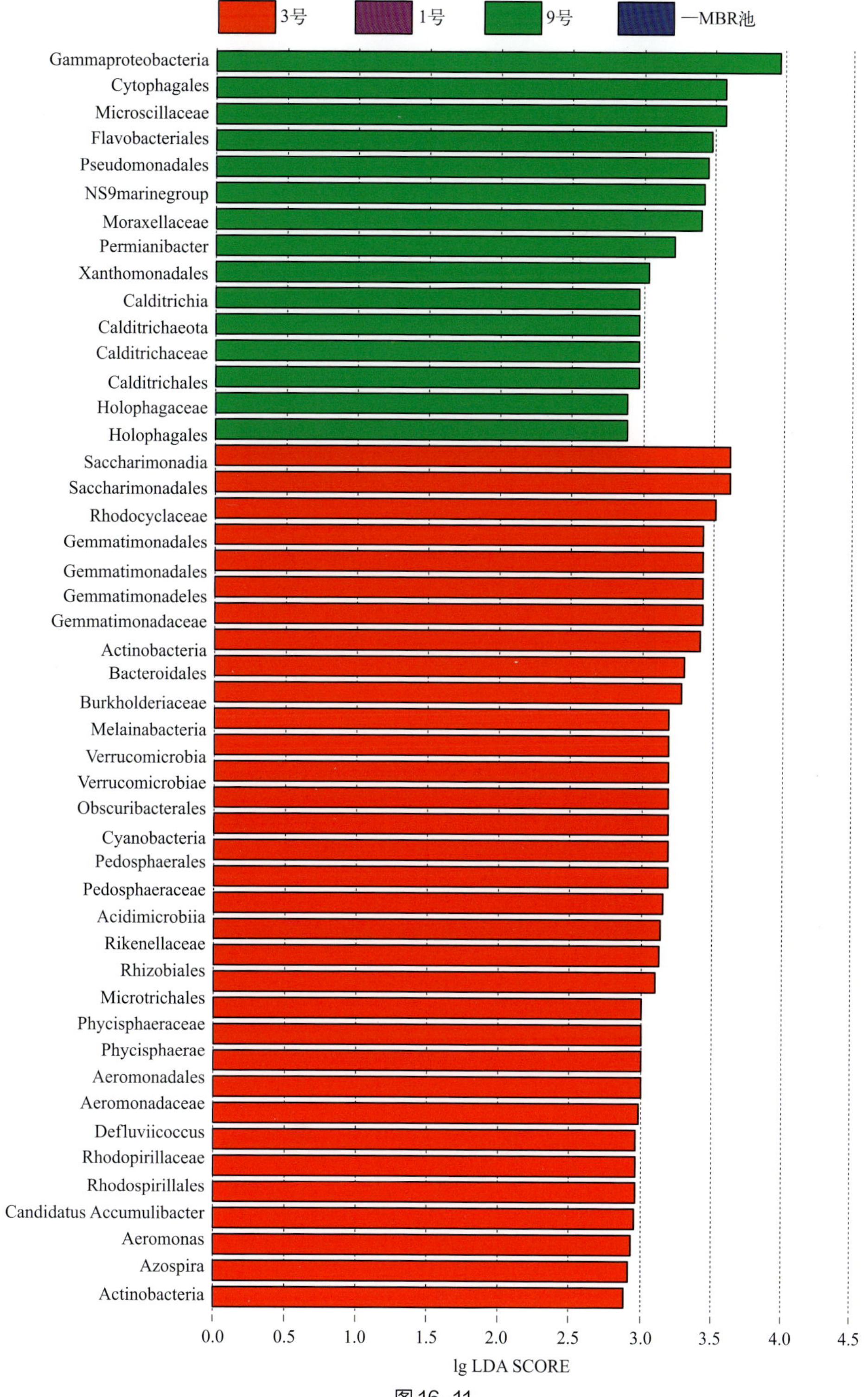

3号
1号
9号
—MBR池
Gammaproteobacteria
Cytophagales
Microscillaceae
Flavobacteriales
Pseudomonadales
NS9marinegroup
Moraxellaceae
Permianibacter
Xanthomonadales
Calditrichia
Calditrichaeota
Calditrichaceae
Calditrichales
Holophagaceae
Holophagales
Saccharimonadia
Saccharimonadales
Rhodocyclaceae
Gemmatimonadales
Gemmatimonadales
Gemmatimonadeles
Gemmatimonadaceae
Actinobacteria
Bacteroidales
Burkholderiaceae
Melainabacteria
Verrucomicrobia
Verrucomicrobiae
Obscuribacterales
Cyanobacteria
Pedosphaerales
Pedosphaeraceae
Acidimicrobiia
Rikenellaceae
Rhizobiales
Microtrichales
Phycisphaeraceae
Phycisphaerae
Aeromonadales
Aeromonadaceae
Defluviicoccus
Rhodopirillaceae
Rhodospirillales
Candidatus Accumulibacter
Aeromonas
Azospira
Actinobacteria
0.0
0.5
1.0
1.5
2.0
2.5
3.0
3.5
4.0
4.5
lg LDA SCORE

图16-11

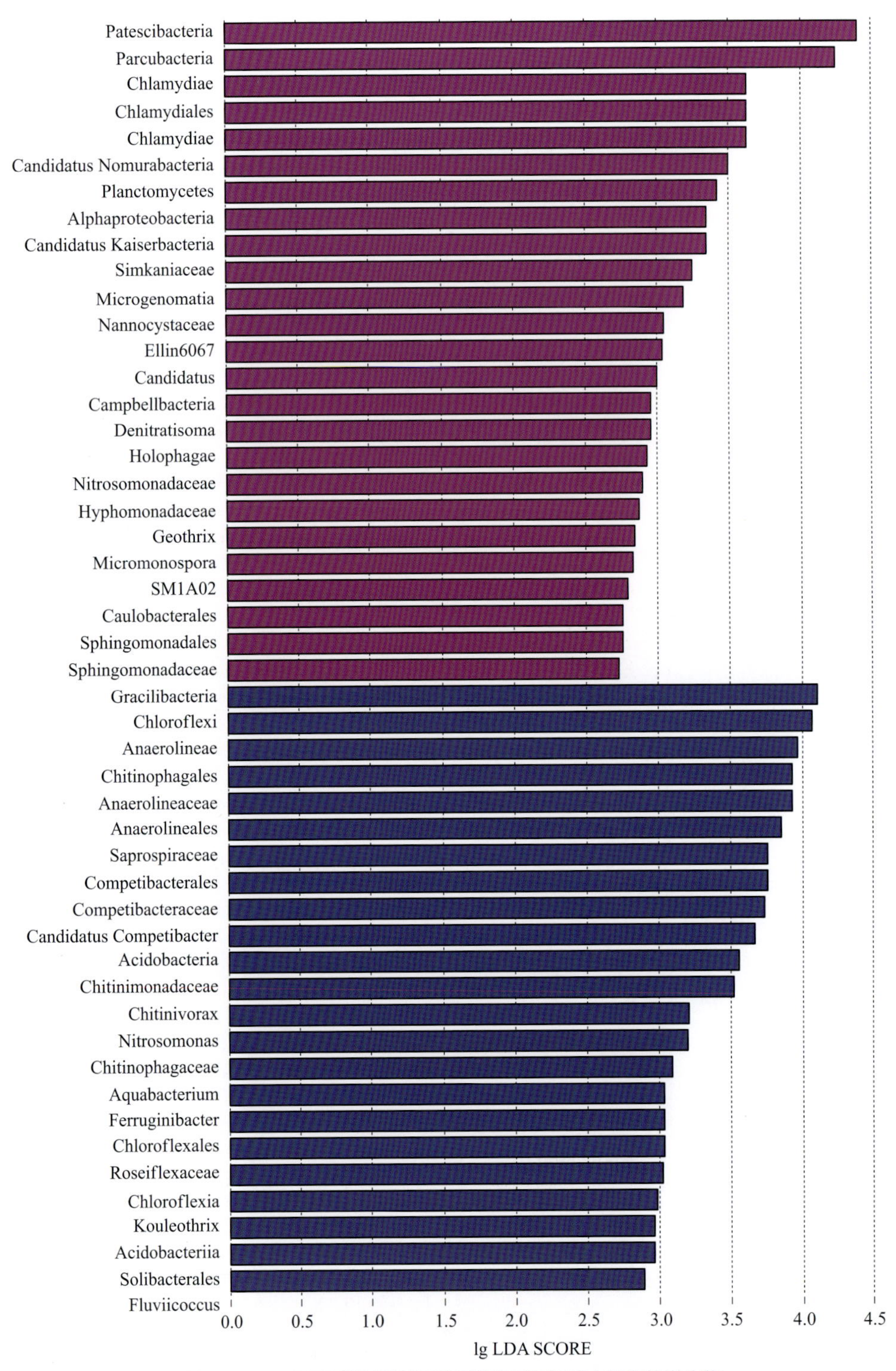

图 16-11 MBR 膜池悬浮污泥和膜表面污染层中的优势微生物

LDA：线性判别分析。用 LDA 对数据进行降维并评估差异显著物种的影响力，即 LDA SCORE

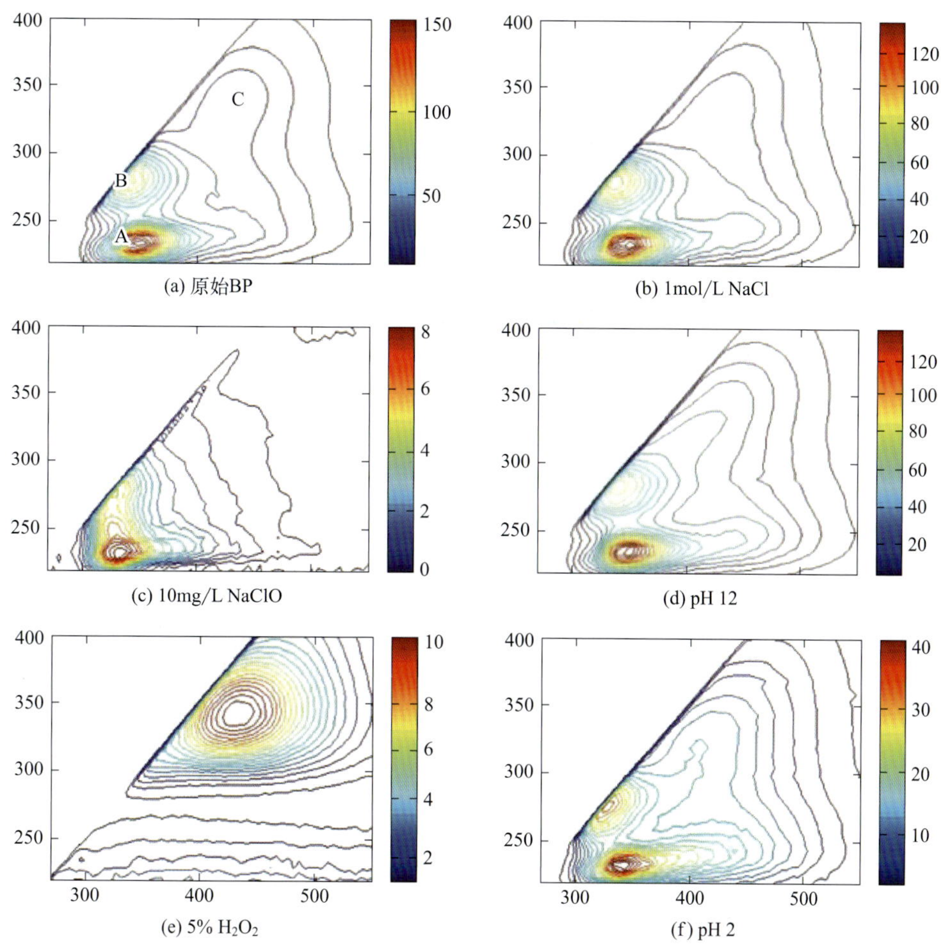

图 17-4　在纯水、10 mg/L NaClO、5 % H_2O_2、1mol/L NaCl、HCl（pH=2）和 NaOH（pH=12）溶液下 BP 中三维荧光光谱图

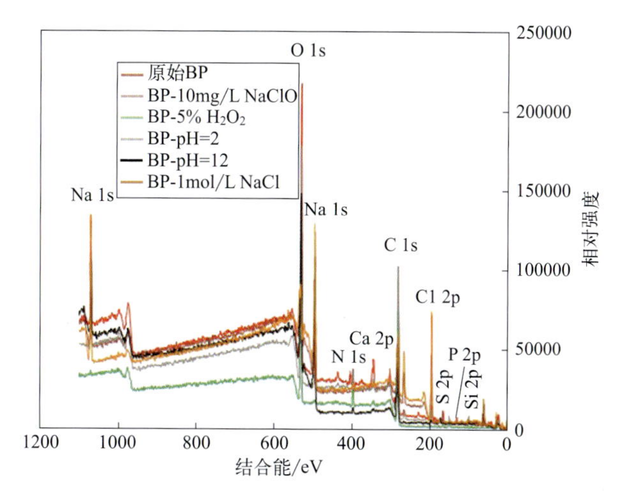

图 17-6　在纯水、10 mg/L NaClO、5% H_2O_2、1mol/L NaCl、HCl（pH=2）和 NaOH（pH=12）溶液下的 BP 冻干固体样的 XPS 光谱

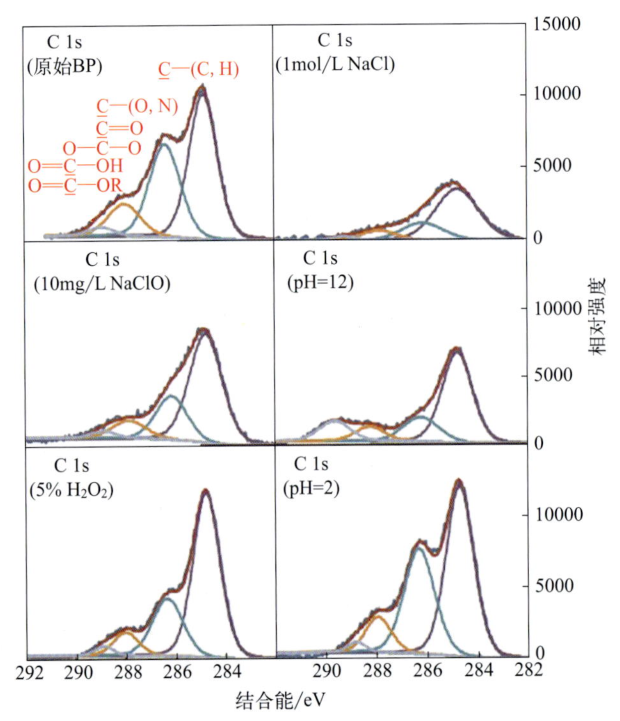

图 17-7　在纯水、10 mg/L NaClO、5 % H_2O_2、1mol/L NaCl、HCl（pH=2）和 NaOH（pH=12）溶液下的 BP 冻干固体样的高分辨率 C 1s 谱

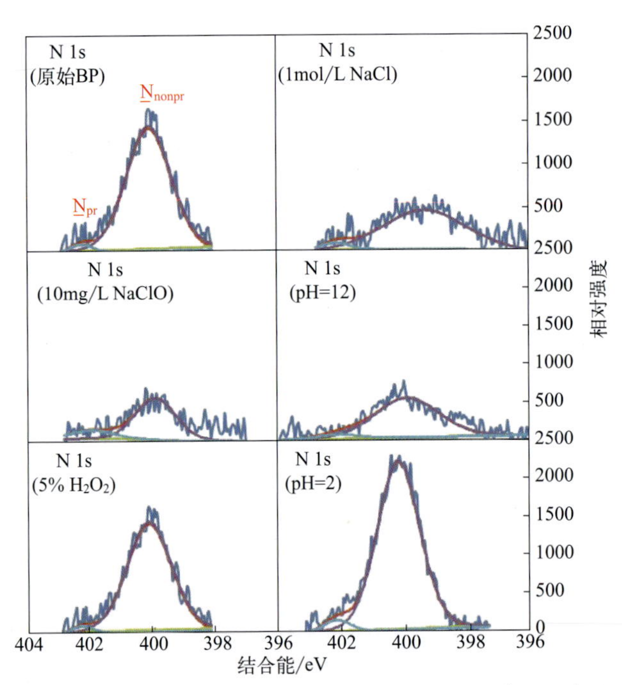

图 17-8　在纯水、10 mg/L NaClO、5% H_2O_2、1mol/L NaCl、HCl（pH=2）和 NaOH（pH=12）溶液下的 BP 冻干固体样的高分辨率 N 1s 谱

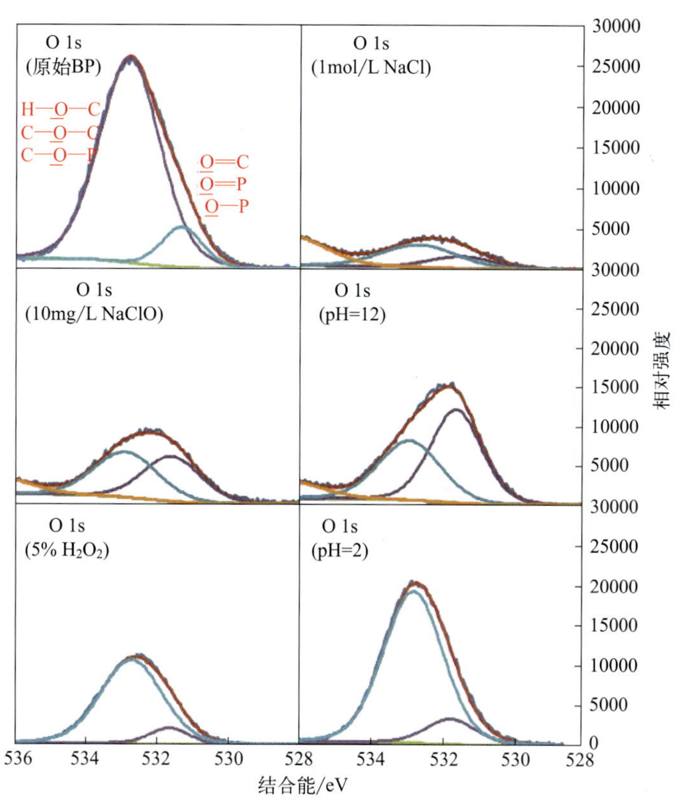

图 17-9 在纯水、10 mg/L NaClO、5% H_2O_2、1mol/L NaCl、HCl（pH=2）和 NaOH（pH=12）溶液下的 BP 冻干固体样的高分辨率 O 1s 谱

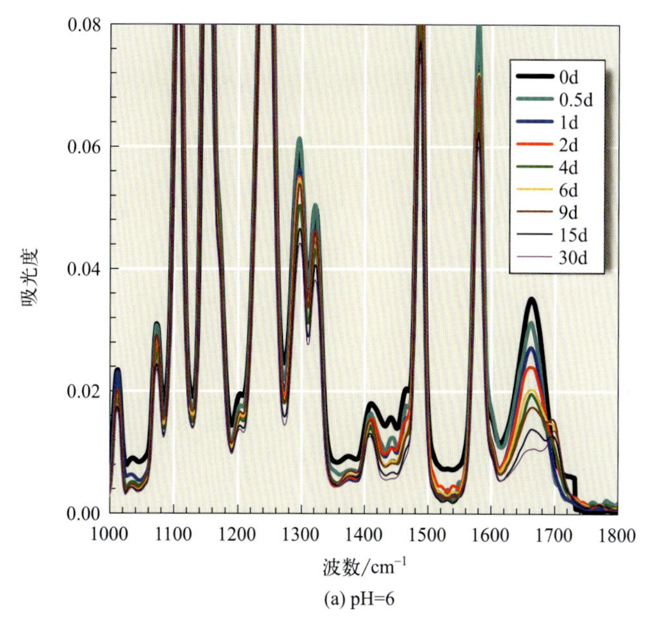

(a) pH=6

图 18-1

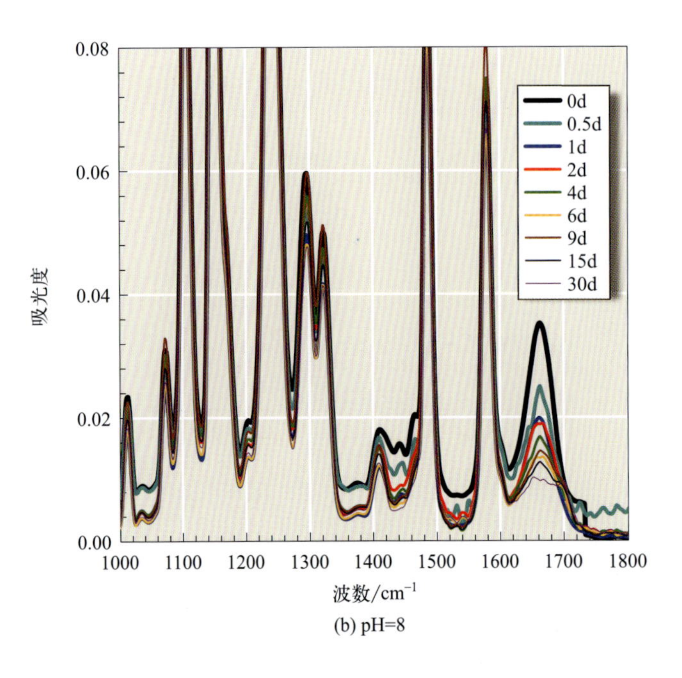

(b) pH=8

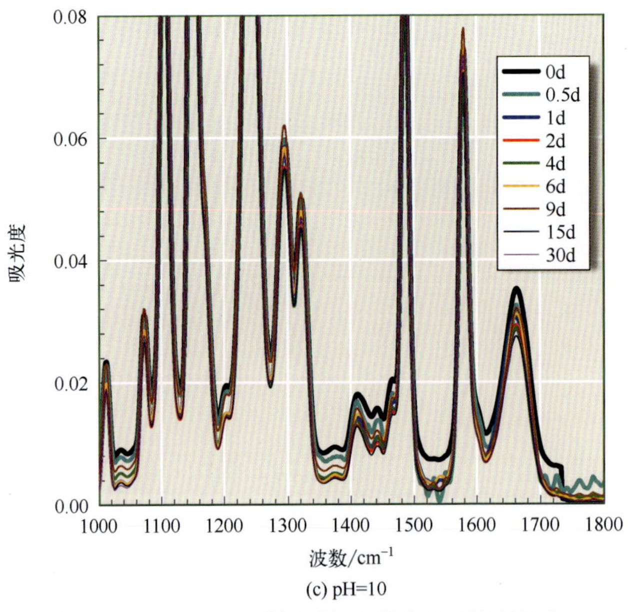

(c) pH=10

图 18-1　PES/PVP 膜在不同 pH 值的 NaClO 溶液中暴露不同时间的 ATR-FTIR 图

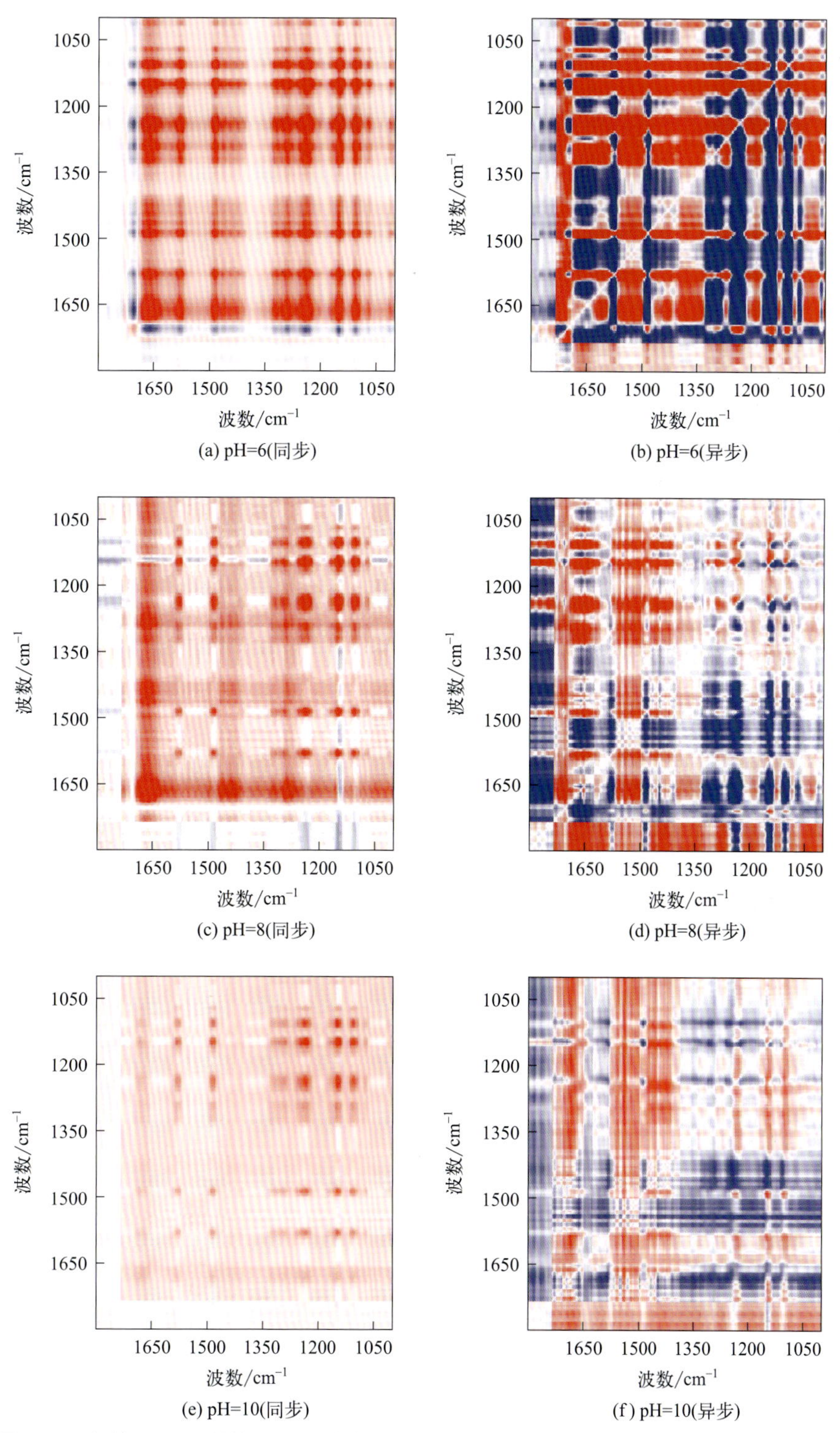

图 18-2 经过不同 pH 值的 NaClO 溶液处理后的 PES/PVP 膜的同步和异步二维红外光谱图

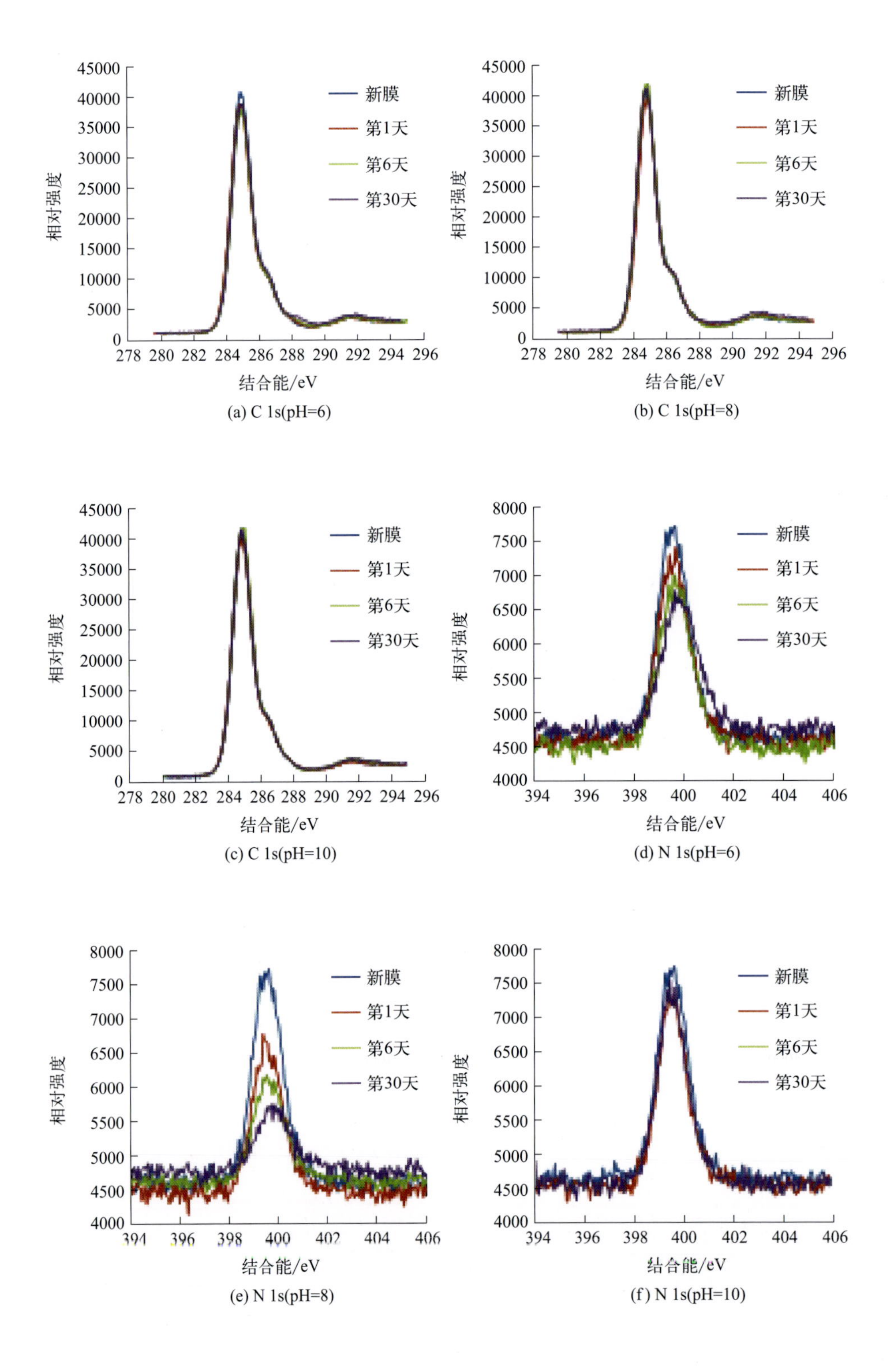

(a) C 1s(pH=6)
(b) C 1s(pH=8)
(c) C 1s(pH=10)
(d) N 1s(pH=6)
(e) N 1s(pH=8)
(f) N 1s(pH=10)

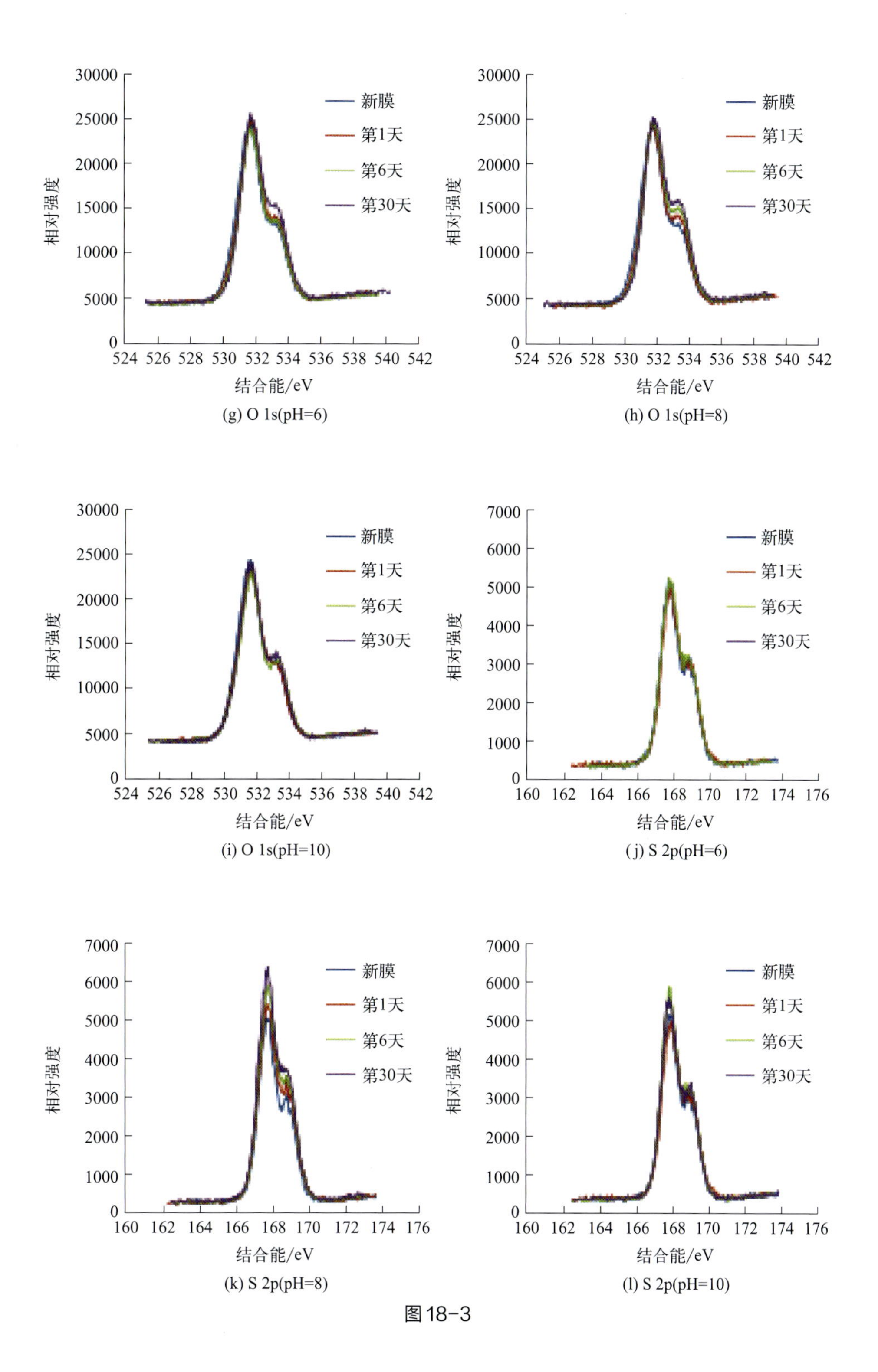

(g) O 1s(pH=6)

(h) O 1s(pH=8)

(i) O 1s(pH=10)

(j) S 2p(pH=6)

(k) S 2p(pH=8)

(l) S 2p(pH=10)

图18-3

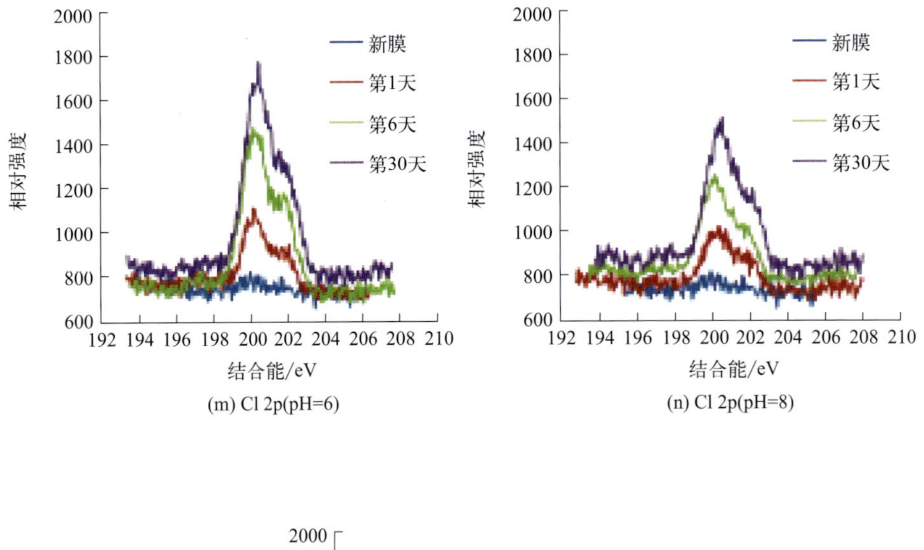

(m) Cl 2p(pH=6)　　(n) Cl 2p(pH=8)

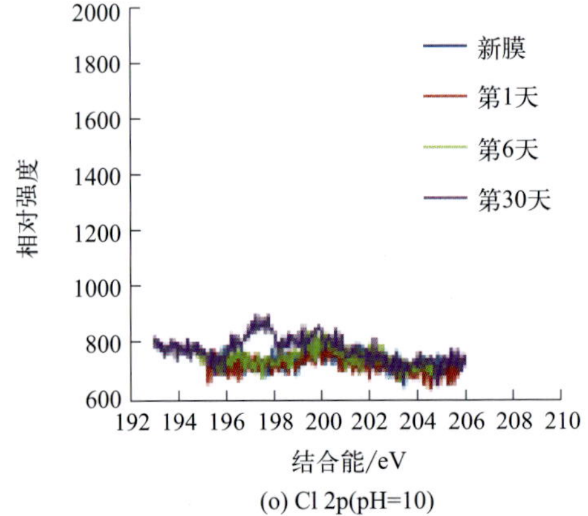

(o) Cl 2p(pH=10)

图 18-3　经过 pH 值为 6、8 和 10 的 NaClO 老化的 PES/PVP 膜的 XPS C 1s、N 1s、O 1s、S 2p 和 Cl 2p 能谱图随暴露时间（即第 1 天、6 天和 30 天）的变化

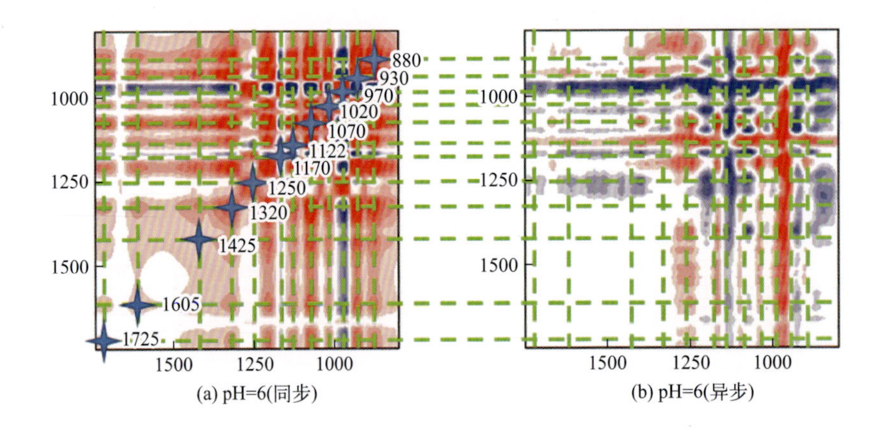

(a) pH=6(同步)　　(b) pH=6(异步)

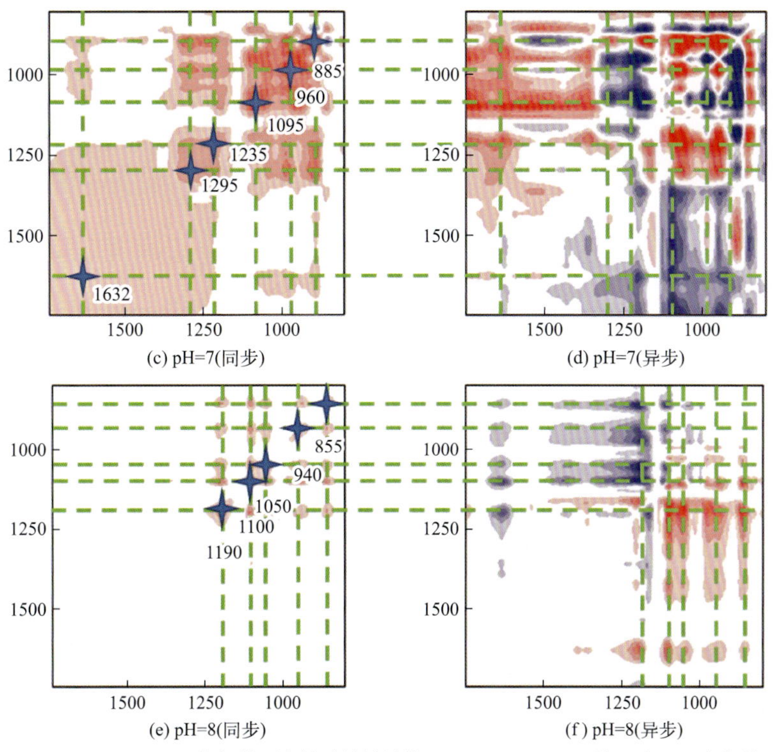

图 19-3　不同 pH 值条件下海藻酸钠溶液的 2D-FTIR-COS 的同步和异步光谱

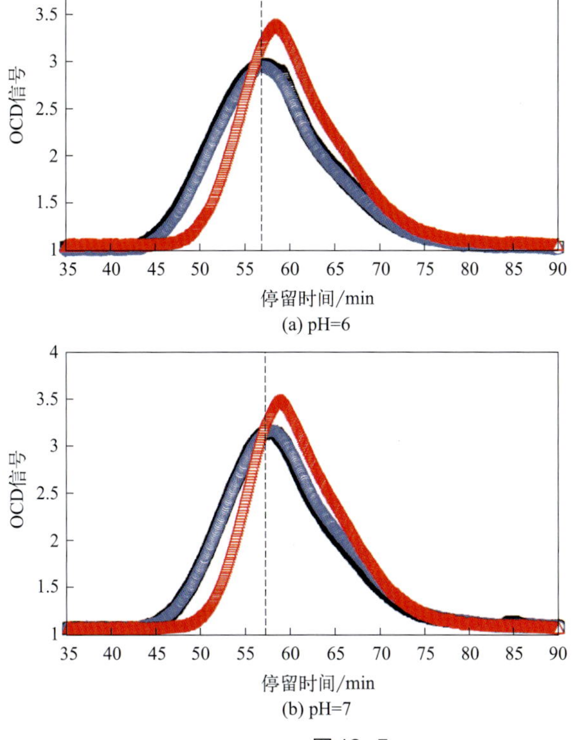

图 19-5

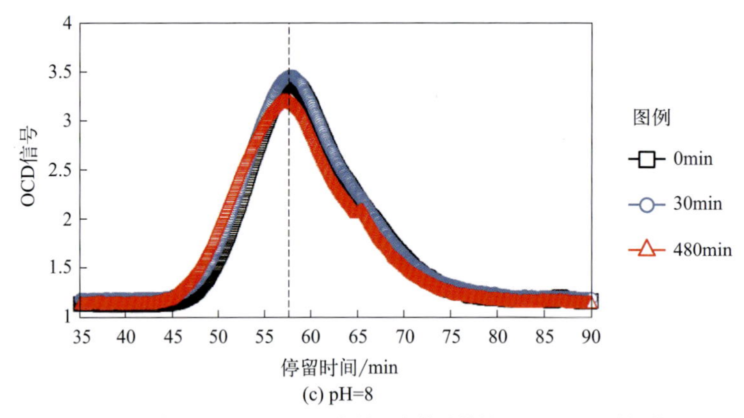

图 19-5　在 pH = 6、7 和 8 条件下海藻酸盐的 LC-OCD 分析结果

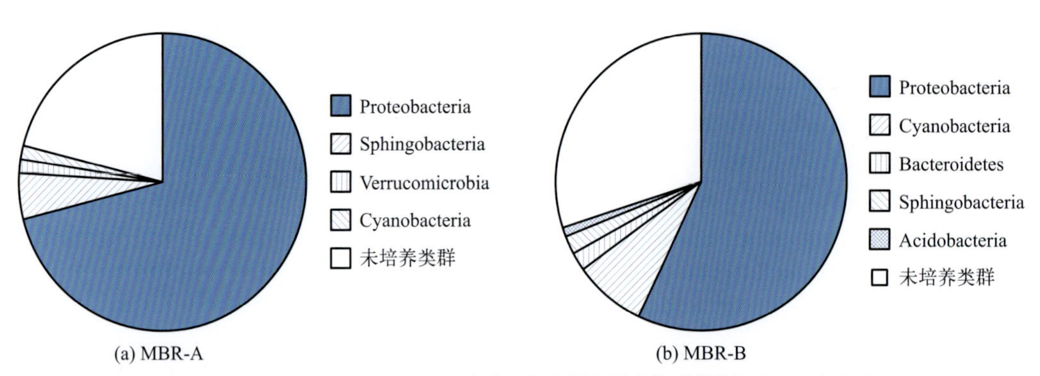

图 20-7　MBR-A 和 MBR-B 中膜污染滤饼层微生物群落在门水平上的构成

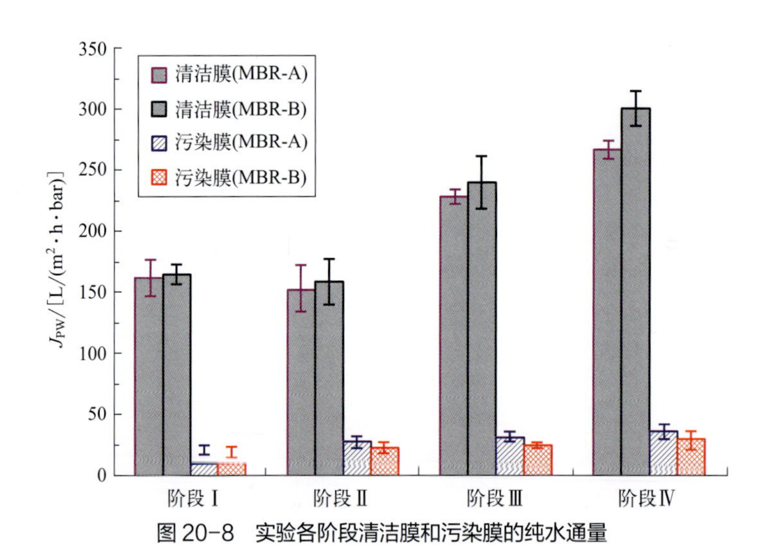

图 20-8　实验各阶段清洁膜和污染膜的纯水通量

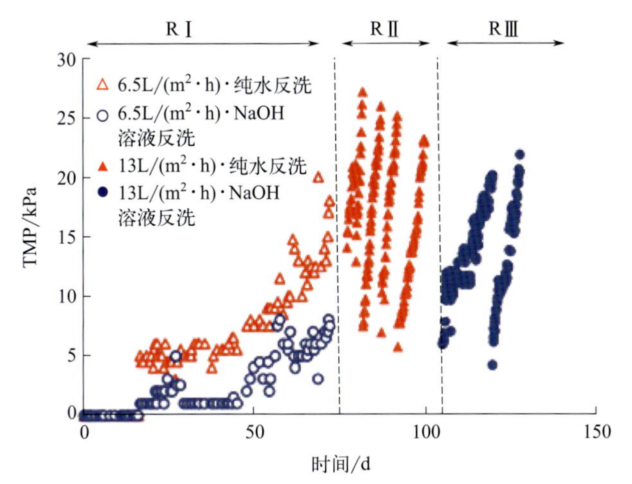

(a) 在每一个膜组件抽吸阶段结束时，最高TMP的变化

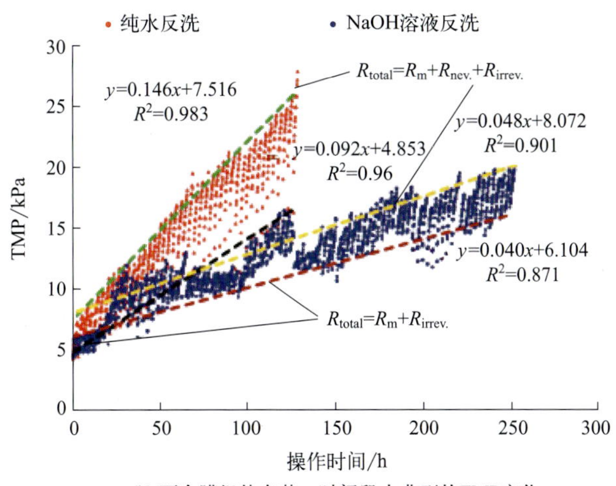

(b) 两个膜组件在某一时间段内典型的TMP变化

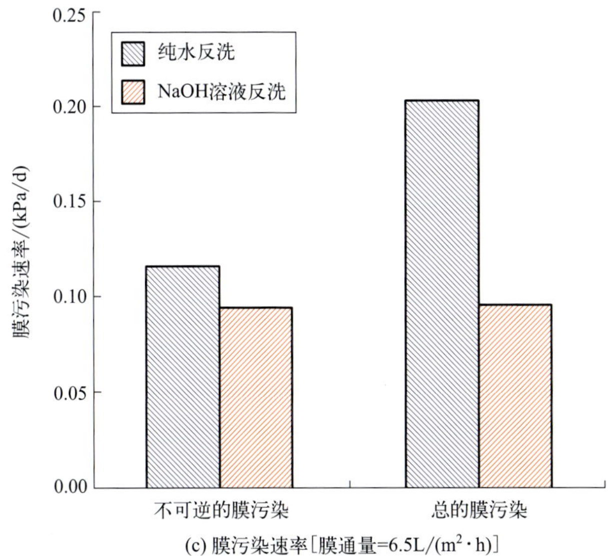

(c) 膜污染速率[膜通量=6.5L/(m²·h)]

图 21-4

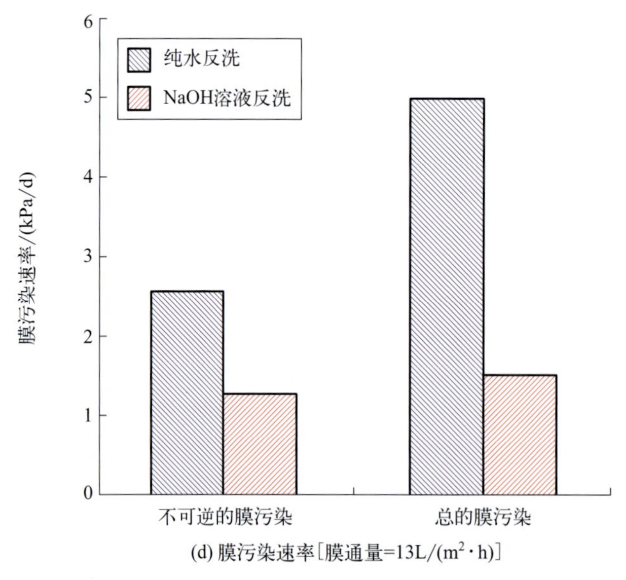

(d) 膜污染速率[膜通量=13L/(m^2·h)]

图 21-4　TMP 和膜污染速率的变化

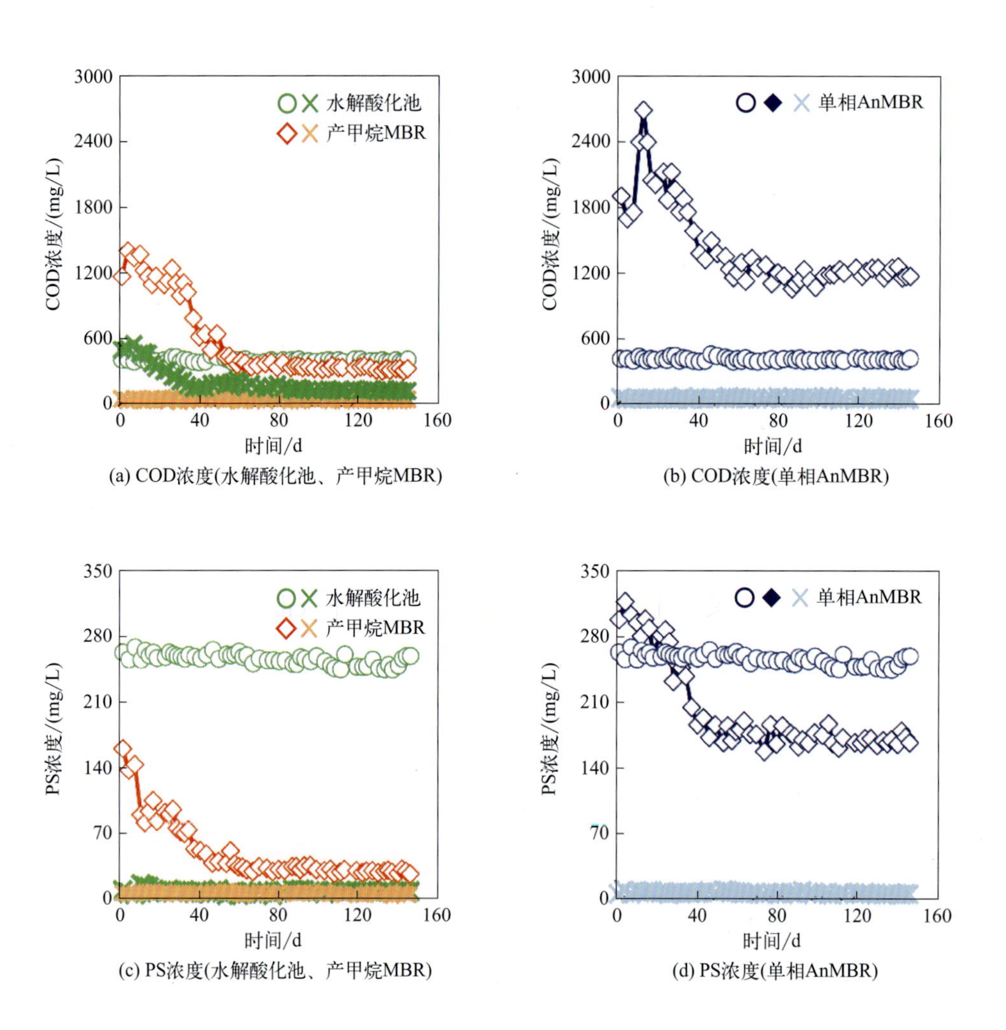

(a) COD浓度(水解酸化池、产甲烷MBR)

(b) COD浓度(单相AnMBR)

(c) PS浓度(水解酸化池、产甲烷MBR)

(d) PS浓度(单相AnMBR)

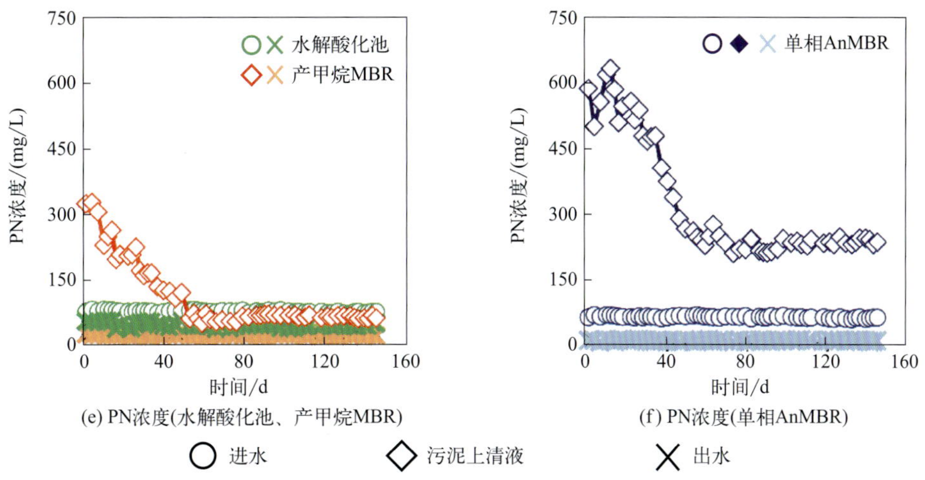

(e) PN浓度(水解酸化池、产甲烷MBR)　　(f) PN浓度(单相AnMBR)

○ 进水　◇ 污泥上清液　× 出水

图 23-2　两相法水解酸化池、产甲烷 MBR 以及单相 AnMBR 进水、出水和污泥上清液中 COD、PS 和 PN 浓度

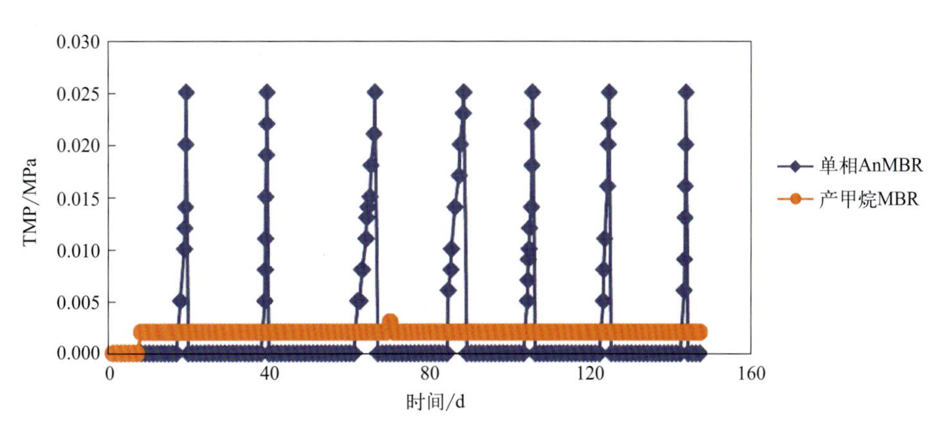

图 23-3　两相法产甲烷 MBR 和单相 AnMBR 的 TMP 动态变化

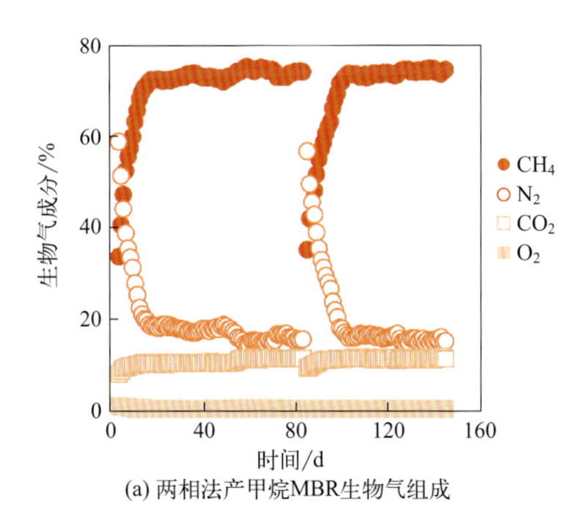

(a) 两相法产甲烷MBR生物气组成

图 23-4

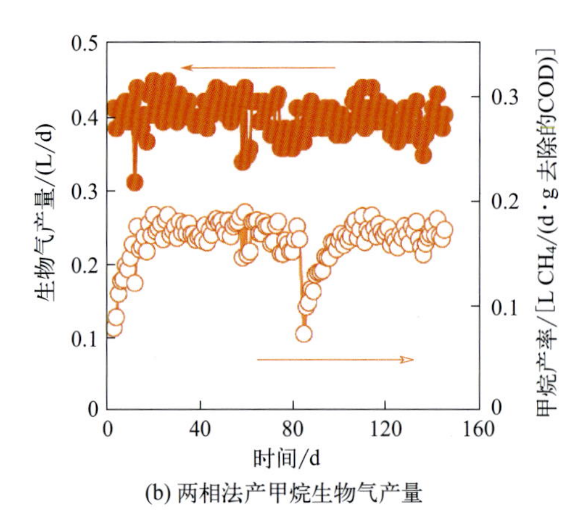

(b) 两相法产甲烷生物气产量

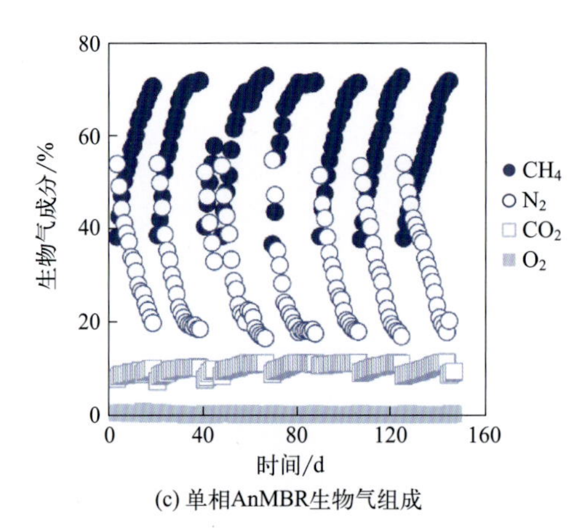

(c) 单相AnMBR生物气组成

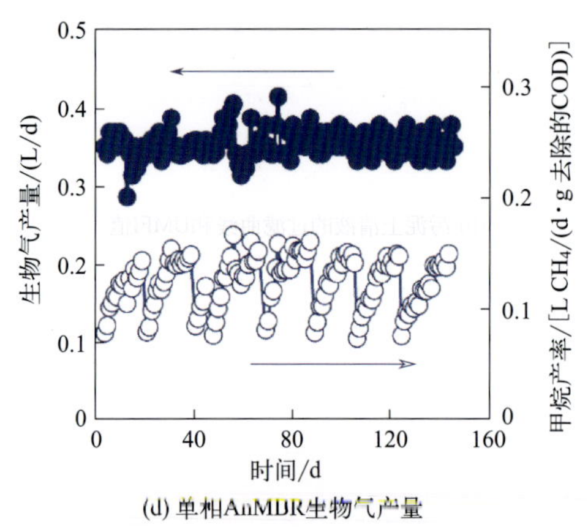

(d) 单相AnMBR生物气产量

图 23-4　两相法产甲烷 MBR 和单相 AnMBR 的生物气产量及生物气组成成分

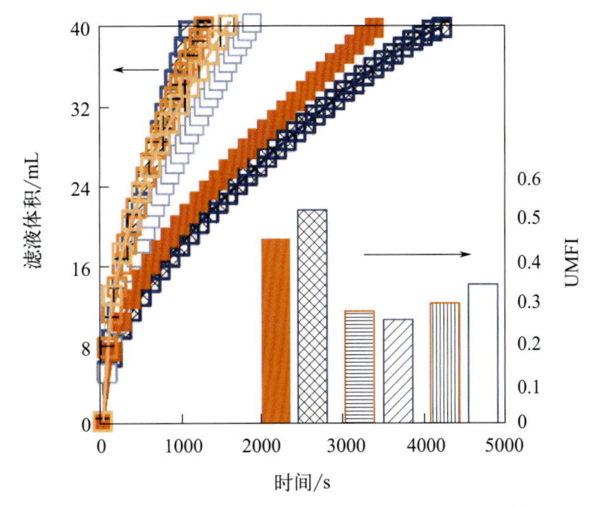

(a) 污泥混合液及其不同组分的过滤曲线及UMFI值

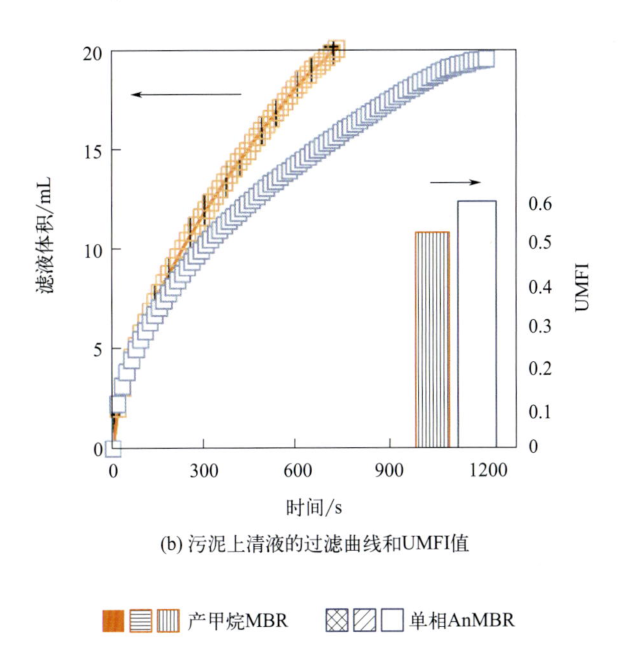

(b) 污泥上清液的过滤曲线和UMFI值

污泥混合液　污泥絮体　污泥上清液

图 23-5　两相法产甲烷 MBR 和单相 AnMBR 中污泥混合液及其不同组分在相同 TSS 浓度下和污泥上清液在相同 COD 浓度下的过滤曲线及对应的 UMFI 值

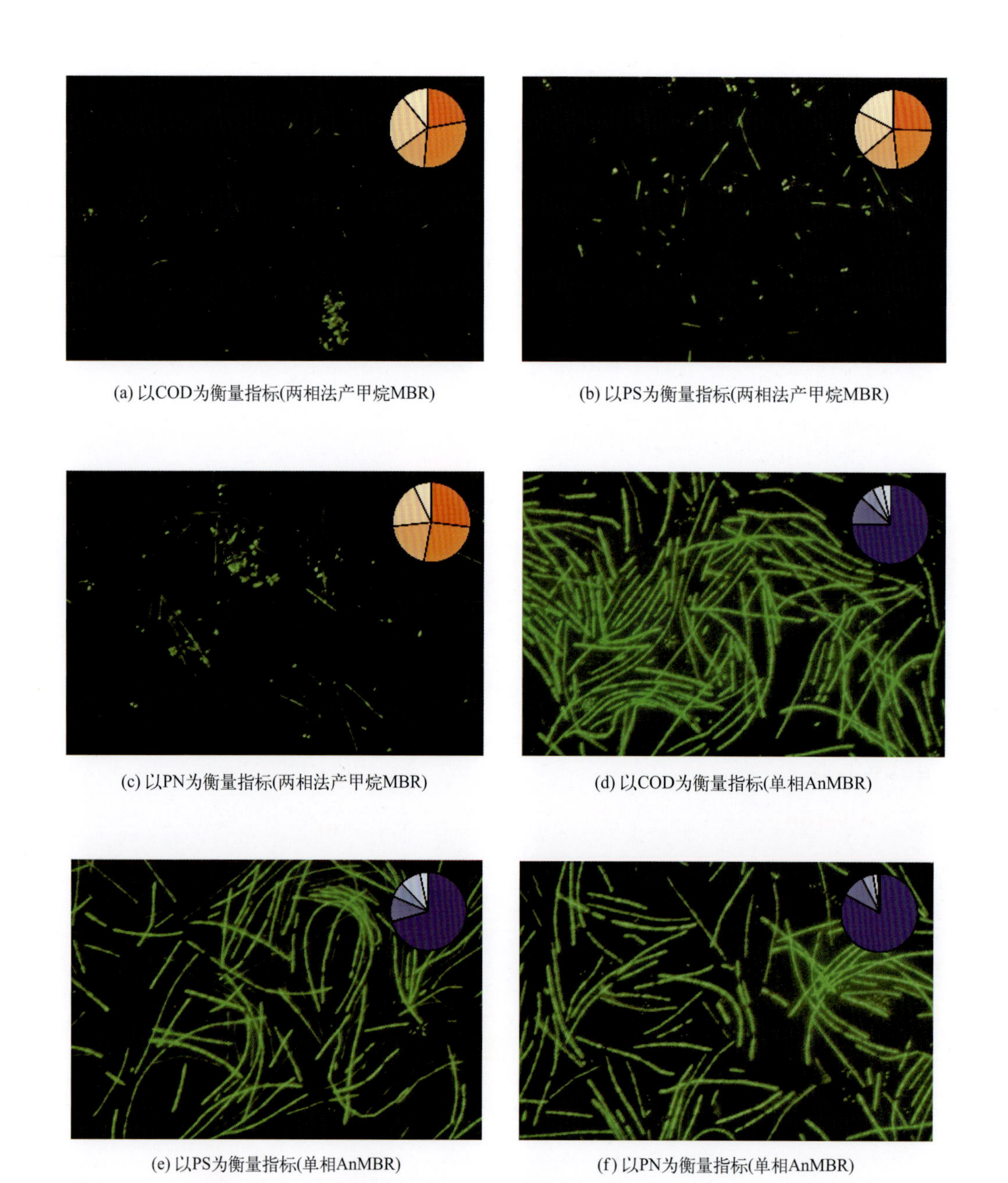

(a) 以COD为衡量指标(两相法产甲烷MBR)

(b) 以PS为衡量指标(两相法产甲烷MBR)

(c) 以PN为衡量指标(两相法产甲烷MBR)

(d) 以COD为衡量指标(单相AnMBR)

(e) 以PS为衡量指标(单相AnMBR)

(f) 以PN为衡量指标(单相AnMBR)

5～10μm　1～5μm　0.45～1μm　100000(分子量)～0.45μm　<100000(分子量)

图 23-6　两相法产甲烷 MBR 和单相 AnMBR 污泥上清液的尺寸分布及所含游离菌的荧光染色显微观察照片

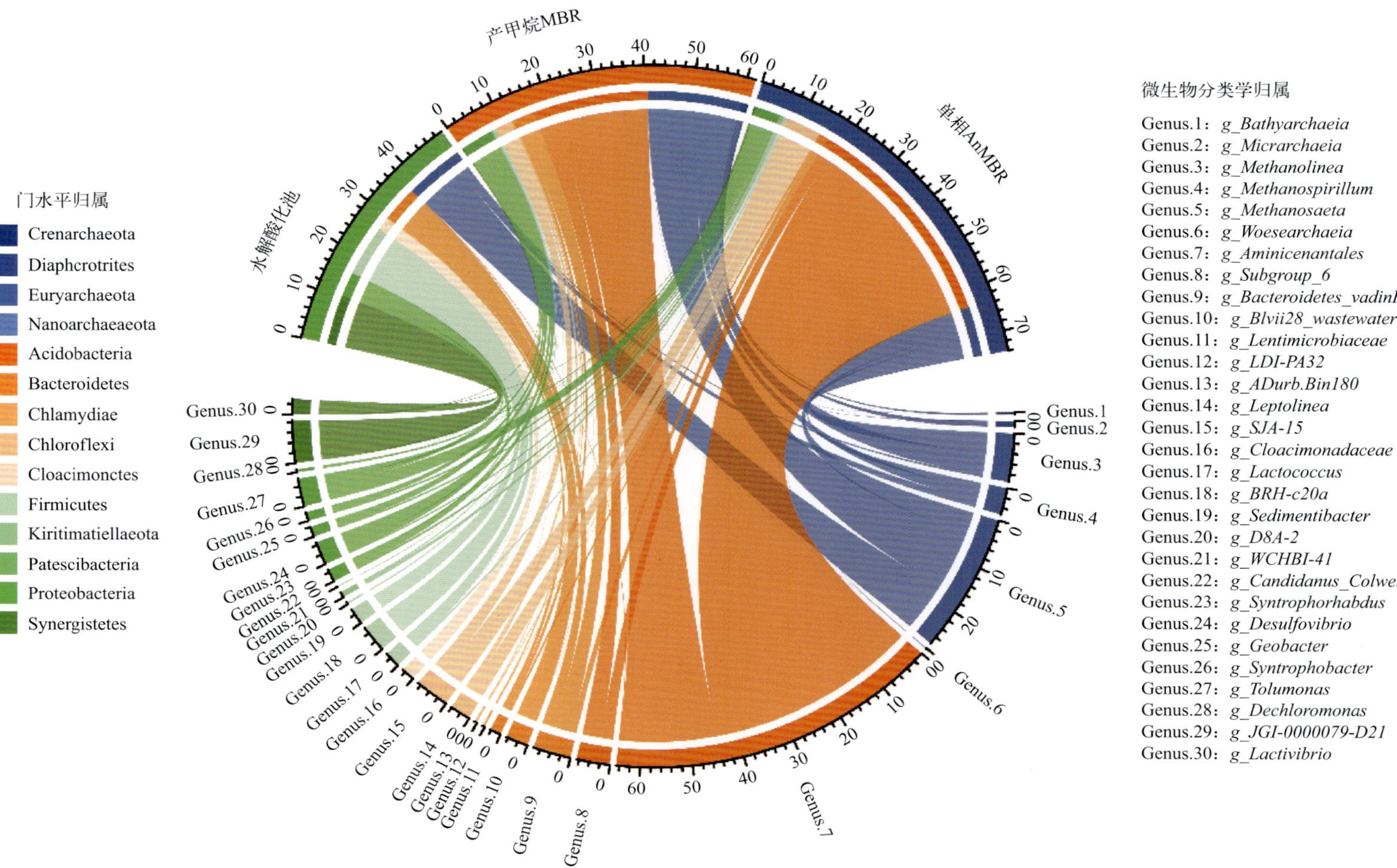

(a) 污泥混合液微生物的相对丰度

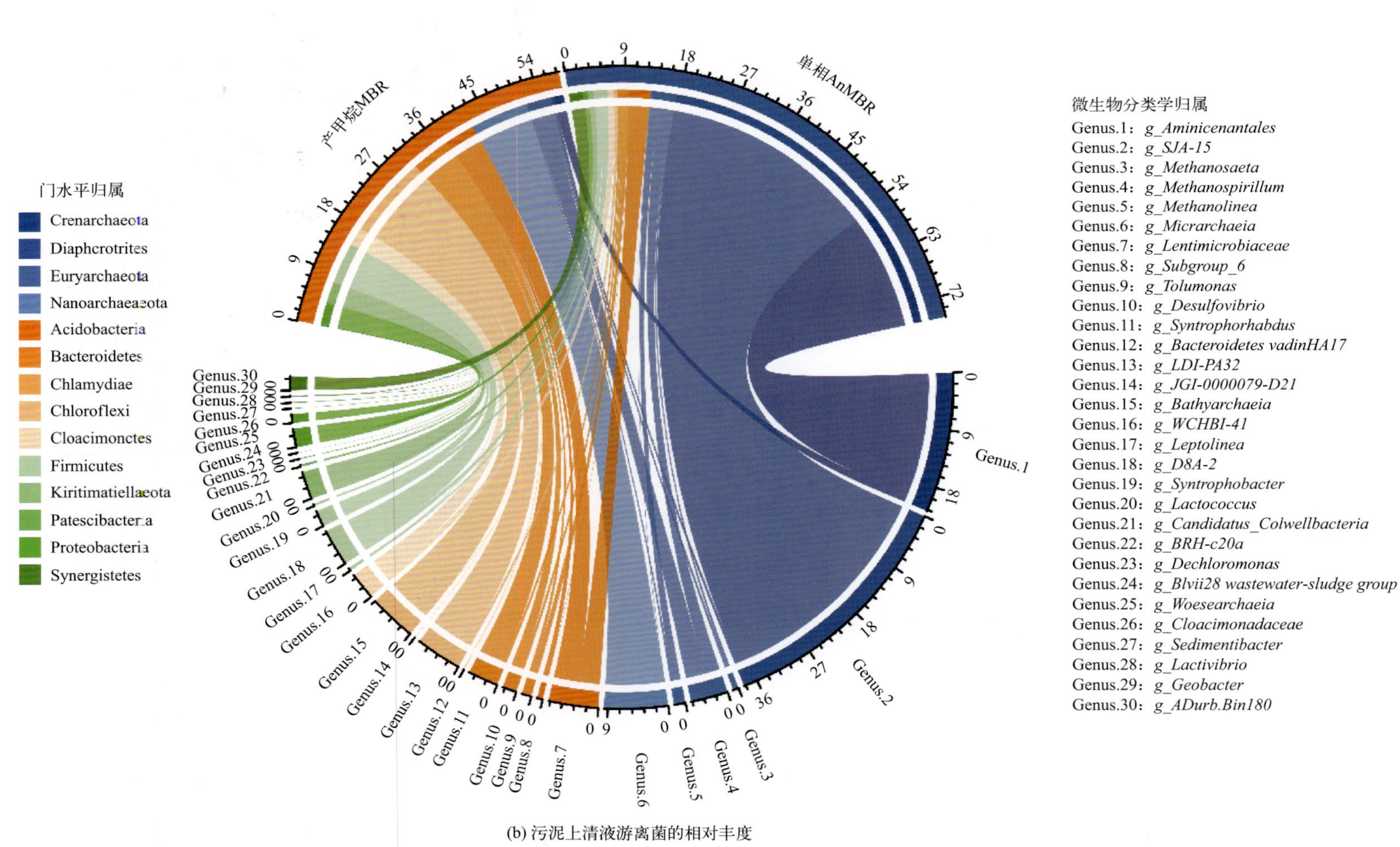

(b) 污泥上清液游离菌的相对丰度

图 23-7　两相 AnMBR 的水解酸化池中填料上附着的生物膜、产甲烷 MBR 中污泥混合液及单相 AnMBR 中污泥混合液所含微生物的相对丰度和产甲烷 MBR 中污泥上清液游离菌及单相 AnMBR 中污泥上清液游离菌的相对丰度

图中仅展示相对丰度排名前 30 的属水平微生物